U0190763

普通高等教育"十一五"国家级规划教材

自动控制原理

(第五版)

晁　勤　傅成华
王　军　陈　华　编著

重庆大学出版社

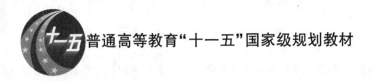

内容提要

本书以经典控制理论为主,同时也介绍了现代控制理论基础部分内容。内容编排上先对控制系统的基本概念做必要的叙述,继而讨论实际系统在时域和复域中数学模型建立方法及其结构图和信号流图的表示方法,再给出线性控制系统的时域分析法、根轨迹法、频域分析法以及设计校正方法,同时用适当篇幅介绍线性离散控制系统的理论及其应用和非线性控制系统的分析方法,最后阐述线性控制系统的状态空间分析与综合设计方法,并增加 MATLAB 在自动控制原理中的应用方面的内容,使学员能用 MATLAB 软件快速分析和解决问题,进一步加深对基本概念的理解。

本书是高等院校电气类专业本科教材,也可作为其他电类专业的本科教材,并可供从事电气自动化工作的工程技术人员参考。

图书在版编目(CIP)数据

自动控制原理/晁勤等编著.—3 版.—重庆:
重庆大学出版社,2010.8(2024.7 重印)
(电气工程及其自动化专业本科系列教材)
ISBN 978-7-5624-2451-2

Ⅰ.①自… Ⅱ.①晁… Ⅲ.①自动控制理论—高等学校—教材 Ⅳ.①TP13

中国版本图书馆 CIP 数据核字(2010)第 135525 号

自动控制原理
(第五版)
晁 勤 傅成华 王 军 陈 华 编著
责任编辑:周 立 版式设计:周 立
责任校对:夏 宇 责任印制:张 策
*
重庆大学出版社出版发行
出版人:陈晓阳
社址:重庆市沙坪坝区大学城西路 21 号
邮编:401331
电话:(023) 88617190 88617185(中小学)
传真:(023) 88617186 88617166
网址:http://www.cqup.com.cn
邮箱:fxk@cqup.com.cn(营销中心)
全国新华书店经销
重庆新荟雅科技有限公司印刷
*
开本:787mm×1092mm 1/16 印张:24 字数:599 千
2019 年 8 月第 5 版 2024 年 7 月第 16 次印刷
印数:36 501—37 500
ISBN 978-7-5624-2451-2 定价:48.00 元

本书如有印刷、装订等质量问题,本社负责调换
版权所有,请勿擅自翻印和用本书
制作各类出版物及配套用书,违者必究

第五版前言

本书是2006年被国家教育部批准的普通高等教育“十一五”国家级规划教材，根据普通高等教育“十一五”国家级规划教材的要求在2001年出版第一版的基础上改编而成，可作为高等学校电气工程及其自动化专业及其他电类专业本科教材。

本教材在电气工程专业教学改革基础上编写，注重理论联系实际，积累了教师多年教学经验和成果，增加了应用MATLAB仿真软件形象化理解概念和难点的内容，2001年出版以来，受到好评，效果良好。本次再版，各章内容做了少的改动和改错。主要修改了MATLAB在各章中的应用内容，加大MATLAB软件应用实例介绍。各章习题部分均增加了MATLAB应用方面的习题。

国内外同类教材较多，基本是分成经典控制理论和现代控制理论两本书。本教材将两者合为一本书，注意互相关系，融会贯通，利于电气工程专业学生自动控制理论学时少的特点。所举例题均为电气类工业实例，每章都增加MATLAB软件仿真部分，利于学生对重点和难点的理解和掌握。

教材的内容以经典控制理论为主，削减不实用的内容，同时增加现代控制理论基础部分内容。教材重在物理概念的阐述，力求深入浅出，层次分明，说明清楚，循序渐进，贯彻“少而精”的原则，尽量避免烦琐的数学推导及证明。为了便于组织教学，经典控制理论和现代控制理论部分分开叙述。内容编排上以对控制系统进行分析与综合的体系为线索，首先对控制系统的基本概念作必要的叙述，继而讨论实际系统在时域和复域中数学模型建立方法及其结构图和信号流图的表示方法，在此基础上给出线性控制系统的时域分析法、根轨迹法、频域分析法以及设计校正方法。由于计算机控制技术的发展以及非线性控制在工程中的大量应用，用适当篇幅介绍线性离散控制系统的理论及应用和非线性控制系统的分析方法。为使学员具有一定的现代控制理论的知识，最后阐述线性控制系统的状态空间分析与综合设计方法。并在每章后增加一节 MATLAB 在自动控制原理中的应用方面的内容,使学生学会用 MATLAB 软件来快速分析和解决问题,同时可进一步加深对基本概念的理解。每章结束后进行重点内容的小结并附一定数量的习题。教材的各节都有相应的例题,以有助于学生对本章基本概念的理解和分析与综合能力的提高。各章的作业分一般和较难两部分。本书各部分内容所占全书比例为:经典控制理论的线性部分和离散部分为 66.7%,非线性部分为 10.8%,现代控制理论部分为 22.5%。本课授课学时为 72 学时左右。其中理论部分为 64 学时,实验课为 8 学时。

全书共分 9 章。由晁勤教授主编,其中的第 4 章和第 7 章由傅成华副教授编写,第 3 章和第 9 章由王军副教授编写,第 2 章和第 8 章由陈华副教授编写,第 1、5、6 章由晁勤编写。此外,在此次修改的第二版教材中增加的 MATLAB 例题和习题都由新疆大学的研究生进行了资料收集和编程验证,四川轻化工学院的研究生对第一版的印刷错误进行了详细的标注。在此,对研究生们付出的辛勤劳动表示由衷的感谢。

由于编者水平有限,编写时间比较仓促,书中肯定还存在许多缺点和错误,因此恳请广大读者批评指正。

主编

2019 年 6 月 6 日

前　言

本书是根据高等学校电气工程及其自动化专业《自动控制原理》教材编写大纲的要求编写的，可作为高等学校电气工程及其自动化专业及其他电类专业的本科教材。

本书的内容以经典控制理论为主，削减不实用的内容，同时增加现代控制理论基础部分内容。本书着重物理概念的阐述，力求深入浅出，层次分明，知识清楚。贯彻"少而精"的原则，尽量避免繁琐的数学推导及证明。为了便于组织教学，经典控制理论和现代控制理论分开叙述。内容编排以对控制系统进行分析与综合的体系为线索，首先对控制系统的基本概念作必要的叙述，继而讨论实际系统在时域和复域中数学模型建立方法及其结构图和信号流图的表示方法，在此基础上给出线性控制系统的时域分析法、根轨迹法、频域分析法以及设计校正方法。由于计算机控制技术的发展以及非线性控制在工程中的大量应用，用适当篇幅介绍线性离散控制系统的理论及应用和非线性控制系统的分析方法。为使学员具有一定的现代控制理论的知识，最后阐述线性控制系统的状态空间分析与综合设计方法。在每章后增加一节 MATLAB 在自动控制原理中的应用使学生学会用 MATLAB 软件快速分析和解决问题，同时可进一步加深对基本概念的理解。每章结束后进行重点内容的小结并附一定数量的习题。各节都有相应的例题，有助于学生对本章基本概念的理解和分析与综合能力的提高。各章的作业分一般和较难两部分。各部分内容所占全书比例为：经典控制理论的线性部分和离散部分为 66.7%，非线性部分为 10.8%，现代控制理论部分为 22.5%。本书讲授总时数为 72 学时左右。其中理论部分为 64 学时，实验课为 8 学时。

全书共分 9 章。由晁勤教授主编，陈玉宏教授主审。其中的第 4 章和第 7 章由傅成华编写，第 3 章和第 9 章由王军编写，第 2 章和第 8 章由陈华编写，第 1、5、6 章由晁勤完成。此外，主审及许多同行在教材的编写内容上都提出过不少宝贵的修改意见，许多同事对教材的录入及出版给予了热情的支持和帮助，也付出了辛勤的劳动。在此，一并表示由衷的感谢。

由于编者水平有限，编写时间较为仓促，书中一定还存在不妥之处，恳请读者批评指正。

编者

2000 年 5 月 1 日

目录

第 1 章
绪 论

自 20 世纪中叶以来，在工程和科学发展中，自动控制技术的应用起着极为重要的作用。导弹能够准确地命中目标，人造卫星能按预定的轨道运行并返回地面，宇宙飞船能准确地在月球着陆，并重返地球，都是自动控制技术迅速发展的结果。在工业生产过程中，诸如对压力、温度、湿度、流量、频率、物位、成分等方面的控制，都是自动控制技术的重要组成部分。

《自动控制原理》是自动控制技术的理论基础，是一门理论性较强的工程科学。根据自动控制技术发展的不同阶段，自动控制理论一般可分为“经典控制理论”和“现代控制理论”两大部分。

经典控制理论的内容主要以传递函数为基础，研究单输入、单输出一类自动控制系统的分析和设计问题。由于发展较早，现已成熟。在工程上，相当成功地解决了大量实际问题，因此它是研究自动控制系统的重要理论基础。

现代控制理论的内容主要以状态空间法为基础，研究多输入、多输出、定常数或变参数、线性或非线性一类自动控制系统的分析和设计问题。随着现代科学技术的发展，已出现最优控制、最佳滤波、模糊控制、系统辨识、自适应控制等一些新的控制方式。因此它也是研究庞大的系统工程和模仿人类的智能控制等方面必不可少的理论基础。

本书对两大部分都给予了介绍，主要内容以经典控制理论为主，对现代控制理论介绍了基础部分内容。同时由于 MATLAB 软件的诞生，使控制系统的分析与设计由相当繁琐变得简单，它为控制系统的设计与仿真提供了一个强有力的工具。为此，在大部分章节中都简单介绍了 MATLAB 软件在自动控制系统中的应用。

1.1 自动控制系统的基本概念

所谓**自动控制**，是指在没有人直接参与的情况下，利用外加的设备或装置，使机器、设备或生产过程的某个工作状态或参数自动地按照预定的规律运行。例如，无人驾驶飞机按照预定的飞行航线自动升降和飞行，这是典型的自动控制技术应用的结果。

何谓自动控制系统？现以无人驾驶飞机为例：

无人驾驶飞机按预先给定的飞行航线参数（高度、方向等）飞行，则预先给定的飞行航线参数称为**参考输入或给定输入**。在飞行过程中受到大气气流的影响使飞机偏离预定的航线，大气气流使飞行参数改变称为**扰动**。飞机的测量比较装置测出实际飞行参数与预定飞行参数存在偏差，就会使飞机的某些设备装置进行控制调节，能起控制作用的设备装置称为**控制器**。控制器发出的控制输出信号称为**控制量**。飞机称为**被控对象**。飞机实际飞行参数称为**被控制量**。在控制器作用下使飞机回到预定的航线或偏差在允许范围内，这就形成了无人驾驶飞机的自动控制系统。

1.2 开环控制与闭环控制

自动控制系统有两种最基本的形式，即开环控制和闭环控制。其中闭环自动控制系统是工业生产用得最为广泛的系统，也是本书讨论的主要内容。

1.2.1 开环控制系统

开环控制是一种最简单的控制方式，其特点是，在控制器与被控对象之间只有正向控制作用而没有反馈控制作用，即系统的输出量对控制量没有影响。开环控制系统的示意框图如图1.1所示。即系统中控制信号的流动未形成闭合回路。常见的开环控制系统有以下两种：

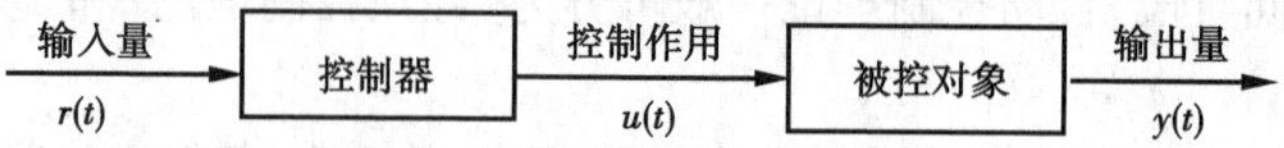

图1.1 开环控制系统方框图

(1)按给定值操作的开环控制系统

加热炉是工业生产中常见的工艺设备。其加热能源通常是燃油、煤气和电力等。在加热炉温度控制系统中，要求炉内的温度应保持在一定的数值上。为控制炉温通常通过阀门向炉内加入燃油，即燃油流量是控制量。而被加热工件的数量和环境温度影响炉温就是干扰量了。这样，所谓对炉温的控制就是用某种方式操作燃油流量以抵消干扰因素对炉温的影响。如果事先计算出希望炉温所需的燃油流量，然后操作阀门向加热炉内提供该流量后就不管它了，那么这种系统就是所谓的按给定值操作的开环控制系统，如图1.2所示。

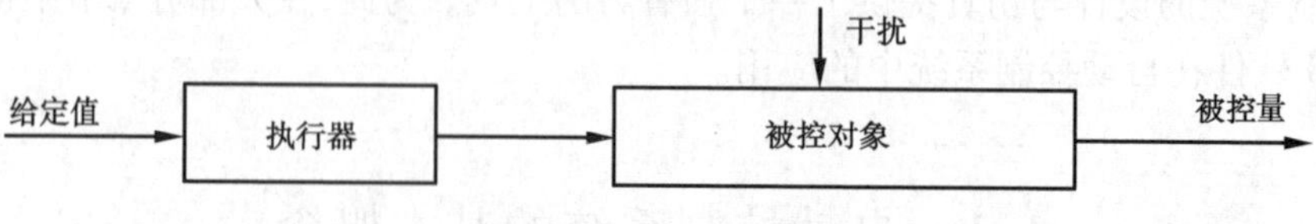

图1.2 按给定值操作的开环控制系统方框图

显然，这种系统当被控对象受到某种干扰而使被控参数偏离预期值时无法实现自动补偿。因此，系统的控制精度难于保证。当系统的结构参数稳定，干扰极弱或控制精度要求不高时，可采用这种开环控制方式。

(2)按干扰补偿的前馈控制系统

通过前面对炉温控制的分析可知，要想稳定被控制量(炉温)，就要在干扰信号出现时，操作控制量(燃油流量)使之对被控量的影响与干扰量对被控量的影响互相抵消以保持被控量不变。这样就产生了利用干扰去克服干扰的控制思路。其原理方框图见图1.3。

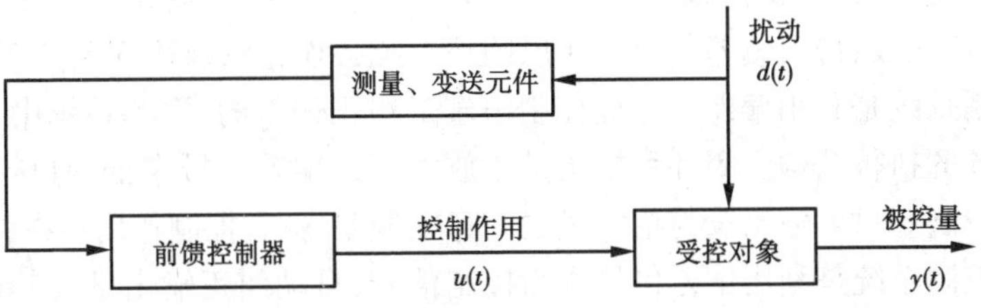

图1.3　按干扰补偿的前馈控制系统方框图

在这种系统中，由于测量的是干扰量，故只能对可测干扰进行补偿。对不可测干扰，系统自身无法控制，因此，控制精度受到原理上的限制。

1.2.2　闭环控制系统

闭环控制的特点：在控制器与被控对象之间，不仅存在着正向作用，而且存在着反馈作用，即系统的输出量对控制量有直接影响。闭环控制系统的示意框图如图1.4所示。

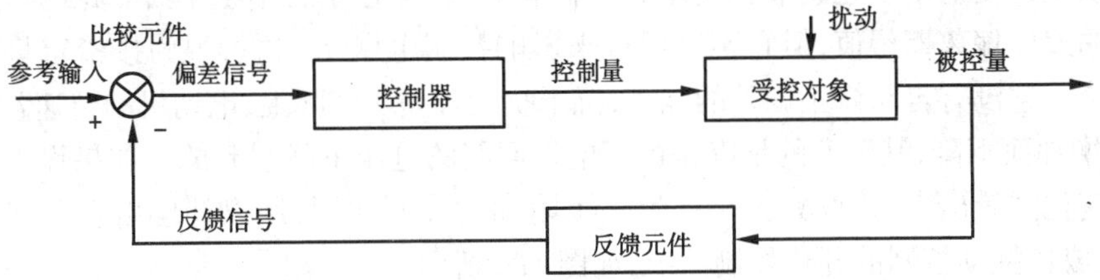

图1.4　闭环控制系统方框图

图1.4中"⊗"为比较元件(又称比较器)，在比较元件中，参考输入信号(给定值信号)与反馈信号进行比较，其差值输出即为偏差信号，偏差信号就是控制器的输入。即系统中控制信号的流动形成了闭合回路，故称之为闭环控制系统。

在加热炉温度控制系统中，当干扰量影响炉温使其偏离希望温度时，通过检测装置测出实际炉温，送到比较器与希望温度进行比较，得出偏差信号控制阀门开度，由此增加或减小燃油流量，进而使炉温升高或降低回到希望温度。将检测出来的输出量送回到系统的输入端，并调节流量，进而使炉温升高或降低回到希望温度。将检测出来的输出量送回到系统的输入端，并与输入量比较的过程称为**反馈**。若反馈信号与输入信号相减，则称为**负反馈**，反之，若相加，则称为**正反馈**。输入信号与反馈信号之差，称为**偏差信号**。偏差信号作用于控制器上，使系统的输出量趋向于给定的数值。闭环控制的实质，就是利用负反馈的作用来减小系统的误差，因此闭环控制又称为**反馈控制**。

在工业生产中，按照偏差控制的闭环系统种类繁多，尽管它们完成的控制任务不同，具体结构不一样，但是，从检出偏差、利用偏差信号对控制对象进行控制，以减小或纠正输出量的偏差这一控制过程却是相同的。归纳起来，这种系统的特点如下：

①在开环系统中，只有输入量对输出量产生控制作用；从控制结构上来看，只有从输入端到输出端从左向右的信号传递通道(该通道称为正向通道)。闭环控制系统中除正向通道外，还必须有从右向左、从输出端到输入端的信号传递通道，使输出信号也参与控制作用，该通道

称为反馈通道。闭环控制系统就是由正向通道和反馈通道组成的。

②为了检测偏差,必须直接或间接地检测出输出量,并将其变换为与输入量相同的物理量,以便与给定量比较,得出偏差信号。所以闭环系统必须有检测环节,给定环节和比较环节。

③闭环控制系统是利用偏差量作为控制信号来纠正偏差的,因此系统中必须具有执行纠正偏差这一任务的执行结构。闭环系统正是靠放大了的偏差信号来推动执行结构,进一步对控制对象进行控制。只要输出量与给定量之间存在偏差,就有控制作用存在,力图纠正这一偏差。由于反馈控制系统是利用偏差信号作为控制信号,自动纠正输出量与其期望值之间的误差,因此可以构成精确的控制系统。

在本书中,重点研究闭环控制系统。下面再举几个控制系统的例子,说明开环和闭环控制系统的工作原理及应用。

[例 1] 直流电动机速度控制系统

在直流电动机速度控制系统中,被控量是直流电动机的速度,如图 1.5 所示。图中受控对象是电枢控制的直流电动机 SM,其电枢电压由功率放大器(晶闸管整流器 KZ 和触发器 CF)提供,通过调节触发器的控制电压 u_K,可改变电动机的电枢电压 u_a,从而改变电动机的速度。电动机的期望速度值由事先调节触发器的控制电压 u_K 确定,在工作过程中,负载电流 I_a 变化使电动机的速度偏离期望值,但它不会反过来影响控制电压 u_K,这可视为按给定量控制的开环控制系统。它没有自动修正偏差的能力,抗干扰性较差。实际上,电动机的转速常常随负载电流 I_a 的增加而下降,其转速的下降是由于电枢回路的电压下降引起的。如果设法将负载引起的电流变化测量出来,并按其大小产生一个附加的控制作用,用以补偿由它引起的转速下降,这就构成按扰动控制的开环控制系统,如图 1.6 所示。

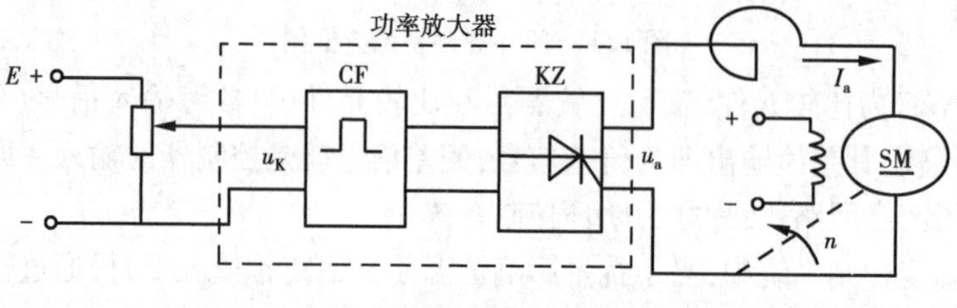

图 1.5 直流速度控制系统原理结构图

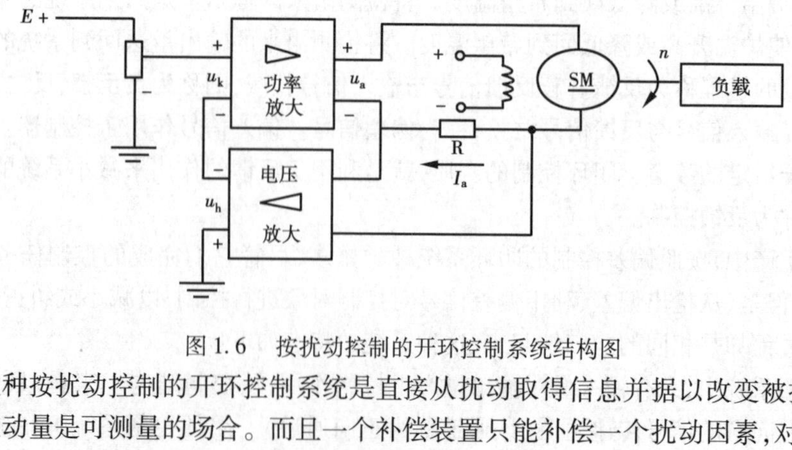

图 1.6 按扰动控制的开环控制系统结构图

可见这种按扰动控制的开环控制系统是直接从扰动取得信息并据以改变被控量,因此它只适用于扰动量是可测量的场合。而且一个补偿装置只能补偿一个扰动因素,对其余扰动均不起补偿作用。因此,再增加一种按偏差控制的反馈控制系统,如图 1.7 所示。

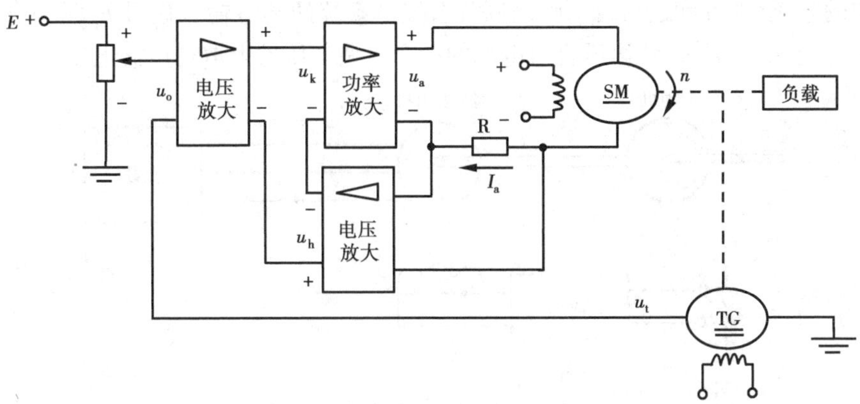

图1.7　按偏差控制的反馈控制系统结构图

测速发电机TG是测量元件,用来测量电动机速度并给出与速度成正比的电压 u_t,然后,将 u_t 反馈到输入端并与给定电压 u_o 比较得到偏差电压 $\Delta u = u_o - u_t$。由于偏差电压一般比较微弱,故需经电压放大器放大后才能作为触发器的控制电压 u_K。如果电动机所带负载增加使电动机速度降低而偏离给定值,则测速发电机电压 u_t 减小,偏差电压 Δu 将因此增大,触发器控制电压 u_K 也随之增大,从而使晶闸管输出整流电压 u_a 升高,逐步使速度回升到给定值附近。这种按偏差控制和按扰动控制相结合的控制方式称为复合控制方式。其原理方框图如图1.8所示。

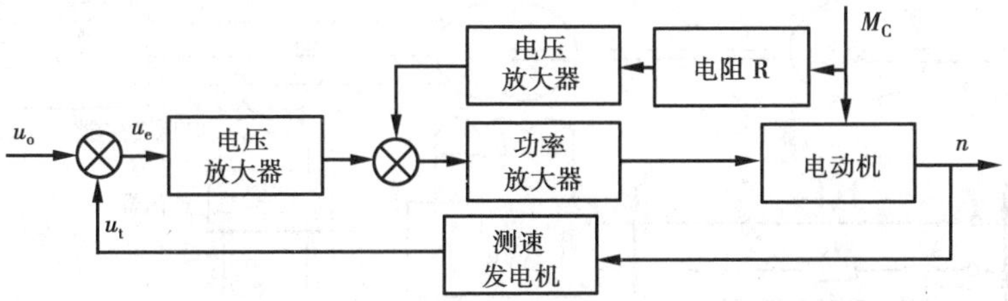

图1.8　复合控制方式原理方框图

[例2]　交流发电机电压控制系统

在交流发电机电压控制系统中,被控量是交流发电机的电压,如图1.9所示。图中受控对象是励磁控制的三相交流同步发电机,其励磁电压由自动电压调节器AVR提供,通过调节电压调节器AVR的参考输入电压 u_r,可改变供给发电机励磁绕组的励磁电压 u_f,从而改变发电机机端电压 u_G。控制器是自动电压调节器AVR,它的输出变量(即控制量)对其输入变量的因果关系,称为控制器的控制规律。这里的控制规律可以表示为

$$u_f = f(u_r) \tag{1.1}$$

在图1.9中,发电机机端电压 u_G 受负荷电流 i_G 影响,则应将 i_G 视为外界负荷变动影响的一个扰动输入,因此,受控对象(发电机)有两个输入——励磁电压 u_f 和负载电流 i_G。即被控量 u_G 可由两个量来确定:

$$u_G = \phi(u_f, i_G) \tag{1.2}$$

发电机由原动机带动旋转,并向所接负载供应电力。控制的目的是在随机变化着的负载电流 i_G 干扰之下,保持机端电压 u_G 为要求的给定值 $\hat{u}_G = \text{const}$(常数)。这种控制又可称为调

节,而相应的系统,则可称之为自动励磁调节系统。系统的参考输入信号 u_r 是与 $\hat{u}_G$ 对应(成比例)的直流电压,通常 u_r 从恒压直流电源的一个可调分压器上取得所需电压。

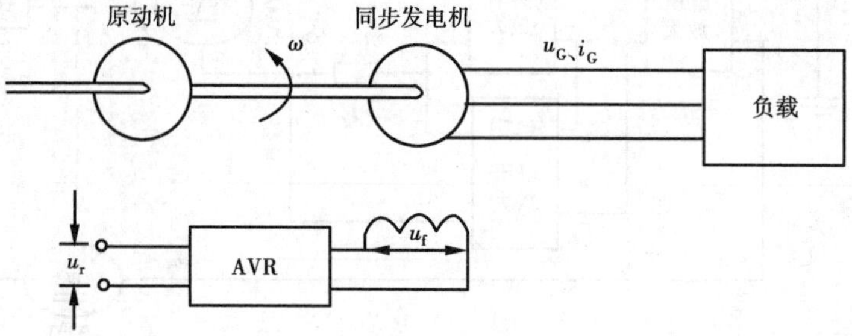

图 1.9　发电机开环励磁控制系统原理结构图

从图 1.9 可以看出,由于控制器 AVR 的输出 u_f 只由参考输入信号 u_r 确定而与扰动输入 i_G 无关,所以要在随机变化(即无规律可循的变化)的 i_G 的干扰下保持发电机机端电压 u_G 为给定值 $\hat{u}_G$ 是不可能的。因此,这种开环控制系统很少能当做实用的控制系统来使用。若如图 1.10 所示将被控量(发电机的机端电压 u_G)通过电压互感器和整流器输出(电压为 u_b),再反馈到电压控制器 AVR 的输入端与参考输入电压 u_r 进行比较得偏差信号 u_e。则:

$$u_e = u_r - u_b \tag{1.3}$$

反馈电压 u_b 极性与 u_r 相反为负反馈信号,即可构成按偏差控制的反馈控制系统。

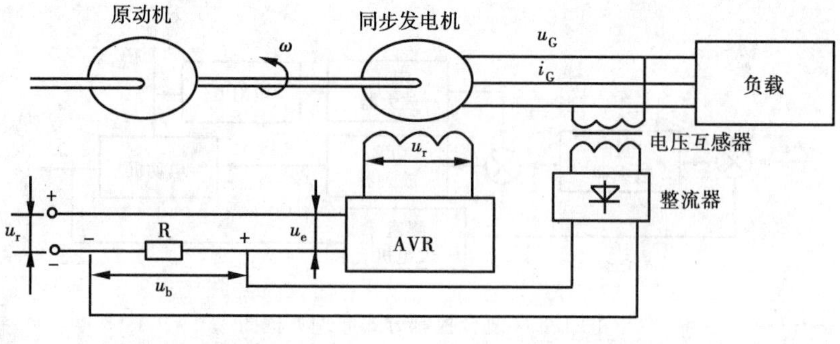

图 1.10　发电机自动励磁控制电压闭环控制系统原理结构图

发电机闭环励磁控制系统方框图如图 1.11 所示。当发电机机端电压(被控量)u_G 偏离了要求的给定值 $\hat{u}_G$ 时,它们的差值(误差)为

$$\Delta u_G = \hat{u}_G - u_G \tag{1.4}$$

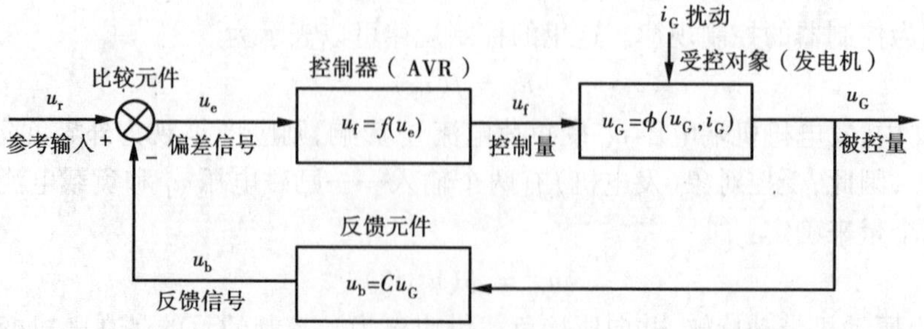

图 1.11　发电机闭环励磁控制系统方框图

对于任意一个控制系统，当受控对象的被控量受外界扰动的影响而发生变化时，都希望通过控制器的自动控制作用，尽量使被控量恢复到给定值或者使误差在很小的可允许的范围内。

现假设发电机负荷发生变化，使发电机机端电压 u_G 下降，则反馈电压 u_b 也下降，偏差信号 $u_e = u_r - u_b$ 增大，使控制器 AVR 动作，于是发生以下的自动调节过程：

$$u_G\downarrow \xrightarrow{\text{反馈环节}} u_b\downarrow \xrightarrow{\text{比较元件}} u_e=(u_r-u_b)\uparrow \xrightarrow{\text{控制器}} u_f\uparrow \xrightarrow{\text{发电机}} u_G\uparrow \longrightarrow \text{使 } \Delta u_G\to 0$$

实际的调节过程往往不能一次完成，在几次波动以后，偏差逐渐减少，最后使 u_G 恢复到 $\hat{u}_G$，$\Delta u_G = \hat{u}_G - u_G \to 0$。

通过上述发电机机端电压 u_G 的自动调节过程可以看出，闭环控制系统（也即反馈控制系统）属于按偏差信号的大小进行调节的系统，并且调节的过程是尽量减少产生的偏差。加到比较元件的反馈信号的正负符号，起着重要的作用。图1.11所示的符号下的反馈称为负反馈，对于以减少误差为目的的闭环控制系统，都应采取负反馈的方式。

如果将图1.11中比较元件上的反馈信号变成“正”信号，则将构成一个具有正反馈的闭环控制系统，在这种情况下，如果还是以发电机负荷发生变化，使发电机机端电压 u_G 下降的调节过程为例，则调节过程将发生以下情况：

$$u_G\downarrow \xrightarrow{\text{反馈环节}} u_b\downarrow \xrightarrow{\text{比较元件}} u_e=(u_r+u_b)\downarrow \xrightarrow{\text{控制器}} u_f\downarrow \xrightarrow{\text{发电机}} u_G\downarrow \longrightarrow \text{使 } \Delta u_G=(\hat{u}_G-u_G)\uparrow$$

即调节过程使误差 Δu_G 越来越大，因此这样的励磁控制系统是不能工作的。

[**例3**] 水位控制系统

在水位控制系统中，被控量是水池的水位高度 h，出水量 Q_2 为干扰量，如图1.12所示，1.12(a)图为开环控制系统，事先固定进水阀和出水阀的位置，使水位在希望高度上，只要进水量 Q_1 等于出水量 Q_2，就可保持希望水位高度。一旦出水量 Q_2 变化，就不能保持希望水位高度了。1.12(b)图为负反馈闭环控制系统，水位高度由浮子测出，通过杠杆控制进水阀位置，水位越高，进水量 Q_1 越小，使水位下降回到希望高度。1.12(c)图为正反馈闭环控制系统，水位越高，进水量 Q_1 越大，使水位继续升高，可见正反馈闭环控制系统将无法保证水池的水位高度恒定。

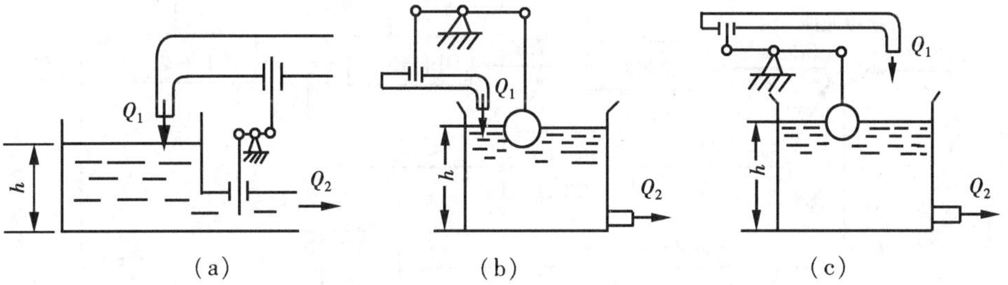

图1.12 水位控制系统图

1.3 自动控制系统的分类

随着自动控制理论和自动控制技术的不断发展，生产过程的自动化水平不断提高，生产过程的自动控制系统也在日益发展和完善，目前已出现了各种各样的新型的自动控制系统。因此,很难确切地列举它们的全部分类,下面仅介绍几种常用的分类方法。

1.3.1 按自动控制系统是否形成闭合回路分类

(1)开环控制系统

如前所述,一个控制系统,如果在其控制器的输入信号中不包含受控对象输出端的被控量的反馈信号,则为开环控制系统。

开环控制系统易受各种干扰的影响,其控制精度较低,但结构简单,成本低,也容易实现,所以可用在对控制要求不高的小型机器设备。而对控制要求较高的大型装置和设备,则需要采用闭环控制系统。

(2)闭环控制系统

如前所述,一个控制系统,如果在其控制器的输入信号中包含来自受控对象输出端的被控量的反馈信号,则为闭环控制系统,或为反馈控制系统。

闭环控制系统,较之开环控制方式可以使被控量有更高的控制品质。因为在闭环控制系统中,当受控对象受到各种扰动影响时,可以通过被控量变化后的反馈作用使控制器动作,进行控制和调节,使被控量恢复到给定值。

1.3.2 按信号的结构特点分类

(1)反馈控制系统

反馈控制系统是根据被控量和给定值的偏差进行调节的,最后使系统消除偏差,达到被控量等于给定值的目的。因为反馈控制系统是将被控量变化的信号反馈到控制器的输入端,形成一个闭合回路,所以反馈控制系统也一定是闭环控制系统。它是生产过程控制系统中最基本的一种。一个复杂的控制系统(实际生产过程往往是很复杂的,因而构成的控制系统也往往是很复杂的)也可能有多个反馈信号(除被控量的反馈信号外,还有其他的反馈信号),组成多个闭合回路,如图1.13所示,称为多回路反馈控制系统。

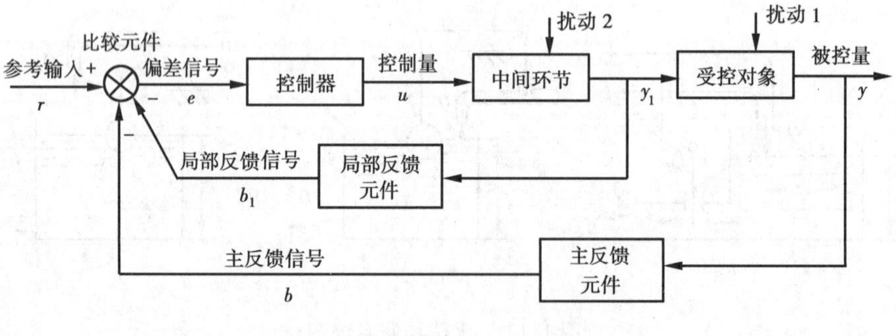

图1.13 多回路反馈控制系统方框图

在图1.13中,除了被控量 y 的主反馈信号 b 外,还有由中间环节(可认为是受控对象的一部分)输出信号 y_1 形成的局部反馈信号 b_1,b 和 b_1 与参考输入 r 一起在比较元件中进行比较,形成偏差信号 e,所以实际上控制器的输入端有了三个输入信号,而当受控对象(和中间环节)受到扰动后,中间环节的输出 y_1 的变化往往比被控量 y 的变化要提前,也即局部反馈信号 b_1 比主反馈信号 b 将更早的作用到控制器,使控制器动作,进行调节。因此,可以改善被控量 y 的控制质量,使被控量 y 的波动减小。

此外,系统的输入变量 r 有时也不只一个,可能有 m 个输入变量 r_1, r_2,…,r_m。具有多个输入变量的系统,称为多输入系统;反之,只有一个输入变量的系统,称为单输入系统。

(2)前馈控制系统

前馈控制系统直接根据扰动信号进行调节,扰动量是控制的依据,由于它没有被控制量的反馈信号,故不形成闭合回路,所以它是一种开环控制系统,如图1.3所示。扰动 $d(t)$ 将使被控量 $y(t)$ 发生变化,扰动量 $d(t)$ 经测量变送元件测量,变送后送入前馈控制器,前馈控制器根据扰动量 $d(t)$ 的大小发出控制作用 $u(t)$ 到被控对象,及时抵消扰动量 $d(t)$ 对被控对象的影响,从而使被控量 $y(t)$ 保持不变。但是由于前馈控制是一种开环控制系统,没有被控量的反馈作用,不能保持被控量控制的精度(例如当有其他不可测量的扰动影响被控对象时,被控量的变化无法被抵消),所以在实际生产过程自动控制中是不能单独使用的。但是,针对图1.3的可测量扰动 $d(t)$,前馈控制将十分有效地控制被控量的变化,这个特点是很有用的。因而一般在反馈控制系统中加入前馈控制作用,构成前馈-反馈复合控制系统,达到兼取两者优点的目的。

(3)前馈-反馈复合控制系统

图1.14是前馈-反馈复合控制系统的方框图。它是在反馈控制系统的基础上增加了对主要扰动 $d(t)$ 的前馈补偿作用。图1.14中的补偿环节可以是一个较简单的环节,对于控制要求较高的被控对象,补偿环节也就是一个控制器,即前馈控制器。当扰动 $d(t)$ 发生后,补偿信号作用到控制器后,能及时消除扰动对被控量的影响,而反馈回路的作用将保证被控量能较精确地等于给定值,改善了被控量 $y(t)$ 的控制精度。

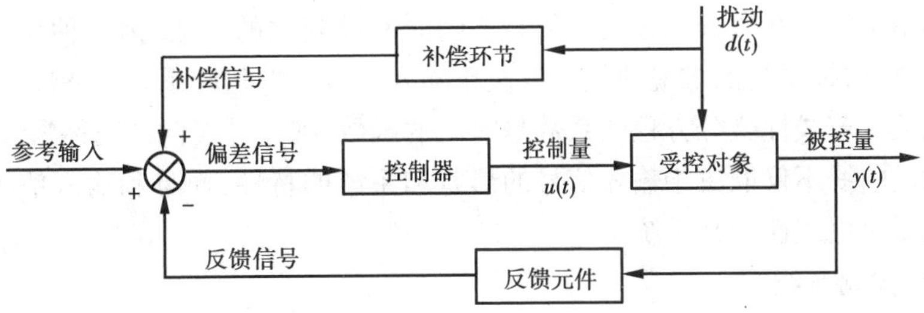

图1.14 前馈-反馈复合控制系统方框图

1.3.3 按给定值信号的特点分类

1)恒值控制系统

若自动控制系统的任务是保持被控量恒定不变,即使被控量在控制过程结束时,被控量等于给定值。这是生产过程中用得最多的一种控制系统,例如发电机电压控制,电动机转速控制,电力网的频率(周波)控制,各种恒温、恒压、恒液位等控制都是属于恒值控制系统。

2)随动控制系统

随动控制系统又简称随动系统,它是给定信号随时间的变化规律事先不能确定的控制系统,随动控制系统的任务是在各种情况下快速、准确地使被控量跟踪给定值的变化。例如:自动跟踪卫星的雷达天线控制系统,工业控制中的位置控制系统,工业自动化仪表中的显示记录等均属于随动控制系统。

3)程序控制系统

在程序控制系统中,它的给定值按事先预定的规律变化,是一个已知的时间函数,控制的目的是要求被控量按确定的给定值的时间函数来改变,例如机械加工中的数控机床,加热炉自动温度控制系统等均属于程序控制系统的范畴。

1.3.4 按控制系统元件的特性分类

(1)线性控制系统

当控制系统的各元件的输入/输出特性是线性特性,如图 1.15 所示,控制系统的动态过程可以用线性微分方程(或线性差分方程)来描述。则称这种控制系统为线性控制系统。

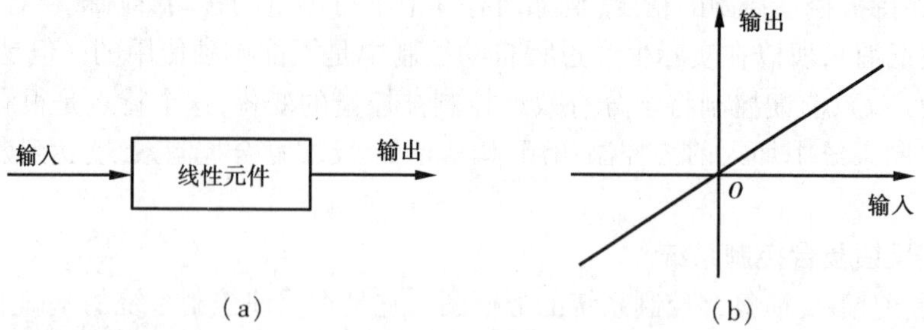

图 1.15 线性元件的特性
(a)方框图;(b)特性图

线性控制系统的特点是可以应用叠加原理,当系统存在几个输入信号时,系统的输出信号等于各个输入信号分别作用于系统时系统输出信号之和。

如果描述系统的线性微分方程的系数是不随时间而变化的常数,则这种线性控制系统称为线性定常系统,这种系统的响应曲线只取决于输入信号的形状和系统的特性,而与输入信号施加的时间无关。若线性微分方程的系数是时间的函数,则这种线性系统称为线性时变系统,这种系统的响应曲线不仅取决于输入信号的形状和系统的特性,而且和输入信号施加的时刻有关。本书主要讨论线性定常系统。

(2)非线性控制系统

当控制系统中有一个或一个以上的非线性元件时,系统的特性就要用非线性方程来描述,由非线性方程描述的控制系统称为非线性控制系统,在控制系统中常见的非线性元件有饱和非线性、死区非线性、磁滞非线性、继电器特性非线性等,如图 1.16 所示。本书将在第 9 章介绍

非线性控制系统不能应用叠加原理。严格地讲,实际的控制系统都存在着不同程度的非线性特性,但大部分的非线性特性当系统变量变化范围不大时,可对非线性特性进行"线性化"处理,这样就可应用线性控制理论进行分析和讨论。但是,如果在系统中能正确地使用非线性元件,有时可以收到意想不到的控制效果。因此,近年来在实际应用系统中引入非线性特性以改善控制系统的质量,已取得了很成功的经验。

1.3.5 按控制系统信号的形式分类

1)连续控制系统

当控制系统的传递信号都是时间的连续函数,这种系统称之为连续控制系统。连续控制系统又常称作为模拟量控制系统(相对于数字量信号控制系统而言)。目前大部分控制系统

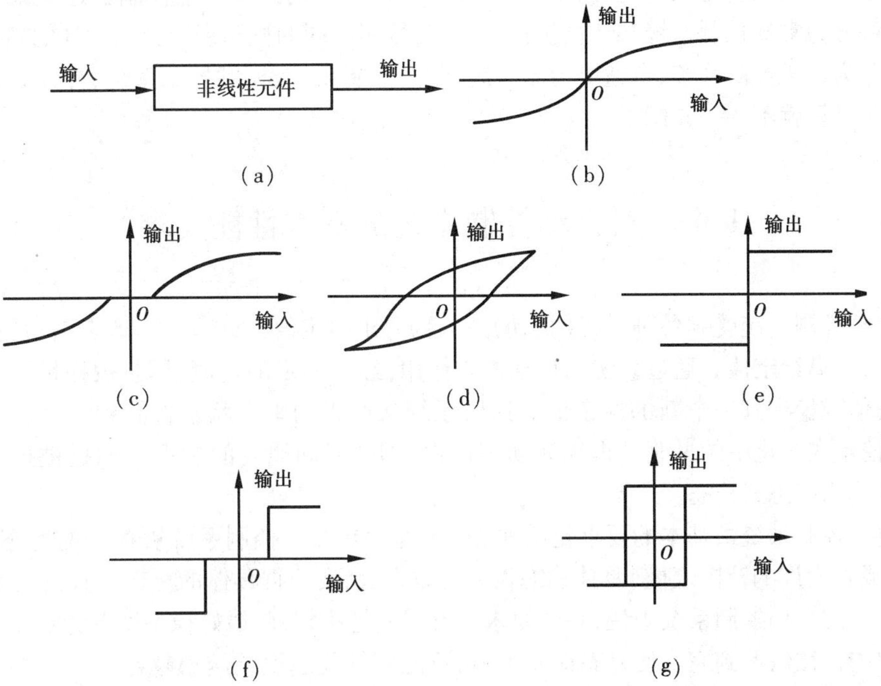

图1.16　非线性元件静态特性举例

(a)方框图;(b)饱和非线性;(c)死区非线性;(d)磁滞非线性;(e)继电型非线性;
(f)带有死区的继电型非线性;(g)具有磁滞的继电型非线性

都是连续控制系统。

2)离散控制系统

控制系统在某处或几处传递的信号是脉冲系列或数字形式的,在时间上是离散的,称为离散控制系统。离散控制系统的主要特点是:在系统中采用采样开关,将连续信号转变成离散信号,如图1.17所示。图1.17(a)中采样开关S将连续信号$x(t)$转变成离散信号$x^*(t)$。连续信号$x(t)$的时间响应曲线如图1.17(b)所示。经采样后的离散信号与时间轴(t)的关系如图1.17(c)所示。本书将在第7章对其作一简要阐述。

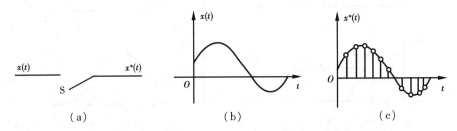

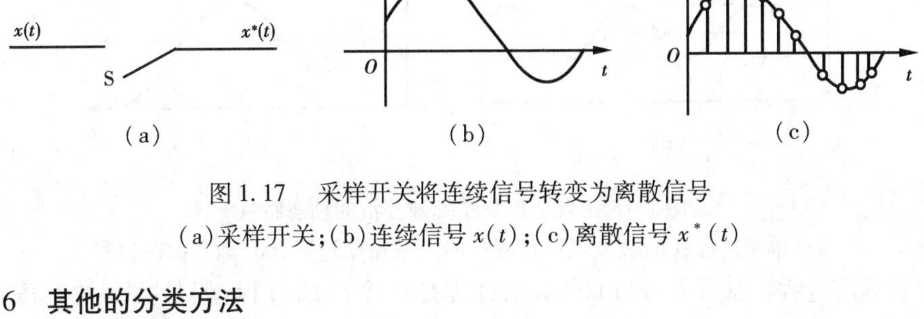

图1.17　采样开关将连续信号转变为离散信号

(a)采样开关;(b)连续信号$x(t)$;(c)离散信号$x^*(t)$

1.3.6　其他的分类方法

自动控制系统的分类方法还有很多,例如按控制系统的输入和输出信号的数量来分,有单输入/单输出系统和多输入/多输出系统；按控制器采用常规的模拟量控制器还是采用计算机控制，则可分为常规控制系统和计算机控制系统；按照不同的控制理论分支设计的新型控制系统，则可分为最优控制系统、自适应控制系统、预测控制系统、模糊控制系统、神经元网络控制系统等等，这里就不一一介绍了。

1.4　对自动控制系统的基本性能要求

当自动控制系统受到各种干扰（扰动）或人为要求给定值（参考输入）改变时，被控量就会发生变化，偏离给定值。通过系统的自动控制作用，经过一定的过渡过程，被控量又恢复到原来的稳态值或稳定到一个新的给定值。这时系统从原来的平衡状态过渡到一个新的平衡状态，把被控量在变化中的过渡过程称为动态过程（即随时间而变的过程），而把被控量处于平衡状态时称为静态或稳态。

对自动控制系统最基本的要求是必须稳定，也就是要求控制系统被控量的稳态误差（偏差）为零或在允许的范围之内（具体稳态误差可以多大，要根据具体的生产过程的要求而定）。对于一个好的自动控制系统来说，一般要求稳态误差越小越好，最好稳态误差为零。但在实际生产过程中往往做不到完全使稳态误差为零，只能要求稳态误差越小越好。一般要求稳态误差在被控量额定值的2% ~5%之内。

自动控制系统除了要求满足稳态性能之外，还应满足动态过程的性能要求，在具体介绍自动控制系统的动态过程要求之前，先看看控制系统的动态过程（动态特性）有哪几种类型，一般的自动控制系统被控量变化的动态特性有以下几种：

①单调过程。被控量 $y(t)$ 单调变化（即没有“正”，“负”的变化），缓慢地到达新的平衡状态（新的稳态值），如图1.18(a)所示，一般这种动态过程具有较长的动态过程时间（即到达新的平衡状态所需的时间）。

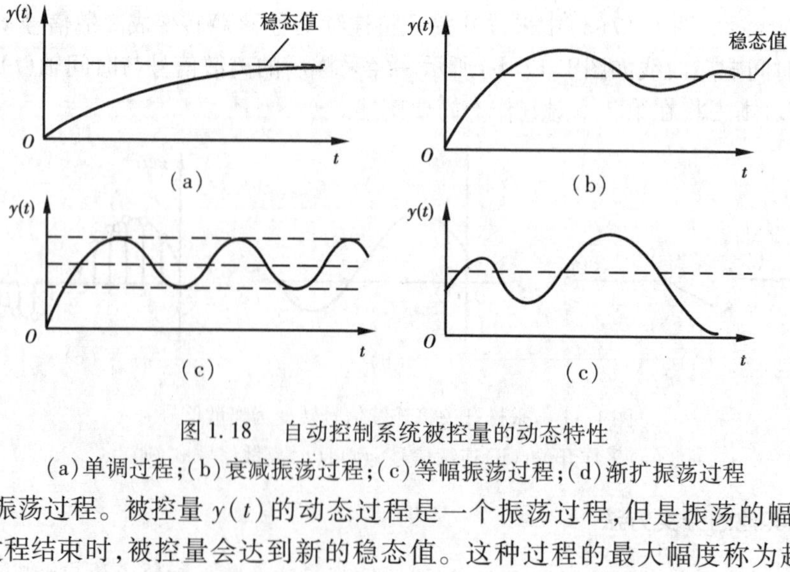

图1.18　自动控制系统被控量的动态特性

(a)单调过程；(b)衰减振荡过程；(c)等幅振荡过程；(d)渐扩振荡过程

②衰减振荡过程。被控量 $y(t)$ 的动态过程是一个振荡过程，但是振荡的幅度不断在衰减，到过渡过程结束时，被控量会达到新的稳态值。这种过程的最大幅度称为超调量，如图1.18(b)所示。

③等幅振荡过程。被控量 $y(t)$ 的动态过程是一个持续等幅振荡过程，始终不能达到新的稳态值，如图 1.18（c）所示。这种过程如果振荡的幅度较大，生产过程不允许，则认为是一种不稳定的系统，如果振荡的幅度较小，生产过程可以允许，则认为是稳定的系统。

④渐扩振荡过程。被控量 $y(t)$ 的动态过程不但是一个振荡的过程，而且振荡的幅度越来越大，以致会大大超过被控量允许的误差范围，如图 1.18（d）所示，这是一种典型的不稳定过程，设计自动控制系统要绝对避免产生这种情况。

一般说来，自动控制系统如果设计合理，其动态过程多属于图 1.18（b）的情况。为了满足生产过程的要求，我们希望控制系统的动态过程不仅是稳定的，并且希望过渡过程时间（又称调整时间）越短越好，振荡幅度越小越好，衰减得越快越好。

综上所述，对于一个自动控制系统的性能要求可以概括为 3 个方面：稳定性、快速性和准确性。

1）稳定性（稳）

一个自动控制系统的最基本的要求是系统必须是稳定的，不稳定的控制系统是不能工作的。如何判断系统是稳定的，有很多科学家发明的稳定判据（如劳斯稳定判据、赫尔维茨稳定判据、奈奎斯特稳定判据、李雅普诺夫稳定判据和伯德定理等）将在本书后续章节中详细介绍。

2）快速性（快）

在系统稳定的前提下，希望控制过程（过渡过程）进行得越快越好，但是有矛盾，如果要求过渡过程时间很短，可能使动态误差（偏差）过大。合理的设计应该兼顾这两方面的要求。

3）准确性（准）

即要求动态误差（偏差）和稳态误差（偏差）都越小越好。当与快速性有矛盾时，应兼顾两方面的要求。

关于稳态性能和动态性能的性能指标可进行定量分析计算，将在第 3 章中详细说明。如何能够对自动控制系统进行综合分析、设计与校正，经典控制理论对单输入/单输出系统采用其精髓“一数二法”（传递函数、频率响应法、根轨迹法）进行代数与作图分析计算，本书将在 2、4、5、6 章中详细介绍。现代控制理论对多输入/多输出系统采用状态空间法应用计算机进行复杂的矩阵分析计算，本书将在第 8 章中做基本介绍。

1.5　基于 MATLAB-Simulink 搭建模型仿真

MATLAB 仿真软件中含有一个 SIMULINK 工具，可以搭建模块进行仿真，非常直观。

（1）线性系统建模仿真

1）开环控制系统

发电机-变压器电压开环控制系统模拟仿真方框图如图 1.19 所示，signal-generator 为一发电机模型（恒压源），代表给定输入信号，transfer fon 为变压器模型，代表控制器，scope 为示波器模型，代表输出信号。将三个模型连接起来，组成了发电机-变压器开环控制系统，双击各模型可录入修改其参数特性，仿真运行后双击显示器模块可显示输出结果，如图 1.21 所示。

2）闭环控制系统

发电机电压闭环励磁控制系统模拟仿真方框图如图 1.20 所示，integrator 为控制器模型

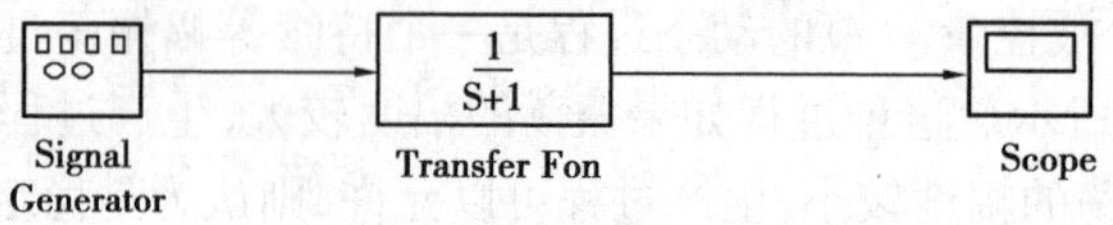

图 1.19 发电机-变压器电压开环控制系统的 Simulink 模型图

(励磁调节器),gain 为输出电压测量环节,代表反馈,将各个模型连接起来,组成了发电机电压励磁闭环控制系统。双击各模型可录入修改其参数特性,仿真运行后双击显示器模块可显示输出结果,如图 1.21 所示。

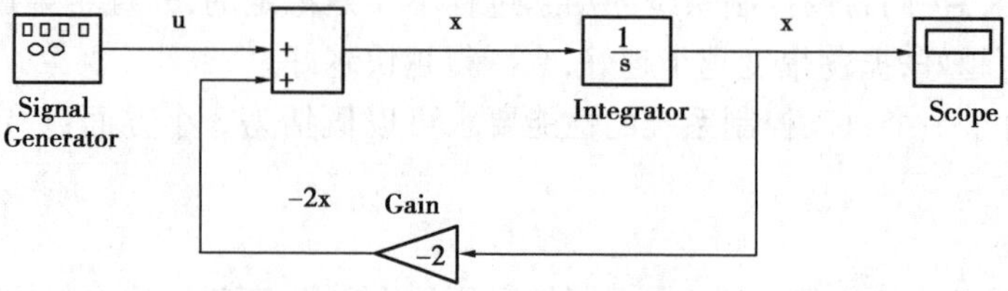

图 1.20 发电机电压闭环励磁控制系统的 Simulink 模型图

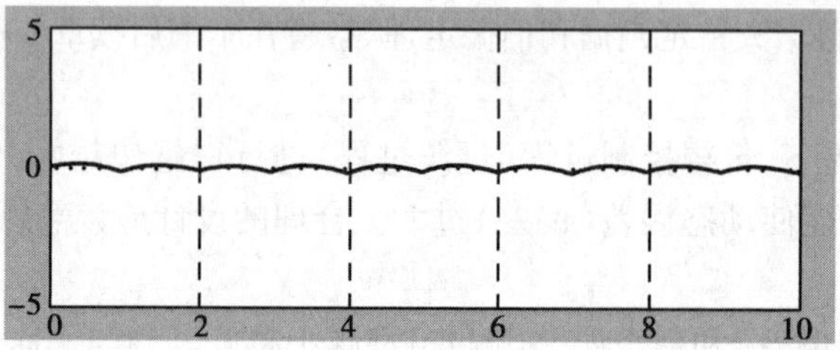

图 1.21 图 1.19 和图 1.20 的仿真结果图

(2) 非线性系统建模仿真

1)开环控制系统

图 1.22 为含继电器非线性特性的开环控制系统 Simulink 模型图,relay 为继电器模型,输入为正弦信号,有两个 integrator 控制器。输出仿真结果如图 1.23 所示。

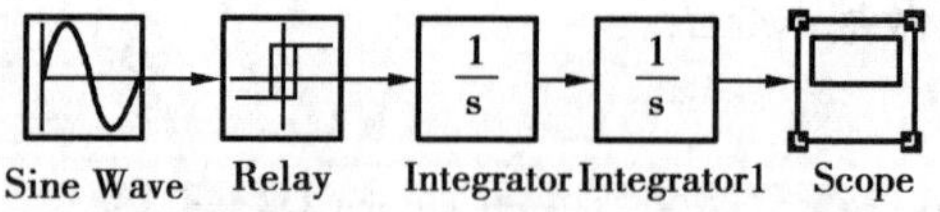

图 1.22 含继电器非线性特性的开环控制系统 Simulink 模型图

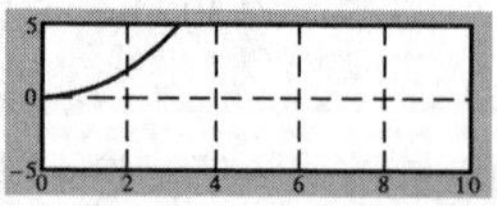

图 1.23 图 1.22 的仿真结果图

2)闭环控制系统

图 1.24 为含非线性特性的闭环控制系统 Simulink 模型图,sign 为非线性信号模型,输出仿真结果如图 1.25 所示。

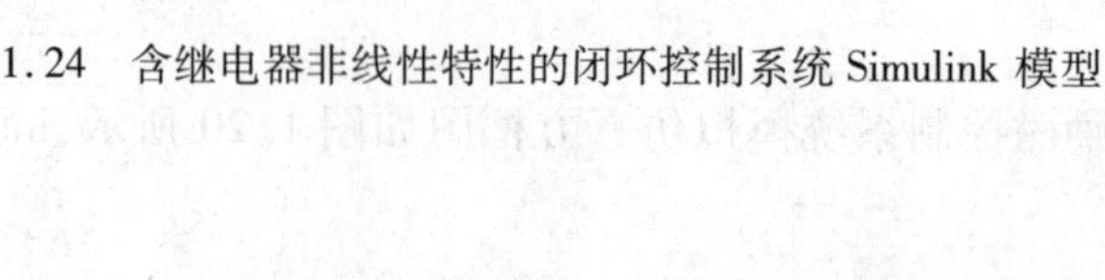

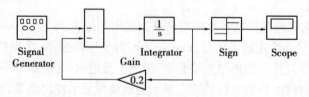

图 1.24 含继电器非线性特性的闭环控制系统 Simulink 模型图

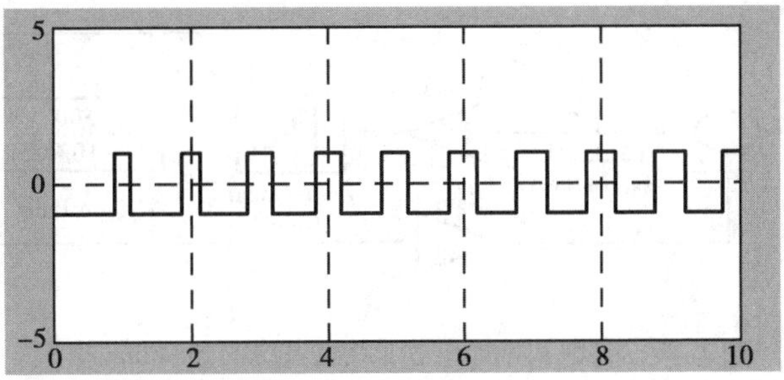

图1.25 图1.24的仿真结果图

(3)基于Simulink的非线性系统自激振荡的仿真

典型非线性环节。如饱和非线性、死区非线性、间隙(磁滞回环)非线性以及继电器非线性等,在工程实际中是广泛存在的。可用MATLAB的Simulink工具分析在简单的非线性系统中是否存在自激振荡,以及自激振荡的稳定性和自激振荡的幅值与频率。图1.26为含继电器特性的非线性系统的Simulink模型图。

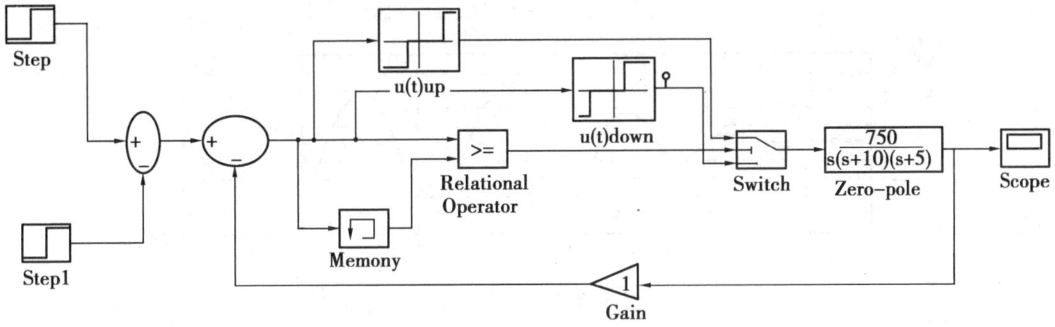

图1.26 含继电器特性的非线性系统的Simulink模型图

仿真结果图如图1.27所示,可以看出系统可能产生自激振荡,且该自激振是稳定的。从仿真的结果图可以得到系统的自振荡的角频率为5.8rad/s,自激振荡的幅值为3.3。

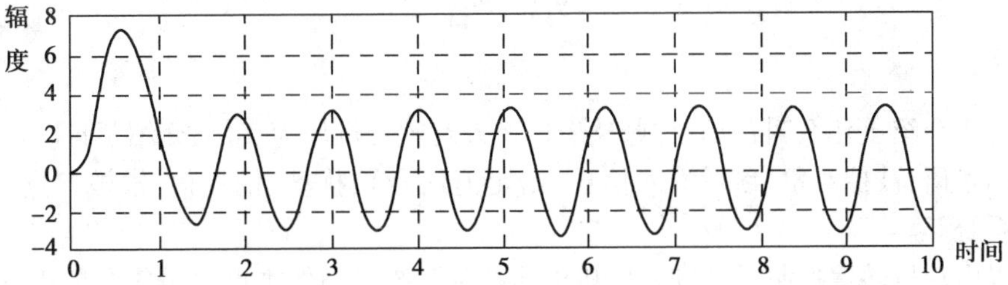

图1.27 非线性系统自激振荡现象的仿真结果

图1.28为含饱和特性的离散非线性系统,应用Simulink搭建仿真模型如图1.29所示。

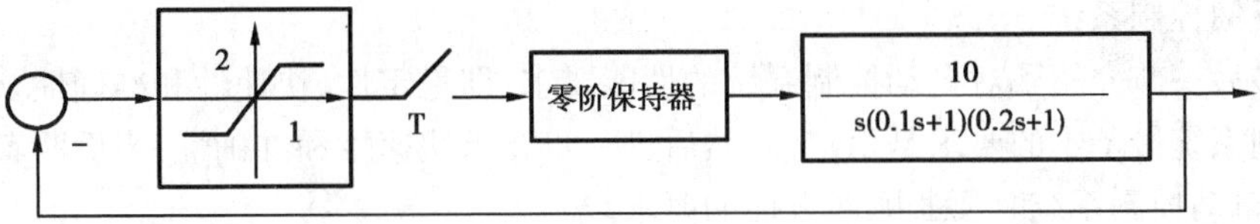

图1.28 含饱和线性的离散非线性系统

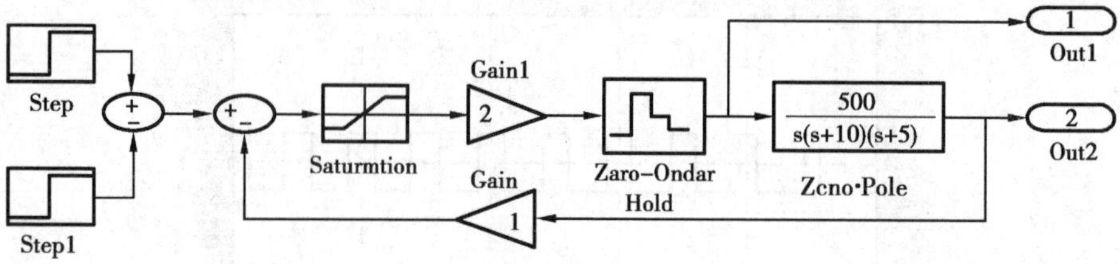

图 1.29　含饱和特性离散非线性系统的 Simulink 模型

从仿真结果图 1.30 ~ 图 1.31 可以看到,该非线性系统存在一稳定的自激振荡点。

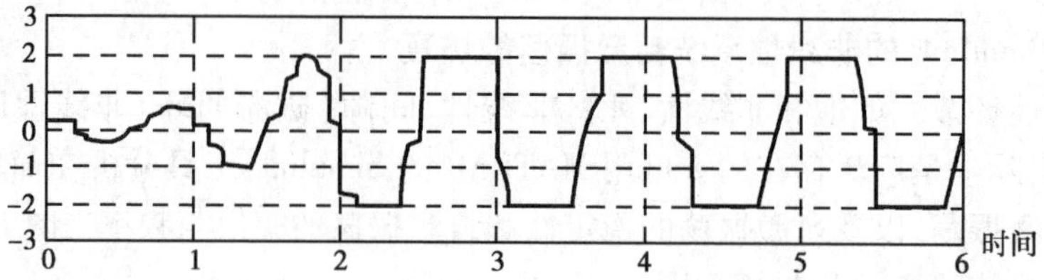

图 1.30　离散非线性系统自激振荡的仿真结果

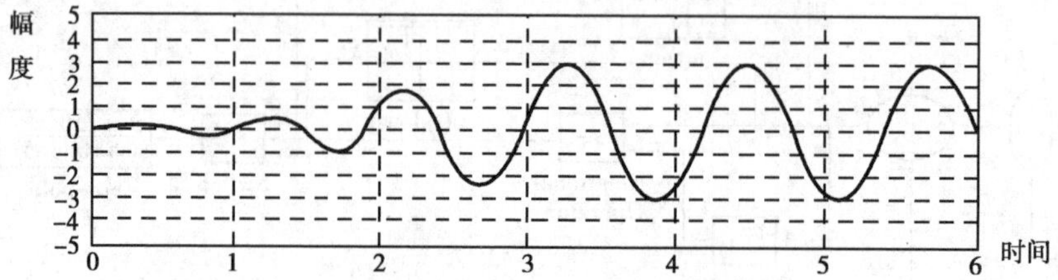

图 1.31　离散非线性系统自激振荡的仿真结果

由以上搭建模型仿真可知,MATLAB 的 Simulink 工具能够很方便地用上述方法建立起模型,并进行仿真。

小　结

本章首先介绍了什么叫自动控制,然后以无人驾驶飞机作为实例,介绍了自动控制理论中经常用到的术语:被控对象、参考输入信号(给定值信号)、扰动、偏差信号、被控量、控制量和自动控制系统等。

本章以电动机转速控制系统和发电机电压控制系统等为例重点说明什么是开环控制系统和闭环控制系统,并指出实际生产过程的自动控制系统,绝大部分都是闭环控制系统,也就是负反馈控制系统。自动控制系统还有其他各种分类的方法,但自动控制理论主要是研究按偏差调节的反馈控制系统。

本章最后一节介绍了对自动控制系统的性能要求,即稳定性、快速性和准确性。指出对一个自动控制系统最基本的要求是稳定性,然后进一步要求快速性和准确性,当后两者互相有矛盾时,设计自动控制系统时要兼顾两方面的要求。

习　题

1.1　解释下列名词术语：自动控制系统，被控对象，扰动，给定值，参考输入，反馈。

1.2　试举出几个日常生活中的开环控制系统和闭环控制系统的实例，并说明它们的工作原理。

1.3　开环控制系统和闭环控制系统各有什么优缺点？

1.4　什么是反馈控制系统，前馈控制系统，前馈——反馈复合控制系统？

1.5　反馈控制系统的动态过程（动态特性）有哪几种类型？生产过程希望的动态特性是什么？

1.6　举出几个生产过程自动控制系统中常遇到的非线性元件，并说明是什么类型的非线性元件。

1.7　对自动控制系统基本的性能要求是什么？最主要的要求是什么？

1.8　习题1.8图为一个电位器位置随动系统，输入量为给定转角 θ_r；输出量为随动系统的随动转角 θ_c。R_P 为圆盘式滑动电位器，K_s 为功率放大器。说明：

①该系统由哪些环节组成？各起什么作用？试用框图表示出该系统的组成和结构。

②该系统是有差系统还是无差系统？

③说明当输入转角 θ_r 变化时输出转角 θ_c 的跟随过程。

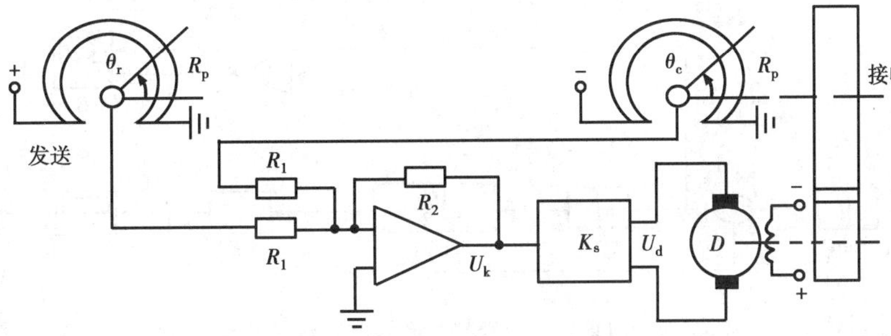

习题1.8图　电位器位置随动系统

1.9　请用MATLAB的Simulink工具搭建如习题1.9图非线性控制系统模块：

说明：Simulink的连续模块组中提供了一个memory模块，该模块记忆前一个计算步长上的信号值。在该框图中使用了一个比较符号来比较当前的输入信号与上一步输入信号的大小，其输出是逻辑变量，在上升时输出值为1，下降时的值是0。由该信号可以控制后面的开关模块，设开关模块的阈值（Threshold）为0.5，则当输入信号为上升时由上面的通路计算整个系统的输出，而下降时由下面的通路计算输出。

1.10　请用MATLAB的Simulink工具搭建如习题1.10图饱和非线性控制系统模块：

说明：其中控制器为PI控制器，其模型为 $Gc(s)=(Kps+Ki)/s$，且 $Kp=3$，$Ki=2$，饱和非线性中的 $\Delta=2$，死区非线性的死区宽度为 $\delta=0.1$。

1.11　由simulink做二阶继电型控制系统结构图如习题1.11图：

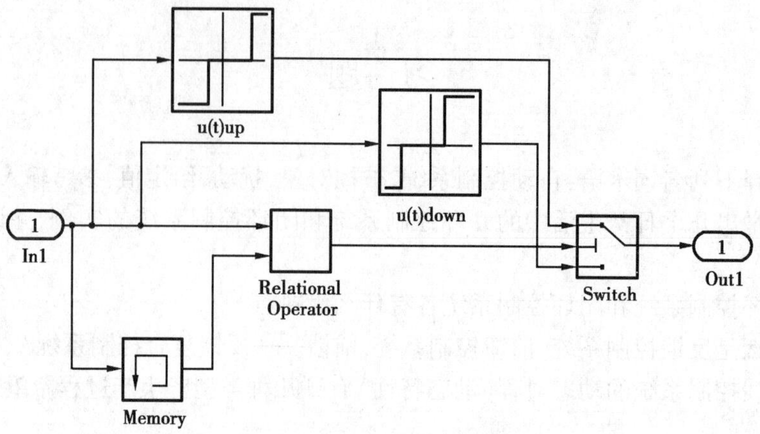

习题 1.9 图　MATLAB 的 Simulink 工具仿真非线性控制系统图

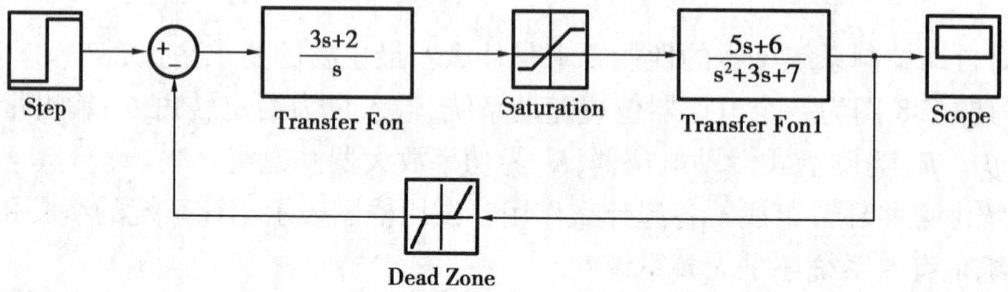

习题 1.10 图　MATLAB 的 Simulink 工具仿真饱和非线性控制系统图

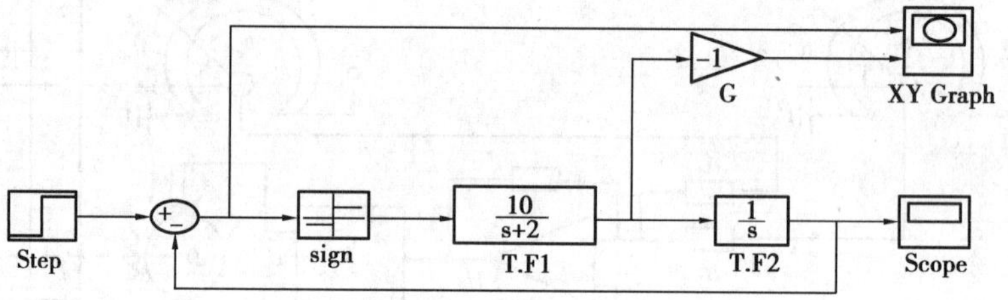

习题 1.11 图　二阶继电型控制系统结构图

设置仿真参数如下：

阶跃信号	开始时间/s	0	阶跃幅值	1
继电特性	开通关断时间/s	0	正反向幅值	±1
XY 绘图仪坐标范围	*X* 轴	[−2,2]	*Y* 轴	[−3,3]

第 2 章

自动控制系统的数学模型

研究一个自动控制系统，除了对系统进行定性分析外，还必须进行定量分析，进而探讨改善系统稳态和动态性能的具体方法。控制系统的运动方程式（也叫数学模型）是根据系统的动态特性，即通过决定系统特征的物理学定律，如机械、电气、热力、液压、气动等方面的基本定律而写成的。它代表系统在运动过程中各变量之间的相互关系，既定性又定量地描述了整个系统的动态过程。因此，要分析和研究一个控制系统的动态特性，就必须列写该系统的运动方程式，即数学模型。

2.1 系统动态微分方程模型

常用的列写系统或环节的动态微分方程式的方法有两种：一种是机理分析法，即根据各环节所遵循的物理规律（如力学、电磁学、运动学、热学等）来编写。另一种方法是实验辨识法，即根据实验数据进行整理编写。在实际工作中，这两种方法是相辅相成的，由于机理分析法是基本的常用方法，本节着重讨论这种方法。

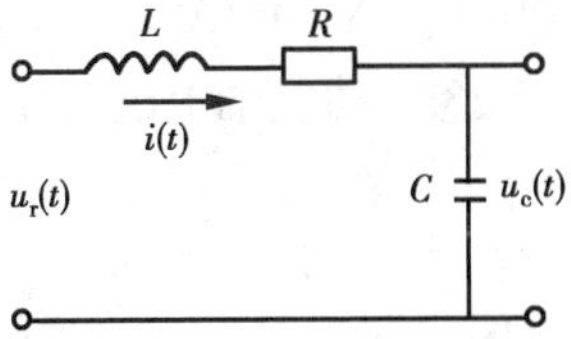

图 2.1 *RLC* 网络

下面通过简单示例介绍机理分析法的一般步骤。

[**例 1**] 列写图 2.1 所示 *RLC* 网络的微分方程。

解 ①明确输入、输出量。

网络的输入量为电压 $u_r(t)$，输出量为电压 $u_c(t)$。

②列出原始微分方程式。根据电路理论得

$$u_r(t) = L\frac{di(t)}{dt} + \frac{1}{C}\int i(t)dt + Ri(t) \tag{2.1}$$

而

$$u_c(t) = \frac{1}{C}\int i(t)dt \tag{2.2}$$

式中 $i(t)$ 为网络电流，是除输入、输出量之外的中间变量。

③消去中间变量。

将式(2.2)两边求导，得

$$\frac{\mathrm{d}u_c}{\mathrm{d}t} = \frac{1}{C}i(t) \text{ 或 } i(t) = C\frac{\mathrm{d}u_c(t)}{\mathrm{d}t} \tag{2.3}$$

代入式(2.1)整理为

$$LC\frac{\mathrm{d}^2u_c(t)}{\mathrm{d}t^2} + RC\frac{\mathrm{d}u_c(t)}{\mathrm{d}t} + u_c(t) = u_r(t) \tag{2.4}$$

显然,这是一个二阶线性微分方程,也就是图2.1所示 RLC 无源网络的数学模型。

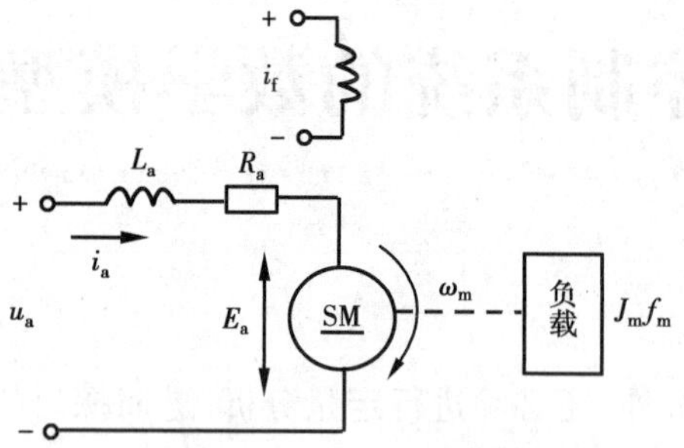

图2.2 电枢控制直流电动机原理图

[例2] 试列写图2.2所示电枢控制直流电动机的微分方程,要求取电枢电压 $u_a(t)(V)$ 为输入量,电动机转速 $\omega_m(t)(\mathrm{rad/s})$ 为输出量。图2.2中 $R_a(\Omega)$、$L_a(H)$ 分别是电枢电路的电阻和电感,$M_c(\mathrm{N\cdot m})$ 是折合到电动机轴上的总负载转矩。激磁磁通为常值。

解 电枢控制直流电动机是控制系统中常用的执行机构或控制对象,其工作实质是将输入的电能转换为机械能,也就是由输入的电枢电压 $u_a(t)$ 在电枢回路中产生电枢电流 $i_a(t)$,再由电流 $i_a(t)$ 与激磁磁通相互作用产生电磁转矩 $M_m(t)$,从而拖动负载运动。因此直流电动机的运动方程可以由以下3部分组成。

①电枢回路电压平衡方程:

$$u_a(t) = L_a\frac{\mathrm{d}i_a(t)}{\mathrm{d}t} + R_ai_a(t) + E_a \tag{2.5}$$

式中 $E_a(V)$ 是电枢反电势,它是当电枢旋转时产生的反电势,其大小与激磁磁通及转速成正比,方向与电枢电压 $u_a(t)$ 相反,即 $E_a = C_e\omega_m(t)(V/\mathrm{rad/s})$ 是反电势系数。

②电磁转矩方程:

$$M_m(t) = C_mi_a(t) \tag{2.6}$$

式中 $C_m(\mathrm{N\cdot m/A})$ 是电动机转矩系数,$M_m(t)(\mathrm{N\cdot m})$ 是电枢电流产生的电磁转矩。

③电动机轴上的转矩平衡方程:

$$J_m\frac{\mathrm{d}\omega_m(t)}{\mathrm{d}t} + f_m\omega_m(t) = M_m(t) - M_c(t) \tag{2.7}$$

式中 $f_m(\mathrm{N\cdot m/rad/s})$ 是电动机和负载折合到电动机轴上的粘性摩擦系数,$J_m(\mathrm{kg\cdot m\cdot s^2})$ 是电动机和负载折合到电动机轴上的转动惯量。

由式(2.5)、式(2.6)和式(2.7)中消去中间变量 $i_a(t)$、E_a 及 $M_m(t)$ 便可得到以 $\omega_m(t)$ 为输出量,以 $u_a(t)$ 为输入量的直流电动机微分方程为

$$\begin{aligned} L_aJ_m\frac{\mathrm{d}^2\omega_m(t)}{\mathrm{d}t^2} + (L_af_m + R_aJ_m)\frac{\mathrm{d}\omega_m(t)}{\mathrm{d}t} + (R_af_m + C_mC_e)\omega_m(t) \\ = C_mu_a(t) - L_a\frac{\mathrm{d}M_c(t)}{\mathrm{d}t} - R_aM_c(t) \end{aligned} \tag{2.8}$$

在工程应用中,由于电枢电路电感 L_a 较小,通常忽略不计,因而式(2.8)可简化为:

$$T_m\frac{\mathrm{d}\omega_m(t)}{\mathrm{d}t} + \omega_m(t) = K_1u_a(t) - K_2M_c(t) \tag{2.9}$$

式中 $T_m = R_a J_m/(R_a f_m + C_m C_e)$ 是电动机机电时间常数(s)，$K_1 = C_m/(R_a f_m + C_m C_e)$，$K_2 = R_a/(R_a f_m + C_m C_e)$ 是电动机传递系数。

如果电枢电阻 R_a 和电动机的转动惯量 J_m 都很小而忽略不计时，式(2.9)还可进一步简化为

$$C_e \omega_m(t) = u_a(t) \tag{2.10}$$

这时，电动机的转速 $\omega_m(t)$ 与电枢电压 $u_a(t)$ 成正比，于是电动机可作为测速发电机使用。

［例3］　图2.3所示为一具有质量、弹簧、阻尼器的机械位移系统。试列写质量m在外力 $F(t)$ 作用下，位移 $x(t)$ 的运动方程。

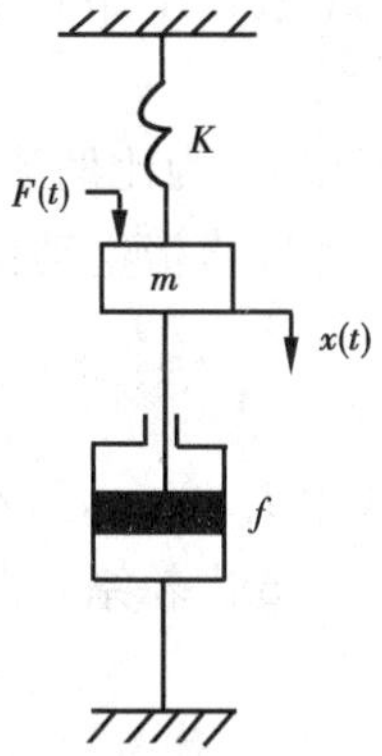

图2.3　弹簧-质量-阻尼器机械位移系统

解　设质量 m 相对于初始状态的位移、速度、加速度分别为 $x(t)$，$\mathrm{d}x(t)/\mathrm{d}t$，$\mathrm{d}^2x(t)/\mathrm{d}t^2$ 由牛顿运动定律有：

$$m\frac{\mathrm{d}^2x(t)}{\mathrm{d}t^2} = F(t) - F_1(t) - F_2(t) \tag{2.11}$$

式中 $F_1(t) = f \cdot \mathrm{d}x(t)/\mathrm{d}t$ 是阻尼器的阻尼力，其方向与运动方向相反，其大小与运动速度成正比，f 为阻尼系数；$F_2(t) = Kx(t)$ 是弹簧弹性力，其方向亦与运动方向相反，其大小与位移成正比，K 为弹性系数。将 $F_1(t)$ 和 $F_2(t)$ 代入式(2.11)中，经整理后即得该系统的微分方程式为：

$$m\frac{\mathrm{d}^2x(t)}{\mathrm{d}t^2} + f\frac{\mathrm{d}x(t)}{\mathrm{d}t} + Kx(t) = F(t) \tag{2.12}$$

［例4］　试列写图2.4所示速度控制系统的微分方程。

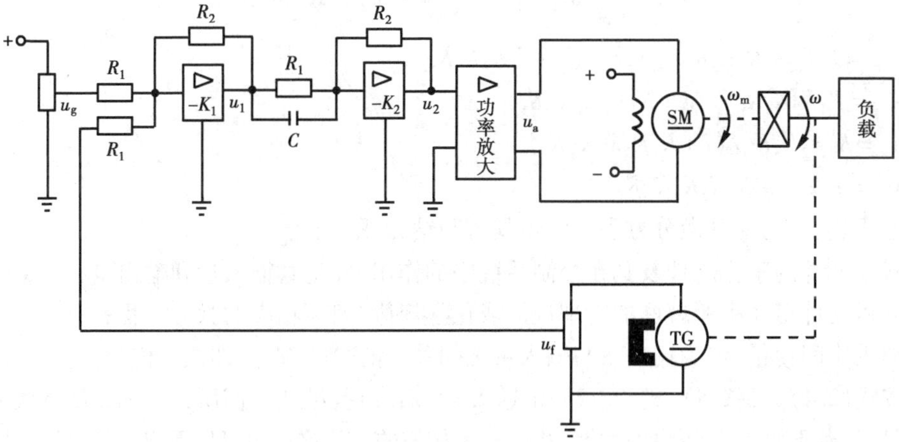

图2.4　速度控制系统

解　通过分析图2.4可知控制系统的被控对象是电动机(带负载)，系统的输出量 ω 是转速，输入量是 u_g，控制系统由给定电位器、运算放大器Ⅰ(含比较作用)、运算放大器Ⅱ(含RC校正网络)、功率放大器、测速发电机、减速器等部分组成。现分别列写各元部件的微分方程。

①运算放大器Ⅰ　输入量(即给定电压)u_g 与速度反馈电压 u_f 在此合成产生偏差电压并经放大，即

$$u_1 = K_1(u_g - u_f) \tag{2.13}$$

式中 $K_1 = R_2/R_1$ 是运算放大器Ⅰ的比例系数。

②运算放大器Ⅱ　考虑 RC 校正网络，u_2 与 u_1 之间的微分方程为：

$$u_2 = K_2\left(\tau \frac{\mathrm{d}u}{\mathrm{d}t} + u_1\right) \tag{2.14}$$

式中 $K_2 = R_2/R_1$ 是运算放大器Ⅱ的比例系数，$\tau = \mathrm{RC}$ 是微分时间常数。

③功率放大器　本系统采用晶闸管整流装置，它包括触发电路和晶闸管主回路。忽略晶闸管控制电路的时间迟后，其输入输出方程为

$$u_a = K_3 u_2 \tag{2.15}$$

式中 K_3 为比例系数。

④直流电动机　直接引用例 2.2 所求得的直流电动机的微分方程式(2.9)：

$$T_m \frac{\mathrm{d}\omega_m(t)}{\mathrm{d}t} + \omega_m(t) = K_m u_a(t) - K_c M'_c(t) \tag{2.16}$$

式中 T_m、K_m、K_c 及 M'_c 均是考虑齿轮系和负载后，折算到电动机轴上的等效值。

⑤齿轮系　设齿轮系的速比为 i，则电动机转速 ω_m 经齿轮系减速后变为 ω，故有

$$\omega = \frac{1}{i}\omega_m \tag{2.17}$$

⑥测速发电机　测速发电机的输出电压 u_f 与其转速 ω 成正比，即有

$$u_f = K_t \omega \tag{2.18}$$

式中 K_t 是测速发电机比例系数（V/rad/s）。

从上述各方程中消去中间变量，经整理后便得到控制系统的微分方程：

$$T'_m \frac{\mathrm{d}\omega}{\mathrm{d}t} + \omega = K'_g \frac{\mathrm{d}u_g}{\mathrm{d}t} + K_g u_g - K'_c M'_c(t) \tag{2.19}$$

式中　$T'_m = (iT_m + K_1K_2K_3K_mK_t\tau)/(i + K_1K_2K_3K_mK_t)$

$K'_g = K_1K_2K_3K_m\tau/(i + K_1K_2K_3K_mK_t)$

$K_g = K_1K_2K_3K_m/(i + K_1K_2K_3K_mK_t)$

$K'_c = K_c/(i + K_1K_2K_3K_mK_t)$

综上所述，列写元件微分方程式的步骤可归纳如下：

①根据元件的工作原理及其在控制系统中的作用，确定其输入量和输出量；

②分析元件工作中所遵循的物理规律或化学规律，列写相应的微分方程；

③消去中间变量，得到输出量与输入量之间关系的微分方程，即数学模型。

比较式(2.4)、式(2.8)、式(2.12)和式(2.19)后发现，虽然它们所代表的系统的类别、结构完全不同，但表征其运动特征的微分方程式却是相似的。从这里也可以看出，尽管环节（或系统）的物理性质不同，它们的数学模型却可以是相似的。这就是系统的相似性，利用这个性质，就可以用那些数学模型容易建立、参数调节方便的系统作为模型，代替实际系统从事实验研究。

2.2　非线性数学模型的线性化

在建立控制系统的数学模型时，常常会遇到非线性的问题。严格地说，实际物理元件或系统都是非线性的。例如，弹簧的刚度与其形变有关，因此弹簧系数 K 实际上是其位移 x 的函

数,并非常值;电阻、电容、电感等参数与周围环境(温度、湿度、压力等)及流经它们的电流有关,也并非常值;电动机本身的摩擦、死区等非线性因素会使其运动方程复杂化而成为非线性方程。对于线性系统的数学模型的求解,可以借用工程数学中的拉氏变换,原则上总能获得较为准确的解答。而对于非线性微分方程则没有通用的解析求解方法,利用计算机可以对具体的非线性问题近似计算出结果,但难以求得各类非线性系统的普遍规律。因此,在理论研究时,考虑到工程实际特点,常常在合理的、可能的条件下将非线性方程近似处理为线性方程,即所谓线性化。

控制系统都有一个额定的工作状态以及与之相对应的工作点。由数学的级数理论可知,若函数在给定区域内有各阶导数存在,便可以在给定工作点的领域将非线性函数展开为泰勒级数。当偏差范围很小时,可以忽略级数展开式中偏差的高次项,从而得到只包含偏差一次项的线性化方程式。这种线性化方法称为小偏差线性化方法。

设连续变化的非线性函数为 $y=f(x)$,如图 2.5 所示。取某平衡状态 A 为工作点,对应有 $y_0=f(x_0)$。当 $x=x_0+\Delta x$ 时,有 $y=y_0+\Delta y$。设函数 $y=f(x)$ 在 (x_0,y_0) 点连续可微,则将它在该点附近用泰勒级数展开为:

$$y=f(x)=f(x_0)+\left(\frac{\mathrm{d}f(x)}{\mathrm{d}x}\right)_{x_0}(x-x_0)+\frac{1}{2!}\left(\frac{\mathrm{d}^2f(x)}{\mathrm{d}x^2}\right)_{x_0}(x-x_0)^2+\cdots$$

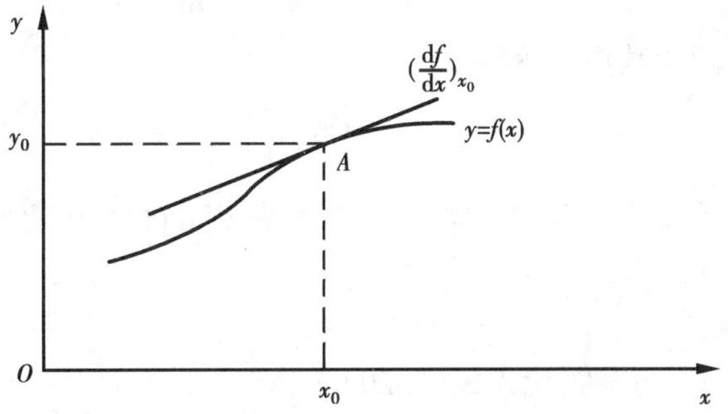

图 2.5　小偏差线性化示意图

当增量 $(x-x_0)$ 很小时,略去其高次幂项,则有:

$$y-y_0=f(x)-f(x_0)=\left(\frac{\mathrm{d}f(x)}{\mathrm{d}x}\right)_{x_0}(x-x_0)$$

令 $\Delta y=y-y_0=f(x)-f(x_0)$,$\Delta x=x-x_0$,$K=(\mathrm{d}f(x)/\mathrm{d}x)_{x_0}$,则线性化方程可简记为:

$$\Delta y=K\Delta x$$

略去增量符号 Δ,便得到函数在工作点附近的线性化方程为 $y=Kx$。

式中,$K=(\mathrm{d}f(x)/\mathrm{d}x)_{x_0}$ 是比例系数,它是函数 $y=f(x)$ 在 A 点附近的切线斜率。

[**例 5**]　铁心线圈电路如图 2.6(a)所示,其磁通 Φ 与线圈中电流 i 之间关系如图 2.6(b)所示。试列写以 u_r 为输入量,i 为输出量的电路微分方程。

解　设铁心线圈磁通变化时产生的感应电势为:

$$u_\Phi=K_1\frac{\mathrm{d}\Phi(\mathrm{i})}{\mathrm{d}t}$$

根据克希霍夫定律可写出电路微分方程为:

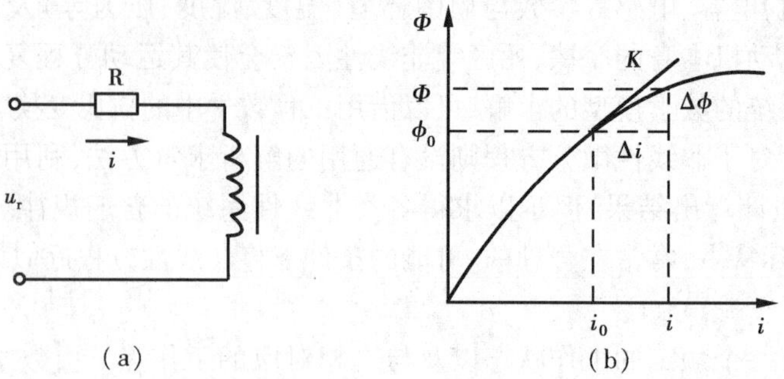

图 2.6　铁心线圈电路及其特性

$$u_r = K_1\frac{\mathrm{d}\Phi(i)}{\mathrm{d}t} + Ri = K_1\frac{\mathrm{d}\Phi(i)}{\mathrm{d}i}\frac{\mathrm{d}i}{\mathrm{d}t} + Ri \tag{2.20}$$

式中的 $\mathrm{d}\Phi(i)/\mathrm{d}i$ 是线圈中电流 i 的非线性函数,因此式(2.20)是一个非线性微分方程。

在工程应用中,如果电路的电压和电流只在某平衡点(u_0,i_0)附近作微小变化,则可设 u_r 相对于 u_0 的增量是 Δu_r,i 相对于 i_0 的增量是 Δi,并设 $\Phi(i)$ 在 i_0 的附近连续可微,则将 $\Phi(i)$ 在 i_0 附近用泰勒级数展开为:

$$\Phi(i) = \Phi(i_0) + \left(\frac{\mathrm{d}\Phi(i)}{\mathrm{d}i}\right)_{i_0}\Delta i + \frac{1}{2!}\left(\frac{\mathrm{d}^2\Phi(i)}{\mathrm{d}i^2}\right)_{i_0}(\Delta i)^2 + \cdots$$

当 Δi 足够小时,略去高阶导数项,可得:

$$\Phi(i) - \Phi(i_0) = \left(\frac{\mathrm{d}\Phi(i)}{\mathrm{d}i}\right)_{i_0}\Delta i = K\Delta i$$

式中 $K = (\mathrm{d}\Phi(i)/\mathrm{d}i)_{i_0}$,令 $\Delta\Phi = \Phi(i) - \Phi(i_0)$,并略去增量符号 Δ,便得到磁通 Φ 与线圈中电流 i 之间的增量线性化方程为:

$$\Phi(i) = Ki \tag{2.21}$$

由式(2.21)可求得 $\mathrm{d}\Phi(i)/\mathrm{d}i = K$,代入式(2.20)中,有

$$K_1K\frac{\mathrm{d}i}{\mathrm{d}t} + Ri = u_r \tag{2.22}$$

式(2.22)便是铁心线圈电路在平衡点(u_0,i_0)的增量线性化方程,若平衡点发生变动,则 K 值亦相应改变。

通过上述讨论,应注意以下几点:

①线性化方程中的参数与选择的工作点有关,工作点不同,相应的参数也不同。因此,在进行线性化时,应首先确定工作点。

②当输入量变化范围较大时,用上述方法进行线性化处理势必引起较大的误差。所以,要注意它的条件,包括信号变化的范围。

③若非线性特性是不连续的,处处不能满足展开成为泰勒级数的条件,这时就不能进行线性化处理。这类非线性称为本质非线性,对于这类问题,要用非线性自动控制理论来解决。

2.3　传递函数

建立系统数学模型的目的是为了对系统的性能进行分析。在给定外作用及初始条件下，求解微分方程就可以得到系统的输出响应。这种方法比较直观，特别是借助于电子计算机可以迅速而准确地求得结果。但是如果系统的结构改变或某个参数变化时，就要重新列写并求解微分方程，不便于对系统的分析和设计。

拉氏变换是求解线性微分方程的简捷方法。当采用这一方法时，微分方程的求解问题化为代数方程和查表求解的问题，这样就使计算大为简便。更重要的是：由于采用了这一方法，能把以线性微分方程式描述系统的动态性能的数学模型，转换为在复数域的代数形式的数学模型——传递函数。传递函数不仅可以表征系统的动态性能，而且可以用来研究系统的结构或参数变化对系统性能的影响。经典控制理论中广泛应用的频率法和根轨迹法，就是以传递函数为基础建立起来的，传递函数是经典控制理论中最基本和最重要的概念。

2.3.1　传递函数的定义和性质

(1) 定义　线性定常系统的传递函数，定义为零初始条件下，系统输出量的拉氏变换与输入量的拉氏变换之比。

设线性定常系统由下述 n 阶线性常微分方程描述：

$$a_0 \frac{\mathrm{d}^n}{\mathrm{d}t^n}y(t) + a_1 \frac{\mathrm{d}^{n-1}}{\mathrm{d}t^{n-1}}y(t) + \cdots + a_{n-1} \frac{\mathrm{d}}{\mathrm{d}t}y(t) + a_n y(t) = b_0 \frac{d^m}{\mathrm{d}t^m}u(t) + b_1 \frac{\mathrm{d}^{m-1}}{\mathrm{d}t^{m-1}}u(t) + \cdots + b_{m-1} \frac{\mathrm{d}}{\mathrm{d}t}u(t) + b_m u(t) \tag{2.23}$$

式中 $y(t)$ 是系统的输出量，$u(t)$ 是系统的输入量，$a_i(i=0,1,2\cdots,n)$ 和 $b_j(j=0,1,2,\cdots,m)$ 是与系统结构和参数有关的常系数。设 $u(t)$ 和 $y(t)$ 及各阶导数在 $t=0$ 时的值均为零，即零初始条件，则对上式中各项分别求拉氏变换，并令 $Y(s)=L[y(t)]$，$U(s)=L[u(t)]$，可得 s 的代数方程为：

$$[a_0 s^n + a_1 s^{n-1} + \cdots + a_{n-1}s + a_n]Y(s) = [b_0 s^m + b_1 s^{m-1} + \cdots + b_{m-1}s + b_m]U(s) \tag{2.24}$$

于是，由定义得系统传递函数为

$$G(s) = \frac{Y(s)}{U(S)} = \frac{b_0 s^m + b_1 s^{m-1} + \cdots + b_{m-1}s + b_m}{a_0 s^n + a_1 s^{n-1} + \cdots + a_{n-1}s + a_n} \tag{2.25}$$

(2) 性质　传递函数具有以下性质

1) 传递函数是复变量 S 的有理真分式函数，具有复变函数的所有性质。$m \leqslant n$ 且所有系数均为实数。

2) 传递函数是系统或元件数学模型的另一种形式，是一种用系统参数表示输出量与输入量之间关系的表达式。它只取决于系统或元件的结构和参数，而与输入量的形式无关，也不反映系统内部的任何信息。

3) 传递函数与微分方程有相通性。只要把系统或元件微分方程中各阶导数用相应阶次

的变量 S 代替,就很容易求得系统或元件的传递函数。

4)传递函数 $G(s)$ 的拉氏反变换是脉冲响应 $g(t)$。$g(t)$ 是系统在单位脉冲 $\delta(t)$ 输入时的输出响应。此时 $U(s)=L[\delta(t)]=1$,故有 $g(t)=L^{-1}[Y(s)]=L^{-1}[G(s)U(s)]=L^{-1}[G(s)]$。

对于简单的系统或元件,首先列出它的输出量与输入量的微分方程,求其在零初始条件下的拉氏变换,然后由输出量与输入量的拉氏变换之比,即可求得系统的传递函数。对于较复杂的系统或元件,可以先将其分解成各局部环节,求得环节的传递函数,然后利用本章所介绍的结构图变换法则,计算系统总的传递函数。

下面举例说明求取简单环节的传递函数的步骤。

[**例6**] 图2.1所示 *RLC* 网络的微分方程为

$$LC\frac{\mathrm{d}^2u_c(t)}{\mathrm{d}t^2}+RC\frac{\mathrm{d}u_c(t)}{\mathrm{d}t}+u_c(t)=u_r(t)$$

当初始条件为零时,拉氏变换为

$$(LCs^2+RCs+1)U_c(s)=U_r(s)$$

则传递函数为

$$G(s)=\frac{U_c(s)}{U_r(s)}=\frac{1}{LCs^2+RCs+1}$$

2.3.2 典型环节的传递函数

一个物理系统是由许多元件组合而成的。虽然各种元件的具体结构和作用原理是多种多样的,但若抛开其具体结构和物理特点,研究其运动规律和数学模型的共性,就可以划分成几种典型环节。这些典型环节是:比例环节、微分环节、积分环节、比例微分环节、一阶惯性环节、二阶振荡环节和延迟环节。应该指出,由于典型环节是按数学模型的共性划分的,它和具体元件不一定是一一对应的。换句话说,典型环节只代表一种特定的运动规律,不一定是一种具体的元件。

(1)比例环节

比例环节又称放大环节,其输出量与输入量之间的关系为一种固定的比例关系。这就是说,它的输出量能够无失真、无迟后地按一定的比例复现输入量。比例环节的表达式为

$$y(t)=Ku(t) \tag{2.26}$$

比例环节的传递函数为

$$G(s)=\frac{Y(s)}{U(S)}=K \tag{2.27}$$

在物理系统中无弹性形变的杠杆,非线性和时间常数可以忽略不计的电子放大器,传动链之速比以及测速发电机的电压和转速的关系,都可以认为是比例环节。但是也应指出,完全理想的比例环节实际上是不存在的。杠杆和传动链中总存在弹性形变,输入信号的频率改变时电子放大器的放大系数也会发生变化,测速发电机电压与转速之间的关系也不完全是线性关系。因此把上述这些环节当作比例环节是一种理想化的方法。在很多情况下这样做既不影响问题的性质,又能使分析过程简化。但一定要注意理想化的条件和适用范围,以免导致错误的结论。

(2)微分环节

微分环节是自动控制系统中经常应用的环节。

1)理想微分环节

理想微分环节的特点是在暂态过程中,输出量为输入量的微分,即:

$$y(t) = \tau \frac{\mathrm{d}u(t)}{\mathrm{d}t} \tag{2.28}$$

式中 τ——时间常数。

其传递函数为

$$G(s) = \frac{Y(s)}{U(s)} = \tau s \tag{2.29}$$

图 2.7(c)所示的测速发电机,当其输入量为转角 φ,输出量为电枢电压 u_c 时,具有微分环节作用。设测速发电机角速度为 ω,则 $\omega = \frac{\mathrm{d}\varphi}{\mathrm{d}t}$,而测速发电机的输出电压 u_c 与其角速度成正比,因此得:

$$u_c = K\omega = K\frac{\mathrm{d}\varphi}{\mathrm{d}t}$$

由此传递函数为

$$G(s) = \frac{U_c(s)}{\phi(s)} = Ks$$

2)实际微分环节

这种理想的微分环节在实际中很难实现。如图 2.7(a)所示的 RC 串联电路是实际中常用的微分环节的例子。

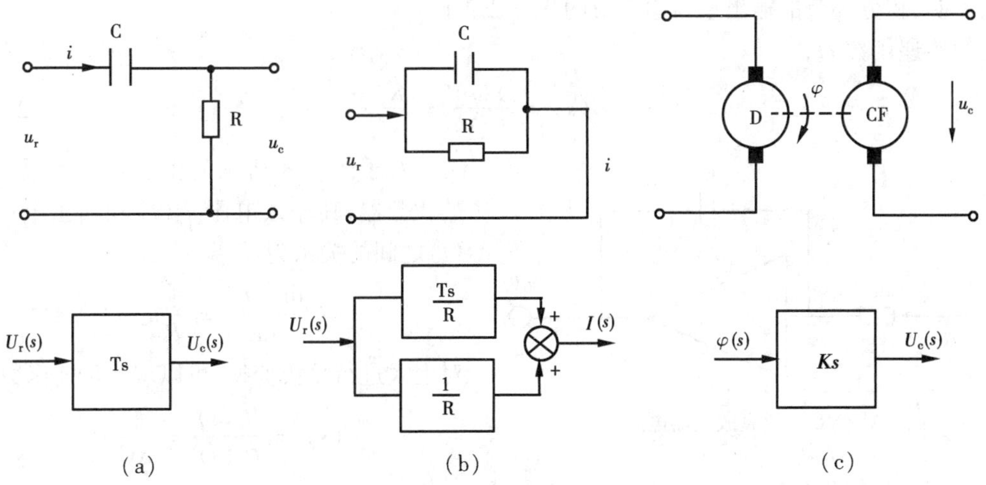

图 2.7　微分环节

图 2.7(a)所示的电路的微分方程为

$$u_r = \frac{1}{C}\int i\mathrm{d}t + iR$$

$$iR = u_c$$

消去中间变量得

$$u_r = \frac{1}{RC}\int u_c \mathrm{d}t + u_c$$

相应的传递函数为

$$G(s) = \frac{U_c(s)}{U_r(s)} = \frac{T_c s}{T_c s + 1} \tag{2.30}$$

式中 $T_c = RC$

当 $RC \ll 1$ 时,则其传递函数可以写成

$$G(s) = \frac{U_c(s)}{U_r(s)} = T_c s$$

3)比例微分环节

图 2.7(b)所示的 RC 电路也是微分环节。它与图 2.7(a)所示的微分电路稍有不同,其输入量为电压 u_r,输出量为回路电流 i。由电路原理知,当输入电压 u_r 发生变化时,有

$$\mathrm{i} = C\frac{\mathrm{d}u_r}{\mathrm{d}t} + \frac{u_r}{R}$$

因此,该电路的传递函数为:

$$G(s) = \frac{I(s)}{U_r(s)} = \frac{1}{R} + \frac{1}{R}Ts \tag{2.31}$$

式中 T = RC——微分时间常数。称具有这种传递函数形式的环节为比例微分环节。

(3)积分环节

积分环节的动态方程为

$$\frac{\mathrm{d}y(t)}{\mathrm{d}t} = Ku(t) \tag{2.32}$$

上式表明,积分环节的输出量与输入量的积分成正比。

对应的传递函数为

$$G(s) = \frac{Y(s)}{U(s)} = \frac{K}{s} \tag{2.33}$$

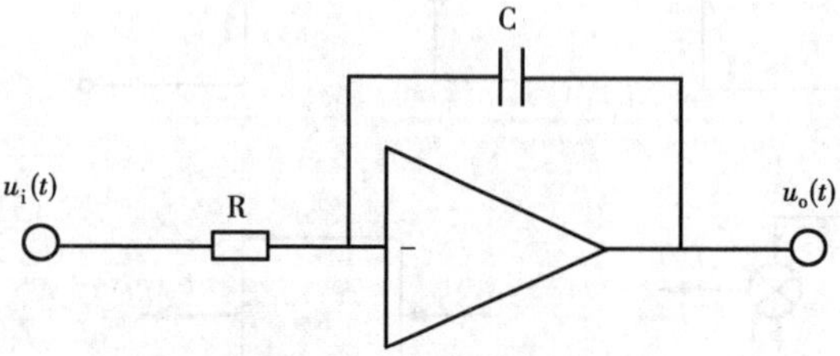

图 2.8　运算放大器电路

对于图 2.8 所示的由运算放大器组成的积分器,其输入电压 $u_r(t)$ 和输出电压 $u_c(t)$ 之间的关系为:

$$C\frac{\mathrm{d}u_c(t)}{\mathrm{d}t} = \frac{1}{R}u_r(t)$$

对上式进行拉氏变换,可以求出传递函数为

$$G(s) = \frac{U_c(s)}{U_r(s)} = \frac{1}{RC}\cdot\frac{1}{s}$$

(4)一阶惯性环节

自动控制系统中经常包含有这种环节,这种环节具有一个储能元件。一阶惯性环节的微分方程为

$$T\frac{\mathrm{d}y(t)}{\mathrm{d}(t)} + y(t) = Ku(t) \tag{2.34}$$

其传递函数可以写成如下表达式:

$$G(s)=\frac{Y(s)}{U(s)}=\frac{K}{Ts+1} \tag{2.35}$$

式中　K——比例系数；

T——时间常数。

图2.9所示的RC电路就是一阶惯性环节的例子。

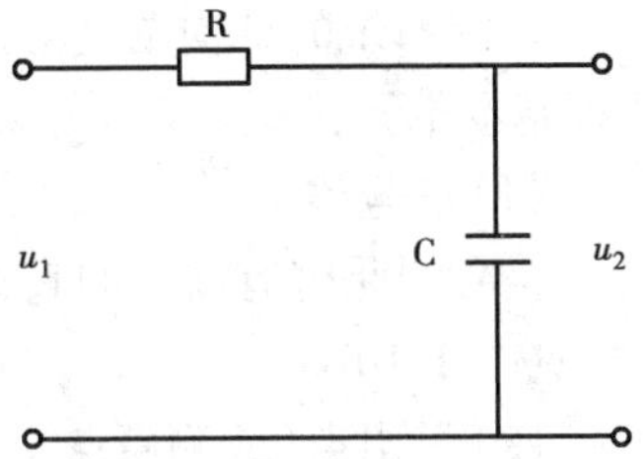

图2.9　RC电路

对于图2.9所示的RC电路，其输入电压$u_r(t)$和输出电压$u_c(t)$之间的关系为：

$$RC\frac{\mathrm{d}u_c(t)}{\mathrm{d}t}+u_c(t)=u_r(t)$$

对上式进行拉氏变换，可以求出传递函数为：

$$G(s)=\frac{U_c(s)}{U_r(s)}=\frac{1}{RCs+1}$$

(5)二阶振荡环节

二阶振荡环节的微分方程为：

$$T^2\frac{\mathrm{d}^2}{\mathrm{d}t^2}y(t)+2\varepsilon T\frac{\mathrm{d}}{\mathrm{d}t}y(t)+y(t)=Ku(t) \tag{2.36}$$

其传递函数为：

$$G(s)=\frac{Y(s)}{U(s)}=\frac{K}{T^2s^2+2\varepsilon Ts+1}=\frac{\omega_n^2}{s^2+2\varepsilon\omega_n s+\omega_n^2} \tag{2.37}$$

式中T——时间常数，ε——阻尼系数(阻尼比)，ω_n——无阻尼自然振荡频率。对于振荡环节恒有$0\leqslant\varepsilon\leqslant1$。例1,2,3中的系统均为振荡环节。

(6)延迟环节

延迟环节的特点是：其输出信号比输入信号迟后一定的时间。其数学表达式为

$$c(t)=r(t-\tau) \tag{2.38}$$

由拉氏变换的平移定理，可求得输出量在零初始条件下的拉氏变换为

$$Y(s)=U(s)\mathrm{e}^{-\tau s}$$

所以，延迟环节的传递函数为

$$G(s)=\frac{Y(s)}{U(s)}=\mathrm{e}^{-\tau s} \tag{2.39}$$

在生产实际中，特别是在一些液压、气动或机械传动系统中，都可能遇到时间迟后现象。在计算机控制系统中，由于运算需要时间，也会出现时间延迟。

2.4　系统结构图及其等效变换

一个控制系统总是由许多元件组合而成。从信息传递的角度去看，可以把一个系统划分为若干环节，每一个环节都有对应的输入量、输出量以及它们的传递函数。为了表明每一个环节在系统中的功能，在控制工程中，常常应用“结构图”的概念。控制系统的结构图是描述系统各元部件之间信号传递关系的数学图形，它表示了系统中各变量之间的因果关系以及对各变量所进行的运算，是控制理论中描述复杂系统的一种简便计算。

2.4.1 系统结构图

控制系统的结构图是由许多对信号进行单向运算的方框和一些信号流向线组成,它包含4种基本单元:

(1)信号线

信号线是带有箭头的直线,箭头表示信号的流向,在直线旁表记信号的时间函数或象函数,见图2.10(a);

(2)引出点(或测量点)

引出点表示信号引出或测量的位置。从同一位置引出的信号在数值和性质方面完全相同,见图2.10(b);

(3)比较点(或综合点)

比较点表示对两个以上的信号进行加减运算,"+"号表示信号相加,"-"号表示相减,"+"号可以省略不写,见图2.10(c);

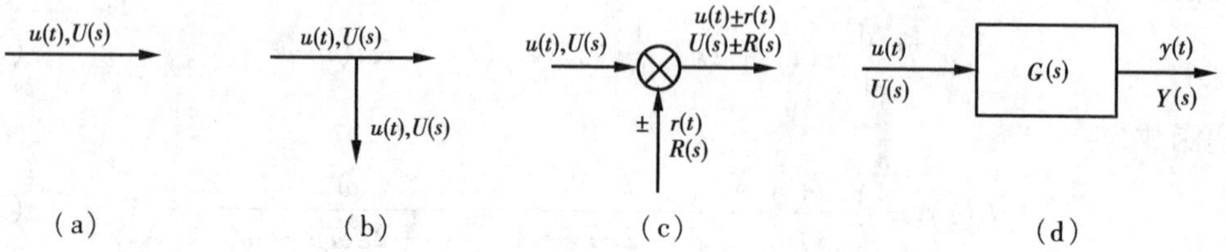

图2.10 结构图的基本组成单元

(4)方框(或环节)

方框表示对信号进行的数学变换。方框中写入环节或系统的传递函数,见图2.10(d)。显然,方框的输出量等于方框的输入量与传递函数的乘积,即

$$Y(s) = G(s)U(s)$$

绘制系统结构图时,首先分别列写系统各环节的传递函数,并将它们用方框表示;然后,按照信号的传递方向用信号线依次将各方框连接起来便得到系统的结构图。

现以图2.4所示速度控制系统为例说明系统结构图的绘制方法。

通过分析图2.4可知控制系统由给定电位器、运算放大器Ⅰ(含比较作用)、运算放大器Ⅱ(含RC校正网络)、功率放大器、测速发电机、减速器等部分组成。其对应各元部件的微分方程已在例2.4中求出。

①运算放大器Ⅰ

$$u_1 = K_1(u_g - u_f)$$

则

$$U_1(s) = K_1(U_g(s) - U_f(s))$$

②运算放大器Ⅱ

$$u_2 = K_2\left(\tau\frac{du_1}{dt} + u_1\right)$$

其拉氏变换为

$$U_2(s) = K_2(\tau s + 1)U_1(S)$$

③功率放大器

$$u_a = K_3 u_2$$

即
$$U_a(s) = K_3U_2(s)$$

④直流电动机

$$T_m\frac{d\omega_m(t)}{dt} + \omega_m(t) = K_mu_a(t) - K_cM'_c(t)$$

则在初始条件为零时的拉氏变换为：

$$\omega_m(s) = \frac{K_m}{T_ms + 1}U_a(s) - \frac{K_c}{T_ms + 1}M'_c(s)$$

⑤齿轮系

$$\omega = \frac{1}{i}\omega_m$$

于是有：
$$\omega(s) = \frac{1}{i}\omega_m(s)$$

⑥测速发电机

$$u_f = K_t\omega$$

即
$$U_f(s) = K_t\omega(s)$$

将上面各环节的方框图按照信号的传递方向用信号线依次连接起来，就得到速度控制系统的结构图。如图 2.11 所示。

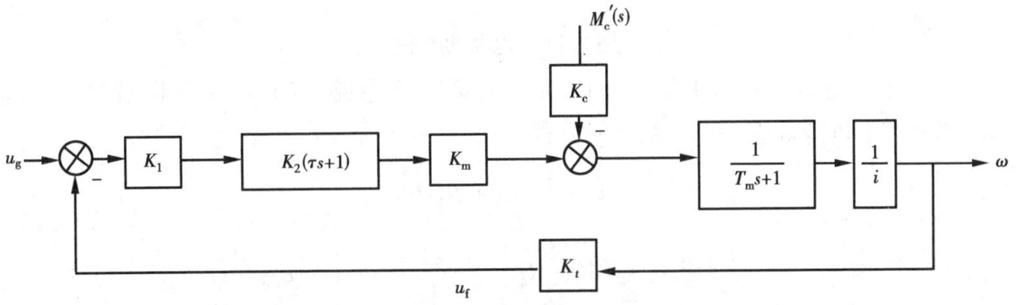

图 2.11　速度控制系统结构图

2.4.2　结构图的等效变换和简化

一个复杂的系统结构图，其方框间的连接必然是错综复杂的，为了便于分析和计算，需要将结构图中的一些方框基于“等效”的概念进行重新排列和整理，使复杂的结构图得以简化。由于方框间的基本连接方式只有串联、并联和反馈连接三种。因此，结构图简化的一般方法是移动引出点或比较点，将串联、并联和反馈连接的方框合并。在简化过程中应遵循变换前后变量关系保持不变的原则。

(1) 环节的串联

环节的串联是很常见的一种结构形式，其特点是：前一个环节的输出信号为后一个环节的输入信号，如图 2.12(a)所示。

由图 2.11(a)有

$$X(s) = G_1(s)U(s)$$
$$Y(s) = G_2(s)X(s)$$

于是得

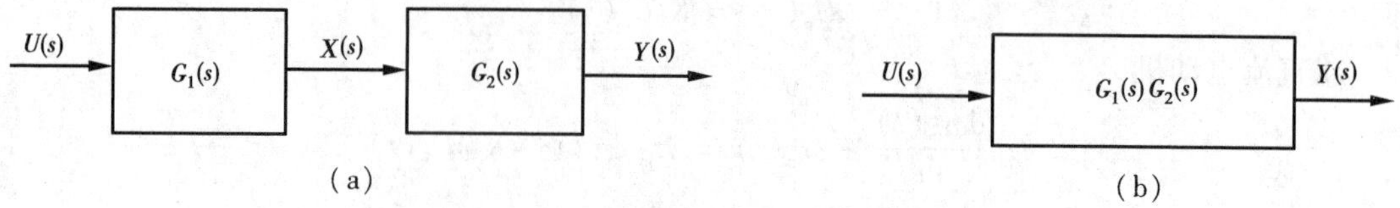

图 2.12 结构图串联连接及其简化

$$Y(s) = G_1(s)G_2(s)U(s) = G(s)U(s) \tag{2.40}$$

式中 $G(s)=G_1(s)G_2(s)$,是串联环节的等效传递函数,可用图 2.12(b)的方框表示。由此可知,两个串联连接的环节,可以用一个等效环节去取代,等效环节的传递函数为各个环节传递函数之积。这个结论可推广到 n 个环节串联的情况。

值得注意的是在许多控制系统中,它们的元件之间存在着负载效应。我们来研究图 2.13(a)所示系统。

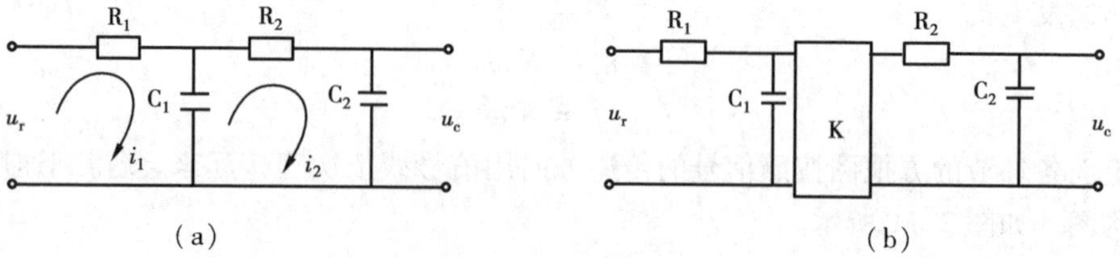

图 2.13 电路的串联

设 u_r 为输入量,u_c 为输出量。在该系统中第二级电路(R_2C_2)部分将对第一级电路(R_1C_1)部分产生负载效应。这个系统的方程为:

$$\frac{1}{C_1}\int(i_1 - i_2)\mathrm{d}t + R_1 i_1 = u_r$$

及

$$\frac{1}{C_1}\int(i_2 - i_1)\mathrm{d}t + R_2 i_2 = -\frac{1}{C_2}\int i_2\mathrm{d}t = -u_c$$

假设初始条件为零,对上述方程进行拉氏变换,可得:

$$\frac{1}{C_1 s}[I_1(s) - I_2(s)] + R_1(s)I_1(s) = U_r(s)$$

$$\frac{1}{C_1 s}[I_2(s) - I_1(s)] + R_2(s)I_2(s) = -\frac{1}{C_2 s}I_2(s) = -U_r(s)$$

在上述方程中消去中间变量 $I_1(s)$ 和 $I_2(s)$,可求得 $U_c(s)$ 和 $U_r(s)$ 之间的传递函数为:

$$\frac{U_c(s)}{U_r(s)} = \frac{1}{(R_1C_1s+1)(R_2C_2s+1)+R_1C_2s}$$

上述分析说明,如果两个 RC 电路串联起来,使第一个电路的输出量作为第二个电路的输入量,那么整个电路不能看作为图 2.9 所示的两个一阶惯性环的串联,传递函数不等于 $1/(R_1C_1s+1)$ 和 $1/(R_2C_2s+1)$ 的乘积。这是因为第一级电路的输出量是有负载的,也就是说负载阻抗并非无穷大,因此要考虑负载效应。如果在两极电路之间加入隔离放大器如图 2.13(b)所示。由于放大器的输入阻抗很大,而输出阻抗很小,负载效应可以忽略不计,这时整个电路就可看做两个一阶惯性环节的串联,其传递函数就等于 $1/(R_1C_1s+1)$ 和 $1/(R_2C_2s+1)$ 的乘积。

(2)环节的并联

环节并联的特点是:各环节的输入信号相同,输出信号相加(或相减),如图2.14(a)所示。

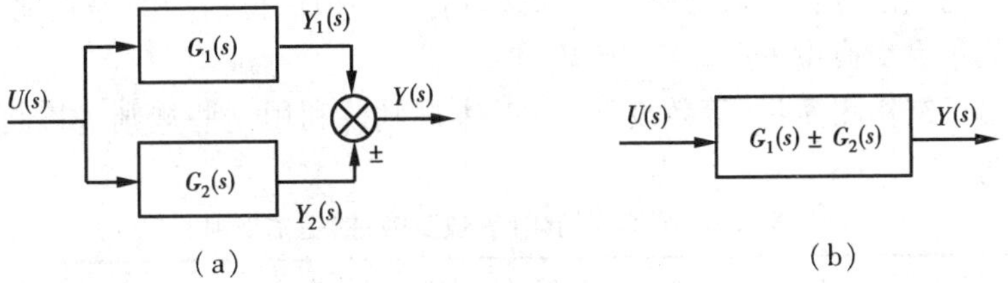

图2.14　结构图并联连接及其简化

由图2.14(a)有

$$Y_1(s) = G_1(s)U(s)$$

$$Y_2(s) = G_2(s)U(s)$$

$$Y(s) = Y_1(s) \pm Y_2(s)$$

则有

$$Y(s) = [G_1(s) \pm G_2(s)]U(s) = G(s)U(s) \tag{2.41}$$

式中 $G(s) = G_1(s) \pm G_2(s)$ 是并联环节的等效传递函数,可用2.14(b)的方框表示。由此可知,两个并联连接的环节,可以用一个等效环节去取代,等效环节的传递函数为各个环节传递函数之代数和。这个结论同样可以推广到 n 个环节并联的情况。

(3)环节的反馈连接

若传递函数分别为 $G(s)$ 和 $H(s)$ 的两个环节如图2.15(a)形式连接,则称为反馈连接。"+"号为正反馈,表示输入信号与反馈信号相加,"-"号则表示相减,为负反馈。构成反馈连接后,信号的传递形成了封闭的路线,形成了闭环控制。按照控制信号的传递方向,可将闭环回路分成两个通道,前向通道和反馈通道。前向通道传递正向控制信号,通道中的传递函数称为前向通道传递函数,如图2.15(a)中的 $G(s)$。反馈通道是把输出信号反馈到输入端,它的传递函数称为反馈通道传递函数,如图2.15(a)中的 $H(s)$。当 $H(s)=1$ 时,称为单位反馈。

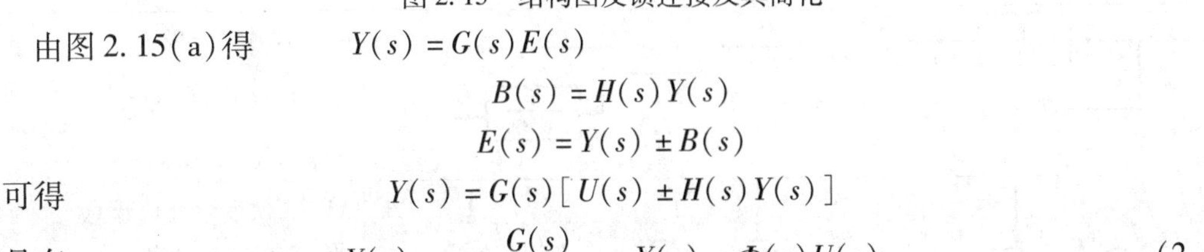

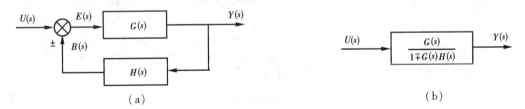

图2.15　结构图反馈连接及其简化

由图2.15(a)得

$$Y(s) = G(s)E(s)$$

$$B(s) = H(s)Y(s)$$

$$E(s) = Y(s) \pm B(s)$$

则可得

$$Y(s) = G(s)[U(s) \pm H(s)Y(s)]$$

于是有

$$Y(s) = \frac{G(s)}{1 \mp G(s)H(s)}Y(s) = \Phi(s)U(s) \tag{2.42}$$

式中 $\Phi(s) = \dfrac{G(s)}{1 \mp G(s)H(s)}$ 称为闭环传递函数,是环节反馈连接的等效传递函数。式中负号对应正反馈连接,正号对应负反馈连接。式(2.42)可用图2.15(b)的方框表示。

(4)比较点和引出点的移动

在系统结构图简化过程中,有时为了便于进行方框的串联、并联或反馈连接的运算,需要移动比较点或引出点的位置。这时应注意在移动前后必须保持信号的等效性,而且比较点和引出点之间一般不宜交换位置。

表2.1列出了结构图简化(等效变换)的基本规则。利用这些规则可以将比较复杂的系统结构图进行简化。

表2.1　结构图简化(等效变换)的基本规则

原方框图	等效方框图	等效运算关系
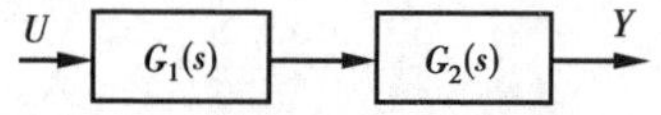	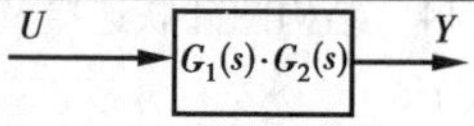	(1)串联等效 $Y(s)=G_1(s)G_2(s)U(s)$
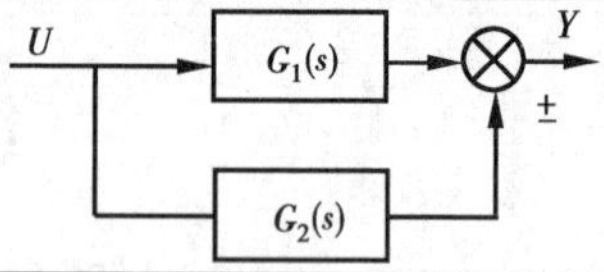	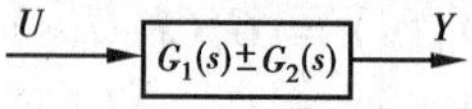	(2)并联等效 $Y(s)=[G_1(s)\pm G_2(s)]U(s)$
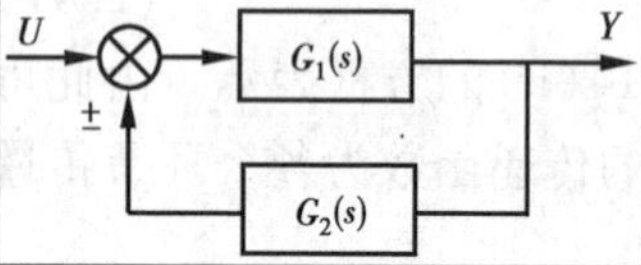	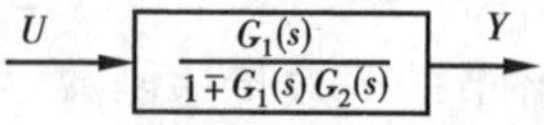	(3)反馈等效 $Y(s)=\dfrac{G_1(s)U(s)}{1\mp G_1(s)G_2(s)}$
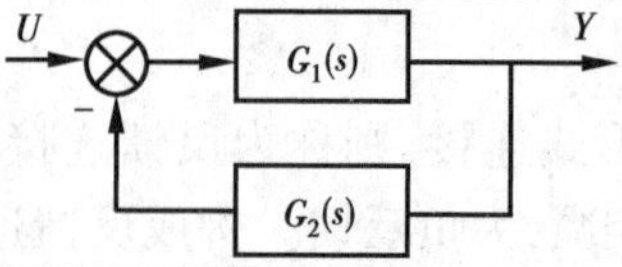	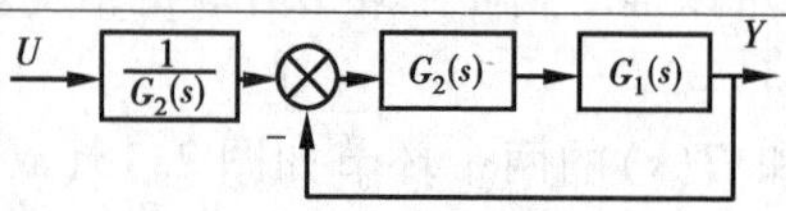	(4)等效单位反馈 $\dfrac{Y(s)}{U(s)}=\dfrac{1}{G_2(s)}\dfrac{G_1(s)G_2(s)}{1+G_1(s)G_2(s)}$
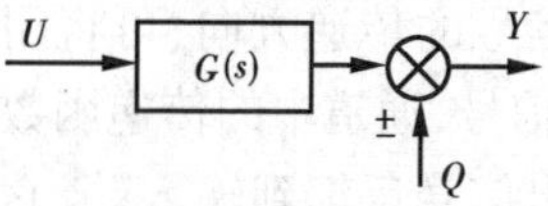	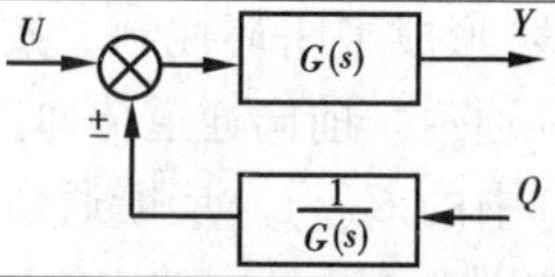	(5)比较点前移 $Y(s)=U(s)G(s)\pm Q(s)=\left[U(s)\pm\dfrac{Q(s)}{G(s)}\right]G(s)$
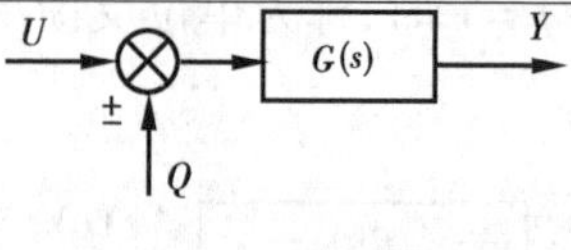	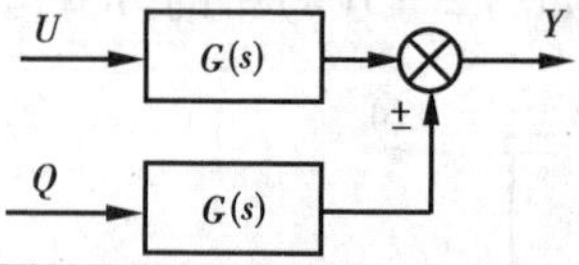	(6)比较点后移 $Y(s)=[U(s)\pm Q(s)]G(s)=U(s)G(s)\pm Q(s)G(s)$
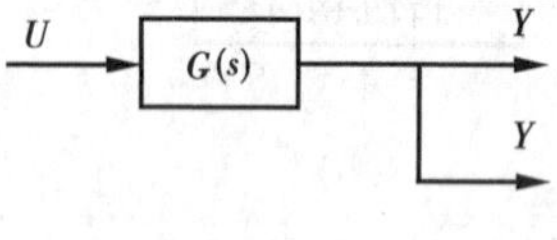	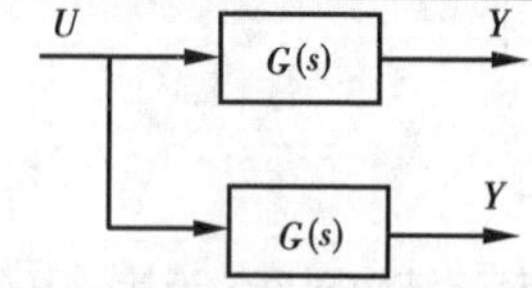	(7)引出点前移 $Y(s)=U(s)G(s)$
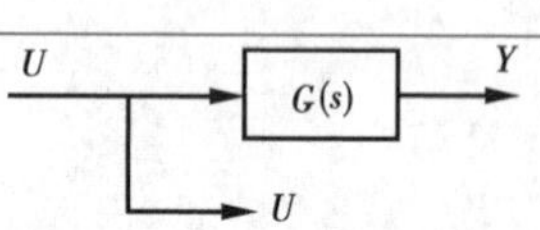	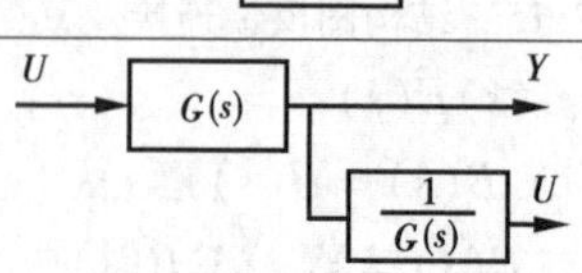	(8)引出点后移 $U(s)=U(s)G(s)\dfrac{1}{G(s)}$ $Y(s)=U(s)G(s)$
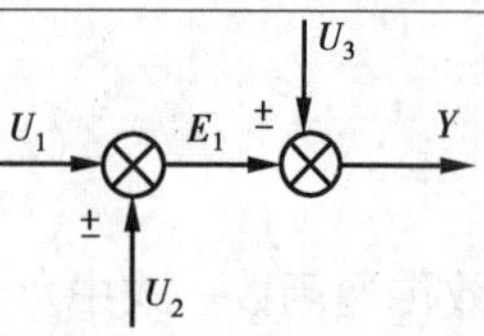	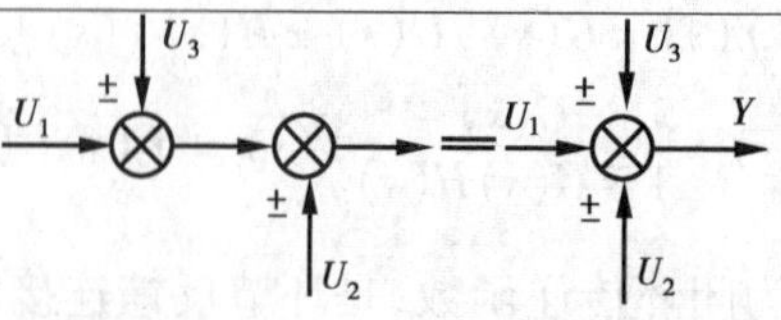	(9)交换或合并比较点 $Y(s)=E_1(s)\pm U_3(s)$ $=U_1(s)\pm U_2(s)\pm U_3(s)$ $=U_1(s)\pm U_3(s)\pm U_2(s)$

续表

原方框图	等效方框图	等效运算关系
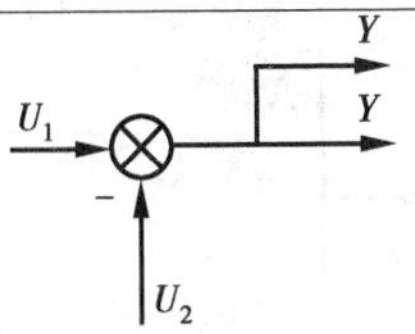	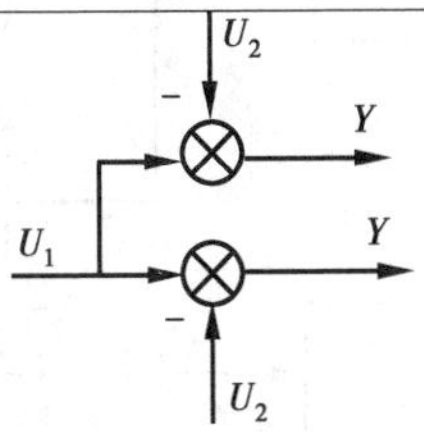	(10)交换比较点和引出点(一般不采用) $Y(s)=U_1(s)-U_2(s)$
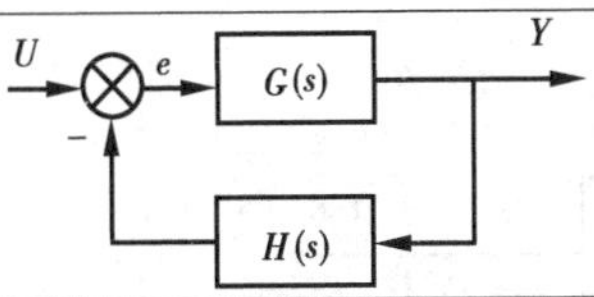	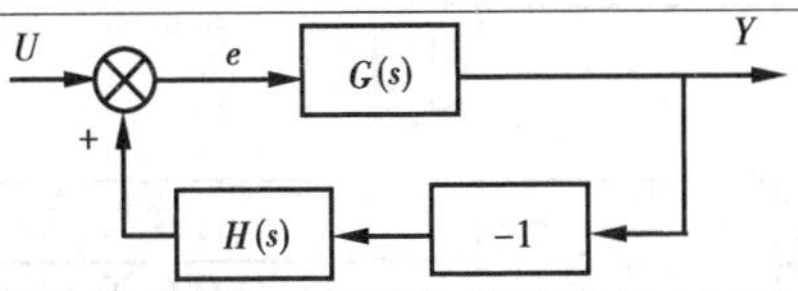	(11)负号在支路上移动 $E(s)=U(s)-H(s)Y(s)=$ $U(s)+H(s)\times(-1)\times Y(s)$

下面举例说明结构图的等效变换和简化过程。

[例 7]　试求图 2.16 所示多回路系统的闭环传递函数。

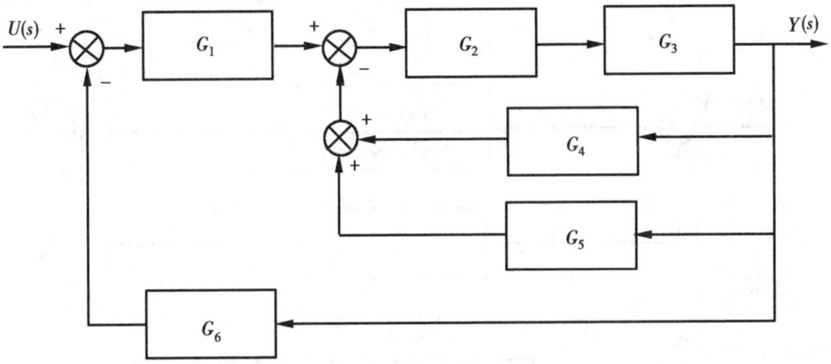

图 2.16

解　按照图 2.17 所示的步骤，根据环节串联、并联和反馈连接的规则简化。可以求得

$$\frac{Y(s)}{U(s)}=\frac{G_1(s)G_2(s)G_3(s)}{1+G_2(s)G_3(s)[G_4(s)+G_5(s)]+G_1(s)G_2(s)G_3(s)G_6(s)}$$

[例 8]　设多环系统的结构图如图 2.18 所示，试对其进行简化，并求闭环传递函数。

解　此系统中有两个相互交错的局部反馈，因此在化简时首先应考虑将信号引出点或信号比较点移到适当的位置，将系统结构图变换为无交错反馈的图形，例如可将 G_5 输入端的信号引出点移至 A 点。移动时一定要遵守等效变换的原则。然后利用环节串联和反馈连接的规则进行化简，其步骤如图 2.19 所示。

2.4.3　系统传递函数

自动控制系统在工作过程中，经常会受到两类输入信号的作用，一类是给定的有用输入信号 $u(t)$，另一类则是阻碍系统进行正常工作的扰动信号 $n(t)$。

闭环控制系统的典型结构可用图 2.20 表示。

研究系统输出量 $y(t)$ 的变化规律，只考虑 $u(t)$ 的作用是不完全的，往往还需要考虑 $n(t)$ 的影响。基于系统分析的需要，下面介绍一些传递函数的概念。

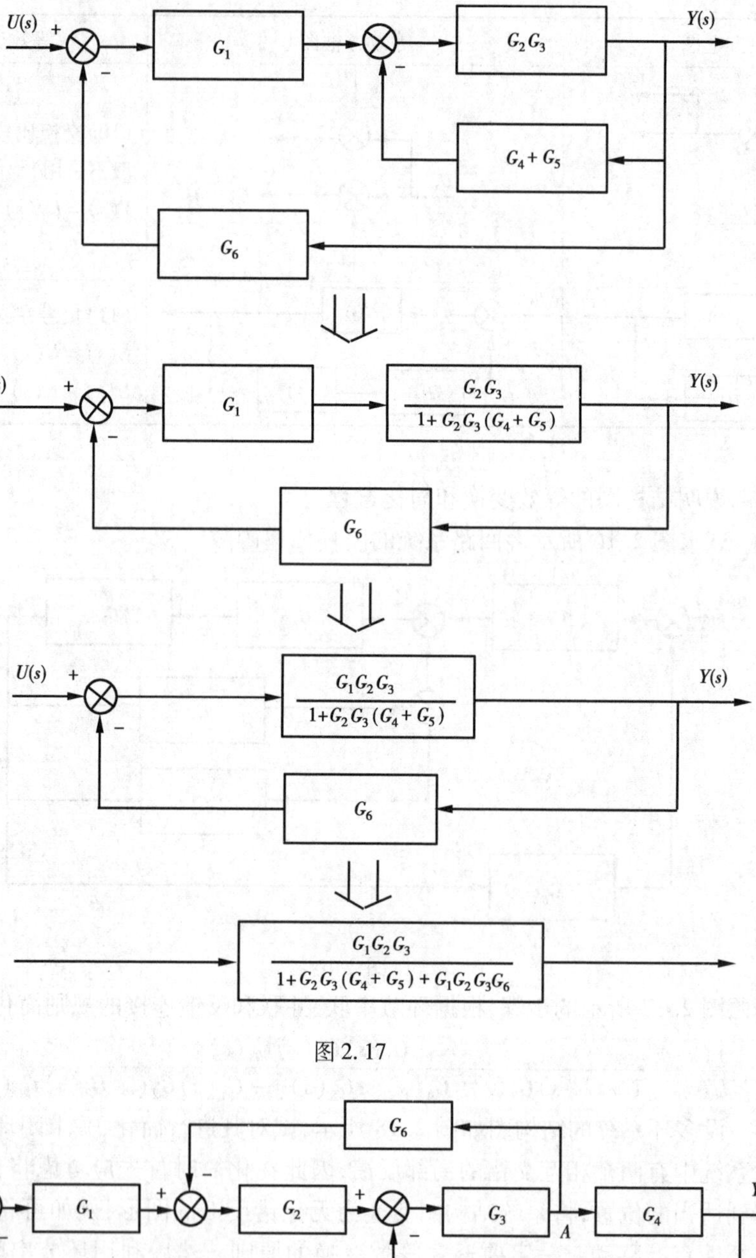

图 2.17

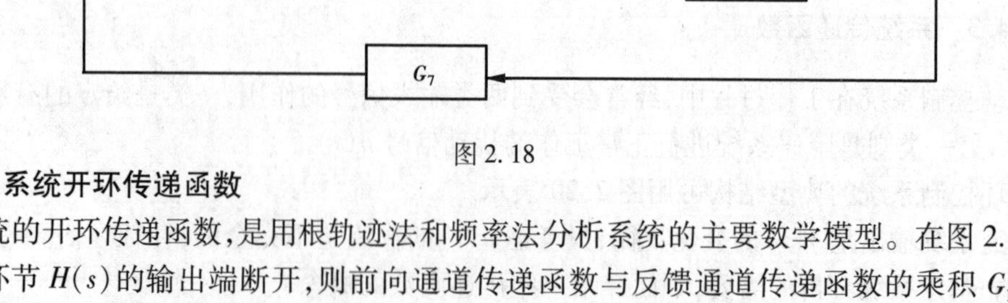

图 2.18

(1)系统开环传递函数

系统的开环传递函数，是用根轨迹法和频率法分析系统的主要数学模型。在图 2.20 中，将反馈环节 $H(s)$ 的输出端断开，则前向通道传递函数与反馈通道传递函数的乘积 $G_1(s)G_2$

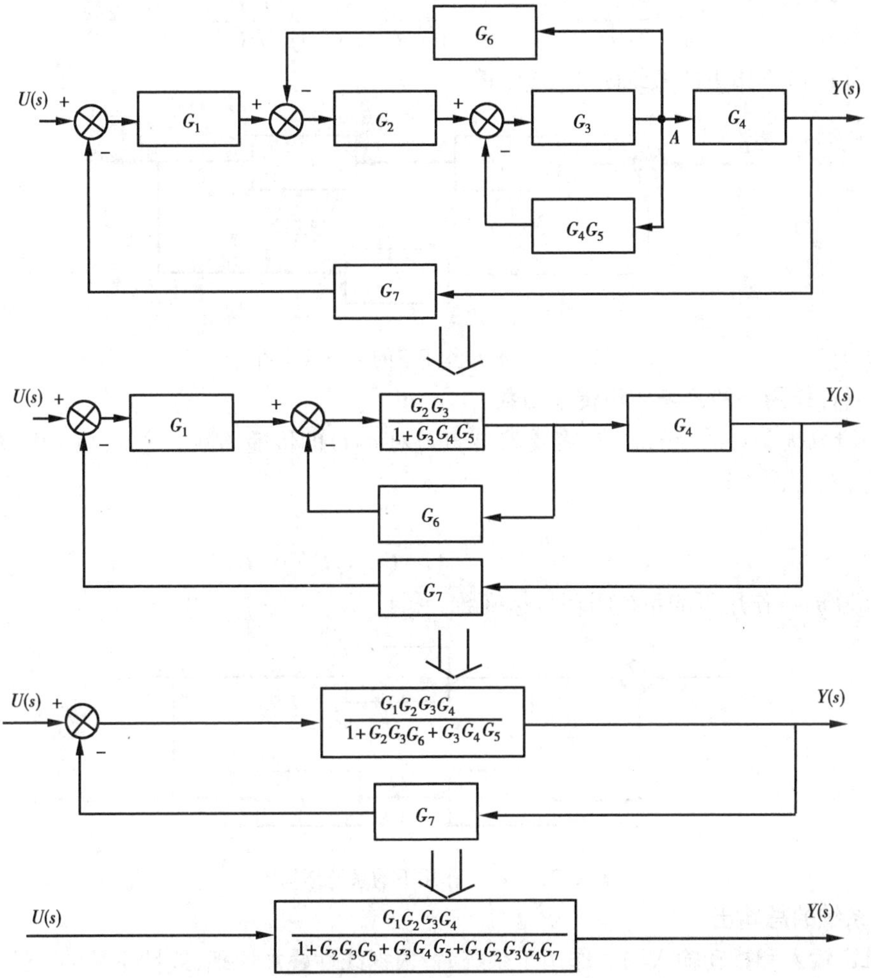

图 2. 19

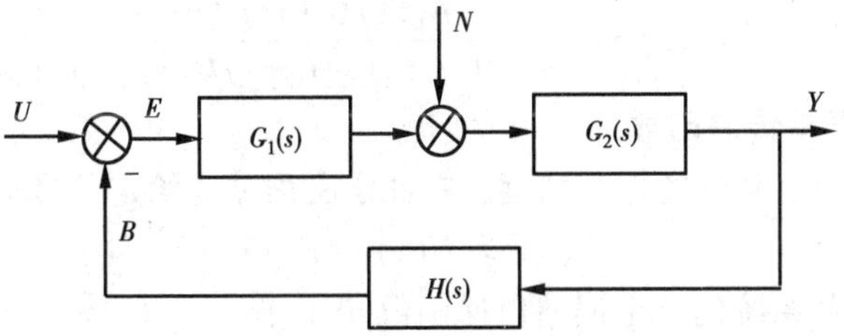

图 2. 20　闭环控制系统的典型结构图

$(s)H(s)$称为系统的开环传递函数。相当于 $B(s)/E(s)$。由此可得图 2. 15 反馈连接的闭环传递函数 $\Phi(s)=\dfrac{G(s)}{1\mp G(s)H(s)}$表示为通式：

$$\Phi(s)=\frac{\text{前向通道传递函数}}{1\mp\text{开环传递函数}}$$

(2) u(t) 作用下的系统闭环传递函数

令 $n(t)=0$，图 2. 20 简化为图 2. 21，输出 $y(t)$ 对输入 $u(t)$ 的传递函数为

$$\frac{Y(s)}{U(s)} = \Phi(s) = \frac{G_1(s)G_2(s)}{1 + G_1(s)G_2(s)H(s)} \tag{2.43}$$

称 $\Phi(s)$ 为 $u(t)$ 作用下的系统闭环传递函数。

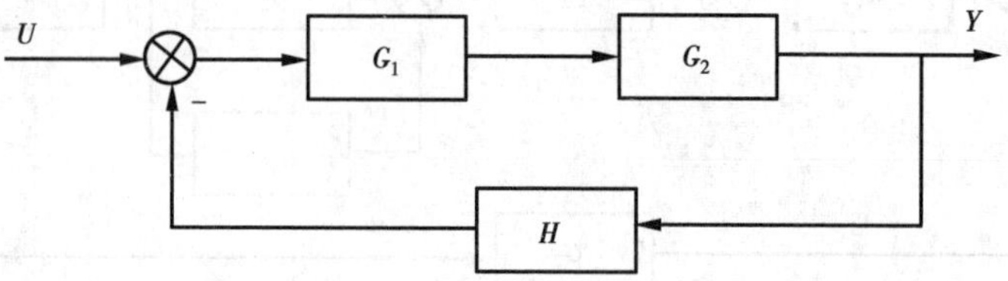

图 2.21　$u(t)$ 作用下的系统结构图

(3) n(t) 作用下的系统闭环传递函数

为了研究扰动对系统的影响,需要求出 $y(t)$ 对 $n(t)$ 的传递函数。令 $u(t)=0$,图 2.20 转化为图 2.22,由图可得

$$\frac{Y(s)}{N(s)} = \Phi_n(s) = \frac{G_2(s)}{1 + G_1(s)G_2(s)H(s)} \tag{2.44}$$

称 $\Phi_n(s)$ 为 $n(t)$ 作用下的系统闭环传递函数。

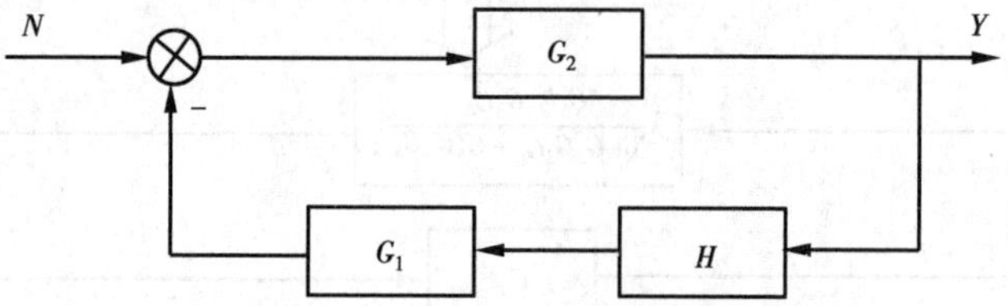

图 2.22　$n(t)$ 作用下的系统结构图

(4) 系统的总输出

当给定输入和扰动输入同时作用于系统时,根据线性叠加原理,线性系统的总输出应为各输入信号引起的输出之总和。因此有

$$Y(s) = \Phi(s)U(s) + \Phi_n(s)N(s) = \frac{G_1(s)G_2(s)U(s)}{1 + G_1(s)G_2(s)H(s)} + \frac{G_2(s)N(s)}{1 + G_1(s)G_2(s)H(s)}$$

(5) 闭环系统的误差传递函数

误差大小直接反映了系统的控制精度。在此定义误差为给定信号与反馈信号之差,即

$$E(s) = U(s) - B(s)$$

1) $u(t)$ 作用下闭环系统的给定误差传递函数 $\Phi_e(s)$

令 $n(t)=0$,则可由图 2.20 转化得到的图 2.23(a) 求得

$$\frac{E(s)}{U(s)} = \frac{1}{1 + G_1(s)G_2(s)H(s)} = \Phi_e(s) \tag{2.45}$$

2) $n(t)$ 作用下闭环系统的扰动误差传递函数 $\Phi_{en}(s)$

取 $u(t)=0$,则可由图 2.23(b) 求得

$$\frac{E(s)}{N(s)} = \frac{-G_2(s)H(s)}{1 + G_1(s)G_2(s)H(s)} = \Phi_{en}(s) \tag{2.46}$$

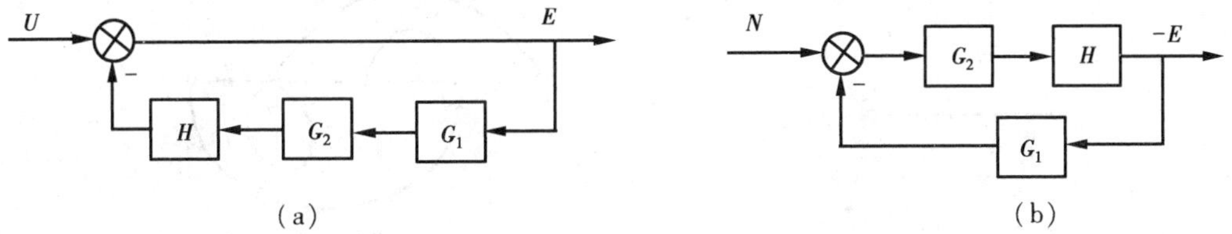

图 2.23　$u(t)$、$n(t)$作用下误差输出的结构图

3)系统的总误差

根据叠加原理,系统的总误差为:

$$E(s) = \Phi_e(s)U(s) + \Phi_{en}(s)N(s)$$

对比上面导出的四个传递函数 $\Phi(s)$、$\Phi_n(s)$、$\Phi_e(s)$ 和 $\Phi_{en}(s)$ 的表达式,可以看出,表达式虽然各不相同,但其分母却完全相同,均为$[1 + G_1(s)G_2(s)H(s)]$,这是闭环控制系统的本质特征。

2.5　信号流图与梅逊公式

控制系统的信号流图与结构图一样都是描述系统各元部件之间信号传递关系的数学图形。对于结构比较复杂的系统,结构图的变换和化简过程往往显得繁琐而费时。与结构图相比,信号流图符号简单,更便于绘制和应用,而且可以利用梅逊公式直接求出任意两个变量之间的传递函数。但是,信号流图只适用于线性系统,而结构图不仅适用于线性系统,还可用于非线性系统。

2.5.1　**信号流图**

信号流图起源于梅逊利用图示法来描述一个或一组线性代数方程式,它是由节点和支路组成的一种信号传递网络。图中节点代表方程式中的变量,以小圆圈表示;支路是连接两个节点的定向线段,用支路增益表示方程式中两个变量的因果关系,因此支路相当于乘法器。一简单系统的描述方程为

$$x_2 = ax_1$$

式中　x_1——输入信号;

　　x_2——输出信号;

　　a——两个变量之间的增益。

该方程式的信号流图如图2.24(a)所示。又如一描述系统的方程组为

$$x_2 = ax_1 + bx_3 + gx_5$$

$$x_3 = cx_2$$

$$x_4 = dx_1 + ex_3 + fx_4$$

$$x_5 = hx_4$$

方程组的信号流图如图 2.24(b)所示。

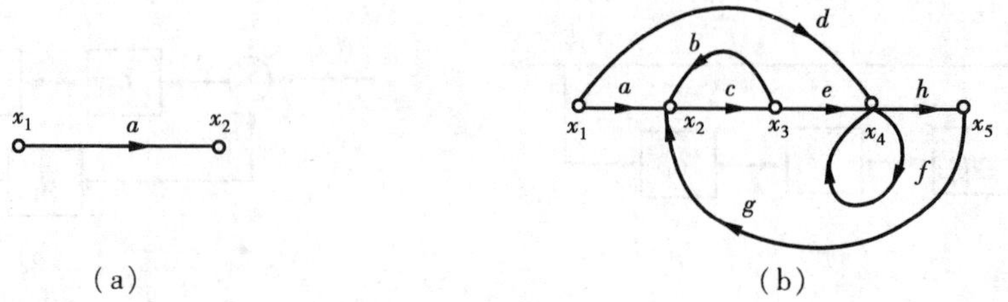

图 2.24　系统信号流图

在信号流图中,常使用以下名词术语:

1)源点(或输入节点)　只有输出支路的节点称为源点,如图 2.24(a)中的 x_1。它一般表示系统的输入量。

2)汇点(或输出节点)　只有输入支路的节点称为汇点,如图 2.24(a)中的 x_2。它一般表示系统的输出量。

3)混合节点　既有输入支路又有输出支路的节点称为混合节点,如图 2.24(b)中的 x_2、x_3、x_4。它一般表示系统的中间变量。

4)前向通路　信号从输入节点到输出节点传递时,每一个节点只通过一次的通路,叫前向通路。前向通路上各支路增益之乘积,称为前向通路总增益,一般用 p_k 表示。在图 2.24(b)中从源点到汇点共有两条前向通路,一条是 $x_1 \to x_2 \to x_3 \to x_4 \to x_5$,其前向通路总增益为$p_1 = aceh$;另一条是 $x_1 \to x_4 \to x_5$,其前向通路总增益为 $p_2 = dh$。

5)回路　起点和终点在同一节点,而且信号通过每一个节点不多于一次的闭合通路称为单独回路,简称回路。如果从一个节点开始,只经过一个支路又回到该节点的,称为自回路。回路中所有支路增益之乘积叫回路增益,用 L_a 表示。在图 2.24(b)中共有 3 个回路,一个是起始于节点 x_2,经过节点 x_3 最后回到节点 x_2 的回路,其回路增益为 $L_1 = bc$;第二个是起始于节点 x_2,经过节点 x_3、x_4、x_5 最后又回到节点 x_2 的回路,其回路增益为 $L_2 = cehg$;第三个是起始于节点 x_4 并回到节点 x_4 的自回路,其回路增益为 $L_3 = f$。

6)不接触回路　如果一信号流图有多个回路,而回路之间没有公共节点,这种回路叫不接触回路。在信号流图中可以有两个或两个以上不接触回路。在图 2.24(b)中,有一对不接触回路,即回路 $x_2 \to x_3 \to x_2$ 和回路 $x_4 \to x_4$ 是不接触回路。

2.5.2　梅逊增益公式

当系统信号流图已知时,可以用公式直接求出系统的传递函数,这个公式就是梅逊公式。由于信号流图和结构图存在着相应的关系,因此梅逊公式同样也适用于结构图。

梅逊公式给出了系统信号流图中,任意输入节点与输出节点之间的增益,即传递函数。其公式为

$$P = \frac{1}{\Delta}\sum_{k=1}^{n} P_k \Delta_k \tag{2.47}$$

式中　n——从输入节点到输出节点的前向通路的总条数。

P_k——从输入节点到输出节点的第 k 条前向通路总增益。

Δ——为特征式,由系统信号流图中各回路增益确定:

$$\Delta = 1 - \sum L_a + \sum L_b I_c - \sum L_d L_e L_f + \cdots\cdots$$

式中　$\sum L_a$—— 所有单独回路增益之和；

$\sum L_b L_c$—— 所有存在的2个互不接触的单独回路增益乘积之和；

$\sum L_d L_e L_f$—— 所有存在的3个互不接触的单独回路增益乘积之和；

Δ_k—— 为第k条前向通路特征式的余因子式，即在信号流图中，除去与第k条前向通路接触的回路后的Δ值的剩余部分。

上述公式中的接触回路是指具有共同节点的回路，反之称为不接触回路。与第k条前向通路具有共同节点的回路称为与第k条前向通路接触的回路。

根据梅逊公式计算系统的传递函数，首要问题是正确识别所有的回路并区分它们是否相互接触，正确识别所规定的输入与输出节点之间的所有前向通路及与其相接触的回路。现举例说明。

［例9］　一系统信号流图如图2.25所示，试求系统的传递函数。

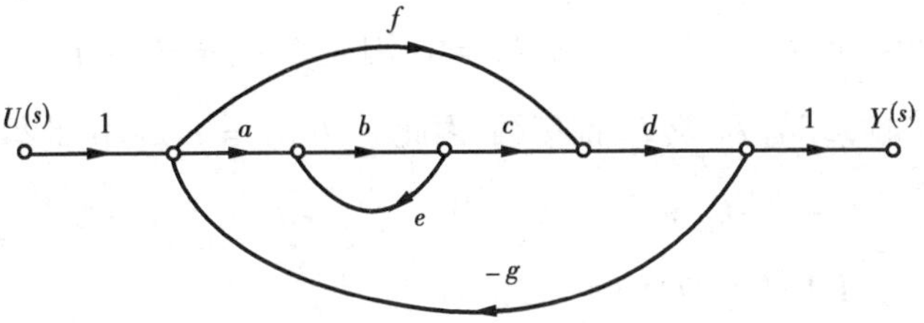

图2.25

解　由图可知此系统有两条前向通道$n=2$，其增益各为$P_1=abcd$和$P_2=fd$。有三个回路，即$L_1=be$，$L_2=-abcdg$，$L_3=-fdg$，因此$\sum L_a=L_1+L_2+L_3$。上述三个回路中只有L_1与L_3互不接触，L_2与L_1及L_3都接触，因此$\sum L_b L_c=L_1L_3$。由此得系统的特征式为：

$$\begin{aligned}\Delta &= 1-\sum L_a+\sum L_b L_c = 1-(L_1+L_2+L_3)+L_1L_3\\ &= 1-bc+abc\mathrm{d}g+f\mathrm{d}g-bef\mathrm{d}g\end{aligned}$$

由图2.25可知，与P_1前向通道相接触的回路为L_1、L_2、L_3，因此在Δ中除去L_1、L_2、L_3得P_1的特征余子式$\Delta_1=1$。又由图2.25可知，与P_2前向通道相接触的回路为L_2及L_3，因此在Δ中除去L_2、L_3得P_1的特征余子式$\Delta_2=1-L_1=1-be$。由此得系统的传递函数为：

$$P=\frac{1}{\Delta}\sum_{k=1}^{2}P_k\Delta_k=\frac{P_1\Delta_1+P_2\Delta_2}{\Delta}=\frac{abcd+f\mathrm{d}(1-be)}{1-bc+(f+abc-bef)\mathrm{d}g}$$

［例10］　已知系统的信号流图如图2.26所示，求系统的传递函数$\dfrac{Y(s)}{U(s)}$和$\dfrac{Y(s)}{N(s)}$。

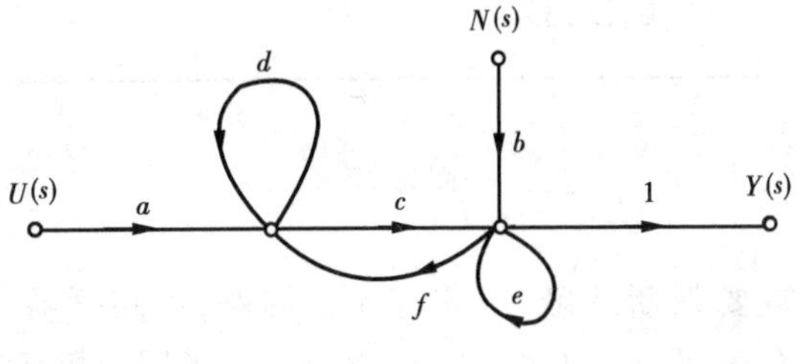

图2.26

解 ①求传递函数$\frac{Y(s)}{U(s)}$。由图2.26可知，从u到y有一条前向通道$n=1$，其增益为$P_1=ac$。有三个回路，即$L_1=d$，$L_2=cf$，$L_3=e$，因此$\sum L_a=L_1+L_2+L_3$。上述三个回路中只有L_1与L_3互不接触，L_2与L_1及L_3都接触，因此$\sum L_bL_c=L_1L_3$。由此得系统的特征式为：

$$\Delta=1-\sum L_a+\sum L_bL_c=1-(L_1+L_2+L_3)+L_1L_3=$$
$$1-(d+cf+e)+de$$

由图可知，与P_1前向通道相接触的回路为L_1、L_2、L_3，因此在Δ中除去L_1、L_2、L_3得P_1的特征余子式$\Delta_1=1$。由此得系统的传递函数为：

$$P=\frac{P_1\Delta_1}{\Delta}=\frac{ac}{1-(d+cf+e)+de}$$

② 求传递函数$\frac{Y(s)}{N(s)}$。由图2.26可知，从n（扰动信号）到y有一条前向通道$n=1$，其增益为$P_1=b$。有3个回路，即$L_1=d$，$L_2=cf$，$L_3=e$，因此$\sum L_a=L_1+L_2+L_3$。上述3个回路中只有L_1与L_3互不接触，L_2与L_1及L_3都接触，因此$\sum L_bL_c=L_1L_3$。由此得系统的特征式为：

$$\Delta=1-\sum L_a+\sum L_bL_c=1-(L_1+L_2+L_3)+L_1L_3=$$
$$1-(d+cf+e)+de$$

由图2.26可知，与P_1前向通道相接触的回路为L_2和L_3，因此在Δ中除去L_2、L_3得P_1的特征余子式$\Delta_1=1-d$。由此得系统的传递函数为：

$$P=\frac{P_1\Delta_1}{\Delta}=\frac{b(1-d)}{1-(d+cf+e)+de}$$

应该指出的是，由于信号流图和结构图本质上都是用图线来描述系统各变量之间的关系及信号的传递过程，因此可以在结构图上直接使用梅逊公式，从而避免繁琐的结构图变换和简化过程。但是在使用时需要正确识别结构图中相对应的前向通道、回路、接触与不接触、增益等，不要发生遗漏。

[**例11**] 试求图2.27所示系统的传递函数

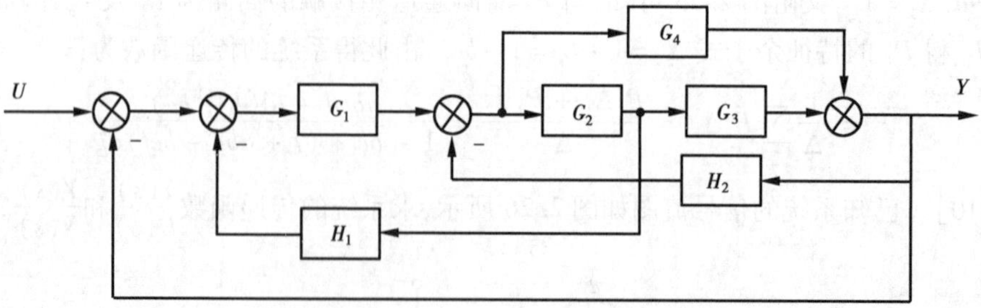

图2.27

解 ①求Δ

此系统关键是回路数要判断准确，一共有5个回路，回路增益分别为$L_1=-G_1G_2H_1$，$L_2=-G_2G_3H_2$，$L_3=-G_1G_2G_3$，$L_4=-G_1G_4$，$L_5=-G_4H_2$，且各回路相互接触，故：

$$\Delta = 1 - \sum_{a=1}^{5} L_a = 1 + G_1G_2H_1 + G_2G_3H_2 + G_1G_2G_3 + G_1G_4 + G_4H_2$$

②求 P_k,Δ_k

系统有两条前向通道 $n=2$,其增益各为 $P_1 = G_1G_2G_3$ 和 $P_2 = G_1G_4$,而且这两条前向通道与 5 个回路均相互接触,故 $\Delta_1 = \Delta_2 = 1$。

③求系统传递函数

$$\frac{Y(s)}{U(s)} = \frac{G_1G_2G_3 + G_1G_4}{1 + G_1G_2H_1 + G_2G_3H_2 + G_1G_2G_3 + G_1G_4 + G_4H_2}$$

2.6　应用 MATLAB 处理系统数学模型

2.6.1　模型建立

对简单系统的建模可直接采用基本模型—传递函数。但实际中经常遇到几个简单系统组合成为一个复杂系统。常见形式为:并联、串联、闭环及反馈等连接。

(1)并联

将两个系统按并联方式连接,在 MATLAB 中可用 parallel 函数实现。

[**例 12**]　两个子系统为

$$G_1(s) = \frac{3}{s+4}$$

$$G_2(s) = \frac{2s+4}{s^2+2s+3}$$

将两个系统按并联方式连接,可输入:

```
num1 =3;
den1 =[1,4];
num2 =[2,4];
den2 =[1,2,3];
[num,den] =parallel(num1,den1,num2,den2)
```

则得

```
num =    0     5     18     25
den =    1     6     11     12
```

因此

$$G(s) = G_1(s) + G_2(s) = \frac{5s^2+18s+25}{s^3+6s^2+11s+12}$$

(2)串联

将两个系统按串联方式连接,在 MATLAB 中可用 series 函数实现。例如

[num,dem] = series(num1,den1,num2,den2)可得到串联连接的传递函数形式

$$\frac{\text{num}(s)}{\text{den}(s)} = G_1(s)G_2(s) = \frac{\text{num1}(s)\text{num2}(s)}{\text{den1}(s)\text{den2}(s)}$$

(3)闭环

将系统通过正负反馈连接成闭环系统,在 MATLAB 中可用 cloop 函数实现。例如

[numc,demc] = cloop(num,den,sign)表示由传递函数表示的开环传递函数构成闭环系统。当 sign = 1 时采用正反馈;当 sign = -1 时采用负反馈;sign 缺省时,默认为负反馈。由此得到正、负反馈闭环系统为

$$\frac{\mathrm{numc}(s)}{\mathrm{denc}(s)} = \frac{G(s)}{1 \mp G(s)} = \frac{\mathrm{num}(s)}{\mathrm{den}(s) \mp \mathrm{num}(s)}$$

(4)反馈

将两个系统按反馈方式连接成闭环系统,在 MATLAB 中可用 feedback 函数实现。

[**例** 13]　两个子系统为

$$G(s) = \frac{2s^2 + 5s + 1}{s^2 + 2s + 3}$$

$$H(s) = \frac{5(s + 2)}{s + 10}$$

将两个系统按反馈方式连接,可输入

```
numg = [2 5 1];
deng = [1 2 3];
numh = [5 10];
denh = [1 10];
[num,den] = feedback(numg,deng,numh,denh)
```

执行后得

```
num =     2     25     51     10
den =    11     57     78     40
```

因此闭环系统的传递函数为

$$G_c(s) = \frac{\mathrm{num}(s)}{\mathrm{den}(s)} = \frac{2s^3 + 25s^2 + 51s + 10}{11s^3 + 57s^2 + 78s + 40}$$

2.6.2　模型简化

对传递函数模型的简化方法可采用 minreal 函数进行最小实现与零极点对消。即

[numm,denm] = minreal(num,den)其中 num 与 den 为传递函数的分子和分母多项式系数,它在误差容限 tol = 10 * sqrt(eps) * abs(z(i))下消去多项式的公共根。

[numm,denm] = minreal(num,den,tol)可指定误差容限 tol 以确定零极点的对消。

小　结

分析或设计控制系统,首先需建立系统的数学模型。本章介绍了建立数学模型的一般方法、数学模型的类型及其特点:

①将实际物理系统理想化构成物理模型,物理模型的数学描述即数学模型。只有经过仔细的分析研究,抓住本质的主流因素,忽略次要因素,才能建立起便于研究,又能基本反映实际

物理过程的数学模型。少数物理系统可以用机理分析法建立数学模型，多数系统需通过实验辨识方法建模。

②实际的控制系统都是非线性的，为了使系统的分析和设计变得更加简便，常常在一定的范围内、一定的条件下用小偏差线性化方法将非线性系统化为线性系统。

③由于引入了拉氏变换，在初始条件为零的条件下，线性定常系统的时间域表示的微分方程可以转化为代数方程，即传递函数。而传递函数这一重要概念的建立，又给系统用结构图表示创造了可能，从而使得求复杂系统的传递函数和微分方程，可以运用变换法则和公式较容易进行。

④结构图和信号流图是系统数学模型的图形表示形式。对系统内部各物理量的变换和信号传递关系在图中可以较清晰地反映出来，而且能通过等效变换和化简或梅逊公式求得系统的传递函数，因此运用很方便。

习　题

2.1　写出习题 2.1 图所示各电路网络的传递函数。

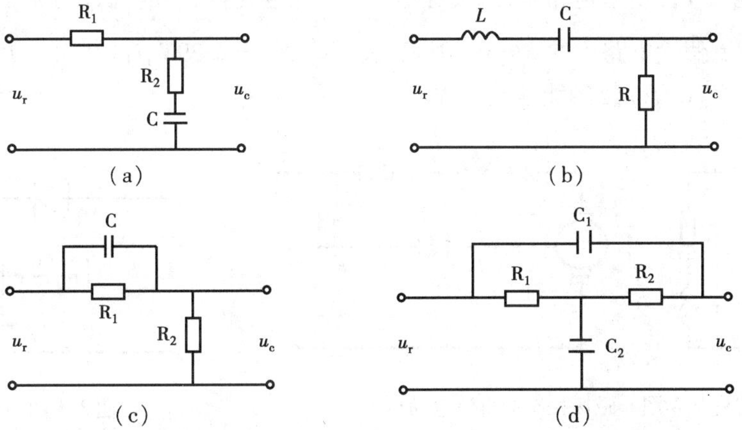

习题 2.1 图　电路网络

2.2　求习题 2.2 图(b)所示机械系统与习题 2.2 图(a)所示电路网络具有相同形式的传递函数。

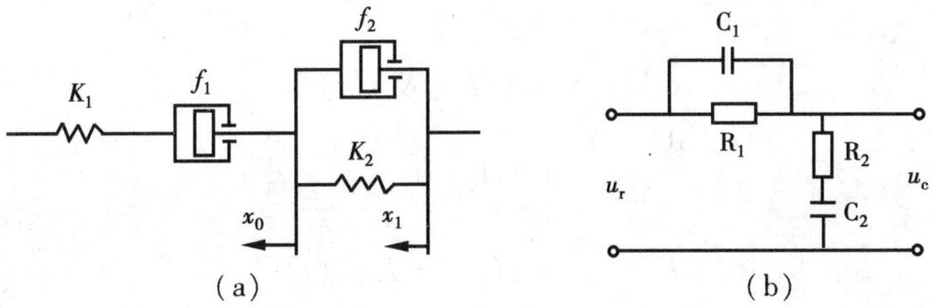

习题 2.2 图　机械系统与电路网络

2.3　求由习题 2.3 图所示的各有源网络的传递函数。

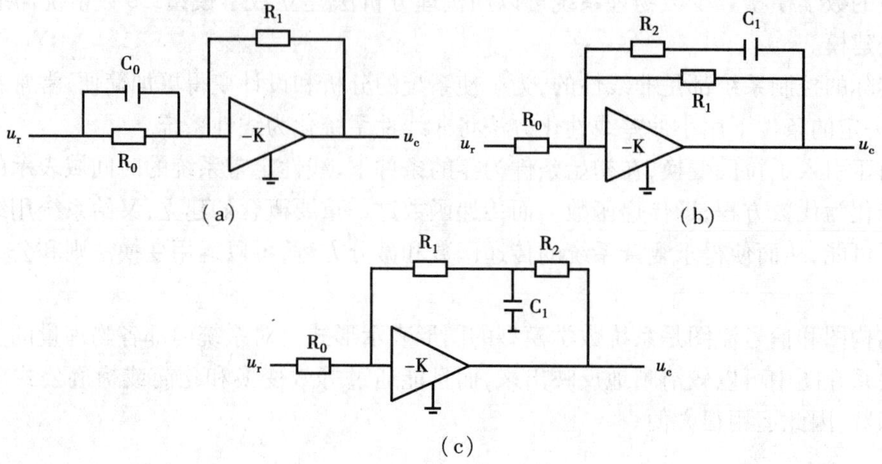

习题 2.3 图　有源网络

2.4　习题 2.4 图所示为一磁场控制的直流电动机，设工作时电枢电流不变，控制电压加在励磁绕组上，输出为电动机角位移，求传递函数$\dfrac{\theta(s)}{u_r(s)}$。

2.5　习题 2.5 图所示电路中，二极管是一个非线性元件，其电流 i_d 与 u_d 间的关系为 $i_d=10^{-6}\left(e^{\frac{u_d}{0.026}}-1\right)$。假设电路中的 $R=10^3\Omega$，静态工作点 $u_0=2.39\text{V}$，$i_0=2.19\times10^{-3}\text{A}$，试求在工作点$(u_0,i_0)$附近 $i_d=f(u_d)$ 的线性化方程。

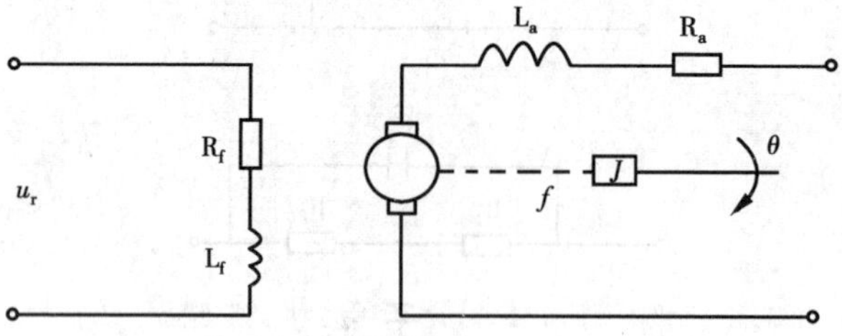

习题 2.4 图　磁场控制的直流电动机

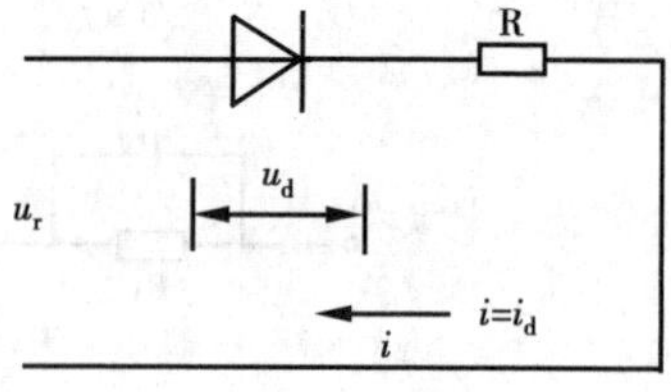

习题 2.5 图　二极管电路

2.6　已知系统微分方程组如下

$$x_1(t)=u(t)-y(t)$$

$$x_2(t)=\tau\frac{dx_1(t)}{dt}+K_1x_1(t)$$

$$x_3(t)=K_2x_2(t)$$

$$x_4(t)=x_3(t)-K_5y(t)$$

$$\frac{dx_5(t)}{dt}=K_3x_4(t)$$

$$T\frac{dy(t)}{dt}+y(t)=K_4x_5(t)$$

式中 $\tau,T,K_1,\cdots,K_5$ 均为常数。试建立以 $u(t)$ 为输入、$y(t)$ 为输出的系统结构图，并求系统的传递函数$\dfrac{Y(s)}{U(s)}$。

2.7　试化简习题2.7图所示系统的结构图,并求出相应的传递函数。

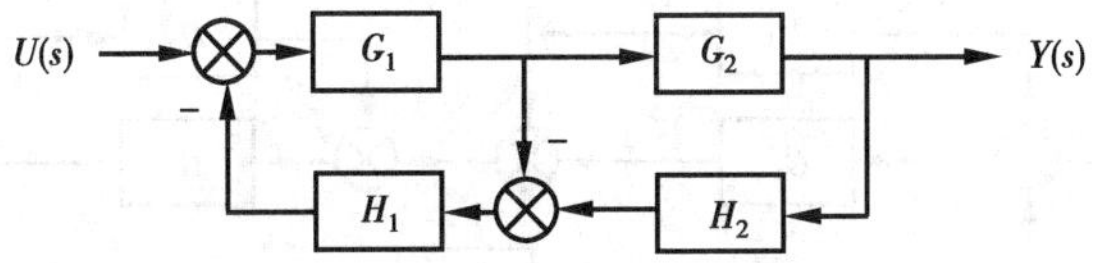

(a)

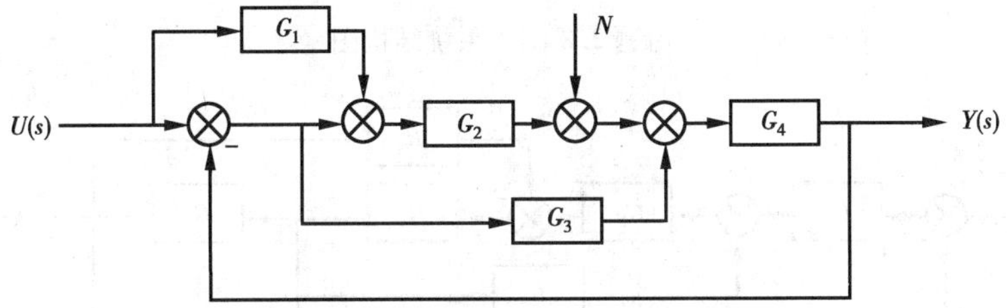

(b)

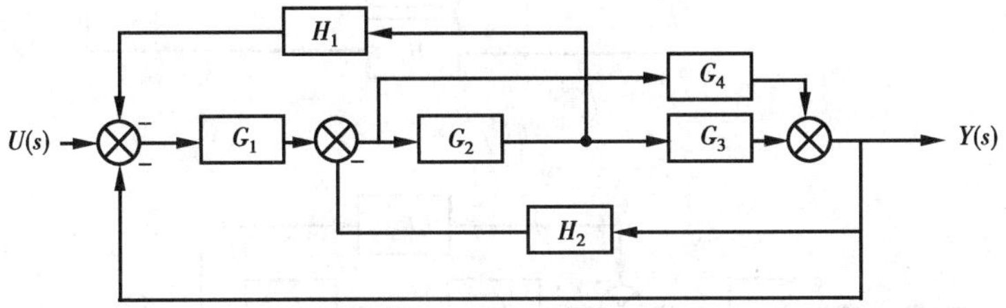

(c)

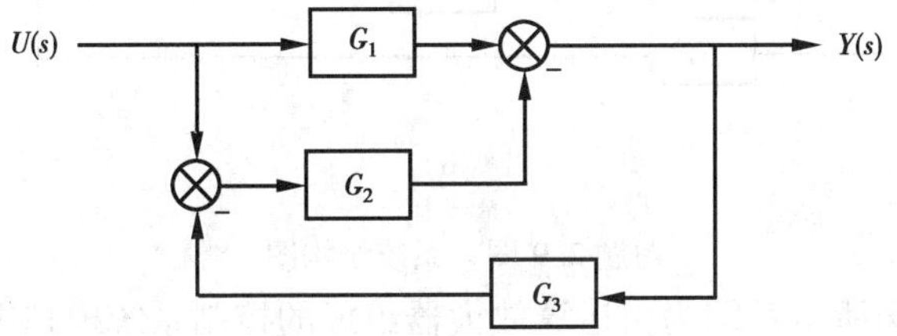

(d)

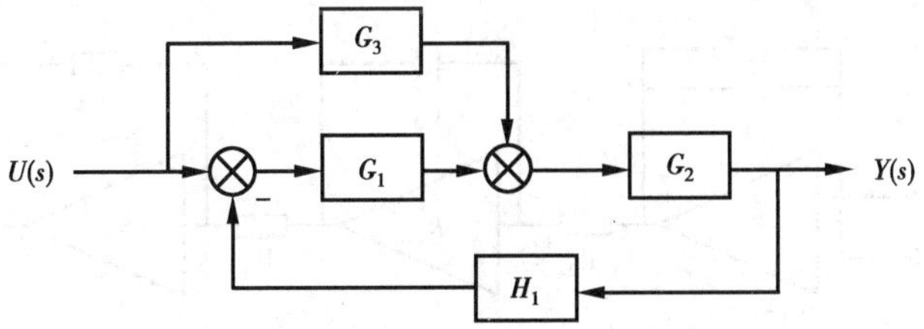

(e)

习题2.7图　系统结构图

2.8　试化简习题2.8图所示系统的结构图,并求$\dfrac{Y(s)}{U(s)}$,$\dfrac{Y(s)}{N(s)}$。

2.9　试求习题2.9图所示系统的传递函数$\dfrac{Y(s)}{U(s)}$。

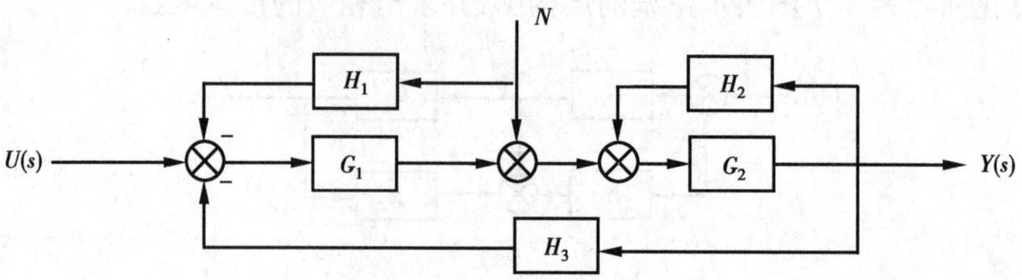

习题 2. 8 图　系统结构图

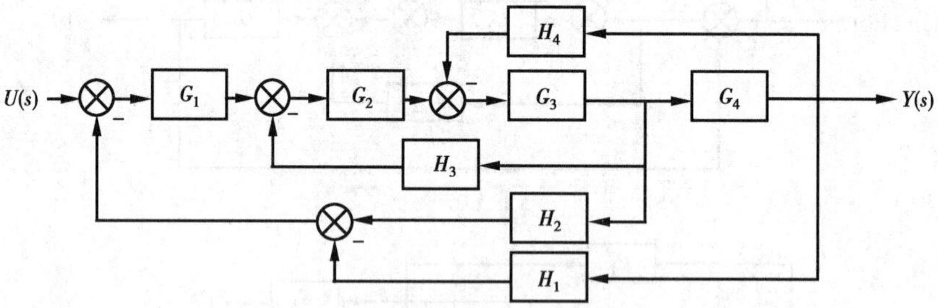

（a）

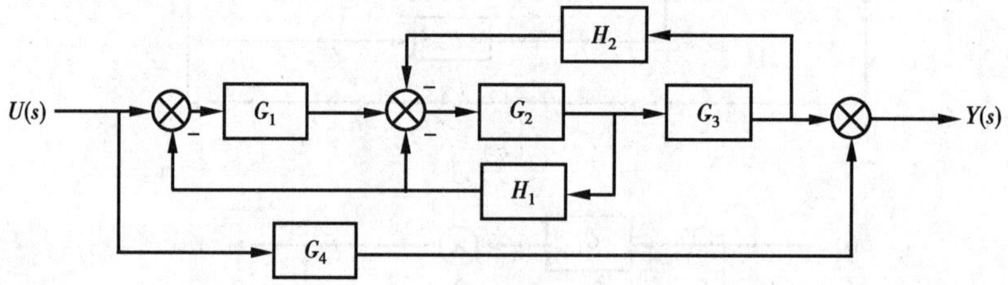

（b）

习题 2. 9 图　系统结构图

2. 10　习题 2. 10 图所示系统为由运算放大器组成的控制系统模拟电路，试求其闭环传递函数。

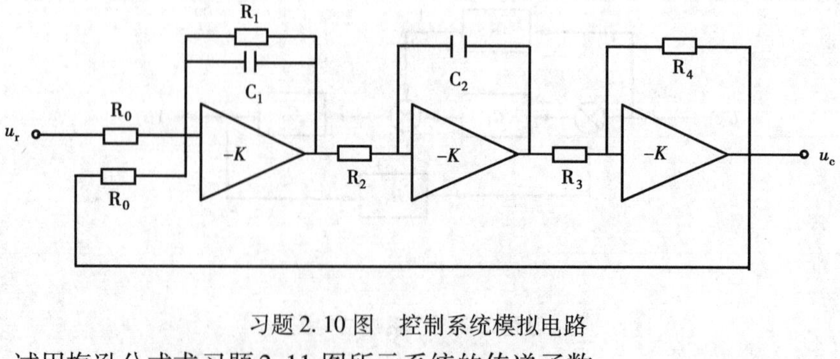

习题 2. 10 图　控制系统模拟电路

2. 11　试用梅逊公式求习题 2. 11 图所示系统的传递函数。

2. 12　试用梅逊公式求习题 2. 12 图所示系统的传递函数。

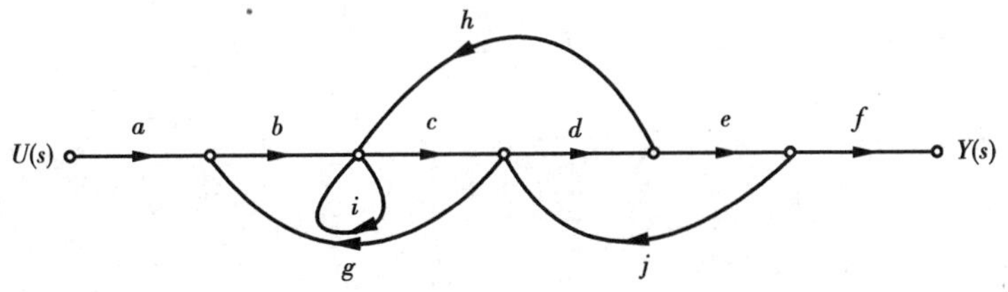

(a)

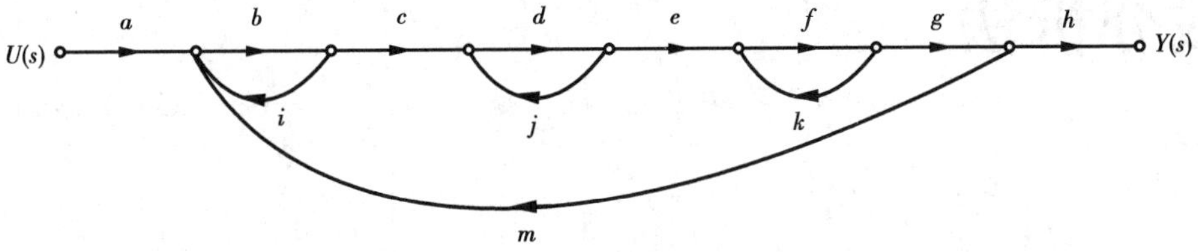

(b)

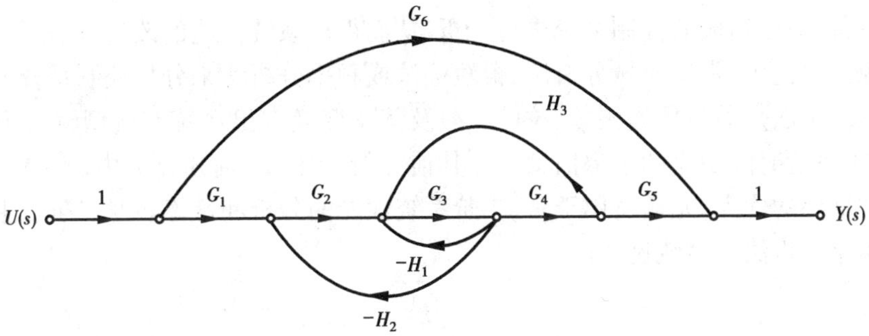

(c)

习题 2. 11 图　系统信号流图

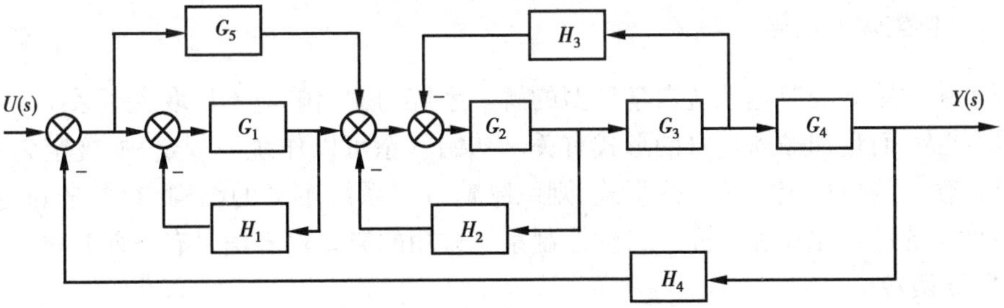

习题 2. 12 图　系统结构图

第 3 章

时域分析法

分析和设计系统的首要工作是确定系统的数学模型。一旦建立了合理的、便于分析的数学模型,就可以对已组成的控制系统进行分析,从而得出系统性能的改进方法。

经典控制理论中,常用时域分析法、根轨迹法或频率分析法来分析控制系统的性能。本章介绍的时域分析法是通过传递函数、拉氏变换及其反变换求出系统在典型输入下的输出表达式,从而分析系统时间响应的全部信息。与其他分析法比较,时域分析法是一种直接分析法,具有直观和准确的优点,尤其适用于一、二阶系统性能的分析和计算。对二阶以上的高阶系统则须采用频率分析法和根轨迹法。

3.1 典型输入信号和时域性能指标

3.1.1 典型输入信号

控制系统的输出响应是系统数学模型的解。系统的输出响应不仅取决于系统本身的结构参数、初始状态,而且和输入信号的形式有关。初始状态可以作统一规定,如规定为零初始状态。如再将输入信号规定为统一的形式,则系统响应由系统本身的结构、参数来确定,因而更便于对各种系统进行比较和研究。自动控制系统常用的典型输入信号有下面几种形式:

(1)阶跃函数

定义为

$$u(t) = \begin{cases} U & t \geqslant 0 \\ 0 & t < 0 \end{cases} \tag{3.1}$$

式中 U 是常数,称为阶跃函数的阶跃值。$U=1$ 的阶跃函数称为单位阶跃函数,记为 $1(t)$。如图 3.1 所示。单位阶跃函数的拉氏变换为 $1/s$。

在 $t=0$ 处的阶跃信号,相当于一个不变的信号突然加到系统上,如指令的突然转换、电源的突然接通、负荷的突变等,都可视为阶跃作用。

(2)斜坡函数

定义为

$$u(t) = \begin{cases} Ut & t \geq 0 \\ 0 & t < 0 \end{cases} \tag{3.2}$$

这种函数相当于随动系统中加入一个按恒速变化的位置信号,恒速度为 U。当 $U=1$ 时,称为单位斜坡函数,如图 3.2 所示。单位斜坡函数的拉氏变换为 $1/s^2$。

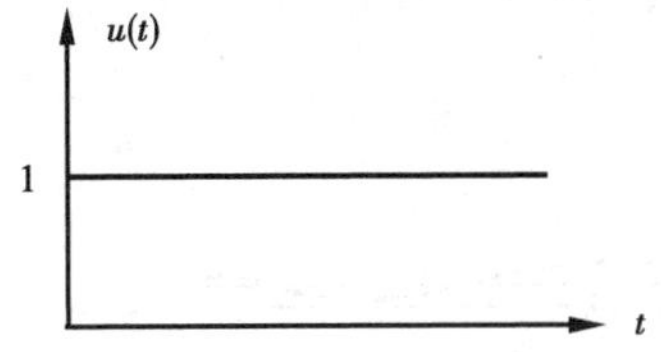

图 3.1 单位阶跃函数

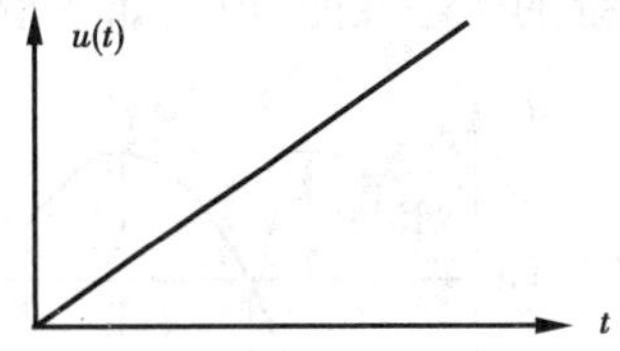

图 3.2 斜坡函数

(3)抛物线函数

定义为

$$u(t) = \begin{cases} \frac{1}{2}Ut^2 & t \geq 0 \\ 0 & t < 0 \end{cases} \tag{3.3}$$

这种函数相当于系统中加入一个按加速度变化的位置信号,加速度为 U。当 $U=1$ 时,称为单位抛物线函数,如图 3.3 所示。单位抛物线函数的拉氏变换为 $1/s^3$。

(4)单位脉冲函数 $\delta(t)$

定义为

$$\begin{cases} u(t) = \delta(t) = \begin{cases} \infty & t = 0 \\ 0 & t \neq 0 \end{cases} \\ \int_{-\infty}^{\infty} \delta(t)\,\mathrm{d}t = 1 \end{cases} \tag{3.4}$$

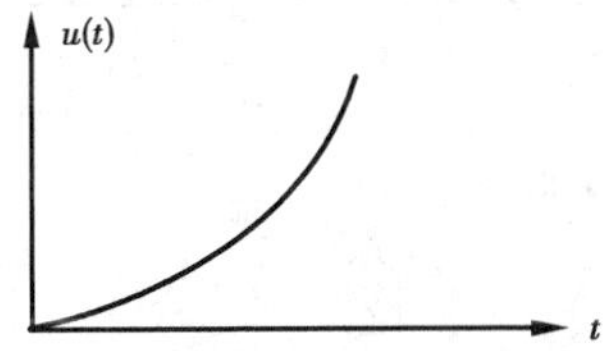

图 3.3 抛物线函数

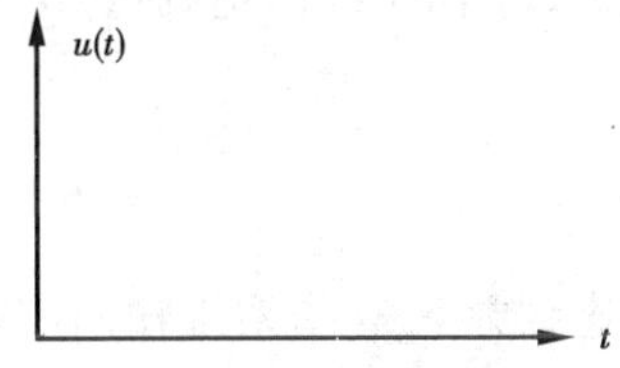

图 3.4 单位脉冲函数

单位脉冲函数的积分面积是 1。单位脉冲函数如图 3.4 所示。其拉氏变换为 1。

单位脉冲函数在现实中是不存在的,它只有数学上的意义。在系统分析中,它是一个重要的数学工具。此外,在实际中有很多信号与脉冲信号相似,如脉冲电压信号、冲击力、阵风等。

(5)正弦函数

定义为

$$u(t) = A\sin\omega t \tag{3.5}$$

式中 A——振幅,ω 为角频率。其拉氏变换为$\frac{A\omega}{s^2+\omega^2}$。

用正弦函数作输入信号,可以求得系统对不同频率的正弦输入函数的稳态响应,由此可以间接判断系统的性能。

3.1.2 时域性能指标

时域中评价系统的暂态性能，通常以系统对单位阶跃输入信号的暂态响应为依据。这时系统的暂态响应曲线称为单位阶跃响应或单位过渡特性，典型的响应曲线如图 3.5 所示。为了评价系统的暂态性能，规定如下指标：

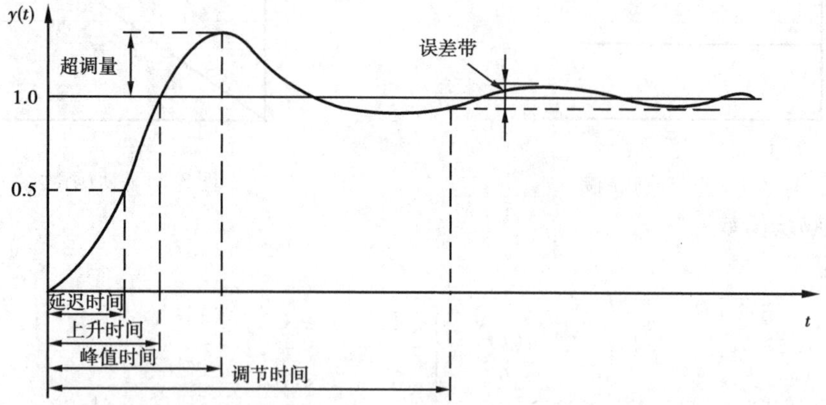

图 3.5 单位阶跃输入信号下的暂态响应

1）延迟时间 t_d　指输出响应第一次达到稳态值 50% 所需的时间。

2）上升时间 t_r　指输出响应从稳态值的 10% 上升到 90% 所需的时间。对有振荡的系统，则取响应从零到第一次达到稳态值所需的时间。

3）峰值时间 t_p　指输出响应超过稳态值而达到第一个峰值（即 $y(t_p)$）所需的时间。

4）调节时间 t_s　指当输出量 $y(t)$ 和稳态值 $y(\infty)$ 之间的偏差达到允许范围（一般取 2% 或 5%）以后不再超过此值所需的最短时间。

5）最大超调量（或称超调量）$\sigma_p\%$　指暂态过程中输出响应的最大值超过稳态值的百分数。即

$$\sigma_p\% = \frac{[y(t_p) - y(\infty)]}{y(\infty)} \times 100\% \tag{3.6}$$

6）稳态误差 e_{ss}　指系统输出实际值与希望值之差。

在上述几项指标中，峰值时间 t_p、上升时间 t_r 和延迟时间 t_d 均表征系统响应初始阶段的快慢；调节时间 t_s 表征系统过渡过程（暂态过程）的持续时间，从总体上反映了系统的快速性；而超调量 $\sigma_p\%$ 标志暂态过程的稳定性；稳态误差反映系统复现输入信号的最终精度。

3.2 一阶系统的时域分析

凡是可用一阶微分方程描述的系统称一阶系统。一阶系统的传递函数为

$$G(s) = \frac{1}{Ts + 1}$$

式中　T——时间常数，它是表征系统惯性的一个重要参数。

所以一阶系统是一个非周期的惯性环节。图 3.6 为一阶系统的结构图。

下面分析在3种不同的典型输入信号作用下一阶系统的时域分析。

3.2.1　单位阶跃响应

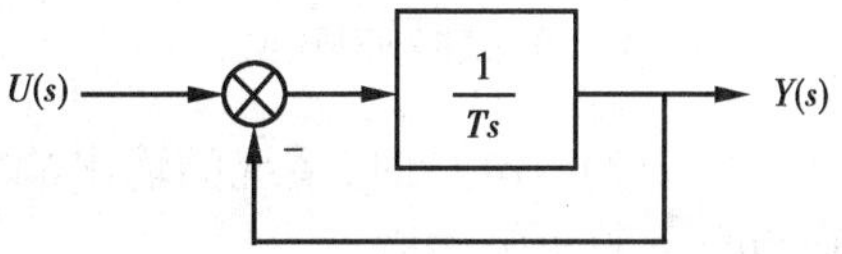

图3.6　一阶系统的结构图

当输入信号 $u(t)=1(t)$时，$U(s)=1/s$，系统输出量的拉氏变换为：

$$Y(s)=\frac{1}{s(Ts+1)}=\frac{1}{s}-\frac{T}{TS+1}$$

对上式取拉氏反变换，得单位阶跃响应为：

$$y(t)=1-e^{-\frac{t}{T}}\qquad(t\geqslant 0)\tag{3.7}$$

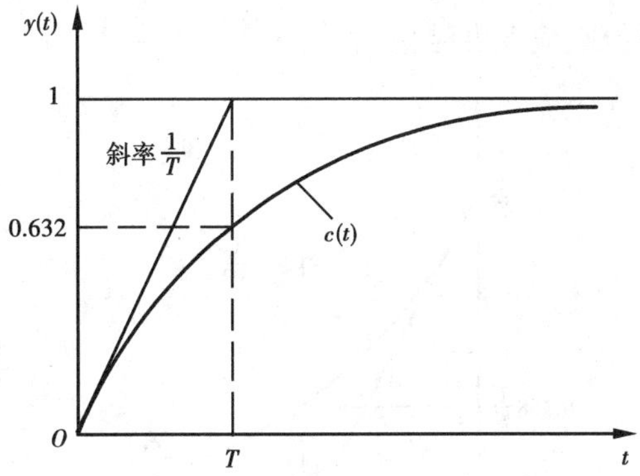

图3.7　一阶系统的阶跃响应曲线

由此可见，一阶系统的阶跃响应是一条初始值为0，按指数规律上升到稳态值1的曲线，见图3.7。由系统的输出响应可得到如下的性能：

①由于$y(t)$的终值为1，因此系统稳态误差为0。

②当$t=T$时，$y(T)=0.632$。这表明当系统的单位阶跃响应达到稳态值的63.2%时的时间，就是该系统的时间常数T。

单位阶跃响应曲线的初始斜率为

$$\left.\frac{dy(t)}{dt}\right|_{t=0}=\left.\frac{1}{T}e^{-\frac{t}{T}}\right|_{t=0}=\frac{1}{T}$$

这表明一阶系统的单位阶跃响应如果以初始速度上升到稳态值1，所需的时间恰好等于T。

③根据暂态性能指标的定义可以求得

调节时间为　$t_s=3T(s)$　（±5%的误差带）

$t_s=4T(s)$　（±2%的误差带）

延迟时间为　$t_d=0.69T(s)$

上升时间为　$t_r=2.20T(s)$

峰值时间无，超调量为0。

3.2.2　单位斜坡响应

当输入信号 $u(t)=t$时，$U(s)=1/s^2$，系统输出量的拉氏变换为

$$Y(s)=\frac{1}{s^2(Ts+1)}=\frac{1}{s^2}-\frac{T}{s}+\frac{T^2}{Ts+1}\qquad(t\geqslant 0)$$

对上式取拉氏反变换，得单位斜坡响应为

$$y(t)=(t-T)+Te^{-\frac{t}{T}}\qquad t\geqslant 0\tag{3.8}$$

式中　$(t-T)$——稳态分量；

$Te^{-t/T}$——暂态分量。

单位斜坡响应曲线如图3.8。

由一阶系统单位斜坡响应可分析出，系统存在稳态误差。因为$u(t)=t$，输出稳态为$t-T$，所以稳态误差为$e_{ss}=t-(t-T)=T$。从提高斜坡响应的精度来看，要求一阶系统的时间常数

T 要小。

3.2.3 单位脉冲响应

当 $u(t)=\delta(t)$ 时，系统的输出响应为该系统的脉冲响应。因为 $L[\delta(t)]=1$，一阶系统的脉冲响应的拉氏变换为

$$Y(s) = G(s) = \frac{1/T}{s+1/T}$$

对应单位脉冲响应为

$$y(t) = \frac{1}{T}e^{-\frac{t}{T}} \qquad (t \geqslant 0) \tag{3.9}$$

单位脉冲响应曲线如图 3.9。时间常数 T 越小，系统响应速度越快。

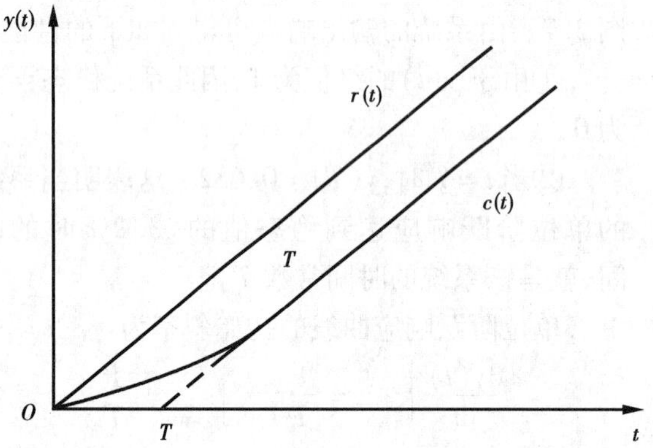

图 3.8 单位斜坡响应曲线

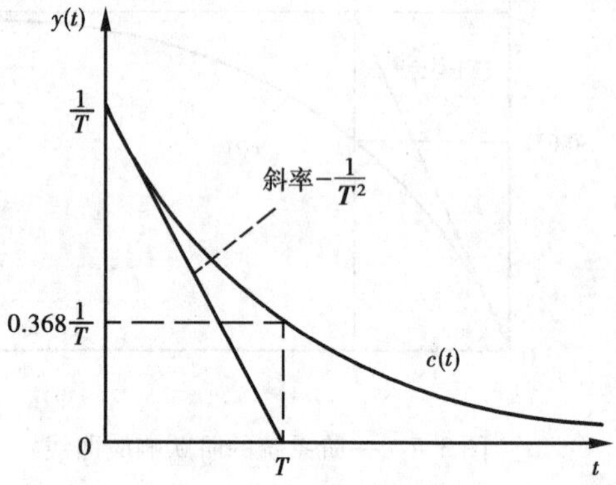

图 3.9 脉冲响应曲线

3.3 二阶系统的时域分析

凡是可用二阶微分方程描写的系统称为二阶系统。在工程实践中，二阶系统不乏其例。特别是：不少高阶系统在一定条件下可用二阶系统的特性来近似表征。因此，研究典型二阶系统的分析和计算方法，具有较大的实际意义。

3.3.1 典型的二阶系统

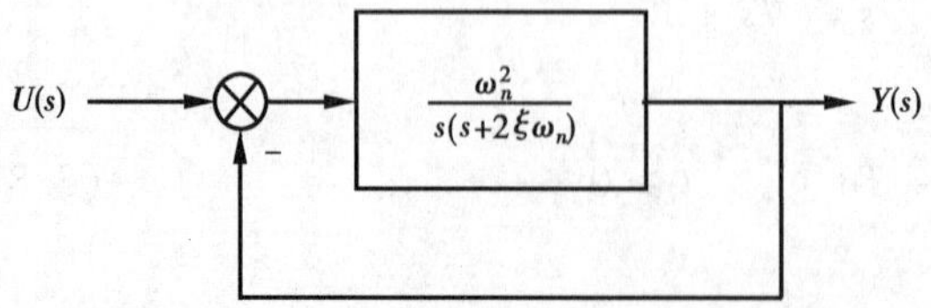

图 3.10 典型的二阶系统动态结构图

图 3.10 为典型的二阶系统动态结构图，系统的开环传递函数为

$$G(s) = \frac{\omega_n^2}{s(s+2\xi\omega_n)} \tag{3.10}$$

系统的闭环传递函数为

$$\phi(s) = \frac{\omega_n^2}{s^2+2\xi\omega_n s+\omega_n^2} \tag{3.11}$$

式(3.11)称为典型二阶系统的传递函数，其中 ξ 为典型二阶系统的阻尼比（或相对阻尼

比)，ω_n 为无阻尼振荡频率或称自然振荡角频率。系统闭环传递函数的分母等于零所得方程式称为系统的特征方程式。典型二阶系统的特征方程式为

$$s^2+2\xi\omega_n s+\omega_n^2=0$$

它的两个特征根是 $$s_{1,2}=-\xi\omega_n\pm\omega_n\sqrt{\xi^2-1}$$

当 $0<\xi<1$，称为欠阻尼状态。特征根为一对实部为负的共轭复数。

当 $\xi=1$，称为临界阻尼状态。特征根为两个相等的负实数。

当 $\xi>1$，称为过阻尼状态。特征根为两个不相等的负实数。

当 $\xi=0$，称为无阻尼状态。特征根为一对纯虚数。

ξ 和 ω_n 是二阶系统两个重要参数，系统响应特性完全由这两个参数来描述。

3.3.2 二阶系统的阶跃响应

在单位阶跃函数作用下，二阶系统输出的拉氏变换为

$$Y(s)=\phi(s)U(s)=\phi(s)\frac{1}{s}$$

求 $Y(s)$ 的拉氏变换，可得典型二阶系统单位阶跃响应。由于特征根 $s_{1,2}$ 与系统阻尼比有关。当阻尼比 ξ 为不同值时，单位阶跃响应有不同的形式，下面分几种情况分析二阶系统的暂态特性。

(1)欠阻尼情况($0<\xi<1$)

由于 $0<\xi<1$，则系统的一对共轭复数根可写为

$$s_{1,2}=-\xi\omega_n\pm j\omega_n\sqrt{1-\xi^2}$$

当输入信号为单位阶跃函数时，系统输出量的拉氏变换为

$$Y(s)=\frac{\omega_n^2}{s^2+2\xi\omega_n s+\omega_n^2}\times\frac{1}{s}=$$

$$\frac{1}{s}-\frac{s+\xi\omega_n}{(s+\xi\omega_n)^2+\omega_d^2}-\frac{\xi\omega_n}{(s+\xi\omega_n)^2+\omega_d^2}$$

式中 $\omega_d=\omega_n\sqrt{1-\xi^2}$。对上式进行拉氏反变换，则欠阻尼二阶系统的单位阶跃响应为

$$y(t)=1-e^{-\xi\omega_n t}\left(\cos\sqrt{1-\xi^2}\,\omega_n t+\frac{\xi}{\sqrt{1-\xi^2}}\sin\sqrt{1-\xi^2}\,\omega_n t\right)= \tag{3.12}$$

$$1-\frac{1}{\sqrt{1-\xi^2}}e^{-\xi\omega_n t}\sin(\omega_d t+\beta)\qquad (t\geqslant 0)$$

式中 $$\sin\beta=\sqrt{1-\xi^2},\cos\beta=\xi,$$

$$\beta=\arctan\frac{\sqrt{1-\xi^2}}{\xi}=\arccos\xi \tag{3.13}$$

由式(3.12)知欠阻尼二阶系统的单位阶跃响应由两部分组成：第一项为稳态分量，第二项为暂态分量。它是一个幅值按指数规律衰减的有阻尼的正弦振荡，振荡角频率为 ω_d。响应曲线见图3.11。

(2)临界阻尼情况($\xi=1$)

当 $\xi=1$ 时，系统有两个相等的负实根，为：

$$s_{1,2} = -\omega_n$$

在单位阶跃函数作用下,输出量的拉氏变换为

$$Y(s) = \frac{\omega_n^2}{s(s^2 + 2\xi\omega_n s + \omega_n^2)} = \frac{1}{s} - \frac{\omega_n}{(s + \omega_n)^2} - \frac{1}{s + \omega_n}$$

其反拉氏变换为

$$y(t) = 1 - e^{-\omega_n t}(1 + \omega_n t) \qquad (t \geqslant 0) \tag{3.14}$$

式3.14表明,临界阻尼二阶系统的单位阶跃响应是稳态值为1的非周期上升过程,整个响应特性不产生振荡。响应曲线如图3.11所示。

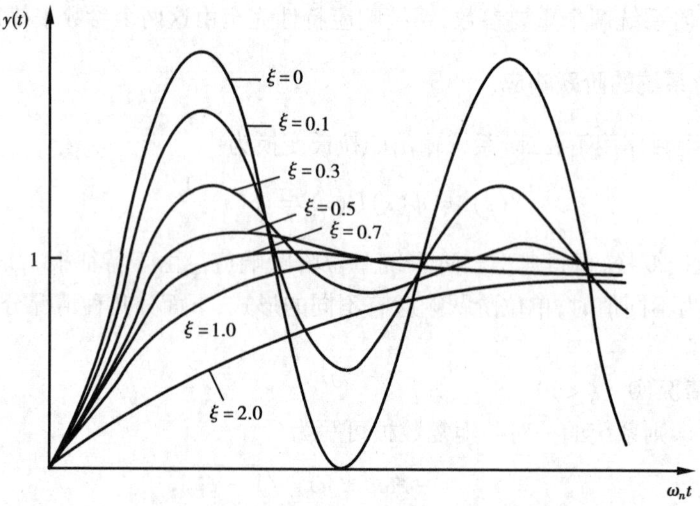

图3.11　典型二阶系统的单位阶跃响应

(3)过阻尼情况($\xi>1$)

当$\xi>1$时,系统有两个不相等的负实根

$$s_{1,2} = -\xi\omega_n \pm \omega_n\sqrt{\xi^2 - 1}$$

当输入信号为单位阶跃函数时,输出量的拉氏变换为:

$$Y(s) = \frac{\omega_n^2}{(s - s_1)(s - s_2)} \times \frac{1}{s}$$

其反变换为

$$y(t) = 1 - \frac{1}{2\sqrt{\xi^2 - 1}}\left[\frac{e^{-(\xi - \sqrt{\xi^2-1})\omega_n^2 t}}{\xi - \sqrt{\xi^2 - 1}} - \frac{e^{-(\xi + \sqrt{\xi^2-1})\omega_n^2 t}}{\xi + \sqrt{\xi^2 - 1}}\right] \qquad (t \geqslant 0) \tag{3.15}$$

式3.15表明,系统响应含有两个单调衰减的指数项,它们的代数和决不会超过稳态值1,因而过阻尼二阶系统的单位阶跃响应是非振荡的。响应曲线如图3.11所示。

(4)无阻尼情况($\xi=0$)

当$\xi=0$时输出量的拉氏变换为

$$Y(s) = \frac{\omega_n^2}{s(s^2 + \omega_n^2)}$$

特征方程式的根为

$$s_{1,2} = -\mathrm{j}\omega_n$$

因此二阶系统的输出响应为

$$y(t) = 1 - \cos\omega_n t \qquad (t \geqslant 0) \tag{3.16}$$

上式表明,系统为不衰减的振荡,其振荡频率为 ω_n,系统属临界稳定系统。

综上所述,可以看出,在不同阻尼比 ξ 时,二阶系统的闭环极点和暂态响应有很大区别。图3.12分别表示了二阶系统在不同 ξ 值时特征根的位置。阻尼比 ξ 为二阶系统的重要特征参量。当 $\xi=0$ 时,系统不能正常工作,而在 $\xi>1$ 时,系统暂态响应又进行得太慢,所以,对二阶系统来说,欠阻尼情况是最有意义的,下面讨论这种情况下的暂态特性指标。

3.3.3 系统的暂态性能指标

在推导公式之前,需说明欠阻尼二阶系统特征量 σ,ξ 和 ω_n之间的关系。由图3.12可知在欠阻尼时,衰减系数 $\sigma(\sigma=\xi\omega_n)$ 是闭环极点到虚轴之间的距离;阻尼振荡频率 ω_d是闭环极点到实轴的距离,无阻尼振荡频率 ω_n是闭环极点到原点的距离。设直线 os_1 与负实轴夹角为 β,则

$$\xi = \cos\beta \tag{3.17}$$

下面推导欠阻尼二阶系统暂态响应的性能指标和计算公式。

(1)上升时间 t_r

根据定义,当 $t=t_r$ 时,$y(t_r)=1$。由式(3.12),得

$$y(t_r) = 1 - \frac{1}{\sqrt{1-\xi^2}}\mathrm{e}^{-\xi\omega_n t_r}\sin(\omega_d t_r + \beta) = 1$$

则

$$\frac{1}{\sqrt{1-\xi^2}}\mathrm{e}^{-\xi\omega_n t_r}\sin(\omega_d t_r + \beta) = 0$$

由于

$$\frac{1}{\sqrt{1-\xi^2}} \neq 0, \mathrm{e}^{-\xi\omega_n t_r} \neq 0$$

所以有

$$\omega_d t_r + \beta = \pi$$

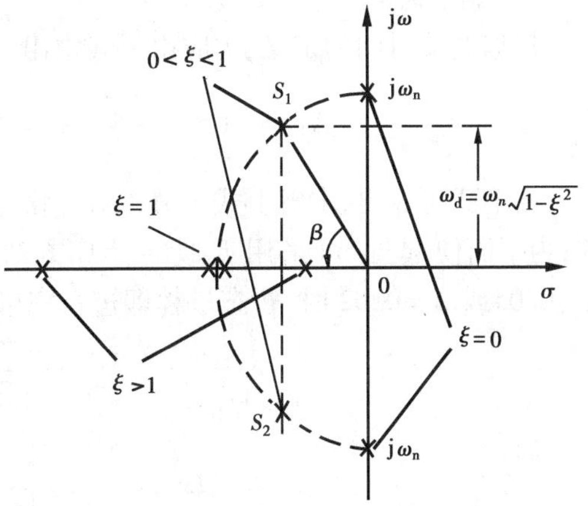

图3.12 不同 ξ 值时根的分布

于是上升时间

$$t_r = (\pi - \beta)/\omega_d \tag{3.18}$$

显然,增大 ω_n 或减小 ξ,均能减小 t_r,从而加快系统的初始响应速度。

(2)峰值时间 t_p

将式(3.12)对时间 t 求导,并令其为零,可求得峰值时间 t_p,即:

$$\left.\frac{\mathrm{d}y(t)}{\mathrm{d}t}\right|_{t=t_p} = -\frac{1}{\sqrt{1-\xi^2}}[-\xi\omega_n\mathrm{e}^{-\xi\omega_n t_p}\sin(\omega_d t_p+\beta) + \omega_d\mathrm{e}^{-\xi\omega_n t_p}\cos(\omega_d t_p+\beta)] = 0$$ 从而得

$$\tan(\omega_d t_p + \beta) = \frac{\sqrt{1-\xi^2}}{\xi}$$

因为

$$\tan\beta = \frac{\sqrt{1-\xi^2}}{\xi}$$

从而得
$$\omega_d t_p = 0, \pi, 2\pi, \cdots$$

按峰值时间定义,它对应最大超调量,即 $y(t)$ 第一次出现峰值所对应的时间 t_p,所以应取

$$t_p = \frac{\pi}{\omega_d} = \frac{\pi}{\omega_n \sqrt{1-\xi^2}} \qquad (t \geqslant 0) \tag{3.19}$$

上式说明,峰值时间恰好等于阻尼振荡周期的一半,当 ξ 一定时极点距实轴越远,t_p 越小。

(3)最大超调量 $\sigma_p\%$

当 $t=t_p$ 时,$y(t)$ 有最大值 $y(t)_{max}$,即 $y(t)_{max}=y(t_p)$。对于单位阶跃输入,系统的稳态值 $y(\infty)=1$,将峰值时间表达式(3-19)代入(3-12),得最大输出为

$$y(t)_{max} = y(t_p) = 1 - \frac{e^{-\frac{\xi\pi}{\sqrt{1-\xi^2}}}}{\sqrt{1-\xi^2}}\sin(\pi+\beta)$$

因为
$$\sin(\pi+\beta) = -\sin\beta = -\sqrt{1-\xi^2}$$

所以
$$y(t_p) = 1 + e^{-\frac{\xi\pi}{\sqrt{1-\xi^2}}}$$

则超调量为

$$\sigma_p\% = e^{-\frac{\xi\pi}{\sqrt{1-\xi^2}}} \times 100\% \tag{3.20}$$

可见超调量仅由 ξ 决定,ξ 越大,$\sigma_p\%$ 越小,$\sigma_p\%$ 和 ξ 的关系见图 3.11。

(4)调节时间 t_s

根据调节时间的定义,t_s 应由下式求出

$$\Delta y = y(\infty) - y(t) = \left|\frac{e^{-\xi\omega_n t_s}}{\sqrt{1-\xi^2}}\sin(\omega_d t_s + \beta)\right| \leqslant \Delta$$

由上式可看出,求解上式十分困难。由于正弦函数存在,t_s 值与 ξ 间的函数关系是不连续的,为了简便起见,可采用近似的计算方法,忽略正弦函数的影响,认为指数函数衰减到 $\Delta=0.05$ 或 $\Delta=0.02$ 时,暂态过程即进行完毕。这样得到

$$\frac{e^{-\xi\omega_n t_s}}{\sqrt{1-\xi^2}} = \Delta$$

即

$$t_s = -\frac{1}{\xi\omega_n}\ln(\Delta\sqrt{1-\xi^2}) \tag{3.21}$$

由此求得

$$\begin{aligned} t_s(5\%) &= \frac{1}{\xi\omega_n}\left[3 - \frac{1}{2}\ln(1-\xi^2)\right] \approx \frac{3}{\xi\omega_n} \qquad (0<\xi<0.9) \\ t_s(2\%) &= \frac{1}{\xi\omega_n}\left[4 - \frac{1}{2}\ln(1-\xi^2)\right] \approx \frac{4}{\xi\omega_n} \qquad (0<\xi<0.9) \end{aligned} \tag{3.22}$$

通过以上分析可知:t_s 近似与 $\xi\omega_n$ 成反比。在设计系统时,ξ 通常由要求的最大超调量决定,所以调节时间 t_s 由无阻尼自然振荡频率 ω_n 所决定。也就是说,在不改变超调量的条件下,通过改变 ω_n 值来改变调节时间 t_s。

由以上讨论,可得到如下结论:

①阻尼比 ξ 是二阶系统的重要参数,由 ξ 值的大小,可以间接判断一个二阶系统的暂态品质。在过阻尼的情况下,暂态特性为单调变化曲线,没有超调量和振荡,但调节时间较长,系统

反应迟缓。当 $\xi \leqslant 0$ 时输出量作等幅振荡或发散振荡，系统不能稳定工作。

②一般情况下，系统在欠阻尼情况下工作。但是 ξ 过小，则超调量大，振荡次数多，调节时间长，暂态特性品质差。应该注意，超调量只和阻尼比有关。因此，通常可以根据允许的超调量来选择阻尼比 ξ。

③调节时间与系统阻尼比 ξ 和 ω_n 这两个特征参数的乘积成反比。在阻尼比一定时，可通过改变 ω_n 来改变暂态响应的持续时间。ω_n 越大，系统的调节时间越短。

④为了限制超调量，并使调节时间 t_s 较短，阻尼比一般在 0.4 ~ 0.8 之间，这时阶跃响应的超调量将在 25% ~ 1.5% 之间。

[例1]　开环传递函数 $G(s)=\dfrac{K}{s(Ts+1)}$ 的单位反馈随动系统如图 3.13。若 $K=16$，$T=0.25s$。试求：(1)典型二阶系统的特征参数 ξ 和 ω_n。(2)暂态特性指标 $\sigma_p\%$ 和 t_s。(3)欲使 $\sigma_p\%=16\%$，当 T 不变时，K 应取何值。

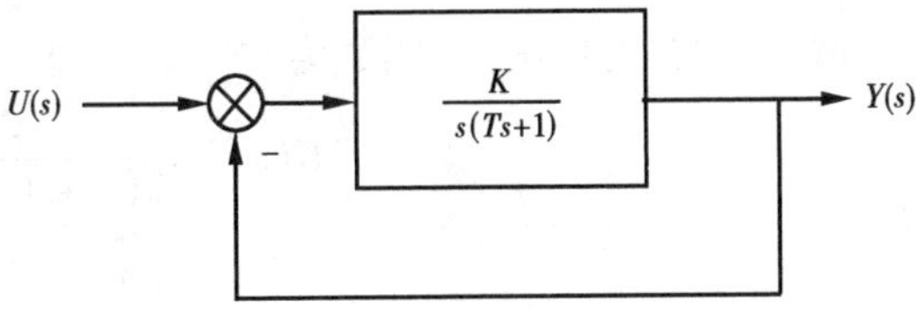

图 3.13　例1的附图

解　闭环系统的传递函数为

$$\phi(s)=\frac{K}{Ts^2+s+K}=\frac{K/T}{s^2+\frac{1}{T}s+\frac{K}{T}}$$

令

$$\phi(s)=\frac{\omega_n^2}{s^2+2\xi\omega_n s+\omega_n^2}$$

为典型二阶系统，比较上两式得

$$\omega_n=\sqrt{\frac{K}{T}},\xi=\frac{1}{2\sqrt{KT}}$$

已知 K，T 值，由上式可得

$$\omega_n=\sqrt{\frac{K}{T}}=\sqrt{\frac{16}{0.25}}=8(\text{rad/s}),\xi=\frac{1}{2\sqrt{KT}}=0.25$$

由式(3-20)可得

$$\sigma_p\%=\mathrm{e}^{-\frac{0.25\pi}{\sqrt{1-0.25^2}}}\times 100\%=47\%$$

由式(3-22)得

$$t_s\approx\frac{3}{\xi\omega_n}=\frac{3}{0.25\times 8}=1.5\text{s}(\Delta=5\%)$$

$$t_s\approx\frac{4}{\xi\omega_n}=\frac{4}{0.25\times 8}=2.0\text{s}(\Delta=2\%)$$

为使 $\sigma_p\%=16\%$，由式(3-20)求得 $\xi=0.5$，即应使 ξ 由 0.25 增大到 0.5，此时

$$K=\frac{1}{4T\xi^2}=\frac{1}{4\times 0.25\times 0.5^2}=4$$

即 K 值应减小 4 倍。

[例2]　为了改善图 3.14 所示系统的暂态响应指标，满足单位阶跃输入下系统的超调量

$\sigma_p\% \leqslant 5\%$ 的要求,令加入微分负反馈 τs,如图 3.14 所示。求微分时间常数 τ。

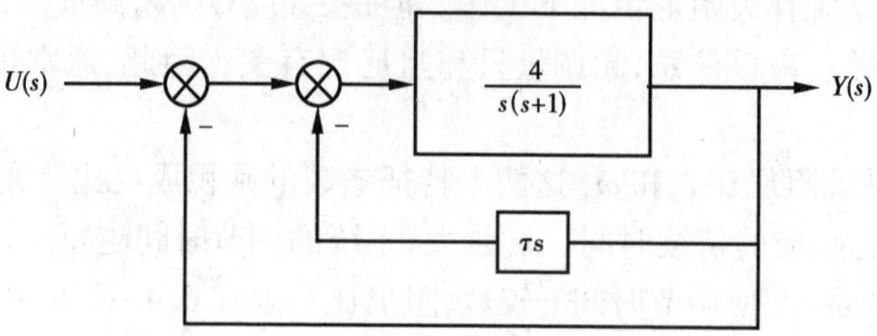

图 3.14

解 系统的开环传递函数为

$$G(s)=\frac{4}{s(s+1+4\tau)}=$$

$$\frac{4}{1+4\tau}\times\frac{1}{s\left(\frac{1}{1+4\tau}s+1\right)}$$

由上式可看出,等效于控制对象的时间常数减小为 $1/(1+4\tau)$,开环放大系数由 4 降低为 $4/(1+4\tau)$。系统的闭环传递函数为

$$\phi(s)=\frac{4}{s^2+(1+4\tau)s+4}$$

为了使 $\sigma_p\% \leqslant 5\%$,令 $\xi=0.707$。

$2\xi\omega_n=(1+4\tau)$,$\omega_n^2=4$,可求得

$$\tau=\frac{2\xi\omega_n-1}{4}=0.457$$

并由此求得开环放大系数为

$$K=4/(1+4\tau)=1.414$$

可以看出,当系统加入局部微分负反馈时,相当于增加了系统的阻尼比,提高了系统的稳定性,但同时降低了系统的开环放大系数。

[**例 3**] 系统的结构图和单位阶跃响应曲线如图 3.15 所示,试确定 K_1,K_2 和 a 的值。

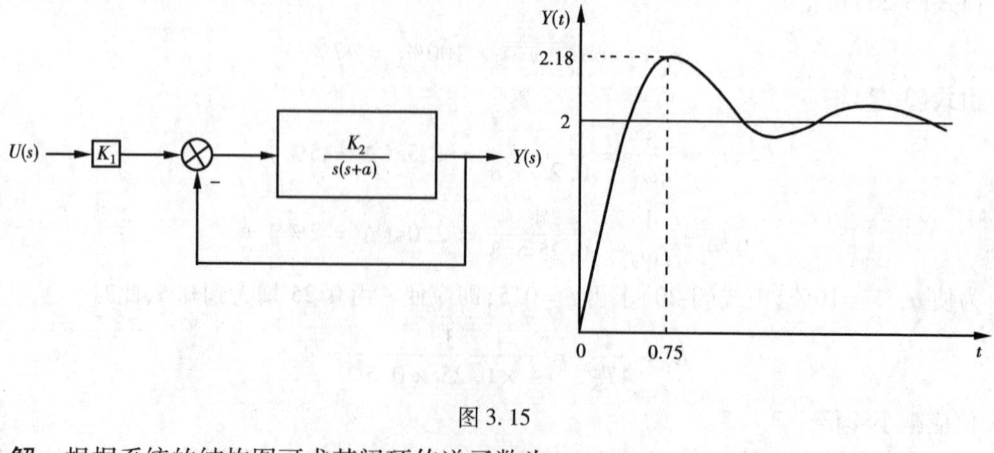

图 3.15

解 根据系统的结构图可求其闭环传递函数为

$$\frac{Y(s)}{U(s)} = \frac{K_1 K_2}{s^2 + as + K_2}$$

当输入为单位阶跃信号,即 $U(s) = 1/s$ 时,输出 $Y(s)$ 为

$$Y(s) = \frac{K_1 K_2}{s(s^2 + as + K_2)}$$

稳态输出为

$$Y(\infty) = \lim_{s \to 0} s \times \frac{K_1 K_2}{s(s^2 + as + K_2)} = 2$$

于是求得 $K_1 = 2$。由系统的单位阶跃响应曲线图可得

$$\sigma_{\mathrm{p}}\% = \mathrm{e}^{-\frac{\xi\pi}{\sqrt{1-\xi^2}}} = 0.09$$

$$t_{\mathrm{p}} = \frac{\pi}{\omega_n \sqrt{1-\xi^2}} = 0.75$$

解得 $\xi = 0.6$,$\omega_n = 5.6\ \mathrm{rad/s}$。$\frac{Y(s)}{U(s)}$可表示成二阶系统标准表示式

$$\frac{Y(s)}{U(s)} = \frac{K_1 K_2}{s^2 + as + K_2} = \frac{K_1 \omega_n^2}{s^2 + 2\xi\omega_n s + \omega_n^2}$$

由上式可得

$$K_2 = \omega_{\mathrm{n}}^2 = 5.6^2 = 31.36\ ,a = 2\xi\ \omega_n = 6.72$$

3.4　高阶系统的时域分析

设高阶系统的传递函数可表示为:

$$\phi(s) = \frac{b_0 s^m + b_1 s^{m-1} + \cdots + b_{m-1}s + b_m}{a_0 s^n + a_1 s^{n-1} + \cdots + a_{n-1}s + a_n} \qquad (n \geqslant m) \tag{3.23}$$

设闭环传递函数的零点为 $-z_1, -z_2, \cdots, -z_m$,极点为 $-p_1, -p_2, \cdots, -p_n$,则闭环传递函数可表示为:

$$Y(s) = \frac{K(s+z_1)(s+z_2)\cdots(s+z_m)}{(s+p_1)(s+p_2)\cdots(s+p_n)} \qquad (n \geqslant m)$$

当输入信号为单位阶跃信号时,输出信号为:

$$Y(s) = \frac{K\prod_{i=1}^{m}(s+z_i)}{s\prod_{j=1}^{q}(s+p_j)\prod_{k=1}^{r}(s^2 + 2\xi_k\omega_{nk}s + \omega_{nk}^2)}$$

式中 $n = q + 2r$,而 q 为闭环实极点的个数,r 为闭环共轭复数极点的对数。

用部分分式展开得

$$Y(s) = \frac{A_0}{s} + \sum_{j=1}^{q}\frac{A_j}{s+p_j} + \sum_{k=1}^{l}\frac{B_K(s+\xi_k\omega_{nk}) + C_k\omega_{nk}\sqrt{1-\xi_k^2}}{s^2 + 2\xi_k\omega_{nk}s + \omega_{nk}^2}$$

对上式取反拉氏变换得:

$$y(t) = A_0 + \sum_{j=1}^{q} A_j e^{-p_j t} + \sum_{k=1}^{r} B_K e^{-\xi_k \omega_{nk} t} \cos\omega_{nk} \sqrt{1-\xi_k^2} t +$$
$$\sum_{k=1}^{r} C_K e^{-\xi_k \omega_{nk} t} \sin\omega_{nk} \sqrt{1-\xi_k^2} t \qquad (t \geqslant 0) \tag{3.24}$$

由上式分析可知,高阶系统的暂态响应是一阶惯性环节和二阶振荡响应分量的合成。系统的响应不仅和ξ_k,ω_{nk}有关,还和闭环零点及系数A_j,B_k,C_k的大小有关。这些系数的大小和闭环系统的所有的极点和零点有关,所以单位阶跃响应取决于高阶系统闭环零极点的分布情况。从分析高阶系统单位阶跃响应表达式可以得到如下结论:

①高阶系统暂态响应各分量衰减的快慢由$-p_j$和ξ_k、ω_{nk}决定,即由闭环极点在S平面左半边离虚轴的距离决定。闭环极点离虚轴越远,相应的指数分量衰减得越快,对系统暂态分量的影响越小;反之,闭环极点离虚轴越近,相应的指数分量衰减得越慢,系统暂态分量的影响越大。

②高阶系统暂态响应各分量的系数不仅和极点在S平面的位置有关,还与零点的位置有关。如果某一极点$-p_j$靠近一个闭环零点,又远离原点及其他极点,则相应项的系数A_j比较小,该暂态分量的影响也就越小。如果极点和零点靠得很近,则该零极点对暂态响应几乎没有影响。

③如果所有的闭环极点都具有负实部,由式(3-24)可知,随着时间的推移,系统的暂态分量不断的衰减,最后只剩下由极点所决定的稳态分量。此时的系统称为稳定系统。稳定性是系统正常工作的首要条件,下一节将详细探讨系统的稳定性。

④假如高阶系统中距虚轴最近的极点的实部绝对值仅为其他极点的1/5或更小,并且附近又没有闭环零点,则可以认为系统的响应主要由该极点(或共轭复数极点)来决定。这种对高阶系统起主导作用的极点,称为系统的主导极点。因为在通常的情况下,总是希望高阶系统的暂态响应能获得衰减震荡的过程,所以主导极点常常是共轭复数极点。找到一对共轭复数主导极点后,高阶系统就可近似为二阶系统来分析,相应的暂态响应性能指标可以根据二阶系统的计算公式进行近似估算。

3.5 系统的稳定性分析

3.5.1 系统稳定性的概念和稳定的充分必要条件

一个线性系统正常工作的首要条件,是它必须是稳定的。所谓稳定性,是指系统受到扰动作用后偏离原来的平衡状态,在扰动作用消失后,经过一段过度时间能否恢复到原来的平衡状态或足够准确地回到原来的平衡状态的性能。若系统能恢复到原来的平衡状态,则称系统是稳定的;若扰动消失后系统不能恢复到原来的平衡状态,则称系统是不稳定的。

线性系统的稳定性取决于系统本身固有的特性,而与扰动信号无关。它决定于扰动取消后暂态分量的衰减与否,从上节暂态特性分析中可以看出,暂态分量的衰减与否,决定于系统闭环传递函数的极点(系统的特征根)在S平面的分布:如果所有极点都分布在S平面的左侧,系统的暂态分量将逐渐衰减为零,则系统是稳定的;如果有共轭极点分布在S平面的虚轴上，则系统的暂态分量做等幅振荡，系统处于临界稳定状态；如果有闭环极点分布在 S 平面的右侧，系统具有发散的暂态分量，则系统是不稳定的。所以，线性系统稳定的充分必要条件是：系统特征方程式所有的根(即闭环传递函数的极点)全部为负实数或为具有负实部的共轭复数，也就是所有的极点分布在 S 平面虚轴的左侧。

因此，可以根据求解特征方程式的根来判断系统稳定与否。例如，一阶系统的特征方程式为

$$a_0 s + a_1 = 0$$

特征方程式的根为 $$s = -\frac{a_0}{a_1}$$

显然特征方程式根为负的充分必要条件是 a_0、a_1 均为正值，即

$$a_0 > 0, a_1 > 0 \tag{3.25}$$

二阶系统的特征方程式为 $$a_0 s^2 + a_1 s + a_2 = 0$$

特征方程式的根为 $$s_{1,2} = -\frac{a_1}{2a_0} \pm \sqrt{\left(\frac{a_1}{2a_0}\right)^2 - \frac{a_2}{a_0}}$$

要使系统稳定，特征方程式的根必须有负实部。因此二阶系统稳定的充分必要条件是：

$$a_0 > 0, a_1 > 0, a_2 > 0 \tag{3.26}$$

由于求解高阶系统特征方程式的根很麻烦，所以对高阶系统一般都采用间接方法来判断其稳定性。经常应用的间接方法是代数稳定判据(也称劳斯 - 古尔维茨判据)、频率法稳定判据(也称奈魁斯特判据)。本章只介绍代数判据，频率判据将在第 5 章中介绍。

3.5.2　劳斯判据

1887 年，劳斯发表了研究线性定常系统稳定性的方法。该判据的具体内容和步骤如下。

(1) 首先列出系统特征方程式

$$a_0 s^n + a_1 s^{n-1} + a_2 s^{n-2} + \cdots + a_{n-1} s + a_n = 0$$

式中各个项系数均为实数，且使 $a_i (i = 0, 1, 2, \cdots, n) > 0$。

(2) 根据特征方程式列出劳斯数组表

$$\begin{array}{llllll}
s^n & a_0 & a_2 & a_4 & a_6 & \cdots \\
s^{n-1} & a_1 & a_3 & a_5 & a_7 & \cdots \\
s^{n-2} & b_1 & b_2 & b_3 & b_4 & \cdots \\
s^{n-3} & c_1 & c_2 & c_3 & c_4 & \cdots \\
\cdot & \cdot & \cdot & & & \\
\cdot & \cdot & \cdot & & & \\
\cdot & \cdot & \cdot & & & \\
s^2 & e_1 & e_2 & & & \\
s^1 & f_1 & & & & \\
s^0 & g_1 & & & &
\end{array}$$

表中各未知元素由计算得出，其中

$$b_1 = \frac{a_1a_2 - a_0a_3}{a_1}, b_2 = \frac{a_1a_4 - a_0a_5}{a_1}, b_3 = \frac{a_1a_6 - a_0a_7}{a_1}, \quad \cdots\cdots$$

$$c_1 = \frac{b_1a_3 - a_1b_2}{b_1}, c_2 = \frac{b_1a_5 - a_1b_3}{b_1}, c_3 = \frac{b_1a_7 - a_1b_4}{b_1}, \quad \cdots\cdots$$

同样的方法,求取表中其余行的系数,一直到第 $n+1$ 行排完为止。

(3)根据劳斯表中第一列各元素的符号,用劳斯判据来判断系统的稳定性。劳斯判据的内容如下:

①如果劳斯表中第一列的系数均为正值,则其特征方程式的根都在 S 的左半平面,相应的系统是稳定的。

②如果劳斯表中第一列系数的符号发生变化,则系统不稳定,且第一列元素正负号的改变次数等于特征方程式的根在 S 平面右半部分的个数。

[例4]　三阶系统的特征方程式为

$$a_0s^3 + a_1s^2 + a_2s + a_3 = 0$$

列出劳斯表为

$$\begin{array}{lll} s^3 & a_0 & a_2 \\ s^2 & a_1 & a_3 \\ s^1 & \dfrac{a_1a_2 - a_0a_3}{a_1} & \\ s^0 & a_3 & \end{array}$$

系统稳定的充要条件是

$$a_0 > 0, a_1 > 0, a_2 > 0, a_3 > 0, a_1a_2 - a_0a_3 > 0$$

[例5]　设系统的特征方程式为

$$s^4 + 2s^3 + 3s^2 + 4s + 5 = 0$$

使用劳斯判据判断系统的稳定性。

解　劳斯表如下

$$\begin{array}{llll} s^4 & 1 & 3 & 5 \\ s^3 & 2 & 4 & \\ s^2 & (2\times3-1\times4)/2=1 & (2\times5-1\times0)/2=5 & \\ s^1 & (1\times4-2\times5)=-6 & & \\ s^0 & (-6\times5)/-6=5 & & \end{array}$$

劳斯表左端第一列中有负数,所以系统不稳定;又由于第一列数的符号改变两次,$1\to-6\to5$,所以系统有两个根在 S 平面的右半平面。

(4)两种特殊情况

在劳斯数组表的计算过程中,可能出现以下两种特殊情况。

1)劳斯表中某一行左边第一个数为零,但其余各项不为零。在这种情况下,可以用一个很小的正数 ε 代替这个零,并据此计算出数组中其余各项。如果劳斯表第一列中各项的符号都为正,则说明系统处于稳定状态;如果第一列各项的符号不同,表明有符号变化,则系统不稳定。

[例6]　系统特征方程式为

$$s^4 + 2s^3 + s^2 + 2s + 1 = 0$$

试用劳斯判据判别系统的稳定性。

解　特征方程式各项系数均为正数，劳斯表如下

s^4	1	1	1
s^3	2	2	
s^2	$0(\varepsilon)$	1	
s^1	$2-2/\varepsilon$		
s^0	1		

由于 ε 是很小的正数，s^1 行第一列元素就是一个绝对值很大的负数。整个劳斯表中第一列元素符号共改变两次，所以系统有两个位于右半 S 平面的根。

2）如果劳斯表中某一行中的所有元素都为零，则表明系统存在两个大小相等符号相反的实根和（或）两个共轭虚根，或存在更多的这种大小相等，但在 S 平面上位置径向相反的根。这时可以利用该行上面一行的系数构成一个辅助方程式，将对辅助方程式求导后的系数列入该行，这样，数组表中其余各行的计算可继续下去。S 平面中这些大小相等，径向相反的根可以通过辅助方程式得到，而且这些根的个数总是偶数。

[例 7]　系统特征方程式为

$$s^5+s^4+3s^3+3s^2+2s+2=0$$

使用劳斯判据判别系统的稳定性。

解　该系统劳斯表如下

s^5	1	3	2
s^4	1	3	2
s^3	0	0	

由上表可以看出，s^3 行的各项全部为零。为了求出 s^3 行及以下各行的元素，将 s^4 行组成辅助方程式为

$$A(s)=s^4+3s^2+2s^0$$

将辅助方程式 $A(s)$ 对 s 求导数得

$$\frac{\mathrm{d}A(S)}{\mathrm{d}S}=4S^3+6S$$

用上式中的各项系数作为 s^3 行的系数，并计算以下各行的系数，得劳斯表为

s^5	1	3	2
s^4	1	3	2
s^3	4	6	
s^2	3/2	2	
s^1	2/3		
s^0	2		

从上表的第一列可以看出，各行符号没有改变，说明系统没有特征根在 S 右半平面。但由于辅助方程式可解得系统有两对共轭虚根 $s_{1,2}=\pm j, s_{3,4}=\pm\sqrt{2}j$，因而系统处于临界稳定状态。

3.5.3　古尔维茨判据

下面介绍古尔维茨稳定性判据

设系统的特征方程式为

$$a_0 s^n + a_1 s^{n-1} + a_2 s^{n-2} + \cdots + a_{n-1} s + a_n = 0$$

古尔维茨行列式由下述方法组成。在主对角线上写出从第二项（a_1）到最末一项系数（a_n），在主对角线以上的各行中，填充下标号码递增的各系数，而在主对角线以下的各行中，则填充下标号码递减的各系数。如果在某位置上按次序应填入的系数大于 a_n 或小于 a_0，则在该位置上填以零。对于 n 阶微分方程式来说，主行列式为

$$D = \begin{vmatrix} a_1 & a_3 & a_5 & a_7 & \cdots & 0 & 0 & 0 \\ a_0 & a_2 & a_4 & a_6 & \cdots & 0 & 0 & 0 \\ 0 & a_1 & a_3 & a_5 & \cdots & 0 & 0 & 0 \\ \cdots & \cdots & \cdots & \cdots & \cdots & \cdots & \cdots & \cdots \\ \cdots & \cdots & \cdots & \cdots & \cdots & \cdots & \cdots & \cdots \\ 0 & 0 & 0 & 0 & \cdots & a_{n-2} & a_n & 0 \\ 0 & 0 & 0 & 0 & \cdots & a_{n-3} & a_{n-1} & 0 \\ 0 & 0 & 0 & 0 & \cdots & a_{n-4} & a_{n-2} & a_n \end{vmatrix} \tag{3.27}$$

如果上述主行列式及其对角线上的各子行列式都大于零，则系统稳定，即特征方程式的各根都具有负实部；否则，系统不稳定。

［例 8］ 对于四阶特征方程式

$$a_0 s^4 + a_1 s^3 + a_2 s^2 + a_3 s + a_4 = 0$$

稳定判别主行列式为

$$D = \begin{vmatrix} a_1 & a_3 & 0 & 0 \\ a_0 & a_2 & a_4 & 0 \\ 0 & a_1 & a_3 & 0 \\ 0 & a_0 & a_2 & a_4 \end{vmatrix}$$

因此系统稳定的充要条件为

$$a_0 > 0, a_1 > 0, a_2 > 0, a_3 > 0, a_4 > 0$$

主行列式及各子行列式也必须大于零。即

$$D_1 = \begin{vmatrix} a_1 & a_3 \\ a_0 & a_2 \end{vmatrix} = a_1 a_2 - a_0 a_3 > 0$$

$$D_2 = \begin{vmatrix} a_1 & a_3 & 0 \\ a_0 & a_2 & a_4 \\ 0 & a_1 & a_3 \end{vmatrix} = a_3 D_1 - a_1^2 a_4 > 0$$

$$D_3 = a_4 D_2 > 0$$

［例 9］ 系统方程式为

$$2s^4 + s^3 + 3s^2 + 5s + 10 = 0$$

使用古尔维茨判断，判别系统的稳定性。

$$D = \begin{vmatrix} 1 & 5 & 0 & 0 \\ 2 & 3 & 10 & 0 \\ 0 & 1 & 5 & 0 \\ 0 & 2 & 3 & 10 \end{vmatrix}$$

其中子行列式

$$D_1 = \begin{vmatrix} 1 & 5 \\ 2 & 3 \end{vmatrix} = 1 \times 3 - 2 \times 5 < 0$$

由于 $D_1 < 0$,因此不满足古尔维茨行列式全部为正的条件。属不稳定系统。D_2、D_3可以不再进行计算。

3.5.4　代数判据的应用

代数判据除可以根据系统特征方程式的系数判别其稳定性外,还可以检验稳定裕量;求解系统的临界参数,分析系统的结构参数对稳定性的影响,鉴别延迟系统的稳定性等,并从中可以得到一些重要的结论。

(1)稳定裕量

应用代数判据只能给出系统是稳定还是不稳定,即只解决了绝对稳定性的问题。在处理实际问题时,只判断系统是否稳定是不够的。对于实际的系统,如果一个负实部的特征根紧靠虚轴,尽管满足稳定条件,但其暂态过程具有过大的超调量和过于缓慢的响应,甚至由于系统内部参数的稍微变化,就使特征根转移到 S 右半平面,导致系统不稳定。考虑这些因素,往往希望知道系统距离稳定边界有多少裕量,这就是相对稳定性或稳定裕量的问题。

将 S 平面的虚轴向左移动某个数值 a,如图3.16所示,即令 $s=z-a$(a 为正实数),当 $z=0$ 时,$s=-a$,将 $s=z-a$ 带入系统特征方程式,则得到 z 的多项式,利用代数判据对新的特征多项式进行判别,即可检验系统的稳定裕量。因为新特征方程式的所有根如果均在新虚轴的左半平面,则说明系统至少具有稳定裕量 a。

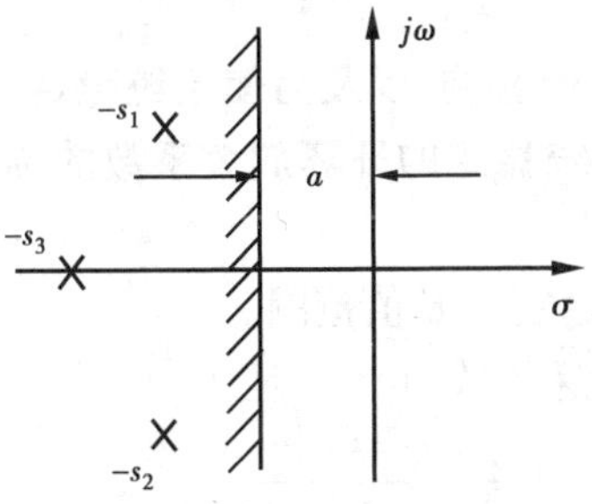

图3.16　系统的稳定裕量

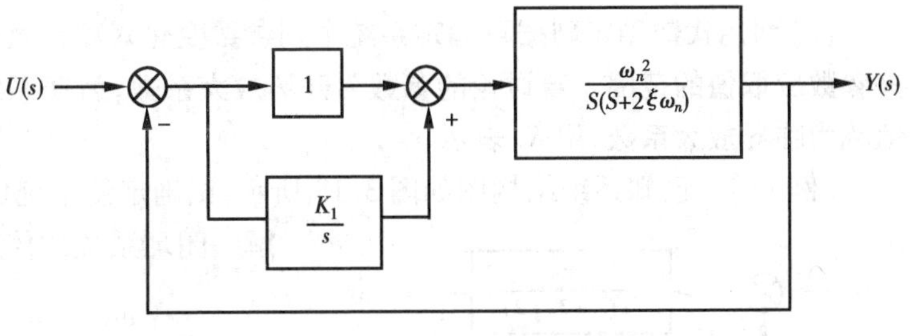

图3.17

[例10]　设比例——积分控制系统如图3.17所示,K_1 为与积分器时间常数有关的待定参数。已知参数 $\xi=0.2$ 及 $\omega_n=86.6$,试用劳斯稳定判决确定使闭环系统稳定的 K_1 值范围。如果要求闭环系统的极点全部位于 $s=-1$ 垂线之左,问 K_1 值范围应取多大?

解　根据系统的结构图,可求其闭环传递函数为:

$$\phi(s) = \frac{\omega_n^2(s+K_1)}{s^3+2\xi\omega_n s^2+\omega_n^2 s+K_1\omega_n^2}$$

因而,闭环特征方程式为

$$D(s) = s^3 + 2\xi\omega_n s^2 + \omega_n^2 s + K_1\omega_n^2 = 0$$

代入已知的 ξ 和 ω_n，得

$$D(s) = s^3 + 34.6s^2 + 7\,500s + 7\,500K_1 = 0$$

列出相应的劳斯表：

s^3	1	7 500
s^2	34.6	$7\,500K_1$
s^1	$(34.6\times 7\,500 - 7\,500K_1)/34.6$	
s^0	$7\,500K_1$	

为使系统稳定，必须使 $34.6\times 7\,500 - 7\,500K_1 > 0$，$7\,500K_1 > 0$，即 $K_1 < 34.6$。因此，K_1 的取值范围为

$$0 < K_1 < 34.6$$

当要求闭环极点全部位于 $s = -1$ 垂线之左时，可令 $s = s_1 - 1$，代入原特征方程式，得到如下新特征方程式：

$$(s-1)^3 + 34.6(s-1)^2 + 7\,500(s-1) + 7\,500K_1 = 0$$

整理得

$$s_1^3 + 31.6s_1^2 + 7\,433.8s_1 + (7\,500K_1 - 7\,466.4) = 0$$

相应的劳斯表为：

s^3	1	7 433.8
s^2	31.6	$7\,500K_1 - 7\,466.4$
s^1	$[31.6\times 7\,433.8 - (7\,500K_1 - 7\,466.4)]/31.6$	
s^0	$7\,500K_1 - 7\,466.4$	

令劳斯表的第一列各元素为正，得使全部闭环极点位于 $s = -1$ 垂线之左的 K_1 的取值范围：

$$1 < K_1 < 32.3$$

(2)利用代数稳定判据可确定系统个别参数变化对稳定性的影响，以及为使系统稳定，这些参数应取值的范围。若讨论的参数为开环放大系数，为使系统稳定的开环放大系数的临界值称为临界放大系数，用 K_1 表示。

[例 11]　已知系统结构图如图 3.18 所示，试确定使系统稳定的 K 值范围。

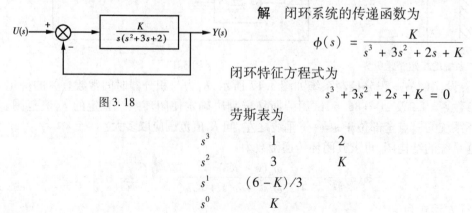

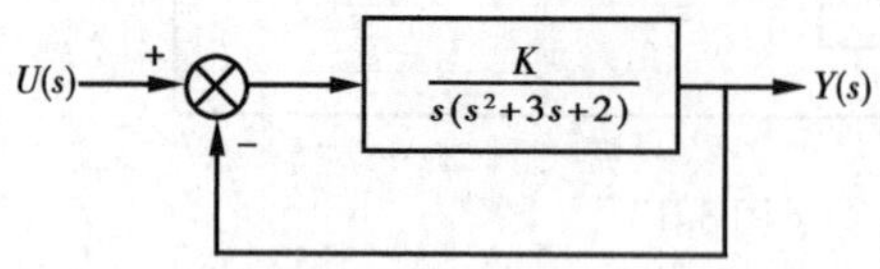

图 3.18

解　闭环系统的传递函数为

$$\phi(s) = \frac{K}{s^3 + 3s^2 + 2s + K}$$

闭环特征方程式为

$$s^3 + 3s^2 + 2s + K = 0$$

劳斯表为

s^3	1	2
s^2	3	K
s^1	$(6-K)/3$	
s^0	K	

为使系统稳定，必须使 $K>0,6-K>0$，即 $K<6$。因此，K 的取值范围为

$$0<K<6$$

临界放大系数为 $K_1=6$。

[**例** 12] 系统的闭环传递函数为

$$\phi(s)=\frac{K}{(T_1s+1)(T_2s+1)(T_3s+1)+K}$$

式中 $K=K_1K_2K_3$。分析系统内部的参数变化对稳定性的影响。

解 系统的特征方程式为

$$T_1T_2T_3s^3+(T_1T_2T_3+T_1T_3+T_2T_3)s^2+(T_1+T_2+T_3)s+1+K=0$$

根据代数稳定判据，三阶系统稳定的充要条件是：

$$a_0>0,a_1>0,a_2>0,a_3>0,a_1a_2-a_0a_3>0$$

对应于该系统，由于 T_1、T_2、T_3和 K 均大于零，所以要使系统稳定，要求

$$(T_1T_2T_3+T_1T_3+T_2T_3)(T_1+T_2+T_3)>T_1T_2T_3(1+K)$$

经整理得

$$K<\frac{T_1}{T_2}+\frac{T_2}{T_3}+\frac{T_3}{T_1}+\frac{T_2}{T_1}+\frac{T_3}{T_2}+\frac{T_1}{T_3}+2$$

假设 $T_1=T_2=T_3$，则使系统稳定的临界放大系数为 $K_1=8$。如果取 $T_3=T_1=10T_2$，则临界放大系数变为 $K_1=24.2$。由此可见，各环节的时间常数错开程度越大，则系统的临界开环放大系数越大。反过来，如果系统的开环放大系数一定，则时间常数错开程度越大，系统的稳定性越好。

3.6 系统的稳态特性分析

稳态误差是控制系统时域指标之一，用来评价系统稳态性能的好坏。稳态误差仅对稳定系统才有意义。稳态条件下输出量的期望值与稳态值之间存在的误差，称为系统稳态误差。影响系统稳态误差的因素很多，如系统的结构、系统的参数以及输入量的形式等。没有稳态误差的系统称为无差系统，具有稳态误差的系统称为有差系统。

为了分析方便，把系统的稳态误差按输入信号形式不同分为扰动作用下的稳态误差和给定作用下的稳态误差。对于恒值系统，由于给定量是不变的，常用扰动作用下的稳态误差来衡量系统的稳态品质；而对随动系统，给定量是变化的，要求输出量以一定的精度跟随给定量的变化，因此给定稳态误差成为衡量随动系统稳态品质的指标。本节将讨论计算和减少稳态误差的方法。

3.6.1 稳态误差的定义

设控制系统的典型动态结构图如图3.19所示。

设给定信号为 $u(t)$，主反馈信号为 $b(t)$，一般定义其差值 $e(t)$ 为误差信号，即

$$e(t)=u(t)-b(t) \tag{3.28}$$

当时间 $t\to\infty$ 时，此值就是稳态误差，用 e_{ss} 表示，即

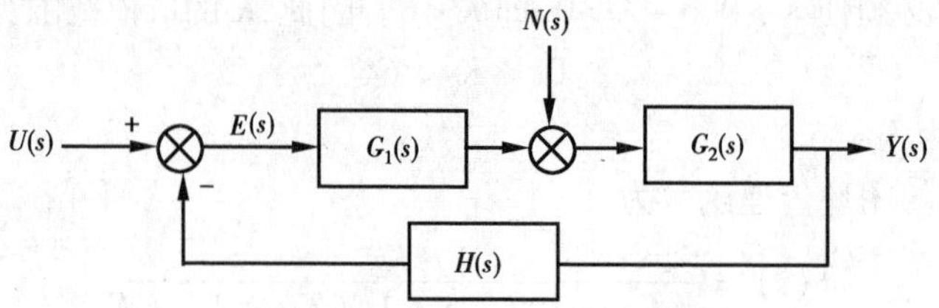

图 3.19　控制系统的典型动态结构图

$$e_{ss} = \lim_{t\to\infty}[u(t) - b(t)] \tag{3.29}$$

这种稳态误差的定义是从系统输入端定义的。这个误差在实际系统是可以测量的,因而具有一定的物理意义。

另一种定义误差的方法是由系统的输出端定义,系统输出量的实际值与期望值之差为稳态误差,这种方法定义的误差在实际系统中有时无法测量,因而只有数学上的意义。

对于单位反馈系统,这两种定义是相同的。对于图 3.19 的系统两种定义有如下的简单关系:

$$E'(s) = \frac{E(s)}{H(s)} \tag{3.30}$$

$E(s)$为从系统输入端定义的稳态误差,$E'(s)$为从系统输出端定义的稳态误差。本书以下均采用从系统输入端定义的稳态误差。

根据前一种定义,由图 3.19 可得系统的误差传递函数为

$$\phi_{ER}(s) = \frac{E(s)}{U(s)} = 1 - \frac{B(s)}{U(s)} = \frac{1}{1 + G_1(s)G_2(s)H(s)} = \frac{1}{1 + G(s)} \tag{3.31}$$

式中 $G(s) = G_1(s)G_2(s)H(s)$为系统开环传递函数。

由此误差的拉氏变换为

$$E(s) = \frac{U(s)}{1 + G(s)} \tag{3.32}$$

给定稳态误差为

$$e_{ss} = \lim_{t\to\infty} e(t) = \lim_{s\to 0} sE(s) = \lim_{s\to 0}\frac{sU(s)}{1 + G(s)} \tag{3.33}$$

由此可见,有两个因素决定稳态误差,即系统的开环传递函数 $G(s)$和输入信号 $U(s)$。即系统的结构和参数的不同,输入信号的形式和大小的差异,都会引起系统稳态误差的变化。下面讨论就这两个因素对稳态误差的影响。

3.6.2　系统的分类

根据开环传递函数中串联的积分个数,将系统分为几种不同类型。把系统开环传递函数表示成下面形式。

$$G(s) = \frac{K\prod_{i=1}^{m}(\tau_i s + 1)}{s^v \prod_{j=1}^{n-v}(T_j s + 1)} \tag{3.34}$$

式中　K——系统的开环增益;

v——开环传递函数中积分环节的个数。

系统按 v 的不同取值可以分为不同类型。$v=0,1,2$ 时，系统分别称为 0 型，Ⅰ型和Ⅱ型系统。$v>2$ 的系统很少见，实际上很难使之稳定，所以这种系统在控制工程中一般不会碰到。

3.6.3　给定作用下的稳态误差

控制系统的稳态性能一般是以阶跃、斜坡和抛物线信号作用在系统上而产生的稳态误差来表征。下面分别讨论这 3 种不同输入信号作用于不同类型的系统时产生的稳态误差。

(1)单位阶跃函数输入

当 $U(s)=1/s$ 时，由式(3.33)得到稳态误差为

$$e_{ss}=\lim_{s\to 0}\frac{s\times\frac{1}{s}}{1+G(s)}=\frac{1}{1+\lim\limits_{s\to 0}G(s)}=\frac{1}{1+K_p}\tag{3.35}$$

定义 $K_p=\lim\limits_{s\to 0}G(s)$，$K_p$为位置误差系数。根据定义得

$$K_p=\lim_{s\to 0}\frac{K\prod\limits_{i=1}^{m}(\tau_i s+1)}{s^v\prod\limits_{j=1}^{n-v}(T_j s+1)}\tag{3.36}$$

对 0 型系统　　$v=0, K_p=K, e_{ss}=1/(1+K_p)$

对Ⅰ型系统及Ⅰ型以上的系统　　$v=1,2,\cdots, K_p=\infty, e_{ss}=0$。

由此可见，对于单位阶跃输入，只有 0 型系统有稳态误差，其大小与系统的开环增益成反比。而Ⅰ型和Ⅰ型以上的系统位置误差系数均为无穷大，稳态误差均为零。

(2)单位斜坡函数输入

当 $U(s)=1/s^2$ 时，系统稳态误差为

$$e_{ss}=\lim_{s\to 0}\frac{s\times\frac{1}{s^2}}{1+G(s)}=\frac{1}{\lim\limits_{s\to 0}sG(s)}=\frac{1}{K_v}\tag{3.37}$$

定义 $K_v=\lim\limits_{s\to 0}sG(s)$，$K_v$为速度误差系数。则

$$K_v=\lim_{s\to 0}\frac{sK\prod\limits_{i=1}^{m}(\tau_i s+1)}{s^v\prod\limits_{j=1}^{n-v}(T_j s+1)}\tag{3.38}$$

对 0 型系统　　$v=0, K_v=0, e_{ss}=\infty$

对Ⅰ型系统　　$v=1, K_v=K, e_{ss}=1/K_v$

对Ⅱ型或高于Ⅱ型系统　　$v=2,3,\cdots, K_v=\infty, e_{ss}=0$

由此可见，对于单位斜坡输入，0 型系统稳态误差为无穷大；Ⅰ型系统可以跟踪输入信号，但有稳态误差，该误差与系统的开环增益成反比；Ⅱ型或高于Ⅱ型系统，稳态误差为零。

(3)单位抛物线函数输入

当 $U(s)=1/s^3$ 时，系统的稳态误差为

$$e_{ss} = \lim_{s\to0}\frac{s\times\frac{1}{s^3}}{1+G(s)} = \frac{1}{\lim\limits_{s\to0}s^2G(s)} = \frac{1}{K_a} \tag{3.39}$$

定义 $K_a = \lim\limits_{s\to0}s^2G(s)$，$K_a$ 为加速度误差系数。则

$$K_a = \lim_{s\to0}\frac{s^2K\prod\limits_{i=1}^{m}(\tau_is+1)}{s^v\prod\limits_{j=1}^{n-v}(T_js+1)} \tag{3.40}$$

对 0 型系统　　　$v=0, K_a=0, e_{ss}=\infty$

对Ⅰ型系统　　　$v=1, K_a=0, e_{ss}=\infty$

对Ⅱ型系统　　　$v=2, K_a=K, e_{ss}=1/K$

对Ⅲ型或高于Ⅲ型系统　　$v=3,4,\cdots, K_a=\infty, e_{ss}=0$

由此可知，0 型及Ⅰ型系统都不能跟踪抛物线输入；Ⅱ型系统可以跟踪抛物线输入，但存在一定的误差，该误差与系统的开环增益成反比；只有Ⅲ型或高于Ⅲ型的系统，才能准确跟踪抛物线输入信号。

表 3.1 列出了不同类型的系统在不同参考输入下的稳态误差。

表 3.1　误差系数和稳态误差

系统类型	误差系数			典型输入作用下稳态误差		
	K_p	K_v	K_a	阶跃输入 $u(t)=R\cdot1(t)$	斜坡输入 $u(t)=Rt$	抛物线输入 $u(t)=Rt^2/2$
0 型系统	K	0	0	$R/(1+K_p)$	∞	∞
Ⅰ型系统	∞	K	0	0	R/K_v	∞
Ⅱ型系统	∞	∞	K	0	0	R/K_a

［例 13］　设控制系统如图 3.20 所示，输入信号 $u(t)=1(t)$，试分别确定当 K_k 为 1 和 0.1时，系统输出量的稳态误差 e_{ss}。

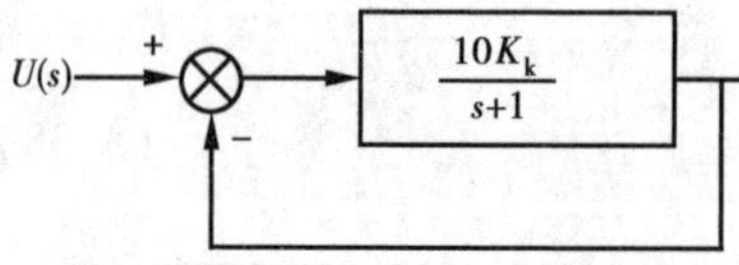

图 3.20

解　系统的开环传递函数为

$$G(s) = \frac{10K_k}{s+1}$$

由于是 0 型系统，所以位置误差系数为

$$K_p = \lim_{s\to0}G(s) = 10K_k$$

所以

$$e_{ss} = \frac{1}{1+K_p} = \frac{1}{1+10K_k}$$

当 $K_k=1$ 时，

$$e_{ss} = \frac{1}{1+10K_k} = \frac{1}{11}$$

当 $K_k=0.1$ 时，

$$e_{ss} = \frac{1}{2} = 0.5$$

可以看出，随着 K_k 的增加，稳态误差 e_{ss} 下降。

［例 14］　已知单位负反馈系统的开环传递函数为

$$G(s) = \frac{10(s+1)}{s^2(s+4)}$$

当参考输入为 $u(t)=4+6t+3t^2$ 时，试求系统的稳态误差。

解　由于系统为Ⅱ型系统，所以阶跃输入和斜坡输入下的稳态误差均为零，抛物线输入时，由于

$$K_a = \lim_{s\to 0} s^2 G(s) = \frac{10}{4}$$

所以稳态误差为

$$e_{ss} = \frac{6}{K_a} = \frac{24}{10} = 2.4$$

［例 15］　一单位反馈系统，要求：①跟踪单位斜坡输入时系统的稳态误差为 2。②设该系统为三阶，其中一对复数闭环极点为 $-1\pm j$。求满足上述要求的开环传递函数。

解　根据要求，可知该系统为Ⅰ型三阶系统，设其开环传递函数为：

$$G(s) = \frac{K}{s(s^2+bs+c)}$$

因为

$$e_{ss} = \frac{1}{K_v} = 2, \quad K_v = 0.5$$

可求得

$$K_v = \frac{K}{c} = 0.5, \quad K = 0.5c$$

系统的闭环传递函数为

$$\phi(s) = \frac{K}{s^3+bs^2+cs+K} = \frac{K}{(s^2+2s+2)(s+p)} = \frac{K}{s^3+(p+2)s^2+(2p+2)s+2p}$$

由上式可得

$$2p = K, 2p+2 = c, p+2 = b$$

解得：$c=4$，$K=2$，$p=1$，$b=3$，所以系统的开环传递函数为

$$G(s) = \frac{2}{s(s^2+3s+4)}$$

3.6.4　扰动输入作用下的稳态误差

系统除有给定输入信号外，还承受扰动信号的作用。扰动信号破坏了系统输出和给定输入间的关系。控制系统一方面使输出保持和给定输入一致，另一方面要使干扰对输出的影响尽可能小，因此干扰对输出的影响反映了系统的抗干扰能力。

计算系统在干扰作用下的稳态误差常用终值定理。应注意：第一，由于给定输入与扰动输

入作用于系统的不同位置，因此即使系统对某种形式的给定输入信号作用的稳态误差为零，但对同一形式的扰动信号作用，其稳态误差不一定为零。第二，干扰引起的全部输出就是误差。

下面以图 3.19 所示的恒值控制系统为例，当给定量 $u(t)=0$ 时，讨论扰动作用下，系统的稳态误差。此时，扰动作用下的误差称为扰动误差，用 $e_n(t)$ 表示，其拉氏变换为

$$E_n(s)=-\frac{G_2(s)H(s)N(s)}{1+G(s)}=\phi_{E,N}(s)N(s) \tag{3.41}$$

式中 $G(s)$——系统开环传递函数。

扰动作用下系统的误差传递函数为

$$\phi_{E,N}(s)=\frac{E_n(s)}{N(s)}=-\frac{G_2(s)H(s)}{1+G(s)} \tag{3.42}$$

根据拉氏变换终值定理，求得扰动作用下的稳态误差为

$$e_{ssn}=\lim_{t\to\infty}e_n(t)=\lim_{s\to 0}sE_n(s)=\lim_{s\to 0}s\phi_{E,N}(s)N(s)=$$
$$\lim_{s\to 0}\frac{-sG_2(s)H(s)N(s)}{1+G(s)} \tag{3.43}$$

由上式可知，系统扰动误差决定于系统的误差传递函数和扰动量。

[**例 16**] 设系统结构图如图 3.21 所示，$n(t)=0.1\times 1(t)$，为使其稳态误差 $|e_{ss}|\leqslant 0.05$，试求 K_1 的取值范围。

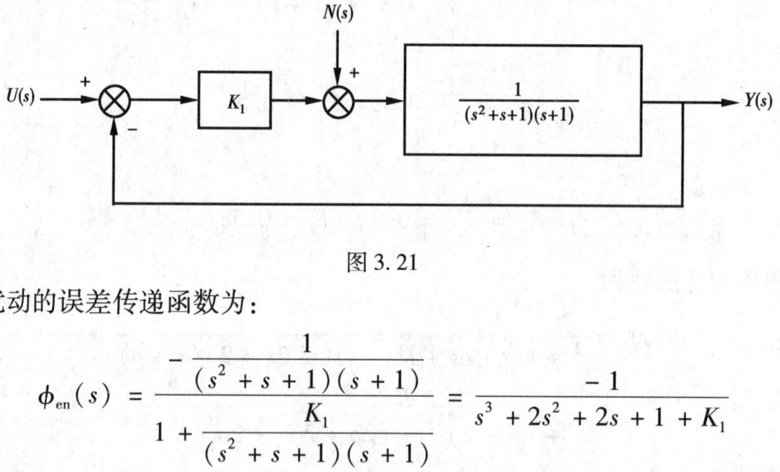

图 3.21

解 对扰动的误差传递函数为：

$$\phi_{en}(s)=\frac{-\dfrac{1}{(s^2+s+1)(s+1)}}{1+\dfrac{K_1}{(s^2+s+1)(s+1)}}=\frac{-1}{s^3+2s^2+2s+1+K_1}$$

因而

$$E(s)=\phi_{en}(s)\cdot N(s)=\frac{-1}{(s^3+2s^2+2s+K_1+1)}\cdot\frac{0.1}{s}$$

$$e_{ss}(t)=\lim_{s\to 0}sE(s)=\lim_{s\to 0}s\frac{-1}{(s^3+2s^2+2s+K_1+1)}\cdot\frac{0.1}{s}=\frac{-0.1}{1+K_1}$$

根据要求 $|e_{ss}|\leqslant 0.05$，则有

$$\frac{0.1}{1+K_1}\leqslant 0.05, K_1\geqslant 1$$

应用劳斯判据可以计算出系统稳定时 K_1 的取值范围是 $0<K_1<3$。因此既满足稳态误差的要求，又保证系统稳定，应选取 $1<K_1<3$。

对于恒值系统，典型的扰动量为单位阶跃函数，即 $N(s)=1/s$；则扰动稳态误差为

$$e_{ssn} = \lim_{t\to\infty} e_n(t) = \lim_{s\to 0} \frac{-G_2(s)H(s)}{1+G(s)} \tag{3.44}$$

下面举例说明。

［例 17］ 如图 3.22 是典型工业过程控制系统的动态结构图。设被控对象的传递函数为 $G_p(s)=\dfrac{K_2}{s(T_2s+1)}$。求当采用比例调节器和比例积分调节器时,系统的稳态误差。

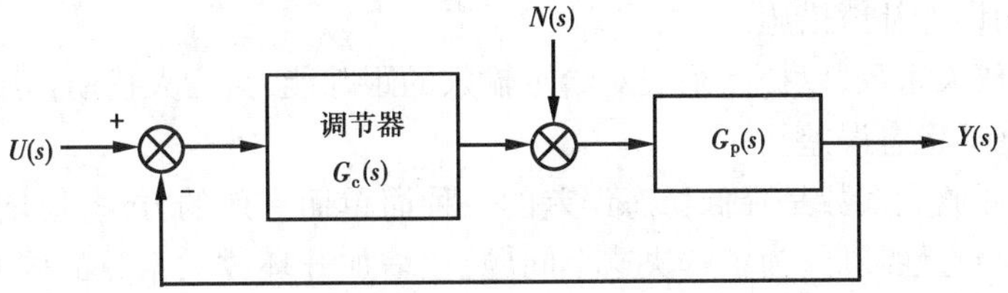

图 3.22 典型工业过程控制系统

解 ①若采用比例调节器,即 $G_c(s) = K_P$。

由图 3.19 可以看出,系统对给定输入为Ⅰ型系统,令扰动 $N(s)=0$,给定输入 $U(s)=U/s$,则系统对阶跃给定输入的稳定误差为零。

若令 $U(s)=0, N(s)=N/s$,则系统对阶跃扰动输入的稳态误差为

$$e_{ssn} = \lim_{s\to 0} \frac{-s\times\dfrac{K_2}{s(T_2s+1)}}{1+\dfrac{K_pK_2}{s(T_2s+1)}} \times \frac{N}{s} = \lim_{s\to 0}\frac{-K_2N}{s(T_2s+1)+K_pK_2} = -\frac{N}{K_p}$$

可见,阶跃扰动输入下系统的稳态误差为常值,它与阶跃信号的幅值成正比,与控制器比例系数 K_P 成反比。

②若采用比例积分调节器,即

$$G_c(s) = K_p\left(1+\frac{1}{T_is}\right)$$

这时控制系统对给定输入来说是Ⅱ型系统,因此给定输入为阶跃信号、斜率信号时,系统的稳定误差为零。

设 $U(s)=0, N(s)=N/s$ 时

$$e_{ssn} = \lim_{s\to 0}\frac{-s\cdot\dfrac{K_2}{s(T_2s+1)}}{1+\dfrac{K_pK_2(T_is+1)}{T_is^2(T_2s+1)}}\cdot\frac{N}{s} = \lim_{s\to 0}\frac{-K_2NT_is}{T_iT_2s^3+T_is^2+K_pK_2T_is+K_pK_2} = 0$$

当 $U(s)=0, N(s)=N/s^2$ 时

$$e_{ssn} = \lim_{s\to 0}\frac{-NK_2T_i}{T_iT_2s^3+T_is^2+K_pK_2T_is+K_pK_2} = -\frac{NT_i}{K_p}$$

可见,采用比例积分调节器后,能够消除阶跃扰动作用下的稳态误差。其物理意义在于:因为调节器中包含积分环节,只要稳态误差不为零,调节器的输出必然继续增加,并力图减小这个误差。只有当稳态误差为零时,才能使调节器的输出与扰动信号大小相等而方向相反。这时,系统才进入新的平衡状态。在斜坡扰动作用下,由于扰动为斜坡函数,因此调节器必须

有一个反向斜坡输出与之平衡，这只有调节输入的误差信号为负常值才行。

3.6.5 减小稳态误差的方法

通过上面的分析，下面概括出为了减小系统给定或扰动作用下的稳态误差，可以采取以下几种方法：

①保证系统中各个环节（或元件），特别是反馈回路中元件的参数具有一定的精度和恒定性，必要时需采用误差补偿措施。

②增大开环放大系数，以提高系统对给定输入的跟踪能力；增大扰动作用前系统前向通道的增益，以降低扰动稳态误差。

增大系统开环放大系数是降低稳态误差的一种简单而有效的方法，但增加开环放大系数同时会使系统的稳定性降低，为了解决这个问题，在增加开环放大系数的同时附加校正装置，以确保系统的稳定性。

③增加系统前向通道中积分环节数目，使系统型号提高，可以消除不同输入信号时的稳态误差。但是，积分环节数目增加会降低系统的稳定性，并影响到其他暂态性能指标。在过程控制系统中，采用比例积分调节器可以消除系统在扰动作用下稳态误差，但为了保证系统的稳定性，相应地要降低比例增益。如果采用比例积分微分调节器，则可以得到更满意的调节效果。

④采用前馈控制（复合控制）。为了进一步减小给定和扰动稳态误差，可以采用补偿方法。所谓补偿指作用于控制对象的控制信号中，除了偏差信号外，还引入与扰动或给定量有关的补偿信号，以提高系统的控制精度，减小误差。这种控制称复合控制或前馈控制。该控制的补偿方法如下：

(1)对干扰补偿

图3.23是按扰动进行补偿的系统框图。图3.23中 $N(s)$ 为扰动，由 $N(s)$ 到 $Y(s)$ 是扰动作用通道。它表示扰动对输出的影响。通过 $G_n(s)$ 人为加上补偿通道，目的在于补偿扰动对系统产生的影响。$G_n(s)$ 为补偿装置的传递函数。为此，要求当令 $U(s)=0$ 时，求得扰动引起系统的输出为

$$Y_n(s) = \frac{G_2(s)[G_1(s)G_n(s)+1]}{1+G_1(s)G_2(s)}N(s)$$

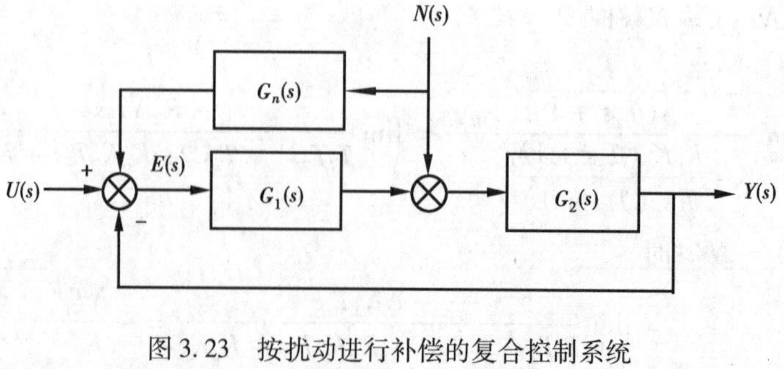

图3.23 按扰动进行补偿的复合控制系统

为了补偿扰动对系统的影响，使 $Y_n(s)=0$，令

$$G_2(s)[G_1(s)G_n(s)+1]=0$$

则

$$G_n(s) = -\frac{1}{G_1(s)} \tag{3.45}$$

从而实现了对干扰的全补偿。由于从物理可实现性看，$G_1(s)$的分母阶次高于分子，因而$G_n(s)$的分母阶次低于分子，物理实现很困难，式(3.45)的条件在工程上只有得到近似满足。

(2)对给定输入进行补偿

图3.24是对输入进行补偿的系统框图。图3.24中$G_r(s)$为前馈装置的传递函数。由图可得：

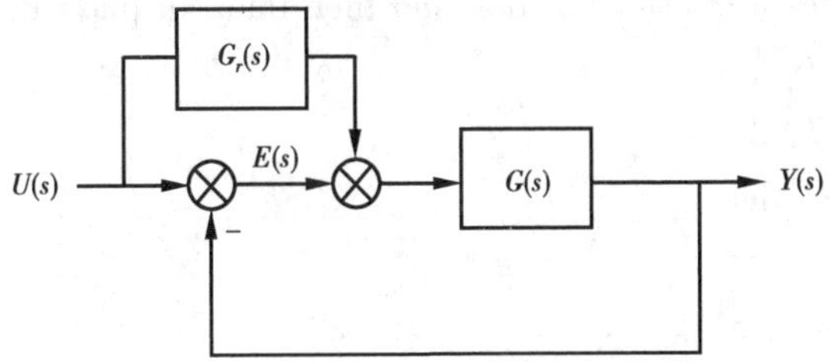

图3.24　对输入进行补偿的复合控制系统

$$Y(s) = \frac{[G_r(s)+1]G(s)}{1+G(s)}U(s)$$

误差$E(s)$为：
$$E(s) = U(s) - Y(s) = \frac{1-G_r(s)G(s)}{1+G(s)}U(s)$$

为了实现对误差全补偿，即使$E(s)=0$，式3.46应成立：

$$G_r(s) = \frac{1}{G(s)} \tag{3.46}$$

同样，这是一个理想的结果。式(3.46)在工程上只能给予近似的满足。

以上的两种补偿方法补偿器都是在闭环之外。这样在设计系统时，一般按稳定性和动态性能设计闭合回路，然后按稳态精度要求设计补偿器，从而很好解决了稳态精度和稳定性，动态性能对系统不同要求的矛盾。在设计补偿器时，还需考虑到系统模型和参数的误差，周围环境和使用条件的变化，因而在前馈补偿器设计时要有一定的调节裕量，以便获得满意的补偿效果。

3.7　应用MATLAB进行时域分析

利用MATLAB程序设计语言可以方便、快捷地对控制系统进行时域分析。由于控制系统的稳定性决定于系统闭环极点的位置；欲判断系统的稳定性，只须求出系统的闭环极点的分布状况；利用MATLAB命令可以快速求解和绘制出系统的零、极点位置。欲分析系统的动态特性，只要给出系统在某典型输入的输出响应曲线即可；同样，利用MATLAB可以十分方便的求解和绘制出系统的响应曲线。

3.7.1　应用MATLAB分析系统的稳定性

在MATLAB中，可利用pzmap函数绘制连续的零、极点图，也可以利用tf2zp函数，求出系统的零、极点,还可以利用 root 函数求分母多项式的根来确定系统的极点,从而判断系统的稳定性。

[例 18]　已知连续系统的传递函数为:

$$G(s)=\frac{3s^4+2s^3+5s^2+4s+6}{s^5+3s^4+4s^3+2s^2+7s+2}$$

要求:①求出该系统的零、极点及增益。②绘出其零、极点图,判断系统稳定性。

解　可执行如下程序:

```
% This program creates a transfer function and then finds/displays its poles、zeros and % gain
num =[3, 2, 5, 4, 6];
den =[1, 3, 4, 2, 7, 2];
[z,p,k] = tf2zp(num,den);
pzmap(num,den);
title('Poles and zeros map')。
```

程序执行结果如下:

屏幕显示:

```
z =0.401 9 +1.196 5i        p = -1.768 0 +1.267 3i
   0.401 9 -1.196 5i            1.768 0 -1.267 3i
  -0.735 2 +0.845 5i            0.417 6 +1.113 0i
  -0.735 2 -0.845 5i            0.417 6 -1.113 0i
                               -0.299 1
K =3
```

同时屏幕上显示系统的零极点分布图,见图 3.25。可以看出系统有在 S 右半平面的闭环极点,系统不稳定。

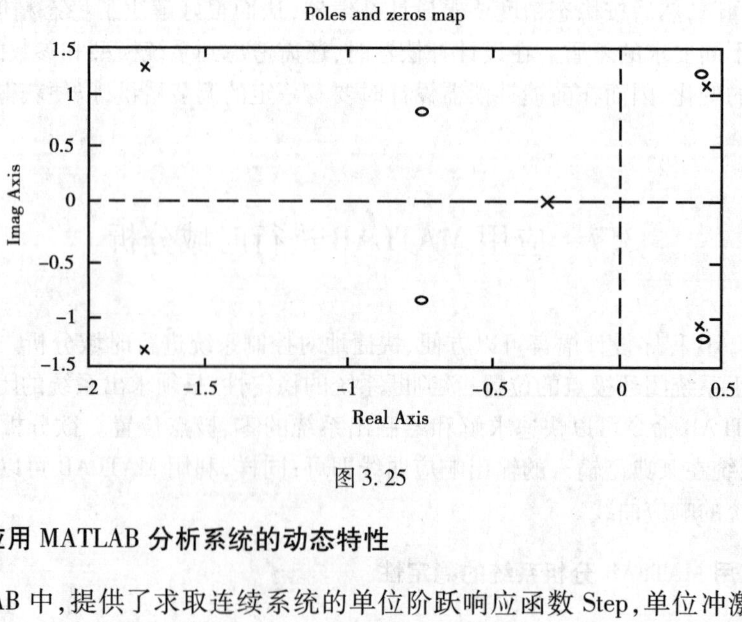

图 3.25

3.7.2　应用 MATLAB 分析系统的动态特性

在 MATLAB 中,提供了求取连续系统的单位阶跃响应函数 Step,单位冲激响应函数 Impulse,零输入响应函数 Initial 及任意输入下的仿真函数 Lsim。

［例19］　已知典型二阶系统的传递函数为

$$G(s) = \frac{\omega_n}{s^2 + 2\xi\omega_n s + \omega_n^2}$$

式中 $\omega_n = 6$,绘制系统在 $\xi = 0.1, 0.2, \cdots\cdots, 1.0, 2.0$ 时的单位阶跃响应。

解　可执行如下程序:

```
% This program plots a curve of step response
wn = 6;
kosi = [0.1,0.2,1.0,2.0];
figure(1)
hold on
for kos = kosi
      num = wn.^2;
      den = [1,2 * kos * wn,wn.^2];
      step(num,den)
end
title('Step Response')
hold off
```

程序中利用 step 函数计算系统的阶跃响应,该程序执行后单位阶跃响应曲线见图3.26。从图3.26中可以看出,在过阻尼和临界阻尼曲线中,临界阻尼响应具有最短的上升时间,响应速度最快;在欠阻尼的响应曲线中,阻尼系数越小,超调量越大,上升时间越短,通常取 $\xi = 0.4 \sim 0.8$ 为宜。

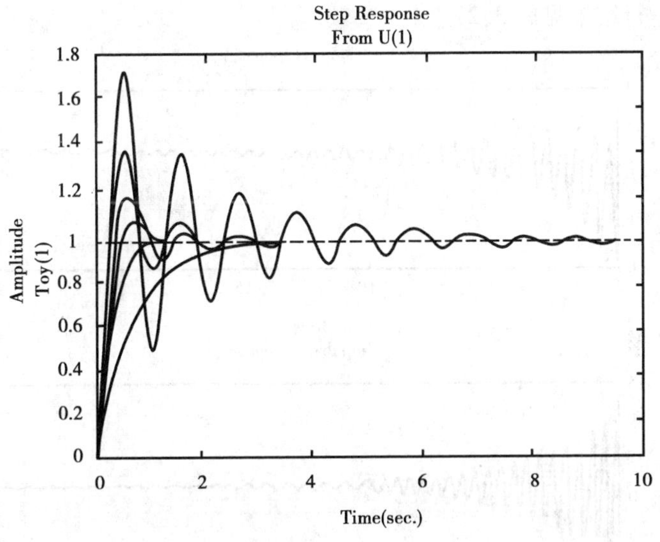

图3.26

［例20］　已知三阶系统的传递函数为

$$G(s)=\frac{100(s+2)}{s^3+1.4s^2+100.44s+100.04}$$

绘制系统的单位阶跃响应和单位脉冲响应曲线。

解 可执行如下程序：

```
% This program plots a curve of step response and step impulse for three order
% system
clf
num = [100  200];
den = [1  1.4  100.44  100.04];
h = tf(num,den);
[y,t,x] = step(h)
[y1,t1,x1] = impulse(h)
subplot(211),plot(t,y)
title('Step Response')
xlabel('time'),ylabel('amplitude')
subplot(212),plot(t1,y1)
title('impulse response')
xlabel('time'),ylabel('amplitude')
```

CLF 是清屏命令。程序的第 5 行、第 6 行是计算系统的阶跃响应和冲激响应，并把计算结果分别存于变量 y 和 x 中，对应的时间量存于变量 t。为了将两个响应曲线绘于同一个窗口，程序采用了分区绘图的命令，即 subplot(211)，其定义是取上半部分，绘制阶跃响应图；subplot(212)，其定义是取下半部分，绘制脉冲响应曲线。程序中还定义了所绘曲线的坐标名称及图形的名称，运行结果见图 3.27。

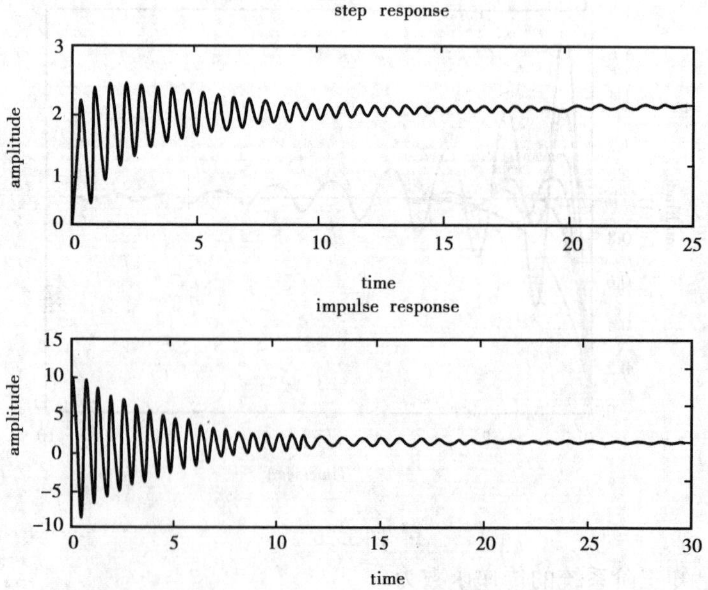

图 3.27

MATLAB 中所提供的单位阶跃响应函数 step，单位脉冲响应 impulse 以及零输入响应函数 initial 和任意输入下的仿真函数 lsim，其输入变量不仅可以是系统的零、极点形式，传递函数形式，还可以是状态空间模型形式。具体用法可参见 MATLAB 的在线帮助系统或相关参考书。

小　结

①时域分析法是通过直接求解系统在典型输入信号作用下的时域响应，来分析控制系统的稳定性、暂态性能和稳态性能。对稳定系统，在工程上常用单位阶跃响应的超调量、调节时间和稳态误差等性能指标来评价控制系统性能的优劣。

②由于传递函数和微分方程之间具有确定的关系，故常利用传递函数进行时域分析。例如由闭环传递函数的极点决定系统的稳定性。由阻尼比确定超调量以及由开环传递函数中积分环节的个数和放大系数确定稳态误差等等。此时无须直接求解微分方程，使系统分析工作大为简化。

③对二阶系统的分析，在时域分析中占有重要位置。应牢牢掌握系统性能和系统特征参数间的关系。对一、二阶系统理论分析的结果，是分析高阶系统的基础。

二阶系统在欠阻尼的响应虽有振荡，但只要阻尼比 ξ 取值适当（如 $\xi=0.7$ 左右），则系统既有响应的快速性，又有过渡过程的平稳性，因而在控制工程中常把二阶系统设计为欠阻尼。

如果高阶系统中含有一对闭环主导极点，则该系统的瞬态响应就可以近似用这对主导极点所描述的二阶系统来表征。

④稳定性是系统正常工作的首要条件。线性系统的稳定性是系统的一种固有特性，完全由系统的结构和参数所决定。判别稳定性的代数方法是劳斯—古尔维茨代数稳定性判据。稳定性判据只回答特征方程式的根在 S 平面上的分布情况，而不能确定根的具体数值。

⑤稳态误差是系统很重要的性能指标，它标志着系统最终可能达到的精度。稳态误差既和系统的结构、参数有关，又和外作用的形式及大小有关。系统类型和误差系数既是衡量稳态误差的一种标志，同时也是计算稳态误差的简便方法。系统型号越高，误差系数越大，系统稳态误差越小。

稳态精度与动态性能在对系统的类型和开环增益的要求上是相矛盾的。解决这一矛盾的方法，除了在系统中设置校正装置外，还可用前馈补偿的方法来提高系统的稳态精度。

习　题

3.1　设温度计可用 $1/(Ts+1)$ 描述其特性。现用温度计测量盛在容器内的水温，发现 1min 可指示 98% 的实际水温值。如果容器水温依 10 ℃/min 的速度线性变化，问温度计的稳态指示误差是多少？

3.2　设一单位负反馈系统的开环传递函数：

$$G(s)=\frac{K}{s(0.1s+1)}$$

试分别求 $K=10s^{-1}$ 和 $K=20s^{-1}$ 时系统的阻尼比 ξ、无阻尼自振频率 ω_n、单位阶跃响应的超调量 $\sigma_p\%$ 和峰值时间 t_p，并讨论 K 的大小对动态性能的影响。

3.3　一控制系统的单位阶跃响应为

$$y(t)=1+0.2e^{-60t}-1.2e^{-10t}$$

①求系统的闭环传递函数。

②计算系统的阻尼比 ξ 和无阻尼自振频率 ω_n。

3.4　一典型二阶系统的单位阶跃响应曲线如习题 3.4 图所示，试求其开环传递函数。

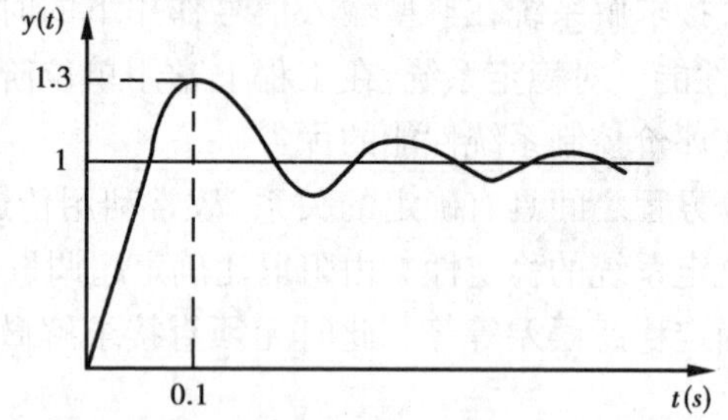

习题 3.4 图　单位阶跃响应曲线

3.5　具有速度反馈的系统如习题 3.5 图所示。如要求系统阶跃响应超调量等于 15%，峰值时间等于 0.8，试确定 K_1 和 K_2 之值，并计算此时调节时间 t_s。

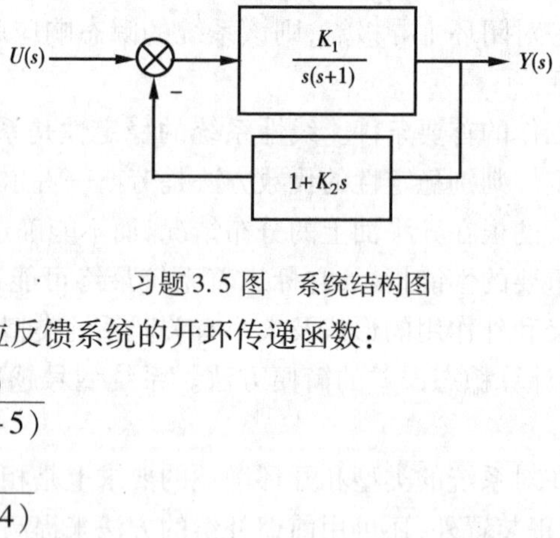

习题 3.5 图　系统结构图

3.6　已知下列各单位反馈系统的开环传递函数：

①$G(s)=\dfrac{10(s+1)}{s(s-1)(s+5)}$

②$G(s)=\dfrac{100}{s(s^2+8s+24)}$

③$G(s)=\dfrac{10}{s(s-1)(2s+3)}$

试求它们相应闭环系统的稳定性。

3.7　试用劳斯判据确定具有下列特征方程式的系统稳定性。

①$0.02s^3+0.3s^2+s+20=0$

②$s^4+2s^3+2s^2+4s+2=0$

③$s^5+12s^4+44s^3+48s^2+s+1=0$

④$s^6+3s^5+5s^4+9s^3+8s^2+6s+4=0$

3.8　已知闭环系统的特征方程如下：

①$0.1s^3+s^2+s+K=0$

②$s^4+4s^3+13s^2+36s+K=0$
试确定系统稳定的 K 的取值范围。

3.9　系统结构图如习题3.9图所示。试就 $T_1=T_2=T_3$，$T_1=T_2=10T_3$，$T_1=10T_2=100T_3$ 三种情况求使系统稳定之临界开环增益值。

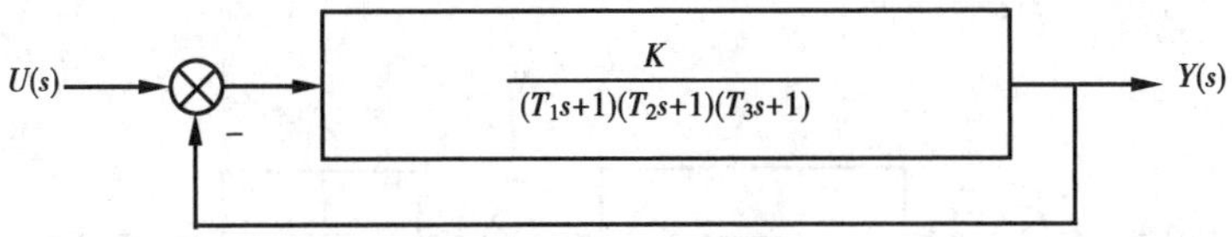

习题3.9图　结构图

3.10　用劳斯判据判别习题3.10图所示的系统稳定性。

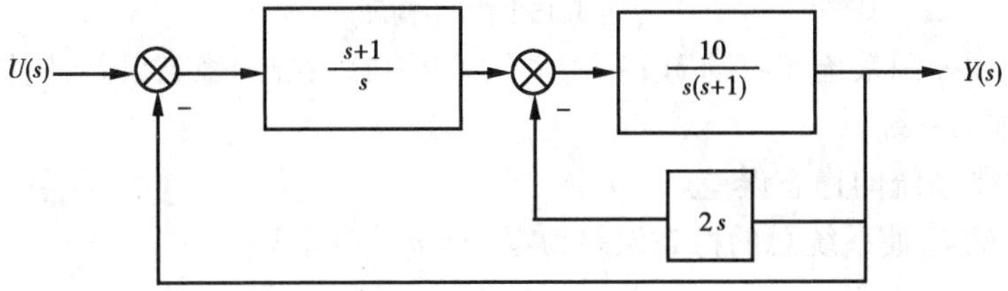

习题3.10图　结构图

3.11　已知单位反馈控制系统的开环传递函数为

①$G(s)=\dfrac{100}{(0.1s+1)(s+5)}$

②$G(s)=\dfrac{50}{s(0.1s+1)(s+5)}$

③$G(s)=\dfrac{10(2s+1)}{s^2(s^2+6s+10)}$

试求：
①位置误差系数、速度误差系数和加速度误差系数；
②输入 $u(t)=2t$ 时的稳态误差；
③输入 $u(t)=2+2t+t^2$ 时的稳态误差。

3.12　对习题3.12图所示的系统。试求
①K_P，K_v 和 K_a；
②当系统的输入分别为 $50\cdot 1(t)$、$50t\cdot 1(t)$ 和 $50t^2\cdot 1(t)$ 时，系统的稳态误差；
③系统的型号。

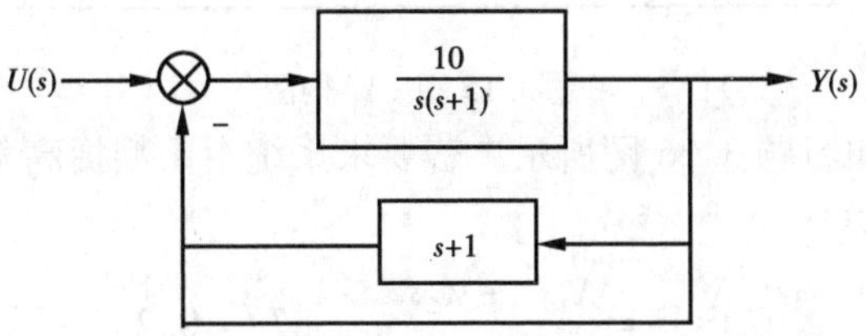

习题3.12图　结构图

3.13　控制系统如习题 3.13 图所示，已知 $u(t)=n(t)=1(t)$，试求

①当 $K=40$ 时系统的稳态误差。

②当 $K=20$ 时系统的稳态误差。

③在扰动作用点之前的前向通道中引入积分环分 $1/s$，对结果有什么影响？在扰动作用点之后引入积分环节 $1/s$，结果如何？

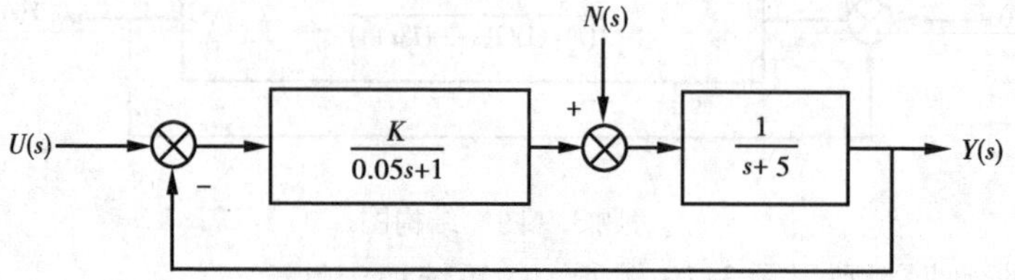

习题 3.13 图　结构图

3.14　设速度控制系统如习题 3.14 图所示。为消除系统的稳态误差，使斜坡输入通过比例-微分元件再进入系统。

①$K_d=0$，时求系统的稳态误差。

②选择适当的 K_d 使系统总的稳态误差为零($e=u-y$)。

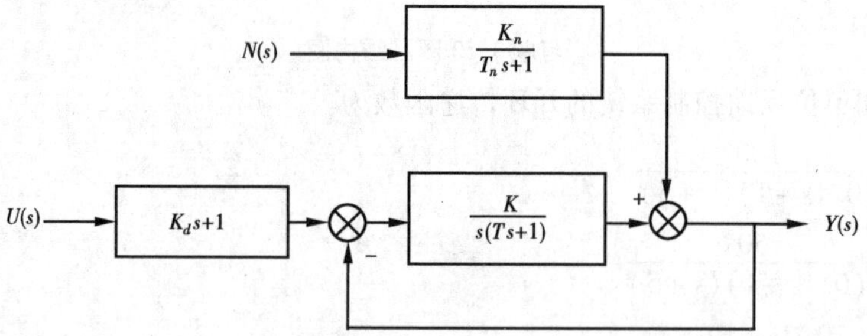

习题 3.14 图　结构图

3.15　对于习题 3.15 图所示的系统，当 $u(t)=4+6t$, $f(t)=-1(t)$时，试求：

①系统的稳态误差；

②如要减少扰动引起的稳态误差，应提高系统哪一部分的比例系数，为什么？

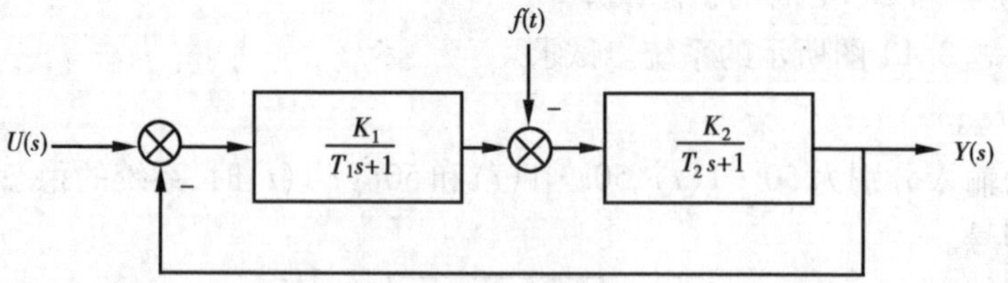

习题 3.15 图　结构图

3.16　系统结构图如习题 3.16 图所示。若要求系统由Ⅰ型提高至Ⅲ型，在系统输入端设顺馈通道其传递函数为

$$G_c(s)=\frac{\lambda_1 s^2+\lambda_2 s}{Ts+1}\qquad (T=0.2)$$

试确定顺馈参数 λ_1 和 λ_2。

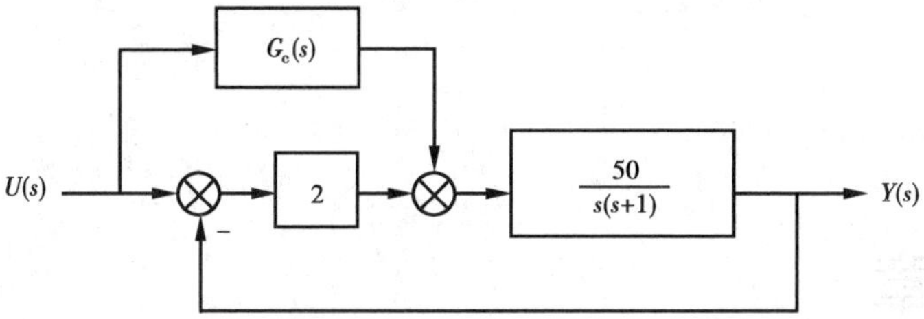

习题 3.16 图　结构图

3.17　用 MATLAB 求出 $G(s)=\dfrac{s^2+2s+2}{s^4+7s^3+3s^2+5s+2}$的极点。

3.18　对习题 3.18 图所示系统，求解当 $K=10$ 和 $K=10^5$时

①系统的型号；

②K_P，K_v和 K_a；

③系统的输入分别为 $30\cdot 1(t)$、$30t\cdot 1(t)$和 $30t^2\cdot 1(t)$时，系统的稳态误差。

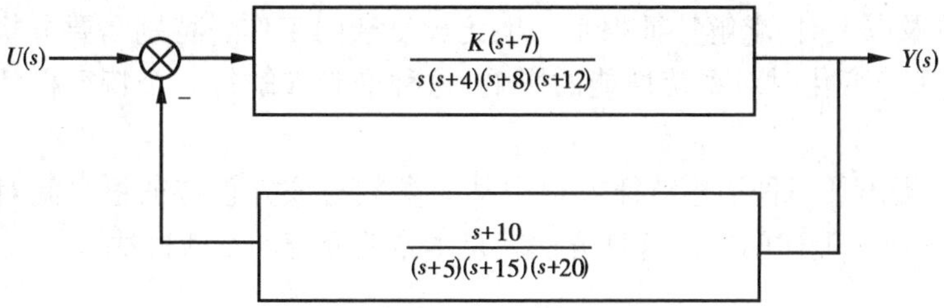

习题 3.18 图　系统结构图

3.19　已知单位负反馈控制系统的开环传递函数为 $G(s)=\dfrac{0.2(s+2)}{s(s+0.5)(s+0.8)(s+3)}$

程序代码：% 求特征方程

```
z = -2;
p = [0  -0.5  -0.8  -3];
k = -2;
Go = zpk(z,p,k);
Gc = tf(feedback(Go,1));
dc = Gc.den;
dens = poly2str(dc{1},'s')

% 求极点判稳
den = [1 4.3 4.3 1.4 0.4];
p = roots(den)
```

分析此单位负反馈控制系统的稳定性。

第 4 章

根轨迹法

在时域分析法中已知控制系统的闭环特征根决定该控制系统的性能。那么,是否对于每一个控制系统都必须求出其闭环特征根,才能够了解其性能呢?如果答案是肯定的,那么当特征多项式是三阶及以上时,求解特征根是一项比较复杂的工作。特别是要分析系统特征式中某一参数(比如 K^*)变化时对系统性能的影响,这种准确求解每一个特征根的工作将会变得十分困难。

W. R. Evans 提出了一种描述特征方程中某一参数与该方程特征根之间对应关系的图解法,比较方便的解决了上述问题。这种方法就是本章要介绍的根轨迹法。

4.1 根轨迹的基本概念

4.1.1 根轨迹的定义

系统参数(如开环增益 K^*)由零增加到∞时,闭环特征根在 S 平面移动的轨迹称为该系统的闭环根轨迹。

[**例 1**] 单位反馈控制系统如图 4.1,绘制 K^* 变化时,系统极点的变化情况。

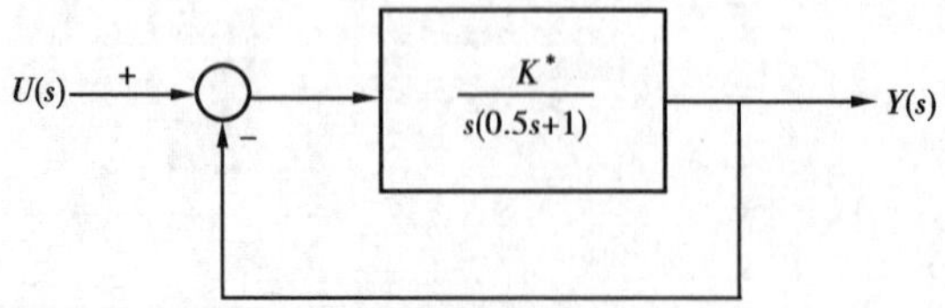

图 4.1 反馈控制系统的方块图

系统闭环传递函数为:

$$\phi(s) = \frac{Y(s)}{U(s)} = \frac{2K^*}{s^2 + 2s + 2K^*}$$

特征方程为:

$$D(s) = s^2 + 2s + 2K^* = 0$$

特征根为:

$$s_{1,2} = -1 \pm \sqrt{1 - 2K^*}$$

讨论 当 $K^* = 0$ 时, $s_1 = 0, s_2 = -2$

$K^* = 0.5$ 时, $s_1 = s_2 = -1$

$K^* = 1$ 时, $s_{1,2} = -1 \pm j$

…　　　…　　　…

$K^* \to \infty$ 时，$s_{1,2} = -1 \pm j\infty$

绘出特征根的变化轨迹如图4.2

显然，当 $0 < K^* < 0.5$ 时，系统取得两个不相等实数根（过阻尼）；

$K^* = 0.5$ 时，系统取得两个相等实数根（临界阻尼）；

$K^* > 0.5$ 时，系统取得一对共轭复数根（欠阻尼）。

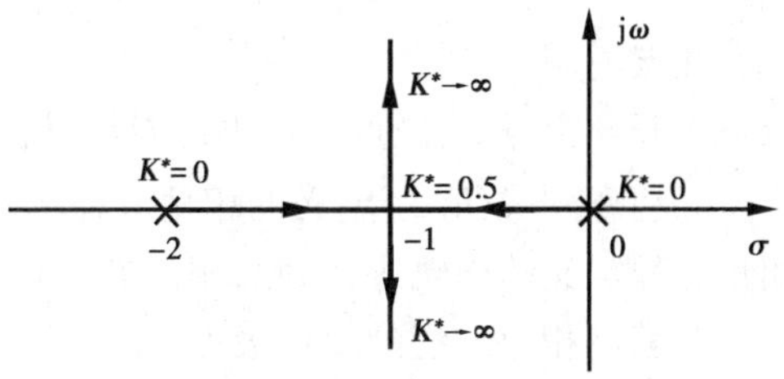

图4.2　特征根变化轨迹

K^* 越大，共轭复数根离对称轴（实轴）越远。

指定一个 K^* 值，就可以在根轨迹上找到对应的2个特征根，指定根轨迹上任意一特征根的位置，就可以求出该特征根对应的 K^* 值和其余特征根。下面讨论根轨迹的一般情况。

4.1.2　根轨迹方程

既然根轨迹是闭环特征根随参数变化的轨迹，则描述其变化关系的闭环特征方程就是根轨迹方程。

设系统开环传递函数为：

$$G(s)H(s) = \frac{K^* \prod_{i=1}^{m} (s - z_i)}{\prod_{j=1}^{n} (s - p_i)} \tag{4.1}$$

式中　K^* 称——根轨迹增益；

z_i——开环零点；

p_j——开环极点。

则根轨迹方程（系统闭环特征方程）为：

$$1 + G(s)H(s) = 0$$

即

$$\frac{K^* \prod_{i=1}^{m} (s - z_i)}{\prod_{j=1}^{n} (s - p_j)} = -1 \tag{4.2}$$

显然，满足上式的 s 即是系统的闭环特征根。

当 K^* 从0变化到∞时，n 个特征根将随之变化出 n 条轨迹。这 n 条轨迹就是系统的闭环根轨迹（简称根轨迹）。

由式(4.2)确定的根轨迹方程可以分解成相角方程和幅值方程

相角条件：

$$\sum_{i=1}^{m} \angle(s - z_i) - \sum_{j=1}^{n} \angle(s - p_j) = \pm \text{奇数倍}\ \pi \tag{4.3}$$

幅值条件
$$\frac{K^{*}\prod_{i=1}^{m}|s-z_{i}|}{\prod_{j=1}^{n}|s-p_{j}|}=1 \tag{4.4}$$

几点说明：

①开环零点 z_i、极点 p_j 是决定闭环根轨迹的条件。

②注意到式(4.3)定义的相角方程不含有 K^*，它表明满足式(4.4)的任意 K^* 值均满足由相角方程定义的根轨迹，因此，相角方程是决定闭环根轨迹的充分必要条件。

③满足相角方程的闭环极点 s 值，代入幅值方程式(4.4)，就可以求出对应的 K^* 值，显然一个 K^* 对应 n 个 s 值，满足幅值方程的 s 值不一定满足相角方程。因此由幅值方程(及其变化式)求出的 s 值不一定是根轨迹上的根。

④任意特征方程 $D(s)=0$ 均可处理成 $1+G(s)H(s)=0$ 的形式，其中把 $G(s)H(s)$ 写成式(4.4)描述的形式就可以得到 K^* 值，所以说 K^* 可以是系统任意参数。以其他参数为自变量作出的根轨迹称广义根轨迹。

例如：系统的特征方程为：

$$(0.5s+1)(Ts+1)+10(1-s)=0$$

以其中不含 T 的各项除方程的两边，得：

$$1+\frac{Ts(0.5s+1)}{11-9.5s}=0$$

该方程可进一步改写成：

$$1+\frac{T^{*}s(s+2)}{s-\dfrac{11}{9.5}}=0$$

式中 $T^{*}=\dfrac{-T}{2\times 9.5}$，相当于根轨迹增益 K^*。

4.2 绘制根轨迹的规则和方法

4.2.1 绘制根轨迹图的规则和方法

绘制控制系统根轨迹的一般规则和方法如下：

①根据给定控制系统的特征方程，按照基本规则求系统的等效开环传递函数 $G_{\mathrm{k}}(s)$，并将其写成零、极点的规范形式(如式(4.1)所示)，以此作为绘制根轨迹的依据；

②找出 S 平面上所有满足相角条件式(4.3)的点，将它们连接起来即为系统的根轨迹；

③根据需要，可用幅值条件式(4.4)确定根轨迹上某些点的开环根轨迹增益值。

绘制根轨迹的方法一般有：解析法、计算机绘制法以及试探法。解析法计算量较大，计算机绘制法有“通用程序包”可供使用，试探法(或试凑法)是手工绘制的常用方法。

分析研究相角条件和幅值条件，可以找出控制系统根轨迹的一些基本特性。将这些特性归纳为若干绘图规则，应用“绘图规则”可快速且较准确地绘制出系统的根轨迹，特别是对于高阶系统，其优越性更加明显。绘图规则是各种绘制根轨迹方法的重要依据，下面就将其主要内容介绍如下：

(1) 概略绘制根轨迹图的规则

表4.1列出了概略绘制根轨迹的基本规则(假定系统的开环传递函数由式(4.1)确定)。

表4.1　概略绘制根轨迹的基本规则

序　号	内　容	法　　则
1	根轨迹的分支数	根轨迹的分支数等于开环极点数 $n(n>m)$ 或开环零点数 $m(m>n)$
2	根轨迹的对称性	根轨迹连续且对称于实轴
3	根轨迹的起点和终点	根轨迹起始于开环极点(包括无限远极点)，终止于开环零点(包括无限远零点)。
4	实轴上的根轨迹	实轴上有根轨迹的区段为右侧的开环实极点与开环实零点数目之和为奇数。
5	根轨迹的走向	当 $n-m\geqslant 2$ 时，闭环极点之和等于开环极点之和，且与 K^* 无关。若一些根轨迹分支向左移动，则另一些分支必向右移动。

规则1　的结论显然可由式(4.2)得出。

规则2　的结论亦可由式(4.2)得出，复平面上的每一个根均对称于实轴。

规则3　的结论仍可由式(4.2)得出，起点对应 $K^*\to 0$，显然只有 $s\to p_j$ 时满足(或 $s\to\infty$，$m>n$时，称为有 $m-n$ 个无穷远极点)，终点对应 $K^*\to\infty$，只有 $s\to z_i$ 时满足(或 $s\to\infty$，$n>m$ 时称为有 $n-m$ 个无穷远零点)。

规则4　可由相角方程式(4.3)得出，注意到式(4.3)是设 $K^*\geqslant 0$(若 $K^*\leqslant 0$，则式(4.3)右侧应为偶数倍 π)。

规则5　证明：设 s_j 为系统的任一个闭环特征根，则闭环特征方程可表示为

$$\prod_{j=1}^{n}(s-s_j)=s^n+\left(-\sum_{j=1}^{n}s_j\right)s^{n-1}+\cdots+\prod_{j=1}^{n}(-s_j)=0 \tag{4.5}$$

用开环传递函数表示闭环特征方程可得：

$$\prod_{j=1}^{n}(s-p_j)+K^*\prod_{i=1}^{m}(s-z_i)=$$

$$s^n+\left(-\sum_{j=1}^{n}p_j\right)s^{n-1}+\cdots+\prod_{j=1}^{n}(-p_j)+K^*\left[s^m+\left(-\sum_{i=1}^{m}z_i\right)s^{m-1}+\cdots+\prod_{i=1}^{m}(-z_i)\right]=0 \tag{4.6}$$

比较两式的系数，当 $n\geqslant m+2$ 时，式(4.5)和式(4.6)中的第二项系数相等。

$$\left(-\sum_{j=1}^{n}s_j\right)=\left(-\sum_{j=1}^{n}p_j\right) \tag{4.7}$$

式(4.7)中不包含 K^*，在开环极点 p_j 已知时，这是一个不变的常数。所以当 K^* 增加时，若某些闭环特征根在 S 平面向左移动，则另一部分根必向右移动。

(2) 较为准确地绘制根轨迹图的规则

根据表4.1给出的五条规则，可以绘制出一些简单系统的根轨迹图。表4.2给出了一些典型的图形。图中用“×”、“0”代表开环系统的极点和零点。

表 4.2　开环极点、零点及其相应的根轨迹

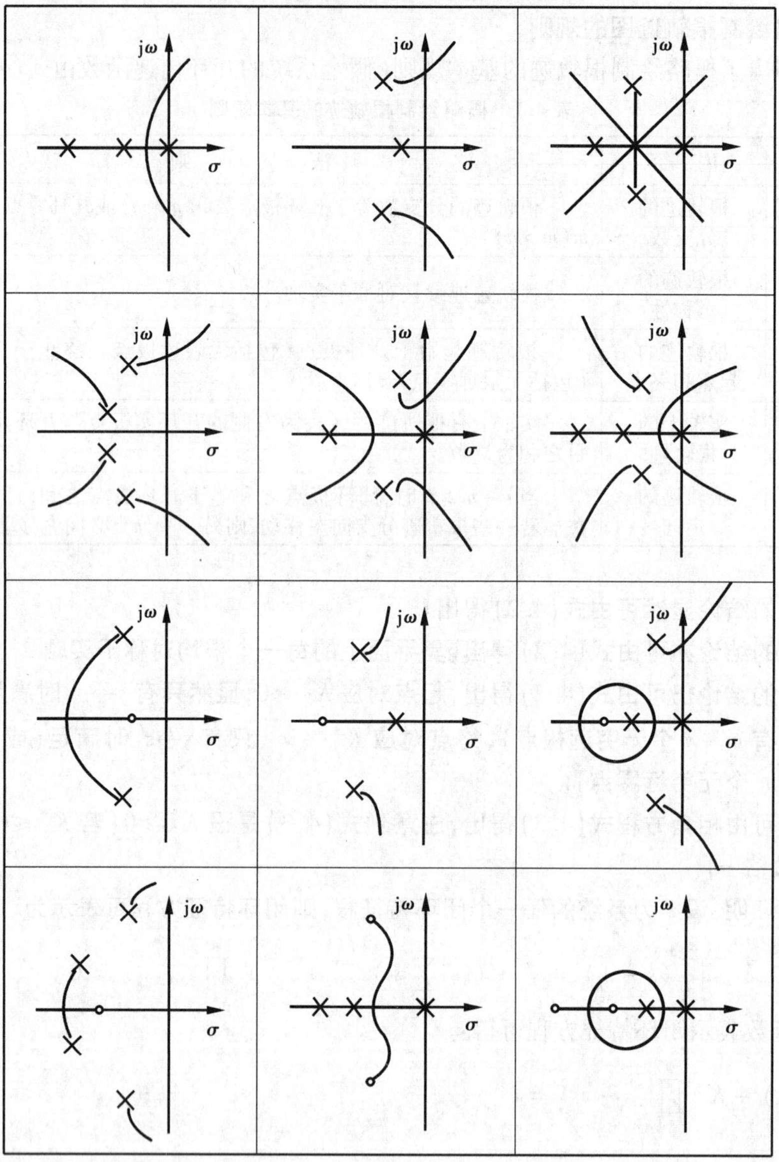

若要更加准确地绘制根轨迹，如下几条规则是必要的：

规则 6　根轨迹的渐近线。

如果开环零点数 m 小于开环极点数 n，则系统的开环增益 $K^* \to \infty$ 时，趋向无穷远处的根轨迹共有 $(n-m)$ 条，这 $(n-m)$ 条根轨迹趋向无穷远处的方位可由渐近线决定。

渐近线与实轴交点坐标

$$\sigma_a = \frac{\sum_{j=1}^{n} p_j - \sum_{i=1}^{m} z_i}{n-m} \tag{4.8}$$

而渐近线与实轴正方向的夹角

$$\varphi_a = \frac{(2k+1)\pi}{n-m} \tag{4.9}$$

式中 k 依次取 $0, \pm 1, \pm 2\cdots$ 一直到获得 $(n-m)$ 个倾角为止。

因为 $K^* \to \infty$ 时，有 $(n-m)$ 条根轨迹趋于无穷远处，即 $s \to \infty$。根据式(4.2)，则有

$$\frac{K^* \prod_{i=1}^{m}(s-z_i)}{\prod_{j=1}^{n}(s-p_j)} = \frac{K^*}{s^{n-m}} = -1$$

$$s^{n-m} = -K^*$$

$$(n-m)\angle s = (2k+1)\pi$$

所以

$$\varphi_a = \angle s = \frac{(2k+1)\pi}{n-m} \qquad k = 0, \pm 1, \pm 2\cdots$$

无穷远处闭环极点的方向角，也就是渐近线的方向角。σ_a 的证明从略。

规则 7　根轨迹与虚轴的交点。

根轨迹可能和虚轴相交，交点的坐标及相应的 K^* 值可由劳斯判据求得，也可在特征方程中令 $s = j\omega$，然后使特征方程的实部和虚部分别为零求得。根轨迹和虚轴交点相应于系统处于临界稳定状态。此时增益 K^* 称为临界根轨迹增益。

[**例** 2]　设开环传递函数为

$$G_k(s) = \frac{K^*}{s(s+1)(s+2)}$$

求根轨迹与虚轴的交点，并计算临界根轨迹增益。

解　闭环系统的特征方程为：

$$s(s+1)(s+2) + K^* = 0$$

即

$$s^3 + 3s^2 + 2s + K^* = 0$$

令 $s = j\omega$ 代入特征方程，得：

$$(j\omega)^3 + 3(j\omega)^2 + 2(j\omega) + K^* = 0$$

上式分解为实部和虚部，并分别为零，即

$$K^* - 3\omega^2 = 0$$

$$2\omega - \omega^3 = 0$$

解得 $\omega = 0, \pm\sqrt{2}$，相应 $K^* = 0, 6$。$K^* = 0$ 时，为根轨迹的起点，$K^* = 6$ 时，根轨迹和虚轴相交，交点的坐标为 $\pm j\sqrt{2}$。$K^* = 6$ 为临界根轨迹增益。

也可以用劳斯判据确定根轨迹和虚轴的交点及相应的 K^* 值。列出劳斯阵列为

$$\begin{array}{c|cc} s^3 & 1 & 2 \\ s^2 & 3 & K^* \\ s^1 & \frac{6-K^*}{3} & \\ s^0 & K^* & \end{array}$$

当劳斯阵 s^1 行等于 0 时，特征方程可能出现共轭虚根，令 s^1 行等于 0，则得

$$K^* = 6$$

共轭虚根值可由 s^2 行的辅助方程求得

$$3S^2 + K^* = 3s + 6 = 0$$

即

$$s = \pm \mathrm{j}\sqrt{2}$$

规则 8　根轨迹的出射角和入射角。

从开环极点 p_i 出发的根轨迹，其出射角为：

$$\theta_{p_i} = \pm (2k+1)\pi + \phi_{p_i} \tag{4.10}$$

其中 $\phi_{p_i} = \sum_{j=1}^{m} \angle (p_i - z_j) - \sum_{l=1(l \neq i)}^{n} \angle (p_i - p_l)$ 为开环零点和除开环极点 p_i 以外的其他开环极点引向该极点的向量幅角之净值；

根轨迹到达开环零点 z_i 的入射角为：

$$\theta_{z_i} = \pm (2k+1)\pi - \phi_{z_i} \tag{4.11}$$

其中 $\phi_{z_i} = \sum_{j=1(j \neq i)}^{m} \angle (z_i - z_j) - \sum_{l=1}^{n} \angle (z_i - p_l)$ 为除开环零点 z_i 以外的其他开环零点和开环极点往该零点所引向量的幅角之净值。

下面以开环复极点 p_i 出射角为例，论证如下：

先考察一个具体系统，设其开环零、极点分布如图 4.3 所示。现研究根轨迹离开复极点 p_i 的出射角。

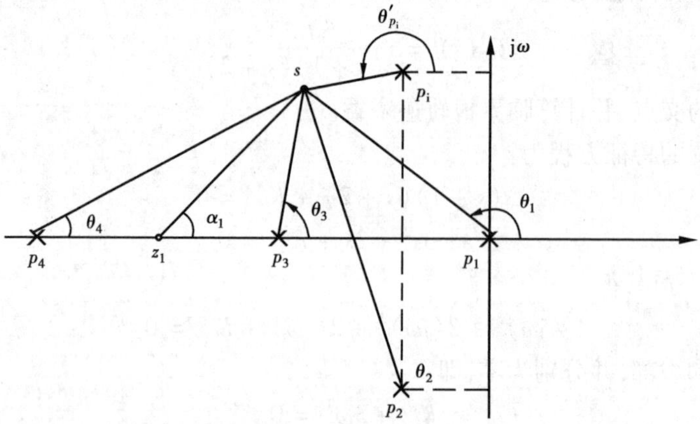

图 4.3　根轨迹出射角的确定

在从 p_i 出发的根轨迹分支上，靠近 p_i 任取一点 s，则由各开环零、极点往该点所引向量的幅角，应满足相角条件：

$$\alpha_1 - (\theta_1 + \theta_2 + \theta_3 + \theta_4 + \theta'_{p_i}) = \pm (2k+1)\pi \tag{4.12}$$

当 s 与 p_i 充分接近时，则相角 θ'_{p_i} 趋进于开环复极点 p_i 的出射角。

故

$$\theta_{p_i} = \lim_{s \to p_i} \theta'_{p_i}$$

同理，对于一般控制系统，与式(4.12)相对应有下列关系式：

$$\sum_{j=1}^{m} \angle (s - z_j) - \left[\sum_{l=1(l \neq i)}^{n} \angle (s - p_l) + \theta'_{p_i} \right] = \pm (2k+1)\pi$$

故一般系统开环复极点 p_i 的出射角为：

$$\theta_{p_i} = \lim_{s\to p_i}\theta'_{p_i} = \pm(2k+1) +$$

$$\lim_{s\to p_i}\left[\sum_{j=1}^{m}\angle(s-z_i) - \sum_{i=1(l\neq i)}^{n}\angle(s-p_i)\right] = \pm(2k+1) +$$

$$\sum_{j=1}^{m}\angle(s-z_i) - \sum_{i=1(l\neq i)}^{n}\angle(s-p_i) = \pm(2k+1) + \phi_{p_i}$$

规则9 根轨迹的分离点(或汇合点)。

两条或两条以上根轨迹分支，在 S 平面上某处相遇后又分开的点，称做根轨迹的分离点(或汇合点，为了简化，统称为分离点)。可见，分离点就是特征方程出现重根之处。重根数就是汇合到(或离开)该分离点的根轨迹之数(如图4.4所示)。一个系统的根轨迹可能没有分离点，也可能不止一个分离点。根据镜像对称性，分离点是实数或共轭复数。一般在实轴上两个相邻的开环极点或开环零点之间有根轨迹，则这两个极点或零点之间必定存在分离点或汇合点。根据相角条件可以推证，如果有 r 条根轨迹分支到达(或离开)实轴上的分离点，则在该分离点处，根轨迹分支间的夹角为 $\pm180°/r$。

确定分离点的方法有图解法和解析法。下面介绍一些常用的计算方法，即根据函数求极值的原理确定分离点。它们所提供的只是分离点的可能之处(即必要条件)。因此分离点是满足下列三组方程中任一组方程的解：

1)设开环传递函数为 $G_k(s)$，在分离点处：

$$\frac{d}{ds}G_k(s) = 0 \tag{4.13}$$

2)由式(4.2)可得 K^* 表达式：

$$K^* = -\frac{\prod_{j=1}^{n}(s-p_j)}{\prod_{i=1}^{m}(s-z_i)}$$

在分离点处：

$$\frac{dK^*}{ds} = 0 \tag{4.14}$$

3)分离点坐标 d 是下列方程的解：

$$\sum_{i=1}^{m}\frac{1}{d-z_i} = \sum_{j=1}^{n}\frac{1}{d-p_j} \tag{4.15}$$

(证明略)

[**例3**] 已知系统开环传递函数

$$G(s)H(s) = \frac{K^*(s+1)}{s^2+3s+3.25}$$

试求系统闭环根轨迹分离点坐标。

解 $G_k(s) = G(s)H(s) = \dfrac{K^*(s+1)}{s^2+3s+3.25} = \dfrac{K^*(s+1)}{(s+1.5+j)(s+1.5-j)}$

①方法1 根据式(4.13)，对上式求导，即 $\frac{d}{ds}G_k(s)=0$ 可得：

$$d_1 = -2.12, d_2 = 0.12$$

②方法 2　根据式(4.14),求出闭环系统特征方程。

$$1+G(s)H(s)=1+\frac{K^*(s+1)}{s^2+3s+3.25}=0$$

由上式可得

$$K^*=-\frac{s^2+3s+3.25}{s+1}$$

对上式求导,即$\frac{\mathrm{d}K^*}{\mathrm{d}s}=0$可得:$d_1=-2.12,d_2=0.12$

③方法 3　根据式(4.15)有

$$\frac{1}{d+1.5+\mathrm{j}}+\frac{1}{d+1.5-\mathrm{j}}=\frac{1}{d+1}$$

解此方程得:$d_1=-2.12,d_2=0.12$

d_1 在根轨迹上,即为所求的分离点,d_2 不在根轨迹上,则舍弃。此系统根轨迹如图 4.4。

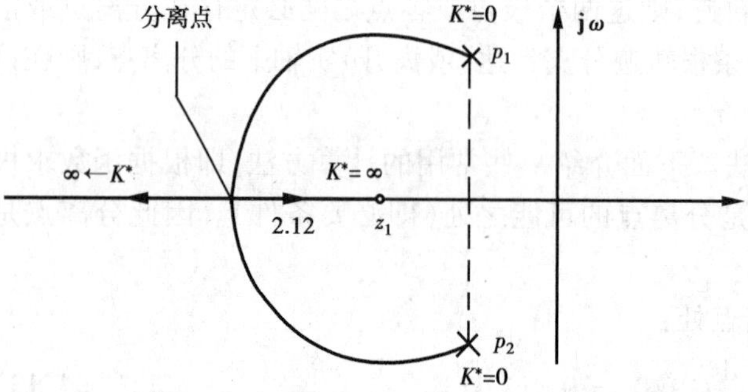

图 4.4

以上介绍了 9 条绘制根轨迹的一般规则。为了熟练应用上述 9 条规则,并能绘制复杂系统根轨迹,下面再举一例说明如何绘制一个复杂系统的完整根轨迹图。

[例 4]　已知系统结构图如图 4.5 所示,试作多回路系统的根轨迹。

解　在一般情况下,绘制多回路系统的根轨迹时,首先根据内反馈回路的开环传递函数,绘制内反馈回路的根轨迹,确定内反馈回路的极点分布。然后由内反馈回路的零、极点和内回路外的零、极点构成整个多回路系统的开环零、极点。再按照单回路根轨迹的基本法则,绘制总的系统的根轨迹。

需要指出,这样绘制出来的根轨迹只能确定多回路系统极点的分布,而多回路系统的零点还需要根据多回路系统闭环传递函数来确定。

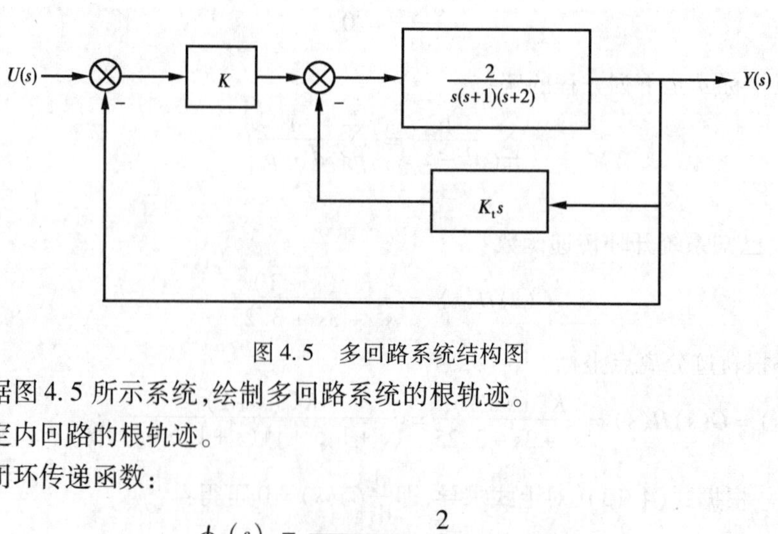

图 4.5　多回路系统结构图

下面根据图 4.5 所示系统,绘制多回路系统的根轨迹。

首先确定内回路的根轨迹。

内回路闭环传递函数:

$$\phi_1(s)=\frac{2}{s(s+1)(s+2)+2K_ts}$$

内回路特征方程：

$$D_1(s) = s(s+1)(s+2) + 2K_t s = 0$$

作 K_t 由 0→∞ 时的根轨迹，需要根据内回路特征方程 $D_1(s)$，构造一个新系统，使新系统的特征方程与 $D_1(s)$ 一样，而参数 K_t 应相当于开环增益，故新系统的开环传递函数应为

$$G_1(s) = \frac{2K_t s}{s(s+1)(s+2)} = \frac{K_t^* s}{s(s+1)(s+2)}$$

式中 $$K_t^* = 2K_t$$

内回路开环有 3 个极点

$$p_1 = 0、p_2 - 1、p_3 = -2$$

一个零点 $$z_1 = 0$$

其中一个开环零点与一个开环极点完全相等，是否能相消？在绘制根轨迹时，开环传递函数的分子分母中若有相同因子时，不能相消，相消后将会丢掉闭环极点。实际上我们将一对靠得很近的闭环零、极点称为偶极子。偶极子这个概念对控制系统的综合设计是很有用的，可以有意识地在系统中加入适当的零点，以抵消对动态过程影响较大的不利极点，使系统的动态过程获得改善。工程上，某极点 s_j 与某零点 z_i 之间的距离比它们的模值小一个数量级，就可认为这对零极点为偶极子。

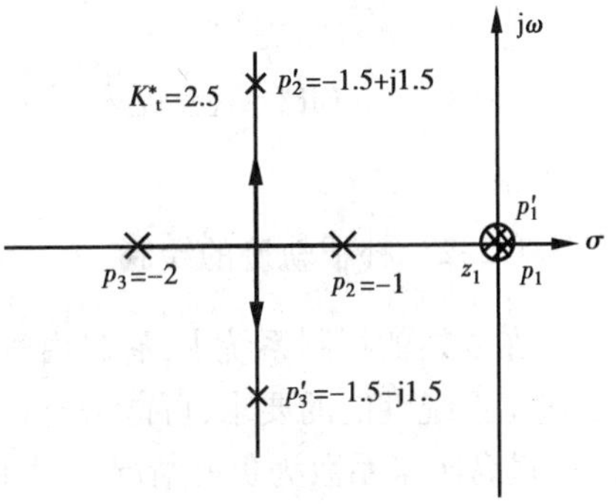

图 4.6　内回路根轨迹

内回路当 K_t^* 由 0→∞ 时的根轨迹见图 4.6 所示。当 $K_t^* = 2.5$，$K_t = 1.25$ 时，对应的内回路闭环极点分别为 $p'_1 = 0$、$p'_{2,3} = -1.5 \pm j1.5$

$$\phi_1(s) = \frac{2}{s(s+1.5+j1.5)(s+1.5-j1.5)}$$

内回路闭环零、极点确定后，再画 K 由 0→∞ 的多回路系统根轨迹。

多回路系统的开环传递函数应为

$$G_2(s) = \frac{2K}{s(s+1.5+j1.5)(s+1.5-j1.5)} = \frac{K^*}{s(s+1.5+j1.5)(s+1.5-j1.5)}$$

式中 $$K^* = 2K$$

①整个负实轴为根轨迹段。

②渐近线。

$$\varphi_a = \frac{(2k+1)\pi}{n-m} = \{60°、180°、-60°\}$$

$$\sigma_a = \frac{(-1.5-j1.5)+(-1.5+j1.5)}{3} = -1$$

③起始角。

$$\theta_{p_2} = (2k+1)\pi - 135° - 90°$$

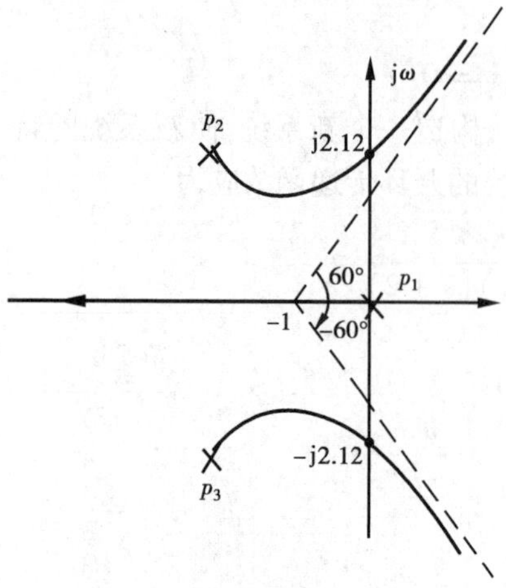

图 4.7　多回路系统根轨迹

取 $k=0,\theta_{p_2}=-45°$

$k=1,\theta_{p_2}=45°$

④求与虚轴的交点。

$$D_2(j\omega)=s(s+1.5+\mathrm{j}1.5)(s+1.5-\mathrm{j}1.5)+K^*=0$$

令 $s=\mathrm{j}\omega$ 代入得

$$\omega_1=0,\omega_{2,3}=\pm 2.12$$

$$K^*=13.5,K=6.25$$

多回路系统根轨迹见图 4.7 所示。

从根轨迹图可看出，当 K_t 取 1.25，$K>6.75$ 时，此多回路系统将有两个闭环极点分布在 S 平面的右半部，系统变为不稳定。

4.2.2　补根轨迹的绘制

在复杂的控制系统中，有时由于对象本身的特性或为了满足系统性能的要求，可能含有正反馈回路；亦可能在开环传递函数的分子或分母中，出现 S 的最高次幂系数为负的情况。对于这类根轨迹，虽然和上面的一样，都是研究当可变参数在可能的取值范围内变化时，系统特征方程根变化的轨迹，但由于它们自身的特点，导致和上面讨论的略有不同。为了和上面讨论的根轨迹相区分，通常把这类系统的根轨迹叫做补根轨迹。

对于正反馈系统的特征方程为

$$1-G_k(s)=0$$

式中

$$G_k(s)=G(s)H(s)=\frac{K^*\prod_{i=1}^{m}(s-z_i)}{\prod_{j=1}^{n}(s-p_j)}$$

它的相角条件和幅值条件为：

$$\sum_{i=1}^{m}\angle(s-z_i)-\sum_{j=1}^{n}\angle(s-p_j)=\pm\text{偶数倍}\,\pi \tag{4.16}$$

$$\frac{K^*\prod_{i=1}^{m}|s-z_i|}{\prod_{j=1}^{n}|s-p_j|}=1$$

式(4.16)是绘制补根轨迹的依据。

由于补根轨迹方程和根轨迹方程在形式上完全相同。因此，它们的根轨迹基本原理、绘制方法和基本规则是完全相同的。比较它们的相角条件和幅值条件可以看出，它们的幅值条件完全相同，所不同的只是相角条件。因此，以上关于绘制根轨迹的规则，除了与相角条件有关的需作修正外，其余的均适用于补根轨迹。现将修正后的绘图规则 4、6、8 列于表 4.3 中，以供查用。

表4.3　补根轨迹的部分绘图规则

规则4	实轴上若有根轨迹分布的线段，则其右方开环系统的零点数和极点数的总和为偶数。
规则6	根轨迹有$\|n-m\|$条分支，沿渐近线趋向无穷远处。渐近线为直线。渐近线与实轴交点坐标：$$\sigma_a = \frac{\sum_{j=1}^{n} p_j - \sum_{i=1}^{m} z_i}{n-m}$$ 而渐近线与实轴正方向的夹角 $$\varphi_a = \frac{2k\pi}{n-m} \qquad k=0,1,\cdots,\|n-m\|-1。$$
规则8	从开环极点p_i出发的根轨迹，其出射角为 $$\theta_{p_i} = \varphi_{p_i} = \sum_{j=1}^{m} \angle(p_i - z_j) - \sum_{l=1(l\neq i)}^{n} \angle(p_i - p_l) =$$ 开环零点和其他开环极点引向该极点的向量幅角之净值；根轨迹到达开环零点z_i的入射角为 $$\theta_{z_i} = -\phi_{z_i} = -\sum_{j=1(j\neq i)}^{m} \angle(z_i - z_j) + \sum_{l=1}^{n} \angle(z_i - p_l)$$ 其他开环零点和开环极点往该零点所引向量的幅角之净值。

[**例5**]　已知单位反馈的开环传递函数为：

$$G_k(s) = \frac{K(1+0.1s)}{s(s+1)(0.25s+1)^2}$$

①分别画出$0<K<\infty$及$-\infty<K<0$时的根轨迹。

②应用主导极点法求出系统处于临界阻尼时的开环增益，并写出对应的闭环传递函数。

解　1）绘制系统的根轨迹：

$$G_k(s) = \frac{K(1+0.1s)}{s(s+1)(0.25s+1)^2} = \frac{K^*(s+10)}{s(s+1)(s+4)^2}$$

式中$K^*=1.6K$。

当$0<K<\infty$时，按180°相角条件绘制根轨迹。

①根轨迹起始于0，−1，−4，−4，终止于−10和无穷远处。

②实轴根轨迹区间是[−1,0]、(−∞，−10]。

③根轨迹的渐近线。

$$\sigma_a = 0.33 \qquad \varphi_a = 60°,180°,300°$$

④根轨迹的分离点。

由

$$\frac{1}{d+10} = \frac{1}{d} + \frac{1}{d+1} + \frac{2}{d+4}$$

用试探法求得$d_1=-0.45$，$d_2=-2.25$，$d_3=-12.5$。显然d_1和d_3在根轨迹上，故分离点为：

$$d_1 = -0.45, d_2 = -12.5。$$

⑤根轨迹与虚轴的交点：

系统的特征方程为：

$$s^4 + 9s^3 + 24s^2 + (16 + K^*)s + 10K^* = 0$$

将 $s=j\omega$ 代入特征方程得:

$$\begin{cases}\omega^4 - 24\omega^2 + 10K^* = 0 \\ -9\omega^3 + (16 + K^*)\omega = 0\end{cases}$$

解方程组得 $\omega = \pm 1.53, K^* = 5.07, K = 3.17$

$0 < K < \infty$ 时,系统的根轨迹如图 4.8 中实线所示。

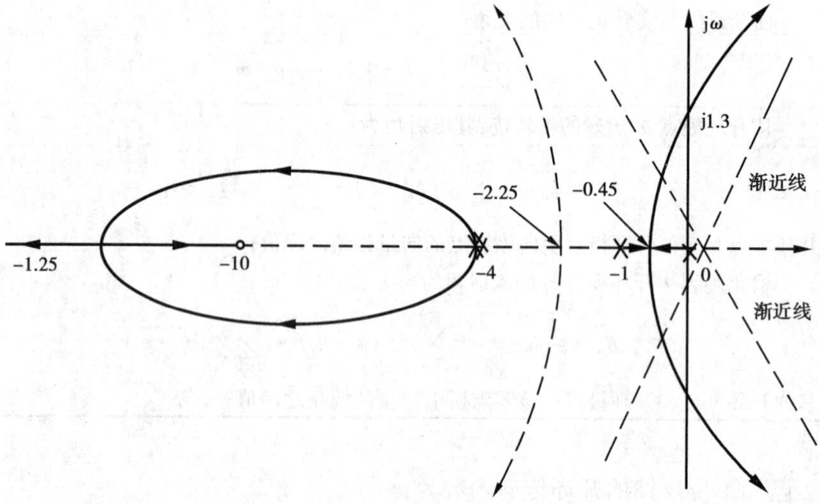

图 4.8

当 $-\infty < K < 0$ 时,按 0°相角条件绘制根轨迹。

①根轨迹起始于 0, -1, -4, -4,终止于 -10 和无穷远处。

②实轴上根轨迹区间是[-10, -1],[0, +∞)。

③根轨迹的渐近线

$$\sigma_a = 0.33 \qquad \varphi_a = 0°, 120°, 240°$$

④根轨迹的分离点 $d_1 = -2.55$

$-\infty < K < 0$ 时,系统的根轨迹如图 4.8 中的虚线所示。

2)求临界阻尼的开环增益:

由于 $-\infty < K < 0$ 时(属正反馈),系统均不稳定,因此不存在临界阻尼状态。

$0 < K < \infty$ 时,根据主导极点的概念,当系统的两个闭环主导极点 $s_1 = s_2 = -0.45$ 时系统处于临界阻尼状态。与 $s_{1,2}$ 相应的 K^* 为:

$$K^* = \frac{0.45 \times 0.55 \times 3.55^2}{9.55} = 0.33$$

$$K = \frac{K^*}{1.6} = 0.2$$

所以系统处于临界阻尼时的开环增益 $K = 0.2$

用长除法可将系统的特征方程化为:

$$(s + 0.45)^2 (s^2 + 8.1s + 16.51) = 0$$

所以系统处于临界阻尼时的闭环极点为:

$$s_1 = s_2 = -0.45, s_{3,4} = -0.45 \pm j0.33$$

显然,闭环零点 $z = -10$ 及闭环极点 $s_{3,4}$ 的影响可以忽略。此时系统的闭环传递函数为:

$$\Phi(s) = \frac{0.2}{(s+0.45)^2}$$

4.3　控制系统根轨迹的性能分析

根轨迹法在系统分析中的应用是多方面的,在参数已知的情况下求系统的特性;分析参数变化对系统特性的影响(即系统特性对参数变化的敏感度和添加零点、极点对根轨迹的影响);对于高阶系统,运用“主导极点”概念,快速估计系统的基本特性等。

系统的暂态特性取决于闭环零点、极点的分布,因而和根轨迹的形状密切相关。而根轨迹的形状又取决于开环零点、极点的分布。那么开环零点、极点对根轨迹形状的影响如何,这是单变量系统根轨迹法的一个基本问题。知道了闭环极点以及闭环零点(通常闭环零点是容易确定的),就可以对系统的动态性能进行定性分析和定量计算。

4.3.1　增加开环极点对控制系统的影响

大量实例表明:增加位于 S 左半平面的开环极点,将使根轨迹向右半平面移动,系统的稳定性能降低。例如,设系统的开环传递函数为:

$$G_k(s) = \frac{K^*}{s(s+a_1)} \qquad a_1 > 0 \tag{4.17}$$

则可绘制系统的根轨迹,如图4.9(a)所示。若增加一个开环极点 $p_3 = a_2$,根据这时的开环传递函数:

$$G_{k1}(s) = \frac{K_1}{s(s+a_1)(s+a_2)} \qquad a_2 > 0 \tag{4.18}$$

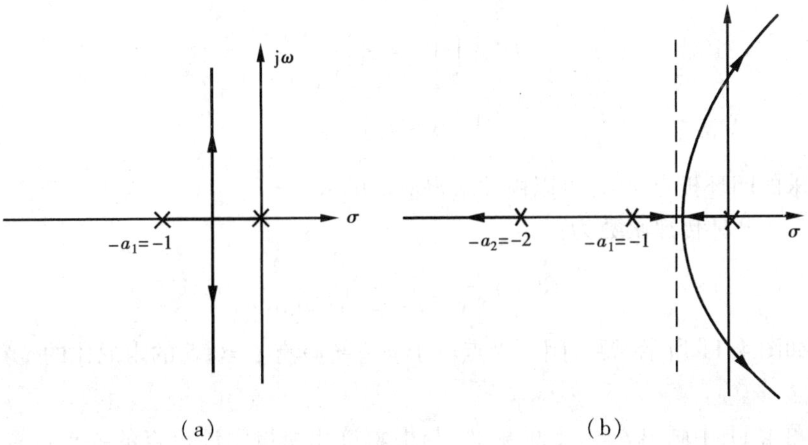

图4.9　增加开环极点对根轨迹的影响

可绘制系统的根轨迹,如图4.9(b)所示。由图可见:增加开环极点,使根轨迹的复数部分向右半平面弯曲。若取 $a_1=1$、$a_2=2$，则渐近线的倾角由原来的 $\pm 90°$ 变为 $\pm 60°$；分离点由原来的 -0.5 向右移至 -0.422；与分离点相对应的开环增益，由原来的 0.25（即 $K^*=0.5\times 0.5=0.25$）减少到 0.19（即 $K_1^*=\frac{1}{2}\times 0.422\times 0.578\times 1.578=0.19$）这意味着，对于具有同样的振荡倾向，增加开环极点后使开环增益值下降。一般来说，增加的开环极点越靠近虚轴，其影响越大，使根轨迹向右半平面弯曲就越严重，因而系统稳定性能的降低便越明显。

4.3.2 增加开环零点对控制系统的影响

一般来说，开环传递函数 $G(s)H(s)$ 增加零点，相当于引入微分作用，使根轨迹向左半 S 平面移动，将提高系统的稳定性。例如，图 4.10(a) 表示式(4.17)增加一个零点 $z=-2$ 的根轨迹（并设 $a_1=1$），轨迹向左半 S 平面移动，且成为一个圆，结果使控制系统的稳定性提高。图 4.10(b) 是式(4.17)增加一对共轭复数零点的根轨迹。

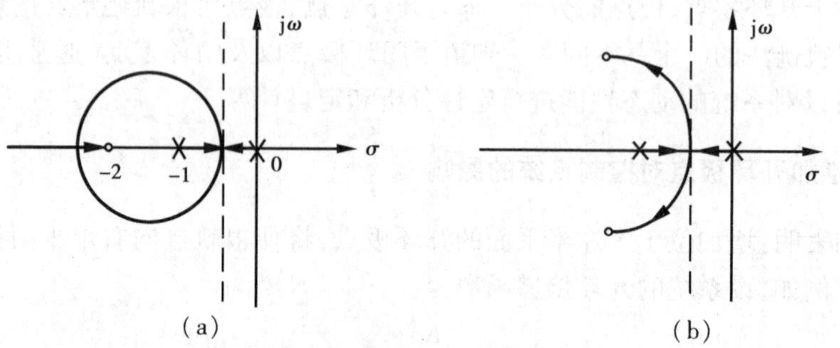

图 4.10 增加开环零点对根轨迹的影响

4.3.3 利用根轨迹确定系统参数

首先讨论当闭环特征根已经选定在根轨迹的某特定位置时如何确定应取的参数值。由根轨迹的幅值条件，所有在根轨迹上的点必须满足式(4.4)：

$$\frac{K^*\prod_{i=1}^{m}|s-z_i|}{\prod_{j=1}^{n}|s-p_j|}=1$$

因此根据要求的闭环极点 $s=s_0$ 可以由此求得应取的 K^* 值。

[例 6] 设开环传递函数为：

$$G_k(s)=\frac{K^*}{s[(s+4)^2+16]} \tag{4.19}$$

它的根轨迹如图 4.11 所示，要求闭环极点位于使系统具有 $\xi=0.5$ 的阻尼比的位置，那么增益 K^* 应是多大？

解 在图 4.11 中画出 $\xi=0.5$ 的射线，与根轨迹相交得闭环极点的要求位置 s_0。再画出 $G_k(s)$ 的极点到 s_0 的三个向量——$\boldsymbol{s}_0+\boldsymbol{p}_1$，$\boldsymbol{s}_0+\boldsymbol{p}_2$，$\boldsymbol{s}_0+\boldsymbol{p}_3$，由幅值条件：

$$|G_k(s_0)|=\left|\frac{K^*}{s_0(s_0+p_2)(s_0+p_3)}\right|=1$$

得 $$K^* = |s_0| \cdot |s_0 + p_2| \cdot |s_0 + p_3|$$

由向量幅值 $|s_0| = 3.95$，$|s_0 + p_2| = 2.1$，$|s_0 + p_3| = 7.7$，可得

$$K^* = (4.0) \cdot (2.1) \cdot (7.7) = 65$$

换句话说，如果取 K^* 的值为65，则 $1 + G_k(s)$ 的一个根将位于 s_0，另一个根当然是和 s_0 共轭的。第3个根在何处呢？由根轨迹知道，第3条根轨迹在负实轴上，在一般情况下，可以取一试探点，计算相应的 K^* 值，然后修正试探点直到找出和 $K^* = 65$ 相应的点为止。

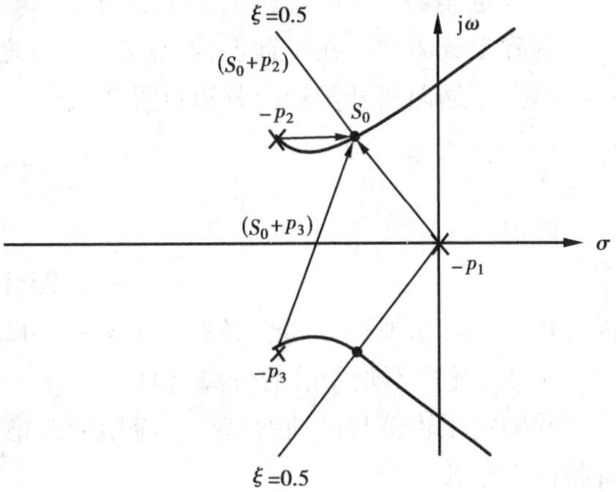

图4.11 根轨迹增益的确定

具有式(4.19)开环传递函数的系统，因为有一个积分环节，因此是Ⅰ型系统，在跟踪斜坡输入时的稳态误差取决于速度增益 K_v，本例中

$$K_v = \lim_{s \to 0} sG_k(s) = \lim_{s \to 0} s\frac{K^*}{s[(s+4)^2 + 16]} = \frac{K^*}{32}$$

当 $K^* = 65$ 时，$K_v = 65/32 \cong 2$。如果上述闭环系统动态响应和稳态精度可以满足要求，则靠调整参数 K^* 的办法就够了。如果单靠调整 K^* 还不能满足系统的各种品质指标，则需要在原有传递函数的基础上附加新的零点、极点，这方面的详细讨论将在第6章中进行。

[**例**7] 已知开环传递函数

$$G(s)H(s) = \frac{2K^*}{s(s+1)(s+2)}$$

试绘制其根轨迹，并确定使闭环系统的一对共轭复数主导极点的阻尼比 ξ 等于0.5的 K^* 值。

解 对于上述给定系统，其幅角条件为：

$$\angle G(s)H(s) = \angle \frac{2K^*}{s(s+1)(s+2)} = -\angle s - \angle(s+1) - \angle(s+2) = \pm(2k+1)\pi \qquad k = 1,2,3,\cdots$$

其幅值条件为：

$$|G(s)H(s)| = \left|\frac{2K^*}{s(s+1)(s+2)}\right| = 1$$

绘制根轨迹的典型步骤如下：

①开环极点为0，-1，-2，见图4.12，它们是根轨迹各分支上的起点。由于开环无有限零点，故根轨迹各分支都将趋向无穷。

②一共有3个分支。且根轨迹是对称实轴的。

③确定根轨迹的渐近线。3条分支的渐近线方向，可按式(4.9)求取，即

$$\varphi_a = \frac{\pm(2k+1)\pi}{n-m} = \frac{\pm(2k+1)\pi}{3} \qquad k = 1,2,\cdots$$

因为当 k 值变化时，相角值是重复出现的，所以渐近线不相同的相角值只有60°，-60°和

180°。因此,该系统有3条渐近线,其中相角等于180°的1条是负实轴。

渐近线与实轴的交点按式(4.8)求,即

$$\sigma_a = \frac{\sum_{i=1}^{n} p_i}{n-m} - \frac{\sum_{i=1}^{m} z_i}{n-m} = \frac{-2-1}{3} = -1$$

该渐近线如图4.12中的细虚线所示。

④确定实轴上的根轨迹。在原点与 -1 点之间,以及 -2 点的左边都有根轨迹。

⑤确定分离点。在实轴上,原点与 -1 点之间的根轨迹分支是从原点和 -1 点出发的,最后必然会相遇而离开实轴。分离点可按式(4.15)计算,即

$$\frac{1}{s} + \frac{1}{s-(-1)} + \frac{1}{s-(-2)} = 0$$

解得

$$s = -0.423 \text{ 和 } s = -1.577$$

因为 $0 > s > -1$,所以分离点必然是 $s = -0.423$(由于在 -1 和 -2 间实轴上没有根轨迹,故 $s = -1.577$ 显然不是要求的分离点)。

⑥确定根轨迹与虚轴的交点。应用劳斯稳定判据,可以确定这些交点。因为所讨论的系统特征方程式为:

$$s^3 + 3s^2 + 2s + 2K^* = 0$$

所以其劳斯阵列为:

$$\begin{array}{lll} s^3 & 1 & 2 \\ s^2 & 3 & 2K^* \\ s^1 & \dfrac{6-2K^*}{3} & \\ s^0 & 2K^* & \end{array}$$

使第一列中 s^1 项等于零,则求得 K^* 值为 $K^* = 3$。解由 s^2 行得到的辅助方程

$$3s^2 + 2K^* = 3s^2 + 6 = 0$$

可求得根轨迹与虚轴的交点

$$s = \pm \mathrm{j}\sqrt{2}$$

虚轴上交点的频率为 $\omega = \pm\sqrt{2}$,与交点相应的增益值为 $K^* = 3$。

⑦在 jω 轴与原点附近通过选取实验点,找出足够数量的满足相角条件的点。并根据上面所得结果,画出完整的根轨迹图,如图4.12所示。

⑧确定一对共轭复数闭环主导极点,使它的阻尼比 $\xi = 0.5$。$\xi = 0.5$ 的闭环极点位于通过原点,且与负实轴夹角为 $\beta = \pm\arccos\xi = \pm\arccos 0.5 = \pm 60°$ 的直线上,由图4.12可以看出:当 $\xi = 0.5$ 时,这一对闭环主导极点为:

$$s_1 = -0.33 + \mathrm{j}0.58, s_2 = -0.33 - \mathrm{j}0.58$$

与这对极点相对应的 K^* 值,可根据幅值条件求得:

$$2K^* = |s(s+1)(s+2)|_{s=-0.33+\mathrm{j}0.58} = 1.06$$

所以

$$K^* = 0.53$$

利用 K^* 值,可求得第3个极点为 $s=-2.33$。

这里应该注意的是,当 $K^*=3$ 时,闭环主导极点位于虚轴上 $s=\pm j\sqrt{2}$ 处。在这个 K^* 值时,系统将呈现等幅振荡。当 $K^*>3$ 时,闭环主导极点位于右半 S 平面,因而将构成不稳定的系统。

最后还指出一点,如有必要,可以应用幅值条件很容易地在根轨迹上标出增益,这时只要在根轨迹上选择一点,并测量出3个复数量 s,$s+1$,和 $s+2$ 的幅值大小,然后使它们相乘,由其乘积就可以求出该点上的增益 K^* 值,即

$$|s|\cdot|s+1|\cdot|s+2|=2K^*$$

$$K^*=\frac{|s|\cdot|s+1|\cdot|s+2|}{2}$$

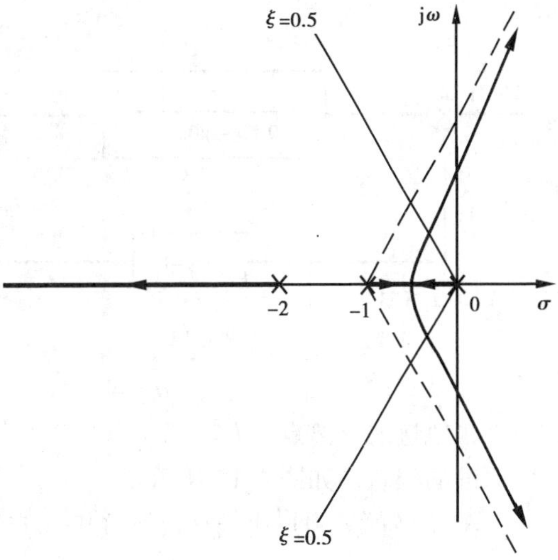

图4.12

4.3.4　用根轨迹分析系统的动态性能

在第3章时域分析法中已知闭环系统极点和零点的分布对系统瞬态响应特性的影响。这里将介绍用根轨迹法来分析系统的动态性能。根轨迹法和时域分析法不同之处是它可以看出开环系统的增益 K^* 变化时,系统的动态性能如何变化。现以图4.12为例,当 $K^*=3$ 时,闭环系统有一对极点位于虚轴上,系统处于稳定极限。当 $K^*>3$ 时,则有一对极点将进入 S 平面的右半面,系统是不稳定的。当 $K^*\leqslant 3$ 时,系统的3个极点都位于 S 平面的左半面,应用闭环主导极点概念可知系统响应是具有衰减振荡特性的。当 $K^*=0.2$ 时,两极点重合在实轴 $s=-0.423$ 上,当 $K^*\leqslant 0.2$ 时,系统的3个极点都位于负实轴上,因而可知系统响应是具有非周期特性的。如 K^* 再小,有一极点将从该点向原点靠拢。如果闭环最小的极点 $|s|$ 值越大,则系统的反应就越快。

按根轨迹分析系统品质时,常常可以从系统的主导极点的分布情况入手。以图4.12为例,已知 $K^*=1$,这时一对复数极点为 $-0.25\pm j0.875$,而另一个极点为 -2.5。这时,由于该极点与一对复数极点到虚轴之间距离相差 $2.5/0.25=10$ 倍,则完全可以忽略极点 -2.5 的影响。于是得复数极点的 $\omega_n=0.9$,$\xi\omega_n=0.25$,故阻尼比 $\xi=0.25/0.9=0.28$。根据第3章给出的关系式很方便的求出系统在单位阶跃作用下瞬态响应曲线的超调量 $\sigma=40\%$,调整时间 $t_s=\frac{3}{\xi\omega_n}=\frac{3}{0.25}=11.8\text{s}$。

[**例8**]　已知系统如图4.13所示。画出其根轨迹,并求出当闭环共轭复数极点呈现阻尼比 $\xi=0.707$ 时,系统的单位阶跃响应。

解　系统的开环传递函数为:

$$G_k(s)=\frac{K(0.5s+1)}{s(0.25s+1)(0.5s+1)}=\frac{K^*(s+2)}{s(s+2)(s+4)}$$

①根轨迹起始于0,−2,−4,终止于−2和无穷远处。

②根轨迹的渐近线。

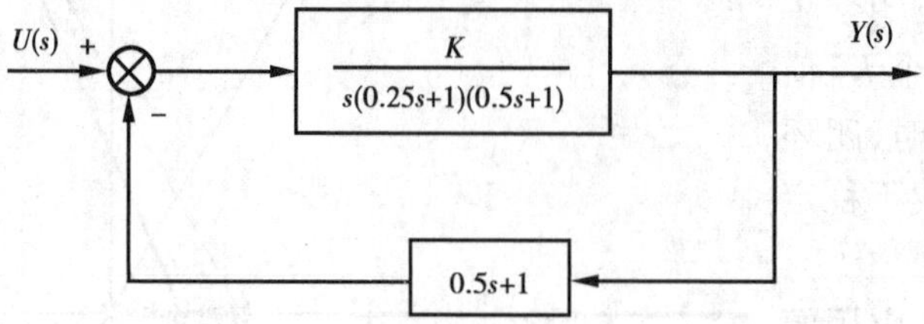

图 4. 13

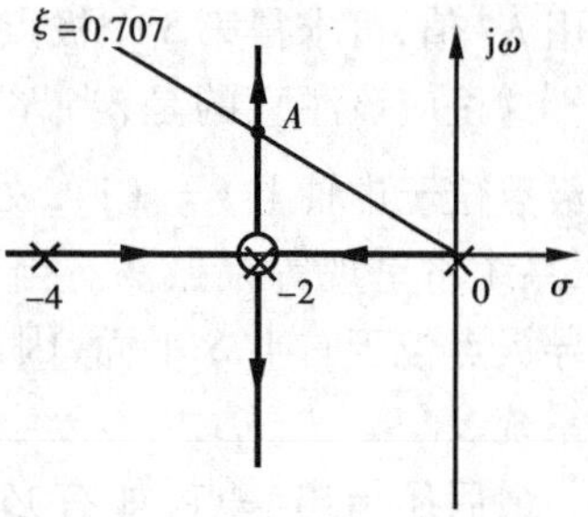

图 4. 14

$$\sigma_a = -2,\quad \varphi_a = 90°,\quad 270°$$

③根轨迹的分离点　$d = -2$。

系统的根轨迹如图 4. 14 所示。

$\xi = 0.707$ 的等阻尼比线交根轨迹于 A 点,求得此时闭环共轭复数极点为 $s_{1,2} = -2 \pm j2$。相应的 $K^* = 8, K = 2$。

系统的闭环传递函数为:

$$\phi(s) = \frac{\dfrac{2}{s(0.25s+1)(0.5s+1)}}{1 + \dfrac{2(0.5s+1)}{s(0.25s+1)(0.5s+1)}} = \frac{16}{(s+2)(s+2+j2)(s+2-j2)}$$

单位阶跃响应的拉氏变换式为:

$$Y(s) = \phi(s)U(s) = \frac{1}{s} - \frac{2}{s+2} + \frac{s}{s^2+4s+8}$$

相应的单位阶跃响应为:

$$y(t) = 1(t) - 2e^{-2t} - \sqrt{2}e^{-2t}\sin\left(2t - \frac{\pi}{4}\right)$$

4. 4　应用 MATLAB 绘制根轨迹图

自从 MATLAB 这样的高性能软件及语言出现以来,特别是 MATLAB 的控制系统工具箱问世以来,给系统分析者带来了福音,系统分析者可以非常方便地绘制系统的根轨迹图。

使用 rlocus 命令可以得到连续的单输入单输出系统的根轨迹。该命令有两种基本形式:

(1) Rlocus(num,den)或 rlocus(num,den,k)

其中,单输入单输出 SI/SO 系统开环传递函数为 G(s) = num(s)/den(s)。

在这些命令中,根轨迹图是自动生成的。如果这第 3 个参数(矢量 k)是指定的,命令将按照给定的参数绘制根轨迹图,否则增益是自动确定的。

下面的命令可求得系统的闭环极点。

clpoles = rlocus(num,den)

(或 clpoles = rlocus(num,den,k))

axis 命令可以定义绘制图形轴线的区域。定常阻尼系数 ξ(从 0 至 1,间隔增量为 0. 1)与自然频率的根轨迹可以使用 sgrid 命令绘制在同一根轨迹上。

(2) sgrid **或** sgrid(zeta,wn)

第2种形式允许指定阻尼系数与自然频率的范围。

下列命令为绘制系统 $G(s)$ 的根轨迹命令。绘制的区域为靠近虚轴的上半平面，且在平面上同时绘制阻尼比线（ξ 从0.5至0.7）与自然频率线（0.5rad/s）：

```
ng=1,dg=[1  3  2  0];axis([-1  1  0  3]);
rlocus(ng,dg)
sgrid([0.5: 0.1: 0.7],0.5)
```

在系统分析过程中，常常希望确定根轨迹上某一点的增益值。Rlocfind 命令就可以完成该项工作。第一步要得到系统的根轨迹，然后执行下面的命令：

```
[k,poles]=rlocfind(num,den)
```

执行命令后，将在图形屏幕上生成一个十字光标。使用鼠标器，移动这个十字光标到所希望的位置，然后按左键，将得到该极点的位置及它所对应的增益 K 值。如果所选择的点接近于根轨迹上某点，则该点对应的增益值及极点位置将作为命令的输出参数。

该命令也可以在没有绘制根轨迹图之前执行。此时，使用命令的格式如下：

```
[k,poles]=rlocfind(num,den,p)
```

命令中输入参数 p 是指定的极点矢量。在控制系统分析过程中，常常需要求取对应某一极点附近的参数。假设求系统 $G(s)$ 中极点位置为 -0.5 和 -0.6 所对应的根轨迹增益及所有其他闭环极点，就可以使用如下命令求得：

```
ng=1,dg=[1  3  2  0];
[k,clpoles]=rlocfind(ng,dg,[-0.5,-0.6])
```

则它的输出为：

```
k=0.3750        0.3360
clpoles= -2.1514       -2.1381
         -0.5000       -0.6000
         -0.3486       -0.2619
```

[例9]　已知一个单位反馈系统的开环传递函数为：

$$G(s)=K\frac{(s+3)}{s(s+5)(s+6)(s^2+2s+2)}$$

试在系统的闭环的根轨迹图上选择一点，求出该点的增益 K 及其系统的闭环极点位置，并判定在该点系统的闭环稳定性。

解　调用 rlocfind( ) 函数，Matlab 程序为：

```
num=[1 3];
den=conv(conv(conv([1 0],[1 5]),[1 6]),[1 2 2]);
sys=tf(num,den);
rlocus(sys)
[k,poles]=rlocfind(sys)
title('根轨迹分析')
xlabel('实轴')
```

ylabel('虚轴')

运行后得系统的闭环根轨迹,如图 4.15:

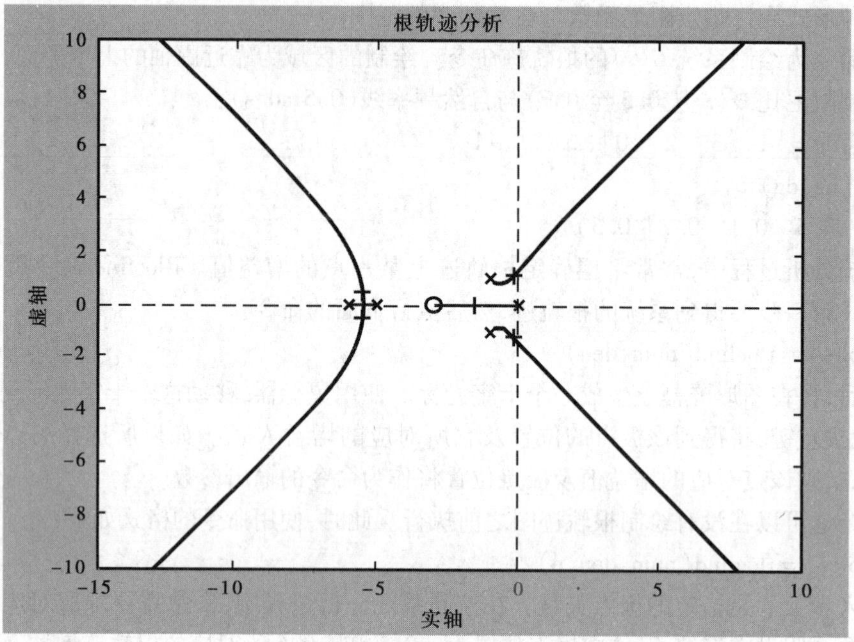

图 4.15　闭环系统的根轨迹图

执行程序后用光标在根轨迹图上选一点,可得相应的该点的系统的增益和其闭环极点:

```
k =21.7006
poles =
   -5.5483  + 0.4599i
   -5.5483  - 0.4599i
   -1.5590
   -0.1721  + 1.1479i
   -0.1721  - 1.1479i
```

由以上的数据可知,该点处系统全部闭环极点的实部均为负值,所以在该点 K = 21.7006 闭环系统是稳定的。

小　结

本章详细介绍了根轨迹的基本概念,控制系统根轨迹的绘制方法以及根轨迹在分析系统中的应用。根轨迹是一种图解方法,它在已知控制系统开环零点和极点的基础上,研究某一个或某些参数变化时系统闭环极点在 S 平面的分布情况。利用根轨迹法能够分析结构和参数已确定的系统的稳定性及动态响应特性,还可以根据对系统动态特性的要求确定可变参数,调整开环零点、极点的位置甚至改变它们的数目,因此根轨迹法在控制系统的分析和设计中是一种很实用的工程方法。

学习本章应掌握以下几个方面的基础知识：

①掌握根轨迹的两个基本条件：幅值条件和相角条件，并能利用这两个基本条件确定根轨迹上的点及相应的增益值。

②掌握绘制根轨迹的基本规则。对于简单的系统，能够熟练运用这些规则很快地画出根轨迹的概略图形，对于一些特殊点（如分离点或汇合点等），如与分析问题无关，则不必准确求出，只要能找出它们所在的范围就够了。

③对于结构和参数已确定的系统，能够用根轨迹法分析出主要特性。掌握闭环主导极点与动态性能之间的关系，对于主导极点以外的其他闭环极点和零点，应能定性分析出它们对动态性能的影响。

④掌握增加开环零点和开环极点对系统动态性能有什么影响。

习　题

4.1　画出下列开环传递函数的零、极点图，并指出它们的根轨迹增益是什么？开环增益是什么？

①$G_k(s)=\dfrac{K^*(2s+1)}{s(4s+1)(s+3)}$

②$G_k(s)=\dfrac{K^*(s^2+2s+1)}{s(4s+1)(s^2+2s+3)}$

③$G_k(s)=\dfrac{K^*}{s(4s+1)(2s+1)}$

④$G_k(s)=\dfrac{K^*(2s+1)}{(4s+1)(s+3)(s^3+2s^2+1)}$

4.2　如果单位反馈控制系统的开环传递函数

$$G_k=\frac{K^*}{s+1}$$

试绘制闭环系统的根轨迹图，并判断下列点是否在闭环系统的根轨迹图上。

$$-2,\ -5,\ -j3,\ j1,\ -3+j2,\ -6-j2$$

4.3　系统的开环传递函数如下，试确定分离点的坐标。

①$G(s)H(s)=\dfrac{K^*}{s(s+2)(s+5)}$

②$G(s)H(s)=\dfrac{K^*(s+5)}{s(s+2)(s+3)}$

③$G(s)H(s)=\dfrac{K(s+1)}{s(2s+1)}$

4.4　画出 K^* 为正值时的根轨迹，系统开环传递函数如下所示。确定根轨迹与虚轴的交点并求出相应的 K^* 值。

①$G_k(s)=\dfrac{K^*}{s(s+3)(s+5)^2}$

②$G_{\mathrm{k}}(s)=\dfrac{K^{*}(s+1)}{s^{2}(s+5)(s+12)}$

③$G_{\mathrm{k}}(s)=\dfrac{K^{*}(s-5)(s-10)}{(s+5)(s+10)}$

④$G_{\mathrm{k}}(s)=\dfrac{K^{*}s^{2}(s+5)}{s^{2}+6s+9}$

4.5　绘制下列反馈控制系统的根轨迹。以知系统的开环传递函数 $G(s)H(s)$ 的零点和极点如下。

①极点在 0, −3 及 −4;零点在 −5。

②极点在 −1+j1 和 −1−j1;零点在 −2。

③极点在 0, −3, −1+j1 及 −1−j1;无有限的零点。

④极点在 0,0, −12 及 −12;零点在 −6+j5, −6−j5。

⑤极点在 0,0, −12 及 −12;零点在 −4, −8。

4.6　系统开环传递函数的零点、极点如习题 4.6 图所示,试绘制系统概略根轨迹。

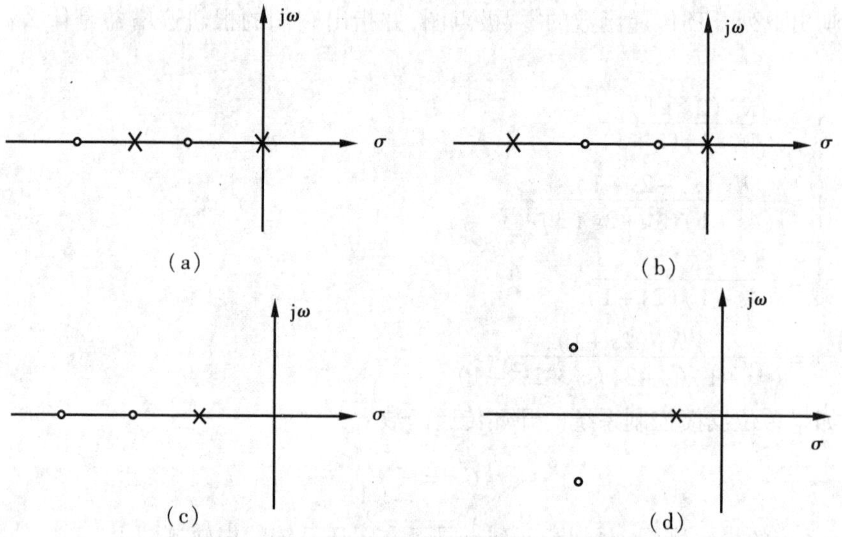

习题 4.6 图　开环传递函数的零点、极点图

4.7　单位反馈系统的开环传递函数为:

$$G_{\mathrm{k}}(s)=\frac{K^{*}(s+2)}{s(s+1)}$$

试从数学上证明:复数根轨迹部分是以(2,j0)为圆心,以$\sqrt{2}$为半径的一个圆。

4.8　系统的开环传递函数为

$$G_{\mathrm{k}}(s)=\frac{K^{*}(s+1)}{s(s+2)(s+4)}$$

试绘制闭环系统的根轨迹。

4.9　单位反馈系统的开环传递函数为

$$G_{\mathrm{k}}(s)=\frac{K^{*}}{s(s+1)(s+4)(s+5s+16)}$$

试绘制闭环系统的概略根轨迹。

4.10　单位反馈控制系统的开环传递函数为

$$G_k(s) = \frac{K^*}{(s+10)^n}$$

试绘制① $n=3$

② $n=4$

闭环系统的根轨迹。

4.11　单位反馈控制系统的开环传递函数为

$$G_k(s) = \frac{0.5(s+b)}{s^2(s+1)}$$

其中，b 的变化范围为$[0, +\infty]$，试绘制闭环系统的根轨迹。

4.12　设反馈控制系统中

$$G_k(s) = \frac{K^*}{s^2(s+2)(s+5)}, H(s) = 1$$

①试绘制闭环系统的根轨迹，判断系统的稳定性。

②如果改变反馈通路传递函数使 $H(s)=1+2s$，试判断 $H(s)$ 改变后系统的稳定性，研究 $H(s)$ 改变所产生的效应。

4.13　已知一单位反馈系统的开环传递函数为

$$G_k = \frac{K^*}{(s+1)(s-1)(s+4)^2}$$

①试绘制闭环系统的概略根轨迹。

②判断系统的稳定性。

4.14　系数多项式函数

$$D(s) = s^3 + 5s^2 + (6+a)s + a$$

欲使 $D(s)=0$ 的根皆为实数，试确定参数 a 的变化范围。

4.15　设反馈控制系统的开环传递函数为

$$G(s)H(s) = \frac{K^*}{(s^2+2s+3)(s^2+2s+6)}$$

反馈极性为负，欲使闭环系统稳定，试确定根轨迹增益 K^* 的变化范围。

4.16　如习题4.16图所示，它为一控制系统的方块图

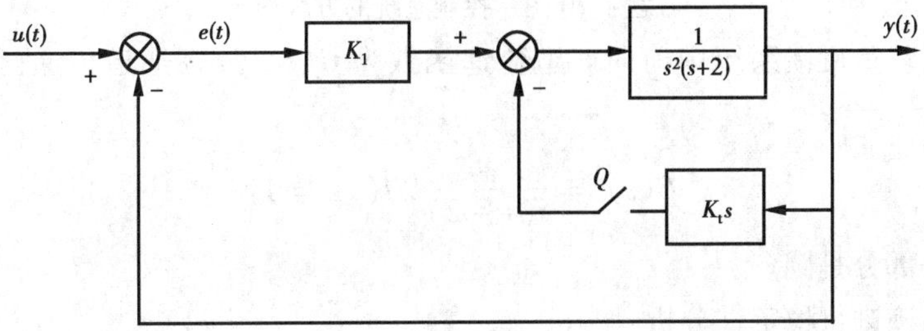

习题4.16图　控制系统的方块图

①当开关 Q 打开时，试绘制它的根轨迹图，并根据根轨迹图确定使系统稳定的 K_1 的变化

范围。

②当开关 Q 闭合时,令 $K_1=1$,试由根轨迹图来说明当 K_t 变化时系统仍是稳定的。

4.17 画出如下所列单位反馈控制系统的开环传递函数的根轨迹,求出主导极点阻尼比为0.5时的 K^* 值。

①$G_k(s)=\dfrac{K^*}{s(s+2)}$

②$G_k(s)=\dfrac{K^*}{s(s+2)(s+4)}$

③$G_k(s)=\dfrac{K^*}{s(s+2)(s+4)(s+8)}$

4.18 单位反馈控制系统的开环传递函数如下

$$G_k(s)=\frac{K^*(s+2)}{s(s^2+2s+2)(s+5)(s+6)}$$

①绘出当 K^* 变化时的根轨迹图。

②求出主导极点阻尼比为0.4时的 K^* 值。

4.19 系统的开环传递函数为

$$G_k=\frac{K^*(s-2s+5)}{(s+2)(s-0.5)}$$

①绘制系统的根轨迹图。

②确定系统稳定时 K^* 的取值范围。

③若要求系统单位阶跃响应的超调量为16.3%,试确定相应的 K^* 值。

4.20 设系统如习题4.20图所示,试概略绘制系统的根轨迹图,并根据根轨迹图确定使系统稳定的增益 K_1^* 和 K_2^* 的区域($K_1^*\geqslant0,K_2^*\geqslant0$)。

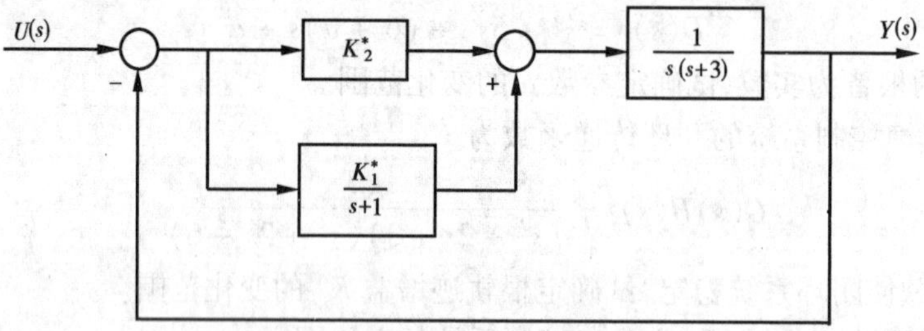

习题4.20图 控制系统的方块图

4.21 设闭环负反馈系统中前向通道传递函数为 $G(s)$,反馈通道传递函数为 $H(s)$,其中:

$$G(s)=\frac{s+3}{s(s+2)},H(s)=1$$

证明根轨迹的一部分是圆。

4.22 根轨迹进行稳定性分析

$$G(s)=\frac{k(s+1)}{s(s-1)(s+4)},k\geqslant0$$

程序代码:%绘制根轨迹

```
z = -1;
p = [0 1 -4];
k = 1;
G = zpk(z,p,k); % 利用零极点三对组生成 LTI 对象
rlocus(G); grid on % 绘制根轨迹
set(findobj('marker','x'),'markersize',8);
set(findobj('marker','x'),'linewidth',1.5);
set(findobj('marker','o'),'markersize',8);
set(findobj('marker','o'),'linewidth',1.5);
```

运行结果:

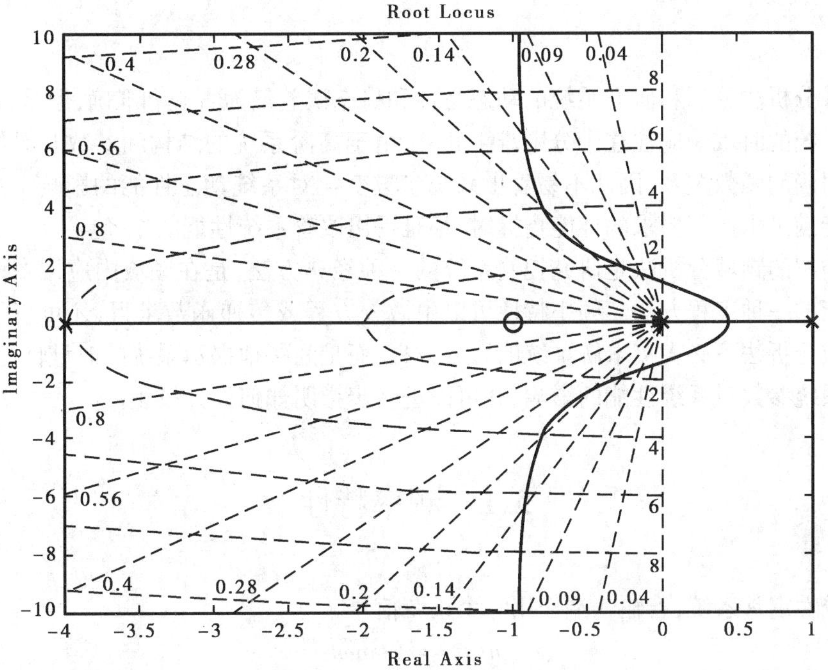

求系统稳定时的增益

[k,s] = flds(G)

[k,Wcg] = plzy(G)

运行结果:

分离点(会合点):k = 0.0769 - 0.0411i　　0.0769 + 0.0411i　　1.3162

S = -1.7211 + 1.2490i　-1.7211 - 1.2490i　0.4422

与虚轴的交点:k = 6.0005　　inf

Wcg = 1.4143　inf

分析:由根轨迹图和运行数据判断,根轨迹实轴上的分离点为多少?对应的增益 k = ?。当 k 大于多少时,闭环系统稳定,此时与之对应的频率为多少 rad/s?

第 5 章 频域分析法

用时域分析法分析和研究系统的动态特性和稳态误差最为直观和准确，但是，用解析方法求解高阶系统的时域响应往往十分困难。此外，由于高阶系统的结构和参数与系统动态性能之间没有明确的函数关系，因此不易看出系统参数变化对系统动态性能的影响。当系统的动态性能不能满足生产上要求的性能指标时，很难提出改善系统性能的途径。

本章介绍的频域分析法是研究控制系统的一种经典方法，是在频域内应用图解分析法评价系统性能的一种工程方法。频率特性可以由微分方程或传递函数求得，还可以用实验方法测定。频域分析法不必直接求解系统的微分方程，而是间接地揭示系统的时域性能，它能方便地显示出系统参数对系统性能的影响，并可以进一步指明如何设计校正。

5.1 频率特性

对于线性定常系统，若输入端作用一个正弦信号

$$u(t) = U\sin\omega t \tag{5.1}$$

则系统的稳态输出 $y(t)$ 也为正弦信号，且频率与输入信号的频率相同，即

$$y(t) = Y\sin(\omega t + \varphi) \tag{5.2}$$

$u(t)$ 和 $y(t)$ 虽然频率相同，但幅值和相位不同，并且随着输入信号的角频率 ω 的改变，两者之间的振幅与相位关系也随之改变。这种基于频率 ω 的系统输入和输出之间的关系称之为系统的频率特性。

设线性定常系统的传递函数 $G(s)$ 可以写成如下形式

$$G(s) = \frac{Y(s)}{U(s)} = \frac{B(s)}{(s+p_1)(s+p_2)\cdots(s+p_n)} = \frac{B(s)}{\prod_{j=1}^{n}(s+p_j)} = \frac{B(s)}{A(s)} \tag{5.3}$$

式中 $B(s)$——传递函数 $G(s)$ 的 m 阶分子多项式，s 为复变量；

$A(s)$——传递函数 $G(s)$ 的 n 阶分母多项式 $(n \geqslant m)$；

$-p_1, -p_2, \cdots, -p_n$——传递函数 $G(s)$ 的极点，这些极点可能是实数，也可能是复数，对稳定的系统来说，它们都应该有负的实部。

由式(5.1),正弦输入信号 $u(t)$ 的拉氏变换为(查拉氏变换表):

$$U(s)=\frac{U\omega}{s^2+\omega^2}=\frac{U\omega}{(s+\mathrm{j}\omega)(s-\mathrm{j}\omega)} \tag{5.4}$$

输出信号 $y(t)$ 的拉氏变换为:

$$Y(s)=U(s)G(s)$$

将式(5.3)、式(5.4)代入上式得:

$$Y(s)=\frac{U\omega}{(s+\mathrm{j}\omega)(s-\mathrm{j}\omega)}\cdot\frac{B(s)}{\prod_{j=1}^{n}(s+p_j)}$$

上式可改写成(利用部分分式法)

$$Y(s)=\frac{a_1}{s+\mathrm{j}\omega}+\frac{a_2}{s-\mathrm{j}\omega}+\frac{b_1}{s+p_1}+\frac{b_2}{s+p_2}+\cdots+\frac{b_n}{s+p_n} \tag{5.5}$$

上式中 $a_1,a_2,b_1,b_2,\cdots,b_n$——待定系数,它们均可用留数定理求出。其中 a_1 和 a_2 是共轭复数。

将式 (5.5)两边取拉氏反变换,可得:

$$y(t)=a_1\mathrm{e}^{-\mathrm{j}\omega t}+a_2\mathrm{e}^{\mathrm{j}\omega t}+b_1\mathrm{e}^{-p_1t}+b_2\mathrm{e}^{p_2t}+\cdots+b_n\mathrm{e}^{-p_nt}\quad(t\geqslant 0) \tag{5.6}$$

对于稳定的系统,由于极点 $-p_1,-p_2,\cdots,-p_n$ 都具有负实部,所以当 $t\to\infty$ 时,$\mathrm{e}^{-p_1t},\mathrm{e}^{-p_2t},\cdots,\mathrm{e}^{-p_nt}$ 都将衰减到零。这时输出信号 $y(t)$ 只由式(5.6)中的第1项和第2项决定,即稳态输出 $y(\infty)$ 为

$$y(\infty)=a_1\mathrm{e}^{-\mathrm{j}\omega t}+a_2\mathrm{e}^{\mathrm{j}\omega t} \tag{5.7}$$

式(5.7)中的待定系数 a_1 和 a_2 可分别由留数定理求得

$$\left.\begin{aligned}a_1&=G(s)\cdot\frac{U\omega}{(s+\mathrm{j}\omega)(s-\mathrm{j}\omega)}(s+\mathrm{j}\omega)\Big|_{s=-\mathrm{j}\omega}=-\frac{U}{2\mathrm{j}}G(-\mathrm{j}\omega)\\a_2&=G(s)\cdot\frac{U\omega}{(s+\mathrm{j}\omega)(s-\mathrm{j}\omega)}(s-\mathrm{j}\omega)\Big|_{s=\mathrm{j}\omega}=\frac{U}{2\mathrm{j}}G(\mathrm{j}\omega)\end{aligned}\right\} \tag{5.8}$$

上式中 $G(\mathrm{j}\omega)$ 和 $G(-\mathrm{j}\omega)$ 都是复数,可以用极坐标形式表示为:

$$\left.\begin{aligned}G(\mathrm{j}\omega)&=|G(\mathrm{j}\omega)|\,\mathrm{e}^{\mathrm{j}\angle G(\mathrm{j}\omega)}\\G(-\mathrm{j}\omega)&=|G(-\mathrm{j}\omega)|\,\mathrm{e}^{\mathrm{j}\angle G(-\mathrm{j}\omega)}=|G(\mathrm{j}\omega)|\,\mathrm{e}^{-\mathrm{j}\angle G(\mathrm{j}\omega)}\end{aligned}\right\} \tag{5.9}$$

将式(5.8)、式(5.9)代入式(5.7)得:

$$\begin{aligned}y(\infty)&=-\frac{U}{2\mathrm{j}}|G(\mathrm{j}\omega)|\,\mathrm{e}^{-\mathrm{j}\angle G(-\mathrm{j}\omega)}\mathrm{e}^{-\mathrm{j}\omega t}+\frac{U}{2\mathrm{j}}|G(\mathrm{j}\omega)|\,\mathrm{e}^{\mathrm{j}\angle G(-\mathrm{j}\omega)}\mathrm{e}^{\mathrm{j}\omega t}=\\&U|G(\mathrm{j}\omega)|\frac{1}{2\mathrm{j}}\left[\mathrm{e}^{\mathrm{j}(\omega t+\angle G(\mathrm{j}\omega))}-\mathrm{e}^{-\mathrm{j}(\omega t+\angle G(\mathrm{j}\omega))}\right]=\\&U|G(\mathrm{j}\omega)|\sin[\omega t+\angle G(\mathrm{j}\omega)]=\\&Y\sin(\omega t+\varphi)\end{aligned} \tag{5.10}$$

式中 $Y=U|G(\mathrm{j}\omega)|,\varphi=\angle G(\mathrm{j}\omega)$

式(5.10)表明,线性定常系统在正弦输入信号 $u(t)=U\sin\omega t$ 的作用下,稳态输出信号 $y(\infty)$ 仍是与输入信号相同频率的正弦信号,只是振幅与相位不同,输出信号 $y(\infty)$ 的振幅 Y 是输入信号振幅 U 的 $|G(\mathrm{j}\omega)|$ 倍,相位移为 $\varphi=\angle G(\mathrm{j}\omega)$,且都是角频率 ω 的函数。相位移 φ 为正时,表示输出信号 $y(\infty)$ 的相位超前输入信号 $u(t)$ 的相位;相位移 φ 为负时,表示输出信

号 $y(\infty)$ 的相位迟后输入信号 $u(t)$ 的相位。

如果改变输入信号 $u(t)$ 的频率 ω，则 $|G(j\omega)|$ 和 $\angle G(j\omega)$ 也随之改变。线性定常系统在正弦输入时，稳态输出 $y(\infty)$ 与输入 $u(t)$ 的振幅比 $\dfrac{Y}{U}=|G(j\omega)|$ 和相位移 $\varphi=\angle G(j\omega)$ 随频率 ω 而变化的函数关系，分别称为幅频特性和相频特性。并分别用 $M(\omega)$ 和 $\varphi(\omega)$ 表示，即：

$$M(\omega)=|G(j\omega)|$$

$$\varphi(\omega)=\angle G(j\omega)$$

$M(\omega)$ 和 $\varphi(\omega)$ 合起来称为系统的频率特性。

由式(5.9)可知，$|G(j\omega)|$ 和 $\angle G(j\omega)$ 可以由 $G(j\omega)$ 来统一表示，即

$$G(j\omega)=|G(j\omega)|e^{j\angle G(j\omega)}=M(\omega)e^{j\varphi(\omega)} \tag{5.11}$$

$G(j\omega)$ 还可以用直角坐标形式来表示：

$$G(j\omega)=R(\omega)+jI(\omega)$$

式中　$R(\omega)$——$G(j\omega)$ 的实部，它也是 ω 的函数，称为实频特性；

$I(\omega)$——$G(j\omega)$ 的虚部，同样也是 ω 的函数，称为虚频特性。

从以上分析可知，若将传递函数中的 s 以 $j\omega$ 代替，就得到频率特性。即：$G(j\omega)=G(s)|_{s=j\omega}$，可以证明，这个结论对于结构稳定的线性定常系统（或环节）都是成立的。所以，如已知系统（或环节）的传递函数，只要用 $j\omega$ 置换其中的 s，就可以得到该系统（或环节）的频率特性。

反过来看，如果能用实验方法获得系统（或元部件）的频率特性，又给确定系统（或元部件）的传递函数提供了依据。

系统频率特性的表示方法很多，其本质上都是一样的，只是表示形式不同而已。工程上用频率法研究控制系统时，主要采用的是图解法。因为图解法可方便、迅速地获得问题的近似解。每一种图解法都基于某一形式的坐标图表示法。频率特性图示方法是描述频率 ω 从 $0\to\infty$ 变化时频率响应的幅值、相位与频率之间关系的一组曲线，由于采用的坐标系不同可分为两类图示法或常用的3种曲线：即极坐标图示法和对数坐标图示法或幅相频率特性曲线、对数频率特性曲线和对数幅相频率特性曲线。

5.1.1　幅相频率特性（奈氏图）

由以上的介绍可知，若已知系统的传递函数 $G(s)$，那么令 $s=j\omega$，立即可得频率特性为 $\boldsymbol{G}(j\omega)$。显然，$\boldsymbol{G}(j\omega)$ 是以频率 ω 为自变量的一个复变量，该复变量可用复平面[S]上的一个矢量来表示。矢量的长度为 $\boldsymbol{G}(j\omega)$ 的幅值 $|G(j\omega)|$；矢量与正实轴间夹角为 $\boldsymbol{G}(j\omega)$ 的相角 $\angle\boldsymbol{G}(j\omega)$。那么当频率 ω 从0变化到 ∞ 时，系统或元件的频率特性的值也在不断变化，即 $\boldsymbol{G}(j\omega)$ 这个矢量亦在[S]平面上变化，于是 $\boldsymbol{G}(j\omega)$ 这个矢量的矢端在[S]平面上描绘出的曲线就称为系统的幅相频率特性，或称作奈奎斯特图（Nyquist）。

5.1.2　对数频率特性（伯德图）

由上面的介绍可知，幅相频率特性是一个以 ω 为参变量的图形，在定量分析时有一定的不便之处。因此，在工程上，常常将 $\boldsymbol{M}(\omega)$ 和 $\boldsymbol{\varphi}(\omega)$ 分别表示在两个图上，且由于这两个图在刻度上的特点，被称作对数幅频特性图和对数相频特性图。

(1)对数幅频特性

为研究问题方便起见,常常将幅频特性 $\boldsymbol{M}(\omega)$ 用增益 $L(\omega)$ 来表示,其关系为:

$$L(\omega) = 20\lg M(\omega) \tag{5.12}$$

在图形中,纵轴按线性刻度,标以增益值;横轴按对数刻度,标以频率 ω 值,称作对数幅频特性。

(2)对数相频特性

该图纵轴按均匀刻度,标以 $\varphi(\omega)$ 值,单位为度;横轴刻度与对数幅频特性相同,按对数刻度,标以频率 ω 值,称作对数相频特性。

对数幅频特性和对数相频特性合称为对数频率特性,或称作伯德图(Bode)

5.1.3　对数幅相频率特性(尼柯尔斯图)

将对数幅频特性和对数相频特性画在一个图上,即以 $\varphi(\omega)$(度)为线性分度的横轴,以 $L(\omega)=20\lg M(\omega)$(db)为线性分度的纵轴,以 ω 为参变量绘制的 $G(j\omega)$ 曲线,称为对数幅相频率特性,或称作尼柯尔斯图(Nichols)。本章只介绍奈奎斯特图和伯德图。

5.2　频率特性的极坐标图(Nyquist 图)

5.2.1　基本概念

由于频率特性 $G(j\omega)$ 是复数,所以可以把它看成是复平面中的矢量。当频率 ω 为某一定值 ω_1 时,频率特性 $G(j\omega_1)$ 可以用极坐标的形式表示为相角为 $\angle G(j\omega_1)$(相角 $\angle G(j\omega)$ 的符号定义为从正实轴开始,逆时针旋转为正,顺时针旋转为负),幅值为 $|G(j\omega_1)|$ 的矢量 $\boldsymbol{OA}$,如图5.1(a)所示。与矢量 $\boldsymbol{OA}$ 对应的数学表达式为

$$G(j\omega_1) = |G(j\omega_1)| e^{j\angle G(j\omega_1)}$$

当频率 ω 从零连续变化至 ∞(或从 $-\infty\to0\to\infty$)时,矢量端点 A 的位置也随之连续变化并形成轨迹曲线。如图5.1(a)中 $G(j\omega)$ 曲线所示。由这条曲线形成的图像就是频率特性的极坐标图,又称为 $G(j\omega)$ 的幅相频率特性。

如果 $G(j\omega_1)$ 以直角坐标形式表示,即

$$G(j\omega_1) = R(\omega_1) + jI(\omega_1)$$

如图5.1(b)所示的矢量 $\boldsymbol{OA}$。同样,在直角坐标图5.1(b)上也可以作出 ω 从0变化到 ∞ 的 $G(j\omega)$ 轨迹曲线。如果将两个坐标图重叠起来,则在两个坐标图上分别作出的同一 $G(j\omega)$ 曲线也将重合。因此,习惯上把图5.1(b)的 $G(j\omega)$ 曲线也叫做 $G(j\omega)$ 的极坐标图。

5.2.2　典型环节频率特性的极坐标图

由第2章已知,一个控制系统可由若干个典型环节所组成。要用频率特性的极坐标图示法分析控制系统的性能,首先要掌握典型环节频率特性的极坐标图。

(1)比例环节

比例环节的传递函数为:

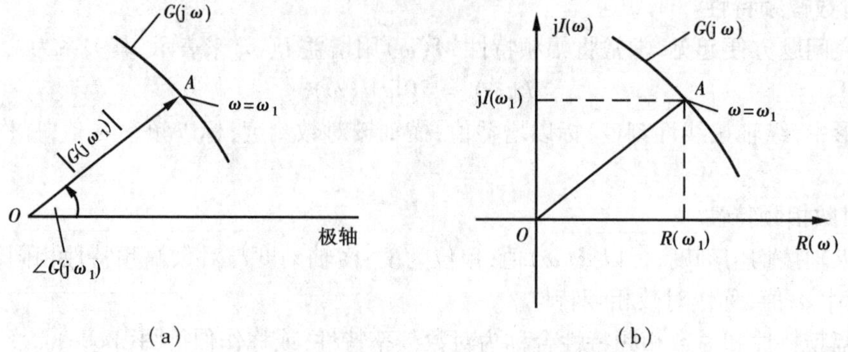

图 5.1　频率特性 $G(j\omega)$ 的图示法

(a) $G(j\omega)$ 的极坐标图示法；(b) $G(j\omega)$ 的直角坐标图示法

$$G(s) = K$$

所以比例环节的频率特性为:

$$G(j\omega) = K + j0 = Ke^{j0} \tag{5.13}$$

其频率特性极坐标图如图 5.2 所示。其中幅值 $M(\omega) = K$。相位移 $\varphi(\omega) = 0^{\circ}$。并且都与 ω 无关,它表示输出为输入的 K 倍,且相位相同。

(2)积分环节

积分环节的传递函数为:

$$G(s) = \frac{1}{s}$$

所以积分环节的频率特性为:

$$G(j\omega) = \frac{1}{j\omega} = 0 - j\frac{1}{\omega} = \frac{1}{\omega}e^{-j\frac{\pi}{2}} \tag{5.14}$$

其频率特性极坐标图如图 5.3 所示,它是整个负虚轴,且当 $\omega \to \infty$ 时,趋向原点 0,显然积分环节是一个相位滞后环节[因为 $\varphi(\omega) = -90^{\circ}$],每当信号通过一个积分环节,相位将滞后 90°。

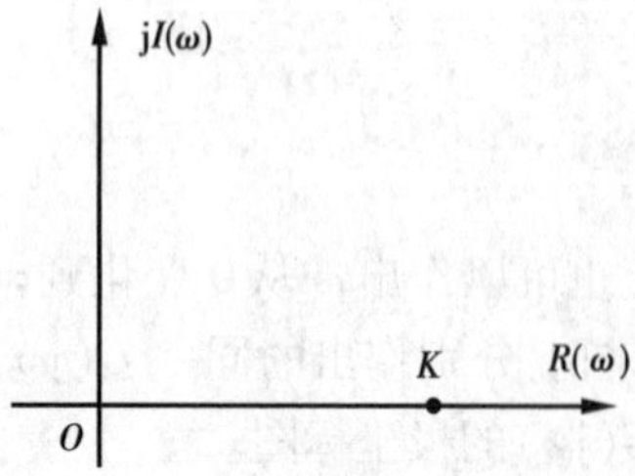

图 5.2　比例环节频率特性极坐标图

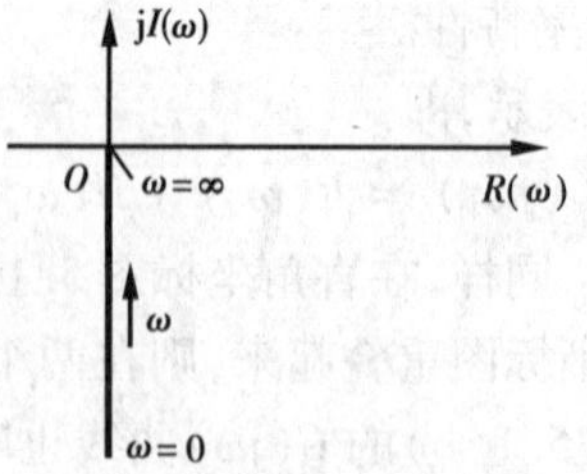

图 5.3　积分环节频率特性极坐标图

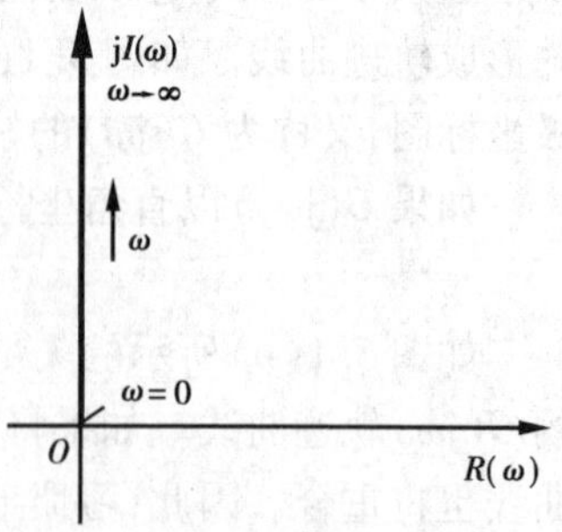

图 5.4　微分环节频率特性极坐标图

(3)微分环节

微分环节的传递函数为:

$$G(s) = s$$

所以微分环节的频率特性为：

$$G(j\omega) = j\omega = 0 + j\omega = \omega e^{j\frac{\pi}{2}} \tag{5.15}$$

其极坐标图如图 5.4 所示。是整个正虚轴，恰好与积分环节的特性相反。其幅值变化与 ω 成正比：$M(\omega)=\omega$，当 $\omega=0$ 时，$M(\omega)$ 也为零，当 $\omega\to\infty$ 时，$M(\omega)$ 也 $\to\infty$。微分环节是一个相位超前环节 $[\varphi(\omega)=+90°]$。系统中每增加一个微分环节将使相位超前 90°。

(4) 一阶惯性环节

一阶惯性环节的传递函数为：

$$G(s) = \frac{1}{Ts+1}$$

所以一阶惯性环节的频率特性为：

$$G(j\omega) = \frac{1}{1+jT\omega} = \frac{1}{1+T^2\omega^2} - j\frac{T\omega}{1+T^2\omega^2} \tag{5.16}$$

幅频特性和相频特性为：

$$M(\omega) = \frac{1}{\sqrt{1+T^2\omega^2}}$$

$$\varphi(\omega) = -\arctan T\omega$$

由式(5.16)直接可得实频特性和虚频特性为：

$$R(\omega) = \frac{1}{1+T^2\omega^2}$$

$$I(\omega) = -\frac{T\omega}{1+T^2\omega^2}$$

并满足下面的圆的方程：

$$\left[R(\omega) - \frac{1}{2}\right]^2 + I^2(\omega) = \left(\frac{1}{2}\right)^2$$

圆心为 $\left(\frac{1}{2},0\right)$，半径为 $\frac{1}{2}$。

当 ω 从 $0\to\infty$ 时，$M(\omega)$ 从 $1\to0$；$\varphi(\omega)$ 从 $0°\to-90°$，因此，一阶惯性环节的频率特性位于直角坐标图的第 4 象限，且为一半圆，如图 5.5 所示。

一阶惯性环节是一个相位滞后环节，其最大滞后相角为 90°。一阶惯性环节可视为一个低通滤波器，因为频率 ω 越高，则 $M(\omega)$ 越小，当 $\omega > \frac{5}{T}$ 时，幅值 $M(\omega)$ 已趋近于零。

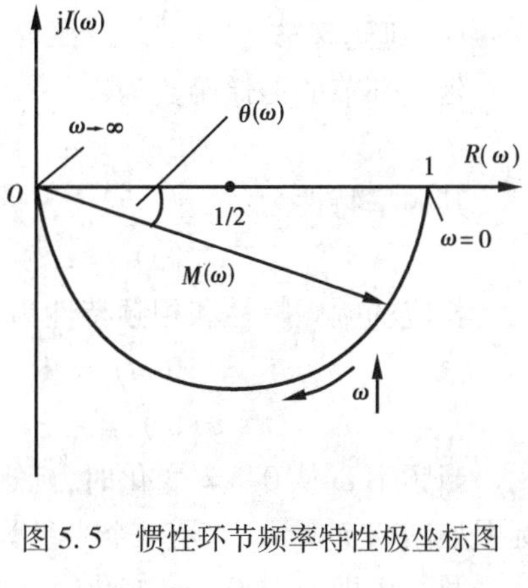

图 5.5　惯性环节频率特性极坐标图

(5) 二阶振荡环节

二阶振荡环节的传递函数为：

$$G(s) = \frac{1}{T^2s^2 + 2\zeta Ts + 1} \quad (0 < \zeta < 1)$$

二阶振荡环节的频率特性为

$$G(j\omega)=\frac{1}{T^2(j\omega)^2+2\zeta T(j\omega)+1}=\frac{1-T^2\omega^2}{(1-T^2\omega^2)^2+(2\zeta T\omega)^2}-j\frac{2\zeta T\omega}{(1-T^2\omega^2)^2+(2\zeta T\omega)^2} \tag{5.17}$$

相应的幅频特性和相频特性为：

$$\begin{aligned}M(\omega)&=\frac{1}{\sqrt{(1-T^2\omega^2)^2+(2\zeta T\omega)^2}}\\ \varphi(\omega)&=-\arctan\frac{2\zeta T\omega}{1-T^2\omega^2}\end{aligned} \tag{5.18}$$

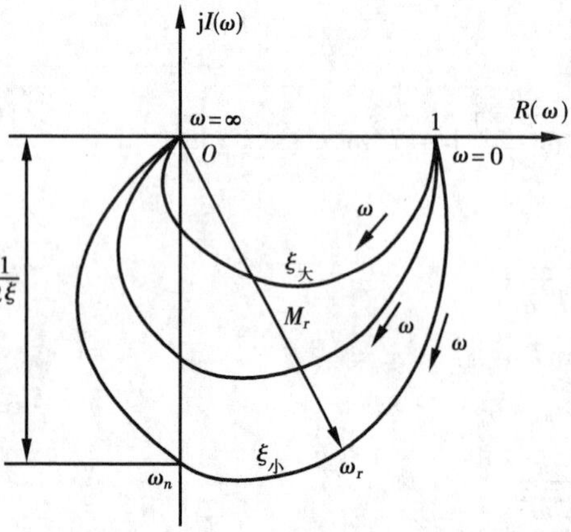

图 5.6 二阶振荡环节频率特性极坐标图

据上述表达式可以绘得二阶振荡环节频率特性的极坐标图如图 5.6 所示。由式(5.18)及图 5.6 可知，当 $\omega=0$ 时，$M(\omega)=1, \varphi(\omega)=0°$；在 $0<\zeta<1$ 的欠阻尼情况下，当 $\omega=\frac{1}{T}$ 时，$M(\omega)=\frac{1}{2\zeta}, \varphi(\omega)=-90°$，频率特性曲线与负虚轴相交，相交处的频率为无阻尼自然振荡频率 $\omega=\frac{1}{T}=\omega_n$。当 $\omega\to\infty$ 时，$M(\omega)\to 0, \varphi(\omega)\to 180°$，频率特性曲线与实轴相切。

图 5.6 的曲线簇表明，二阶振荡环节的频率特性和阻尼比 ζ 有关，ζ 大时，幅值 $M(\omega)$ 变化小；ζ 小时，$M(\omega)$ 变化大。此外，对于不同的 ζ 值的特性曲线都有一个最大幅值 M_r 存在，这个 M_r 被称为谐振峰值，对应的频率 ω_r 称为谐振频率。

当 $\zeta>1$ 时，幅相频率特性将近似为一个半圆。这是因为在过阻尼系统中，特征根全部为负实数，且其中一个根比另一个根小得多。所以当 ζ 值足够大时，数值大的特征根对动态响应的影响很小，因此这时的二阶振荡环节可以近似为一阶惯性环节。

(6) 延迟环节

延迟环节的传递函数为：

$$G(s)=e^{-\tau s}$$

其频率特性为：

$$G(j\omega)=e^{-j\tau\omega} \tag{5.19}$$

相应的幅频特性和相频特性为：

$$M(\omega)=1$$

$$\varphi(\omega)=-\tau\omega$$

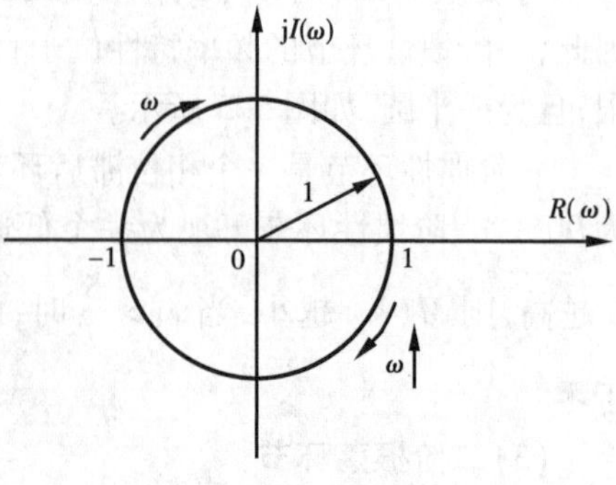

图 5.7 延迟环节频率特性极坐标图

当频率 ω 从 $0\to\infty$ 变化时，延迟环节频率特性极坐标图如图 5.7 所示，它是一个半径为 1，以原点为圆心的一个圆。也即 ω 从 $0\to\infty$ 变化时，幅值 $M(\omega)$ 总是等于 1，相角 $\varphi(\omega)$ 与 ω 成比例变化，当 $\omega\to\infty$ 时，$\varphi(\omega)\to-\infty$。

5.2.3　系统的开环频率特性极坐标图

在采用频域分析法分析自动控制系统时,一般有两种方法:一种是直接用系统的开环频率特性分析闭环系统的性能;另一种是根据开环频率特性和已有的标准线图求得闭环频率特性,再用闭环频率特性来分析闭环系统的性能。不论是前一种还是后一种方法,都必须首先绘制开环频率特性曲线,而在采用极坐标图进行图解分析时,首先要求绘制极坐标图形式的开环幅相频率特性曲线图。

已知反馈控制系统的开环传递函数为 $G(s)H(s)$,将 $G(s)H(s)$ 中的 s 用 $\mathrm{j}\omega$ 来代替,便可求得开环频率特性 $G(\mathrm{j}\omega)H(\mathrm{j}\omega)$,在绘制开环幅相频率特性曲线时,可将 $G(\mathrm{j}\omega)H(\mathrm{j}\omega)$ 写成直角坐标形式:

$$G(\mathrm{j}\omega)H(\mathrm{j}\omega) = R(\omega) + \mathrm{j}I(\omega)$$

或写成极坐标形式:

$$G(\mathrm{j}\omega)H(\mathrm{j}\omega) = |G(\mathrm{j}\omega)H(\mathrm{j}\omega)| e^{\mathrm{j}\angle G(\mathrm{j}\omega)H(\mathrm{j}\omega)} = M(\omega)e^{\mathrm{j}\varphi(\omega)}$$

给出不同的 ω,计算出相应的 $R(\omega)$、$I(\omega)$ 或者 $M(\omega)$ 和 $\varphi(\omega)$,即可得出极坐标图中相应的点,当 ω 从 $0\to\infty$ 变化时,即可求得系统的开环幅相频率特性图(奈奎斯持图,简称奈氏图),图中的特性曲线简称为奈氏曲线。

[**例 1**]　试绘制下列开环传递函数的极坐标图示的奈氏曲线

$$G(s)H(s) = \frac{10}{(1+s)(1+0.1s)}$$

解　由题给出的开环传递函数 $G(s)H(s)$ 可以看成是由一个比例环节 $G_1(s) = K = 10$;2 个一阶惯性环节 $G_2(s) = \dfrac{1}{1+s}$ 和 $G_3(s) = \dfrac{1}{1+0.1s}$ 串联而成。这 3 个环节的幅相频率特性分别为:

$$G_1(s) = K = 10$$

$$G_2(s) = \frac{1}{1+\mathrm{j}\omega} = \frac{1}{\sqrt{1+\omega^2}}e^{-\mathrm{j}\arctan\omega}$$

$$G_3(s) = \frac{1}{1+0.1s} = \frac{1}{\sqrt{1+(0.1\omega)^2}}e^{-\mathrm{j}\arctan 0.1\omega}$$

所以系统的开环幅频特性为:

$$M(\omega) = \frac{10}{\sqrt{1+\omega^2}\times\sqrt{1+(0.1\omega)^2}}$$

开环相频特性为:　　$\varphi(\omega) = -\arctan\omega - \arctan 0.1\omega$

当取 ω 为若干具体数值时,就可由上两式计算出 $M(\omega)$ 和 $\varphi(\omega)$ 的值,见表 5.1。

表 5.1　ω 为不同数值时,$M(\omega)$ 和 $\varphi(\omega)$ 的值

ω	0	0.5	1	2	3	4	5	6	7	8	9	10
$M(\omega)$	10	8.9	7.03	4.4	3.04	2.26	1.76	1.4	1.15	0.97	0.83	0.71
$\varphi(\omega)$	0°	29.4°	50.7°	74.7°	88.2°	97.7°	105.2°	111.5°	116.8°	121.5°	125.5°	129.3°

根据表 5.1 的数据就可绘出例 1 的奈氏图，如图 5.8 所示。

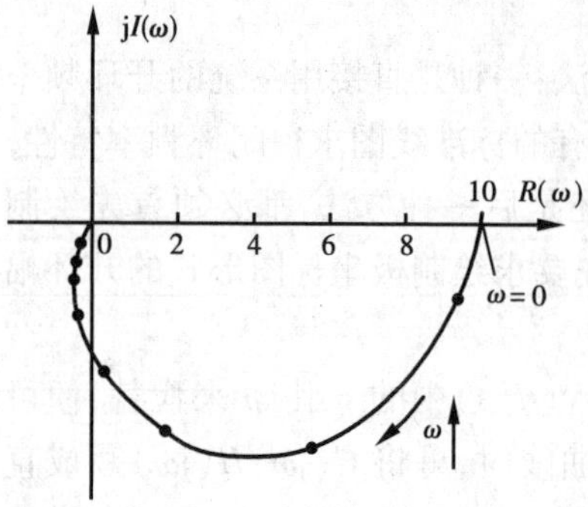

图 5.8

如第 3 章所述，根据开环系统传递函数中积分环节的数目 v 的不同（$v=0,1,2,\cdots$），控制系统可以分为 0 型系统、Ⅰ型系统、Ⅱ型系统、Ⅲ型系统等。下面将分别给出 0 型系统、Ⅰ型系统和Ⅱ型系统的开环频率特性极坐标图。这些典型系统的奈氏图的特性将有助于以后用奈氏图方法分析和设计控制系统。

(1)0 型系统的开环奈氏曲线

0 型系统的开环传递函数为：

$$G(s)H(s)=\frac{K\prod_{i=1}^{m}(\tau_i s+1)}{\prod_{k=1}^{n}(T_k s+1)}\qquad(m<n)$$

其频率特性为：

$$G(j\omega)H(j\omega)=\frac{K\prod_{i=1}^{m}(j\omega\tau_i+1)}{\prod_{k=1}^{n}(j\omega T_k+1)}=M(\omega)e^{j\varphi(\omega)}\tag{5.20}$$

式中

$$\begin{cases}M(\omega)=\dfrac{K\prod_{i=1}^{m}\sqrt{1+(\tau_i\omega)^2}}{\prod_{k=1}^{n}\sqrt{1+(T_k\omega)^2}}\\ \varphi(\omega)=\sum_{i=1}^{m}\arctan\tau_i\omega-\sum_{k=1}^{m}\arctan T_k\omega\end{cases}\tag{5.21}$$

由式(5.21)，当 $\omega=0$ 时，$M(0)=K,\varphi(0)=0°$。当 $\omega\to\infty$ 时，由于 $m<n$，所以 $M(\infty)=0$，为坐标原点，为了确定奈氏曲线以什么角度进入坐标原点，就要确定 $\omega\to\infty$ 时的相角 $\varphi(\infty)$，由式(5.20)、式(5.21)可知，当 $\omega\to\infty$ 时，分子、分母中每一个因子的相角都是 90°，故 $\varphi(\infty)$ 为

$$\varphi(\infty)=m\cdot 90°-n\cdot 90°=(m-n)90°=(n-m)(-90°)$$

例如，设 0 型系统的开环频率特性为：

$$G(j\omega)H(j\omega)=\frac{K}{(j\omega T_1+1)(j\omega T_2+1)}$$

式中：$n=2,m=0$，所以

$$\varphi(\infty)=(2-0)(-90°)=-180°$$

即奈氏曲线将从 −180°进入坐标原点，也即奈氏曲线在原点处与负实轴相切。如图 5.9 所示的曲线 a。又如，设 0 型系统的开环频率特性为：

$$G(j\omega)H(j\omega)=\frac{K}{(j\omega T_1+1)(j\omega T_2+1)(j\omega T_3+1)}$$

式中：$n=3,m=0$，所以

$$\varphi(\infty) = (3-0)(-90°) = -270°$$

即奈氏曲线将从 $-270°$ 进入坐标原点，也即奈氏曲线在原点处与正虚轴相切。如图5.9所示的曲线 b。

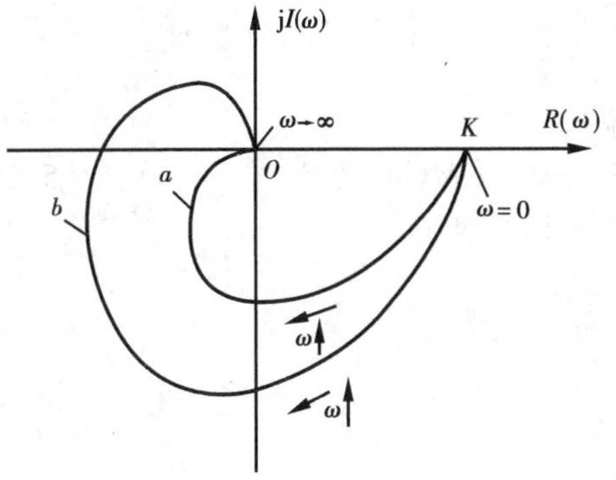

图5.9　0型系统的奈氏图

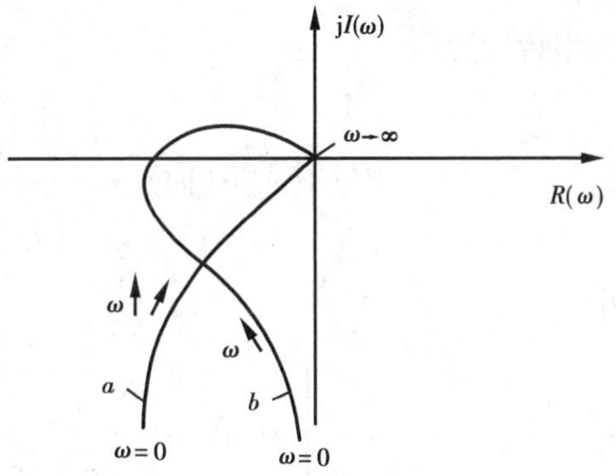

图5.10　Ⅰ型系统的奈氏图

(2) Ⅰ型系统的开环奈氏曲线

Ⅰ型系统的开环传递函数为：

$$G(s)H(s) = \frac{K\prod_{i=1}^{m}(\tau_i s+1)}{s\prod_{k=1}^{n-1}(T_k s+1)} \quad (m < n)$$

其频率特性为：

$$G(j\omega)H(j\omega) = \frac{K\prod_{i=1}^{m}(j\omega\tau_i+1)}{j\omega\prod_{k=1}^{n-1}(j\omega T_k+1)} = M(\omega)e^{j\varphi(\omega)} \tag{5.22}$$

式中

$$\begin{cases} M(\omega) = \dfrac{K\prod_{i=1}^{m}\sqrt{1+(\tau_i\omega)^2}}{\omega\prod_{k=1}^{n-1}\sqrt{1+(T_k\omega)^2}} \\ \varphi(\omega) = -90° + \sum_{i=1}^{m}\arctan\tau_i\omega - \sum_{k=1}^{n-1}\arctan T_k\omega \end{cases} \tag{5.23}$$

由式(5.23)可知，当 $\omega=0$ 时，$M(0)=\infty$，$\varphi(0)=-90°$，故Ⅰ型系统的奈氏曲线的起点是在相角为 $-90°$ 的无限远处。当 $\omega\to\infty$ 时，因 $m<n$，所以 $M(\infty)=0$，也为坐标原点。由式(5.23)还可知，$\varphi(\infty)=(n-m)(-90°)$，与0型系统类似。当 $n-m=2$ 时，$\varphi(\infty)=-180°$，奈氏曲线从 $-180°$ 进入坐标原点，在原点处与负实轴相切，如图5.10所示曲线 a。当 $n-m=3$ 时，$\varphi(\infty)=-270°$，奈氏曲线从 $-270°$ 进入坐标原点，在原点处与正虚轴相切，如图5.10所示曲线 b。

(3) Ⅱ型系统的开环奈氏曲线

Ⅱ型系统的开环传递函数为：

$$G(s)H(s)=\frac{K\prod_{i=1}^{m}(\tau_i s+1)}{s^2\prod_{k=1}^{n-2}(T_k s+1)}\quad (m<n)$$

其频率特性为：

$$G(j\omega)H(j\omega)=\frac{K\prod_{i=1}^{m}(j\omega\tau_i+1)}{(j\omega)^2\prod_{k=1}^{n-2}(j\omega T_k+1)}=M(\omega)e^{j\varphi(\omega)} \tag{5.24}$$

式中

$$\begin{cases}M(\omega)=\dfrac{K\prod_{i=1}^{m}\sqrt{1+(\tau_i\omega)^2}}{\omega^2\prod_{k=1}^{n-2}\sqrt{1+(T_k\omega)^2}}\\ \varphi(\omega)=-180^\circ+\sum_{i=1}^{m}\arctan\tau_i\omega-\sum_{k=1}^{n-2}\arctan T_k\omega\end{cases} \tag{5.25}$$

由式(5.25)可知，当 $\omega=0$ 时，$M(0)=\infty$，$\varphi(0)=-180^\circ$，故Ⅱ型系统的奈氏曲线的起点在相角为 -180° 的无限远处，如图5.11所示。当 $\omega\to\infty$ 时，因 $m<n$，所以 $M(\infty)=0$，也为坐标原点。由式(5.25)可知，$\varphi(\infty)$ 也等于 $(n-m)(-90^\circ)$，与0型、Ⅰ型系统相类似。例如，设Ⅱ型系统的开环频率特性为：

$$G(j\omega)H(j\omega)=\frac{K(j\omega\tau_1+1)}{(j\omega)^2(j\omega T_1+1)}$$

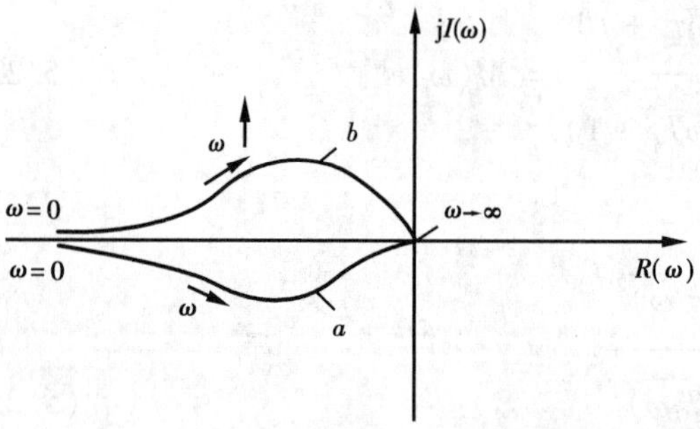

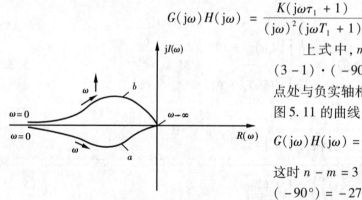

图5.11 Ⅱ型系统的奈氏图

上式中，$m=1$，$n=3$，所以 $\varphi(\infty)=(3-1)\cdot(-90^\circ)=-180^\circ$，即奈氏曲线在原点处与负实轴相切，如图5.11所示的曲线 a。图5.11的曲线 b 是Ⅱ型系统开环频率特性为 $G(j\omega)H(j\omega)=\dfrac{K}{(j\omega)^2(j\omega T_1+1)}$ 的奈氏曲线。这时 $n-m=3-0=3$，所以 $\varphi(\infty)=(3-0)(-90^\circ)=-270^\circ$，所以奈氏曲线 b 在原点处与正虚轴相切。

(4)总结

综上所述，为了绘制系统开环奈氏曲线，可用如下方法确定特性的几个关键部分。

1)奈氏曲线的低频段

开环系统频率特性的一般形式为：

$$G(j\omega)H(j\omega)=\frac{K\prod_{i=1}^{m}(j\omega\tau_i+1)}{(j\omega)^\nu\prod_{k=1}^{n-\nu}(j\omega T_k+1)} \tag{5.26}$$

式中

$$\begin{cases} M(\omega) = \dfrac{K\prod\limits_{i=1}^{m}\sqrt{1+(\tau_i\omega)^2}}{\omega^v\prod\limits_{k=1}^{n-v}\sqrt{1+(T_k\omega)^2}} \\ \varphi(\omega) = \nu(-90^\circ) + \sum\limits_{i=1}^{m}\arctan\tau_i\omega - \sum\limits_{k=1}^{n-v}\arctan T_k\omega \end{cases} \tag{5.27}$$

当 $\omega\to0$ 时，可以确定特性的低频部分，$\omega=0$ 时，式(5.27)为

$$\begin{cases} M(0^+) = \lim\limits_{\omega\to0^+}\dfrac{K}{\omega^v} \\ \varphi(0^+) = \nu(-90^\circ) \end{cases}$$

其特点由系统的类型 v 近似确定，如图5.12(b)。

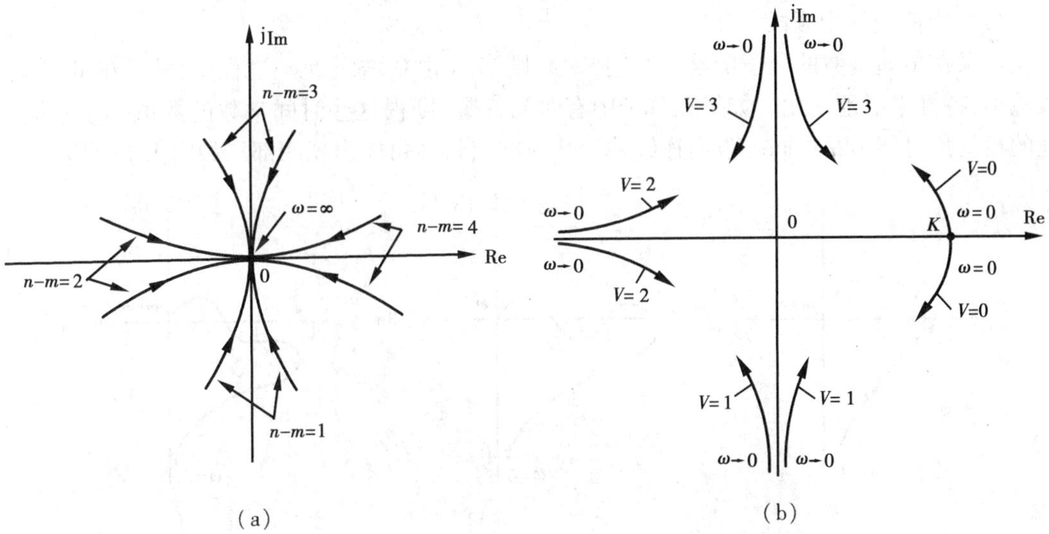

图5.12

(a)奈氏曲线高频段的形状；(b)奈氏曲线低频段的形状

对于0型系统，当 $\omega=0$ 时，特性达到一点$(K,\mathrm{j}0)$。对于Ⅰ型系统，当 $\omega=0$ 时，特性趋于一条与负虚轴平行的渐近线。对于Ⅱ型系统，当 $\omega=0$ 时，特性趋于一条与负实轴平行的渐近线。

2)奈氏曲线的高频段

将上述开环系统频率特性的一般形式(5.26)中的分子、分母各因子展开表示，则有

$$G(\mathrm{j}\omega)H(\mathrm{j}\omega) = \frac{b_0(\mathrm{j}\omega)^m + b_1(\mathrm{j}\omega)^{m-1} + \cdots + K}{a_0(\mathrm{j}\omega)^n + a_1(\mathrm{j}\omega)^{n-1} + \cdots + a_{n-v-1}(\mathrm{j}\omega)^{v+1} + (\mathrm{j}\omega)^v} \tag{5.28}$$

一般，有 $n>m$，故当 $\omega\to\infty$ 时，式(5.28)可近似表示为

$$G(\mathrm{j}\omega)H(\mathrm{j}\omega)\Big|_{\omega\to\infty} \approx \frac{b_0}{a_0}\frac{1}{\mathrm{j}^{n-m}}\frac{1}{\omega^{n-m}}\Big|_{\omega\to\infty} = 0 \tag{5.29}$$

式中

$$\begin{cases} M(\omega)\Big|_{\omega\to\infty} = \dfrac{b_0}{a_0\omega^{n-m}}\Big|_{\omega\to\infty} \\ \varphi(\omega)\Big|_{\omega\to\infty} = (n-m)(-90°) \end{cases} \tag{5.30}$$

即特性总是按式(5.30)的角度终止于原点,如图5.12(a)所示。

对于 $n-m=1$ 系统,当 $\omega\to\infty$ 时,特性从负虚轴角度终止于原点。对于 $n-m=2$ 系统,当 $\omega\to\infty$ 时,特性从负实轴角度终止于原点。对于 $n-m=3$ 系统,当 $\omega\to\infty$ 时,特性从正虚轴角度终止于原点。

3)奈氏曲线与实轴和虚轴的交点

特性与实轴的交点的频率由下式求出,令开环系统频率特性的虚部等于0,即

$$\mathrm{Im}[G(\mathrm{j}\omega)H(\mathrm{j}\omega)]=0$$

特性与虚轴的交点的频率由下式求出,令开环系统频率特性的实部等于0,即

$$\mathrm{Re}[G(\mathrm{j}\omega)H(\mathrm{j}\omega)]=0$$

4)奈氏曲线的中频段

如果在传递函数的分子中没有时间常数,则当 ω 由0增大到∞过程中,特性的相位角连续减小,特性平滑地变化。如果在分子中有时间常数,则视这些时间常数的数值大小不同,特性的相位角可能不是以同一方向连续地变化,这时,特性可能出现凹部。如图5.13所示。

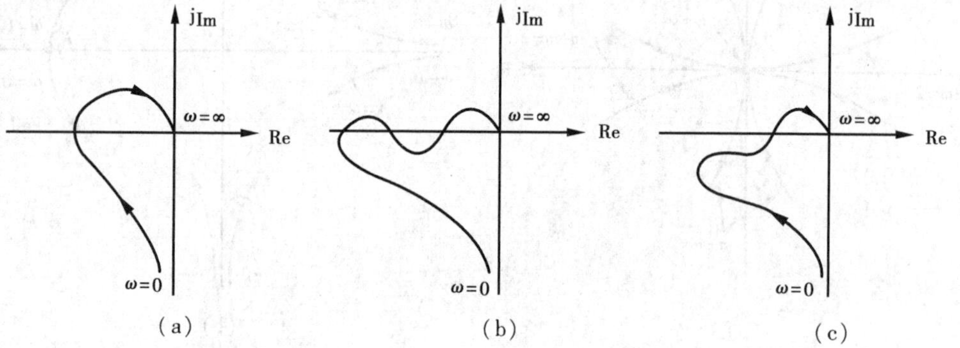

图5.13 中频段特性形状的多种变化

上述奈氏曲线的高、低频段规则只适合于开环传递函数表达形式常数项和含 ω 项均为正的情况。若开环传递函数表达形式常数项为 -1 或含 ω 项为 $-\mathrm{j}\omega T$,则视常数项为 -1 的个数或含 ω 项为 $-\mathrm{j}\omega T$ 的个数改变奈氏曲线起点和终点的角度。具体改变规则如下:

①若开环传递函数表达形式常数项为 -1 的个数或含 ω 项为 $-\mathrm{j}\omega T$ 的个数为偶数时,奈氏曲线的高、低频段规则与图5.12(a)(b)相同。

②若开环传递函数表达形式常数项为 -1 的个数为奇数时,奈氏曲线的高频段规则与图5.12(a)相同。低频段规则将图5.12(b)以坐标轴(或原点)为对称镜像。

③若开环传递函数表达形式含 ω 项为 $-\mathrm{j}\omega T$ 的个数为奇数时,奈氏曲线的低频段规则与图5.12(b)相同。高频段规则将图5.12(a)以坐标轴(或原点)为对称镜像。

例如,设Ⅰ型系统的开环频率特性为:

$$G(\mathrm{j}\omega)H(\mathrm{j}\omega)=\frac{K}{(\mathrm{j}\omega)(\mathrm{j}\omega T-1)}=-\frac{KT}{1+\omega^2T^2}+\mathrm{j}\frac{K}{\omega(1+\omega^2T^2)}$$

上式中,开环传递函数有一个常数项为 -1, $m=0$, $n=2$,所以 $\varphi(\infty)=(2-0)(-90°)=$

$-180°$,即奈氏曲线当 $\omega\to\infty$ 时在原点处沿与负实轴相切方向终止于原点,与 $G(j\omega)H(j\omega)=\frac{K}{(j\omega)(j\omega T+1)}=-\frac{KT}{1+\omega^2T^2}-j\frac{K}{\omega(1+\omega^2T^2)}$的曲线高频段相同。当 $\omega\to 0$ 时曲线的起点将以实轴为对称从负虚轴翻转到正虚轴。如图5.14(a)上面曲线所示。

若Ⅰ型系统的开环频率特性为:

$$G(j\omega)H(j\omega)=\frac{K}{(j\omega)(1-j\omega T)}=\frac{KT}{1+\omega^2T^2}-j\frac{K}{\omega(1+\omega^2T^2)}$$

上式中,开环传递函数有一项为 $-j\omega T$, $v=1$,即奈氏曲线当 $\omega\to 0$ 时,从负虚轴出发,与 $G(j\omega)H(j\omega)=\frac{K}{(j\omega)(j\omega T+1)}$的曲线低频段相同。当 $\omega\to\infty$ 时曲线的终点将以虚轴为对称从负实轴翻转到正实轴。如图5.14(a)右面曲线所示。

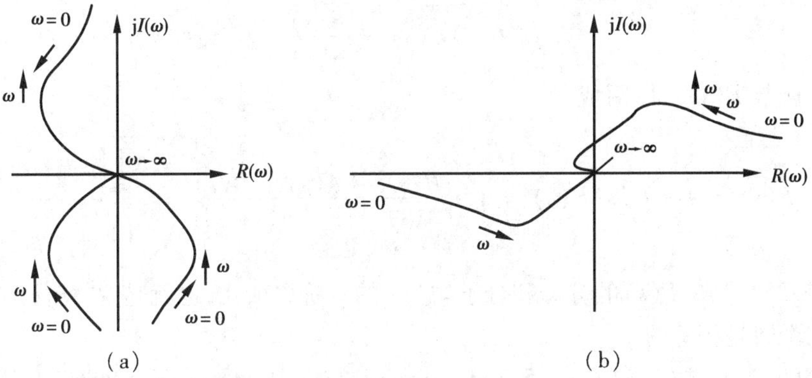

图5.14　开环传递函数常数项为 -1 或含 ω 项为 $-j\omega T$ 时奈氏图

又例如,设Ⅱ型系统的开环频率特性为:

$$G(j\omega)H(j\omega)=\frac{K(j\omega\tau_1+1)}{(j\omega)^2(j\omega T_1-1)}\qquad(\tau_1>T_1)$$

上式中,开环传递函数有一个常数项为 -1, $m=1$, $n=3$,所以 $\varphi(\infty)=(3-1)(-90°)=-180°$,即奈氏曲线当 $\omega\to\infty$ 时在原点处沿与负实轴相切方向终止于原点,与 $G(j\omega)H(j\omega)=\frac{K(j\omega\tau_1+1)}{(j\omega)^2(j\omega T_1+1)}$的曲线高频段相同。当 $\omega\to 0$ 时曲线的起点将以原点为对称从负实轴翻转到正实轴。如图5.14(b)所示。但中频段曲线形状已改变。

5.3　奈奎斯特稳定判据及稳定裕度

5.3.1　奈奎斯特稳定性判据的基本原理

奈奎斯特稳定性判据是利用系统的开环奈氏曲线,判断闭环系统稳定性的一个判别准则,简称奈氏判据。

奈氏判据不仅能判断闭环系统的绝对稳定性,而且还能够指出闭环系统的相对稳定性,并可进一步提出改善闭环系统动态响应的方法，对于不稳定的系统，奈氏判据还能像劳斯判据一样，确切的回答出系统有多少个不稳定的根(闭环极点)。因此，奈氏稳定性判据在经典控制理论中占有十分重要的地位，在控制工程中得到了广泛的应用。奈氏判据的理论基础是复变函数理论中的幅角原理，下面介绍基于幅角原理建立起来的奈奎斯特稳定性判据的基本原理。

(1)特征函数 $F(S)=1+G(s)H(s)$ 和 F 平面

设负反馈控制系统的闭环传递函数为：

$$\frac{Y(s)}{U(s)}=\frac{G(s)}{1+G(s)H(s)} \tag{5.31}$$

将上式等号右边的分母 $1+G(s)H(s)$ 定义为特征函数 $F(s)$，即令

$$F(s)=1+G(s)H(s) \tag{5.32}$$

令 $F(s)=0$，即：

$$F(s)=1+G(s)H(s)=0 \tag{5.33}$$

设：

$$G(s)H(s)=\frac{B(s)}{A(s)} \tag{5.34}$$

则特征函数 $F(s)$ 可以写成：

$$F(s)=1+G(s)H(s)=1+\frac{B(s)}{A(s)}=\frac{A(s)+B(s)}{A(s)}=\frac{K\prod_{i=1}^{n}(s+z_i)}{\prod_{j=1}^{n}(s+p_j)} \tag{5.35}$$

由式(5.35)可知，$F(s)$ 的分母和分子均为 s 的 n 阶多项式，也就是说，特征函数 $F(s)$ 的零点和极点的个数是相等的。

对照式(5.31)、式(5.34)、式(5.35)3 式可以看出，特征函数 $F(s)$ 的极点就是系统开环传递函数的极点，特征函数 $F(s)$ 的零点则是系统闭环传递函数的极点。因此根据前述闭环系统稳定的条件，要使闭环控制系统稳定，特征函数 $F(s)$ 的全部零点都必须位于 S 平面的左半部分。

不同的 s 值对应不同的特征函数 $F(s)$ 的值。特征函数 $F(s)$ 的值是一个复数，可以用复平面上的点来表示。用来表示特征函数 $F(s)$ 的复平面称为 F 平面，如图 5.15(b)所示。从图 5.15 可以看出，在 S 平面上的点或曲线，只要不是或不通过 $F(s)$ 的极点[如果是，则 $F(s)$ 为∞]，就可以根据式(5.35)求出对应的 $F(s)$，并映射到 F 平面上去，所得的图形也是点或曲线。

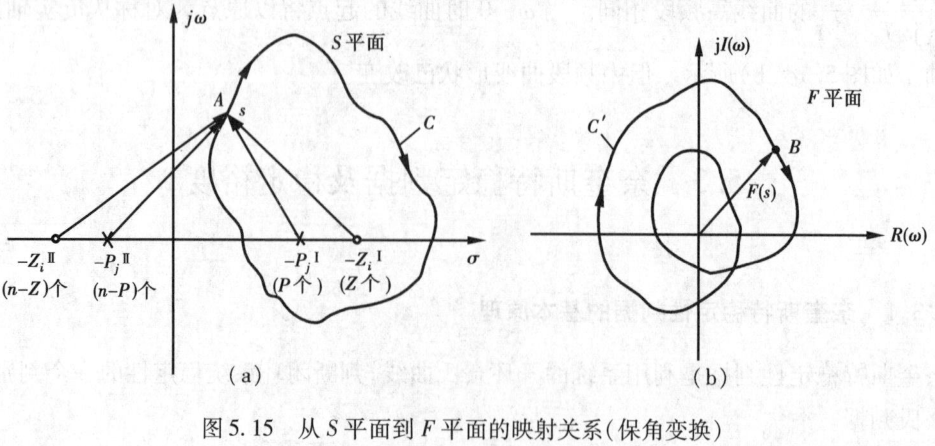

图 5.15 从 S 平面到 F 平面的映射关系(保角变换)

(a)S 平面；(b)F 平面

(2)幅角原理和公式 $N=Z-P$

在图5.15(a)的S平面上任取一条封闭曲线C,并规定封闭曲线C不通过$F(s)$的任何零点和极点,但包围了$F(s)$的Z个零点和P个极点[如图5.15(a)的$-z_i^{\mathrm{I}}$ $(i=1,2,\cdots,Z)$和$-p_j^{\mathrm{I}}$ $(j=1,2,\cdots,P)$,图5.15(a)中的$-z_i^{\Pi}$和$-p_j^{\Pi}$是不被封闭曲线C包围的$F(s)$的$n-Z$个零点和$n-P$个极点,则曲线C在F平面上的映射是一条不通过坐标原点的封闭曲线,用C'来表示,如图5.15(b)所示。

当S平面上的变点s(见图5.15(a))从封闭曲线C上的任一点(设为A点)出发,沿曲线按顺时针方向移动一圈时,矢量$\boldsymbol{s}+\boldsymbol{z}_i^{\mathrm{I}}$和$\boldsymbol{s}+\boldsymbol{p}_j^{\mathrm{I}}$的幅值和相角都要发生变化。$F$平面上对应的映射点$F(s)$也将从某一$B$点出发[见图5.15(b)]按某种方向沿封闭曲线$C'$移动并最终又回到$B$点。$F$平面上的映射曲线——封闭曲线$C'$按什么方向(顺时针还是逆时针方向)包围坐标原点,以及包围原点的次数是多少?这是下面要研究的问题。

在F平面上,从原点到曲线C'上的点B做矢量$F(s)$,如图5.15(b)所示,则

$$F(s)=\frac{K\prod_{i=1}^{z}(s+z_i^{\mathrm{I}})\prod_{i=Z+1}^{n}(s+z_i^{\Pi})}{\prod_{j=1}^{P}(s+p_j^{\mathrm{I}})\prod_{j=P+1}^{n}(s+p_j^{\Pi})} \tag{5.36}$$

由上式可求得矢量$F(s)$的幅角是

$$\angle F(s)=\sum_{i=1}^{Z}\angle(s+z_i^{\mathrm{I}})+\sum_{i=Z+1}^{Z}\angle(s+z_i^{\Pi})-\sum_{j=1}^{P}\angle(s+p_j^{\mathrm{I}})-\sum_{j=P+1}^{P}\angle(s+p_j^{\Pi}) \tag{5.37}$$

当变点s在S平面上沿封闭曲线C顺时针方向移动一圈时,被曲线C包围的每个零点$-z_i^{\mathrm{I}}$和每个极点$-p_j^{\mathrm{I}}$到变点s的矢量$\boldsymbol{s}+\boldsymbol{z}_i^{\mathrm{I}}$和$\boldsymbol{s}+\boldsymbol{p}_j^{\mathrm{I}}$的幅角改变量均为360°(顺时针改变的角度为正),而所有其他不被曲线c包围的零点$-z_i^{\Pi}$和极点$-p_j^{\Pi}$的矢量$\boldsymbol{s}+\boldsymbol{z}_i^{\Pi}$和$\boldsymbol{s}+\boldsymbol{p}_j^{\Pi}$的幅角改变量均为0°,所以矢量$F(s)$的幅角改变量为

$$\Delta\angle F(s)=\sum_{i=1}^{Z}\angle(s+z_i^{\mathrm{I}})+\sum_{j=1}^{P}\angle(s+p_j^{\mathrm{I}})=Z(360^\circ)-P(360^\circ)=(Z-P)\times 360^\circ \tag{5.38}$$

矢量$\boldsymbol{F}(\boldsymbol{s})$的幅角每改变360°(或-360°),表示矢量$\boldsymbol{F}(\boldsymbol{s})$的端点沿封闭曲线$C'$按顺时针方向(或逆时针方向)环绕坐标原点一圈。而式(5.38)表明,当S平面上的变点s沿符合前述条件的封闭曲线C按顺时针方向绕行一圈时,F平面上对应的封闭曲线C'将按顺时针方向包围原点$(Z-P)$次。这一重要性质可概括为如下的公式

$$N=Z-P \tag{5.39}$$

式中　N——F平面上封闭曲线C'包围原点的次数;

P——S平面上被封闭曲线C包围的$F(s)$的极点数;

Z——S平面上被封闭曲线C包围的$F(s)$的零点数。

当$N>0$时,表示$F(s)$端点按顺时针方向包围坐标原点;

当$N<0$时,表示$F(s)$端点按逆时针方向包围坐标原点;

当$N=0$时,表示$F(s)$端点的轨迹不包围坐标原点。

例如图5.16表示了F平面上的一些封闭曲线。其中图5.16(a)的$N=-2$,即$F(s)$的端

点轨迹包围了原点两次,图 5.16(b)和图 5.16(c)的 N 都是零。表示 $F(s)$ 的端点轨迹没有包围坐标原点。

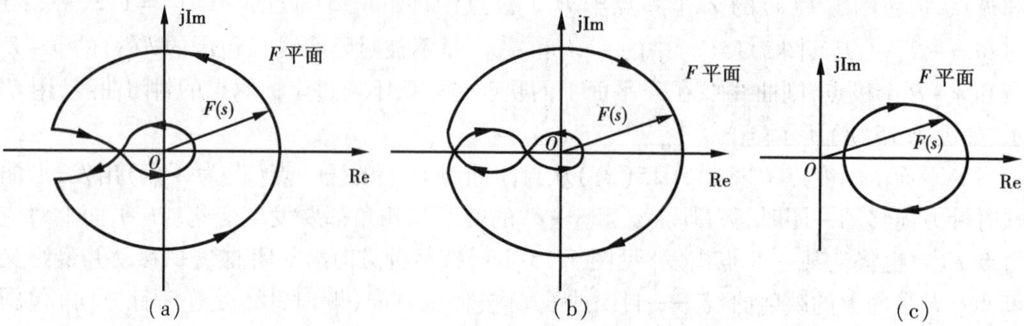

图 5.16　F 平面上 $F(s)$ 端点形成的封闭曲线

(a)$N=2$;(b)$N=0$;(c)$N=0$

式(5.39)也可改写成

$$Z = P + N \tag{5.40}$$

上式表明,当已知特征函数 $F(s)$ 的极点[也即已知开环传递函数 $G(s)H(s)$ 的极点]在 S 平面上被封闭曲线 C 包围的个数 P 及已知矢量 $F(s)$ 在 F 平面上包围坐标原点的次数 N,即可求得特征函数 $F(s)$ 的零点(也即闭环传递函数的极点)在 S 平面被封闭曲线 C 包围的个数。式(5.40)是奈氏判据的重要理论基础。

(3)奈氏轨迹及其映射

为了使特征函数 $F(s)$ 在 S 平面上的零点、极点分布及在 F 平面上的映射情况与控制系统稳定性分析联系起来,必须适当选择 S 平面上的封闭曲线 C。为此,选择这样的封闭曲线 C:使封闭曲线 C 包围整个右半 S 平面。因此式(5.40)中的 P 值就是位于右半 S 平面上的开环传递函数的极点个数,而由式(5.40)计算得到的 Z 值就是位于右半 S 平面上的闭环传递函数的极点个数,对于稳定的控制系统来说,显然 Z 值应等于零。

包围整个右半 S 平面的封闭曲线如图 5.17 所示,它是由整个虚轴和半径为∞的右半圆组成。变点 S 按顺时针方向移动一圈,这样的封闭曲线称为奈奎斯特轨迹。

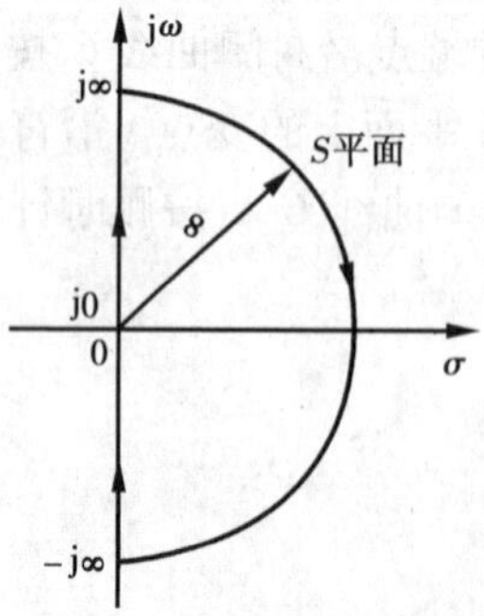

图 5.17　S 平面的奈奎斯特轨迹

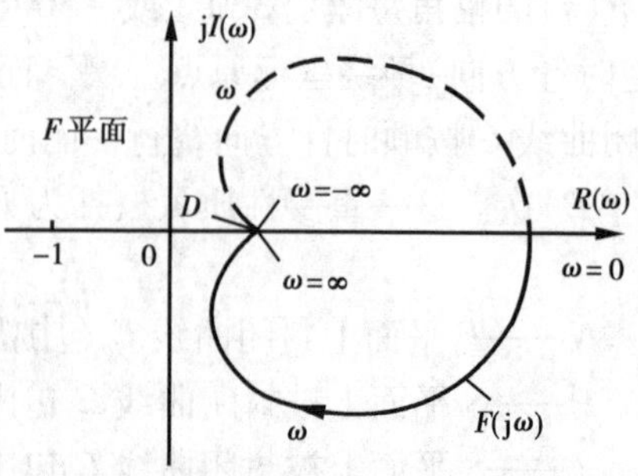

图 5.18　F 平面的奈奎斯特曲线[$F(j\omega)$ 曲线]

奈奎斯特轨迹在 F 平面上的映射也是一条封闭曲线，如图5.18所示。对图5.17的整个虚轴，因为 $s=j\omega$，所以变点在整个虚轴上的移动相当于频率 ω 从 $-\infty$ 变化到 $+\infty$，它在 F 平面上的映射就是曲线 $F(j\omega)$（ω 从 $-\infty\to+\infty$）。对于不同的开环传递函数 $G(s)H(s)$ 及其开环频率特性 $G(j\omega)H(j\omega)$，就有不同的 $F(j\omega)$ 曲线 $[F(j\omega)=1+G(j\omega)H(j\omega)]$。在图5.18中，对应 $\omega=0\to\infty$ 的曲线用实线表示，对应于 $\omega=-\infty\to 0$ 的曲线以虚线表示，它们对实轴是对称的。对于图5.17 S 平面上半径为 ∞ 的右半圆，映射到 F 平面上的特征函数 $F(s)$ 为：

$$F(\infty)=1+G(\infty)H(\infty) \tag{5.41}$$

因为一般开环传递函数 $G(s)H(s)$ 的分子阶数 m 小于分母阶数 n（即 $m\leqslant n$），所以 $G(\infty)H(\infty)$ 为零或常数，所以 $F(\infty)=1$ 或常数。这表明，S 平面上半径为 ∞ 的右半圆，包括虚轴上坐标为 $j\infty$ 和 $-j\infty$ 的点，它们在 F 平面上的映射都是同一个点，即如图5.18上的点 D。

综上所述，判别闭环系统是否稳定的方法可以这样来描述：S 平面上的奈氏轨迹在 F 平面上的映射 $F(j\omega)$，当 ω 从 $-\infty$ 变到 $+\infty$ 时，若逆时针包围坐标原点的次数 N 等于位于右半 s 平面上的开环极点个数 P，即 $Z=P+N=0$［见式(5.40)］，则闭环系统是稳定的，因为 $Z=0$ 意味着闭环系统的极点没有被封闭曲线（奈氏轨迹）包围，也即在右半 S 平面没有闭环极点，所以闭环系统是稳定的。

上述判别闭环系统稳定性的方法可以进一步简化。由于特征函数 $F(s)$ 定义为：

$$F(s)=1+G(s)H(s) \tag{5.42}$$

将 $s=j\omega$，代入上式5.42得：

$$F(j\omega)=1+G(j\omega)H(j\omega) \tag{5.43}$$

将式5.43改写成：

$$G(j\omega)H(j\omega)=F(j\omega)-1$$

式5.43表明，F 平面上的曲线 $F(j\omega)$ 如果整个地向左平移1个单位，便可得到 GH 平面上的 $G(j\omega)H(j\omega)$ 曲线，这就是系统的奈氏曲线图，如图5.19所示。

由于 $F(j\omega)$ 的 F 平面坐标中的原点在 GH 平面的坐标中移到了 $(-1,j0)$ 点，所以判别稳定性方法中的矢量 $\boldsymbol{F}(j\omega)$ 包围坐标原点次数 N，应改为矢量 $\boldsymbol{G}(j\omega)\boldsymbol{H}(j\omega)$ 包围 $(-1,j0)$ 点的次数 N，因此式(5.40)中的 N 就是 GH 平面中矢量 $\boldsymbol{G}(j\omega)\boldsymbol{H}(j\omega)$ 对 $(-1,j0)$ 点的包围次数。

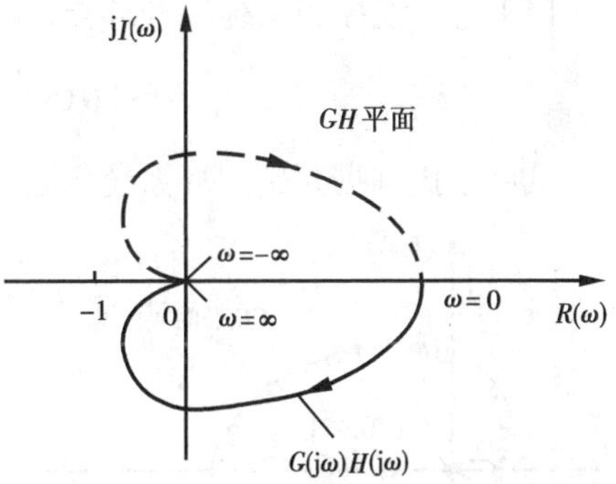

图5.19　GH 平面的奈氏曲线

前面已经说明，为了使闭环系统稳定，特征函数 $F(s)=1+G(s)H(s)$ 的零点都应位于 s 平面的左半部分，也就是说，式(5.40)中的 Z 应等于零，因此式(5.40)应改变为：

$$-N=P \tag{5.44}$$

式5.44是奈奎斯特稳定性判据的基本出发点。

5.3.2　奈奎斯特稳定性判据

(1) 奈奎斯特稳定性判据1

当系统的开环传递函数 $G(s)H(s)$ 在 S 平面的原点及虚轴上没有极点时（例如0型系

统),奈奎斯特稳定性判据可表述为:

1)稳定的开环系统。当开环系统稳定时,表示开环系统传递函数 $G(s)H(s)$ 没有极点位于右半 S 平面,所以式(5.40)中的 $P=0$,如果相应于 ω 从 $-\infty\to+\infty$ 变化时的奈氏曲线 $G(j\omega)H(j\omega)$ 不包围 $(-1,j0)$ 点,即式(5.40)中的 N 也等于零,则由式(5.40)可得 $Z=0$,因此闭环系统是稳定的,否则就是不稳定的。

2)不稳定的开环系统。当开环系统不稳定时,说明系统的开环传递函数 $G(s)H(s)$ 有一个或一个以上的极点位于 S 平面的右半部分,所以式(5.40)中的 $P\neq 0$,如果相应于 ω 从 $-\infty\to+\infty$ 变化时的奈氏曲线 $G(j\omega)H(j\omega)$ 逆时针包围 $(-1,j0)$ 点的次数 N,等于开环传递函数 $G(s)H(s)$ 位于右半 S 平面上的极点数 P,即 $-N=P$,则由式(5.40)或式(5.44)可知,闭环系统是稳定的,否则(即 $N\neq p$),闭环系统就是不稳定的。

如果奈奎斯特曲线正好通过 $(-1,j0)$ 点,这表明特征函数 $F(s)=1+G(s)H(s)$ 在 S 平面的虚轴上有零点,也即闭环系统有极点在 S 平面的虚轴上(确切地说,有闭环极点为 S 平面的坐标原点),则闭环系统处于稳定的边界,这种情况一般也认为是不稳定的。

为简单起见,奈氏曲线 $G(j\omega)H(j\omega)$ 通常只画 ω 从 $0\to+\infty$ 变化的曲线的正半部分,另外一半曲线以实轴为对称轴。

应用奈奎斯特稳定性判据判别闭环系统稳定性的一般步骤如下:

①绘制开环频率特性 $G(j\omega)H(j\omega)$ 的奈氏图,作图时可先绘出对应于 ω 从 $0\to+\infty$ 的一段曲线,然后以实轴为对称轴,画出对应于 $-\infty\to 0$ 的另外一半。

②计算奈氏曲线 $G(j\omega)H(j\omega)$ 对点 $(-1,j0)$ 的包围次数 N。

③由给定的开环传递函数 $G(s)H(s)$ 确定位于 s 平面右半部分的开环极点数 P。

④应用奈奎斯特判据判别闭环系统的稳定性。

[例2] 设控制系统的开环传递函数为:

$$G(s)H(s)=\frac{5}{(s+0.5)(s+1)(s+2)}$$

试用奈氏判据判别闭环系统的稳定性。

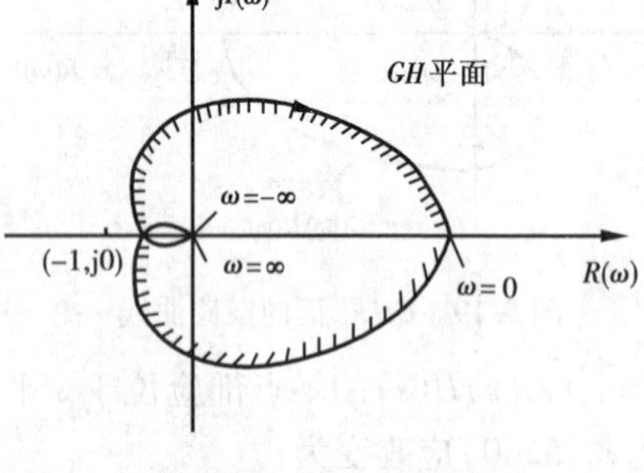

图 5.20 例 2 的奈氏图

解 $G(j\omega)H(j\omega)$ 的奈氏曲线图如图 5.20 所示,由图可以看出,当 ω 从 $-\infty\to 0\to+\infty$ 变化时,$G(j\omega)H(j\omega)$ 曲线不包围 $(-1,j0)$ 点,即 $N=0$。所谓不包围 $(-1,j0)$ 点,系指行进方向(即图 5.20 中箭头方向)的右侧不包围它(行进方向为顺时针方向)。如行进方向是逆时针方向,则看箭头方向的左侧是否包围 $(-1,j0)$ 点。开环传递函数 $G(s)H(s)$ 的极点为 -0.5,-1,-2,都位于 S 平面的左半部分,所以 $P=0$。因此由式(5.40)或式(5.44)可知,闭环系统是稳定的。

[例3] 设控制系统的开环传递函数为:

$$G(s)H(s)=\frac{1\,000}{(s+1)(s+2)(s+3)}$$

试用奈氏判据判别闭环系统的稳定性。

解 $G(j\omega)H(j\omega)$ 的奈氏图如图 5.21 所示。由图可以看出,当 ω 从 $-\infty\to 0\to+\infty$ 变化

时，$G(j\omega)H(j\omega)$曲线（即奈氏曲线）顺时针方向包围（-1，j0）点两次，即 $N=2$。而开环传递函数的极点为 -1，-2，-3，没有位于右半 S 平面的极点，所以 $P=0$，$Z=N+P=2\neq0$。因此，由式（5.40）或式（5.44）可知，闭环系统是不稳定的。

［例4］　设控制系统的开环传递函数为：

$$G(s)H(s)=\frac{100(s+5)^2}{(s+1)(s^2-s+9)}$$

试用奈氏判据判别闭环系统的稳定性。

解　$G(j\omega)H(j\omega)$的奈氏图如图5.22所示，由图可以看出，当 ω 从 $-\infty\to0\to+\infty$ 变化时，$G(j\omega)H(j\omega)$曲线逆时针方向包围（-1，j0）点两次，即 $N=-2$，但系统的开环传递函数 $G(s)H(s)$有2个极点（$s_{1,2}=\frac{1\pm j\sqrt{35}}{2}$）位于右半 S 平面上，即 $P=2$，所以 $-N=P$，由式（5.40）或式（5.44）可知闭环系统是稳定的。

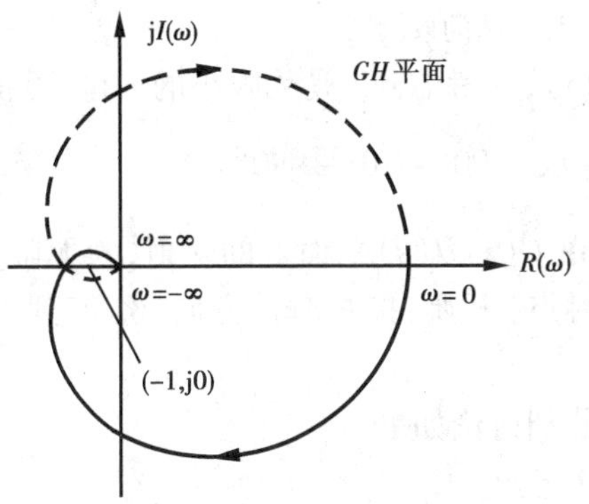

图5.21　例3的奈氏曲线

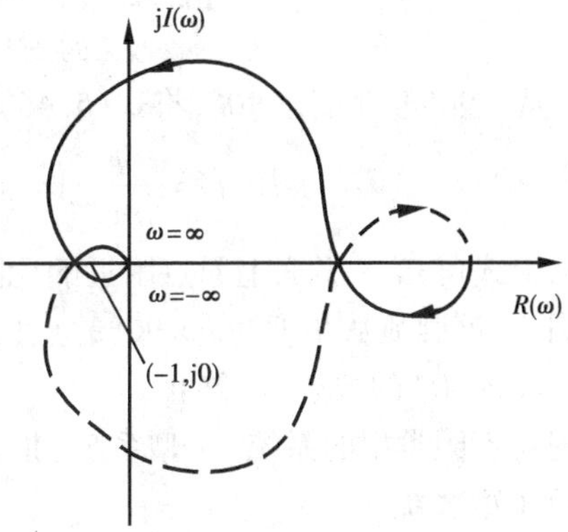

图5.22　例4的奈氏图

（2）奈奎斯特稳定性判据2

实际控制系统的开环传递函数往往有极点位于 S 平面的虚轴上，尤其是位于原点上的极点是常常会碰到的（例如Ⅰ型系统、Ⅱ型系统、…），也即系统的开环传递函数将表述为如式5.45形式：

$$G(s)H(s)=\frac{K\prod_{i=1}^{m}(T_is+1)}{s^v\prod_{j=1}^{n-v}(T_js+1)} \tag{5.45}$$

式中　v——开环传递函数中位于原点的极点的个数。

这样，由图5.17描述的奈氏轨迹将通过开环传递函数的极点（式（5.45）中极点 $s=0$，即为 S 平面中的原点）。在前面的讨论中，规定奈氏轨迹是不能通过开环传递函数 $G(s)H(s)$的极点和零点的，所以如果开环传递函数 $G(s)H(s)$有极点或零点位于原点上或者位于虚轴上，则 S 平面上的封闭曲线形状必须加以改变，方法是将封闭曲线绕过原点上的极点，把这些点排除在封闭曲线之外，但封闭曲线仍包围右半 S 平面内的所有零点和极点，为此，以原点为圆心，做一半径为无限小 ε 的右半圆，使奈氏轨迹沿着这个无限小的半圆绕过原点，如图5.23所示，由图可以看出，修改后的奈氏轨迹，将由负虚轴，原点附近的无限小半径的右半圆，正虚轴和无

限大半圆所组成，位于无限小半圆上的变点 s 可表示为

$$s = \varepsilon e^{j\varphi} \tag{5.46}$$

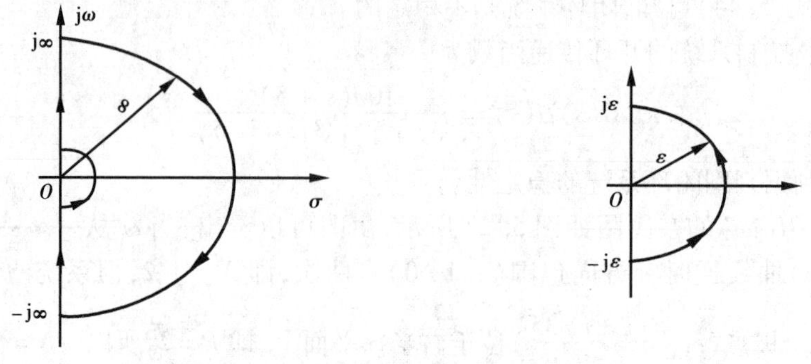

（a）　　　　　　　　　　　　（b）

图 5.23　绕过位于原点上的极点的奈氏轨迹

（a）修改后的奈氏轨迹；（b）无限小半圆的放大图

φ 从 $-90°$ 经 0 变至 $90°$，将式（5.46）代入式（5.45），并考虑到 s 是无限小的矢量，可得

$$G(s)H(s) = \frac{K}{\varepsilon^{v} e^{jv\varphi}} = \infty\, e^{j(-v\varphi)} \quad (\varphi \text{ 从 } -90° \to 0° \to 90°) \tag{5.47}$$

从上式可知：S 平面上原点附近的无限小右半圆在 $G(s)H(s)$ 平面上的映射，为无限大半径的圆弧，该圆弧从角度为 $v \times 90°$ 的点（即 $j0^-$ 的映射点）开始，按顺时针方向，经 $0°$ 到 $-v \times 90°$ 的点（即 $j0^+$ 的映射点）终止。

现对不同类型的系统（Ⅰ型系统、Ⅱ型系统、…）分别讨论如下：

1）Ⅰ型系统

由于Ⅰ型系统的 $v=1$，开环奈氏曲线 $G(j\omega)H(j\omega)$ 在 ω 从 $-\infty \to 0^-$ 及 $0^+ \to +\infty$ 变化时，如图5.24所示的虚线段和实线段。由式（5.47）描述的半径为∞的圆弧，是从 $G(j\omega)H(j\omega)$ 曲线上 $\omega=0^+(-\varepsilon)$ 的点开始，按顺时针方向到 $\omega=0^+(\varepsilon)$ 的点为止。相应的幅角变化为从 $-v\varphi=90°$ 到 $-v\varphi=-90°$［见式（5.47），φ：$-90° \to 90°$］。这段半径为∞的圆弧，就是图 5.23（b）所示的原点附近无限小半径的右半圆在 S 平面上的映射。这段半径为∞的圆弧又称为奈氏曲线的“增补段”，附加增补段后的整个曲线称为增补开环奈氏曲线。

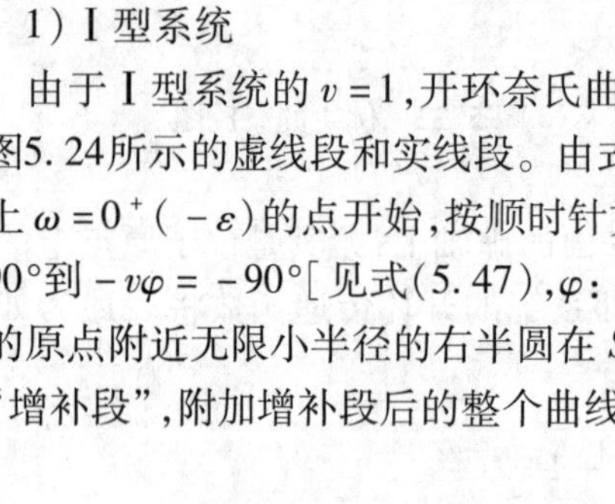

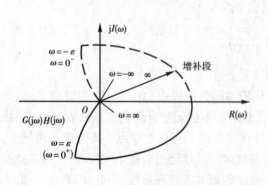

图 5.24　Ⅰ型系统的奈氏曲线

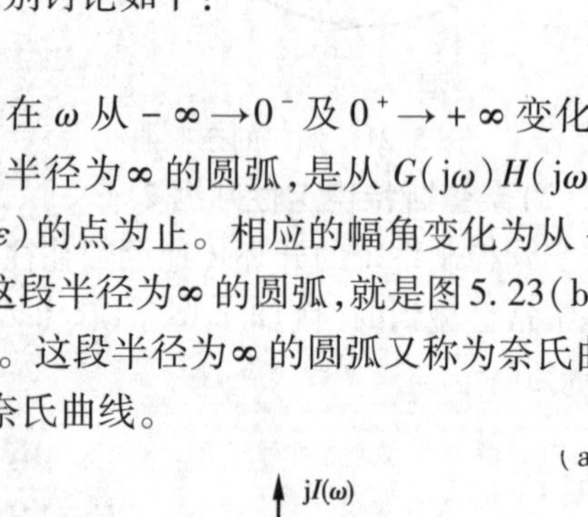

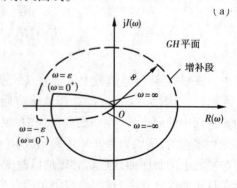

图 5.25　Ⅱ型系统的奈氏曲线

2）Ⅱ型系统

Ⅱ型系统的 $v=2$，与上述分析类似，不同的是这时的奈氏曲线的增补段，是从 $\omega=0^-$

$(-v\varphi=180^\circ)$按顺时针方向到 $\omega=0^+$ $(-v\varphi=-180^\circ)$的无限大半径的圆弧,如图 5.25 所示。

如果系统开环传递函数中含有无阻尼振荡环节$\frac{1}{T^2s^2+1}$,则 S 平面(根平面)的虚轴上有开环共轭极点 $\pm \mathrm{j}\frac{1}{T}$,则可以仿照有开环极点位于原点的情况来处理。

考虑到 S 平面虚轴上有开环极点的更为一般的情况,奈奎斯特稳定性判据的另一种描述是:如果增补开环奈氏曲线 $G(\mathrm{j}\omega)H(\mathrm{j}\omega)$,在 ω 从 $-\infty\to+\infty$ 变化时,逆时针包围$(-1,\mathrm{j}0)$点的次数 N 等于位于右半 S 平面的开环极点数 P,则闭环系统是稳定的,否则是不稳定的。描述,定义为奈奎斯特稳定性判据 2。它与奈氏判据 1 比较,只多了“增补”二字。因此,对于Ⅰ型系统、Ⅱ型系统等,只要作出系统的增补开环奈氏曲线,它的判别稳定性的方法是与奈氏判据 1 相同的。

[**例 5**]　设控制系统的开环传递函数为:

$$G(s)H(s)=\frac{10}{s(s+1)(s+2)}$$

试用奈氏判据 2 判别其闭环系统的稳定性。

解　该系统为Ⅰ型系统,其增补开环奈氏曲线如图 5.26 所示,由图 5.26 可以看出,当 ω 从 $-\infty\to+\infty$ 变化时,$G(\mathrm{j}\omega)H(\mathrm{j}\omega)$增补奈氏曲线顺时针包围$(-1,\mathrm{j}0)$点两次,即 $N=2$。而开环传递函数没有位于右半 S 平面上的极点,即 $P=0$,所以 $N\neq -P$,因此,闭环系统是不稳定的。

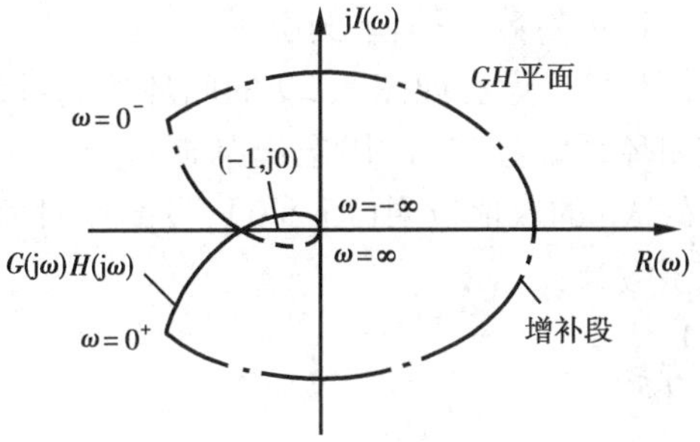

图 5.26　例 5 的增补奈氏曲线

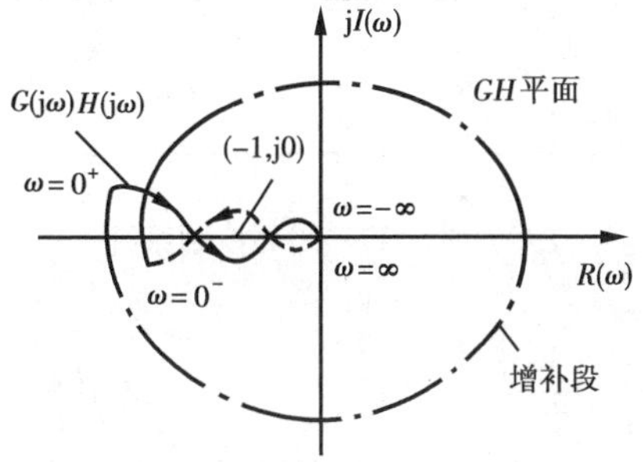

图 5.27　例 6 的增补奈氏曲线

[**例 6**]　设控制系统的开环传递函数为:

$$G(s)H(s)=\frac{(s+0.2)(s+0.3)}{s^2(s+0.1)(s+1)(s+2)}$$

试用奈氏判据 2 判别其闭环系统的稳定性。

解　该系统为Ⅱ型系统,其增补奈氏曲线如图 5.27 所示。由图 5.27 可以看出,当 ω 从 $-\infty\to+\infty$ 变化时,$G(\mathrm{j}\omega)H(\mathrm{j}\omega)$曲线不包围$(-1,\mathrm{j}0)$点,即 $N=0$,开环传递函数也没有位于右半 S 平面上的极点,即 $P=0$,所以 $N=P$,因此,闭环系统是稳定的。

(3)系统开环传递函数的极点都在 S 平面左半部分的稳定性判别

这种情况下,系统是称为开环稳定的,又称为最小相位系统,即 $P=0$。这时,奈氏判据可简要表述为:奈氏曲线(或增补奈氏曲线)不包围$(-1,\mathrm{j}0)$点,闭环系统就是稳定的。否则就是不稳定的。这时作图步骤也可以简化,只要作出奈氏曲线(或增补奈氏曲线)的 ω 从 $0\to+\infty$ 的一半就可以了,因为不必再计算包围$(-1,\mathrm{j}0)$的次数。

图5.28描述了开环稳定(即最小相位系统)的0型、Ⅰ型和Ⅱ型系统的奈氏曲线图。图5.28(a)所示的奈氏曲线不包围(-1,j0)点,所以其闭环系统是稳定的。图5.28(b)所示的奈氏曲线也不包围(-1,j0)点,所以其闭环系统也是稳定的。图5.28(c)所示的奈氏曲线包围了(-1,j0)点,所以其闭环系统是不稳定的。

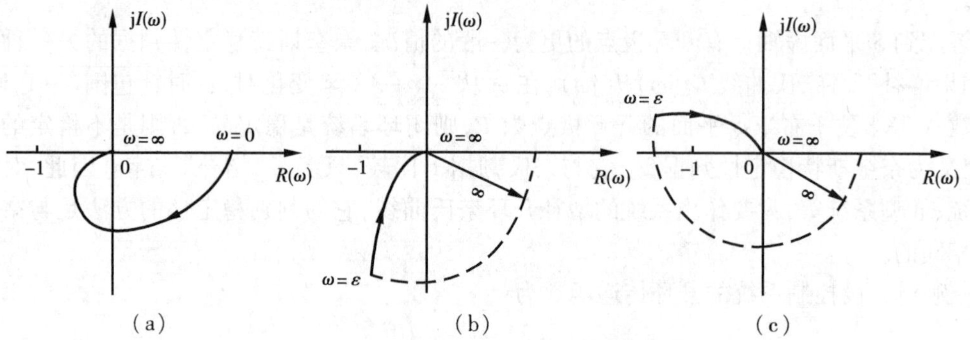

图5.28　简化奈氏图作图与稳定性判别示例

(a)0型系统;(b)Ⅰ型系统;(c)Ⅱ型系统

(4)利用奈氏判据确定稳定系统可变参数的取值范围

如果系统中有某一个参数(或某几个参数)可以在一定范围内取值,其取值范围可以根据奈氏判据的要求来选择,即为了使闭环系统稳定,可以根据奈氏曲线通过(-1,j0)点的这一条件来选定参数,下面举例说明。

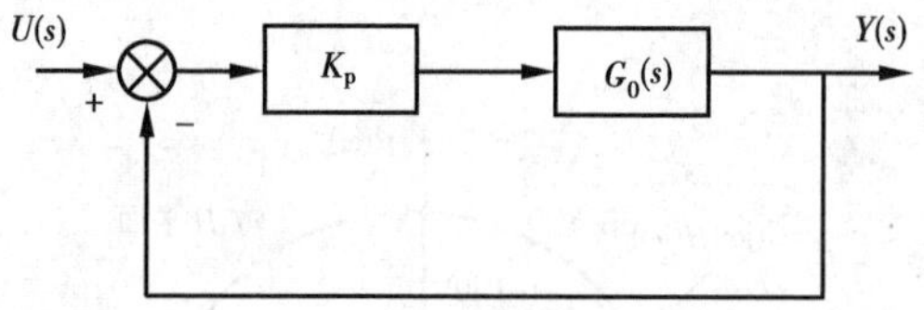

图5.29　闭环控制系统

[例7]　设有如图5.29的闭环控制系统,为使闭环系统稳定,试用奈氏判据求出比例控制器的$K\text{p}$的取值范围($K\text{p}>0$),设受控对象的传递函数为:

$$G_0(s)=\frac{1}{s(T_1s+1)(T_2s+1)}$$

解　系统的开环传递函数为:

$$G(s)H(s)=\frac{K_P}{s(T_1s+1)(T_2s+1)}$$

开环频率特性为:

$$G(\mathrm{j}\omega)H(\mathrm{j}\omega)=\frac{K_P}{\mathrm{j}\omega(T_1\mathrm{j}\omega+1)(T_2\mathrm{j}\omega+1)}$$

实频特性和虚频特性为:

$$R(\omega)=\frac{-K_P(T_1+T_2)}{(T_1^2\omega^2+1)(T_2^2\omega^2+1)}$$

$$I(\omega)=\frac{-K_P(1-T_1T_2\omega^2)}{\omega(T_1^2\omega^2+1)(T_2^2\omega^2+1)}$$

假设奈氏曲线[$G(\mathrm{j}\omega)H(\mathrm{j}\omega)$曲线]通过(-1,j0)点,则得到临界稳定的情况,如图5.30所示,这时:

$$R(\omega) = \frac{-K_P(T_1 + T_2)}{(T_1^2\omega^2 + 1)(T_2^2\omega^2 + 1)} = -1$$

$$I(\omega) = \frac{-K_P(1 - T_1T_2\omega^2)}{\omega(T_1^2\omega^2 + 1)(T_2^2\omega^2 + 1)} = 0$$

解上面两式,可得 $K_P = \dfrac{T_1 + T_2}{T_1T_2}$

根据奈氏判据可知,当 $K_P < \dfrac{T_1 + T_2}{T_1T_2}$ 时,$N = 0$,又因 $P = 0$。所以闭环系统是稳定的,因此 K_p 的取值范围应为:

$$0 < K_p < \frac{T_1 + T_2}{T_1T_2}$$

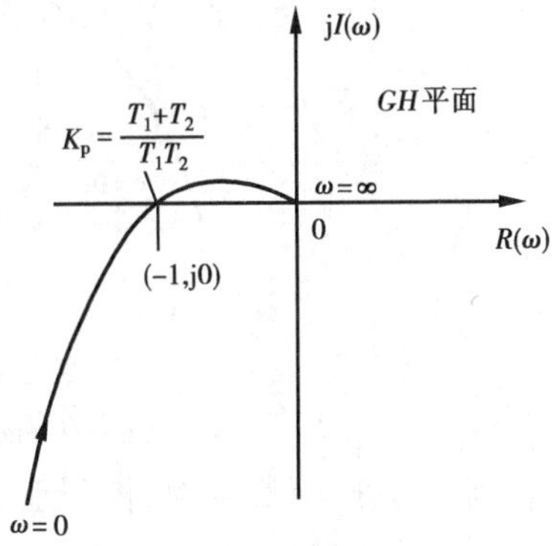

图5.30 例7的奈氏曲线

(5)系统具有迟延环节的稳定性分析

对于具有迟延环节的控制系统,其开环传递函数包含有迟延环节的传递函数 $e^{-\tau s}$,因此开环传递函数一般由下式描述:

$$G(s)H(s) = \frac{K\prod_{i=1}^{m}(T_is + 1)}{s^v\prod_{j=1}^{n-v}(T_js + 1)}e^{-\tau s} \tag{5.48}$$

将式改写成:

$$G(s)H(s) = G_1(s)H_1(s)e^{-\tau s} \tag{5.49}$$

式中

$$G_1(s)H_1(s) = \frac{K\prod_{i=1}^{m}(T_is + 1)}{s^v\prod_{j=1}^{n-v}(T_js + 1)} \tag{5.50}$$

为不含迟延环节的传递函数。系统的开环频率特性可表示为:

$$G(j\omega)H(j\omega) = G_1(j\omega)H_1(j\omega)e^{-\tau j\omega} \tag{5.51}$$

$G(j\omega)H(j\omega)$ 的幅值和相角分别为

$$\begin{cases} |G(j\omega)H(j\omega)| = |G_1(j\omega)H_1(j\omega)| \\ \angle G(j\omega)H(j\omega) = \angle[G_1(j\omega)H_1(j\omega) - \tau\omega] \end{cases} \tag{5.52}$$

式5.52表明,当 ω 从 $0 \to +\infty$ 变化时,$G(j\omega)H(j\omega)$ 相对于 $G_1(j\omega)H_1(j\omega)$ 而言,幅值没有变化,而相角在每个 ω 上都顺时针转动了一个 $\tau\omega$ 的角度。

在控制系统中,当 $\omega \to +\infty$ 时,$G_1(j\omega)H_1(j\omega)$ 的模(幅值)一般都是趋近于零的(因为式(5.50)中一般 $m < n$,因而 $G(j\omega)H(j\omega)$ 曲线(即奈氏曲线)将随着 ω 从 $0 \to +\infty$ 而以螺旋状趋于原点,并且与 GH 平面的负实轴有无限个交点,如图5.31所示。这时,若要闭环系统稳定,奈氏曲线与负实轴的交点都必须位于 $(-1, j0)$ 点的右侧。

[例8] 设控制系统的开环传递函数为

$$G(s)H(s) = \frac{1}{s(s + 1)(s + 2)}e^{-\tau s}$$

式中 $\tau = 0, 2, 4$。试绘出各自的奈氏曲线,并分析闭环系统的稳定性。

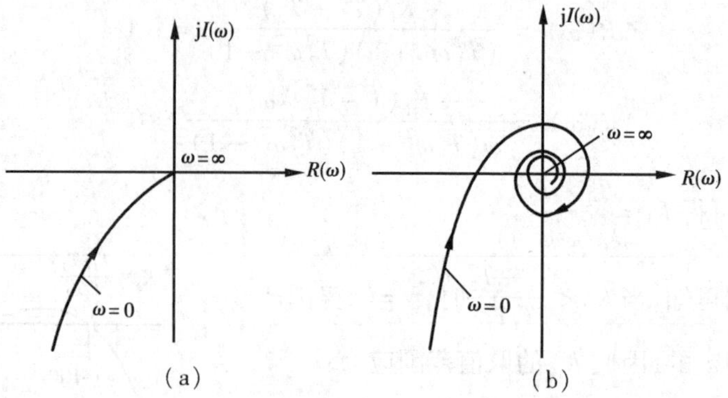

图 5.31　具有迟延环节的奈奎斯特曲线图

(a)$G_1(j\omega)H_1(j\omega)$ 的奈氏曲线；(b)$G(j\omega)H(j\omega)$ 的奈氏曲线

解　当 $\tau=0,2,4$ 时,控制系统的奈氏曲线 $G(j\omega)H(j\omega)$ 如图 5.32 所示。从图中可以看出,$\tau=0$ 时,即相当于系统无迟延环节,$G(j\omega)H(j\omega)$ 不包围$(-1,j0)$点,所以闭环系统是稳定的。$\tau=2$ 时,$G(j\omega)H(j\omega)$ 曲线刚好通过$(-1,j0)$点,所以闭环系统处于稳定边界(又称临界稳定。$\tau=4$ 时,$G(j\omega)H(j\omega)$ 曲线包围$(-1,j0)$点,所以闭环系统是不稳定的。从本例可以看出,迟延环节的存在将不利于系统的稳定。迟延时间 τ 越大,越易使系统不稳定。

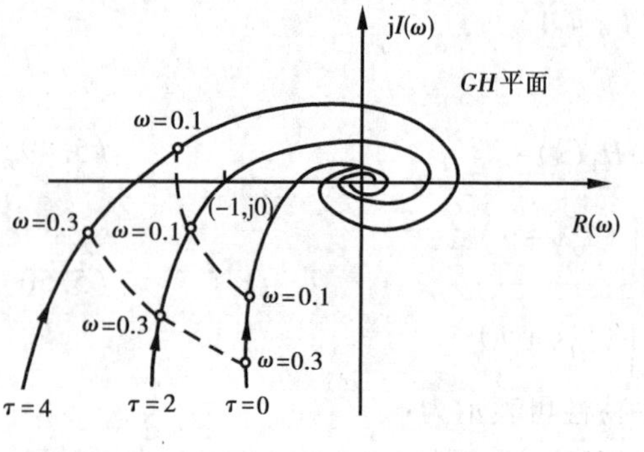

图 5.32　不同迟延时间 τ 的奈奎斯特曲线图

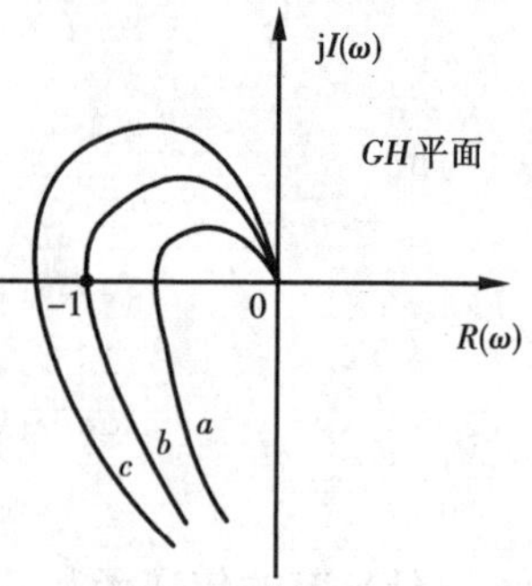

图 5.33　$G(j\omega)H(j\omega)=\dfrac{K_P}{j\omega(T_1j\omega+1)(T_2j\omega+1)}$ 的极坐标图

5.3.3　频域法分析系统的相对稳定性

前面介绍了控制系统的稳定性可用各种稳定性判据来判别,如时域分析中的劳斯——古尔维茨判据和频域分析中的奈奎斯特判据。但是这些方法只能判别系统稳定与否,即判别系统的绝对稳定性问题,不能判断系统稳定的程度,即不能判断系统的相对稳定性问题。在分析或设计一个实际生产过程的控制系统时,只知道系统是否稳定是不够的,还需要知道系统的动态性能,即需要知道系统的相对稳定性是否符合生产过程的要求。因为一个虽然稳定但一经扰动就会不稳定的系统是不能投入实际使用的,我们总是希望所设计的控制系统不仅是稳定的,而且具有一定的稳定裕量。在讨论稳定裕量问题之前,首先要假定开环系统是稳定的,或者说系统是最小相位系统,也就是说,开环传递函数在右半 s 平面没有极点和零点,否则讨论稳定裕量问题是没有意义的。

根据奈氏判据已知，如果系统的开环传递函数没有极点在右半 S 平面上，则闭环系统稳定的充分必要条件是系统的开环幅相频率特性 $G(\mathrm{j}\omega)H(\mathrm{j}\omega)$ 不包围 $(-1,\mathrm{j}0)$ 点。

例如，图5.33所示为系统开环频率特性 $G(\mathrm{j}\omega)H(\mathrm{j}\omega)=\dfrac{K}{\mathrm{j}\omega(1+T_1\mathrm{j}\omega)(1+T_2\mathrm{j}\omega)}$ 的极坐标图。从例7可知，当 $K_P<\dfrac{T_1+T_2}{T_1T_2}$ 时，奈氏曲线不包围 $(-1,\mathrm{j}0)$ 点，如图5.33的曲线a。这时，闭环系统是稳定的。当 $K_p>\dfrac{T_1+T_2}{T_1T_2}$ 时，奈氏曲线包围 $(-1,\mathrm{j}0)$ 点，如图5.33的曲线 c，这时，闭环系统不稳定。因此，可以直观地看出，开环幅相频率特性 $G(\mathrm{j}\omega)H(\mathrm{j}\omega)$ 曲线从右边愈接近 $(-1,\mathrm{j}0)$ 点，闭环系统的振荡性越大，因此要求闭环系统具有一定的相对稳定性，就必须使奈氏曲线不但不包围 $(-1,\mathrm{j}0)$ 点，而且还要求奈氏曲线对 $(-1,\mathrm{j}0)$ 点有一定的远离程度，即要求有一定的稳定裕量，这个稳定裕量通常用下面定义的相位裕量和增益裕量来度量。

(1)相位裕量(*PhaseMagin*——常简写为PM)

设一稳定系统的奈氏曲线[$G(\mathrm{j}\omega)H(\mathrm{j}\omega)$ 曲线]与负实轴相交于 G 点，与单位圆相交于 C 点，如图5.34所示。C 点处的频率 ω_c 称为增益穿越频率，又称为剪切频率。ω_c 处的相角 $\varphi(\omega_c)$ 与 $-180°$(负实轴)的相角差 γ 称为相位裕量 PM，即

$$PM=\gamma=\varphi(\omega_c)-(-180°)=180°+\varphi(\omega_c) \tag{5.53}$$

注意，上式中 $\varphi(\omega_c)$ 本身是负的。

当 $\gamma>0$ 时，表示相位裕量是正的；$\gamma<0$ 时，表示相位裕量是负的。为了使闭环系统稳定，要求相位裕量是正的，如图5.34所示。图5.35描述了不稳定系统的奈氏曲线图。从图5.35中可以看出，$\varphi(\omega_c)$ 大于180°而本身又为负，所以相位裕量 $PM(\gamma)$ 为负数，即 $\gamma<0$，所以闭环系统是不稳定的。

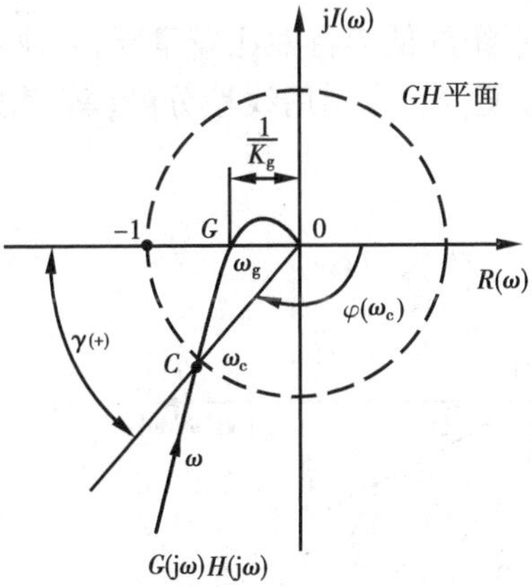

图5.34　稳定系统的奈氏曲线

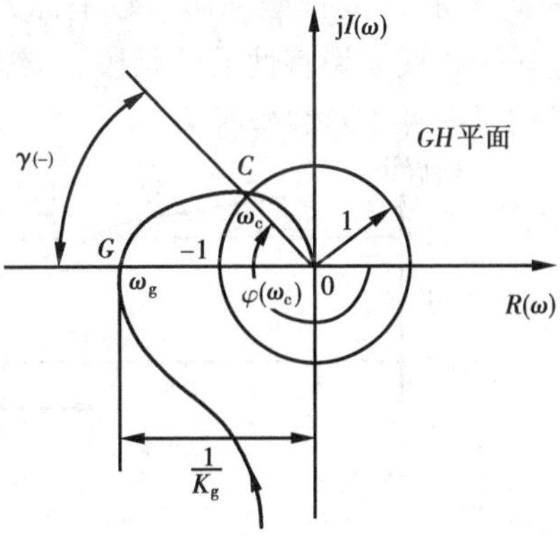

图5.35　不稳定系统的奈氏曲线

(2)增益裕量(*GainMargin*——常简写为 *GM*)

当奈氏曲线与负实轴相交于 G 点时，如图5.34所示，G 点的频率 ω_g 称为相位穿越频率，又称为相位交界频率。这时 ω_g 处的相角 $\varphi(\omega_g)=-180°$，幅值为 $|G(\mathrm{j}\omega_g)H(\mathrm{j}\omega_g)|$。定义 $|G(\mathrm{j}\omega_g)H(\mathrm{j}\omega_g)|$ 的倒数为增益裕量 GM，并用 K_g 表示，即：

$$K_g = \frac{1}{|G(j\omega_g)H(j\omega_g)|} \tag{5.54}$$

上式中，ω_g 满足下式：

$$\angle G(j\omega_g)H(j\omega_g) = -180° \tag{5.55}$$

当 $|G(j\omega_g)H(j\omega_g)|<1$，也即 $K_g>1$ 时，闭环系统是稳定的，用 $K_g(+)$ 表示，如图 5.34 所示。当 $|G(j\omega_g)H(j\omega_g)|>1$，也即 $K_g<1$，如图 5.35 所示，闭环系统是不稳定的，用 $K_g(-)$ 代表。

5.4 频率特性的对数坐标图(Bode 图)

5.4.1 基本概念

频率特性极坐标图示的奈氏曲线，计算与绘制都比较麻烦。频率特性的对数坐标图是频率特性的另一种重要图示方式。与极坐标图相比，对数坐标图更为优越，用对数坐标图不但计算简单，绘图容易，而且能直观地表现时间常数等参数变化对系统性能的影响。

频率特性对数坐标图是将开环幅相频率特性 $G(j\omega)H(j\omega)$ 写成

$$G(j\omega)H(j\omega) = M(\omega)e^{j\varphi(\omega)} \tag{5.56}$$

式中 $M(\omega)$——幅频特性；

$\varphi(\omega)$——相频特性。

将幅频特性 $M(\omega)$ 取以 10 为底的对数，并乘以 20 得 $L(\omega)$，单位为分贝(dB)，即

$$L(\omega) = 20\lg M(\omega) \quad (\text{dB}) \tag{5.57}$$

$L(\omega)$ 与 ω 的函数关系称为对数幅频特性，如图 5.36(a)所示。图中是以 $L(\omega)$ 为纵坐标，以频率 ω 为横坐标，但是横坐标用对数坐标分度，这是因为系统的低频特性比较重要，ω 轴采用对数刻度对于扩展频率特性的低频段，压缩高频段十分方便，$L(\omega)$ 则用线性分度(等刻度)，这样就形成了一种半对数坐标系。

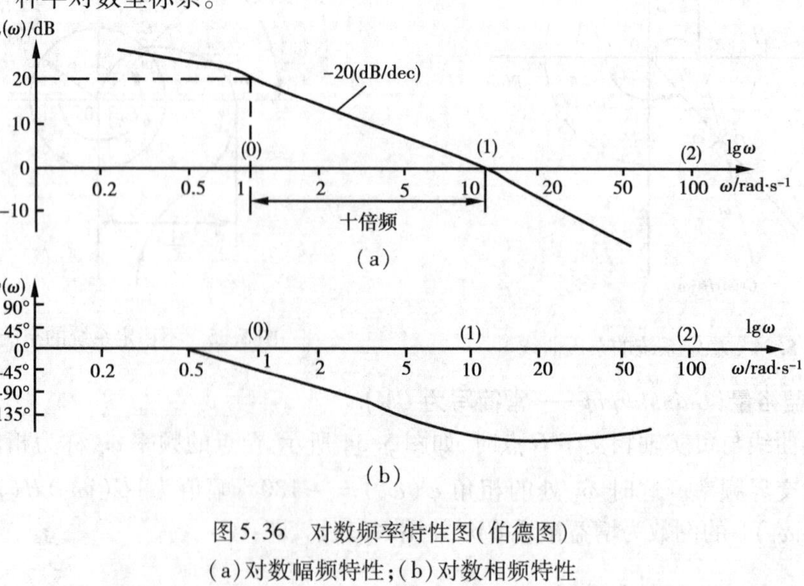

图 5.36 对数频率特性图(伯德图)

(a)对数幅频特性；(b)对数相频特性

在对数相频特性图中，以 $\varphi(\omega)$ 为纵坐标，以 ω 为横坐标，横坐标也是以对数分度，纵坐标用等刻度分度。这样，与对数幅频特性一样，也形成一个半对数坐标系。如图 5.36(b)所示，将对数幅频特性 $L(\omega)$-ω 和对数相频特性 $\varphi(\omega)$-ω 合称为对数频率特性图，又称为伯德图(Bode 图)。

为了方便地绘制对数频率特性图(以后简称伯德图)，使用十倍频程(decade 简写 dec)，倍频程(octave)以及对数幅频特性的"斜率"的概念。

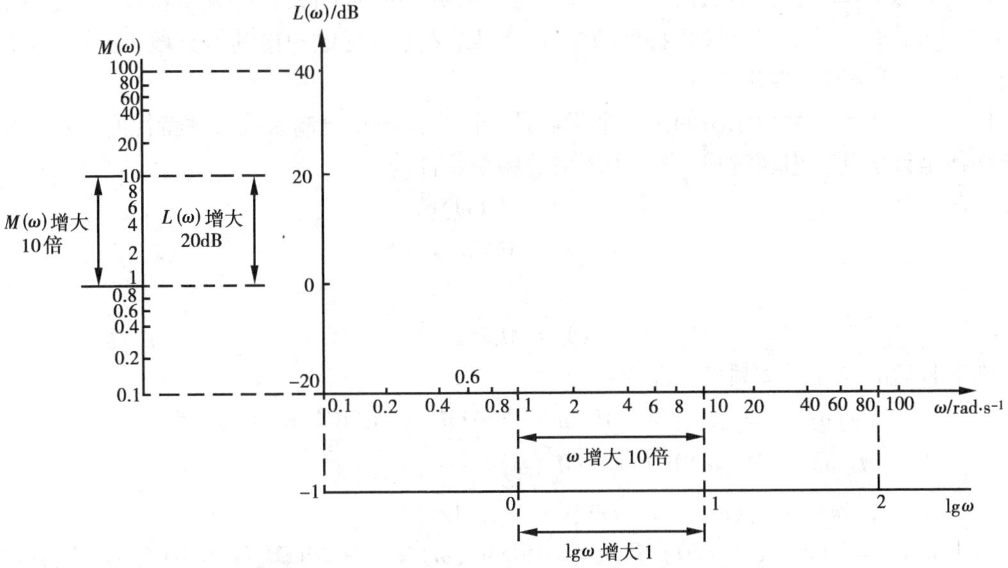

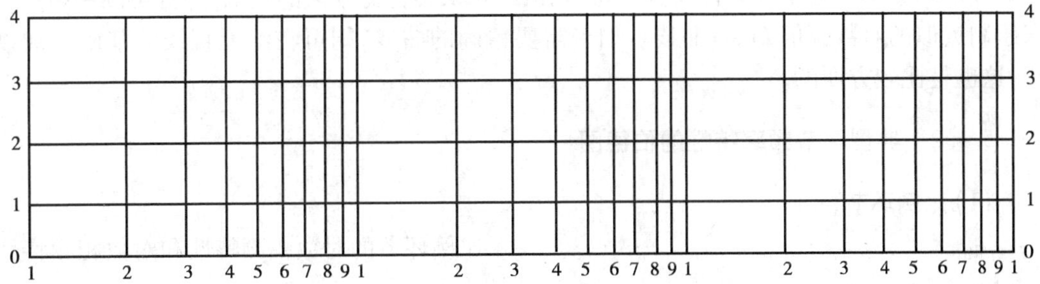

图 5.37　半对数坐标

所谓"十倍频程"，是指在 ω 轴上对应于频率 ω 每增大十倍的频带宽度，如图 5.37 所示。由于图中的横坐标按对数分度，于是 ω 每变化 10 倍，横坐标就增加一个单位长度，例如 ω 从 0.1－1 或 ω 从 1－10 等频带宽度，都是十倍频程，可见，横坐标对 ω 而言是不均匀的，但对 $\lg\omega$ 来讲却是均匀的。每个 10 倍频程中，ω 与 $\lg\omega$ 的对应关系如表 5.2 所列。所有 10 倍频程在 ω 轴上对应的长度都相等，(例如 $\lg 1-\lg 0.1=1$，$\lg 10-\lg 1=1$，…)。

表 5.2　ω 从 1 到 10 的对数分度

ω	1	2	3	4	5	6	7	8	9	10
$\lg\omega$	0	0.301	0.477	0.602	0.699	0.778	0.845	0.903	0.954	1

所谓倍频程,是指在 ω 轴上,ω 从 1 ~ 2 或从 2 ~ 4 等的频带宽度。所有倍频程在 ω 轴上对应的长度也相等(例如 $\lg 2 - \lg 1 = 0.301$,$\lg 4 - \lg 2 = 0.301\cdots$)。

对数幅频特性的“斜率”是指频率 ω 改变倍频或十倍频时 $L(\omega)$ 分贝数的改变量,单位是 dB/octave(分贝/倍频)或 dB/dec(分贝/十倍频),一般 dB/octave 较少采用,常用的是 dB/dec。图 5.37 中纵坐标 $L(\omega) = 20\lg M(\omega)$,称为增益。$M(\omega)$ 每变化 10 倍,$L(\omega)$ 就变化 20 分贝(dB)。“斜率”的概念在具体绘制伯德图时很有用。

使用对数频率特性表示法的第 1 个优点是在研究频率范围很宽的频率特性时,缩小了比例尺,在一张图上,即画出了频率特性的中、高频段,又能清楚地画出其低频段,因为在设计和分析系统时,低频段特性相当重要。

使用对数频率特性表示法的第 2 个优点是可以大大简化绘制系统频率特性的工作。由于系统往往是许多环节串联构成,设各个环节的频率特性为:

$$G_1(j\omega) = M_1(\omega)e^{j\varphi_1(\omega)}$$
$$G_2(j\omega) = M_2(\omega)e^{j\varphi_2(\omega)}$$
$$\vdots$$
$$G_n(j\omega) = M_n(\omega)e^{j\varphi_n(\omega)}$$

则串联后的开环系统频率特性为:

$$G(j\omega) = M_1(\omega)e^{j\varphi_1(\omega)}M_2(\omega)e^{j\varphi_2\omega}\cdots M_n(\omega)e^{j\varphi_n(\omega)} = M(\omega)e^{j\varphi(\omega)}$$

式中

$$M(\omega) = M_1(\omega)M_2(\omega)\cdots M_n(\omega)$$
$$\varphi(\omega) = \varphi_1(\omega) + \varphi_2(\omega) + \cdots + \varphi_n(\omega)$$

由于 $L(\omega) = 20\lg M(\omega) = 20\lg M_1(\omega) + 20\lg M_2(\omega) + \cdots + 20\lg M_n(\omega)$,利用对数坐标图绘制开环幅相频率特性十分方便,它可以将幅值的相乘转化为幅值的相加,并且可以用渐近直线来绘制近似的对数幅值 $L(\omega)$ 曲线。如果需要精确的曲线,则可在渐近直线的基础上加以修正,这也是比较方便的。

5.4.2 典型环节频率特性的伯德图

(1)比例环节(K)

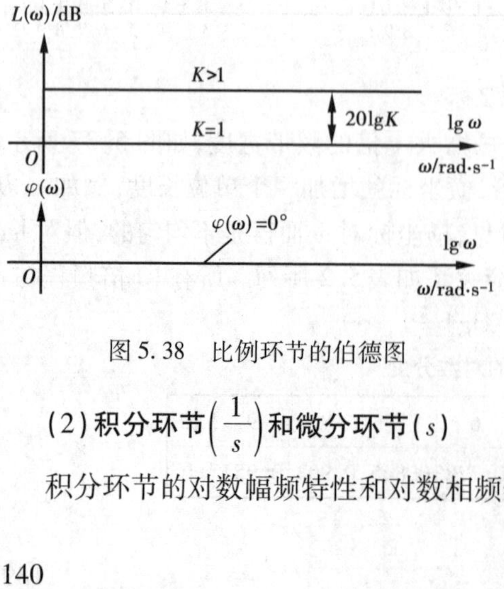

图 5.38 比例环节的伯德图

比例环节的对数幅频特性和对数相频特性分别是:

$$\begin{cases} L(\omega) = 20\lg K \\ \varphi(\omega) = 0° \end{cases} \tag{5.58}$$

当 $K>1$ 时,则 $L(\omega)>0$,故 $L(\omega)$-ω 曲线是一条位于 ω 轴上方的平行直线;当 $K=1$ 时,$L(\omega)=0$,故 $L(\omega)$-ω 曲线就是 ω 轴线。由于 $\varphi(\omega)=0°$,所以 $\varphi(\omega)$-ω 曲线就是 ω 轴线。综上所述,比例环节的伯德图如图 5.38 所示。

(2)积分环节$\left(\dfrac{1}{s}\right)$和微分环节($s$)

积分环节的对数幅频特性和对数相频特性为:

$$\begin{cases} L(\omega) = 20\lg\left|\frac{1}{j\omega}\right| = 20\lg\frac{1}{\omega} = -20\lg\omega \text{ dB} \\ \varphi(\omega) = \angle\frac{1}{j\omega} = -\arctan\frac{\omega}{0} = -90° \end{cases} \tag{5.59}$$

由于伯德图的横坐标按 $\lg\omega$ 刻度，故式(5.59)可视为自变量为 $\lg\omega$，因变量为 $L(\omega)$ 的关系式，因此该式在半对数坐标图上是一个直线方程式。直线的斜率为 -20(dB/dec)。因 $\omega=1$ 时，$-20\lg\omega=0$，故有 $L(1)=0$，即该直线与 ω 轴相交于 $\omega=1$ 的点，如图5.39上斜率为 -20(dB/dec)的直线。积分环节($1/s$)的相频特性是 $\varphi(\omega)=-90°$[见式(5.59)]。相应的对数相频特性是一条平行于 ω 轴下方的水平线，如图5.39所示。

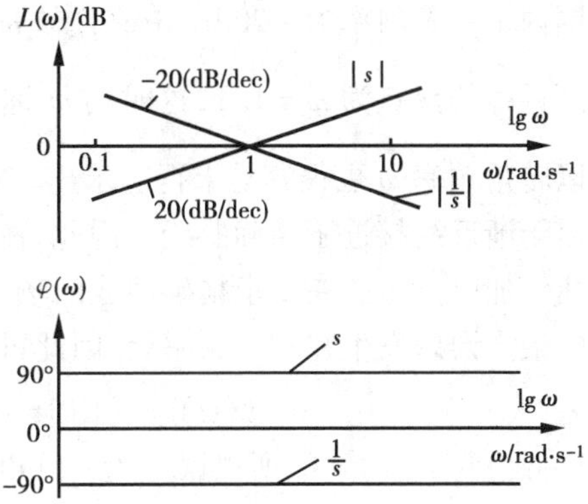

图5.39 积分环节($1/s$)和微分环节(s)的伯德图

微分环节(s)是积分环节($1/s$)的倒数，所以很容易求出它的对数幅频特性和相频特性。它们分别是：

$$\begin{cases} L(\omega) = 20\lg|j\omega| = 20\lg\omega \\ \varphi(\omega) = \angle j\omega = \arctan\frac{\omega}{0} = 90° \end{cases} \tag{5.60}$$

从式(5.60)可以看出，微分环节的对数幅频特性和对数相频特性都只与积分环节相差一个“负”号。因而微分环节和积分环节的伯德图对称于 ω 轴，如图5.39的 $+20$(dB/dec)斜线(幅频特性曲线)和 $+90°$的平行直线(相频特性曲线)。

(3)一阶惯性环节$\left(\frac{1}{1+Ts}\right)$和比例微分环节($1+Ts$)

一阶惯性环节的对数幅频特性和相频特性分别为：

$$\begin{cases} L(\omega) = 20\lg\left|\frac{1}{1+Tj\omega}\right| = -20\lg\sqrt{1+T^2\omega^2} \quad (\text{dB}) \\ \varphi(\omega) = \angle\frac{1}{1+Tj\omega} = -\arctan T\omega \end{cases} \tag{5.61}$$

绘制一阶惯性环节的幅频特性曲线，不需要将不同的 ω 值代入式(5.61)逐点计算 $L(\omega)$，可用渐近线的方法先画出曲线的大致图形，然后再加以精确化。

1)当 $\omega T\ll1$ 时(低频时)，则由式(5.61)可得：

$$L(\omega)\approx 0 \quad (\text{dB})$$

上式表明，一阶惯性环节的低频段是一条零分贝的渐近线，它与 ω 轴重合，如图5.40所示。

2)当 $\omega T\gg1$ 时(高频时)，则由式(5.61)可得：

$$L(\omega)\approx -20\lg T\omega = -20\lg\omega + 20\lg\frac{1}{T} \quad (\text{dB}) \tag{5.62}$$

上式中，当 $\omega T=1$ 时

$$L(\omega)\approx -20\lg\frac{1}{T} + 20\lg\frac{1}{T} = 0$$

当$\omega T \gg 1$时,式(5.62)可进一步近似为:

$$L(\omega) \approx -20\lg\omega \tag{5.63}$$

上式为一条斜率是-20(dB/dec)的直线。这表明,一阶惯性环节在高频段($\frac{1}{T}<\omega<\infty$范围内是一条斜率为-20dB/dec,且与$\omega$轴相交于$\omega=1/T$的渐近线(见图5.40),它与低频段渐近线的交点为$\omega=1/T$,这时的ω称为转角频率。这里,T是惯性环节$\frac{1}{1+Ts}$的时间常数,所以转角频率ω也很容易求得。求出转角频率后,就可方便地作出低频段和高频段的渐近线。由于渐近线接近于精确曲线。因此,在一些不需要十分精确的场合,就可以用渐近线代替精确曲线加以分析。在要求精确曲线的场合,需要对渐近线进行修正。由于渐近线代替精确曲线的最大误差发生在转角频率处,因此可将$\omega=1/T$代入式(5.61),可得精确值为:

$$L(\omega) = -20\lg\sqrt{1+1} = -3.01(\text{dB}) \approx -3(\text{dB})$$

近似值为$L(\omega)=0$,所以误差为-3(dB)。

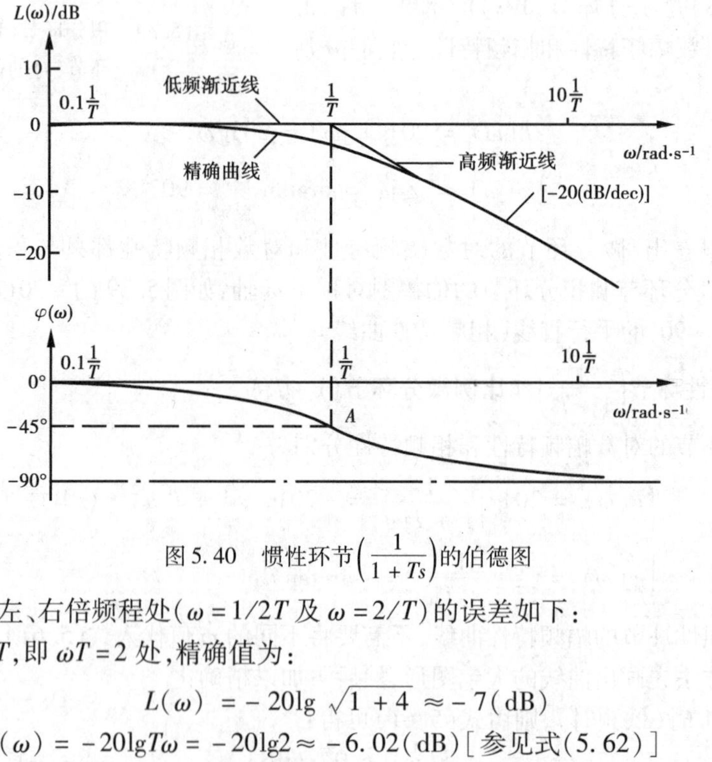

图5.40 惯性环节$\left(\frac{1}{1+Ts}\right)$的伯德图

在转角频率左、右倍频程处($\omega=1/2T$及$\omega=2/T$)的误差如下:

①在$\omega=2/T$,即$\omega T=2$处,精确值为:

$$L(\omega) = -20\lg\sqrt{1+4} \approx -7(\text{dB})$$

近似值为:$L(\omega) = -20\lg T\omega = -20\lg 2 \approx -6.02(\text{dB})$[参见式(5.62)]

误差值为:$-7-(-6.02)\approx -1(\text{dB})$

②在$\omega=1/2T$,即$\omega T=0.5$处,精确值为:

$$L(\omega) = -20\lg\sqrt{1+0.25} \approx -1 \quad (\text{dB})$$

近似值为: $L(\omega)\approx 0 \quad (\text{dB})$

误差值为: $-1-0=-1 \quad (\text{dB})$

用同样的方法,可以计算出其他频率处的误差值,如图5.41所示。由图可以看出,误差值相对于转角频率是对称的。将图5.41的误差值加到渐近折线上,就可得到图5.40粗实线(幅频特性曲线)表示的精确的对数幅频特性曲线。

作一阶惯性环节的相频特性曲线没有近似的办法,但也可定出 $\omega=\frac{1}{T}$、$\omega=\frac{1}{2T}$、$\frac{2}{T}$、$\frac{0.1}{T}$、$\frac{10}{T}$ 等点,用曲线把各点连接起来,如图5.40所示。它是对 $\varphi(\omega)=-45°$ 的点斜对称的一条曲线。

比例微分环节 $(1+Ts)$ 的对数幅频特性和相频特性为:

$$\begin{cases}L(\omega)=20\lg\sqrt{1+T^2\omega^2}\quad \text{dB}\\ \varphi(\omega)=\arctan T\omega\end{cases}\tag{5.64}$$

将式(5.64)与式(5.61)对比可知,比例微分环节与一阶惯性环节的对数幅频特性和相频特性只相差一个“负”号,因而比例微分环节和一阶惯性环节的伯德图对称于 ω 轴,如图5.42所示。

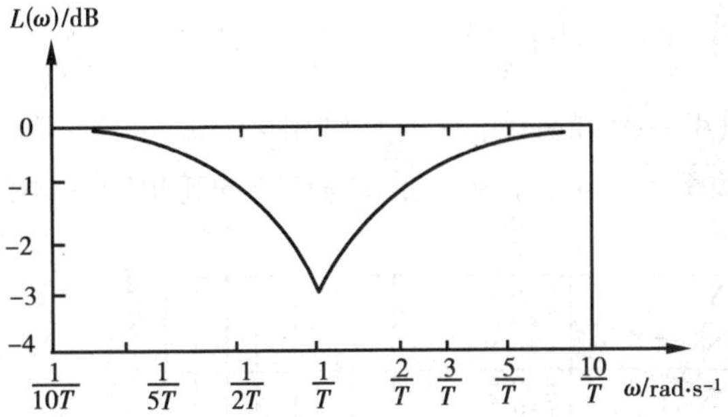

图5.41 一阶惯性环节的对数幅额特性曲线采用渐近线时的误差值

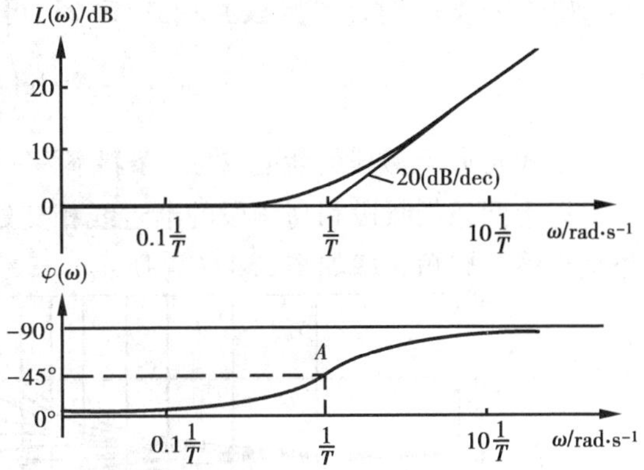

图5.42 比例微分环节 $(1+Ts)$ 的伯德图

(4)二阶振荡环节 $\left(\frac{\omega_n^2}{s^2+2\zeta\omega_n s+\omega_n^2}\right)$ 和二阶微分环节 $(s^2+2\zeta\omega_n s+\omega_n^2)$

二阶环节中参数 ζ(阻尼比)如果大于1,则可用两个一阶惯性环节 $\frac{1}{T_1s+1}$ 和 $\frac{1}{T_2s+1}$ 的乘积来表示或2个一阶微分环节 T_1s+1 和 T_2s+1 的乘积来表示。如果 $0<\zeta<1$,则成为二阶振荡环节或二阶微分环节。由于二阶振荡环节和二阶微分环节互为倒数(只相差一常数 ω_n^2)。所以只要讨论其中的一个,就可以方便地得到另一个的对数幅频特性和相频特性(如上述的积分环节对微分环节,一阶惯性环节对比例微分环节,只要画出对称于 ω 轴的伯德图即可)。现着重讨论常见的二阶振荡环节 $\left(\frac{\omega_n^2}{s^2+2\zeta\omega_n s+\omega_n^2}\right)$ 的伯德图的绘制方法。

二阶振荡环节的幅相频率特性为:

$$G(\mathrm{j}\omega)=\frac{1}{\left(\frac{\mathrm{j}\omega}{\omega_n}\right)^2+2\zeta\left(\frac{\mathrm{j}\omega}{\omega_n}\right)+1}=\frac{1}{\sqrt{\left(1-\frac{\omega^2}{\omega_n^2}\right)^2+\left(2\zeta\frac{\omega}{\omega_n}\right)^2}}e^{\mathrm{j}\varphi(\omega)}$$

式中
$$\varphi(\omega)=-\arctan\left[\frac{2\zeta\frac{\omega}{\omega_n}}{1-\left(\frac{\omega}{\omega_n}\right)^2}\right]$$

所以,二阶振荡环节的对数幅频特性和相频特性为:

$$\begin{cases} L(\omega) = -20\lg\sqrt{\left(1-\dfrac{\omega^2}{\omega_n^2}\right)^2+\left(2\zeta\dfrac{\omega}{\omega_n}\right)^2} \\ \varphi(\omega) = -\arctan\left[\dfrac{2\zeta\dfrac{\omega}{\omega_n}}{1-\left(\dfrac{\omega}{\omega_n}\right)^2}\right] \end{cases} \tag{5.65}$$

依照一阶惯性环节的方法,先求出二阶振荡环节的对数幅频特性的渐近线。

①当 $\omega \ll \omega_n$ 时,(低频段),由式(5.65)可得:

$$L(\omega) \approx -20\lg 1 = 0(\mathrm{dB})$$

上式表明,低频段的渐近线为一条零分贝的直线,它与 ω 轴重合。

②当 $\omega \gg \omega_n$ 时,(高频段),由式(5.65)可得:

$$L(\omega) \approx -20\lg\left(\frac{\omega}{\omega_n}\right)^2 = -40\lg\left(\frac{\omega}{\omega_n}\right)$$

上式表明,高频段的渐近线为一条斜率为 -40(dB/dec)的直线,它与 ω 轴相交于 $\omega=\omega_n$ 的点。

以上两条低频段和高频段的渐近线相交处频率 $\omega=\omega_n$,称为二阶振荡环节的转角频率,两条渐近线与转角频率如图 5.43(a)所示。

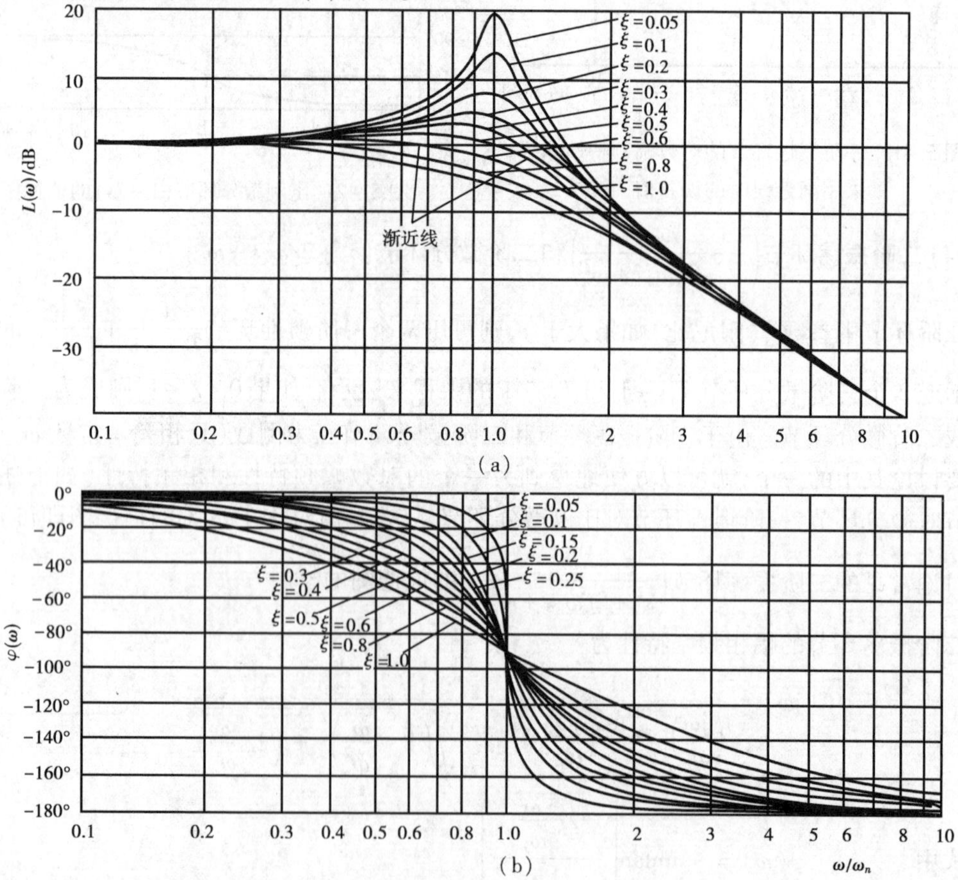

图 5.43　二阶振荡环节 $\dfrac{\omega_n^2}{s^2+2\zeta\omega_n s+\omega_n^2}$ 的伯德图

二阶振荡环节对数幅频特性的精确曲线可以按式(5.65)计算并绘制。显然,精确曲线随阻尼比 ζ 的不同而不同。因此,渐近线的误差也随 ζ 的不同而不同。不同 ζ 值时的精确曲线如图 5.43 所示。从图中可以看出,当 ζ 值在一定范围内时,其相应的精确曲线都有峰值。这个峰值可以按求函数极值的方法由式(5.65)求得。渐近线误差随 ζ 不同而不同的误差曲线如图 5.44 所示。从图 5.44 可以看出,渐近线的误差在 $\omega=\omega_n$ 附近为最大,并且 ζ 值越小,误差越大。当 $\zeta\to 0$ 时,误差将趋近于无穷大。

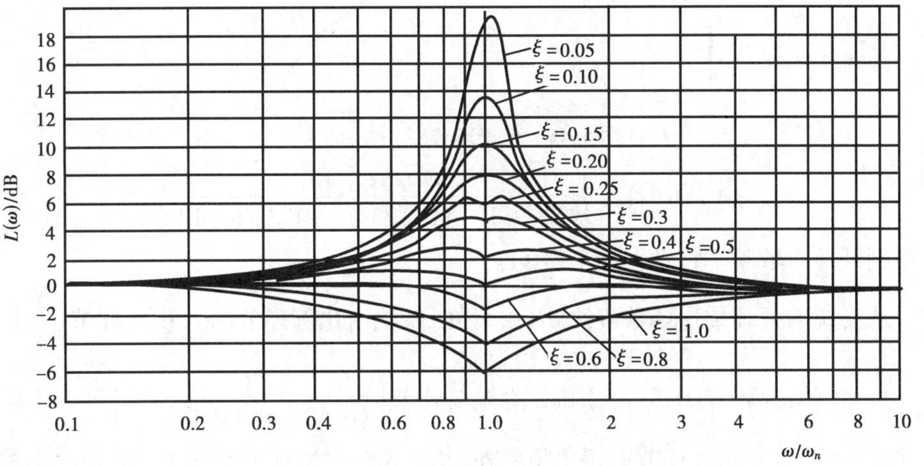

图 5.44 二阶振荡环节幅频特性的误差曲线

二阶振荡环节的相频特性的计算由式(5.65)可知,它也和阻尼比 ζ 有关,这些相频特性曲线如图 5.43 (b)所示。由图 5.43(b)可以看出,它们都是以转角频率 $\omega=\omega_n$ 处相角为 $-90°$的点为斜对称。

二阶微分环节 $s^2+2\zeta\omega_n s+\omega_n^2(0<\zeta<1)$ 的对数幅频和相频特性都与二阶振荡环节的特性对称(以 ω 轴为对称轴)。

(5)延迟环节($e^{-\tau s}$)

延迟环节的幅相频率特性为:

$$G(j\omega)=e^{-j\omega\tau}$$

其幅频和相频特性为:

$$\begin{cases}M(\omega)=1\\ \varphi(\omega)=-\tau\omega\end{cases}\tag{5.66}$$

所以对数幅相频率特性为:

$$\begin{cases}L(\omega)=20\lg 1=0\\ \varphi(\omega)=-\tau\omega(\mathrm{rad})=-57.3\times\tau\omega(°)\end{cases}$$

其对应的伯德图如图 5.45 所示。从图 5.45 可以看出:延迟环节的对数幅频特性曲线为 $L(\omega)=0$ 的直线,与 ω 轴重合。相频特性曲线 $\varphi(\omega)$ 当 $\omega\to\infty$ 时,$\varphi(\omega)\to-\infty$。

5.4.3 系统开环伯德图的绘制

[**例 9**] 设系统的开环传递函数为:

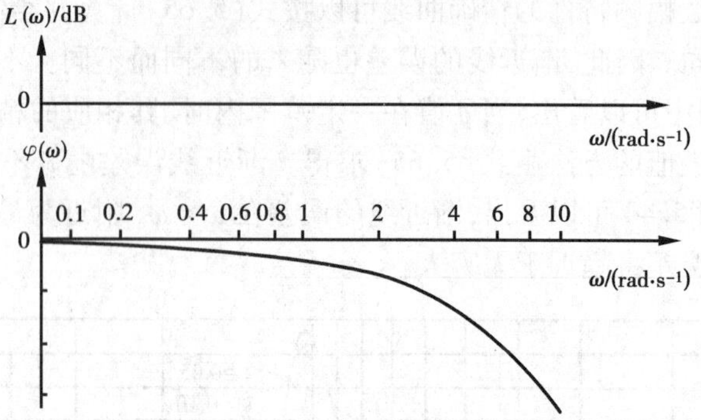

图5.45　延迟环节 $e^{-\tau s}$ 的伯德图

$$G(s)H(s) = \frac{4(0.5s+1)}{s(2s+1)[(0.125s)^2+0.05s+1]}$$

试绘制开环对数频率特性图(伯德图)。

解　从系统的开环传递函数 $G(s)H(s)$ 可知,系统由比例环节(4)、积分环节$\left(\frac{1}{s}\right)$、惯性环节$\left(\frac{1}{2s+1}\right)$、比例微分环节$(0.5s+1)$和二阶振荡环节$\left[\frac{1}{(0.125s)^2+0.05s+1}\right]$等5个典型环节所组成,除比例环节和积分环节无转角频率外,其余3个典型环节的转角频率依大小排列分别为 $\omega_1=0.5$, $\omega_2=2$, $\omega_3=8$。因此,可将开环频率特性按以下次序排列来绘制伯德图。

$$G(j\omega)H(j\omega) = 4\times\frac{1}{j\omega}\cdot\frac{1}{2j\omega+1}\cdot(0.5j\omega+1)\cdot\frac{1}{\left(\frac{j\omega}{8}\right)^2+0.05j\omega+1}$$

将开环传递函数分成5个典型环节相乘后,可得开环对数幅频特性和相频特性分别为:

$$\begin{aligned}L(\omega) &= L_1(\omega)+L_2(\omega)+L_3(\omega)+L_4(\omega)+L_5(\omega)\\ &= 20\lg 4-20\lg\omega-20\lg\sqrt{1+(2\omega)^2}+20\lg\sqrt{1+(0.5\omega)^2}-\\ &\quad 20\lg\sqrt{\left(1-\frac{\omega^2}{64}\right)^2+(0.05\omega)^2}\end{aligned}$$

上式中,二阶振荡环节的参数为 $\zeta=0.2$, $\omega_n=8$

$$\varphi(\omega) = \varphi_1(\omega)+\varphi_2(\omega)+\varphi_3(\omega)+\varphi_4(\omega)+\varphi_5(\omega) =$$

$$0^\circ-90^\circ-\arctan 2\omega+\arctan 0.5\omega-\arctan\frac{0.05\omega}{1-\left(\frac{\omega}{8}\right)^2}$$

各环节及开环系统的伯德图均表示在图5.46的半对数坐标系上。

将 $L_1(\omega)\sim L_5(\omega)$ 叠加,即可求得开环对数幅频特性曲线,如图5.46(a)所示的实线 $L(\omega)$。

绘制开环对数相频特性曲线时,先作出各环节的相频特性曲线 $\varphi_1(\omega)\sim\varphi_5(\omega)$,然后进行代数相加,如图5.46(b)所示的 $\varphi(\omega)$。

如果要求得到精确的对数幅频特性,可在各转角频率处根据图5.41和图5.44加以修正。

由上述例题可见,串联环节的对数幅频特性也可以直接绘出。从典型环节的对数幅频特

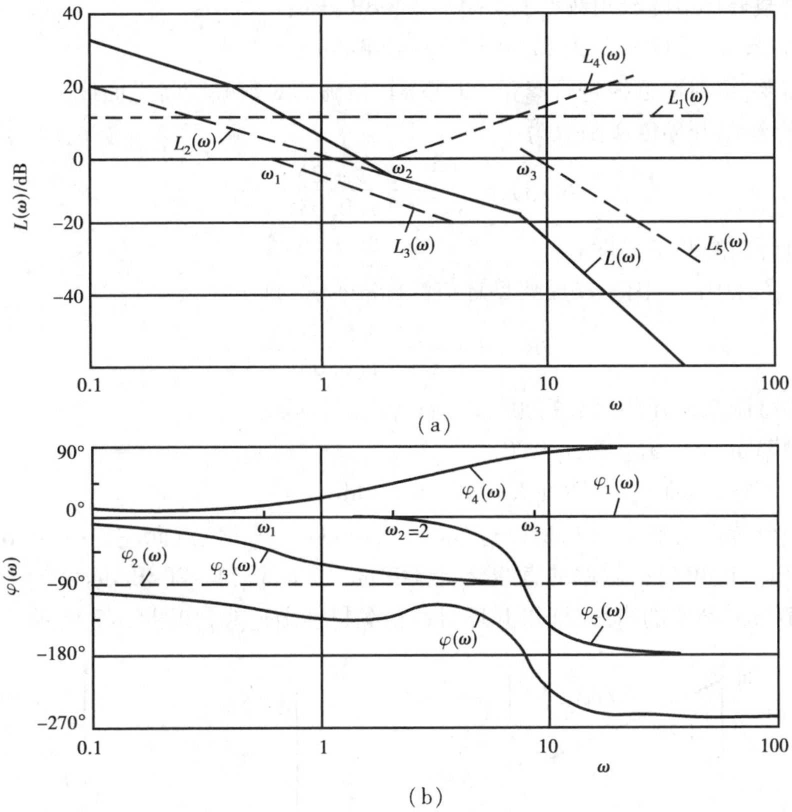

图 5.46　例 9 的伯德图

性可见，在低频段，惯性、振荡和比例微分等环节的低频渐近线，均为零分贝线。因此，对数幅频特性 $L(\omega)$ 的低频段主要取决于比例环节和积分环节(理想微分环节一般很少出现)。而在 $\omega=1$ 处，积分环节为过零点，因此在 $\omega=1$ 处，对数幅频特性的高度仅取决于比例环节。即 $L(\omega)|_{\omega=1}=20\lg K$，此时的斜率，则主要取决于积分环节的多少，每多一个积分环节，则斜率便降低 -20dB/dec。若有 V 个积分环节，则在 $\omega=1$ 处的斜率便为 $-20V$dB/dec。在确定了低频段以后，往后若遇到一阶惯性环节，经交接频率，$L(\omega)$ 的斜率便降低 -20dB/dec；遇到二阶振荡环节，过交接频率，则斜率便降低 -40dB/dec；若遇到比例微分环节，过交接频率，则斜率增加 $+20$dB/dec。这样，掌握了以上规律，就可以直接画出串联环节的总的渐近对数幅频特性。其步骤是：

①分析系统是由哪些典型环节串联组成的，将这些典型环节的传递函数都化成标准形式。即各典型环节传递函数的常数项为 1。

②根据比例环节的 K 值，计算 $20\lg K$。

③在半对数坐标纸上，找到横坐标为 $\omega=1$、纵坐标为 $L(\omega)|_{\omega=1}=20\lg K$ 的点，过该点作斜率为 $-20V$dB/dec 的斜线，其中 V 为积分环节的数目。

④计算各典型环节的转角频率，将各转角频率按由低到高的顺序进行排列，并按下列原则依次改变 $L(\omega)$ 的斜率：

若过一阶惯性环节的转角频率，斜率减去 20dB/dec；

若过比例微分环节的转角频率，斜率增加 20dB/dec；

若过二阶振荡环节的转角频率，斜率减去 40dB/dec。

⑤如果需要，可对渐近线进行修正，以获得较精确的对数幅频特性曲线。

［**例** 10］ 绘出开环传递函数为：

$$G_k(s) = \frac{5(s+2)}{s(s+1)(0.05s+1)}$$

的系统开环对数频率特性。

解 将 $G_k(s)$ 中的各因子换成典型环节的标准形式，即：

$$G_k(s) = \frac{10(0.5s+1)}{s(s+1)(0.05s+1)}$$

如果直接绘制系统开环对数幅频特性渐近线，其步骤如下：

①转折频率 $\omega_1 = 1, \omega_2 = 2, \omega_3 = 20$。

②在 $\omega = 1$ 处，$L(\omega)\big|_{\omega=1} = 20\lg K = 20\lg 10 = 20\text{dB}$。

③因第一个转折频率 $\omega_1 = 1$，所以过（$\omega_1 = 1, L(\omega) = 20\text{dB}$）点向左作 -20dB/dec 斜率的直线，再向右作 -40dB/dec 斜率的直线交至频率 $\omega_2 = 2$ 时转为 -20dB/dec，当交至 $\omega_3 = 20$ 时再转为 -40dB/dec 斜率的直线，即得开环对数幅频特性渐近线，如图 5.47 所示。

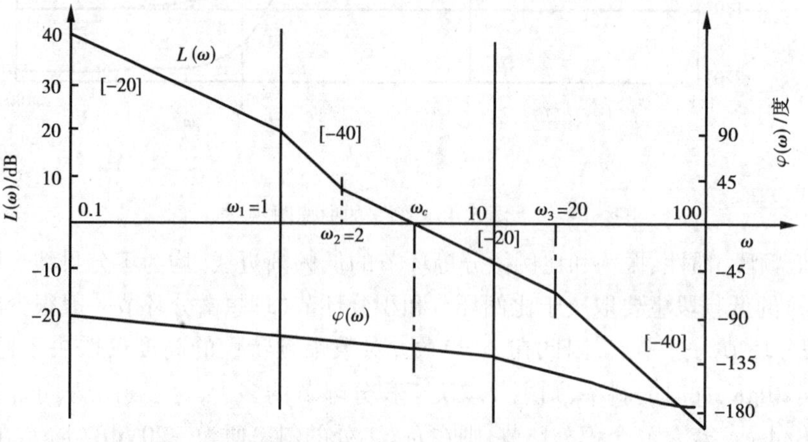

图 5.47 例 10 系统开环对数频率特性

系统开环对数相频特性：

$$\varphi(\omega) = -90° - \arctan\omega + \arctan 0.5\omega - \arctan 0.05\omega$$

对于相频特性，除了解它的大致趋向外，最感兴趣的是剪切频率 ω_c 时的相角，而不是整个相频曲线，本例中 $\omega = \omega_c = 5$ 时的相角为：

$$\varphi(\omega_c) = -90° - \arctan 5 + \arctan 0.5 \times 5 - \arctan 0.05 \times 5 = -114.5°$$

5.4.4 最小相位系统和非最小相位系统

如果系统的开环传递函数在右半 S 平面上没有极点和零点，则称为最小相位传递函数。具有最小相位传递函数的系统，称为最小相位系统。例如，具有下列开环传递函数的系统是最小相位系统：

$$G_1(s) = \frac{K(T_3 s + 1)}{(T_1 s + 1)(T_2 s + 1)} \qquad (K, T_1, T_2, T_3 \text{ 均为正数})$$

开环传递函数在右半 S 平面上有一个(或多个)极点和零点,称为非最小相位传递函数(若开环传递函数有一个或多个极点位于右半 S 平面,这意味着开环不稳定)。具有非最小相位传递函数的系统称为非最小相位系统。例如,具有下列开环传递函数的系统为非最小相位系统:

$$G_2(s) = \frac{K(T_3 s - 1)}{(T_1 s + 1)(T_2 s + 1)} \qquad (K, T_1, T_2, T_3 \text{ 均为正数})$$

$$G_3(s) = \frac{K}{(T_1 s + 1)(T_2 s + 1)} e^{-\tau s} \qquad (K, T_1, T_2, \tau \text{ 均为正数})$$

$G_1(s)$ 和 $G_2(s)$ 都具有相同的幅频特性,即幅频特性都是:

$$M(\omega) = \frac{K\sqrt{1 + T_3^2 \omega^2}}{\sqrt{(1 + T_1^2 \omega^2)(1 + T_2^2 \omega^2)}}$$

但它们的相频特性却大大不同;设 $G_1(s)$ 和 $G_2(s)$ 的相频特性分别为 $\varphi_1(\omega)$ 和 $\varphi_2(\omega)$,则:

$$\varphi_1(\omega) = \arctan(T_3\omega) - \arctan(T_1\omega) - \arctan(T_2\omega)$$

$$\varphi_2(\omega) = \arctan\left(\frac{T_3\omega}{-1}\right) - \arctan(T_1\omega) - \arctan(T_2\omega)$$

当 $\omega = 0$ 时　　$\varphi_1(\omega) = 0°, \varphi_2(\omega) = 180°$

当 $\omega \to \infty$ 时　　$\varphi_1(\infty) = 90° - 90° - 90° = -90°$

$\varphi_2(\infty) = 90° - 90° - 90° = -90°$

对于最小相位系统 $G_1(s)$ 来说,当 ω 从 $0 \to \infty$ 时的相角变化为:

$$|\varphi_1(\infty) - \varphi_1(0)| = |-90° - 0°| = 90°$$

对于非最小相位系统 $G_2(s)$ 来说,当 ω 从 $0 \to \infty$ 时的相角变化为:

$$|\varphi_2(\infty) - \varphi_2(0)| = |-90° - 180°| = 270°$$

显然,最小相位系统的相角变化为最小。

自动控制系统中迟延环节是最常见的非最小相位传递函数。例如上述的 $G_3(s)$ 包含了延迟环节 $e^{-\tau s}$。当延迟时间 τ 比较小的时候,$e^{-\tau s}$ 可近似为:

$$e^{-\tau s} \approx 1 - \tau s \qquad (\text{泰勒级数展开取前两项}) \tag{5.67}$$

因此,对 $G_3(s)$ 而言,延迟环节若按式(5.67)近似,则 $G_3(s) = \dfrac{K(1 - \tau s)}{(T_1 s + 1)(T_2 s + 1)}$

$$\varphi_3(\omega) = \arctan(-\tau\omega) - \arctan(T_1\omega) - \arctan(T_2\omega)$$

当 $\omega = 0$ 时　　$\varphi_3(\omega) = 0°$

当 $\omega \to \infty$ 时　　$\varphi_3(\infty) = -90° - 90° - 90° = -270°$

当 ω 从 $0 \to \infty$ 时,相角变化为:

$$|\varphi_3(\infty) - \varphi_3(0)| = |-270° - 0°| = 270°$$

所以它具有非最小相位系统的特性。如果要对 $G_3(s)$ 求取精确的相角变化,则可对 $G_3(s)$ 求取相频特性 $\varphi_3(\omega)$:

$$\varphi_3(\omega) = -\arctan T_1\omega - \arctan T_2\omega - 57.3 \cdot \tau\omega$$

当 $\omega=0$ 时　　　$\varphi_3(0)=0°$

当 $\omega\to\infty$ 时　　　$\varphi_3(\infty)=-90°-90°-57.3\cdot\infty=-\infty$

由此得相角变化为：

$$|\varphi_3(\infty)-\varphi_3(0)|=\infty$$

对控制系统来说，相位纯滞后越大，对系统的稳定性越不利，因此要尽量减小延迟环节的影响和尽可能避免有非最小相位特性的元件。

5.5　用开环频率特性分析系统的性能

5.5.1　系统开环对数频率特性与闭环稳定性的关系

(1)用伯德图确定稳定裕量

在 5.3 节中用奈奎斯特图定义的相位裕量和增益裕量也可以在伯德图上确定。与奈奎斯特图 5.34 对应的稳定系统的伯德图如图 5.48 所示。

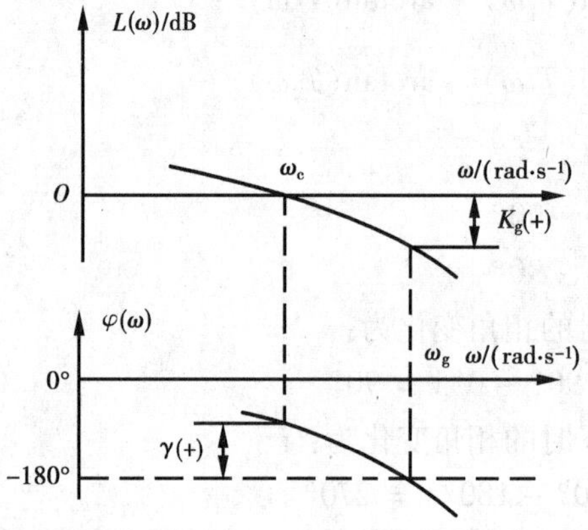

图 5.48　稳定系统的伯德图

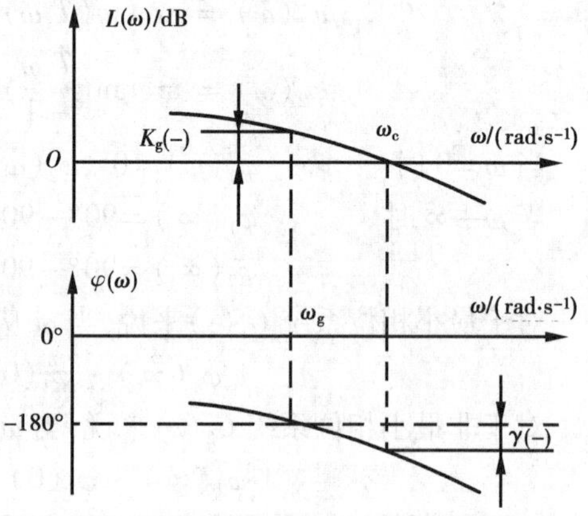

图 5.49　不稳定系统的伯德图

图 5.34 中的增益穿越频率 ω_c 在伯德图中是对应的零分贝的点，即开环对数幅频特性曲线与 ω 轴的交点如图 5.48 所示。图 5.34 中相位穿越频率 ω_g 的点在伯德图中是对应相角为 $-180°$ 的点，即相频特性曲线与 $-180°$ 水平线的交点，如图 5.48 的下部分所示。从图 5.48 还可以看出，相频特性曲线上对应于增益穿越频率 ω_c 的点位于 $-180°$ 水平线的上方，即 $|\varphi(\omega_c)|<180°$，所以相位裕量是正的，用 $\gamma(+)$ 来代表。

在伯德图中，增益裕量通常用分贝数来表示，即：

$$GM=K_g(\mathrm{dB})=20\lg K_g=20\lg\frac{1}{|G(\mathrm{j}\omega_g)H(\mathrm{j}\omega_g)|}=-20\lg|G(\mathrm{j}\omega_g)H(\mathrm{j}\omega_g)|\quad(\mathrm{dB})\tag{5.68}$$

式(5.68)中的 K_g 是指奈氏图表示增益裕量的 K_g，$K_g(\mathrm{dB})$ 表示的是伯德图上的增益裕量。

对于稳定系统，$|G(\mathrm{j}\omega_g)H(\mathrm{j}\omega_g)|<1$（见图 5.34），所以 $20\lg|G(\mathrm{j}\omega_g)H(\mathrm{j}\omega_g)|$ 为负，由式(5.68)可知，增益裕量 $GM=K_g(\mathrm{dB})$ 是正的，我们称增益裕量是正的，用 $K_g(+)$ 来表示。这时

对数幅频特性曲线上对应 ω_g 的点($20\lg|G(j\omega_g)H(j\omega_g)|$)在 ω 轴的下方,如图 5.48 所示。

对于不稳定系统,在伯德图上表示相位裕量 γ 和增益裕量 K_g(dB),可用上述同样的方法参照图 5.35 的奈氏图来对应确定,如图 5.49 所示。由图 5.49 可以看出,这时相位裕量 γ 和增益裕量 K_g(dB)都是负的,因为这时 $|\varphi(\omega_c)|>180°$,$|G(j\omega_g)H(j\omega_g)|>1$,图 5.49 中分别用 $\gamma(-)$ 和 $K_g(-)$ 来表示。

增益裕量和相位裕量通常作为设计控制系统的频域性能指标。大的增益裕量和大的相位裕量表明,控制系统可以非常稳定,但通常这种系统响应速度较慢,增益裕量 GM 接近于 1,或相位裕量接近于零,则对应是一个高度振荡的系统。实践表明,当 GM 和 PM 在下列范围内取值时,控制系统一般可以得到较为满意的动态性能。

$$PM = \gamma = 30° \sim 60°$$
$$GM = K_g(\text{dB}) > 6(\text{dB})$$

(2) 伯德定理简介

Bode 定理对于判定所谓最小相位系统的稳定性以及求取稳定裕量,是十分有用的。在这里,只定性地介绍定理的涵义,而不引用严格的数学表达式。有兴趣的读者可参阅有关文献。

Bode 定理的主要内容概括如下:

①线性最小相位系统的幅频特性是一一对应的。具体说,当给定整个频率区间上的对数幅频特性(精确特性)的斜率时,同一区间上的对数相频特性就被惟一地确定了。同样地,当给定整个频率区间上的对数相频特性时,同一区间上的对数幅频特性的斜率也被惟一地确定了。

②在某一频率(例如剪切频率 ω_c)上的相位移,主要决定于同一频率上的对数幅频特性的斜率;离该频率越远,斜率对相位移的影响越小。某一频率上的相位移与同一频率上的对数幅频特性的斜率的大致对应关系是:$\pm 20n$dB/dec 的斜率对应于大约 $\pm n90°$的相位移,这里 $n=0,1,2,\cdots$。例如,如果在剪切频率 ω_c 上的对数幅频特性的渐近线的斜率是 -20dB/dec,那么 ω_c 上的相位移就大约接近 $-90°$;如果 ω_c 上的幅频渐近线的斜率是 -40dB/dec,那么该点上的相位移就大约接近 $-180°$。在后一种情况下,闭环系统或者是不稳定的,或者只具有不大的稳定裕量。

在实际工程中,为了使系统具有相当的相位裕量,往往这样设计开环传递函数:使幅频渐近线以 -20dB/dec 的频率通过剪切点,并且至少在剪切频率的左右,从$\frac{1}{4}\omega_c$ 到 $2\omega_c$ 的这一段频率范围内保持上述渐近线的斜率不变。

图 5.50 所示即为满足上述要求的例子。关于反馈控制系统的设计与校正方法,将在下一章里详细讨论。但就这个例子来说,在$\frac{1}{4}\omega_c \sim 2\omega_c$ 这一频率范围内保持幅频渐近线斜率为 -20dB/dec,而在此范围两侧都具有 -40dB/dec 的斜率的情况下,再绘出相频特性,可以看出剪切频率 ω_c 处的相位裕量为 $\gamma \approx 50°$。

5.5.2　系统开环对数频率特性与闭环稳态误差的关系

从第 3 章可知,对于一定的输入信号,控制系统的稳态误差与系统的类型及开环放大系数 K 有关。给定了系统的开环对数频率特性曲线(例如,可以由实验求出),便可根据其低频段

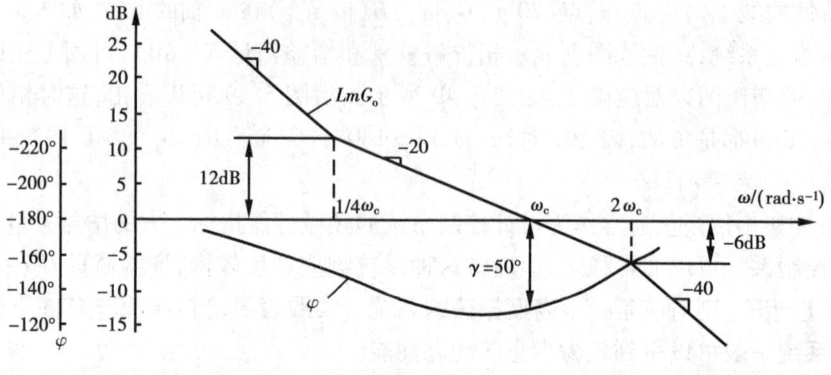

图 5.50　使幅频渐近线以 −20dB/dec 斜率通过剪切点的例子

的斜率与位置确定这一系统的类型、误差系数和稳态误差。下面分别介绍根据开环对数幅频特性曲线确定0型、Ⅰ型和Ⅱ型系统的稳态位置误差系数 K_P，速度误差系数 K_V 和加速度误差系数 K_a 的方法。

(1)0 型系统

设0型系统的开环幅相频率特性为：

$$G(j\omega)H(j\omega) = \frac{K_P}{1 + Tj\omega}$$

其对数幅频特性为

$$L(\omega) = 20\lg|G(j\omega)H(j\omega)| = 20\lg K_P - 20\lg\sqrt{1 + (T\omega)^2}$$

在低频段($\omega \to 0$)　　$L(\omega) = 20\lg K_P$　　(5.69)

是一条高度为 $20\lg K_P$ 平行于 ω 轴的直线。高频段($\omega \to \infty$)是一条斜率为 −20(dB/dec)的直线。两条渐近线的转角频率为 $\omega = \frac{1}{T}$。对数幅频特性如图 5.51 所示。从图中可以看出，0 型系统的对数幅频特性在低频段有如下特征：

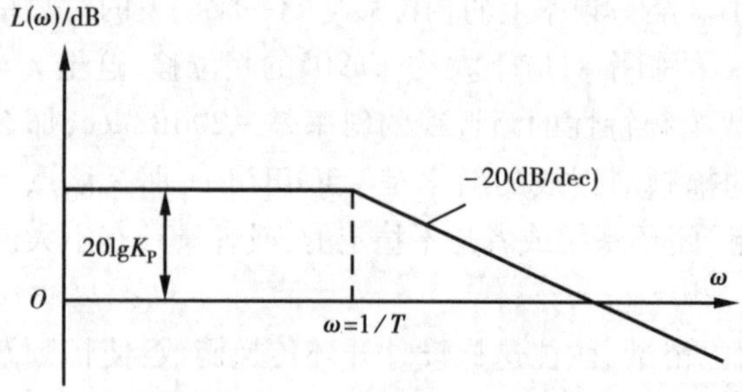

图 5.51　0 型系统的对数幅频特性

①低频段渐近线斜率为 0(dB/dec)，高度为 $20\lg K_P$；

②如果已知幅频特性曲线低频段的高度，就可由式(5.69)求出位置误差系数 K_P，从而可求出系统的稳态误差 e_{ss}。

(2) Ⅰ型系统

设Ⅰ型系统的开环幅相频率特性为：

$$G(j\omega)H(j\omega) = \frac{K_V}{j\omega(1 + Tj\omega)}$$

其对数幅频特性为：

$$L(\omega) = 20\lg|G(j\omega)H(j\omega)| = 20\lg K_V - 20\lg\omega - 20\lg\sqrt{1 + (T\omega)^2}$$

在低频段($\omega \to 0$)　　$L(\omega) = 20\lg K_V - 20\lg\omega$　　(5.70)

上式中，$20\lg K_V$ 是一条高度为 $20\lg K_V$ 的水平线，平行于 ω 轴。$-20\lg\omega$ 是斜率为

-20(dB/dec)的直线。所以 $L(\omega)$ 曲线低频段斜率为 -20(dB/dec)。又因 $\omega=1$ 时，$L(\omega)=20\lg K_V$；$\omega=K_V$ 时，$L(\omega)=0$；转角频率 $\omega_1=\frac{1}{T}$。由此可得Ⅰ型系统的对数幅频特性曲线，如图5.52所示。其中，图5.52(a)所示为转角频率 ω_1 大于 K_V 的情况，图5.52(b)所示为转角频率 ω_1 小于 K_V 的情况。从图中还可以看出，经转角频率 ω_1 以后的高频段斜率为 -40(dB/dec)。

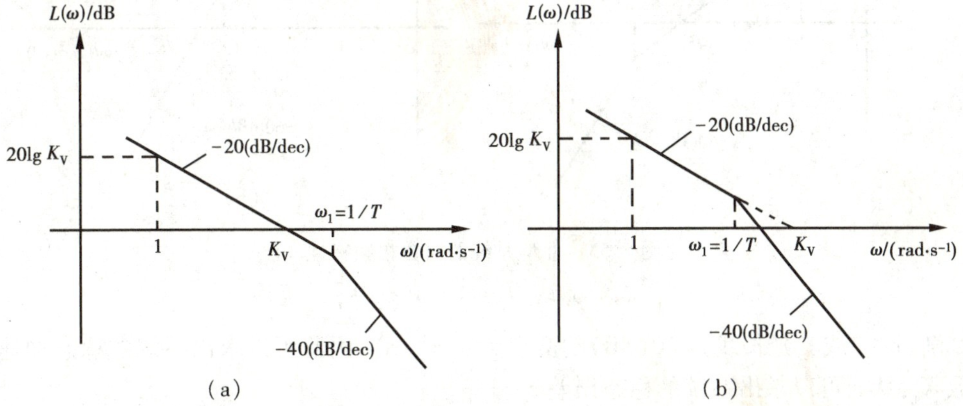

图 5.52　Ⅰ型系统的对数幅频特性

(a)转角频率 ω_1 大于 K_V；(b) 转角频率 ω_1 小于 K_V

Ⅰ型系统的对数幅频特性曲线在低频段有以下特征：

①渐近线斜率为 -20(dB/dec)；

②渐近线(或其延长线)与0(dB)线(即 ω 轴)的交点为 $\omega=K_V$，由此可以求出系统的稳态速度误差系数 K_V，从而进一步可求出系统的稳态误差 e_{ss}；

③渐近线(或其延长线)，在 $\omega=1$ 时的幅值为 $20\lg K_V$，由此也可以求得速度误差系数 K_V，从而可求出稳态误差 e_{ss}。

(3) Ⅱ型系统

设Ⅱ型系统的开环幅相频率特性为：

$$G(j\omega)H(j\omega)=\frac{K_a}{(j\omega)^2(1+Tj\omega)}$$

其对数幅频特性为：

$$L(\omega)=20\lg|G(j\omega)H(j\omega)|=20\lg K_a-40\lg\omega-20\lg\sqrt{1+(T\omega)^2}$$

在低频段($\omega\to0$)　$L(\omega)=20\lg K_a-40\lg\omega$　(5.71)

上式中，$20\lg K_a$ 为水平线，$-40\lg\omega$ 是一条斜率为 -40(dB/dec)的直线，所以 $L(\omega)$ 曲线的低频段斜率为 -40(dB/dec)。又因 $\omega=1$ 时，$L(\omega)=20\lg K_a$；$\omega=\sqrt{K_a}$ 时，$L(\omega)=0$；转角频率为 $\omega_1=\frac{1}{T}$；由此可得Ⅱ型系统的对数幅频特性曲线如图5.53所示。其中图5.53(a)所示为转角频率 ω_1 大于 $\sqrt{K_a}$ 的情况，图5.53(b)所示为转角频率 ω_1 小于 $\sqrt{K_a}$ 的情况。从图5.53还可以看出，转角频率 ω_1 以后的高频段斜率为 -60(dB/dec)。

Ⅱ型系统对数幅频特性的低频段有以下特征：

①渐近线的斜率为 -40(dB/dec)；

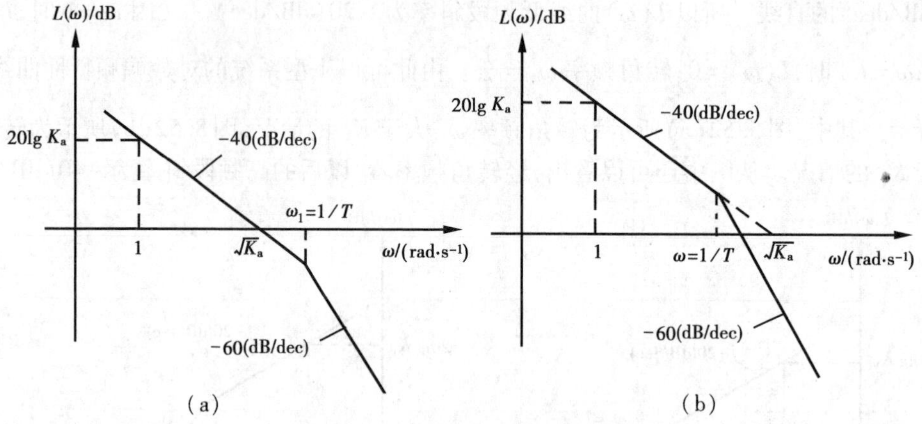

图 5.53 Ⅱ型系统的对数幅频特性

(a) $\omega_1 > \sqrt{K_a}$;(b) $\omega_1 < \sqrt{K_a}$

②渐近线(或其延长线)与0(dB)的交点为 $\omega = \sqrt{K_a}$,由此可以求出系统的稳态加速度误差系数 K_a,从而可以求出系统的稳态误差 e_{ss}。

③渐近线(或其延长线)在 $\omega = 1$ 时的幅值为 $20\lg K_a$,由此也可以求出系统的稳态加速度误差系数 K_a 及稳态误差 e_{ss}。

5.5.3 开环对数频率特性与系统时域性能之间的关系

在分析系统的伯德图时,常将它分成如图 5.54 所示的 3 个频段(图中省略了相频特性图)。低频段反映了系统的稳态性能,中频段反映了系统的动态性能,控制系统的动态性能是我们最关心的问题,下面将详细介绍中频段与时域性能的关系,高频段则反映了系统抗高频干扰的能力,对系统的动态性能影响不大,将不作深入分析。

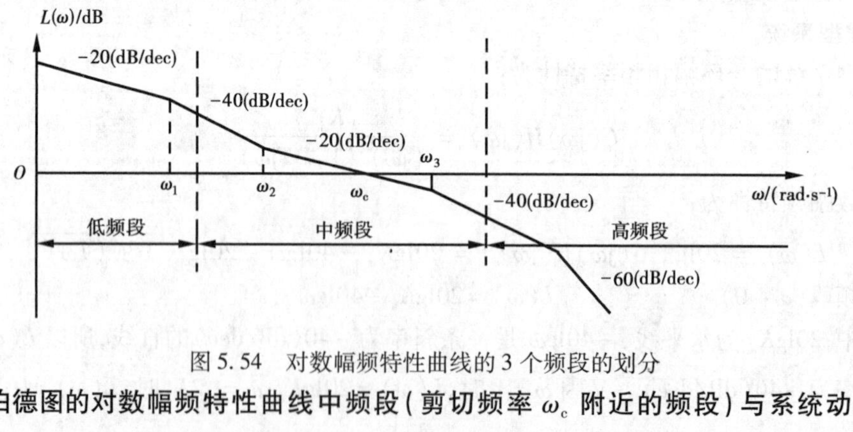

图 5.54 对数幅频特性曲线的 3 个频段的划分

(1)伯德图的对数幅频特性曲线中频段(剪切频率 ω_c 附近的频段)与系统动态性能的关系

中频段的参数主要有:剪切频率 ω_c、相位裕量 γ 以及中频段宽度 h。一般来说,我们希望剪切频率 ω_c 附近的斜率为 −20(dB/dec),如图 5.54 所示。图 5.54 中 ω_c 两边两个转角频率为 ω_2 和 ω_3。所谓中频段宽度 h 定义为

$$h = \frac{\omega_3}{\omega_2} \tag{5.72}$$

下面用一具体的例子来说明中频段特性与时域性能的关系。设一系统的开环频率特性为：

$$G(j\omega)H(j\omega) = \frac{K}{j\omega(1+0.02j\omega)(1+0.2j\omega)} \tag{5.73}$$

当 $K=10$ 时，式(5.73)的对数幅频特性曲线如图 5.55 所示的曲线 a。剪切频率 ω_c 在斜率为 -40(dB/dec)的区段内，对照图 5.55 下部的相频特性曲线可知，相位裕量为 $\gamma=55°$，因此闭环系统是稳定的。若开环放大系数 K 值减小，则对数幅频特性曲线向下垂直移动。这时剪切频率 ω_c 向左移动[注意，K 变化时，系统的相频特性曲线 $\varphi(\omega)\sim\omega$ 不变]。由图 5.55 可知，相位裕量 γ 将增大。当剪切频率 ω_c 移至斜率为 -20(dB/dec)的区段内时，相位裕量 γ 将更大，如图 5.55 的曲线 b 所示。反之，增大开环放大系数 K，剪切频率 ω_c 将向右移动，相位裕量 γ 将减小，当 ω_c 移至 $\omega_c=\omega_g$ 时(ω_g 为相位穿越频率)，$\gamma=0$，闭环系统处于临界稳定。当 $\omega_c>\omega_g$ 时，$\gamma<0$，这时，对数幅频特性曲线的中频段斜率为 -40(dB/dec)，如图 5.55 曲线 c 所示。因这时 γ 为负值，所以闭环系统已不稳定了。如果开环放大系数 K 继续加大，使剪切频率 ω_c 落在对数幅频特性曲线斜率为 -60(dB/dec)的区段内，如图 5.55 曲线 d 所示。这时相位裕量 γ“负”得更厉害，系统将更加不稳定。

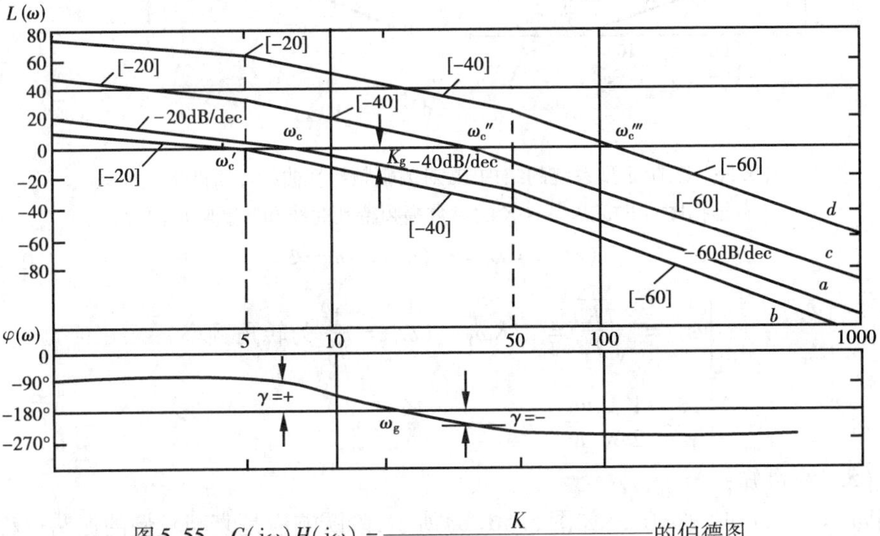

图 5.55　$G(j\omega)H(j\omega)=\dfrac{K}{j\omega(1+0.02j\omega)(1+0.2j\omega)}$的伯德图

下面再以典型的二阶系统为例，说明对数幅频特性曲线的参数与时域特性的关系。图 5.56给出了典型二阶系统的结构图，对数幅频特性图和时域的阶跃响应曲线。由图 5.56（a）可知，二阶系统的开环传递函数为：

$$G_k(s) = \frac{K}{s(1+T_1S)} \tag{5.74}$$

对照标准二阶系统的开环传递函数：

$$G(s) = \frac{\omega_n^2}{s^2+2\zeta\omega_n s}$$

可得式(5.74)的自然振荡频率 ω_n 和阻尼比 ζ 分别为：

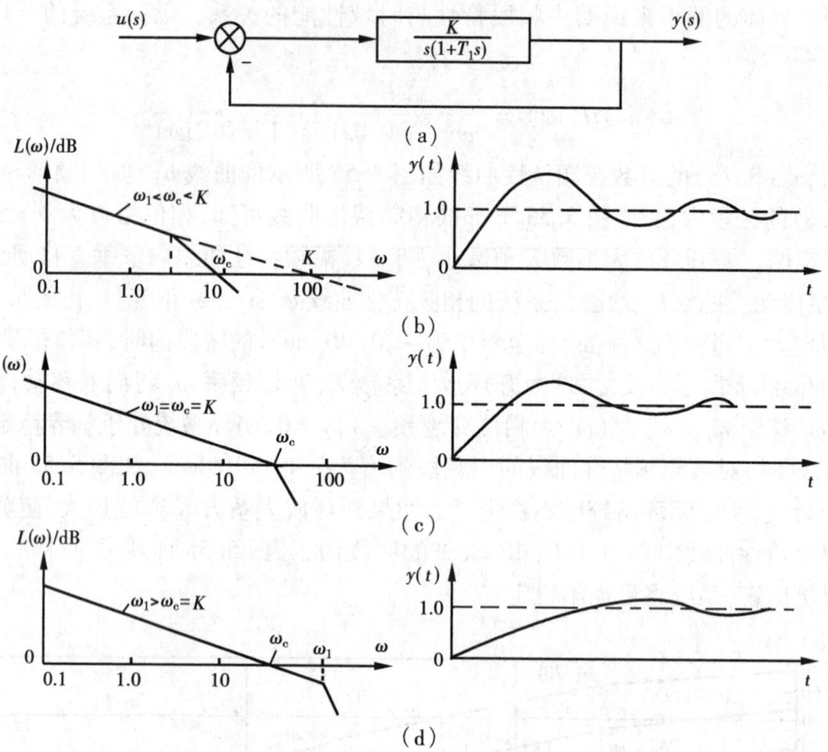

图 5.56　二阶Ⅰ型系统的结构图，对数幅频特性曲线和阶跃响应曲线

(a)结构图；(b) $\omega_1 < \omega_c < K$ 的对数幅频特性曲线和阶跃响应曲线；

(c) $\omega_1 = \omega_c = K$；(d) $\omega_1 > \omega_c = K$

$$\begin{cases} \omega_n = \sqrt{\dfrac{K}{T_1}} = \sqrt{K\omega_1} \quad \left(\omega_1 = \dfrac{1}{T_1}\text{ 为转角频率}\right) \\ \zeta = \dfrac{1}{2}\sqrt{\dfrac{\omega_1}{K}} \end{cases} \tag{5.75}$$

由式(5.75)可知：

①当 $\omega_1 < \omega_c < K$ 时，$\zeta < 0.5$，如图 5.56(b)所示，阶跃响应是衰减较慢的振荡过程。

②当 $\omega_1 = \omega_c = K$ 时，$\zeta = 0.5$，如图 5.56(c)所示，阶跃响应是衰减较快的振荡过程。

③当 $\omega_1 > \omega_c = K$ 时，$\zeta > 0.5$，如图 5.56(d)所示，阶跃响应是接近无振荡的非周期过程。当 $\omega_1 \geqslant 4K$ 时，$\zeta \geqslant 1$，阶段响应为无超调的非周期过程。

由以上分析可以得出如下结论：为使系统的阶跃响应无超调量或超调很小，应使图 5.56 中的剪切频率 ω_c 位于斜率为 -20(dB/dec)的线段上，并且要求有一定的中频段宽度 h 见式(5.72)及图 5.54]。中频段越宽，阶跃响应(时域特性)越接近非周期过程。

(2)频域性能指标——相位裕量 γ 与时域性能指标——超调量 σ_P 和调整时间 t_s 的定量关系

对于一般的生产过程控制系统来说，最主要的时域性能指标是超调量 σ_P 和调整时间 t_s，现分别讨论这 2 种主要时域性能指标与相位裕量 $\gamma(\omega_c)$ 的定量关系如下：

相位裕量 $\gamma(\omega_c)$ 与超调量 σ_P 之间的定量关系。

由于二阶系统比较简单,容易求出精确的定量关系。当高阶系统有一对主导极点时(有时也可人为产生一对主导极点),二阶系统分析的结论也可以推广应用到这样的高阶系统中去,因此分析二阶系统的频域性能指标与时域性能指标间的定量关系,具有一定的普遍意义。

二阶系统开环传递函数的标准形式为:

$$G(s)=\frac{\omega_n^2}{s^2+2\zeta\omega_n s}=\frac{\omega_n^2}{s(s+2\zeta\omega_n)}$$

开环频率特性为:

$$G(j\omega)=\frac{\omega_n^2}{(j\omega)^2+2\zeta\omega_n(j\omega)}$$

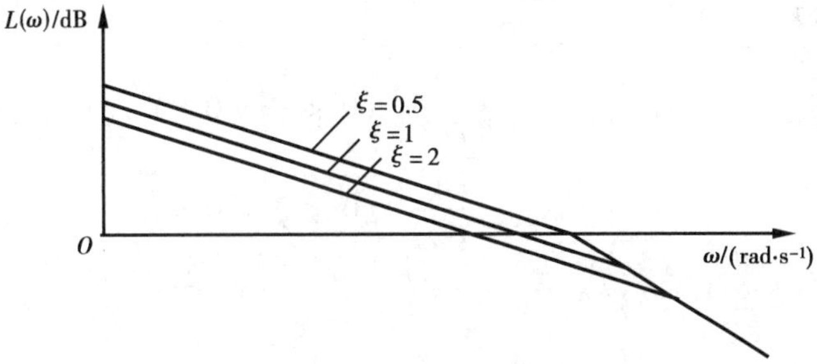

图5.57　二阶系统开环对数幅频特性

当ζ取不同值时的开环对数幅频特性如图5.57所示,当$\omega=\omega_c$时的幅值为:

$$|G(j\omega_c)|=\left|\frac{\omega_n^2}{(j\omega_c)^2+2\zeta\omega_n(j\omega_c)}\right|=1 \quad (\omega_c\text{— 剪切频率})$$

或写成:

$$|G(j\omega_c)|=\frac{\omega_n^2}{\omega_c\sqrt{\omega_c^2+(2\zeta\omega_n)^2}}=1$$

由上式进一步可得:　$\omega_c^4+4\zeta^2\omega_n^2\omega_c^2=\omega_n^4$

因而可得:

$$\omega_c=\sqrt{\sqrt{1+4\zeta^4}-2\zeta^2}\,\omega_n \tag{5.76}$$

当$\omega=\omega_c$时的相角为:

$$\varphi(\omega_c)=-90^\circ-\arctan\frac{\omega_c}{2\zeta\omega_n}$$

相位裕量为:

$$\gamma(\omega_c)=180^\circ+\varphi(\omega_c)=90^\circ-\arctan\frac{\omega_c}{2\zeta\omega_n}=\arctan\frac{2\zeta\omega_n}{\omega_c} \tag{5.77}$$

将式(5.76)代入式(5.77)得:

$$\gamma(\omega_c)=\arctan\frac{2\zeta}{\sqrt{\sqrt{1+4\zeta^4}-2\zeta^2}} \tag{5.78}$$

上式即为相位裕量$\gamma(\omega_c)$与阻尼比ζ之间的定量关系。按式(5.78)的定量关系可绘成曲线,如图5.58所示。

在前面第3章已知,超调量σ_P和阻尼比ζ之间的定量关系为:

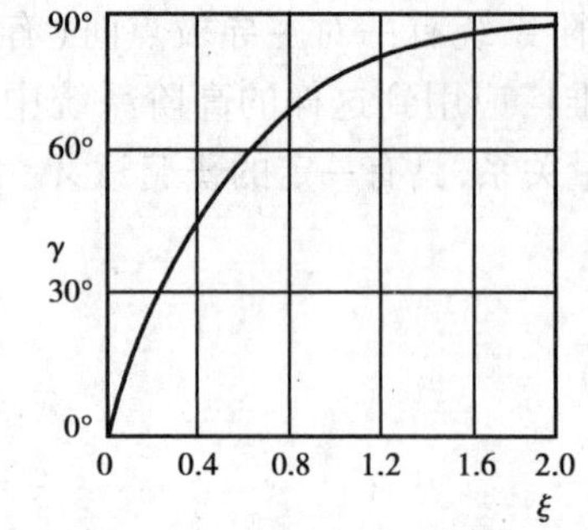

图 5.58　二阶系统相位裕量 γ 和阻尼比 ζ 的关系

$$\sigma_{\mathrm{P}} = \mathrm{e}^{-\frac{\zeta\pi}{\sqrt{1-\zeta^2}}} \tag{5.79}$$

将式(5.78)和式(5.79)的函数关系，以 ζ 为横坐标，σ_{P} 和 $\gamma(\omega_{\mathrm{c}})$ 为纵坐标，绘制于同一张图上，如图 5.59 所示。这样，根据给定的相位裕量 $\gamma(\omega_{\mathrm{c}})$ 就可由图 5.59 直接得到时域特性的最大超调量 σ_{P}。反之，当要求超调量不超过某一允许的 σ_{P} 值时，也可以从图 5.59 中求得应有的相位裕量 $\gamma(\omega_{\mathrm{c}})$。

(3) 相位裕量 $\gamma(\omega_{\mathrm{c}})$ 与调整时间 t_{s} 之间的定量关系

仍以二阶系统为例，在第 3 章已求得调整时间 t_{s} 的近似表达式为：

$$\begin{cases} t_{\mathrm{s}} \big|_{\Delta=\pm5\%} \approx \dfrac{3}{\zeta\omega_n} & (0 < \zeta < 0.9) \\ t_{\mathrm{s}} \big|_{\Delta=\pm2\%} \approx \dfrac{4}{\zeta\omega_n} & (0 < \zeta < 0.9) \end{cases} \tag{5.80}$$

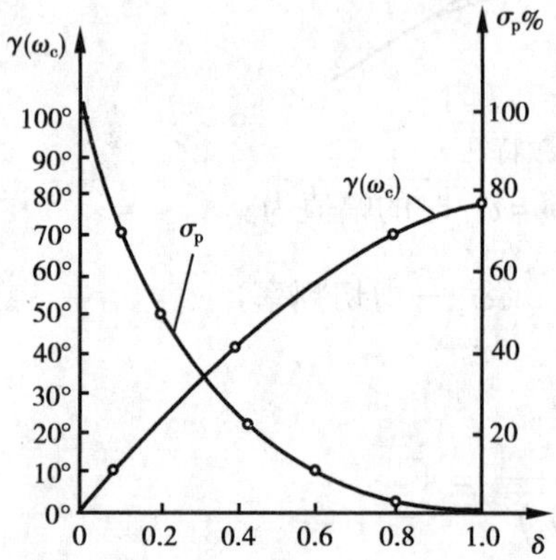

图 5.59　$\gamma(\omega_{\mathrm{c}})$、$\sigma_{\mathrm{P}}$ 与 ζ 的关系曲线

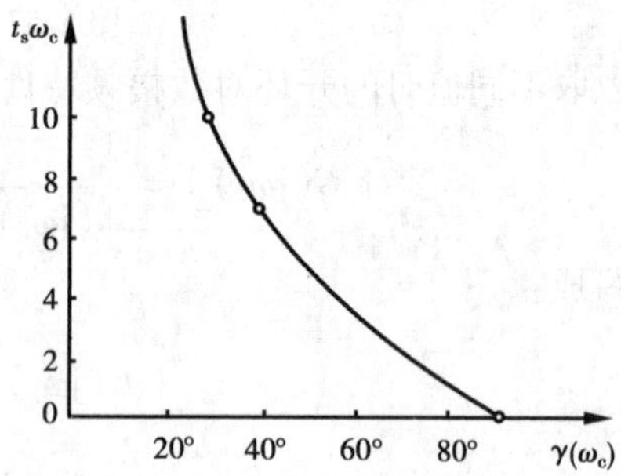

图 5.60　$t_s\omega_{\mathrm{c}}$ 与 $\gamma(\omega_{\mathrm{c}})$ 的关系曲线

将式(5.76)代入式(5.80)可得：

$$\begin{cases} t_{\mathrm{s}}\omega_{\mathrm{c}} \big|_{\Delta=\pm5\%} \approx \dfrac{3}{\zeta}\sqrt{\sqrt{1+4\zeta^4}-2\zeta^2} \\ t_{\mathrm{s}}\omega_{\mathrm{c}} \big|_{\Delta=\pm2\%} \approx \dfrac{4}{\zeta}\sqrt{\sqrt{1+4\zeta^4}-2\zeta^2} \end{cases} \tag{5.81}$$

再由式(5.77)和式(5.81)可得：

$$\begin{cases} t_{\mathrm{s}}\omega_{\mathrm{c}} \big|_{\Delta=\pm5\%} \approx \dfrac{6}{\tan\gamma(\omega_{\mathrm{c}})} \\ t_{\mathrm{s}}\omega_{\mathrm{c}} \big|_{\Delta=\pm2\%} \approx \dfrac{8}{\tan\gamma(\omega_{\mathrm{c}})} \end{cases} \tag{5.82}$$

将式(5.82)的函数关系绘成曲线，如图 5.60 所示。(图中画的是 $t_{\mathrm{s}}\omega_{\mathrm{c}} \big|_{\Delta=\pm5\%} \approx \dfrac{6}{\tan\gamma(\omega_{\mathrm{c}})}$ 的关系式)。

如果有两个系统，其相位裕量 $\gamma(\omega_{\mathrm{c}})$ 相同，那么他们的最大超调量 σ_{P}(时域)是大致相同的,但他们的调整时间 t_s 并不一定相同。由式(5.82)可知,t_s 与剪切频率 ω_c 成反比,即 ω_c 越大,时域的调整时间 t_s 越短。所以剪切频率 ω_c 在频率特性中是一个很重要的参数,它不仅影响系统的相位裕量,还影响动态过程的调整时间。

上述的频域性能与时域性能的定量关系都是基于二阶系统得出来的。对于高阶系统,只要存在一对闭环主导极点,就可以利用上述二阶系统分析的一些定量关系,以简化系统的设计。

(4)高阶系统

对于高阶系统,开环频域指标与时域指标之间没有准确的关系式。但是大多数实际系统,开环频域指标 γ 和 ω_c 能反映暂态过程的基本性能。为了说明开环频域指标与时域指标的近似关系,介绍如下两个关系式:

$$\sigma_P = 0.16 + 0.4\left(\frac{1}{\sin\gamma} - 1\right),(35° \leqslant \gamma \leqslant 90°) \tag{5.83}$$

$$t_s = \frac{K\pi}{\omega_c}(s) \tag{5.84}$$

式中: $$K = 2 + 1.5\left(\frac{1}{\sin\gamma} - 1\right) + 2.5\left(\frac{1}{\sin\gamma} - 1\right)^2 \quad (35° \leqslant \gamma \leqslant 90°) \tag{5.85}$$

将式(5.83)和(5.84)表示的关系,绘成曲线,如图5.61所示。可以看出,超调量 σ_P% 随相角裕度 γ 的减小而增大;调节时间 t_s 随 γ 的减小而增大,但随 ω_c 的增大而减小。

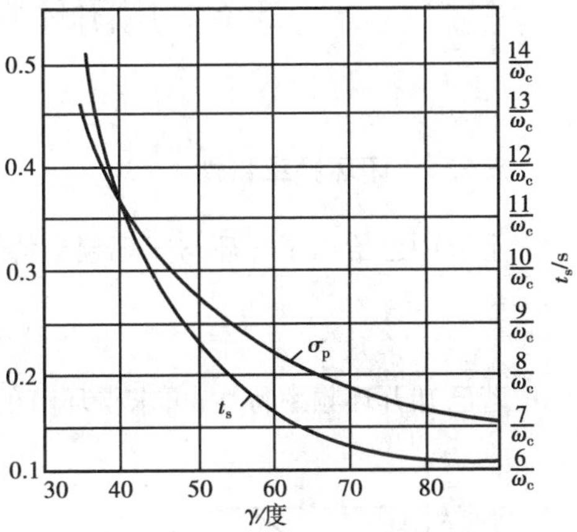

图5.61 σ_P,t_s 与 γ 的关系曲线

由上面对二阶系统和高阶系统的分析可知,系统的开环频率特性反映了系统的闭环响应性能。对于最小相位系统,由于开环幅频特性与相频特性有确定的关系。因此,相角裕度 γ 取决于系统开环对数幅频特性的形式,但开环对数幅频特性中频段(ω_c 附近的区段)的形状,对相角裕度影响最大,所以闭环系统的动态性能主要取决于开环对数幅频特性的中频段。

5.5.4 开环频率特性的高频段对系统性能的影响

如果高频段特性是由时间常数的环节决定的,由于其转折频率远离 ω_c,所以对系统动态响应影响不大。然而从系统抗干扰的角度看,高频段是很有意义的。

对于单位反馈系统,开环和闭环传递函数的关系为:

$$G_{闭}(s) = \frac{G_{开}(s)}{1 + G_{开}(s)}$$

则频率特性之间的关系为:

$$G_{闭}(j\omega) = \frac{G_{开}(j\omega)}{1 + G_{开}(j\omega)}$$

由于在高频段,一般 $|20\lg G_{开}(j\omega)| \ll 0$,即 $|G_{开}(j\omega)| \ll 1$,故有

$$|G_{闭}(j\omega)|=\frac{|G_{开}(j\omega)|}{|1+G_{开}(j\omega)|}\approx|G_{开}(j\omega)| \tag{5.86}$$

即闭环幅频近似等于开环幅频。

因此,开环对数幅频特性高频段的幅值,直接反映了系统对输入端高频信号的抑止能力,高频段分贝越低,系统抗干扰能力越强。

通过以上分析,可以看出系统开环对数频率特性表征了系统的性能。对于最小相位系统,系统的性能完全可以由开环对数幅频特性反映出来。希望的系统开环对数幅频特性归纳起来有以下几个方面:

①如果要求具有一阶或二阶无静差特性,则开环对数幅频特性的低频段应有 -20dB/dec 或 -40dB/dec 的斜率。为保证系统的稳态精度,低频段应有较高的增益。

②开环对数幅频特性以 -20dB/dec 斜率穿过 0dB 线,且具有一定的中频宽度,这样系统就有一定的稳定裕度,以保证闭环系统具有一定的平稳性。

③具有尽可能大的剪切频率 ω_c,以提高闭环系统的快速性。

④为了提高系统抗高频干扰的能力,开环对数幅频特性高频段应有较大的斜率。

5.6 用闭环频率特性分析系统的性能

5.6.1 闭环频率特性

上节中已给出了开环与闭环频率特性的关系,对单位反馈系统为:

$$G_{闭}(j\omega)=\frac{G_{开}(j\omega)}{1+G_{开}(j\omega)}$$

若已知开环频率特性,可求得环节的闭环频率特性。

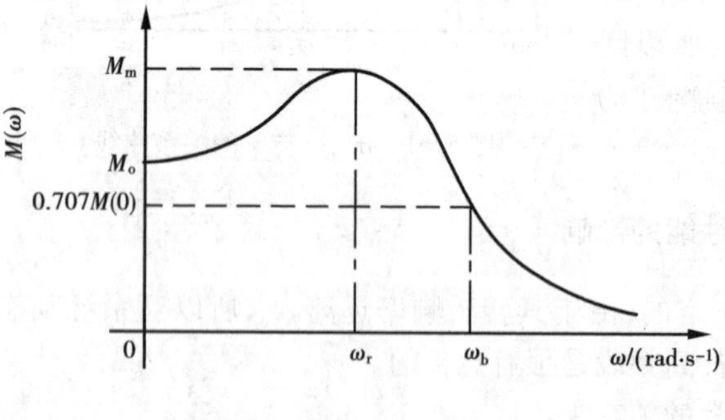

图 5.62 典型闭环幅频特性

图 5.62 示出了闭环幅频特性的典型形状。由图 5.62 可见,闭环幅频特性的低频部分变化缓慢,较为平滑,随着 ω 增大,幅频特性出现最大值,继而以较大的陡度衰减至零,这种典型的闭环幅频特性可用下面几个特征量来描述。

①零频幅值 M_o:$\omega=0$ 时的闭环幅频特性值。

②谐振峰值 M_r:幅频特性极大值与零频幅值之比,即 $M_r=\frac{M_m}{M_o}$。在 I 型和 I 型以上系统,$M_o=1$,则谐振峰值是幅频特性极大值。

③谐振频率 ω_r:出现谐振峰值时的频率。

④系统频带宽 ω_b:闭环频率特性的幅值减小到 $0.707M_o$ 时的频率,称为频带宽,用 ω_b 表示。频带越宽,表明系统能通过较高频率的输入信号。因此 ω_b 高的系统,一方面重现输入信号的能力强,另一方面,抑制输入端高频噪声的能力弱。

5.6.2　闭环频域指标与时域指标的关系

用闭环频率特性分析系统的动态性能，一般用谐振峰值 M_r 和频带宽 ω_b（或谐振频率 ω_r）做为闭环频域指标。

(1) 二阶系统

由上节可知，典型二阶系统闭环传递函数为：

$$G_{闭}(s) = \frac{\omega_n^2}{s^2 + 2\zeta\omega_n s + \omega_n^2} \quad (0 < \zeta < 1) \tag{5.87}$$

对应式(5.87)写出二阶典型系统的闭环频率特性为：

$$G_{闭}(j\omega) = \frac{\omega_n^2}{(j\omega)^2 + 2\zeta\omega_n(j\omega) + \omega_n^2} = \frac{\omega_n^2}{(\omega_n^2 - \omega^2) + j2\zeta\omega_n\omega} \tag{5.88}$$

式(5.88)也是振荡环节的频率特性。

1) M_r 与 $\sigma_P\%$ 的关系

典型二阶系统的闭环幅频特性为：

$$M(\omega) = \frac{\omega_n^2}{\sqrt{(\omega_n^2 - \omega^2)^2 + (2\zeta\omega_n\omega)^2}} \tag{5.89}$$

在 ζ 较小时，幅频特性 $M(\omega)$ 出现峰值。其谐振峰值 M_r 和谐振频率 ω_r 可用极值条件求得，即令：

$$\frac{dM(\omega)}{d\omega} = 0$$

则谐振频率为：

$$\omega_r = \omega_n\sqrt{1 - 2\zeta^2} \quad (0 < \zeta \leqslant 0.707) \tag{5.90}$$

将式(5.90)代入式(5.89)中，可求得幅频特性峰值。因 $\omega = 0$ 时的幅频值 $M_0 = 1$，则求得幅频特性峰值即是谐振峰值，即：

$$M_r = \frac{1}{2\zeta\sqrt{1 - \zeta^2}} \quad (0 < \zeta \leqslant 0.707) \tag{5.91}$$

讨论：当 $\zeta > 0.707$ 时，ω_r 为虚数，说明不存在谐振峰值，幅频特性单调衰减。$\zeta = 0.707$ 时，$\omega_r = 0$，$M_r = 1$。$\zeta < 0.707$ 时，$\omega_r > 0$，$M_r > 1$。$\zeta \to 0$ 时，$\omega_r \to \omega_n$，$M_r \to \infty$。

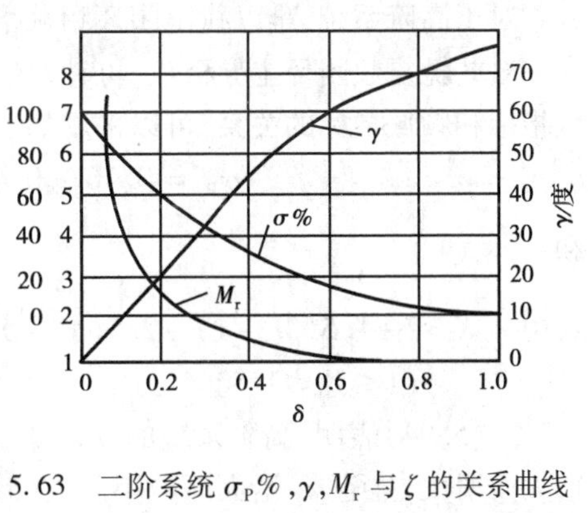

图 5.63　二阶系统 $\sigma_P\%$，γ，M_r 与 ζ 的关系曲线

将式(5.91)所表示的 M_r 与 ζ 的关系也绘于图 5.63 中。由图 5.63 明显看出，M_r 越小，系统阻尼性能越好。如果谐振峰值较高，则系统动态过程超调大，收敛慢，平稳性及快速性都差。从图 5.63 知，$M_r = 1.2 - 1.5$ 对应 $\sigma_P\% = 20\% - 30\%$，这时可获得适度的振荡性能。若出现 $M_r > 2$，则与此对应的超调量可高达 40% 以上。

2) M_r，ω_b 与 t_s 的关系

在频率 ω_b 处，典型二阶系统闭环频率特性的幅值为：

$$M(\omega_b) = \frac{\omega_n^2}{\sqrt{(\omega_n^2 - \omega_b^2)^2 + (2\zeta\omega_n\omega_b)^2}}$$

解出 ω_b 与 ω_n、ζ 的关系为：

$$\omega_b = \omega_n \sqrt{1 - 2\zeta^2 + \sqrt{2 - 4\zeta^2 + 4\zeta^4}} \tag{5.92}$$

由 $t_s \approx \frac{3}{\zeta\omega_n}$ 求得 ω_n，代入式(5.92)中，得：

$$\omega_b t_s = \frac{3}{\zeta} \sqrt{1 - 2\zeta^2 + \sqrt{2 - 4\zeta^2 + 4\zeta^4}} \tag{5.93}$$

将式(5.93)与式(5.91)联系起来，可求得 $\omega_b t_s$ 与 M_r 的关系，绘成曲线如图 5.64 所示。由图可看出 M_r、ω_b 与 t_s 的关系。对于给定的谐振峰值 M_r，调节时间与频带宽成反比。如果系统有较宽的频带，则说明系统自身的惯性很小，动作过程迅速，系统的快速性好。

谐振频率 ω_r 也反映系统的快速性，可以找出 M_r、ω_r 与 t_s 的关系，为简明起见，用曲线表示于图 5.65。

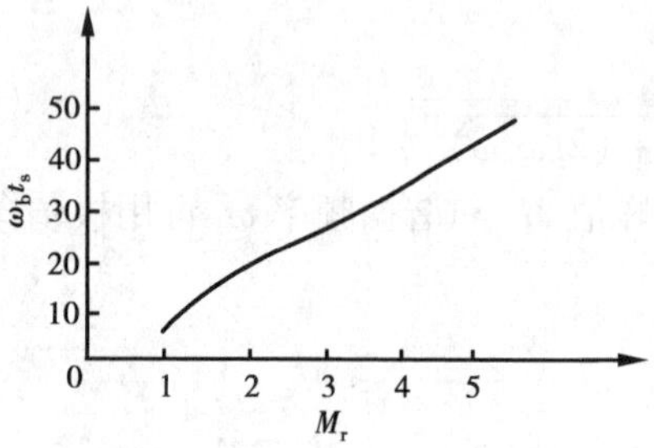

图 5.64　$\omega_b t_s$ 与 M_r 的关系

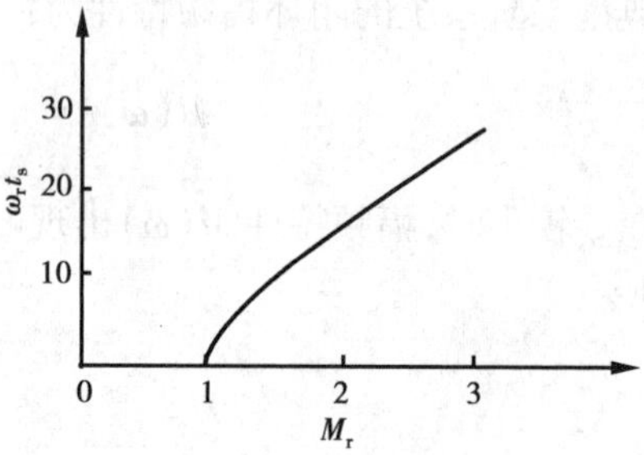

图 5.65　$\omega_r t_s$ 与 M_r 的关系

(2)高阶系统

对于高阶系统，难以找出闭环频域指标和时域指标之间的确切关系。但如果高阶系统存在一对共轭复数闭环主导极点，可针对二阶系统建立的关系近似采用。为了估计高阶系统时域指标和频域指标的关系，可以采用如下近似经验公式：

$$\sigma_P = 0.16 + 0.4(M_r - 1) \quad (1 \leqslant M_r \leqslant 1.8) \tag{5.94}$$

和

$$t_s = \frac{K\pi}{\omega_c}(s) \tag{5.95}$$

式中　$K = 2 + 1.5(M_r - 1) + 2.5(M_r - 1)^2$

$$(1 \leqslant M_r \leqslant 1.8) \tag{5.96}$$

式(5.94)表明，高阶系统的 $\sigma_P\%$ 随 M_r 增大而增大。式(5.95)则表明，调节时间 t_s 随 M_r 增大而增大，且随 ω_c 增大而减小。式(5.94)和式(5.95)的图示关系，如图 5.66 所示。

5.6.3　开环频域指标和闭环频域指标的关系

(1)γ 与 M_r 的关系

相角裕度 γ 和谐振峰值 M_r 都可以反映系统超调量的大小，表征系统的平稳性。

对于二阶系统，通过图 5.63 中的曲线可以看到 γ 与 M_r 之间的关系。

对于高阶系统，可通过图 5.67 找出它们之间的近似关系。假设 M_r 出现在 ω_c 附近(即 ω_r

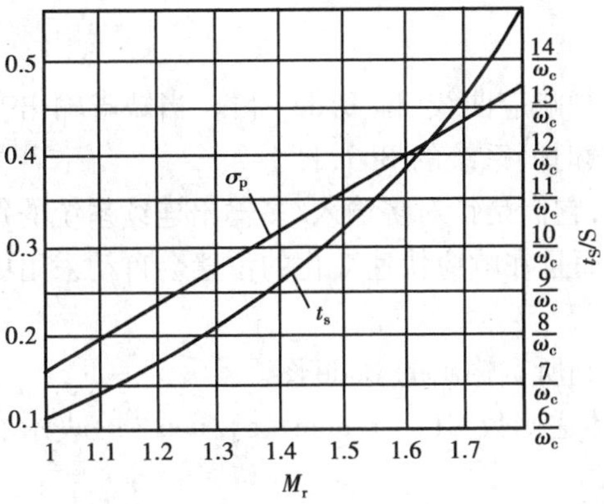

图5.66　σ_P, t_s 与 M_r 的关系曲线

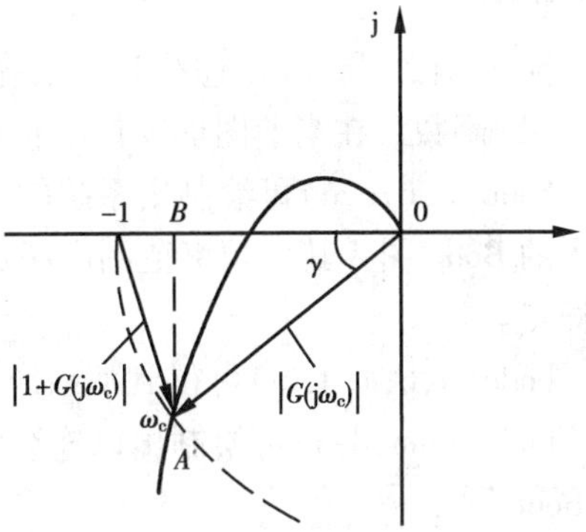

图5.67　求取 M_r 和 γ 之间的近似关系

接近 ω_c），就是说用 ω_c 代替 ω_r 来计算谐振峰值，并且 γ 较小，可以近似认为 $AB = |1+G(j\omega)|$，于是有：

$$M_r \approx \frac{|G(j\omega_c)|}{|1+G(j\omega_c)|} \approx \frac{|G(j\omega_c)|}{AB} = \frac{|G(j\omega_c)|}{|G(j\omega_c)|\sin\gamma} = \frac{1}{\sin\gamma} \tag{5.97}$$

当 γ 较小时，式(5.97)的准确度较高。

将式(5.97)代入式(5.94)和式(5.96)，即可得到前节的式(5.83)和式(5.85)。

(2) ω_c 与 ω_b 的关系

对于二阶系统，ω_c 和 ω_b 的关系可通过式(5.76)和式(5.92)得到，即

$$\frac{\omega_b}{\omega_c} = \sqrt{\frac{1-2\zeta^2+\sqrt{2-4\zeta^2+4\zeta^4}}{-2\zeta^2+\sqrt{4\zeta^4+1}}} \tag{5.98}$$

可见 ω_b 与 ω_c 的比值是 ζ 的函数，有：

$$\begin{cases} \zeta = 0.4 & \omega_b = 1.6\omega_c \\ \zeta = 0.7 & \omega_b = 1.55\omega_c \end{cases}$$

对于高阶系统，初步设计时，可近似取 $\omega_b = 1.6\omega_c$。

5.7　应用MATLAB进行频域分析

MATLAB包含了进行控制系统分析与设计所必需的工具箱函数。下面简单介绍Bode函数和nyquist函数的用法，其他有关函数请参考附录2。

(1) Bode

功能：求连续系统的Bode(伯德)频率响应。

格式：

```
[mag,phase,w] = bode(a,b,c,d)
[mag,phase,w] = bode(a,b,c,d,iu)
[mag,phase,w] = bode(a,b,c,d,iu,w)
[mag,phase,w] = bode(num,den)
```

[mag,phase,w] = bode(num,den,w)

说明:

bode 函数可计算出连续时间系统的幅频和相频响应曲线(即 Bode 图)。当缺省输出变量时,bode 函数可在当前图形窗口中直接绘制出连续时间系统的 Bode 图。

bode(a,b,c,d)可绘制出系统的一组 Bode 图,它们是针对多输入/多输出连续系统的每个输入的 Bode 图。其中频率范围由函数自动选取,而且在响应快速变化的位置会自动采用更多取样点。

bode(a,b,c,d,iu)可得到从系统第 iu 个输入到所有输出的 Bode 图。

bode(num,den)可绘制出以连续时间多项式传递函数 G(s) = num (s)/den (s)表示的系统 Bode 图。

bode(a,b,c,d,iu,w)或 bode(num,den,w),可利用指定的频率矢量绘制出系统的 Bode 图。

当带输出变量引用函数时,可得到系统 Bode 图相应的幅度、相位及频率点矢量,其相互关系为:

$$G(s) = c(sI - a)^{-1}b + d$$

$$\mathrm{mag}(\omega) = |G(j\omega)|$$

$$\mathrm{phase}(\omega) = \angle G(j\omega)$$

相位以度为单位,幅度可转换成分贝为单位

magdb = 20 * log10(mag)

[**例** 11] 有一个二阶系统,其自然频率 $\omega_n = 1$,阻尼因子 $\zeta = 0.2$,要绘制出系统的幅频和相频曲线,可输入:

```
[a,b,c,d]: = ord2(1,0.2);
bode(a,b,c,d);
title('Bode Plot')
```

执行后得到如图 5.68 所示的 Bode 图。

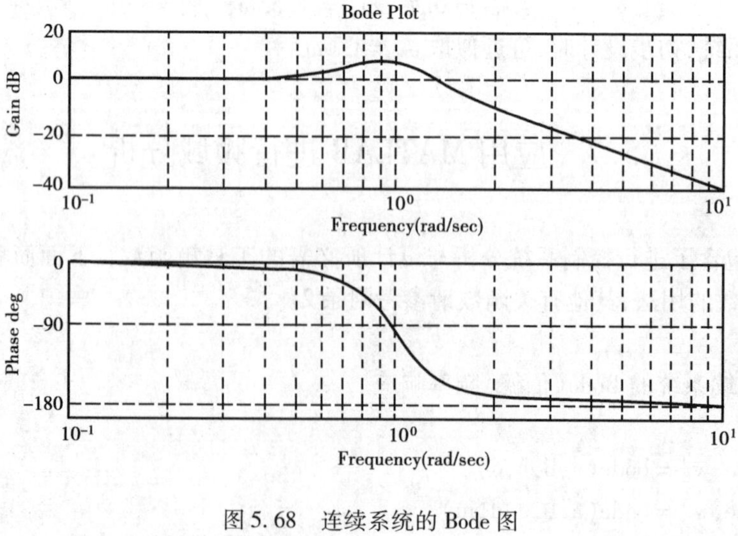

图 5.68 连续系统的 Bode 图

[**例** 12] 典型二阶系统:

$$G_k(s) = \frac{\omega_n^2}{s^2 + 2\zeta\omega_n s + \omega_n^2}$$

绘制出 ζ 取不同值时的 Bode 图。

解　取 $\omega_n = 6$，ζ 取[0.1∶1.0]时二阶系统的 Bode 图可直接采用 Bode 得到。

MATLAB 程序为：

```
% Example 5.1
%
wn = 6;
kosi = [0.1 : 1.0];
w = logspace( -1,1,100);
figure(1)
num = [wn.^2];
for kos = kosi
den = [1 2 * kos * wn wn.^2];
[mag,pha,w1] = bode(num,den,w);
subplot(2,1,1);hold on
semilogx(w1,mag);
subplot(2,1,2);hold on
semilogx(w1,pha);
end
subplot(2,1,1);grid on
title('Bode Plot');
xlabel('Frequency(rad/sec)');
ylabel('Gain dB');
subplot(2,1,2);grid on
xlabel('Frequency(rad/sec)');
ylabel('Phase deg');
hold off
```

执行后得如图 5.69 所示的 Bode 图。

从图 5.69 中可以看出，当 $\omega \to 0$ 时，相角 $\varphi(\omega)$ 也趋于 0；当 $\omega \to \infty$ 时，$\varphi(\omega) \to -180°$；当 $\omega = \omega_n$ 时，$\varphi(\omega) = -90°$。当 $\omega = \omega_n$ 时，频率响应的幅度最大。

［**例 13**］　有系统：

$$G_k(s) = \frac{100(s+4)}{s(s+0.5)(s+50)^2}$$

绘制出系统的 Bode 图。

解　MATLAB 程序为：

```
% Example 5.2
%
k = 100;
```

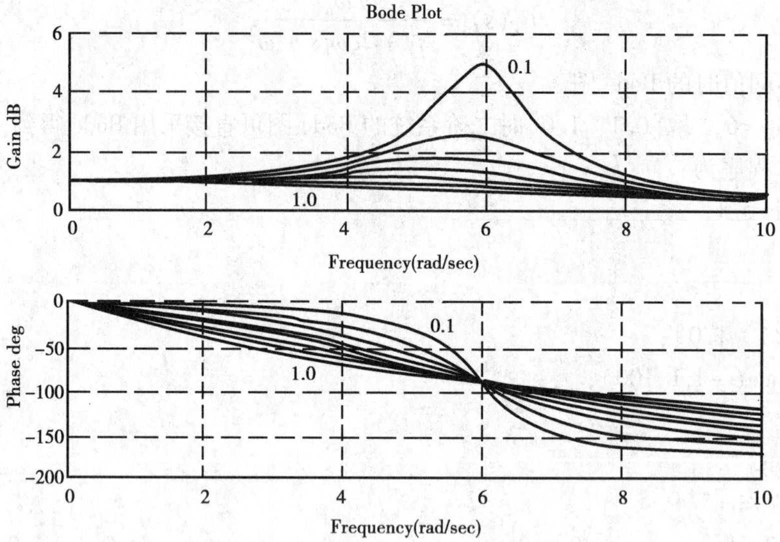

图 5.69　典型二阶系统的 Bode 图

```
z=[ -4];
p=[0   -0.5   -50   -50];
[num,den]:=zp2tf(z,p,k);
bode(num,den);
title('Bode   Plot');
```

执行后得如图 5.70 所示的 Bode 图。

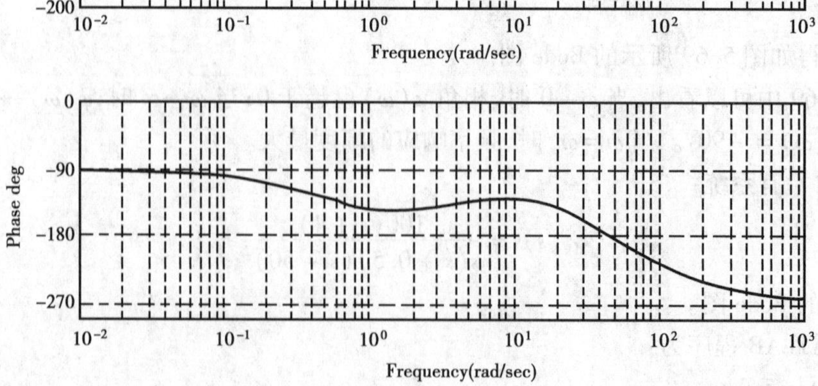

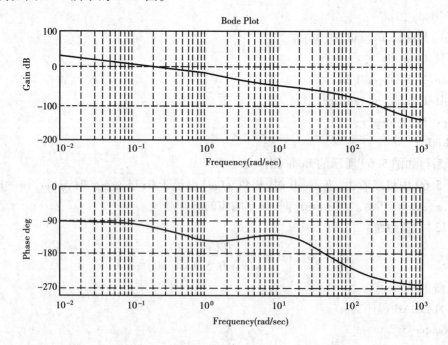

图 5.70　系统 Bode 图

(2) *nyquist*

功能:求连续系统的 Nyquist(奈奎斯特)频率曲线。

格式:

```
[re,im,w] = nyquist(a,b,c,d)
[re,im,w] = nyquist(a,b,c,d,iu)
[re,im,w] = nyquist(a,b,c,d,iu,w)
[re,im,w] = nyquist(num,den)
[re,im,w] = nyquist(num,den,w)
```

说明:

nyquist 函数可计算连续时间系统的 Nyquist 频率曲线,当不带输出变量引用函数时,nyquist 函数会在当前图形窗口中直接绘制出 Nyquist 曲线。

nyquist(a,b,c,d)可得到一组 Nyquist 曲线,每条曲线相应于多输入/多输出连续系统的输入/输出组合,其频率范围由函数自动选取,而且在响应快速变化的位置自动选取更多的取样点。

nyquist(a,b,c,d,iu)可得到从第 iu 个输入到系统所有输出的 Nyquist 曲线。

nyquist(num,den)可得到连续多项式传递函数 $G(s)$ = num(s)/den(s)表示的系统 Nyquist 曲线。

nyquist(a,b,c,d,iu,w)或 nyquist(num,den,w)可利用指定的频率向量 **w** 来绘制系统的 Nyquist 曲线。

当带输出变量引用函数时,可得到系统 Nyquist 曲线的数据,而不直接绘制出系统的 Nyquist 曲线。

[例 14]　有二阶系统:

$$G_k(s) = \frac{2s^2 + 5s + 1}{s^2 + 2s + 3}$$

现要得到系统的 Nyquist 曲线,可输入

```
num = [2  5  1];
den = [1  2  3];
nyquist(num,den);
title('Nyquist Plot')
```

执行后得到如图 5.71 所示的结果曲线。由于曲线没有包围 $-1+j0$ 点且 $p=0$,所以由 $G(s)$单位负反馈构成的闭环系统稳定。

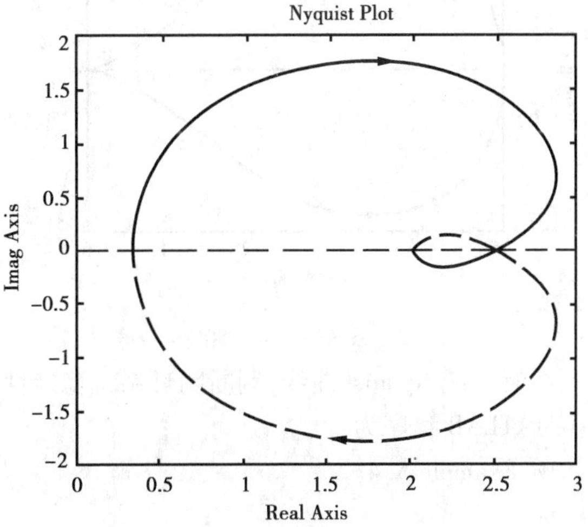

图 5.71　连续系统的 Nyquist 曲线

[例 15]　开环系统:

$$G_k(s) = \frac{50}{(s+5)(s-2)}$$

绘制系统 Nyquist 曲线,判断闭环系统稳定性,绘制出闭环系统的单位冲激响应。

解　根据开环系统传递函数,利用 nyquist 函数绘出系统的 Nyquist 曲线,并根据奈氏判据判别闭环系统的稳定性,最后利用 cloop 函数构成闭环系统,并用 impulse 函数求

出冲激响应以验证系统的稳定性结论。

MATLAB 程序为：

```
% Example 5.3
%
k = 50;
z = [ ];
p = [ -5   2];
[num,den] = zp2tf(z,p,k);
figure(1)
nyquist(num,den)
title('Nyquist   Plot');
figure(2)
[num1,den1] = cloop(num,den);
impulse(numl,denl)
title('Impulse Response')
```

执行后得如图 5.72 所示的 Nyquist 曲线和如图 5.73 所示的闭环系统单位冲激响应。

从图 5.72 中可以看出，系统 Nyquist 曲线按逆时针方向包围(-1,j 0)点 1 圈，而开环系统包含右半 S 平面上的 1 个极点，因此闭环系统稳定，这可由图 5.73 中得到证实。

［例 16］ 开环系统：

$$G(s)=\frac{50}{(s+1)(s+5)(s-2)}$$

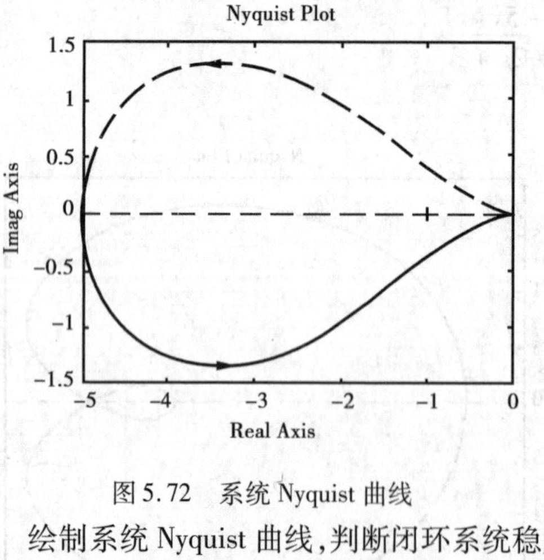

图 5.72 系统 Nyquist 曲线

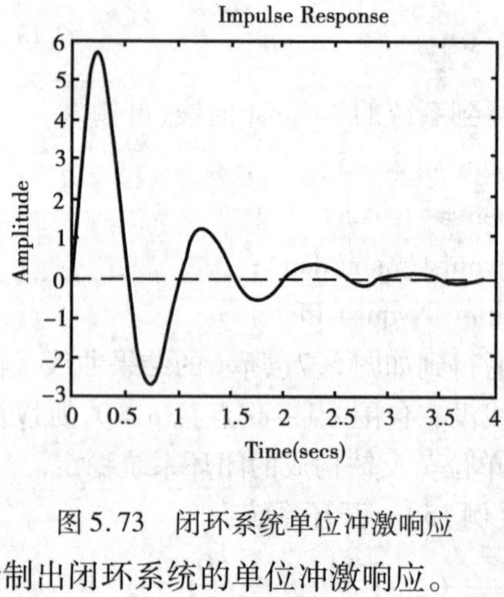

图 5.73 闭环系统单位冲激响应

绘制系统 Nyquist 曲线，判断闭环系统稳定性，绘制出闭环系统的单位冲激响应。

MATLAB 程序为：

```
% Example 5.4
%
k = 50;
z = [ ];
p = [ -1   -5   2];
```

```
[num,den] = zp2tf(z,p,k);
figure(1)
nyquist(num,den)
title('Nyquist Plot');
figure(2)
[num1,den1] = cloop(num,den);
impluse(num1,den1)
title('Impluse Response')
```

执行后得如图 5.74 所示的 Nyquist 曲线和如图 5.75 所示的闭环系统单位冲激响应。

从图 5.74 中可以看出,系统 Nyquist 曲线按顺时针方向包围(-1,j0)点 1 圈,而开环系统包含右半 S 平面上的 1 个极点,因此闭环系统不稳定,这可由图 5.75 中得到证实。

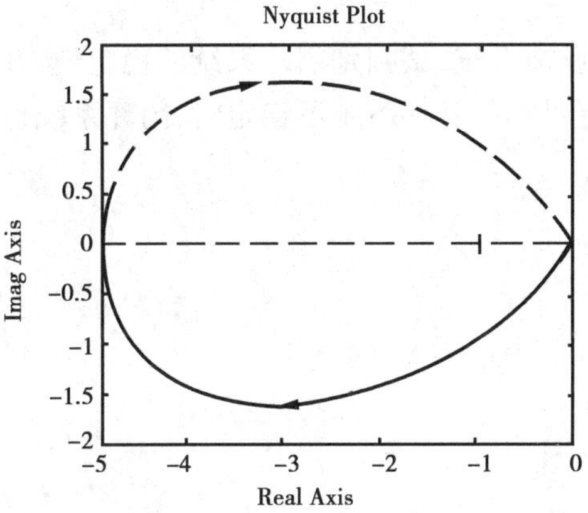

图 5.74　系统 Nyquist 曲线

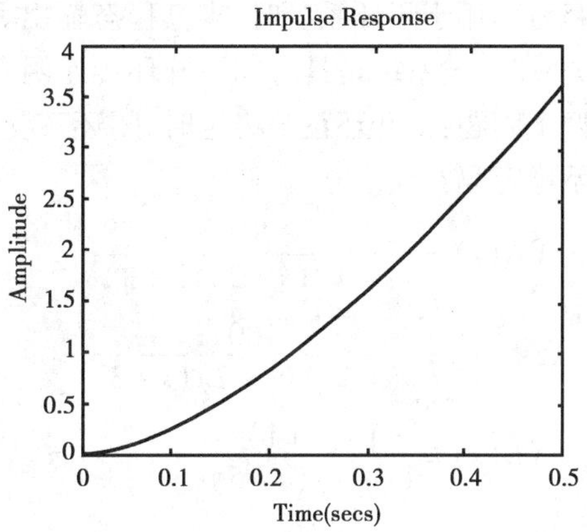

图 5.75　闭环系统单位冲激响应

小　结

①频域分析法是在频域内应用图解法评价系统性能的一种工程方法,频域分析法不必求解系统的微分方程而可以分析系统的动态和稳态时域性能。频率特性可以由实验方法求出,这对于一些难以列写出系统动态方程的场合,频域分析法具有重要的工程实用意义。

②频域分析有两种图解方法:极坐标图和对数坐标图,对数坐标图不但计算简单,绘图容易,而且能直观的显示时间常数等系统参数变化对系统性能的影响。因此更加具有工程实用意义。

③控制系统一般由若干典型环节所组成,熟悉典型环节的频率特性可以方便的获得系统的开环频率特性,利用开环幅相频率特性可以方便的分析闭环系统的性能。

④开环系统的对数坐标频率特性曲线(伯德图)是控制系统分析和设计的主要工具。开环对数幅频特性曲线 $L(\omega)$-ω 的低频段表征了系统的稳态性能,中频段表征了系统的动态性能,高频段则反映了系统抗干扰的能力。

⑤奈奎斯特稳定性判据是利用系统的开环幅相频率特性 $G(j\omega)H(j\omega)$ 曲线——又称奈氏曲线,是否包围 GH 平面中的(-1,j0)点来判断闭环系统的稳定性。它不但能判断闭环系统

的绝对稳定性(稳态性能),还能分析系统的相对稳定性(动态性能)。

⑥伯德图是与奈氏图对应的另一种频域图示方法,绘制伯德图比绘制奈氏图要简便得多。因此,利用伯德图来分析系统稳定性及求取稳定裕量——相位裕量和幅值裕量,也比奈氏图方便。

⑦谐振频率 ω_r,谐振峰值 M_r 和带宽 $0 \sim \omega_b$ 是重要的闭环频域性能指标,根据它们与时域性能指标间的转换关系,可以估计系统的重要时域性能指标 t_p,σ_p 和 t_s 等。

习　题

5.1　设单位反馈控制系统开环传递函数 $G(s)=\dfrac{4}{s+1}$,当将 $u(t)=\sin(2t+60°)-2\cos(t-45°)$ 作用于闭环系统时,求其稳态输出。

5.2　设系统是具有如下开环传递函数的单位反馈系统,试判别闭环系统的稳定性,并回答两个问题:①开环系统稳定时,闭环系统一定稳定吗?②开环系统不稳定时,闭环系统也一定不稳定吗?

①$G(s)=\dfrac{20}{(s+1)(s+2)(s+3)}$

②$G(s)=\dfrac{100}{s(s+1)(s+2)(s+3)}$

③$G(s)=\dfrac{10(s+1)}{(s-1)(s+5)}$

④$G(s)=\dfrac{10}{(s-1)(2s+3)}$

5.3　绘制下列传递函数的对数幅频渐近线和相频特性曲线。

①$G(s)=\dfrac{4}{(2s+1)(8s+1)}$

②$G(s)=\dfrac{24(s+2)}{(s+0.4)(s+40)}$

③$G(s)=\dfrac{8(s+0.1)}{s(s^2+s+1)(s^2+4s+25)}$

④$G(s)=\dfrac{10(s+0.4)}{s^2(s+0.1)}$

⑤$G(s)=\dfrac{20}{s(s+1)(s+4)}e^{-0.2s}$

5.4　已知环节的对数幅频特性渐近线如习题5.4图所示。试写出它们的传递函数。

5.5　已知最小相位系统开环频率特性实验曲线如习题5.6图所示,并用渐近线表示,试求系统开环传递函数。

5.6　设系统开环幅相特性曲线如习题5.6图所示,试判别系统稳定性。其中 P 为开环传递函数在 s 右半平面极点数,v 为积分环节个数。

5.7　已知系统开环传递函数,试由奈奎斯特判据判断其闭环系统稳定性。

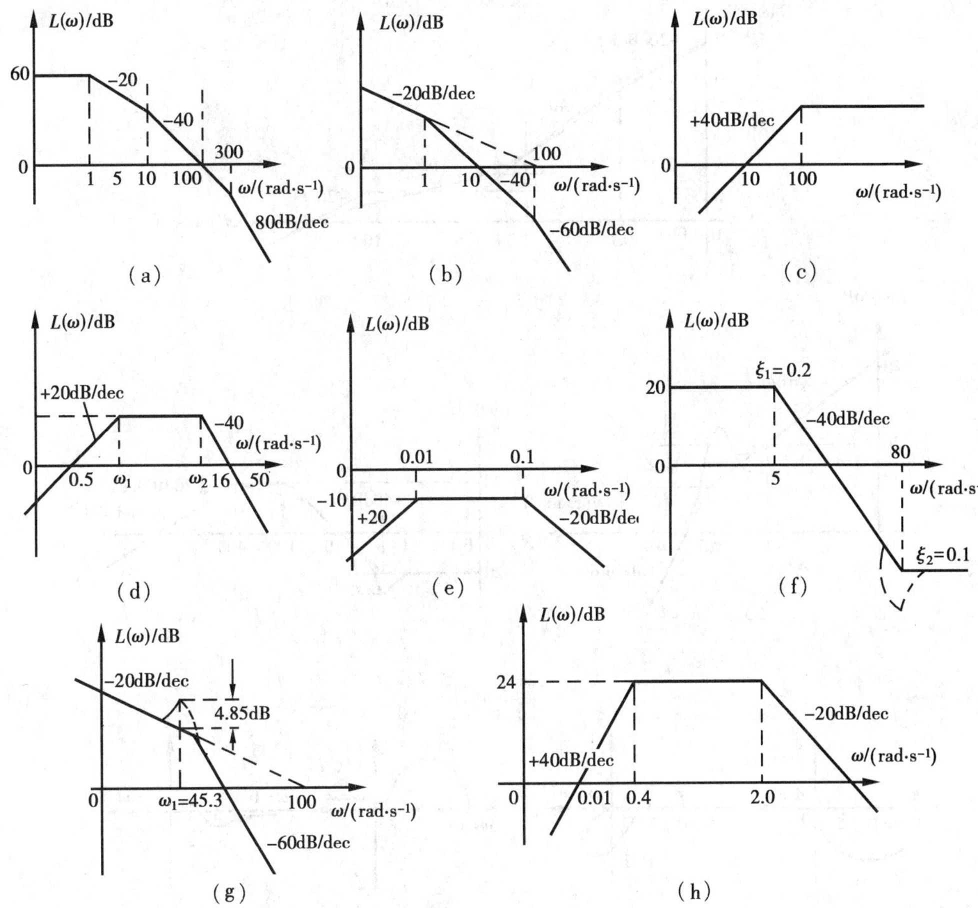

习题 5.4 图

①$G(s)=\dfrac{100}{(s+1)(2s+1)}$

②$G(s)=\dfrac{250}{s(s+5)(s+15)}$

③$G(s)=\dfrac{250(s+1)}{s(s+5)(s+15)}$

④$G(s)=\dfrac{0.5}{s(2s-1)}$

⑤$G(s)=\dfrac{(s-1)}{s(s+1)}$

5.8　已知某单位反馈系统开环幅相曲线如习题 5.8 图所示，开环增益 $K=500$，无开环右极点，试分析 K 的取值对系统稳定性的影响。

5.9　设单位负反馈系统开环传递函数

①$G(s)=\dfrac{\alpha s+1}{s^2}$，试确定使相角裕量等于 45°的 α 值。

②$G(s)=\dfrac{K}{(0.01s+1)^3}$，试确定使相角裕量等于 45°的 K 值。

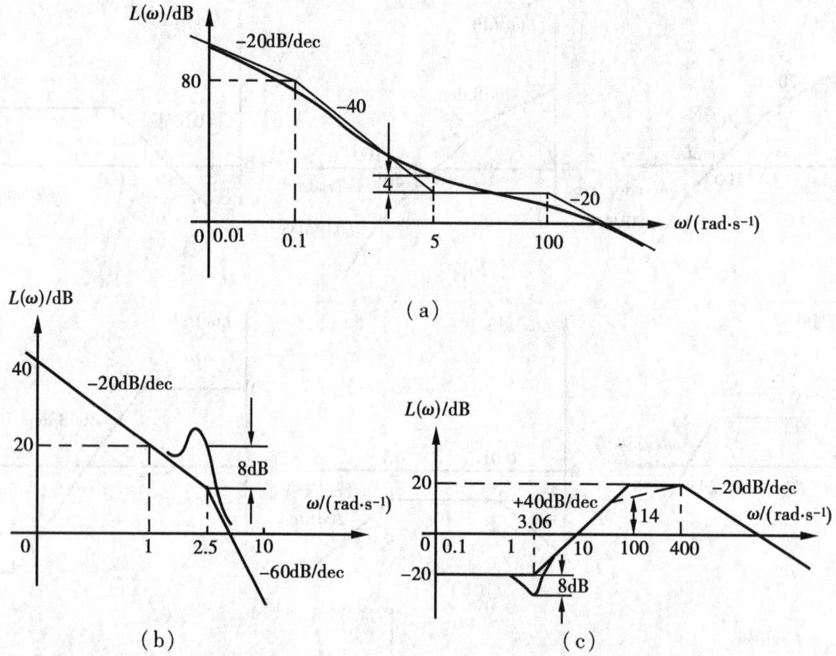
L(ω)/dB
-20dB/dec
80
-40
4
-20
0 0.01
0.1
5
100
ω/(rad·s-1)
(a)
L(ω)/dB
40
-20dB/dec
20
8dB
ω/(rad·s-1)
0
1
2.5
10
-60dB/dec
(b)
L(ω)/dB
20
-20dB/dec
+40dB/dec
3.06
14
ω/(rad·s-1)
0 0.1
1
10
100
400
-20
8dB
(c)

习题 5.5 图

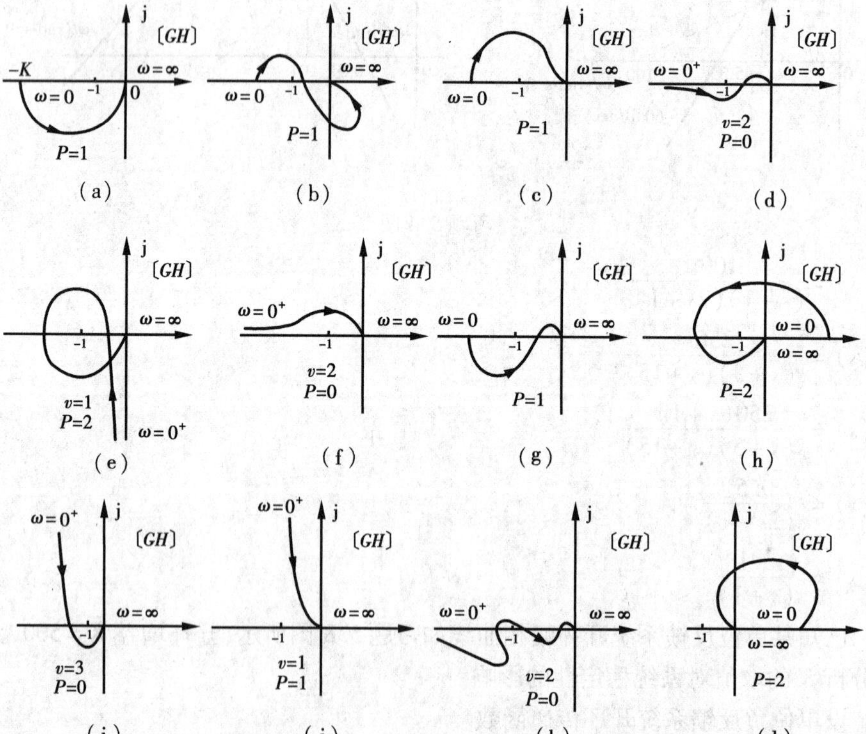
(a) -K, ω=0, -1, 0, ω=∞, P=1
(b) ω=0, -1, ω=∞, P=1
(c) ω=0, -1, ω=∞, P=1
(d) ω=0+, -1, ω=∞, v=2, P=0
(e) -1, ω=∞, v=1, P=2, ω=0+
(f) ω=0+, -1, ω=∞, v=2, P=0
(g) ω=0, -1, ω=∞, P=1
(h) -1, ω=0, ω=∞, P=2
(i) ω=0+, -1, ω=∞, v=3, P=0
(j) ω=0+, ω=∞, v=1, P=1
(k) ω=0+, -1, ω=∞, v=2, P=0
(l) -1, ω=0, ω=∞, P=2
j
〔GH〕

习题 5.6 图

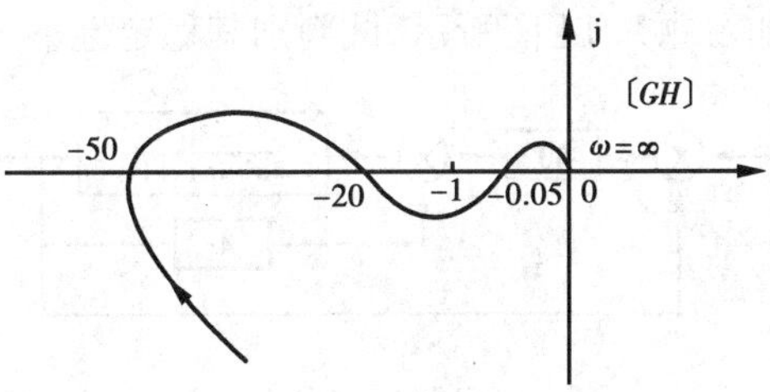

习题5.8图

③$G(s)=\dfrac{K}{s(s^2+s+100)}$,试确定使幅值裕量为20dB的开环增益$K$值。

5.10　已知系统的开环传递函数为:

①$G(s)H(s)=\dfrac{K}{s(s+1)(3s+1)}$

②$G(s)H(s)=\dfrac{Ke^{-2\tau}}{s(6s+1)}$

求闭环系统稳定的临界增益K值。

5.11　设单位反馈系统开环传递函数。

$$G(s)=\frac{10}{s(0.5s+1)(0.02s+1)}$$

试计算系统的相角裕量和幅值裕量。

5.12　设某控制系统开环传递函数。

$$G(s)=\frac{10K_1}{s(0.1s+1)(s+1)}$$

当$u(t)=10t$时要求系统稳态误差为0.1,试确定K_1并计算该系统此时具有的相角裕度、幅值裕度,说明系统能否达到精度要求。

5.13　设最小相位系统开环对数幅频渐近线如习题5.13图所示。

①写出系统开环传递函数$G(s)$。

②计算开环截止频率ω_c。

③计算系统的相角裕量。

④若给定输入信号$u(t)=1+\dfrac{1}{2}t$时,系统稳态误差分别为多少?

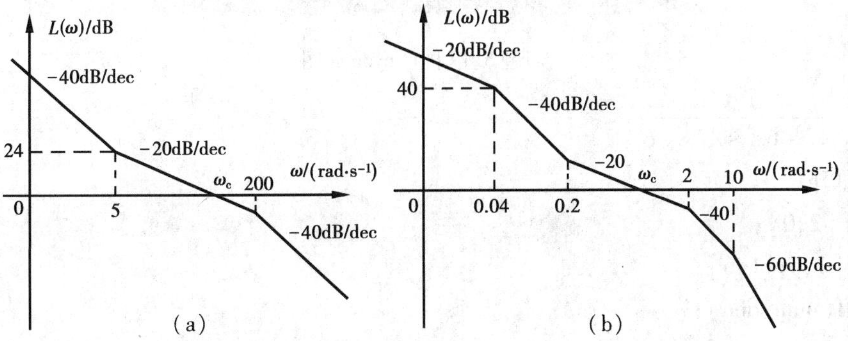

习题5.13图

5.14　闭环控制系统如习题5.14图所示，试判别其稳定性。

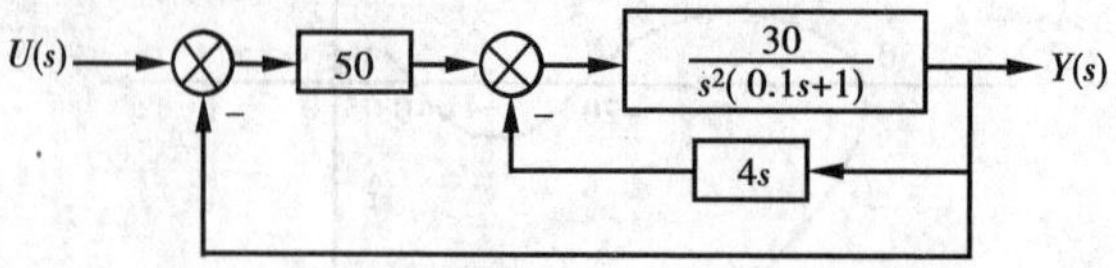

习题5.14图

5.15　设某单位负反馈系统的开环传递函数为：

$$G(s) = \frac{K}{s(0.01s+1)(0.1s+1)}$$

试求：①满足闭环系统谐振峰 $M_r \leqslant 1$ 的开环增益 K；

②根据相角裕量和幅值裕量分析闭环系统稳定性；

③应用经验公式计算系统时域指标：超调量 $\sigma_P\%$ 和过渡过程时间 t_s。

5.16　某控制系统开环传递函数：

$$G(s)H(s) = \frac{10(s+1)}{s(8s+1)(0.05s+1)}$$

试求：①系统开环截止频率 ω_c 及相角裕量 γ；

②由经验公式估算闭环系统性能指标 $M_r, \sigma_P\%, t_s$。

5.17　根据传递函数模型绘制 nyquist 图和 bode 图

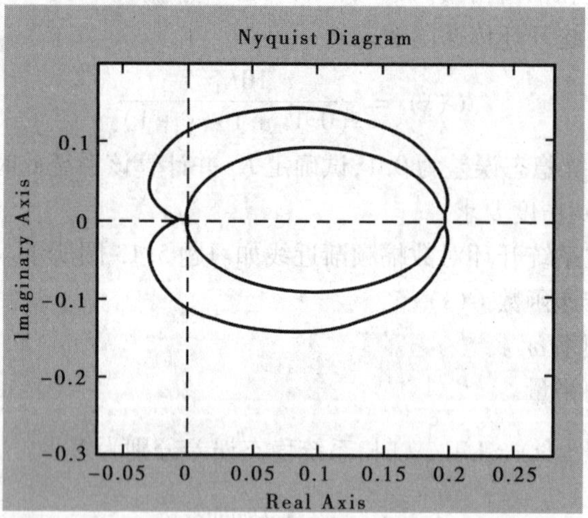

习题5.17图　nyquist 图

$$G(s) = \frac{2s}{s^3+6s^2+11s+6}$$

程序如下

```
num = [2,0];
den = [1,6,11,6];
sys = tf(num,den);
figure(1)
nyquist(sys)
```

```
figure(2);
freqs(num,den);
```

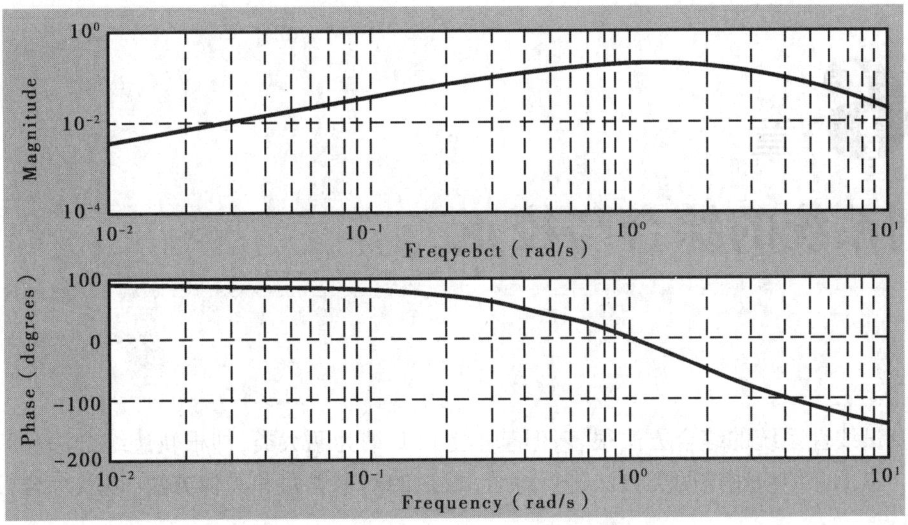

习题 5.17 图　bode 图

第 6 章

控制系统的综合与校正

单变量线性系统的综合方法很多,但基本上可归纳为两大类,即根轨迹综合法和频率响应综合法。本章介绍应用这两类方法进行综合、校正的基本思路和具体方法,以及综合校正的一般过程。

前面讨论的几种控制系统的分析方法,是在系统结构和参数已知的前提下,分析系统的静、动态性能及其与参数之间的关系,一般称这个过程为系统分析。本章则是讨论系统分析的逆问题,即控制系统的设计问题。它是根据对系统的要求,选择合适的控制方案与系统结构,计算参数和选择元器件,通过仿真和实验研究,建立起能满足要求的实用系统。这样一项复杂的工作,既要考虑技术要求,又要考虑经济性、可靠性、安装工艺、使用维修等多方面要求。这里只限于讨论其中的技术部分,即从控制观点出发,用数学方法寻找一个能满足技术要求的控制系统。通常把这项工作称为系统的综合。

控制系统可划分为广义对象(或受控系统)和控制器两大部分。广义对象(包括受控对象、执行机构、阀门,以及检测装置等)是系统的基本部分,它们在设计过程中往往是已知不变的,通常称为系统的"原有部分"或"固有部分"、"不可变部分"。一般来说,仅由这部分构成系统,系统的性能较差,难以满足对系统提出的技术要求,甚至是不稳定的,必须引入附加装置进行校正,这样的附加装置叫做校正装置或补偿装置。控制器的核心组成部分是校正装置,因此综合的主要任务就在于设计控制器。可以说,综合的中心是校正。综合的具体任务是选择校正方式,确定系统结构和校正装置的类型以及计算参数等,这些工作的出发点和归宿点都是满足对系统技术性能的要求,这些要求在单变量系统中往往都是以性能指标的形式给出。

(1)性能指标

工程上,对单变量系统常用性能指标来衡量控制系统的优劣。在设计控制系统时,对不同的控制系统提出不同的性能指标,或对同一控制系统提出不同形式的性能指标。控制系统的经典设计方法习惯于在频域里进行,因此常用频率域性能指标。然而时域指标具有直观,便于量测等优点。因而在许多场合下采用时域性能指标。

性能指标的提法虽然很多,但大体上可归纳为 3 大类,即稳态指标,时域动态指标和频域动态指标,这些内容在第 3 章和第 5 章里已作过介绍,下面只作简单的归纳。

1)稳态指标

稳态指标是衡量系统稳态精度的指标。控制系统稳态精度的表征——稳态误差 e_{ss},一般用以下 3 种误差系数来表示：

①稳态位置误差系数 K_P，表示系统跟踪单位阶跃输入时系统稳态误差的大小。

②稳态速度误差系数 K_V，表示系统跟踪单位速度输入时系统稳态误差的大小。

③稳态加速度误差系数 K_a，表示系统跟踪单位加速度输入时系统稳态误差的大小。

2）时域动态指标

时域动态指标通常为上升时间 t_r、峰值时间 t_P、调节时间 t_s、超调量 $\sigma_P\%$ 等。

3）频域动态指标

频域动态指标分开环频域指标和闭环频域指标 2 种。开环频域指标指相位裕量 γ，幅值裕量 K_g 和剪切频率 ω_c 等。闭环频域指标指谐振峰值 M_r，谐振频率 ω_r 和频带宽度 ω_b 等。

（2）系统的校正

根据控制的任务确定系统的固有部分，并组成控制系统。系统固有部分各元部件中，只有放大器的放大系数可以调整。在大多数情况下，仅调整系统的放大系数不能使系统满足给定的性能指标要求。增大系统的放大系数，在某些情况下可以改善系统的稳态性能，但是系统的动态性能将变坏，甚至有可能不稳定。对于稳态性能和动态性能都有一定要求的大部分控制系统来说，必须引入其他装置，以改变系统结构，才有可能使系统全面地满足性能指标的要求。为使系统满足性能指标而引入的附加装置，称为校正装置，其传递函数用 $G_c(s)$ 表示。校正装置 $G_c(s)$ 与系统固有部分的联接方式，称为系统的校正方案。在控制系统中，校正方案基本上分为 3 种。校正装置与原系统在前向通道串联联接，称为串联校正，如图 6.1 所示。由原系统的某一元件引出反馈信号构成局部负反馈回路，校正装置设置在这一局部反馈通道上，如图 6.2 所示，则称为反馈校正。如第 1 章和第 3 章所述对干扰和输入进行补偿的复合控制，称为前馈校正。

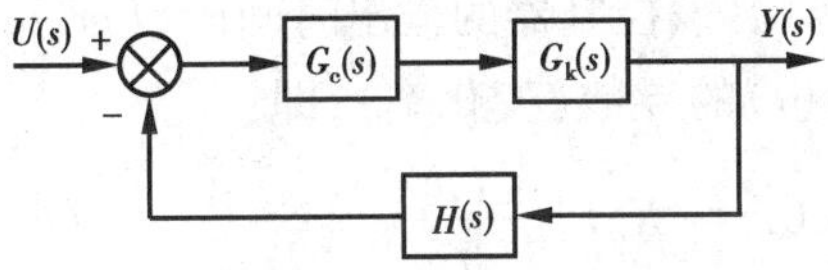

图 6.1　串联校正

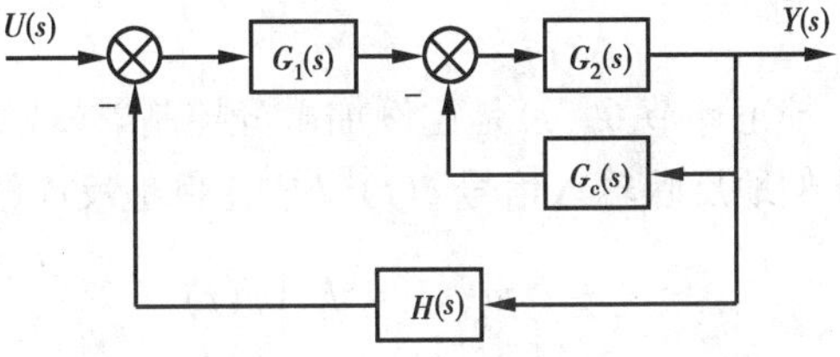

图 6.2　反馈校正

本章主要针对单输入/单输出线性定常系统的串联校正、反馈校正和前馈校正，分别讨论超前校正装置、滞后校正装置和滞后—超前校正装置的设计问题，确定合适的校正装置传递函数，以改善系统的根轨迹或频率特性，使系统达到所要求的性能指标。

6.1　PID 控制作用

设计控制系统的校正装置，从另一角度来说就是设计控制器。对于按负反馈原理构成的自动控制系统，给定信号与反馈信号比较所得到的误差信号，是最基本的信号。为了提高系统的控制性能，让误差信号先通过一个控制器进行某种运算，以便得到需要的控制规律。在过程控制系统中常采用的控制器，目前大多数为 PID 控制规律。

6.1.1 P 控制(比例控制)

具有比例规律的控制器称为比例控制器(或称 P 控制器),如图 6.3 所示。
其中:

$$G_c(s) = \frac{M(s)}{E(s)} = K_p \tag{6.1}$$

校正环节 $G_c(s)$ 是比例控制器,其传递函数为常数 K_P,它实际上是一个具有可调放大系数的放大器,在控制系统中引入比例控制器,增大比例系数 K_P,可减小稳态误差,提高系统的快速性,但使系统稳定性下降,因此,工程设计中一般很少单独使用比例控制器。

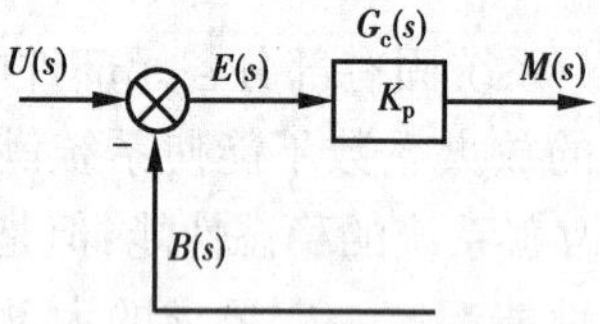

图 6.3　P 控制器

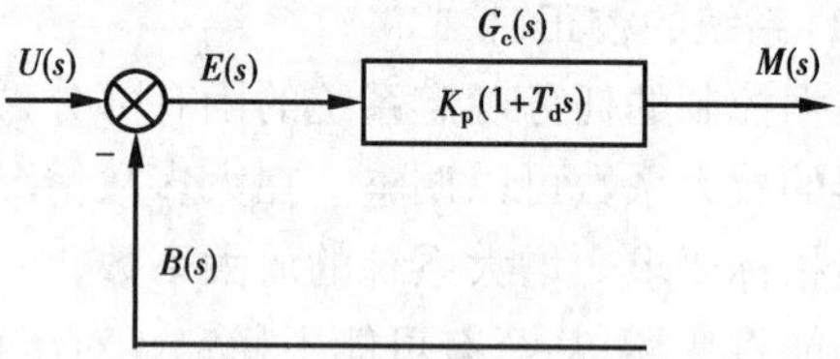

图 6.4　PD 控制器

6.1.2 PD 控制(比例 + 微分)

具有比例加微分控制规律的控制器称为比例加微分控制器(或称 PD 控制器),如图 6.4 所示。
其中:

$$G_c(s) = \frac{M(s)}{E(s)} = (1 + T_d s)K_p \tag{6.2}$$

校正环节 $G_c(s)$ 是比例加微分控制器(或 PD 控制器)。该控制器的输出时间函数 $m(t)$ 既成比例地反映输入信号 $e(t)$ 又成比例地反应输入信号 $e(t)$ 的导数(变化率),即:

$$m(t) = K_p\left[e(t) + T_d \frac{de(t)}{dt}\right] = K_p e(t) + K_p T_d \frac{de(t)}{dt} \tag{6.3}$$

设 PD 控制器的输入信号 $e(t)$ 为正弦函数:

$$e(t) = e_m \sin\omega t$$

式中 e_m 为振幅,ω 为角频率。

PD 控制器的输出信号 $m(t)$ 为:

$$m(t) = K_p\left[e(t) + T_d \frac{de(t)}{dt}\right] = K_p(e_m \sin\omega t + e_m T_d \omega\cos\omega t) =$$

$$K_p e_m \sqrt{1 + (T_d\omega)^2}\sin(\omega t + \arctan T_d\omega) \tag{6.4}$$

式(6.4)表明,PD 控制器的输入信号为正弦函数时,其输出仍为同频率的正弦函数,只是幅值改变 $K_p\sqrt{1+(T_d\omega)^2}$ 倍,并且随 ω 的改变而改变。相位超前于输入正弦函数,超前的相位角为 $\arctan T_d\omega$,随 T_d、ω 的改变而改变,最大超前相位角(当 $\omega\to\infty$)为 90°。

由于 PD 控制器具有使输出信号相位超前于输入信号相位的特性,因此又称为超前校正装置或微分校正装置。工程实践中可应用这个特性来改善系统的动态性能。

6.1.3　PI控制(比例+积分)

具有比例加积分控制规律的控制器,称为比例积分控制器(或称PI控制器),如图6.5所示。

其中:

$$G_c(s) = K_p(1 + \frac{1}{T_i s}) \tag{6.5}$$

控制器输出的时间函数:

$$m(t) = K_p\left[e(t) + T_i\int_0^t e(\tau)d\tau\right] \tag{6.6}$$

讨论方便,令比例系数 $K_P = 1$ 则式(6.5)变为:

$$G_c(s) = \frac{M(s)}{E(s)} = (1 + \frac{1}{T_i s}) = \frac{T_i s + 1}{T_i s} \tag{6.7}$$

由式(6.7)看出,PI控制器不仅引进了一个积分环节,同时还引进了一个开环零点。引进积分环节提高了系统的型别,改善了系统的稳态性能,但是又使系统稳定性下降。由于开环零点能改善系统的稳定性,PI控制器传递函数$G_c(s)$中的零点正好弥补了积分环节的缺点。综上所述,PI控制不仅改善了系统的稳定性能。而且对系统的动态性能影响很小。

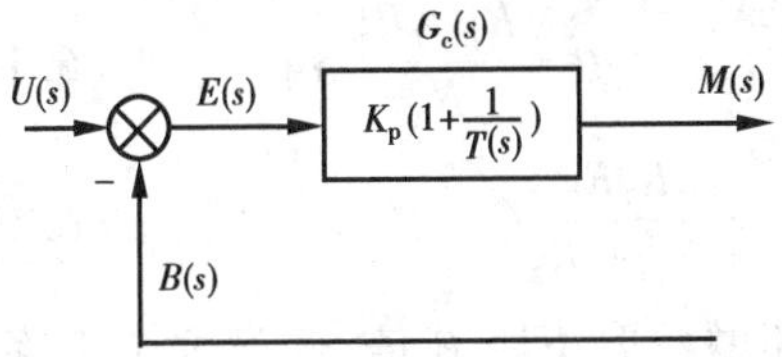

图6.5　PI控制器

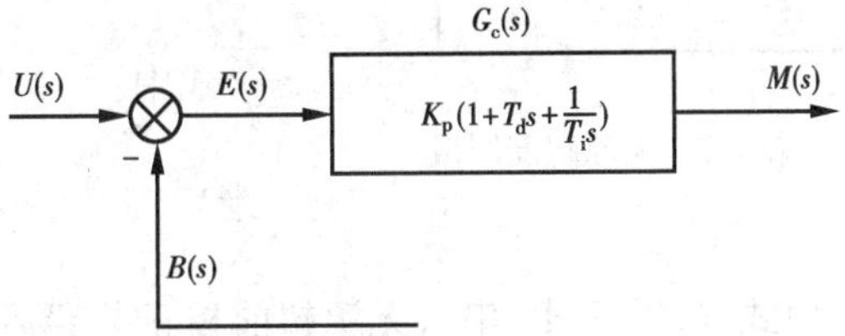

图6.6　PID控制器

6.1.4　PID控制(比例+积分+微分)

比例加积分加微分规律(或称PID控制规律)是一种由比例、积分、微分基本控制规律组合的复合控制规律。这种组合具有3个单独的控制规律各自的优点。具有比例加积分加微分控制规律的控制器称比例积分微分控制器,如图6.6所示。

PID控制器的传递函数:

$$G_c(s) = \frac{M(s)}{E(s)} = K_p(1 + T_d s + \frac{1}{T_i s}) = \frac{K_p(T_i T_d s^2 + T_i s + 1)}{T_i s} = \frac{K_p}{T_i}\frac{(T_1 s + 1)(T_2 s + 1)}{s} \tag{6.8}$$

当 $4T_d/T_i < 1$ 时,$T_1 = \frac{T_i}{2}(1 + \sqrt{1 - \frac{4T_d}{T_i}})$、$T_2 = \frac{T_i}{2}(1 - \sqrt{1 - \frac{4T_d}{T_i}})$。

从式(6.8)看出,控制系统串入比例加积分加微分控制器后,由于引入了一个位于坐标原点的极点,可使系统无差度增加,同时,由于引入了两个负实数零点,与PI控制器相比较,除保持了提高系统稳定性能的优点外,在提高系统动态性能方面具有更大的优越性,因此,这种控制器在控制系统中得到广泛应用。

6.2 基于频率法的串联校正设计

本节主要介绍串联校正特性,基于频率特性法确定串联校正参数的步骤。校正装置是以有源或无源网络来实现某种控制规律的装置,为简明起见,在讨论各种校正装置时,主要讨论无源校正装置。

6.2.1 串联超前校正

(1)超前校正装置的特性

图 6.7 是一个无源超前校正装置的电路图。

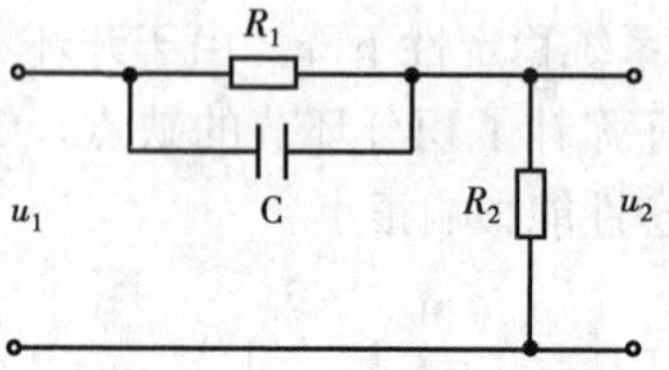

图 6.7 无源超前网络

设输入信号源内阻为零,输出端负载阻抗无穷大,其传递函数为:

$$G_c(s) = \frac{U_2(s)}{U_1(s)} = \frac{1+\beta T_2 s}{\beta(1+T_2 s)} \tag{6.9}$$

式中:

$$\beta = \frac{R_1+R_2}{R_2} > 1 \tag{6.10}$$

$$T_2 = \frac{R_1 R_2}{R_1+R_2}C \tag{6.11}$$

由式(6.9)看出,串入无源超前校正装置后,系统开环增益要下降 β 倍,假设这个下降由提高系统放大器增益加以补偿,这样无源超前校正装置的传递函数为

$$\beta G_c(s) = \frac{1+\beta T_2 s}{1+T_2 s} \tag{6.12}$$

根据式(6.12)作出无源超前校正装置的对数特性,如图 6.8 所示。由特性图看出,在频率 ω 为 $1/\beta T_2$ 至 $1/T_2$ 之间对输入信号有明显的微分作用,即为 PD 控制。在上述频率范围内,输出信号相角超前于输入信号相角,在 $\omega=\omega_m$ 处为最大超前相角 φ_m。下面证明 ω_m 正好位于 $1/\beta T_2$ 和 $1/T_2$ 的几何中心。

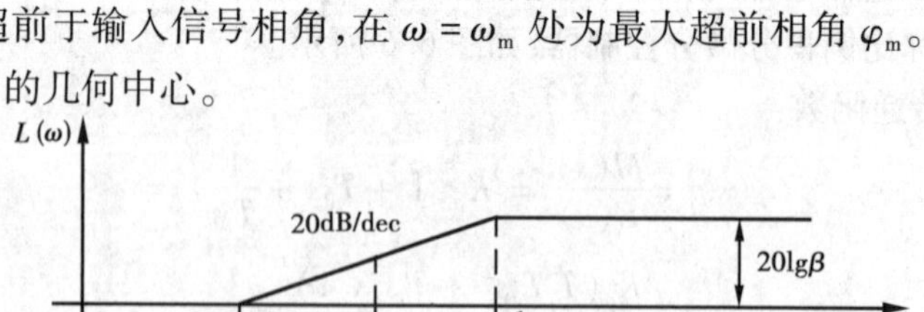

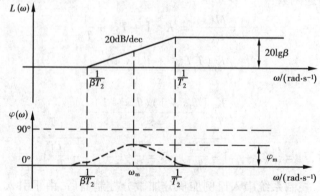

图 6.8 无源超前网络的对数幅、相特性

由式(6.12)可将其传递函数看成由2个典型环节构成,其相角计算如下:

$$\varphi_c(\omega) = \arctan\beta T_2\omega - \arctan T_2\omega$$

由两角和公式得:

$$\varphi_c(\omega) = \arctan\frac{(\beta-1)T_2\omega}{1+\beta T_2^2\omega^2} \tag{6.13}$$

对上式求导并令其等于零,得最大超前角频率:

$$\omega_m = \frac{1}{T_2\sqrt{\beta}} \tag{6.14}$$

而$1/\beta T_2$和$1/T_2$的几何中心为:

$$\lg\omega = \frac{1}{2}(\lg\frac{1}{\beta T_2} + \lg\frac{1}{T_2}) = \lg\frac{1}{T_2\sqrt{\beta}}$$

即

$$\omega = \frac{1}{T_2\sqrt{\beta}}$$

正是式(6.14)的ω_m。将式(6.14)代入式(6.13)得最大超前角:

$$\varphi_m = \arctan\frac{(\beta-1)T_2\dfrac{1}{T_2\sqrt{\beta}}}{1+\beta T_2^2\dfrac{1}{T_2^2\beta}} = \arctan\frac{\beta-1}{2\sqrt{\beta}}$$

应用三角公式改写为:

$$\omega_m = \arcsin\frac{\beta-1}{\beta+1} \quad 或 \quad \beta = \frac{1+\sin\varphi_m}{1-\sin\varphi_m} \tag{6.15}$$

上式表明,φ_m仅与β值有关。β值选得越大,则超前校正装置的微分效应越强。为了保持较高的信噪比,实际选用的β值一般不大于20。通过计算,可以求出ω_m处的对数值

$$L_c(\omega_m) = 20\lg|\beta G_c(j\omega_m)| = 10\lg\beta \tag{6.16}$$

(2)串联超前校正方法

如果系统设计时要求满足的性能指标属频域特征量,则一般采用频率特性法进行校正。应用超前网络进行串联校正的基本原理,是利用超前网络的相角超前特性。即安排串联超前校正网络最大超前角出现的频率等于要求的系统剪切频率ω_c''。充分利用超前网络相角超前的特点,其目的是保证系统的快速性。显然,$\omega_m=\omega_c''$的条件是原系统在ω_c''处的对数幅值$L(\omega_c'')$与超前网络在ω_m处的对数幅值之和为零,即$-L(\omega_c'')=L'(\omega_m)=10\lg\beta$,正确的选择好转角频率$1/\beta T_2$和$1/T_2$,串入超前网络后,就能使被校正系统的剪切频率和相角裕度满足性能指标要求,从而改善闭环系统的动态性能。闭环系统的稳态性能要求,可通过合理选择已校正系统的开环增益来保证。

用频率特性法设计超前网络的步骤如下:

①根据性能指标对稳态误差系数的要求,确定开环放大系数K。

②利用求得的K,绘制原系统的伯德图,主要是对数幅频特性图。

③在伯德图上测取原系统的相位裕量和增益裕量,或在对数幅频特性图上测取剪切频率ω_c,通过计算求出原系统的相位裕量γ。再确定使相位裕量达到希望值γ''所需要增加的相位超前相角φ_m。即:$\varphi_m=\gamma''-\gamma+(5°\sim15°)$(裕度)

④利用下式计算超前校正装置的参数β。

$$\beta = \frac{1 + \sin\varphi_m}{1 - \sin\varphi_m}$$

⑤将对应最大超前相位角φ_m的频率ω_m作为校正后新的对数幅频特性的剪切频率ω''_c,即令$\omega''_c = \omega_m$,利用作图法可以求出ω_m,因为校正装置在$\omega = \omega_m$时的幅值为$10\lg\beta$。所以可知在未校正系统的$L(\omega)$曲线上的剪切频率ω_c的右侧距横轴$-10\lg\beta$处即为新的剪切频率ω''_c的对应点。可以作一离横轴为$-10\lg\beta$的平行线,从此线与原$L(\omega)$线的交点作垂直线至横轴,即可求得ω_m(详见例1)。

⑥求出超前校正装置的另一个参数T_2。

$$T_2 = \frac{1}{\omega_m \sqrt{\beta}}$$

⑦画出校正后系统的伯德图,检验已校正系统的相角裕度γ''性能指标是否满足设计要求。验算时,已知ω''_c计算出校正后系统在ω''_c处相角裕度$\gamma''(\omega''_c)$。

$$\gamma''(\omega''_c) = 180° + \varphi''(\omega''_c)$$

当验算结果γ''不满足指标要求时,需另选ω_m值,并重复以上计算步骤,直到满足指标为止。重选ω_m值,一般是使$\omega_m = \omega''_c$的值增大。

[例1]　设有一个单位反馈控制系统,其开环传递函数为:

$$G_k(s) = \frac{4k}{s(s+2)}$$

要求稳态速度误差系数$K_V = 20(1/s)$,相位裕量不小于50°,增益裕量不小于10(dB),试设计一个满足性能指标要求的超前校正装置。

解　在设计时,应先根据要求的K_V值求出应调整的放大系数K

$$K_V = \lim_{s\to 0} sG_k(s) = \lim_{s\to 0} s\frac{4k}{s(s+2)} = 2k = 20 \quad \text{故可求得 } k = 10。$$

然后画出未校正系统的伯德图,如图6.9的虚线所示。由图6.9可以看出:如不加校正装置,未校正系统的相位裕量为17°,增益裕量为$+\infty$(dB),这说明相位裕量未满足要求。虽然幅值裕量已满足要求,仍需进行校正装置的设计。

上述未校正系统的相位裕量γ也可由对数幅频特性图中的$\omega_c = 6.3$通过计算求出:

$$\gamma = 180° - 90° - \arctan\frac{1}{2} \times 6.3 = 17°$$

根据题意,至少要求超前相角为$50° - 17° = 33°$。考虑到串联超前校正装置后幅频特性的剪切频率ω_c要向右移,将使原有的17°还要减小,因此还需增加约5°的超前相角,故共需增加超前相角$\varphi_m = 33° + 5° = 38°$。则

$$\beta = \frac{1 + \sin\varphi_m}{1 - \sin\varphi_m} = 4.17$$

再用作图法求ω_m,因为$-10\lg\beta = -10\lg 4.17 = -6.2$(dB),所以在未校正的对数幅频特性曲线$L(\omega)$-$\omega$上找出与$-6.2$(dB)平行线的交点,再作垂直线与$\omega$轴相交。就可求出$\omega_m = \omega''_c = 9$(rad/s)(见图6.9的$\omega''_c$)。再计算$T_2$

$$T_2 = \frac{1}{\omega_m\sqrt{\beta}} = \frac{1}{9 \times \sqrt{4.17}} = 0.054$$

故可得超前校正装置的传递函数为：

$$G_c(s) = \frac{1}{\beta}\left(\frac{1+\beta T_2 s}{1+T_2 s}\right) = 0.24\left(\frac{1+0.225s}{1+0.054s}\right)$$

为了补偿超前校正造成的衰减作用(0.24 倍)，要串联一个放大器，其放大倍数为$\frac{1}{0.24} = 4.17 = \beta$。这样，最后由放大器和超前校正装置组成的校正装置的传递函数为：

$$G_c(s) = \frac{1+0.225s}{1+0.054s}$$

校正后总的传递函数为：

$$G_k(s)G_c(s) = \frac{20}{s\left(\frac{1}{2}s+1\right)}\frac{1+0.225s}{1+0.054s}$$

因 $\omega''_c = 9$，通过计算可校验 γ''。

$$\gamma'' = 180° + \arctan 0.225 \times 9 - 90° - \arctan\frac{1}{2} \times 9 - \arctan 0.054 \times 9 = 50°$$

图6.9的实线为校正后系统的伯德图，点划线是校正装置的伯德图。从图6.9可以看出，校正后系统的剪切频率 ω''_c 从6.3(rad/s)增加到9(rad/s)，即增加了系统的带宽和反应速度。校正后相位裕量增加到50°，故校正后的系统满足了希望的性能指标。

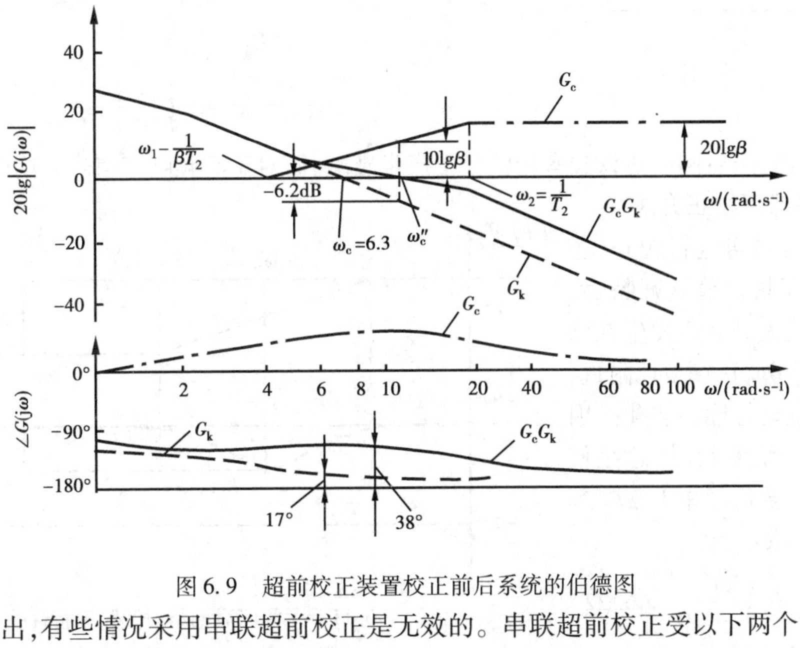

图6.9　超前校正装置校正前后系统的伯德图

应当指出，有些情况采用串联超前校正是无效的。串联超前校正受以下两个因素的限制。

①闭环带宽要求。若原系统不稳定，为了获得要求的相角裕度，超前网络应具有很大的相角超前量，这样，超前网络的 β 值必须选得很大，从而造成已校正系统带宽过大，使通过系统的高频噪声电平很高，很可能使系统失控。

②如果原系统在剪切频率附近相角迅速减小，一般不宜采用串联超前校正。因为随着剪切频率向 ω 轴右方移动，原系统相角将迅速下降，尽管串联超前网络提供超前角，而校正后系统相角裕度的改善不大，很难产生足够的相角裕量。

在上述情况下,可采取其他方法对系统进行校正。

6.2.2 串联滞后校正

(1)滞后校正装置的特性

控制系统具有满意的动态特性,但其稳态性能不能满足要求时,可采用串联滞后校正。图6.10是无源滞后校正网络的电路图,设输入信号内阻为零,负载阻抗为无穷大,可推出滞后网络的传递函数:

$$G_c(s) = \frac{1+\alpha T_1 s}{1+T_1 s} \tag{6.17}$$

$$\alpha = \frac{R_2}{R_1+R_2} < 1 \tag{6.18}$$

$$T_1 = (R_1+R_2)C \tag{6.19}$$

根据式(6.17)作出的滞后网络对数频率特性如图6.11所示。由特性可见,滞后网络在频率 $1/T_1$ 至 $1/\alpha T_1$ 之间呈积分效应,即为PI控制,而对数相频呈滞后特性。与超前网络特性相似,滞后网络特性产生一个最大滞后角 φ_m,出现在 $1/T_1$ 与 $1/\alpha T_1$ 的几何中心 ω_m 处。可以算出:

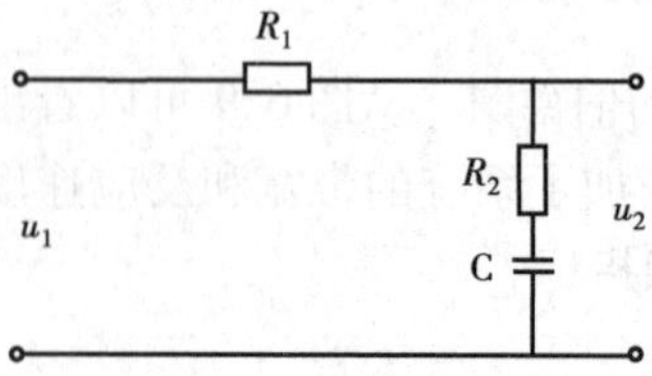

图6.10 无源滞后网络

$$\omega_m = \frac{1}{\sqrt{\alpha}T_1} \tag{6.20}$$

$$\varphi_m = \arcsin\frac{1-\alpha}{1+\alpha} \tag{6.21}$$

从图6.11看出,滞后网络对低频有用信号不产生衰减,而对于高频噪声信号有削弱作用。

(2)串联滞后校正方法

采用滞后网络进行校正,主要是利用其高频幅值衰减特性。应力求避免最大滞后角发生在已校正系统开环剪切频率 ω''_c 附近,否则将使系统动态性能恶化。因此选择滞后网络参数时,总是使网络的第2个转角频率 $1/\alpha T_1$ 远小于 ω''_c,一般取:

$$\frac{1}{\alpha T_1} = \frac{\omega''_c}{5\sim 10} \tag{6.22}$$

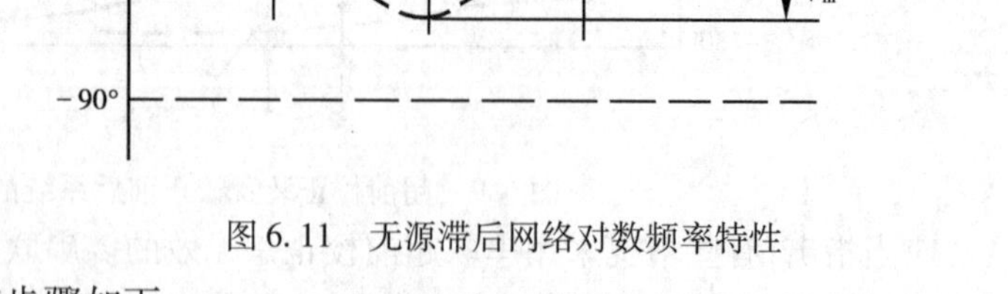

图6.11 无源滞后网络对数频率特性

应用频率法设计滞后校正装置,其步骤如下:

①根据性能指标对误差系数的要求,确定系统的开环增益 K;

②作出原系统的伯德图,求出原系统的相角和增益裕量;

③如原系统的相角和增益裕量不满足要求,找一新的剪切频率 ω''_c,在 ω''_c 处开环传递函数的相角应等于 $-180°$ 加上要求的相角裕量后再加上 $5°\sim 12°$,以补偿滞后校正网络的相角滞后。

④确定使幅值曲线在新的剪切频率 ω_c'' 处下降到 0dB 所需的衰减量 $20\lg|G_k(j\omega_c'')|$，再令 $20\lg\alpha=-20\lg|G_k(j\omega_c'')|$，由此求出校正装置的参数 α。

⑤取滞后校正装置的第 2 个转折频率 $\omega_2=\dfrac{1}{\alpha T_1}=(\dfrac{1}{5}\sim\dfrac{1}{10})\omega_c''$，$\omega_2$ 太小将使 T_1 很大，这是不允许的。ω_2 确定后，T_1 就确定了。

⑥作出校正后系统的伯德图，检验是否全部达到性能指标。

［**例 2**］　设单位反馈系统的开环传递函数：

$$G_k(s)=\frac{K}{s(0.2s+1)(0.5s+1)}$$

要求的性能指标为：$K_v=20\mathrm{l/s}$，相角裕量不低于 35°，增益裕量不低于 10dB，试求串联滞后校正装置的传递函数。

解　①根据稳态指标要求求出 K 值。

以 $K_v=K=20$ 作出系统伯德图，见图 6.12，求出相角裕量为 −30.6°，增益裕量为 −12dB。系统不稳定，谈不上满足性能指标要求，因此要对原系统进行校正。

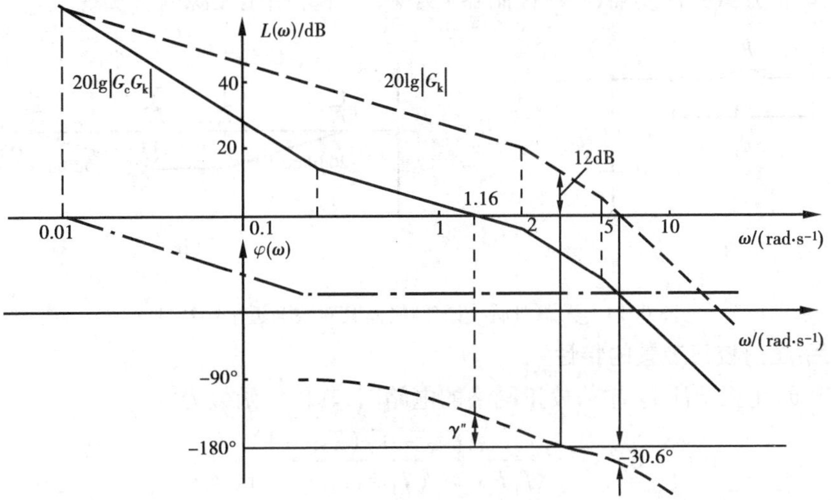

图 6.12　滞后校正装置校正前后系统的对数特性

②性能指标要求 $\gamma''\geqslant35°$，取 $\gamma''=35°$，为补偿滞后校正装置的相角滞后，相角裕量应按 35° + 12° = 47°计算，要获得 47°的相角裕量，相角应为 −180° + 47° = −133°。选择使相角为 133°的频率为校正后系统的开环剪切频率，由图 6.12 上求得 $\varphi(\omega=1.16)=-133°$，即选择 $\omega_c''=1.16(\mathrm{rad/s})$。

③选择 $\omega_c''=1.16$，即校正后系统伯德图在 $\omega=\omega_c''$ 处应为 0db。由图 6.12 可求出原系统伯德图在 $\omega=\omega_c''$ 处为 24.73dB，因此，滞后校正装置必须产生的幅值衰减为 −24.73 dB，由此可求出校正装置参数 α

$$20\lg\alpha=-24.73(\mathrm{dB})$$

$$\alpha=0.058$$

由 $\dfrac{1}{\alpha T_1}=(\dfrac{1}{5}\sim\dfrac{1}{10})\omega_C''$ 可求得 T_1。为使滞后校正装置的时间常数 T_1 不过分大，取 $\dfrac{1}{\alpha T_1}=$

$\frac{1}{5}\omega''_C$,求出 $T_1=74.32$。这样,滞后校正装置的传递函数:

$$G_c(s)=\frac{\alpha T_1 s+1}{T_1 s+1}=\frac{4.3s+1}{74.32s+1}$$

校正后系统的开环传递函数:

$$G_c(s)G_k(s)=\frac{20(4.3s+1)}{s(0.2s+1)(0.5s+1)(74.32s+1)}$$

④作出校正后系统的伯德图,见图 6.12,检验校正后系统是否满足性能指标要求。由图 6.12 可求出校正后系统相角裕量为 $\gamma=35°$,增益裕量 $K_g=12\text{dB}$,且 $K_v=K=20$,说明校正后系统的稳态、动态性能均满足指标的要求。

6.2.3 串联滞后-超前校正

这种校正兼有滞后、超前两种校正的优点。超前部分可以提高系统的相角裕度,增加系统的稳定性,改善系统的动态性能;滞后校正部分可以改善系统的稳态性能。串联滞后-超前校正可以用比例积分微分控制器(PID 控制器)实现,下面介绍用无源网络实现。

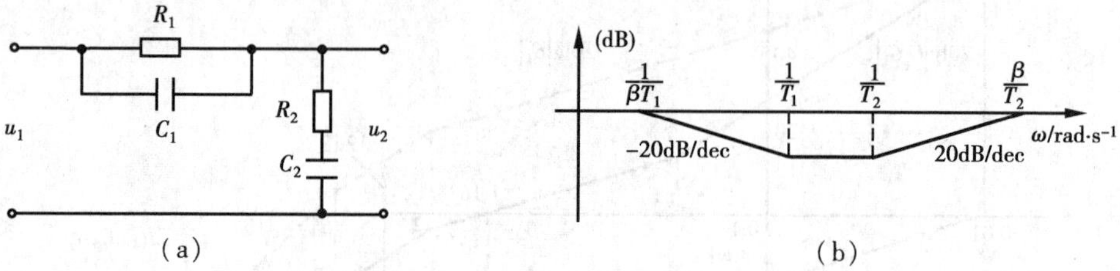

图 6.13 无源滞后-超前网络及其对数渐近幅频特性

(1)滞后-超前校正装置的特性

图 6.13(a)是无源滞后-超前校正网络的电路图,其传递函数为:

$$G_c(s)=\frac{(T_1 s+1)(T_2 s+1)}{T_1T_2s^2+(T_1+T_2+T_{12})s+1} \tag{6.23}$$

式中 $T_1=R_1C_1, T_2=R_2C_2, T_{12}=R_1C_2$,令式(6.23)的分母多项式具有两个不等的负实根,则可将式(6.23)写成

$$G_c=\frac{(T_1 s+1)(T_2 s+1)}{(T_1' s+1)(T_2' s+1)} \tag{6.24}$$

将式(6.24)分母展开,与式(6.23)分母比较有

$$T_1'T_2'=T_1T_2 \quad 或 \quad \frac{T_1}{T_1'}=\frac{T_2'}{T_2} \tag{6.25}$$

$$T_1'+T_2'=T_1+T_2+T_{12} \tag{6.26}$$

设 $T_1'>T_1, \frac{T_1}{T_1'}=\frac{T_2'}{T_2}=\frac{1}{\beta} \quad (\beta>1)$

$$T_1'=\beta T_1 \tag{6.27}$$

$$T_2'=T_2/\beta \tag{6.28}$$

将式(6.27)、式(6.28)代入式(6.24)得:

$$G_c(s)=\frac{(T_1s+1)(T_2s+1)}{(\beta T_1s+1)(\frac{T_2}{\beta}s+1)} \tag{6.29}$$

与超前网络和滞后网络的传递函数比较，式(6.29)前半部分起滞后作用，后半部分起超前作用，因此图6.13是一个起滞后-超前作用的网络，其对数渐近幅频特性如图6.13(b)所示。由图看出其形状由参数T_1、T_2和β确定。

(2)串联滞后-超前校正方法

用频率法设计滞后-超前校正网络参数，其步骤如下：

①根据对校正后系统稳定性能的要求，确定校正后系统的开环增益K；

②把求出的校正后系统的K值作为开环增益，作原系统的对数幅频特性，并求出原系统的剪切频率ω_c、相角裕度γ及幅值裕度K_g；

③以未校正系统斜率从-20db/dec变为-40db/dec的转折频率作为校正网络超前部分的转折频率$\omega_b=\frac{1}{T_2}$。这种选择不是惟一的，但这种选择可以降低校正后系统的阶次，并使中频段有较宽的-20db/dec斜率频段；

④根据对响应速度的要求，计算出校正后系统的剪切频率ω_c''，以校正后系统对数渐近幅频特性$L(\omega_c'')=0$(db)为条件，求出衰减因子$\frac{1}{\beta}$；

⑤根据对校正后系统相角裕度的要求，估算校正网络滞后部分的转折频率$\omega_a=\frac{1}{T_1}$；

⑥验算性能指标。

[**例3**]　设某单位反馈系统，其开环传递函数：

$$G_k(s)=\frac{K}{s(s+1)(0.125s+1)}$$

要求$K_v=20(1/s)$，相角裕量$\gamma''=50°$，剪切频率$\omega_c''\geqslant 2$，试设计串联滞后-超前校正装置，使系统满足性能指标要求。

解　根据对K_v的要求，可求出K值。

$$K_v=\lim_{s\to 0}sG_k(s)=K=20$$

以$K=20$作出原系统的开环对数渐近幅频特性，如图6.14虚线所示。求出原系统的剪切频率$\omega_c=4.47$(rad/s)，相角裕度为$-16.6°$，说明原系统不稳定。选择$\omega_b=\frac{1}{T_2}=1$作为校正网络超前部分的转折频率。根据对校正后系统相角裕度及剪切频率的要求，确定出校正后系统的剪切频率为2.2(rad/s)，原系统在频率2.2(rad/s)处的幅值为12.32(db)，串入校正网络后在频率为2.2(rad/s)处为0dB，则有下式：

$$-20\lg\beta+20\lg 2.2+12.32=0$$

成立。算出$\beta=9.1$，$\frac{T_2}{\beta}=0.11$。校正网络的另一个转折频率$\beta\omega_b=9.1\times 1=9.1$(rad/s)。写出滞后-超前校正网络的传递函数：

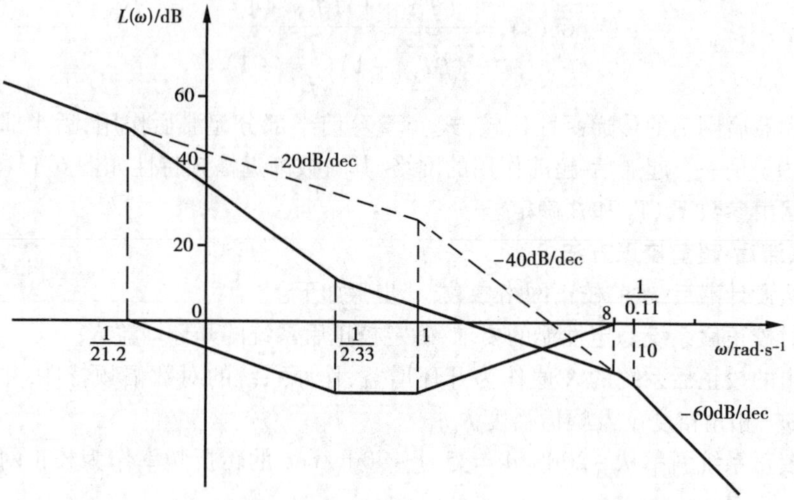

图 6. 14　系统校正前后的对数渐近幅频特性

$$G_c(s)=\frac{(T_1s+1)(T_2s+1)}{(\beta T_1s+1)(\frac{T_2}{\beta}s+1)}=\frac{(\frac{1}{\omega_a}s+1)(s+1)}{(\frac{\beta}{\omega_a}s+1)(0.11s+1)}$$

校正后系统的开环传递函数：

$$G_c(s)G_k(s)=\frac{20(\frac{1}{\omega_a}s+1)}{s(0.125s+1)(\frac{\beta}{\omega_a}s+1)(0.11s+1)}$$

根据性能指标的要求，取校正后系统的相角裕度 $\gamma=50°$，即：

$$\gamma=180°+\arctan\frac{\omega_c}{\omega_a}-90°+\arctan 0.125\omega_c-\arctan\frac{\beta\omega_c}{\omega_a}-\arctan 0.11\omega_c=$$

$$61.01°+\arctan\frac{2.2}{\omega_a}-\arctan\frac{19.11}{\omega_a}=50°$$

式中　$-\arctan\frac{19.11}{\omega_a}\approx-90°$则

$$\arctan\frac{2.2}{\omega_a}=78.99°$$

得 $\omega_a=0.43(\text{rad/s})$

得到校正网络的传递函数：

$$G_c(s)=\frac{(2.33s+1)(s+1)}{(21.2s+1)(0.11s+1)}$$

校正后系统开环传递函数：

$$G_c(s)G_k(s)=\frac{20(2.33s+1)}{s(0.125s+1)(21.2s+1)(0.11s+1)}$$

校正后系统的对数渐近幅频特性为图 6. 14 中的实线。经校验，校正后系统 $K_v=20(1/s)$，相角裕度为 51. 21°，剪切频率为 2. 2(rad/s)，达到了对系统提出的稳态、动态指标要求。

6.2.4　按期望特性进行串联校正

按期望特性进行校正，是工程实践中广泛应用的一种方法。期望特性是指能满足性能指标的控制系统应具有的开环对数渐近幅频特性。这一方法的思路是，根据给定的性能指标，考虑原系统（即系统固有部分或不可变部分）的特性，绘制出系统期望特性，再与原系统特性相比较，得出校正装置的形式及参数。下面介绍控制系统串入校正装置后，使系统开环对数渐近幅频特性成为期望特性的方法。

［**例4**］　位置随动系统如图6.15所示，其中：

$$G_k(s) = \frac{K}{s(0.9s+1)(0.007s+1)}$$

要求串入校正装置 $G_c(s)$，使系统校正后满足下列性能指标：①系统仍为Ⅰ型，稳态速度误差系数 $K_v \geqslant 1000(1/s)$，②调节时间 $t_s \leqslant 0.25(s)$，超调量 $\sigma_P\% \leqslant 30\%$。

解　1）作原系统开环对数渐近幅频特性　系统为 *I* 型，令 $K = K_v = 1000(1/s)$，见图6.16。由图6.16看出，特性以 -40dB/dec 斜率通过零分贝线，进一步计算表明，原系统的相角裕量为负值，系统不稳定，不满足动态指标的要求。

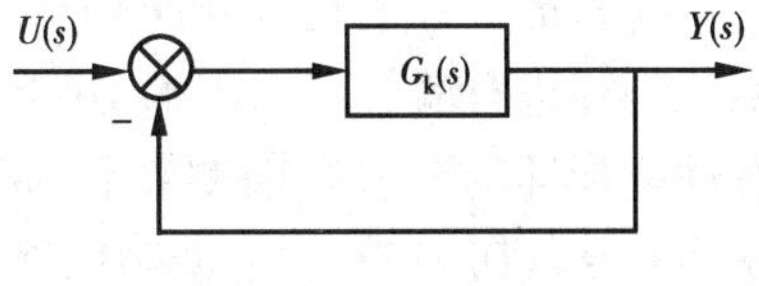

图6.15　位置随动系统

2）根据动态指标要求作期望特性　由公式

$$\sigma_P\% = [0.16 + 0.4(M_r - 1)]100\% \quad （当 1 \leqslant M_r \leqslant 1.8）$$

$$t_s = \frac{k\pi}{\omega_c}$$

$$k = 2 + 1.5(M_r - 1) + 2.5(M_r - 1)^2 \quad （当 1 \leqslant M_r \leqslant 1.8）$$

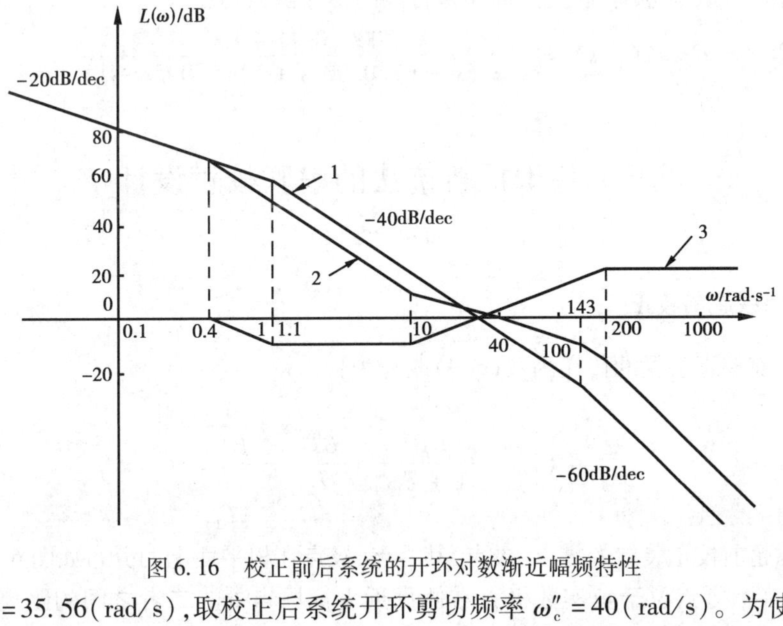

图6.16　校正前后系统的开环对数渐近幅频特性

算出 $\omega_c = 35.56$(rad/s)，取校正后系统开环剪切频率 $\omega_c'' = 40$(rad/s)。为使校正后的系统具有足够的相角裕量（保证系统能满足动态性能指标要求），在剪切频率 ω_c'' 附近特性应是 -20dB/dec 的斜率。且应有一定的宽度，同时又要考虑原系统的特性，即高频段应与原系统特性尽量有一致的斜率。由于原系统特性是按 $K=K_v'=1000\ (1/s)$ 绘制的,因此期望特性的低频段应与原系统特性重合。这样考虑后,可使校正网络简单且易于实现。根据以上分析作期望特性:

①在 $\omega_c''=40(\text{rad/s})$ 处作斜率为 -20dB/dec 的直线。按 $\omega_a=\dfrac{\omega_c''}{2\sim5}$ 和 $\omega_b=(2\sim5)\omega_c''$ 选择 ω_c'' 左右的转角频率 ω_a 和 ω_b,以保证系统具有一定的 -20dB/dec 斜率的频带宽度。

②在 $\omega_b=\dfrac{1}{0.007}=143(\text{rad/s})$ 处,期望特性斜率由 -20dB/dec 转为 $-40\ \text{dB/dec}$;在 $\omega=200(\text{rad/s})$ 处,期望特性由 -40dB/dec 转为 -60dB/dec,高频部分的期望特性以此斜率到底。

③选择希望特性使得在 $\omega_a=10(\text{rad/s})$ 处斜率由 -20dB/dec 转为 -40dB/dec。这样的变化使期望特性有可能与原系统低频段特性相交,其交点为 $\omega=0.4(\text{rad/s})$。

④低于交点 $\omega=0.4(\text{rad/s})$ 的频段,令期望特性与原系统特性重合。

在考虑了性能指标并照顾了原系统特性后作出了期望特性,如图 6.16 特性 2。对求出的期望特性进行验算。由图 6.16 上看出,低频段特性 1、2 重合,说明 $K=K_v=1000(1/s)$,满足稳态性能指标的要求。期望特性 $\omega''_c=40(\text{rad/s})$,算出相角裕量 $\gamma=49.59°$,超调量 $\sigma_P\%=28.5\%$,$t_s=0.213s$,这就说明以期望特性作为校正后系统的开环模型,校正后系统能满足性能指标的要求。如经校验后,作出的期望特性不满足性能指标的要求,应根据具体情况修改期望特性(主要是中频段),直到满足性能指标为止。

⑤确定校正装置。由于采用串联校正,因此在图 6.16 上用特性 2 减去特性 1 就得到校正装置特性,如图 6.16 上的特性 3 所示。由特性 3 写出校正装置的传递函数:

$$G_c(s)=\frac{(0.9s+1)(0.1s+1)}{(2.5s+1)(0.005s+1)}$$

校正后系统开环对数渐近幅频特性,即期望特性的传递函数为:

$$G_c(s)G_k(s)=\frac{1000(0.1s+1)}{s(2.5s+1)(0.007s+1)(0.005s+1)}$$

6.3 基于根轨迹法的串联校正设计

6.3.1 串联超前校正

将无源超前校正装置的传递函数(6.9)改写为:

$$G_c(s)=\frac{1+\beta T_2 s}{1+T_2 s}=\frac{\beta T_2}{T_2}\frac{s+\dfrac{1}{\beta T_2}}{s+\dfrac{1}{T_2}} \tag{6.30}$$

可得无源超前校正装置的零点、极点,其零点、极点在根平面上的分布如图 6.17 所示。由于 $\beta>1$,其负实数零点位于负实数极点右侧靠近坐标原点处。二者之间的距离由常数 β 决定。

当性能指标以时域特征量给出时,采用根轨迹法进行校正比较方便。根轨迹法校正的优点是根据根平面上闭环零点、极点的分布位置，直接估算系统的动态性能。

如果原系统动态性能不能满足要求，则可采取串联超前校正装置进行校正。串联超前校正的基本出发点，是先设置一对能满足性能指标要求的共轭主导极点，称为希望主导极点。由于原系统不满足动态性能要求，希望主导极点自然不会在原系统的根轨迹上。使超前网络的零点落在原系统主导实数极点(坐标原点的极点除外)附近，以构成偶极子，使已校正系统根轨迹形状改变，向左移动，以增大系统的阻尼和带宽，并使希望主导极点落在已校正系统的根轨迹上，从而满足性能指标要求。

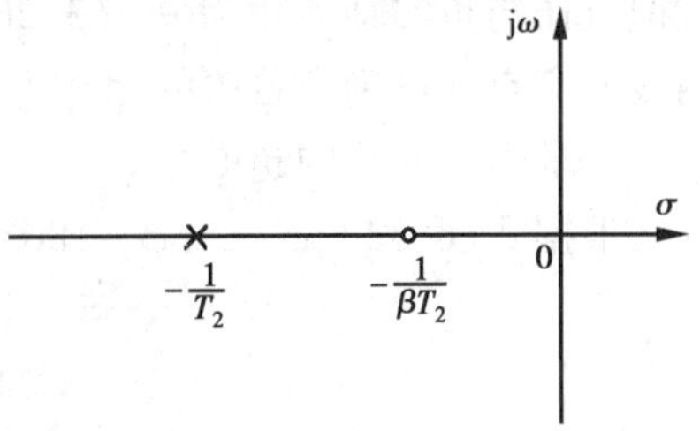

图6.17　无源超前网络的零点、极点分布图

应用根轨迹法设计串联超前校正装置的步骤，归纳为：

①作出原系统的根轨迹图。

②根据对校正后系统性能指标的要求，确定闭环系统希望主导极点的位置。若闭环系统希望主导极点不在原系统的根轨迹上，则可确定为超前校正形式。

③一般情况下，通过调整开环增益无法产生希望的主导极点，必须计算出超前网络应提供多大相角 φ_c，才能使校正后的系统根轨迹通过希望的主导极点。φ_c 可以这样来求取：设 s_1 为根据性能指标所确定的希望主导极点之一，未校正系统 m 个开环零点和 n 个开环极点的位置均为已知，可算出未校正系统 m 个零点，n 个极点在 s_1 点产生的总的相角

$$\varphi = \sum_{j=1}^{m} \angle(s_1 - z_j) - \sum_{i=1}^{n} \angle(s_1 - p_i) \tag{6.31}$$

则串入的超前校正网络应产生的超前相角：

$$\varphi_c = -\varphi - 180° \tag{6.32}$$

④应用图解法确定能产生相角为 φ_c 的串联超前网络的零点极点位置，即串联超前校正网络的参数。

⑤验算性能指标。

[**例5**]　设系统校正前开环传递函数为：

$$G_k(s) = \frac{K}{s(s+14)(s+5)}$$

要求校正后，调节时间 $t_s \leqslant 0.9$ 秒，超调量 $\sigma_P\% \leqslant 20\%$，稳态速度误差系数 $K_V \geqslant 10(1/s)$，试确定串联超前校正装置参数。

解　①根据对系统性能指标的要求，确定希望的闭环主导极点的位置。由已知的 $\sigma_P\%$、t_s，按二阶系统性能指标与参数的关系求出阻尼系数 ζ 及自然频率 ω_n

$$\sigma_P = e^{-\frac{\zeta\pi}{\sqrt{1-\zeta^2}}} \times 100\% \tag{6.33}$$

$$t_s = \frac{4}{\zeta\omega_n} \quad (\text{取 } \Delta = 2\%) \tag{6.34}$$

将 $\sigma_P\%$，t_s 数值代入以上2式得：

$$\zeta = 0.45, \quad \omega_n = 10.16(\text{rad/s})$$

因 $\mathrm{arc}\cos^{-1}\theta = \zeta$，所以 $\theta = 63.26°$，根据对二阶系统的分析和求到的 ζ、ω_n 值，在根平面上

过原点作与负实轴夹角为 $\theta=63.26°$的射线和在负实轴上做过 $\sigma=-\zeta\omega_n=-4.5$ 的垂线，则两线的交点即可确定希望的闭环主导极点在根平面的位置，$s_{1,2}=-4.5\pm j9.1$。

②求需要补偿的超前角 φ_c

根据式(6.32)，$\varphi_c=-\varphi-180°$，其中 φ 由式(6.31)求出：

$$\varphi=-116.7°-87.3°-44°=-248°$$

$$\varphi_c=248°-180°=68°$$

由于 φ_c 小于90°，采用简单的串联超前校正便可得到预期的效果。求出 φ_c，便可确定校正装置参数 Z_c 和 P_c。

设串联超前校正装置的传递函数：

$$G_c(s)=\frac{1+\beta T_2 s}{1+T_2 s}=\beta\frac{s+z_c}{s+P_c} \tag{6.35}$$

其中 $z_c=\dfrac{1}{\beta T_2}, p_c=\dfrac{1}{T_2}$。

校正后，系统的开环传递函数：

$$G_c(s)G_k(s)=\frac{\beta k(s+z_c)}{s(s+14)(s+5)(s+P_c)} \tag{6.36}$$

希望主导极点 s_1,s_2 是一对共轭复数极点，设串入超前校正装置 $G_c(s)$后，提供超前相角 φ_c，使 s_1、s_2 都在校正后系统的根轨迹上，因此，s_1 应满足幅值条件，即：

$$\left|\frac{\beta k}{s_1(s_1+14)(s_1+5)}\frac{s_1+z_c}{s_1+p_c}\right|=1$$

或写成：

$$\frac{\beta k|s_1+z_c|}{M|s_1+P_c|}=1 \tag{6.37}$$

其中 $M=|s_1|\cdot|s_1+14|\cdot|s_1+5|=10.16\times9.11\times13=1203$

根据稳态指标，取 $K_v=10(1/s)$。

而：$K_v=\lim\limits_{s\to0}sG_k(s)=\lim\limits_{s\to0}s\dfrac{k}{s(s+14)(s+5)}=\dfrac{k}{70}=10$ 则 $k=700$。

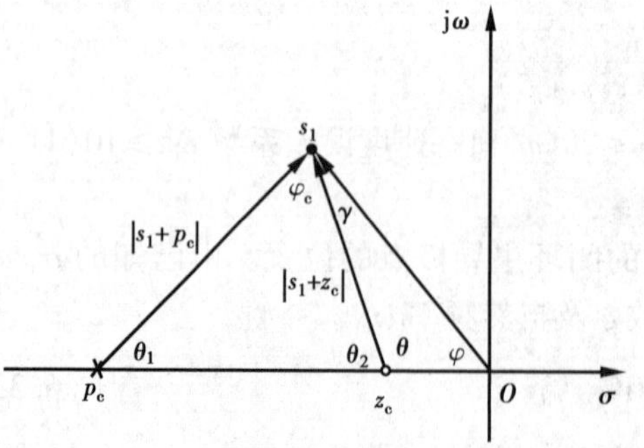

图6.18 超前校正装置相角 φ_c 与 $p_c\cdot z_c$ 的几何关系

串联超前校正装置的零点、极点 z_c、p_c 与 s_1、φ_c 的几何关系如图6.18所示。$\boldsymbol{s}_1$ 向量的模已求出$|\boldsymbol{s}_1|=\omega_n=10.16$，与负实轴的夹角$\varphi=\arccos\zeta=63.26°$，校正装置的超前角

$$\varphi_c=\angle G_c(s)=\angle(\beta\frac{s_1+z_c}{s_1+p_c})=$$

$$\angle(\boldsymbol{s}_1+\boldsymbol{z}_c)-\angle(\boldsymbol{s}_1+\boldsymbol{p}_c)=$$

$$\theta-\theta_1=68°$$

由图6.18的$\triangle z_c o s_1$ 可得：

$$\frac{\sin\gamma}{\sin\varphi}=\frac{|z_c|}{|\boldsymbol{s}_1+\boldsymbol{z}_c|} \tag{6.38}$$

由$\triangle p_c o s_1$ 可得：

$$\frac{\sin(\varphi_c+\varphi)}{\sin\varphi}=\frac{|\boldsymbol{P}_c|}{|\boldsymbol{s}_1+\boldsymbol{P}_c|} \tag{6.39}$$

由式(6.38)、式(6.39)消去 $\sin\varphi$,得:

$$\frac{\sin(\varphi_c+\gamma)}{\sin\gamma}=\frac{|\boldsymbol{P}_c|}{|\boldsymbol{Z}_c|}\frac{|\boldsymbol{s}_1+\boldsymbol{Z}_c|}{|\boldsymbol{s}_1+\boldsymbol{P}_c|}=\beta\frac{|\boldsymbol{s}_1+\boldsymbol{Z}_c|}{|\boldsymbol{s}_1+\boldsymbol{P}_c|} \tag{6.40}$$

将式(6.37)代入式(6.40)得:

$$\frac{\sin(\varphi_c+\gamma)}{\sin\gamma}=\frac{M}{k}$$

将上式展开,经演化得:

$$\cot\gamma=\frac{1}{\sin\varphi_c}\left[\frac{M}{k}-\cos\varphi_c\right] \tag{6.41}$$

将 M,k 及 φ_c 值代入式(6.41),求出 $\gamma=34.6°$。

在 $\triangle z_c o s_1$ 中,$|z_c|=\frac{\sin\gamma}{\sin\theta}\times|\boldsymbol{os}_1|=\frac{\sin 34.6°}{\sin(180°-63.25°-34.6°)}\times 10.16=5.82$

在 $\triangle P_c o s_1$ 中,$|\boldsymbol{p}_c|=\omega_n\times\frac{\sin(\varphi_c+\gamma)}{\sin(\theta-\varphi_c)}=\frac{\sin(68°+34.6°)}{\sin(82.15°-68°)}\times 10.16=40.5$

得超前校正装置参数 β、T_2:

$$\beta=\frac{|\boldsymbol{p}_c|}{|\boldsymbol{s}_c|}=6.96,\ T_2=\frac{1}{|\boldsymbol{p}_c|}=0.025$$

串联超前校正装置的传递函数:

$$G_c(s)=6.96\times\frac{s+5.82}{s+40.5}$$

串入 $G_c(s)$ 后,系统的开环传递函数:

$$G_c(s)G_k(s)=\frac{k}{s(s+14)(s+5)}\times 6.96\times\frac{s+5.82}{s+40.5} \tag{6.42}$$

最后还需校验共轭复数点 $s_{1,2}=-4.57\pm j9.1$ 作为闭环主导极点的准确程度。

若系统为单位反馈系统,可得出系统的闭环传递函数:

$$\phi(s)=\frac{Y(s)}{U(s)}=\frac{G_c(s)G_k(s)}{1+G_c(s)G_k(s)}=$$

$$\frac{k\beta(s+z_c)}{s(s+5)(s+14)(s+p_c)+k\beta(s+z_c)} \tag{6.43}$$

已知 $s_{1,2}=-4.57\pm j9.1$ 为闭环系统一对共轭极点,设另两个闭环极点为 s_3、s_4,则式(6.43)可写成:

$$\phi(s)=\frac{k\beta(s+z_c)}{(s+s_1)(s+s_2)(s+s_3)(s+s_4)} \tag{6.44}$$

将求到的 β、s_1、s_2、z_c、p_c、k 数值代入式(6.44),求得闭环系统的另外两个极点为 $s_3=-6.19$,$s_4=-44.17$。

以上计算看出,当串入超前校正装置 $G_c(s)$,且使 $k=700$,闭环系统有4个极点,即 $s_{1,2}=-4.57\pm j9.1$ 为共轭复数极点,$s_3=-6.19$,$s_4=-44.17$,均为负实轴上的闭环极点,s_3 可认为

被闭环零点 $z_c=-5.82$ 所补偿，s_4 远离虚轴，不起主要作用，因此 s_1、s_2 这对共轭复数极点起主要作用，成为一对主导极点，校正后的系统其动态性能主要由 s_1、s_2 决定，故串入超前校正装置后能满足所要求的性能指标。

6.3.2 串联滞后校正

如前所述，当原系统已具有比较满意的动态性能，而稳态性能不能满足要求时，可采用串联滞后校正。串联滞后校正装置可增大系统的开环增益，满足了稳态性能的要求，又不会使希望的闭环极点附近的根轨迹发生明显的变化，这就使系统动态性能基本不变。在根平面上十分接近坐标原点的位置，设置串联滞后网络的零点、极点，并使之非常靠近，则下式：

$$\frac{s+\dfrac{1}{\alpha T_1}}{s+\dfrac{1}{T_1}}\approx 1\angle 0^\circ \tag{6.45}$$

成立。表明串入这样的滞后网络后，对希望主导极点的根轨迹增益和相角几乎没有影响。以Ⅰ型系统为例，说明串联滞后校正的作用。

设原系统开环传递函数为：

$$G_k(S)=\frac{K}{s(T_a s+1)(T_b s+1)}=\frac{K^*}{s\left(s+\dfrac{1}{T_a}\right)\left(s+\dfrac{1}{T_b}\right)}$$

式中 $K^*=K/T_aT_b$ 为原系统的根轨迹增益。串入滞后校正网络后，系统开环传递函数变为：

$$G_c(s)G_o(s)=\frac{K(\alpha T_1 s+1)}{s(T_a s+1)(T_b s+1)(T_1 s+1)}=\frac{(K^*)''\left(s+\dfrac{1}{\alpha T_1}\right)}{s\left(s+\dfrac{1}{T_a}\right)\left(s+\dfrac{1}{T_b}\right)\left(s+\dfrac{1}{T_1}\right)}$$

式中 $(K^*)''=K\alpha/T_aT_b$，为校正后系统的根轨迹增益。令 K_v'' 为校正后系统的稳态速度误差系数，则有：

$$K_v''=\lim_{s\to 0}sG_c(s)G_k(s)=K$$

如式(6.45)成立，系统校正前后在希望极点之一的 s_1 处根迹轨增益不变，则：

$$K_v/T_aT_b=K_v''\alpha/T_aT_b\Rightarrow K_v''=(1/\alpha)K_v$$

而 $1/\alpha=Z_C/P_C$，当滞后网络零点位置一定，可使极点 p_c 靠近坐标原点，使 $1/\alpha$ 值较大，从而加大校正后系统的稳态速度误差系数。例如，滞后校正网络的零点 $z_c=-0.1$，选择滞后校正网络的极点 $p_c=-0.01$，可使 $K_v''=10K_v$。通常 $1/\alpha$ 可在 1～15 之间选取，以选择 $1/\alpha=10$ 较为适当。由于 p_c 十分接近坐标原点。近似地认为在 $s=0$ 处增加了一个极点，近似于增加了一个积分环节，所以这种校正又称为积分校正。

这样确定的串联滞后网络的零点、极点，比较校正前后系统的根轨迹，除根平面坐标原点附近的根轨迹有较大变化外，其余部分无显著改变，因此主导极点位置基本不变，基本保持了系统原有的动态性能。上面所说的主导极点的位置校正后基本不变，而不是一点不变，此外，校正后的系统在根平面坐标原点附近必然存在一个偶极子，靠近坐标原点，因此校正后系统的动态性能仍会有变化。在设置希望主导极点时应留有余地，校正后希望主导极点的位置虽有小的变化，但系统的动态性能仍能满足要求。

应用根轨迹法设计串联滞后校正网络，可归纳为如下步骤：

①作出原系统的根轨迹图，根据调节时间的要求，判断采用滞后校正的可能性。

如上所述，采用滞后校正根轨迹只是局部变化，整个根轨迹不会向虚轴左面移动，因而原系统复数根轨迹在实轴上的分离位置 $|d_{max}|$ 是希望主导极点可能的最大实部，而 $t_{min} \approx 3.5/|d_{max}|$ 则是采用滞后校正后系统可能具有的最小调节时间，如果指标要求的调节时间 $t_s \geqslant t_{min}$，则采用滞后校正是可能的。

②根据动态性能指标确定希望主导极点的位置。

③用10°夹角法则确定滞后网络零点，并近似计算主导极点处的根轨迹增益。

为使滞后网络的零点、极点充分接近坐标原点，可在希望主导极点之一的 s_1 点作一条与 s_1O 直线夹角为10°（或小于10°）的直线，此直线与负实轴的交点设为滞后网络的零点 z_c，这就是10°夹角法。由于滞后网络的极点 p_c 更靠近坐标原点，在实际应用时，可认为 p_c 位于坐标原点，这就可以应用幅值条件近似计算出 s_1 的根轨迹增益。

④根据要求的稳态性能指标计算滞后网络参数。

⑤应用相角条件，验算希望主导极点是否位于已校正系统的根轨迹上。

⑥校验系统各项性能指标是否满足要求。

【例6】 设系统如图6.19(a)所示，其开环传递函数：

$$G_k(s) = \frac{K^*}{s(s+2)(s+5)}$$

要求校正后系统稳态速度误差系数不小于5(1/s)，单位阶跃响应超调量不大于40%，调节时间小于6s。试求校正装置的传递函数。

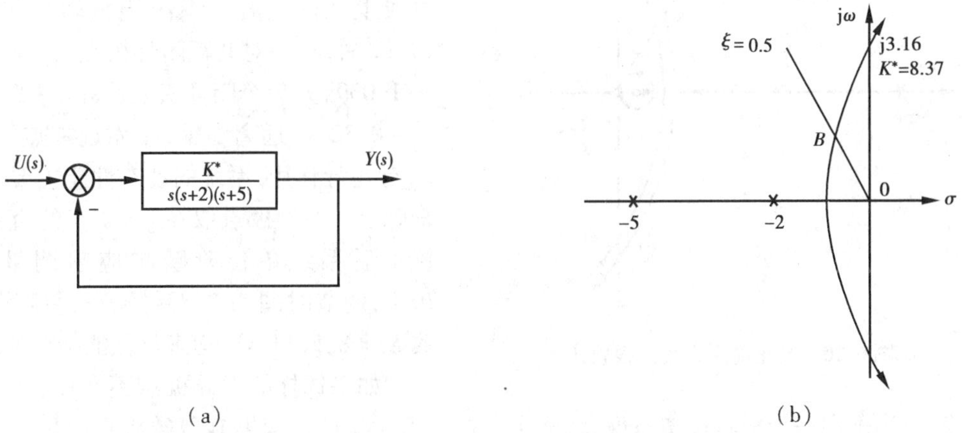

图6.19

(a)控制系统；(b)控制系统根轨迹图

解　①作原系统的根轨迹图(图6.19(b))，根轨迹在实轴上的分离点为 $|d_{max}|=0.88$，允许的最小调节时间为3.08s，小于要求的调节时间，因此，采用串联滞后校正是可能的。

根据对系统单位阶跃响应超调量的要求。计算阻尼比约为0.28，为留有余地，取 $\zeta=0.5$。

②以 $\zeta=0.5$ 作一条直线，与原系统的根轨迹相交于 B 点，B 坐标为 $-0.712+j1.23$，希望主导极点选择在 $-0.712\pm j1.23$ 附近，其动态性能能满足指标要求。考虑滞后校正网络串入系统的影响，将希望主导极点选择为 $s_{1,2}=-0.6\pm j1.039$。s_1 与 B 点非常接近。可以算出 B

点的根轨迹增益为11.27,用以代替 s_1 点的根轨迹增益。它不能满足稳态指标的要求。

③s_1 点的取值正好在 $\zeta=0.5$ 的直线上,再作一条与 $\zeta=0.5$ 直线成10°的直线,与负实轴的交点为 -0.22,取 $z_c=-0.25$,求到 s_1 点的根轨迹增益:

$$K^*=\frac{|s_1|\cdot|s_1|\cdot|s_1+2|\cdot|s_1+5|}{|s_1+0.25|}=10.35$$

串入滞后校正网络后,系统开环传递函数:

$$G_c(s)G_k(s)=K^*\frac{(s+z_c)}{s(s+2)(s+5)(s+p_c)}=$$

$$\frac{K^*}{2\times5\times\alpha}\cdot\frac{(4s+1)}{s(0.5s+1)(0.2s+1)(\frac{1}{\alpha z_c}s+1)}$$

由上式可得 $K_v=\dfrac{K^*}{10\times\alpha}$,根据要求,$K_v\geqslant5(1/s)$ 算出 $\alpha\leqslant0.207$,取 $\alpha=0.12$,则 $p_c=-0.25\times0.12=0.03$,知 z_c、p_c 的取值后,算出根轨迹增益的准确值为 $K^*=10.22$,校正后系统开环传递函数为:

$$G_c(s)G_k(s)=\frac{10.22(s+0.25)}{s(s+2)(s+5)(s+0.03)}$$

$K_v=8.52(1/s)$,满足稳态指标要求。校正后系统根轨迹如图6.20所示。经计算,主导极点 $s_{1,2}$ 满足相角条件,它位于校正后系统的根轨迹上,同时也在 $\zeta=0.5$ 的直线上。校正后的系统当根轨迹增益为10.22时,有一对共轭闭环极点 $s_{1,2}=-0.6\pm j1.039$,另2个闭环极点为 $s_3=-5.51$,$s_4=-0.32$,s_3 远离虚轴,s_4 靠近零点。因而 $s_{1,2}$ 起主导作用,系统的动态性能主要由 $s_{1,2}$ 来确定。主导极点取在 $\zeta=0.5$ 的直线上,校正后系统单位阶跃响应超调量小于20%,调节时间为5.83s,稳态速度误差系数 $K_v=8.52(1/s)$,均满足性能指标要求。

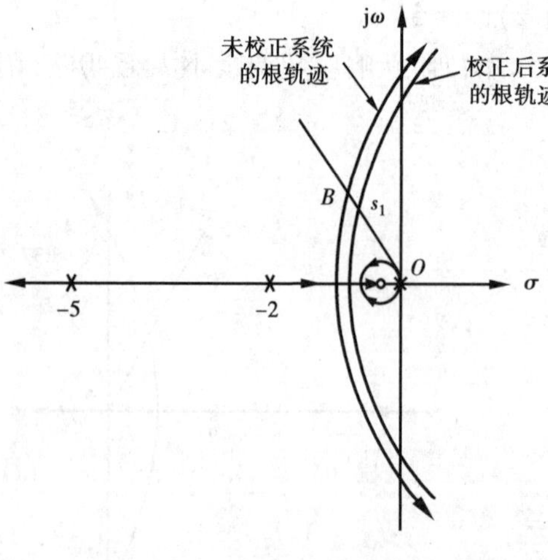

图6.20 校正前后系统的根轨迹

如果选择的主导极点不在校正系统的根轨迹上,当确定一个根轨迹增益值,就确定了校正后系统的一对共轭复数极点,只要它距选择的主导极点很近(按性能指标选择主导极点时留有余地),实际的主导极点仍可能使系统满足性能的要求。对校正后系统的性能进行验算或实验测试,如性能不满足要求,则需另选主导极点,直到满足性能要求为止。

6.3.3 滞后-超前校正

如果系统校正前其动态性能和稳态性能都不满足要求,而且距性能指标甚远,可以采用滞后-超前校正。根据性能指标确定一对闭环主导复数极点,利用滞后-超前校正网络超前部分提供的超前相位补偿,使校正后系统根轨迹通过确定的主导极点,从而使系统满足动态性能指标要求；利用滞后部分，使校正后系统满足稳态性能指标要求。其设计步骤如下：

①根据对系统提出的性能指标，在根平面上确定系统的希望闭环主导极点；

②为使闭环主导极点位于希望的位置，计算出滞后-超前网络需要的超前相位 φ_c；

③根据对系统稳态指标的要求，计算原系统开环增益应提高的倍数；

④滞后-超前校正网络的传递函数

$$G_c(s) = \frac{(T_1 s+1)(T_2 s+1)}{(\beta T_1 s+1)(\frac{T_2}{\beta}s+1)} = K_c \frac{(s+\frac{1}{T_1})(s+\frac{1}{T_2})}{(s+\frac{1}{\beta T_1})(s+\frac{\beta}{T_2})} \quad (\beta > 1)$$

该式前面部分起滞后作用，后面部分起超前作用。滞后部分的时间常数 T_1 要选得足够大。设 s_1 是希望主导极点之一，使得：

$$\frac{\left|s_1+\frac{1}{T_1}\right|}{\left|s_1+\frac{1}{\beta T_1}\right|} \approx 1 \tag{6.46}$$

s_1 位于校正后系统的根轨迹上，应满足幅值条件，即：

$$\frac{\left|s_1+\frac{1}{T_1}\right|\left|s_1+\frac{1}{T_2}\right|}{\left|s_1+\frac{1}{\beta T_1}\right|\left|s_1+\frac{\beta}{T_2}\right|} \cdot K_c \mid G_k(s_1) \mid = 1$$

考虑式(6.46)，可得：

$$\frac{\left|s_1+\frac{1}{T_1}\right|}{\left|s_1+\frac{\beta}{T_2}\right|} \cdot K_c \mid G_k(s_1) \mid = 1 \tag{6.47}$$

根据步骤2，超前部分提供超前角 φ_c，即

$$\angle\left[(s_1+\frac{1}{T_2})/(s_1+\frac{\beta}{T_2})\right] = \varphi_c \tag{6.48}$$

由式(6.47)和式(6.48)可确定 T_2 和 β 值。

⑤根据步骤得到的 β 值选择 T_1 值，使

$$\frac{\left|s_1+\frac{1}{T_1}\right|}{\left|s_1+\frac{1}{\beta T_1}\right|} \approx 1; \qquad 0° < \angle\left[(s_1+\frac{1}{T_1})\Big/(s_1+\frac{1}{\beta T_1})\right] < 3°$$

为在工程中能够实现，滞后-超前网络滞后部分的最大时间常数 βT_1 不宜取得太大。

［例7］　设某单位反馈系统的开环传递函数：

$$G_k(s) = \frac{4}{s(s+0.5)}$$

要求闭环主导极点的阻尼比 $\zeta=0.5$，无阻尼自然振荡频率 $\omega_n=5$(rad/s)，稳态速度误差系数 $K_v=50$(1/s)。试设计校正装置，串入系统后能满足上述性能指标。

解　作原系统的根轨迹图，如图6.21所示。当根轨迹增益为4时，求出原系统闭环极点为 $s'_{1,2}=-0.25\pm j1.98$，阻尼比为 $\zeta=0.125$，无阻尼自然振荡频率为 $\omega_n=2$(rad/s)，稳态速度

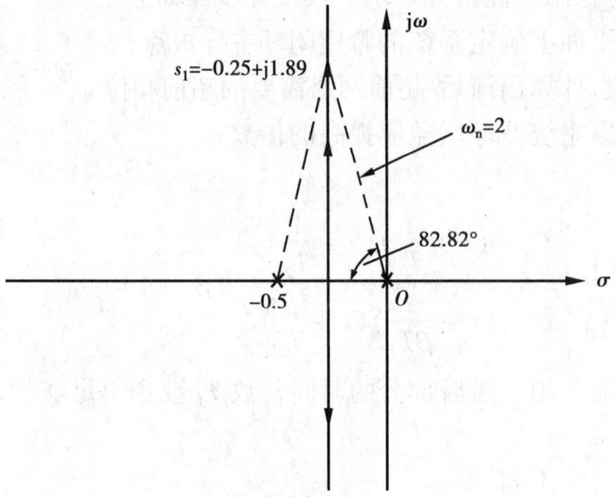

图 6. 21 校正前系统的根执迹图

误差系数为 $K_v=8(1/s)$。从这些数据可以看出,与所要求的性能指标相差很大,因此决定采用滞后-超前校正方案。

由性能指标确定希望主导极点 $s_{1,2}=-\zeta\omega_n\pm j\omega_n\sqrt{1-\zeta^2}=-2.5\pm j4.33$。原系统折算到希望主导极点之一的 s_1,s_1 的相角为:

$$\angle[4/s_1(s_1+0.5)]=-235°$$

要使 $s_{1,2}$ 位于校正后系统的根轨迹上。滞后-超前校正网络的超前部分必须提供 $\varphi_c=55°$的超前角。设滞后-超前校正网络的传递函数:

$$G_c(s)=K_v\frac{(s+\frac{1}{T_1})(s+\frac{1}{T_2})}{(s+\frac{1}{\beta T_1})(s+\frac{\beta}{T_2})}$$

校正后系统的开环传递函数:

$$G_c(s)G_k(s)=K_c\frac{(s+\frac{1}{T_1})(s+\frac{1}{T_2})}{(s+\frac{1}{\beta T_1})(s+\frac{\beta}{T_2})}\frac{4}{s(s+0.5)}$$

要求 $K_v=50(1/s)$,而 $K_v=\lim\limits_{s\to 0}sG_c(s)G_k(s)=8K_c$,所以 $K_c=K_v/8=6.25$,于是校正系统的开环传递函数可写为:

$$G_c(s)G_k(s)=\frac{25(s+\frac{1}{T_1})(s+\frac{1}{T_2})}{s(s+\frac{1}{\beta T_1})(s+\frac{\beta}{T_2})(s+0.5)}$$

考虑式(6.47),得出下列幅值条件和相角条件:

$$\frac{\left|s_1+\frac{1}{T_2}\right|}{\left|s_1+\frac{\beta}{T_2}\right|}\cdot\frac{25}{|s_1(s_1+0.5)|}=1$$

$$\angle(s_1+\frac{1}{T_2})\Big/(s_1+\frac{\beta}{T_2})=55°$$

根据上述两个条件,用图解法或计算都能方便地求出 T_2 和 β。图 6.21 标出 s_1 的位置,设$\frac{-\beta}{T_2}$和$\frac{-1}{T_2}$位置如图 6.22 所示,将幅值条件和相角条件按图示位置写成:

$$\frac{\left|s_1+\frac{1}{T_2}\right|}{\left|s_1+\frac{\beta}{T_2}\right|}=\frac{s_1\boldsymbol{A}}{s_1\boldsymbol{B}}=\frac{|s_1(s_1+0.5)|}{25}=\frac{4.77}{5}$$

$$\angle As_1B = \varphi_c = 55°$$

由上列两式并对图6.22图解或计算，求得 $AO=0.5$，$BO=5$，因此 $\frac{-1}{T_2}=-0.5$，$\frac{-\beta}{T_2}=-5$，求出 $T_2=2(1/\mathrm{s})$，$\beta=10$。这样，滞后-超前校正网络的超前部分的传递函数为 $\frac{s+0.5}{s+5}$。选择滞后部分的参数 T_1，使之同时满足下面的幅值条件和相角条件：

$$\frac{\left|s_1+\frac{1}{T_1}\right|}{\left|s_1+\frac{1}{\beta T_1}\right|}\approx 1$$

$$0° < \angle\left(s_1+\frac{1}{T_1}\right)\Big/\left(s_1+\frac{1}{\beta T_1}\right) < 3°$$

为能工程实现，滞后部分的最大时间常数 βT_1 不能太大，因此选取 $T_1=10$，$\beta T_1=100$，于是：

$$\frac{\left|s_1+\frac{1}{10}\right|}{\left|s_1+\frac{1}{100}\right|}=0.99114\approx 1$$

$$0° < \angle\left(s_1+\frac{1}{10}\right)\Big/\left(s_1+\frac{1}{100}\right)=0.9° < 3°$$

说明取值是合理的。经以上计算和选择，得到了滞后-超前校正网络的传递函数：

$$G_c(s)=\frac{6.25(s+0.1)(s+0.5)}{(s+0.01)(s+5)}$$

串入校正网络后，系统开环传递函数为：

$$G_c(s)G_k(s)=\frac{25(s+0.1)}{s(s+0.01)(s+5)}$$

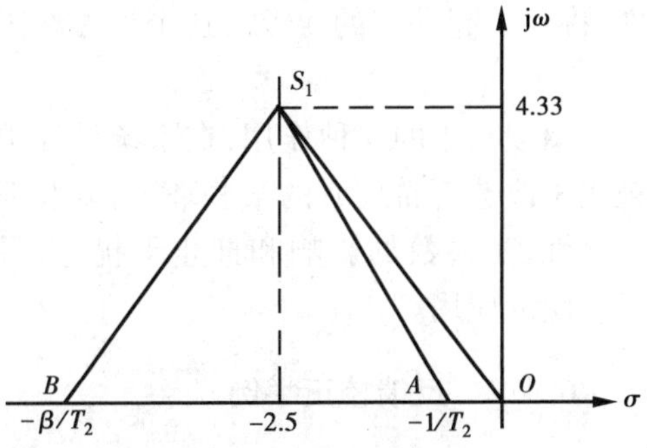

图6.22　确定 T_2，β 参数

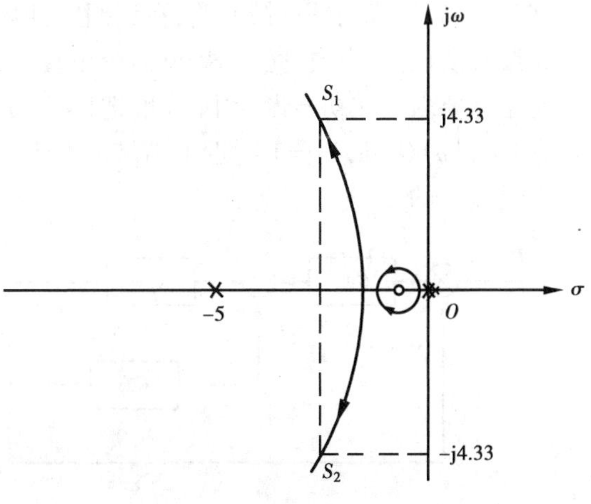

图6.23　校正后系统根轨迹

校正后系统的根轨迹，如图6.23所示。由于滞后部分的零点、极点折算到 S_1 处的滞后角为0.9°，因此，滞后部分引入的零点和极点，基本上不改变主导极点 $S_{1,2}$ 的位置。因此校正后

的系统,当 $K_V=50(1/s)$ 时,系统闭环有一对共轭复数主导极点 $S_{1,2}=-2.5\pm j4.33$,第 3 个闭环极点为 $S_3=-0.102$,与零点 $S_z=0.1$ 很靠近,对系统动态性能影响很小,其性能主要由 $S_{1,2}$ 所确定,满足性能指标的要求。

6.4 反馈校正设计

6.4.1 反馈校正的原理

如将校正装置 $G_c(s)$ 与原系统某一部分构成一个局部反馈回路,如图 6.24 所示,校正装置设置在局部反馈回路的反馈通道中,就形成了反馈校正。设置局部反馈后,系统的开环传递函数:

$$G_k(s)=\frac{G_1(s)G_2(s)}{1+G_2(s)G_c(s)} \tag{6.49}$$

如果在对系统动态性能起主要影响的频率范围内有下列关系:

$$|G_2(j\omega)G_c(j\omega)|\gg 1$$

成立,则式(6.49)可写为:

$$G_k(S)=\frac{G_1(s)}{G_c(s)} \tag{6.50}$$

式(6.50)表明,接成局部反馈后,系统的开环特性几乎与被反馈校正装置包围的 $G_2(s)$ 无关,由局部反馈部分反馈通道校正装置传递函数的倒数确定。而当 $|G_2(j\omega)G_c(j\omega)|\ll 1$ 时,式(6.49)可写成 $G_k(s)\approx G_1(s)G_2(s)$ 与原系统特性一致。这样,只要适当选取反馈校正装置 $G_c(s)$ 的结构和参数,就可以使被校正系统的特性发生预期的变化,从而使系统满足性能指标的要求。于是,反馈校正的基本原理可表述为:用反馈校正装置来包围原系统中所不希望的某些环节,以形成局部反馈回路,在该回路开环幅值远大于 1 的条件下,被包围环节将由反馈校正装置所取代,只要适当选择反馈校正装置的结构和参数,就可以使校正后系统的动态性能满足指标要求。在初步设计中,一般把 $|G_2(j\omega)G_c(j\omega)|\gg 1$ 的条件简化为 $|G_2(j\omega)G_c(j\omega)|>1$,在 $|G_2(j\omega)G_c(j\omega)|=1$ 附近不满足远大于 1 的条件,将会引起一定的误差。这个误差在工程上是允许的。

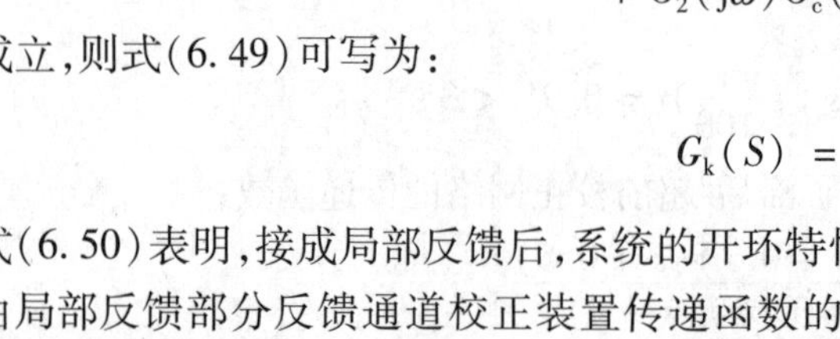

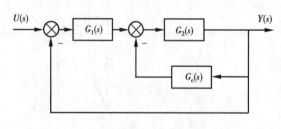

图 6.24　反馈校正系统

反馈校正的这种作用,在系统设计中常被用来改造不希望有的某些环节,以及消除非线性、变参数的影响和抑止干扰等,得到了广泛的应用。

6.4.2 反馈校正举例

反馈校正实际上是局部反馈校正。采用局部反馈校正时,应根据实际情况解决好从什么部位取反馈信号加到什么部位和选择合适的测量元件等问题。

[例 8]　系统如图 6.25 所示,原系统开环传递函数为:

$$G_k(s)=G_1(s)G_2(s)G_3(s)=$$

$$\frac{K_1}{0.007s+1}\cdot\frac{K_2}{0.9s+1}\cdot\frac{K_3}{s}=\frac{K}{s(0.007s+1)(0.9s+1)}$$

式中 $K=K_1K_2K_3$。要求采用局部反馈校正，使系统满足以下性能指标：$K_V\geqslant 1000(1/s)$，调节时间 $t_s\leqslant 0.8s$，超调量 $\sigma\%\leqslant 25\%$。

解　设采用如图 6.25 所示局部反馈方案。

①以 $K=K_V=1000(1/s)$ 作原系统开环对数渐近幅频特性，如图 6.26 中特性 1 所示。通过计算。判断原系统不稳定；

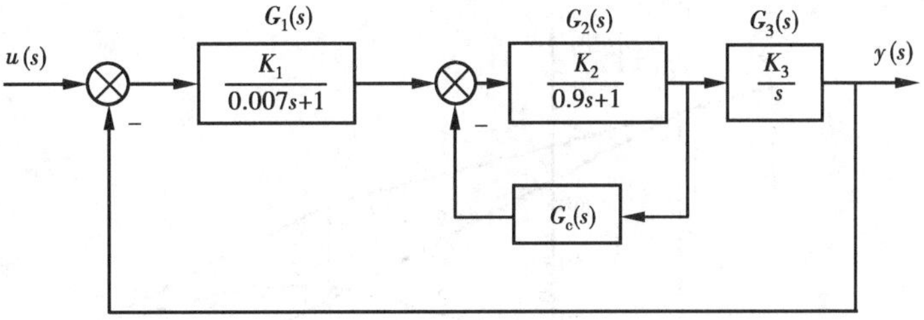

图 6.25　局部反馈校正系统

②作期望特性。根据性能指标要求，算出剪切频率的要求值为 9.66(rad/s)，取 $\omega''_c=10$(rad/s)，在 ω''_c 附近 −20dB/dec 斜率的频段应有一定的宽度。过 ω''_c 作斜率为 −20dB/dec 的直线，与原有系统特性交于 $\omega=111.1$(rad/s)处。期望特性的高频段从 $\omega=111.1$(rad/s)起与原有系统特性重合。低频部分选择在 $\omega=2.5$(rad/s)处斜率由 −20dB/dec 转为 −40dB/dec，与原系统特性交于 $\omega=0.025$(rad/s)处。$\omega<0.025$(rad/s)的频段，期望特性与原系统特性重合。期望特性如图 6.26 特性 2 所示。校正后系统的开环对数渐近幅频特性就是期望特性。经校验、校正后系统的超调量为 $\sigma\%=19.6\%$，调节时间 $t_s=0.677s$，满足性能指标的要求；

③求局部反馈校正装置。在图 6.26 上，由原系统特性 1 减去期望特性 2，得到小闭环的开环特性 $20\lg|G_2(j\omega)G_c(j\omega)|$（图 6.26 中特性 3）。在 $\omega=0.025\sim111.1$(rad/s)范围内，由特性 3 求出小闭环的开环传递函数：

$$G_2(s)G_c(s)=\frac{40s}{(0.9s+1)(0.4s+1)} \tag{6.51}$$

已知 $G_2(s)=\dfrac{K_2}{(0.9s+1)}$，则可求出局部反馈校正装置 $G_c(s)$ 的传递函数：

$$G_c(s)=\frac{(40/K_2)\cdot s}{0.4s+1}$$

K_2 已知，可求出 $40/K_2$。

在小闭环开环幅值远大于 1 的情况下，小闭环的特性由反馈通道传递函数的倒数特性来确定。把图 6.25 方框图转化为图 6.27 的形式。从图 6.27 可得出被小闭环包围部分的传递函数：

$$G'_2(s)=\frac{K_1\cdot K_2\cdot K_3}{s(0.9s+1)(0.007s+1)}$$

反馈通道传递函数：

$$G'_c(s)=\frac{s(0.007s+1)}{K_1K_3}\cdot G_c(s)=\frac{40s^2}{K_1K_2K_3}\cdot\frac{(0.007s+1)}{(0.4s+1)}$$

小闭环的开环传递函数：

$$G_2'(s)G_c'(s) = \frac{40s}{(0.9s+1)(0.4s+1)}$$

与式(6.51)完全一样。即图 6.27 中的特性 3。在 ω 为 0.025 ~ 111.1 rad/s 频段内，$|G_2'(s)G_c'(s)| = |G_2(s)G_c(s)| > 1$，可以看出，在这一频段内，期望特性正好是 $\frac{1}{G_c(s)}$；在这个频段之外，$|G_2'(s)G_c'(s)| = |G_2(s)G_c(s)| > 1$ 的条件不成立，期望特性与小闭环反馈通道无关，其特性由 $G_2'(s)$，也就是由图 6.26 中特性 1 确定。本例体现了反馈校正这一特点。

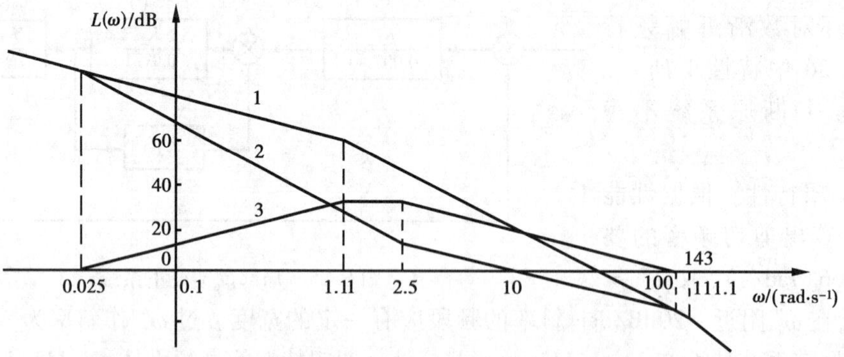

图 6.26　系统采用局部反馈校正的特性

1—原有系统特性；2—校正后系统特性；3—小闭环的开环特性

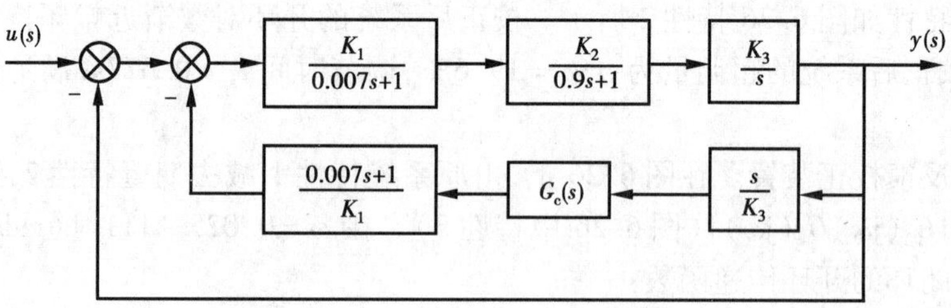

图 6.27　对系统结构图作变换

6.5　复合控制校正设计

6.5.1　复合控制的概念

串联校正和反馈校正能满足系统校正的一般要求，但对于稳态精度与动态性能均要求较高或存在强烈扰动，特别是低频扰动时，仅靠这两种校正方式往往是不够的，在这种情况下，常常采用复合控制。所谓复合控制，就是在反馈闭环控制的基础上，引入前馈装置，产生与输入(给定输入或扰动输入)有关的补偿作用实行开环控制。开环控制不影响闭环系统的稳定性，因此，复合控制同时利用开环、闭环控制方式，将提高稳态精度与改善动态性能，或者说使系统既具有较好的跟踪能力又有较强的抗扰动能力，把这两方面的问题分开加以解决。它在高精度控制系统中得到了广泛的应用。复合控制系统综合的基本思路是：对这两部分分别进行综合，根据动态性能要求综合反馈控制部分，根据稳态精度要求综合前控补偿部分，然后进行校验和修改，直至获得满意的结果。下面介绍两种前馈补偿装置的综合问题，即按扰动补偿的复合控制系统和按输入补偿的复合控制系统。

6.5.2 按扰动补偿的复合控制系统

设按扰动补偿的复合控制系统如图6.28，图中的 $G_1(s)$ 和 $G_2(s)$ 是系统前向通道传递函数，$G_N(s)$ 是前馈装置传递函数，$N(s)$ 为系统的扰动输入。由图6.28写出系统的输出：

$$Y(s) = G_1(s)G_2(s)[U(s) - Y(s)] + [G_N(s)G_1(s)G_2(s) + G_2(s)] \cdot N(s)$$

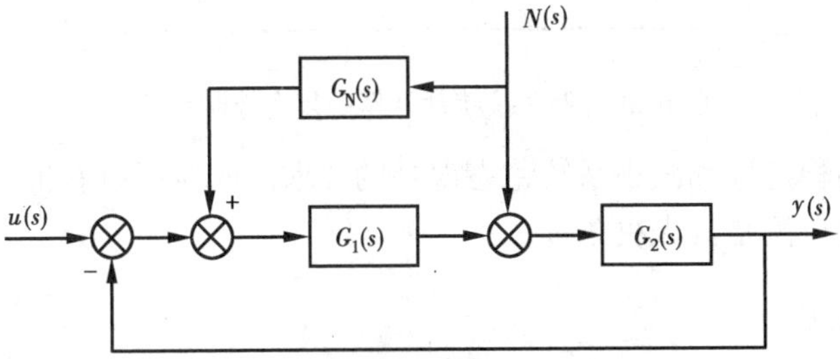

图6.28 按扰动补偿的复合控制系统

若选择前馈装置的传递函数：

$$G_N(s) = -\frac{1}{G_1(s)} \tag{6.52}$$

就完全消除了扰动 $N(s)$ 的对系统输出的影响，式(6.52)称为对扰动引起的误差进行完全补偿的条件，或称为对输出实现不变性的条件。可以看出，要完全补偿扰动对输出的影响，对扰动量进行测量，形成前馈控制通道是先决条件。在实际应用中，往往对1~2个主要扰动进行前馈补偿控制。

首先设计反馈闭环，即按照动态性能要求校正闭环，选择 $G_1(s)$，然后设计前馈开环，按式(6.52)设计前馈装置。然而，按式(6.52)实现完全补偿往往是困难的，因为由物理装置实现的 $G_1(s)$，其分母多项式次数总是大于或等于分子多项式的次数。其倒数就往往难以实现，在实用中即使不能获得动、静态完全补偿，能够做到部分补偿或稳态补偿也是可取的。从抑制扰动的角度来看，前馈控制可以减轻反馈控制的负担，反馈系统的开环增益可以取得小一些，有利于系统的稳定性。

[例9] 设随动系统如图6.29所示，图6.29中 K_1 为综合放大器的传递系数，$1/(T_1 s+1)$ 为滤波器的传递函数，$K_m/s(T_m s+1)$ 为执行电机的传递函数。N(s)为负载力矩，即本系统的扰动量。要求选择适当的前馈补偿装置 $G_N(s)$，使系统输出不受扰动影响。

解 设扰动量 $N(s)$ 可测出。选择 $G_N(s)$ 如图6.29构成前馈通道。由图6.29可求出扰动对输出的影响(即 $N(s)$ 引起的输出)。

$$Y_n(s) = \frac{\left[\dfrac{K_n}{K_m} + G_N(s)\dfrac{K_1}{T_1 s + 1}\right]\dfrac{K_m}{s(T_m s + 1)}}{1 + \dfrac{K_1 K_m}{s(T_1 s + 1)(T_m s + 1)}} \cdot N(s) \tag{6.53}$$

令
$$G_N(s) = -\frac{K_n}{K_1 K_m}(T_1 s + 1) \tag{6.54}$$

则扰动 $N(s)$ 引起系统的输出为0，即系统的输出不受扰动量 $N(s)$ 的影响，扰动作用完全被补偿。但是，从式(6.54)看出，$G_N(s)$ 的分子次数高于分母次数，不便于物理实现。若令

$$G_N(s) = -\frac{K_n}{K_1 K_m} \cdot \frac{T_1 s + 1}{T_2 s + 1} \qquad (T_1 \gg T_2)$$

这样物理上能够实现,可达到近似全补偿的要求,即在扰动信号作用的主要频段内进行了全补偿。此外,若取 $G_N(s) = -\frac{K_n}{K_1 K_m}$,在稳态情况下系统输出完全不受扰动的影响,称为稳态全补偿,物理上更易于实现。

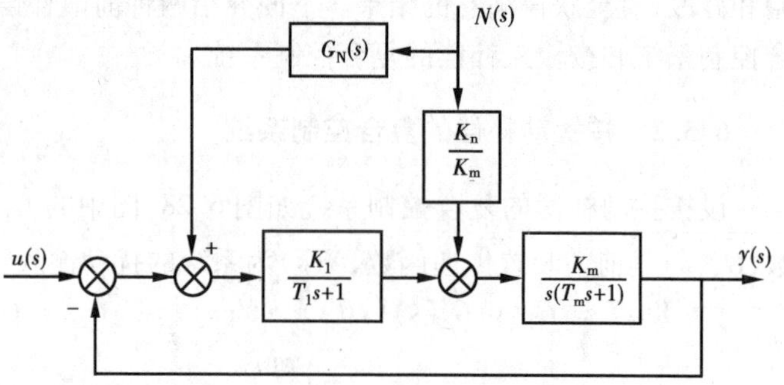

图 6.29　例 9 按扰动补偿的复合控制系统

由例 9 看出,系统受到的主要扰动所引起的误差,由前馈控制进行补偿,次要扰动引起的误差,由反馈控制予以消除。这样,在不提高开环增益的情况下,各种扰动引起的误差均可得到补偿,有利于兼顾提高稳定性和减小系统稳态误差的要求。同时可以看出,实现前馈控制对扰动进行补偿,扰动量的可测是其先决条件。

6.5.3　按输入补偿的复合控制系统

图 6.30 是按输入补偿的复合控制系统,图中 $G_k(s)$ 为原系统的开环传递函数,$G_r(s)$ 是为实现按输入补偿而设置的前馈装置的传递函数。由结构图得系统输出:

$$Y(s) = G_k(s)[U(s) - Y(s) + U(s)G_r(s)]$$

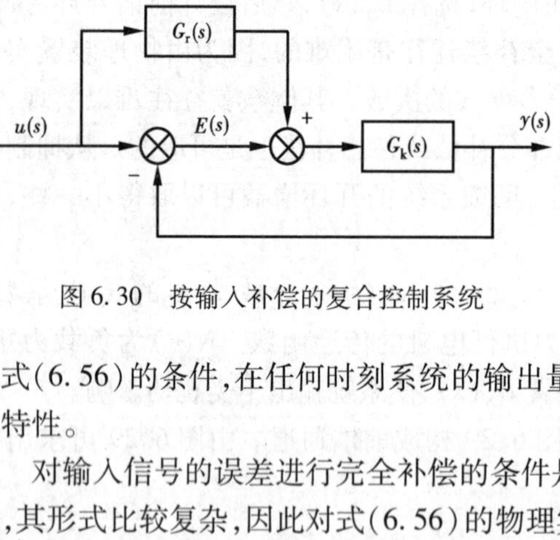

图 6.30　按输入补偿的复合控制系统

可以得出:

$$Y(s) = \frac{G_k(s)}{1 + G_k(s)}U(s) + \frac{G_r(s)G_k(s)}{1 + G_k(s)}U(s) \tag{6.55}$$

如果选择前馈装置的传递函数,使满足:

$$G_r(s) = \frac{1}{G_k(s)} \tag{6.56}$$

则式(6.55)变为 $Y(s) = U(s)$。这就是说,如满足式(6.56)的条件,在任何时刻系统的输出量能完全无误地复现输入量,具有理想的动态跟踪特性。

对输入信号的误差进行完全补偿的条件是式(6.56),由于 $G_k(s)$ 是原系统的开环传递函数,其形式比较复杂,因此对式(6.56)的物理实现是困难的。为使 $G_r(s)$ 结构较为简单且易于物理实现,工程上大多采用满足跟踪精度要求的部分补偿条件。

一般情况下,前馈控制信号不是加在系统的输入端处,而是加在前向通道中某个环节的输入端,如图 6.31 所示。

系统输出函数:

$$Y(s) = G_1(s)G_2(s)[U(s) - Y(s)] + G_r(s)G_2(s)U(s)$$

则可导出系统等效闭环传递函数和等效误差传递函数:

$$G'_b(s) = \frac{G_1(s)G_2(s) + G_2(s)G_r(s)}{1 + G_1(s)G_2(s)} \tag{6.57}$$

$$G'_e(s) = \frac{1 - G_2(s)G_r(s)}{1 + G_1(s)G_2(s)} \tag{6.58}$$

只要取：
$$G_r(s) = \frac{1}{G_2(s)}$$

复合控制系统就可实现对误差的完全补偿。同样,基于物理实现的困难,通常只进行部分补偿,将系统误差减小至允许范围内即可。由于前馈控制信号不是如图 6.30 加在靠近输入端处,而是如图 6.31 加在靠近输出端处,因此要求前馈信号有较大的功率,前馈装置的结构比较复杂。通常前馈信号加在系统信号综合放大器的输入端,使 $G_r(s)$ 具有比较简单的结构。

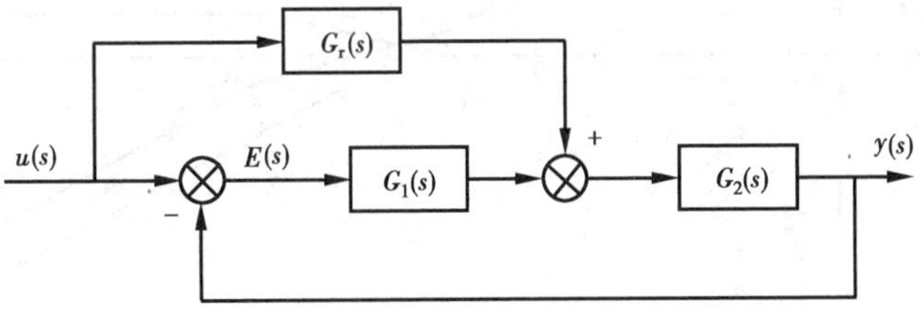

图 6.31　一般情况下的复合控制系统

从控制系统稳定性的角度来看,引入前馈控制通道使系统的型别提高,达到部分补偿的目的,同时控制系统并不因为引入前馈控制而影响其稳定性。因此,复合控制系统很好地解决了一般反馈控制系统在提高精度和确保系统稳定性之间的矛盾。

［例 10］　随动系统如图 6.32 所示,要求在单位斜坡输入时,输出稳态位置误差 $e_{ss} \leqslant 0.02$,开环系统剪切频率 $\omega_c \geqslant 4.41\text{rad/s}$,相角裕度 $\gamma \geqslant 45°$,试设计校正装置。

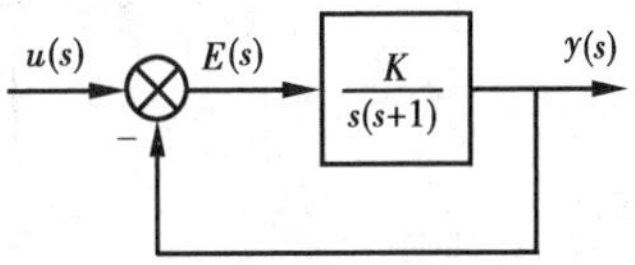

图 6.32　随动系统

解　绘出原系统的开环对数渐近幅频特性,如图 6.33 中虚线所示。由图 6.32 可求出系统开环剪切频率 $\omega_c = 3.16(\text{rad/s})$,相角裕度 $\gamma = 17.6°$,因此原系统不能满足性能指标的要求。求出串联超前校正装置的传递函数为：

$$G_c(s) = \frac{0.456s + 1}{0.114s + 1}$$

串入超前校正装置 ω_c 后,系统特性如图 6.33 所示。求出校正后系统开环剪切频率 $\omega''_c = 4.56(\text{rad/s})$,相角裕度为 49.22°,满足了动态要求。校正后系统开环传递函数为：

$$G_c(s)G_k(s) = \frac{10(0.456s + 1)}{s(s + 1)(0.114s + 1)}$$

$K_V = \lim\limits_{s\to 0} sG_c(s)G_k(s) = 10(1/s)$,不能满足对系统稳态性能的要求。为了提高系统稳态性能,在图 6.34 中加入前馈控制,其传递函数为：

$$G_r(s) = \frac{K_2s^2 + k_1s}{Ts + 1}$$

选择 k_1、k_2 使系统成为 3 型。系统等效误差传递函数为：

$$G'_e(s) = \frac{1 - G_r(s)G_2(s)}{1 + G_1(s)G_2(s)} =$$

$$\frac{0.114Ts^4+[0.114(T+1)+T-10\times 0.114k_2]s^3}{[s(0.114s+1)(s+1)+(0.456s+1)\times 10](Ts+1)}+$$
$$\frac{[0.114+T+1-10(k_2+0.114k_1)]s^2+(1-10k_1)s}{[s(0.114s+1)(s+1)+(0.456s+1)\times 10](Ts+1)}$$

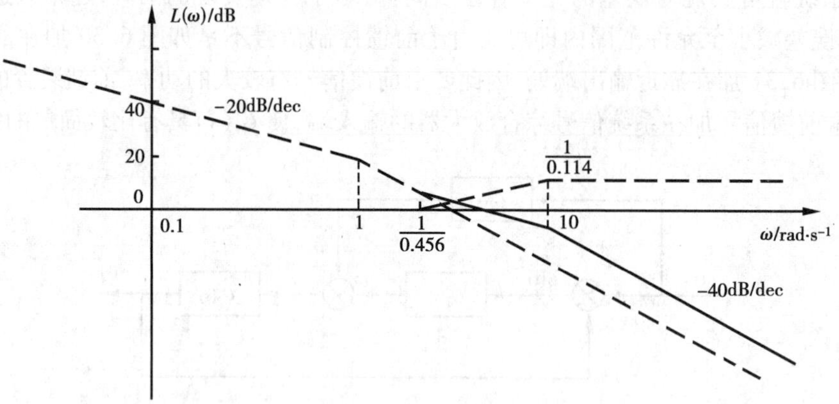

图 6.33　例 10 系统对数渐近幅频特性

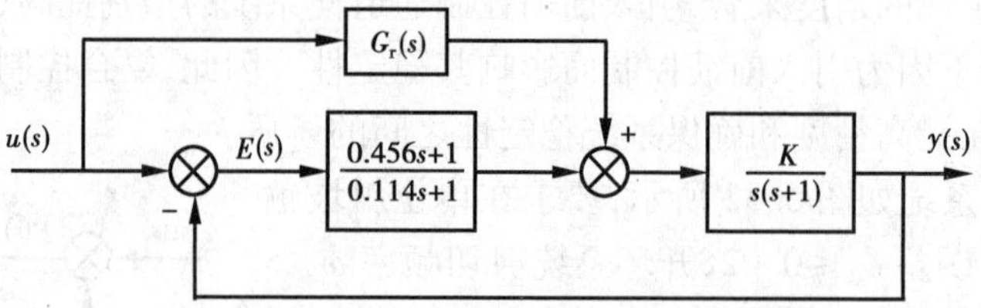

图 6.34　例 10 系统采用顺馈控制装置

由上式得出，当 $k_1=\dfrac{1}{10}, k_2=\dfrac{T+1}{10}$ 时，在等效误差传递函数的分子多项式中，s^2、s 及常数项均为零，最低项是 s^3，系统成为 3 型，输入信号是速度、加速度信号时，系统稳态误差为零，挑选好参数使 T 很小，使其对系统动态性能影响很小。

6.6　应用 MATLAB 进行校正设计

采用计算机对控制系统进行辅助设计的优点之一是可以对系统的整体模型进行描述与分析。本节将初步介绍控制系统计算机辅助设计方法，主要内容有闭环系统的时域与频域分析方法及依照系统性能指标的要求进行系统补偿的方法。

在下面要介绍的程序中，被控对象传递函数 $G(s)$ 用 ng，dg 表示；补偿器 $K(s)$ 传递函数由 nk、dk 表示。希望的相角与增益穿越频率由 dpm 与 wgc 表示。在每段程序开始还定义了其他相关的符号。

(1) 比例、积分与微分(PID)控制方法

PID 控制系统的开环增益为：

$$(K_P + K_D s + \frac{K_1}{s})G(s)$$

如果$G(s)$是n型系统,补偿后的系统则为$n+1$型系统。误差常数K_{n+1}等于稳态误差e_{ss}的倒数。

$$K_{n+1} = s^n K_1 G(s)\mid_{s=0} = \frac{1}{e_{ss}}$$

对于给定的稳态误差指标,由上面等式可以求得K_1的值。由时域指标,如超调量和过渡过程时间,可以确定闭环阻尼系数和自然振荡频率。我们已经知道闭环自然振荡频率对应开环剪切频率ω_c,而希望的相角裕量γ可以由闭环阻尼系数求出。因此,在$\omega=\omega_c$处,补偿的系统增益应为1,相角$\varphi(\omega_c) = -180° + \gamma$。由上述分析结果(且$K_1$已知)可以写出:

$$(K_P + j\omega_c K_D + \frac{K_1}{j\omega_c})G(j\omega_c) = 1e^{j\varphi(\omega_c)}$$

又可以导出:

$$K_P + j\omega_c K_D = \frac{1e^{j\varphi(\omega_c)}}{G(j\omega_c)} + \frac{jK_1}{\omega_c} = R + jX$$

由此可以看出,$K_P=R$,$K_D=X/\omega_c$。

上述过程可使用下列MATLAB语言程序求解。

解析的PID/PD程序。该程序需要预先确定ng、dg、wgc(即为ω_c)、dpm(即为γ)和ki等几个参数。其MATLAB程序清单如下:

```
functilon[kp,kd,nk,dk]=pid(ng,dg,ki,dpm,wgc)
ngv=polyval(ng,j*wgc);    dgv=polyval(dg,j*wgc);
g=ngv/dgv;
thetar=(dpm-180)*pi/180;
ejtheta=cos(thetar)+j*sin(thetar);
eqn=(ejtheta/g)+j*(ki/wgc)
x=imag(eqn);
r=real(eqn);
kp=r
kd=x/wgc
if  ki~=0,
dk=[1  0]; nk=[kd  kp  ki];
e1se  dk=1;  nk=[kd  kp];
end  ;
```

[**例11**]　设计PID控制的解析方法。

被控传递函数为:

$$G(s) = \frac{400}{s(s^2+30s+200)}$$

系统的技术指标要求为:单位斜坡输入稳态误差=0.1,超调量=10%,过渡过程时间=2s。

因为原系统为I型系统,可以求得加入PID控制器后的稳态误差常数。

$$K_2 = sK_1 G(s)\big|_{s=0} = 2K_1 = \frac{1}{0.1} = 10 \rightarrow K_1 = 5$$

由超调量与过渡过程两项技术指标,可以确定希望的闭环阻尼系数与自然振荡频率 $\zeta = 0.6$,$\omega_n = 4\text{rad/s}$。因此,给定 $\omega_c = 4\text{rad/s}$,$\gamma = \arcsin 0.6 = 80°$。

利用上述程序,可以得到:

$$K_P = 2.02 \qquad K_D = 0.52$$

由图 6.35,可以看出,正如所期望的系统相角裕量是 80°,而剪切频率是 4rad/s。闭环系统的阶跃响应见图 6.36。由图 6.36 可见阶跃响应的过渡过程时间大约为 2s。然而超调量大于技术指标要求为 22%。这是由于 PID 控制器引入的零点所造成的。

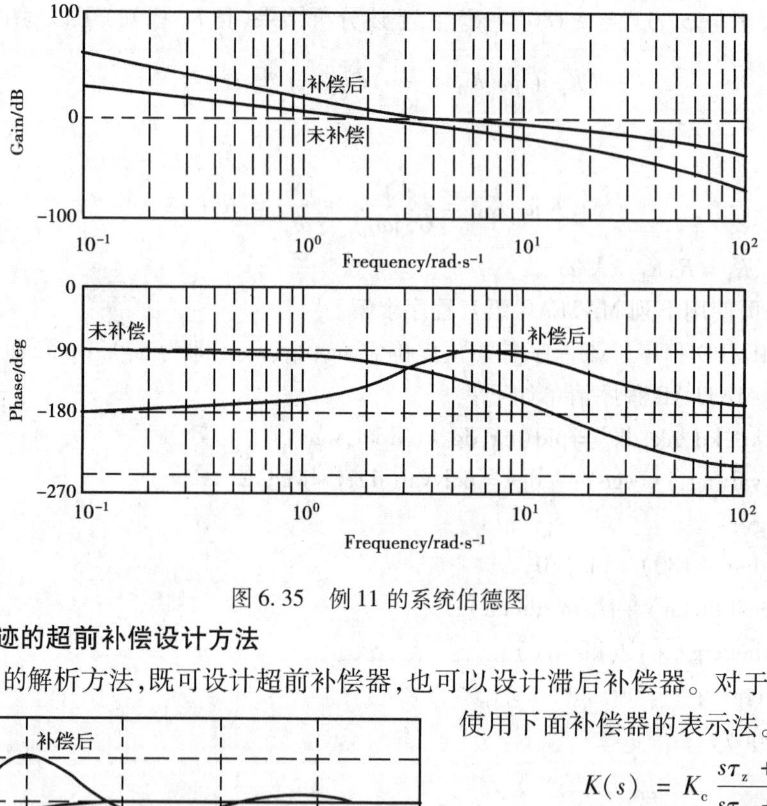

图 6.35　例 11 的系统伯德图

(2)根轨迹的超前补偿设计方法

这里提出的解析方法,既可设计超前补偿器,也可以设计滞后补偿器。对于这种设计,可使用下面补偿器的表示法。

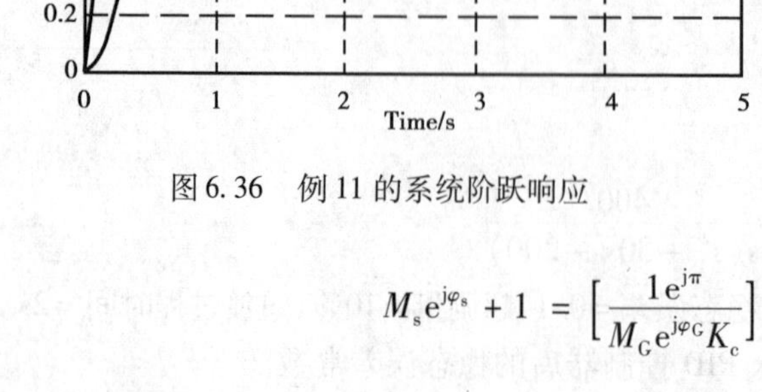

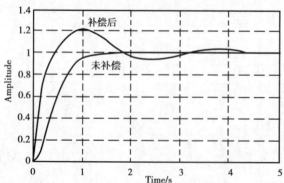

图 6.36　例 11 的系统阶跃响应

$$K(s) = K_c \frac{s\tau_z + 1}{s\tau_p + 1}$$

首先,根据稳态误差与瞬态特征的要求,选定 K_c 与希望的 s_1 在 S 平面上的位置。补偿系统的根轨迹为:

$$K(s_1)G(s_1) = K_c \frac{s_1\tau_z + 1}{s_1\tau_p + 1} M_G e^{j\varphi_G} = 1e^{j\pi}$$

其中,$G(s_1) = M_G e^{j\varphi_G}$。因为 K_c 已知,需要解上述方程来求 τ_z 与 τ_p。如果 s_1 通过 $s_1 = M_s e^{j\varphi_s}$ 表示,那么:

$$M_s e^{j\varphi_s} + 1 = \left[\frac{1e^{j\pi}}{M_G e^{j\varphi_G} K_c}\right](M_s e^{j\varphi_s}\tau_p + 1)$$

该方程可以分成实部与虚部两个部分，结果得到两个方程与两个未知数。这些方程的解为

$$\tau_z = \frac{\sin\varphi_s - K_c M_G \sin(\varphi_G - \varphi_s)}{K_c M_G M_s \sin\varphi_G}$$

$$\tau_p = -\frac{\sin(\varphi_G + \varphi_s) + K_c M_G \sin\varphi_s}{M_s \sin\varphi_G}$$

如果 τ_z 与 τ_p 都是正的，该方法是可行的。当然，对于超前补偿器的设计，需要 $\tau_p < \tau_z$。实际上，要多选择几个 K_c 值进行设计来选择其中最满足要求的补偿器参数，根轨迹超前补偿的解析设计法的 MATLAB 程序清单如下：

```
function[nk,   dk] = anrllead(ng,dg,s_1,kc)
ngv = polyval(ng,s_1);   dgv = polyval(dg,s_1);
g = ngv/dgv;
thetag = angle(g);   thetag_d = thetag * 180/pi;
mg = abs(g);   ms = abs(s_1);
thetas = angle(s_1);   thetas_d = thetas * 180/pi;
tz = (sin(thetas) - kc * mg * sin(thetag - thetas))/(kc * mg * ms * sin(thetag));
tp = -(kc * mg * sin(thetas) + sin(thetag + thetas))/(ms * sin(thetag));
nk = [tz,   1];
dk = [tp,   1];
```

［**例** 12］　根轨迹超前补偿的解析设计方法。

重复前面的系统设计，附带一项稳态误差要求，即：

$$G(s) = \frac{400}{s(s^2 + 30s + 200)}$$

技术指标要求如下：$\zeta = 0.5$　$\omega_n = 13.5\text{rad/s}$，速度误差常数 $= 10$ 由技术指标要求可选 $K_c = 15$，$s_1 = -6.75 + j11.69$，首先可以确定：

$$s_1 = -6.75 + j11.69 = 13.49e^{j\varphi} = M_s e^{j\varphi}$$

$$G(s_1) = 0.13e^{j124.1} = M_G e^{j\varphi_G}$$

利用希望的 K_c 与上述参考值，求解 τ_z 与 τ_p。对应该设计的补偿器为：

$$K(s) = 5\frac{0.1s + 1}{0.27s + 1}$$

图 6.37 显示了该补偿器系统的阶跃与频率响应。补偿后的系统具有 14% 的超调量与 0.9s 的过渡过程时间。为了比较，在图 6.37 中同时绘制了未补偿系统（增益 =5）的曲线。由伯德图可见，使用补偿器可以增加稳定裕量、速度响应及减小超调。

如果 K_c 选为 10，则将会得到一个负的 τ_p。一般地讲，为得到一个满意的设计，需要选择几个 K_c 值，反复执行设计程序来寻找较佳的设计结果。

(3) 伯德图的超前补偿设计方法

前面介绍的根轨迹解析方法修改后可用于伯德图设计。在这种情况下，希望补偿后的系统 $K(s)G(s)$ 增益为 1.0，而在 $s = j\omega_c$ 点处相角为 $-180° + \gamma$。假定补偿器的时间常数为已知，可以得：

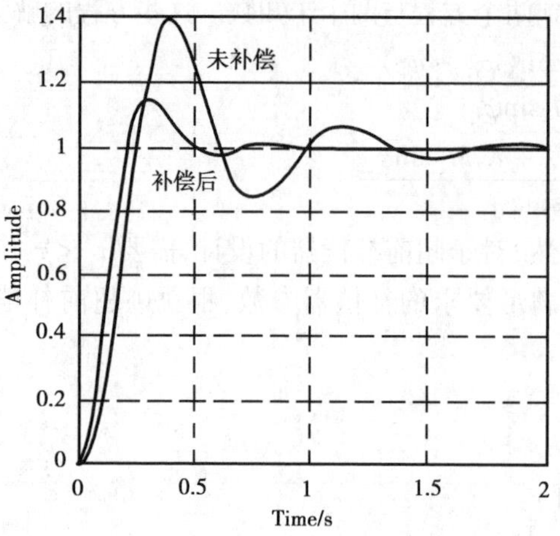

(a)

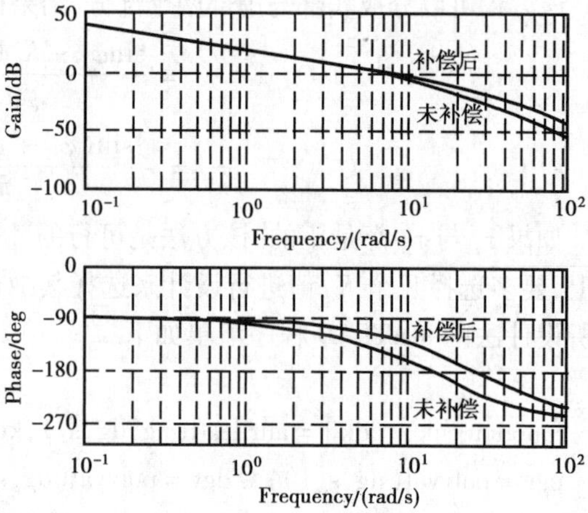

(b)

图 6.37 例 12 中的阶跃响应与频率响应

(a)阶跃响应;(b)频率响应

$$K(j\omega_c)G(j\omega_c) = K_c \frac{j\omega_c\tau_z + 1}{j\omega_c\tau_p + 1} M_G e^{j\varphi_G} = 1e^{j(-180+\gamma)}$$

式中,M_G 与 φ_G 是 $G(j\omega)$ 在 $\omega = \omega_c$ 点的增益与相角。该方程可以分为实部与虚部两部分。因此可以写出具有 2 个未知数的 2 个方程。求解该方程组可得:

$$\tau_z = \frac{1 + K_c M_G \cos(\gamma - \varphi_G)}{-K_c M_G \omega_c \sin(\gamma - \varphi_G)}$$

$$\tau_p = \frac{K_c M_G + \cos(\gamma - \varphi_G)}{\omega_c \sin(\gamma - \varphi_G)}$$

为利用这些方程,首先确定 K_c,并绘制 $K_c G(j\omega)$ 伯德图。由图可以得到 $\omega = \omega_c$ 点处的 K_c、M_G 及 φ_G。注意,此时 $K_c M_G$ 是实际幅值,而不是以 dB 为单位的。由下列程序可以完成这个设计运算过程。

伯德图超前补偿的解析设计法的 MATLAB 程序清单如下:

```
function[nk,dk] = bodelead(ng,dg,kc,w,dpm)
[mu,pu] = bode(kc * ng,dg,w);
smo = length(mu);
phi = dpm * pi/180;
a = (1 + sin(phi))/(1 - sin(phi));
mu_db = 20 * log10(mu);mm = -10log10(a);
wgc = Spline(mu_db,w,mm);
T = 1/(wgc * sqrt(a));
z = a * T;   p = T;
nk = [z,  1];
dk = [p,  1];
```

[例 13] 伯德图超前补偿解析方法:

已知:

$$G(s) = \frac{400}{s(s^2 + 30s + 200)}$$

设计技术指标要求如下：

单位斜坡输入的稳态误差小于10%；$\omega_c = 14\text{rad/s}$；$\gamma = 45°$。

首先考虑满足稳态误差的要求，由此得到$K_c = 5$。如图所示，在$\omega = \omega_c = 14\text{rad/s}$点处：

$$K_c M_G = 0.34 \qquad \varphi_G = -180°$$

利用这些值与希望的ω_c和γ，可得到$\tau_z = 0.227 \quad \tau_p = 0.038$。

因此，补偿器传递函数为：

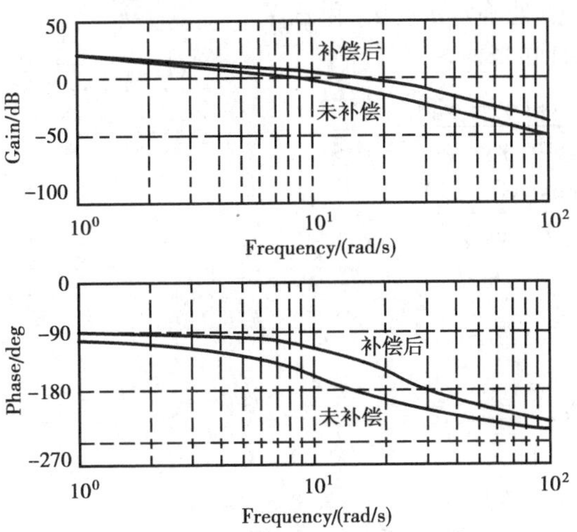

图6.38　例13的伯德图

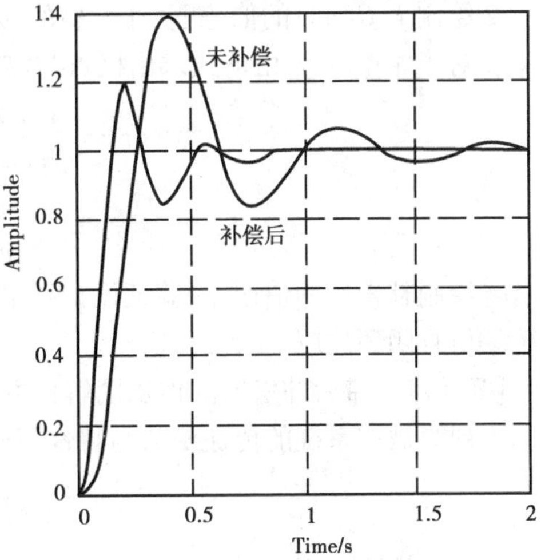

图6.39　例13的系统阶跃响应

$$K(s) = 5\,\frac{0.227s + 1}{0.038s + 1}$$

补偿后的系统伯德图见图6.38。可以看到，ω_c与γ指标的要求已得到满足。系统闭环阶跃响应曲线见图6.39。其超调量与过渡过程时间分别为19%和0.9s。

(4)根轨迹的滞后补偿设计方法

前面已经讨论过在超前补偿器设计中，使用根轨迹数据的解析方法。从理论上讲，前面的方法也适用于滞后补偿器的设计，可在方程中直接地插入相关的数据。在这种情况下，可发现$\tau_p > \tau_z$。上述问题就是典型滞后补偿器设计的基本原理。在这种情况下，原来系统的根轨迹是可以接受的，仅仅使用了滞后补偿器来增加系统稳态误差常数。基于在S平面上$\varphi_G \approx 180°$的原理。可以求出τ_p与τ_z。

然而，如果打算利用滞后补偿器改变ξ或ω_n，那么可以按如下步骤进行：

①选择K_c满足稳态误差的要求；

②绘制$K_c G(s)$根轨迹；

③根据性能要求，确定S平面上s_1的位置；

④找出M_s与φ_s，其中$s_1 = M_s e^{j\varphi_s}$；

⑤由$K_c G(s_1) = K_c M_G e^{j\varphi_G}$找出$K_c M_G$与$\varphi_G$，然后计算

$$\tau_z = \frac{\sin\varphi_s - K_c M_G \sin(\varphi_G - \varphi_s)}{K_c M_G M_s \sin\varphi_G}$$

$$\tau_p = \frac{K_c M_G \sin\varphi_s + \sin(\varphi_G + \varphi_s)}{M_s \sin\varphi_G}$$

⑥绘制 $K(s)G(s)$ 根轨迹图,验证设计结果;

⑦使系统闭环,求解系统时域响应。

(5)伯德图的滞后补偿设计方法

前面讨论的伯德图超前补偿器设计的解析方法,再加一些限制即可以用于滞后补偿器设计。首先重复上述设计规则,给出一个例子,然后再讨论该种方法的限制。

①选择 K_c 满足稳态误差的要求;

②绘制 $K_cG(j\omega)$ 的伯德图,在希望的 $\omega=\omega_c$ 点处确定 K_c、M_G 和 φ_G;

③对于希望的 γ,由下式求出极点与零点的时间常数:

$$\tau_z = \frac{1 + K_c M_G \cos(\gamma - \varphi_G)}{-\omega_c M_G K_c \sin(\gamma - \varphi_G)}$$

$$\tau_p = \frac{K_c M_G + \cos(\gamma - \varphi_G)}{\omega_c \sin(\gamma - \varphi_G)}$$

④绘制补偿后的伯德图,验证设计结果;

⑤仿真闭环响应。

[例 14] 滞后补偿器的伯德图解析方法。

下列为被控系统的传递函数与特性指标要求:

$$G(s) = \frac{1}{s(s+5)}$$

单位斜坡输入稳态误差小于5%。$\omega_c = 2\ \mathrm{rad/s}\quad \gamma = 40°$

首先设定 $K_c = 10$,并绘制 $K_cG(j\omega)$ 的伯德图,利用上述程序,可得到

$$M_G = 0.92 \qquad \varphi_G = -111.8°$$

补偿器的参数为: $\tau_z = 0.8\quad \tau_p = 8.8$

补偿器传递函数为:

$$K(s) = 10\frac{0.81s + 1}{8.89s + 1}$$

该闭环系统的极点与零点分别为:$\{-0.98 \pm j1.61, -3.1430\}$ 与 $\{-1.22\}$。

由阶跃响应曲线与伯德图(见图 6.40 与图 6.41)可见,系统满足要求的特性指标。大超调的阶跃响应是由于复数极点的低阻尼率所致。

可以修改设计程序,使用循环与条件语句计算一套补偿器参数,并绘制它的阶跃响应,然后选择其中最能满足性能要求的设计结果作为补偿器的参数。

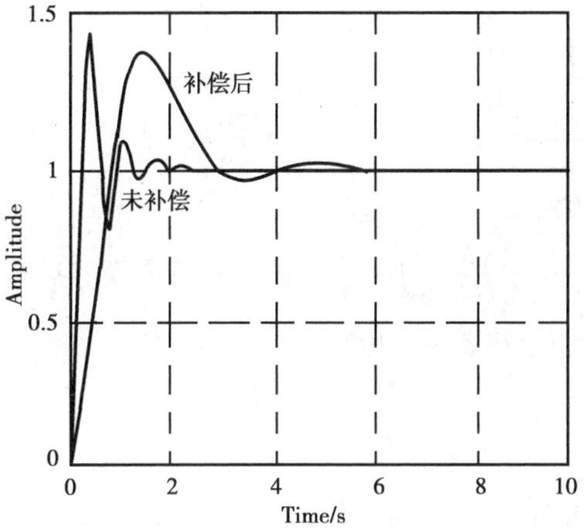

图 6.40　例 14 系统的阶跃响应

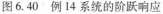

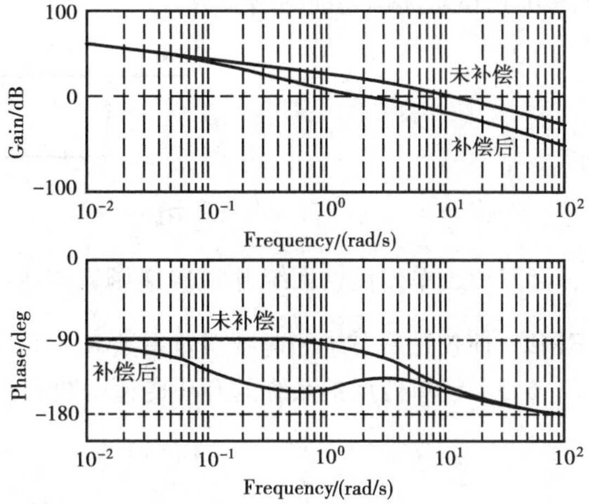

图 6.41　例 14 系统的伯德图

小　结

本章介绍的是控制系统的综合设计问题。设计一个自动控制系统，首先是根据被控对象、需要进行控制的被控量及其要求的精度，选择能完成控制任务的各种元件，以此提出一个初步方案。选用的元、部件可以完成控制的任务，由这些元、部件构成闭环系统后，不一定能达到对系统动态、稳态性能的要求，怎样才能使这样的系统满足性能的要求，这就是系统综合设计（校正）所讨论的内容。为完成控制任务所选用的元、部件，称为系统的固有部分，其特性称为原有特性。要使系统达到动态、稳态性能指标的要求，仅靠改变开环增益是不行的，只有改变系统的结构才能实现，而固有部分的元、部件是不会减少的。要改变结构就只能增加部件，这就是串联和反馈校正装置。本章所介绍的几种校正方法就是在已知系统原有特性和对系统提出的性能指标的前提下，运用频率法或根轨迹法综合出校正装置。如果性能指标是频域的，以频率法综合较为方便，如果性能指标是时域的，则以根轨迹法综合较为方便。要使系统元、部件参数变化不产生大的影响或获得更好的性能指标，采用反馈校正或串联校正，或者采用顺馈控制方法。

本章所介绍的方法，对于解决单输入、单输出的单回路系统的校正问题，是非常成功的。当控制系统为多输入多输出或时变的复杂系统时。基于经典控制理论的频率法和根轨迹法是无能为力的。

习　题

6.1　设系统结构如习题 6.1 图所示。其开环传递函数 $G_k(s)=\dfrac{K}{s(s+1)}$。若要求系统开环截止频率 $\omega_c \geqslant 4.4$(rad/s)，相角裕量 $\gamma \geqslant 45°$，在单位斜坡函数输入信号作用下，稳态误差

$e_{ss} \leqslant 0.1$，试求无源超前网络参数。

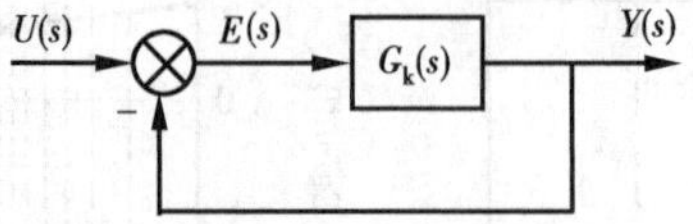

习题 6.1 图　系统结构图

6.2　设单位反馈系统开环传递函数 $G_k(s) = \dfrac{K}{s(s+1)(0.5s+1)}$。要求采用串联滞后校正网络，使校正后系统的速度误差系数 $K_V = 5(1/s)$，相角裕量 $\gamma \geqslant 40°$。

6.3　设单位反馈系统的开环传递函数为：

$$G_k(s) = \frac{K}{s(\frac{1}{60}s + 1)(\frac{1}{10}s + 1)}$$

试设计串联校正装置，使校正后系统满足 $K_V \geqslant 126(1/s)$，开环截止频率 $\omega_c \geqslant 20(\mathrm{rad/s})$，相角裕度 $\gamma \geqslant 30°$。

6.4　设单位反馈系统开环传递函数为：

$$G_k(s) = \frac{1.06}{s(s+1)(s+2)}$$

若要求校正后系统的 $K_V = 30(1/s)$，$\xi = 0.707$，并保证原主导极点位置基本不变，试用根轨迹法求滞后校正装置。

6.5　控制系统如习题 6.5 图所示，试利用根轨迹法确定测速反馈系数 K_t'，以使系统的阻尼比等于 0.5，并估算校正后系统的性能指标。

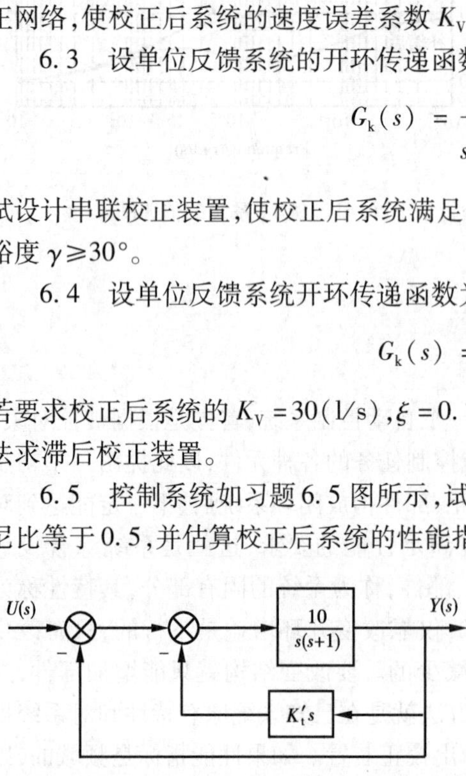

习题 6.5 图　加测速反馈的控制系统结构图

6.6　设系统开环传递函数为：

$$G_k(s) = \frac{10}{s(0.25s+1)(0.5s+1)}$$

要求校正后系统的谐振峰值 $M_r = 1.4$，谐振频率 $\omega_r \geqslant 10(\mathrm{rad/s})$，试确定校正装置的传递函数。

6.7　单位反馈系统的开环传递函数为：

$$G_k(s) = \frac{K}{s(s+1)(s+2)(s+3)}$$

为使主导极点的阻尼比 $\zeta = 0.5$，试确定 K 值。

6.8　设单位反馈系统开环传递函数为：

$$G_k(s) = \frac{0.08K}{s(s+0.5)}$$

要求满足性能指标 $K_V \geqslant 4$，相位裕量 $\gamma \geqslant 50°$，超调量 $\sigma\% \leqslant 30\%$，试用频率法设计校正装置。

6.9　设顺馈系统如习题 6.9 图所示。要求校正后系统为 2 型，试求顺馈校正装置传递函数 $G_r(s)$。

6.10　系统如习题 6.10 图所示，其中外 $N(s)$ 为可测的扰动量，试选择 $G_N(s)$ 和 K_t'，使系统输出完全不受扰动信号的影响。在单位阶跃给定输入时，输出的超调量 $\sigma\% \leqslant 25\%$，峰值时间为 2s。

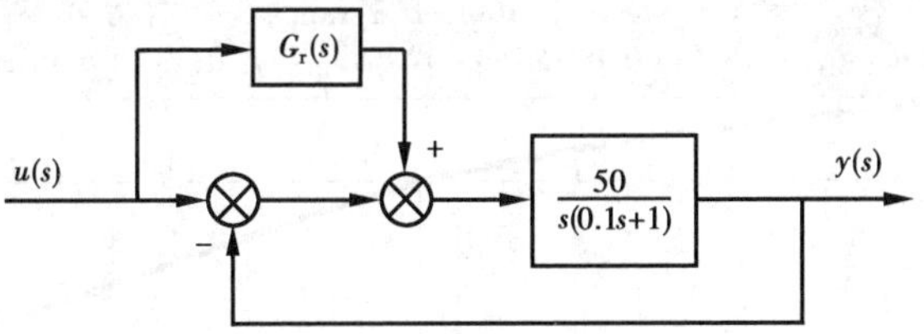

习题6.9图 复合控制系统

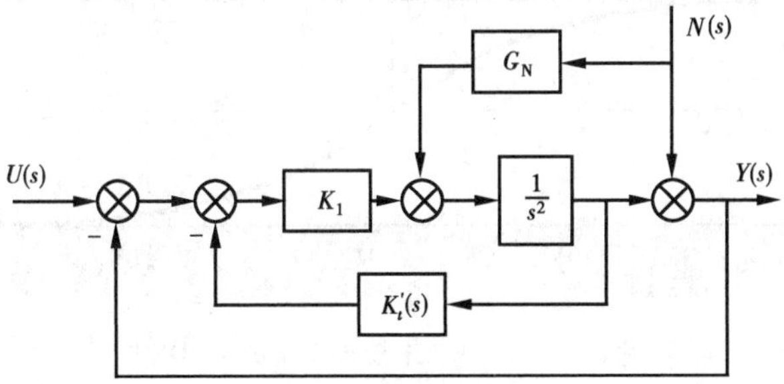

习题6.10图 复合控制系统

6.11 已知单位反馈控制系统的开环传递函数为

$$G_K(s) = \frac{K}{s(s+2)}$$

试用根轨迹法设计一起前校正装置,使之满足性解指标:$\sigma_P \leqslant 20\%$,$t_s \leqslant 1s$,若再要求 $K_v \geqslant 40(1/s)$,设计校正装置。

6.12 设单位反馈系统的开环传递函数为:$G(s) = \dfrac{40}{s(s+1)(s+4)}$,使用Bode设计法设计滞后超前校正装置,使校正后的系统能满足如下的性能指标:

①在单位斜坡信号作用下,系统的速度误差系数 $K_v = 10s^{-1}$

②系统校正后剪切频率 $Wc \geqslant 1.5\ rad/s^{-1}$

③系统校正后相角稳定裕度 $\lambda \geqslant 40°$

④校正后系统时时域性能指标:$\sigma\% \leqslant 30\%$,$t_p \leqslant 2$ s,$t_s \leqslant 6$ s。

MATLAB命令:(.m文件)

```
k0 = 30;
n1 = 1;d1 = conv(conv([1 0],[0.1 1]),[0.2 1]);
[mag,phase,w] = bode(k0 * n1,d1);
figure(1);
margin(mag,phase,w);hold on
figure(2);
s1 = tf(k0 * n1,d1);
sys = feedback(s1,1);
step(sys)
```

图示结果:

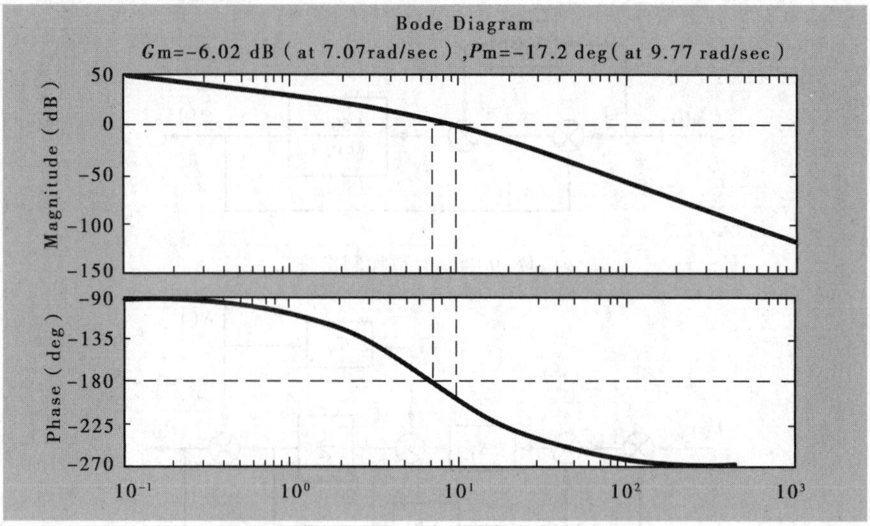

习题 6.12 图(a)　未校正系统的 BODE 图

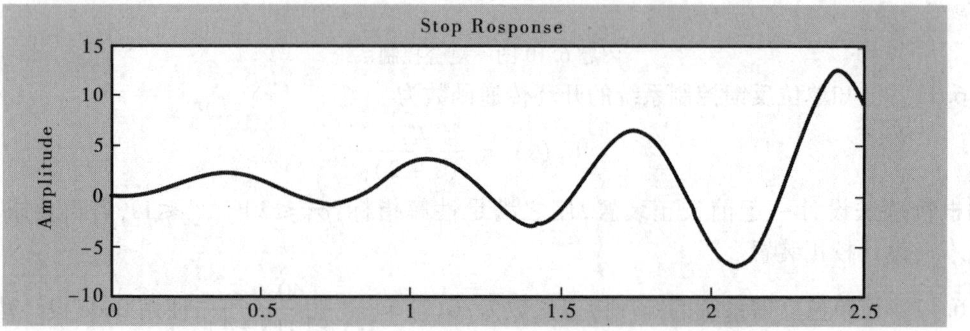

习题 6.12 图(b)　未校正系统的阶跃响应曲线

1)由图说明了什么?

```
%求滞后校正器的传递函数
wc = 1.5;k0 = 40;n1 = 1;
d1 = conv(conv([1 0],[1 1]),[1 4]);
beta = 9.5;
T = 1/(0.1 * wc);
betat = beta * T;
Gc1 = tf([T 1],[betat 1])
```

2)运行程序后得到什么结果?即得到滞后校正器的传递函数是什么表达式?

```
%求超前校正器的传递函数。
n1 = conv([0 40],[6.667 1]);
d1 = conv(conv(conv([1 0],[1 1]),[1 4]),[63.33 1]);
sope = tf(n1,d1);
wc = 1.5;
num = sope.num{1};
den = sope.den{1};
```

```
na = polyval(num,j * wc);
da = polyval(den,j * wc);
g = na/da;
g1 = abs(g);
h = 20 * log10(g1);
a = 10^(h/10);
wm = wc;
T = 1/(wm * (a)^(1/2));
alphat = a * T;
Gc = tf([T 1],[alphat 1])
```

3)运行程序后得到什么结果？即得到超前校正器的传递函数是什么表达式？滞后-超前校正器的传递函数是什么表达式？

```
%校验
n1 = 40;d1 = conv(conv([1 0],[1 1]),[1 4]);
s1 = tf(n1,d1);
s2 = tf([6.667 1],[63.33 1]);
s3 = tf([1.82 1],[0.2442 1]);
sope = s1 * s2 * s3;
[mag,phase,w] = bode(sope);
margin(mag,phase,w)
```

校正后的系统 Bode 图如图所示：

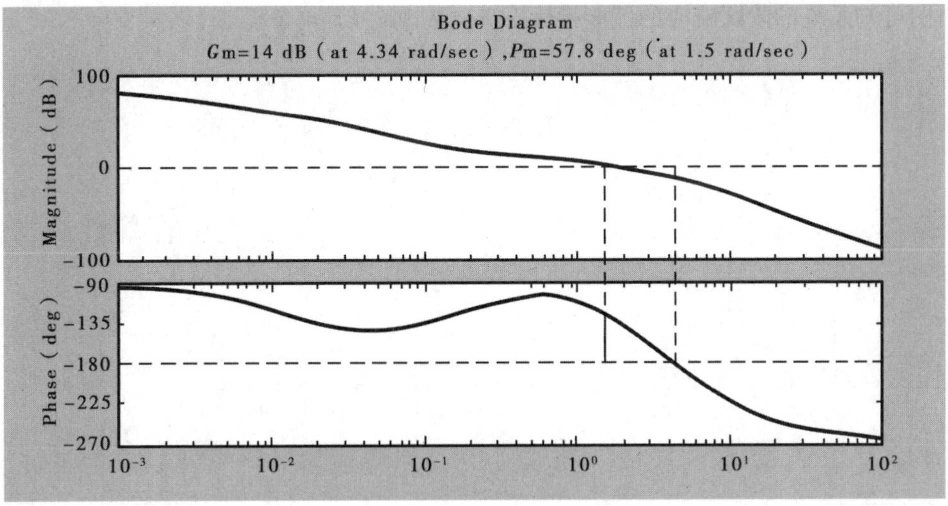

习题6.12图(c)　校正后系统的BODE图

4)从校正后的频域图可得什么结果？

```
%校验后性能指标及阶跃响应
global y t;
k0 = 30;n1 = 40;d1 = conv(conv([1 0],[1 1]),[1 4]);
```

```
s1 = tf(n1,d1);
s2 = tf([6.667 1],[63.33 1]);
s3 = tf([1.82 1],[0.2442 1]);
sope = s1 * s2 * s3;
sys = feedback(sope,1);
step(sys)
[y,t] = step(sys);
```

校正后系统单位阶跃响应曲线如图示：

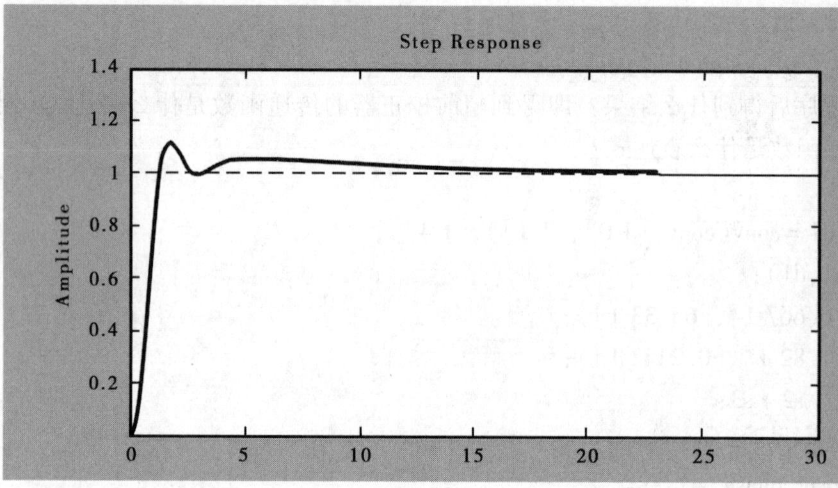

习题 6.12 图(d) 校正后的系统的阶跃响应曲线

由图可知系统的阶跃响应的性能指标：$\sigma\%$ = ? t_p = ? t_s = ?

第 7 章
离散控制系统

从控制系统中信号的形式来划分控制系统的类型,可以把控制系统划分为连续控制系统和离散控制系统,在前面各章所研究的控制系统中,各个变量都是时间的连续函数,称为连续控制系统。随着计算机被引入控制系统,使控制系统中有一部分信号不是时间的连续函数,而是一组离散的脉冲序列或数字序列,这样的系统称为离散控制系统。

7.1 离散控制系统基本概念

离散控制系统是指系统内的信号在某一点上是不连续的。仔细区分时,又可以把离散控制系统进一步分为采样控制系统和数字控制系统两大类。

7.1.1 采样控制系统

例如图 7.1 所示的多点温度采样控制系统:

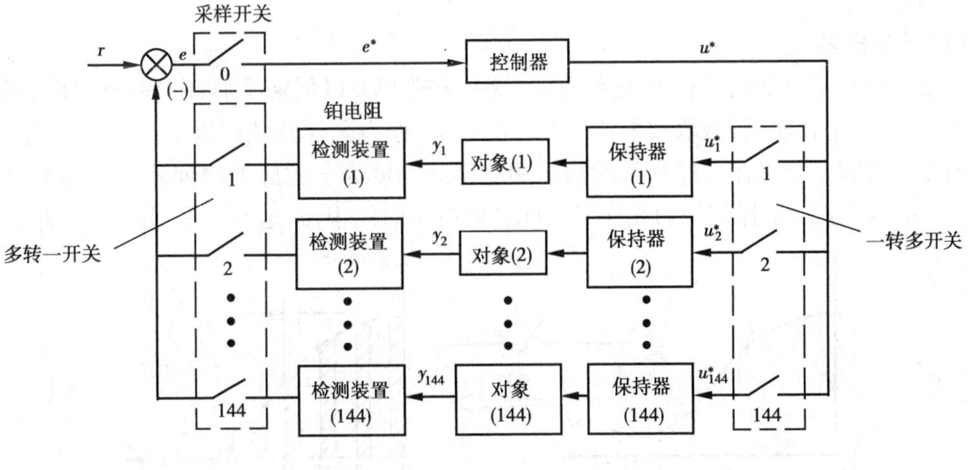

图 7.1 多点温度采样控制系统

系统内的控制器是脉冲信号处理器,对象是连续信号处理器,用多路转换开关来达到多个对象共享一个控制器的目的。类似系统称为采样控制系统。

7.1.2 数字控制系统

例如图 7.2 所示的数字闭环控制系统,控制器只能处理数字(离散)信号,控制系统内必有 A/D、D/A 转换器完成连续信号与离散信号之间的相互转换。类似系统称为数字控制系统。显然,由数字计算机承担控制器功能的系统均可归属于数字控制系统。随着计算机技术的日益普及,数字控制系统的应用会越来越多。

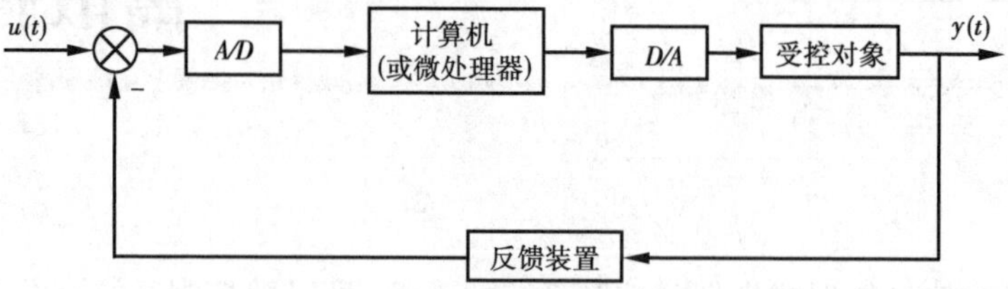

图 7.2　数字闭环控制系统

无论是采样控制系统还是数字控制系统,它们均面临一个共同的问题:怎样把连续信号近似为离散信号,即"整量化"(连续信号在时间和幅值上均具有无穷多的值,而在计算机上是用有限的时间间隔和有限的数值取代之,这种近似的过程称为整量化。简称量化)问题。

7.2 信号的采样与复现

前已述及,信号的采样是把连续信号转换为离散信号的手段。而在大量的实际应用中,离散信号不能直接作为控制对象的输入信号,而要将其转换为连续信号。实现把离散信号与连续信号转换的过程称为(连续)信号的复现,通常采用"保持器"来实现。

7.2.1 信号的采样

(1)数学描述

将连续信号 $f(t)$ 加到采样开关 K 的输入端,采样开关以周期 T 秒闭合一次,闭合的持续时间为 τ 秒,在闭合期间,截取被采样的 $f(t)$ 的幅值,作为采样开关的输出。在断开期间采样开关的输出为零。于是在采样开关的输出端就得到宽度为 τ 的脉冲序列 $f^*(t)$,如图 7.3 所示。(以带"＊"表示采样信号。)由于开关闭合的持续时间很短,远小于采样周期 T,即 $\tau \ll T$,

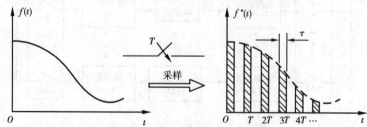

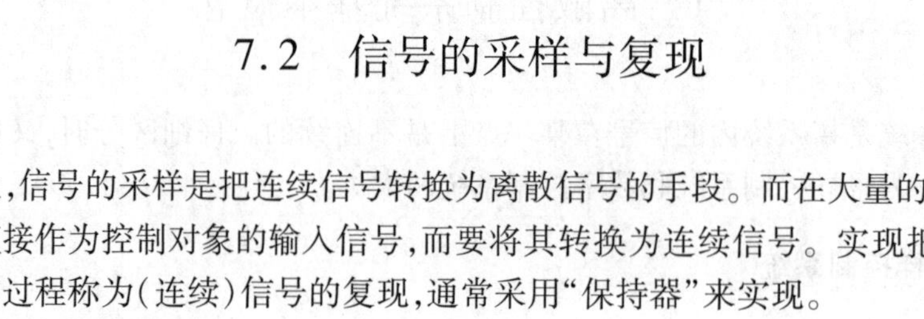

图 7.3　采样过程

可以认为$f(t)$在τ时间内变化甚微,所以$f^*(t)$可以近似表示高为$f(kT)$,宽为τ的矩形脉冲序列。即:

$$f^*(t)=f(0)[1(t)-1(t-\tau)]+f(T)[1(t-T)-1(t-T-\tau)]+ f(2T)[1(t-2T)-1(t-2T-\tau)]+\cdots+f(kT)[1(t-kT)-1(t-kT-\tau)]+\cdots= \sum_{k=0}^{+\infty}f(kT)[1(t-kT)-1(t-kT-\tau)] \tag{7.1}$$

由于在控制系统中,当$t<0$时,$f(t)=0$,所以序列k取从0到$+\infty$。式中$1(t-kT)-1(t-kT-\tau)$为两个阶跃函数之差,表示一个在kT时刻,高为1、宽为τ、面积为τ的矩形,如图7.4所示。由于τ很小,比采样开关以后系统各部分的时间常数小很多,即可认为$\tau\to 0$,则此矩形可近似用发生在kT时刻的δ函数表示:

$$1(t-kT)-1(t-kT-\tau)=\tau\cdot\delta(t-kT) \tag{7.2}$$

式中$\delta(t-kT)$为$t=kT$处的δ函数。于是式(7.1)可表示为:

$$f^*(t)=\tau\cdot\sum_{k=0}^{+\infty}f(kT)\delta(t-kT) \tag{7.3}$$

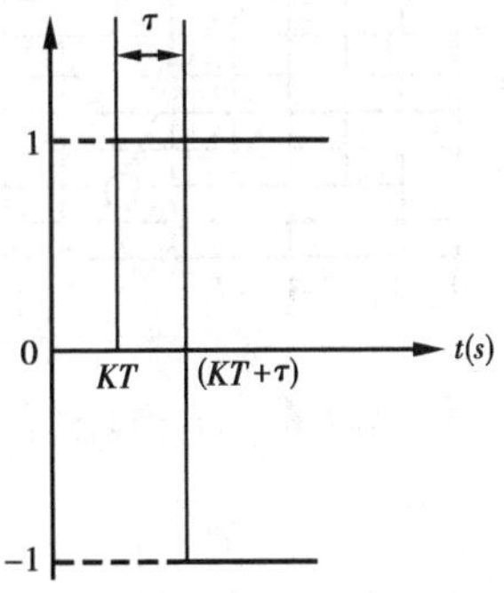

图7.4　kT时刻的矩形波

由于τ为常数,为了方便,把τ归到采样开关以后的系统中去,则采样信号可描述为:

$$f^*(t)=\sum_{k=0}^{\infty}f(kT)\delta(t-kT) \tag{7.4}$$

由于$t=kT$处的$f(t)$的值就是$f(kT)$,所以式(7.4)可写做:

$$f^*(t)=\sum_{k=0}^{\infty}f(t)\delta(t-kT)=f(t)\sum_{k=0}^{\infty}\delta(t-kT) \tag{7.5}$$

式中$\sum_{k=0}^{\infty}\delta(t-kT)$称为单位理想脉冲序列,若用$\delta_T(t)$表示,则式(7.5)可写做:

$$f^*(t)=f(t)\delta_T(t) \tag{7.6}$$

式(7.6)就是信号采样过程的数学描述。它表示在不同的采样时刻有一个脉冲,脉冲的幅值由该时刻的$f(t)$的值决定。

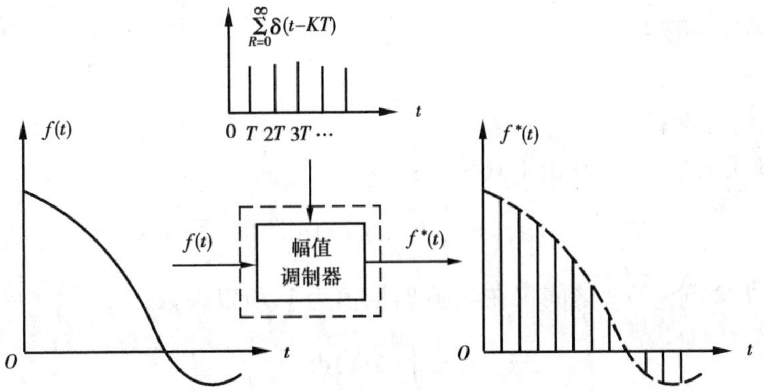

图7.5　采样器相当于幅值调制器

从物理意义上看,式(7.6)所描述的采样过程可以理解为脉冲调制过程。采样开关即采

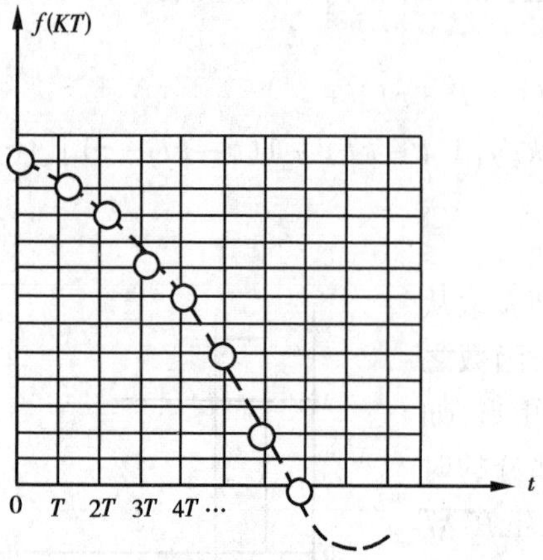

图 7.6　$f(t)$经采样后变成数码

样器是一个幅值调制器，输入的连续信号 $f(t)$ 为调制信号，而单位理想脉冲序列 $\delta_{\mathrm{T}}(t)$ 则为载波信号，采样器的输出则为一串调幅脉冲序列 $f^{*}(t)$，如图 7.5 所示。

在数字控制系统中，数字计算机接受和处理的是量化后代表脉冲强度的数列。即把幅值连续变化的离散模拟信号用相近的间断的数码（如二进制）来代替，如图 7.6 示意。图 7.6 中小圆圈表示的是数码可以实现的数值，是量化单位的整数倍数。由于量化单位是很小的，所以数字控制系统的采样信号 $f(kT)$，仍认为与 $f(t)$ 成线性关系，仍用 $f^{*}(t)$ 表示。

（2）采样定理

前已指出，要对对象进行控制，通常要把采样信号恢复成原连续信号。（实际上信号经过处理、运算以后，要恢复的则是原连续信号的函数，为了方便起见，讨论时仍认为要恢复的是原信号。）此工作一般是由低通滤波器来完成的。但是信号能否恢复到原来的形状，主要决定于采样信号是否包含反映原信号的全部信息。实际上这又与采样频率有关，因为连续信号经采样后，只能给出采样时刻的数值，不能给出采样时刻之间的数值，亦即损失掉 $f(t)$ 的部分信息。由图 7.3 可以直观地看出，连续信号变化越缓慢，采样频率越高，则采样信号 $f^{*}(t)$ 就越能反映原信号 $f(t)$ 的变化规律，即越多地包含反映原信号的信息。采样定理则是定量地给出采样频率与被采样的连续信号的“变化快慢”的关系。下面分析采样前后信号频谱的关系。

首先将式（7.5）中的 $\delta_{\mathrm{T}}(t)$ 展开成傅氏级数

$$\delta_{\mathrm{T}}(t) = \sum_{k=-\infty}^{+\infty} \delta(t-kT) = \sum_{k=-\infty}^{+\infty} c_{\mathrm{k}} \mathrm{e}^{\mathrm{j}k\omega_{\mathrm{s}}t} \tag{7.7}$$

$$\omega_{\mathrm{s}} = \frac{2\pi}{T} = 2\pi f_{\mathrm{s}}$$

式中　ω_{s}——采样角频率；

f_{s}——采样频率；

T——采样周期；

c_{k}——傅氏级数的系数，由下式决定：

$$c_{\mathrm{k}} = \frac{1}{T}\int_{-T/2}^{+T/2} \delta_{\mathrm{T}}(t)\mathrm{e}^{-\mathrm{j}k\omega_{\mathrm{s}}t}\mathrm{d}t \tag{7.8}$$

由于 $\delta_{T}(t)$ 在 $-T/2$ 到 $+T/2$ 区间仅在 $t=0$ 时取值为 1，所以系数：

$$c_{\mathrm{k}} = \frac{1}{T}\int_{0^-}^{0^+} \delta(t)\mathrm{d}t = \frac{1}{T} \tag{7.9}$$

因为当 $t \leqslant 0$ 时，$f(t)=0$，所以由式（7.4）、式（7.7）、和式（7.9）可得：

$$f^{*}(t) = \frac{1}{T}\sum_{k=-\infty}^{+\infty} f(t)\cdot \mathrm{e}^{\mathrm{j}k\omega_{\mathrm{s}}t} \tag{7.10}$$

这是采样信号$f^*(t)$的傅氏级数表达式。对此式进行拉氏变换,可得采样信号的拉氏变换式:

$$F^*(s)=L[f^*(t)]=L\left[\frac{1}{T}\sum_{k=-\infty}^{+\infty}f(t)e^{jk\omega_s t}\right]=$$

$$\frac{1}{T}\sum_{k=-\infty}^{+\infty}L[f(t)\cdot e^{jk\omega_s t}]=$$

$$\frac{1}{T}\sum_{k=-\infty}^{+\infty}F(s+jk\omega_s) \tag{7.11}$$

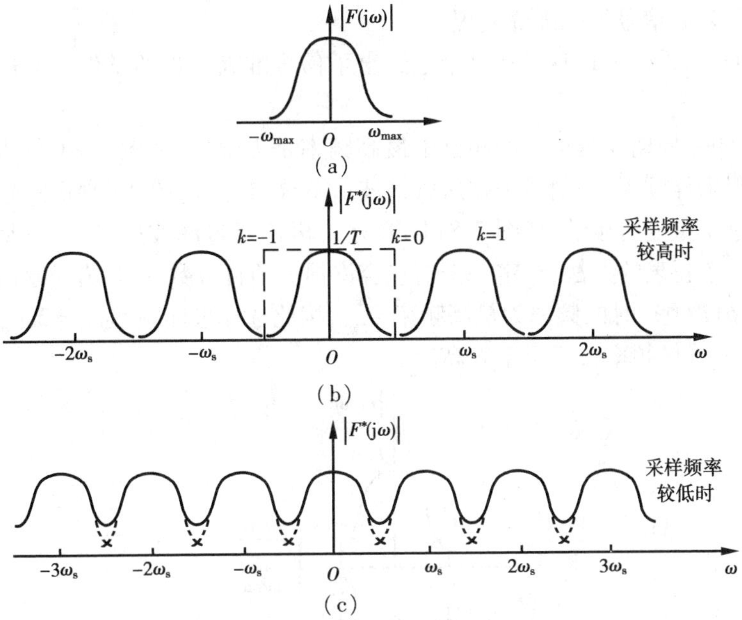

图7.7　原连续信号与采样信号的频谱

于是,得到采样信号的频率特性为:

$$F^*(j\omega)=\frac{1}{T}\sum_{k=-\infty}^{+\infty}F(j\omega+jk\omega_s) \tag{7.12}$$

式中　$F(j\omega)$——原输入信号$f(t)$的频率特性;

　　　$F^*(j\omega)$——采样信号$f^*(t)$的频率特性。

$|F(j\omega)|$为原输入信号$f(t)$的幅频特性,即频谱。$|F^*(j\omega)|$为采样信号$f^*(t)$的频谱。假定$|F(j\omega)|$为一个孤立的频谱,它的最高角频率为ω_{max},如图7.7(a),则采样信号$f^*(t)$的频谱$|F^*(j\omega)|$为无限多个原信号$f(t)$的频谱$|F(j\omega)|$之和,且每两条频谱曲线的距离为ω_s。见图7.7(b)。其中$k=0$时,就是原信号的频谱,只是幅值为原来的$1/T$;而其余的是由于采样产生的高频频谱。如果$|F^*(j\omega)|$中各个波形不重复搭接,相互间有一定的距离(频率),即若

$$\frac{\omega_s}{2}\geqslant\omega_{max}\text{ 或 }\omega_s\geqslant 2\omega_{max} \tag{7.13}$$

则可以用理想低通滤波器(其频率特性如图7.7(b)中虚线所示),把$\omega>\omega_{max}$的高频分量滤掉,只留下$1/T|F(j\omega)|$部分,就能把原连续信号复现出来。否则,如果$\omega_s/2<\omega_{max}$,就会使$|F^*(j\omega)|$中各个波形互相搭接,如图7.7(c),就无法通过滤波器滤除$F^*(j\omega)$中的高频部分,复现为$F(j\omega)$,也就不能从$f^*(t)$恢复为$f(t)$。这就是香农(Shannon)采样定理。

采样定理可叙述如下:如果采样周期满足下列条件,即:

$$\omega_s = 2\pi/T > 2\omega_{max} \tag{7.14}$$

或

$$T < \pi/\omega_{max}$$

式中 ω_{max}为连续信号$f(t)$的最高次谐波的角频率。则采样信号$f^*(t)$就可以无失真地再恢复为原连续信号$f(t)$。这就是说,如果选择的采样角频率足够高,使得对连续信号所含的最高次谐波,能做到在一个周期内采样两次以上,那么经采样后所得到的脉冲序列,就包含了原连续信号的全部信息。就有可能通过理想滤波器把原信号毫无失真地恢复出来。否则采样频率过低,信息损失很多,原信号不能准确复现。

需要指出的是,采样定理只是在理论上给出了信号准确复现的条件。但还有 2 个实际问题需要解决。

其一,实际的非周期连续信号的频谱中最高频率是无限的,如图 7.8(a)所示。因此不可能选择一个有限采样频率,使信号采样后频谱波形不叠加。即不论采样频率选择多高,采样后信号频谱波形总是重复搭接的,如图 7.8(b)所示。因此经过滤波后,信息总是有损失的。为此实际上采用一个折衷的办法:给定一个信息容许损失的百分数 b,即选择原信号频谱的幅值由$|F(0)|$降至$b|F(0)|$时的频率为最高频率ω_{max},按此选择采样频率$\omega_s = 2\omega_{max}$。这样可以做到信息损失允许,采样频率又不至于太高。

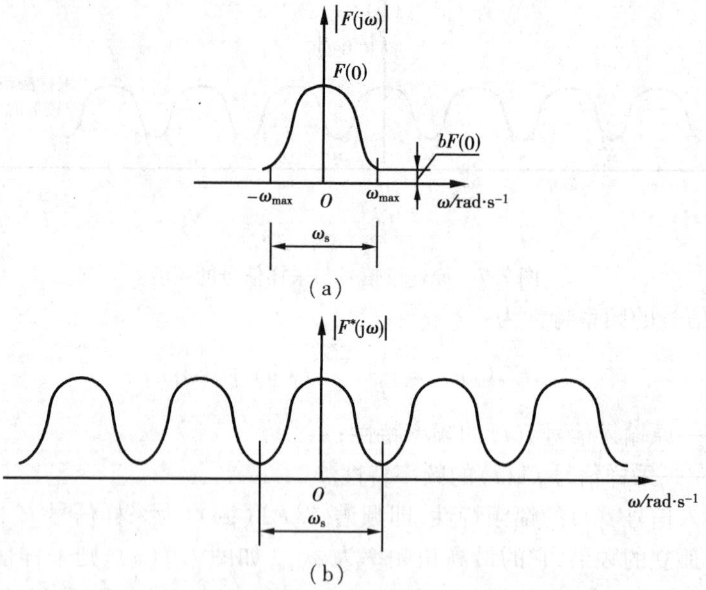

图 7.8　非周期连续信号采样前后的频谱

[例 1]　设连续信号$f(t) = e^{-2t}$,试选择采样频率,使信息损失不超过 5%。

解　取$f(t) = e^{-2t}$的拉氏变换得:

$$F(s) = \frac{1}{s+2}$$

则其幅频特性为:

$$|F(j\omega)| = \frac{1}{\sqrt{4+\omega^2}}$$

其零频振幅为：

$$|F(0)| = \frac{1}{2} = 0.5$$

若 $b=0.05$，则 ω_{max} 可由下式确定：

$$\frac{1}{\sqrt{4+\omega_{max}^2}} = 0.05|F(0)| = 0.05\times0.5 = 0.025$$

所以 $\omega_{max}\approx 40$，根据采样定理应取 $\omega_s \geqslant 80$。

其二，需要一个幅频特性为矩形的理想低通滤波器，才能把原信号不失真地复现出来。而这样的滤波器实际上是不存在的。因此复现的信号与原信号是有差别的。

7.2.2　信号的复现

根据前面分析可知，连续信号经采样后变成脉冲序列，其频谱中除原信号的频谱外，还有无限多个在采样过程中产生的高频频谱。因此，为了从采样信号复现出原连续信号，而又不使上述高频分量进入系统，应在采样开关后面串联一个信号复现滤波器，它的功能是滤去高频分量，而无损失地保留原信号频谱。能使采样信号不失真地复现为原连续信号的低通滤波器应具有理想的矩形频率特性。即：

$$|G(j\omega)| = \begin{cases}1, & |\omega| < \omega_s/2\\ 0, & |\omega| > \omega_s/2\end{cases} \tag{7.15}$$

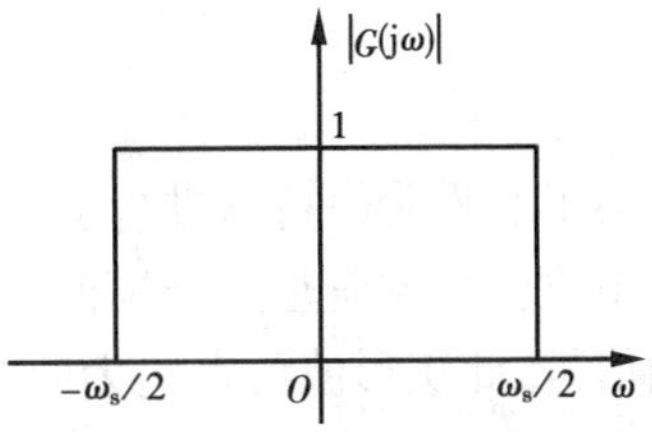

图7.9　理想滤波器的频率特性

其图形如图7.9所示。且式中 ω_s 满足采样定理，即 $\omega_s > 2\omega_{max}$。ω_{max} 为原连续信号频谱的最高频率。经过这样的滤波器滤波之后，信号的频谱变为：

$$|G(j\omega)|\cdot\frac{1}{T}|F^*(j\omega)| = \frac{1}{T}|F(j\omega)| \tag{7.16}$$

上式意味着，经过理想滤波以后，脉冲序列的频谱与原连续信号的频谱一样，只是幅值为原来的 $1/T$。实际上，具有图7.9所示理想频率特性的滤波器是不存在的。工程上只能采用具有低通滤波功能的保持器来代替。

保持器是将采样信号转换成连续信号的装置。其转换过程恰好是采样过程的逆过程。而从数学上说，保持器的任务是解决采样时刻之间的插值问题。

在 kt 时刻，采样信号 $f^*(kT)$ 直接转换成连续信号 $f(t)|_{t=kT}$，同理，在 $(k+1)T$ 时刻，连续信号为 $f(t)_{t=(k+1)T}=f^*[(k+1)T]$，但在 kT 和 $(k+1)T$ 之间，即当 $kT<t<(k+1)T$ 时，连续信号应取何值就是保持器要解决的问题。实际上，保持器具有"外推"作用，即保持器现时刻的输出信号取决于过去时刻离散信号值的外推。实现外推常用的方法是采用多项式外推公式

$$f(kT+\Delta t) = a_0 + a_1\Delta t + a_2\Delta t^2 + \cdots + a_m\Delta t^m \tag{7.17}$$

式中　Δt——以 kT 为时间原点的时间坐标，$0<\Delta t<T$。

$a_0,a_1,a_2,\cdots,a_m$——由过去各采样时刻的采样信号值 $f(kT)$，$f[(k-1)T]$，$f[(k-2)T]$，…等确定的系数。工程上一般按式(7.17)的第1项或前2项组成外推装置。只按第1项组成的外推装置，因所用外推多项式是零阶的，故称为零阶保持器；同理，按前2项组成的外推装置称为一阶保持器；应用最广泛的是零阶保持器。零阶保持器的外推公式为

$$f[(kT+\Delta t)] = a_o \tag{7.18}$$

由于 $\Delta t=0$ 时上式也成立，所以 $a_o=f(kT)$，从而得到

$$f[(kT+\Delta t)] = f(kT) \qquad 0 \leqslant \Delta t < T \tag{7.19}$$

上式表明，零阶保持器的作用是把 kT 时刻的采样值，保持到下一个采样时刻 $(k+1)T$ 到来之前，或者说按常值外推。如图 7.10 所示。

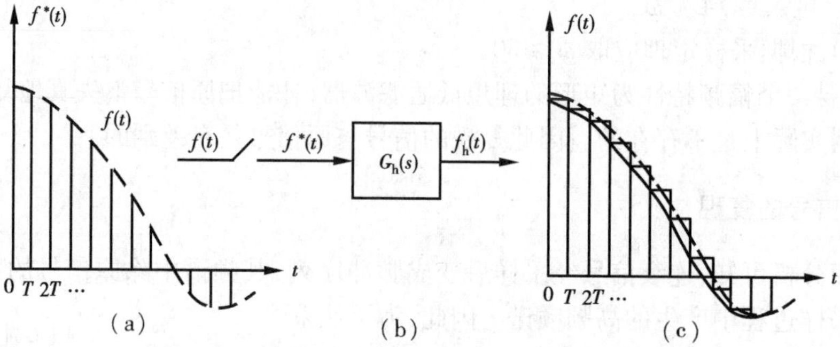

图 7.10　零阶保持器的作用

为了对零阶保持器进行动态分析，需求出它的传递函数。由图 7.10 可以看出，零阶保持器的单位脉冲响应是一个幅值为 1、宽度为 T 的矩形波 $f_h(t)$，实际上就是一个采样周期应输出的信号，此矩形波可表达为两个单位阶跃函数的叠加。即：

$$g_h(t) = 1(t) - 1(t-T)$$

或

$$g_h(t) = 1(t-kT) - 1(t-kT-T) \tag{7.20}$$

图形可参看图 7.4。根据传递函数就是单位脉冲响应函数的拉氏变换，可求得零阶保持器的传递函数为：

$$G_h(s) = L[g_h(t)] = L[1(t) - 1(t-T)] = \frac{1}{s} - \frac{1}{s}e^{-Ts} = \frac{1-e^{-Ts}}{s} \tag{7.21}$$

其频率特性则为：

$$G_h(j\omega) = \frac{1-e^{-j\omega T}}{j\omega} = \frac{e^{-\frac{j\omega T}{2}}\left(e^{\frac{j\omega T}{2}} - e^{-\frac{j\omega T}{2}}\right)}{j\omega} = T\frac{\sin(\omega T/2)}{\omega T/2}e^{-j\omega T/2} \tag{7.22}$$

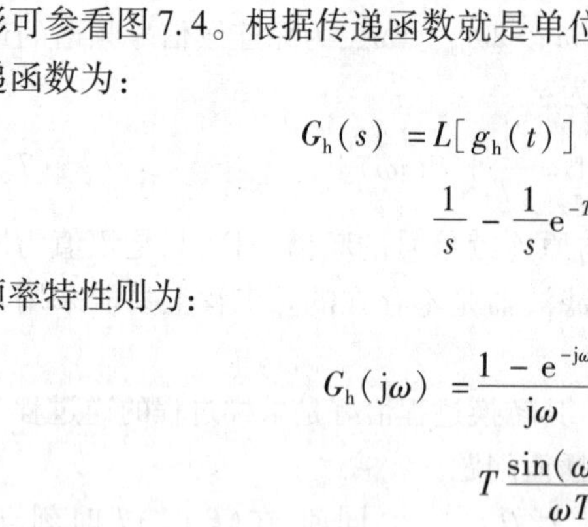

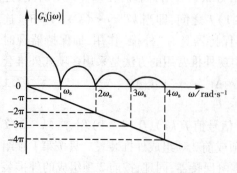

图 7.11　零阶保持器的频率特性

因为 $T=2\pi/\omega_s$，代入上式，则有：

$$G_h(j\omega) = \frac{2\pi}{\omega_s}\frac{\sin(\pi\omega/\omega_s)}{\pi\omega/\omega_s}e^{-j\omega/\omega_s}$$

据此可绘出零阶保持器的幅频特性和相频特性曲线，如图 7.11 所示。由图 7.11 可见，其幅值随频率增高而减小，所以零阶保持器是一个低通滤波器，但不是理想低通滤波器。高频分量仍有一部分可以通过；此外还有相角滞后，且随频率增高而加大。因此，由零阶保持器恢复的

信号 $f(t)$ 是与原信号 $f(t)$ 是有差别的。一方面含有一定的高频分量;此外,在时间上滞后 $T/2$。把阶梯状信号 $f_h(t)$ 的每个区间的中点光滑连结起来,所得到的曲线,形状与 $f(t)$ 相同,但滞后了 $T/2$,如图 7.10(c)虚线所示。

零阶保持器比较简单,容易实现,相位滞后比一阶保持器小得多,因此被广泛采用。步进电机、数控系统中的寄存器,数模转换器等都是零阶保持器的实例。

7.3　离散控制系统的数学模型

在前面两节中,介绍了离散控制系统的基本概念以及离散系统中两个关键环节:采样器与保持器。下面我们要引进分析和设计离散控制系统的数学基础,离散控制系统的数学模型,它包含 3 个基本内容:①差分方程;②z 变换;③脉冲传递函数。这些内容与连续系统中数学模型的基本内容:微分方程;拉氏变换;传递函数有平行的对应关系。学习本节的内容时,注意到这种平行对应关系,并与连续系统中的相应内容进行比较是十分重要的。

7.3.1　差分方程

微分方程是描述连续系统动态过程的最基本的数学模型。但对于采样系统,由于系统中的信号已离散化,因此,描述连续函数的微分、微商等概念就不适用了,而需用建立在差分、差商等概念基础上的差分方程,来描述采样系统的动态过程。

(1) 差分的概念

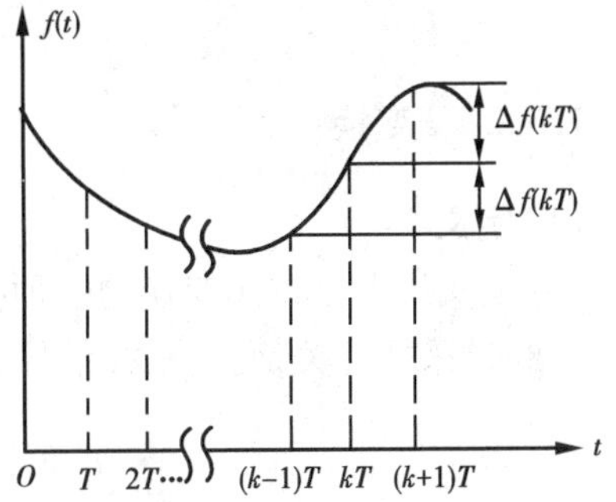

图 7.12　前向差分与后向差分

差分与连续函数的微分相对应。不同的是差分有前向差分和后向差分之别。见图 7.12 所示,连续函数 $f(t)$,经采样后为 $f^*(t)$,在 kT 时刻,其采样值为 $f(kT)$,常写作 $f(k)$。

一阶前向差分的定义为:

$$\Delta f(k) = f(k+1) - f(k) \tag{7.23}$$

二阶前向差分的定义为:

$$\begin{aligned}\Delta^2 f(k) &= \Delta[\Delta f(k)] = \\ &\Delta[f(k+1) - f(k)] = \\ &f(k+2) - f(k+1) - [f(k+1) - f(k)] = \\ &f(k+2) - 2f(k+1) + f(k)\end{aligned} \tag{7.24}$$

n 阶前向差分的定义为:

$$\Delta^n f(k) = \Delta^{n-1} f(k+1) - \Delta^{n-1} f(k) \tag{7.25}$$

同理,一阶后向差分的定义为:

$$\nabla f(k) = f(k) - f(k-1) \tag{7.26}$$

二阶后向差分的定义为:

$$\begin{aligned}\nabla^2 f(k) &= \nabla f(k) - \nabla f(k-1) = \\ &f(k) - f(k-1) - [f(k-1) - f(k-2)] =\end{aligned}$$

$$f(k)-2f(k-1)+f(k-2) \tag{7.27}$$

n 阶后向差分的定义为：

$$\nabla^n f(k)=\nabla^{n-1}f(k)-\nabla^{n-1}f(k-1) \tag{7.28}$$

从上述定义可以看出，前向差分所采用的是 kT 时刻未来的采样值，而后向差分所采用的是 kT 时刻过去的采样值。所以在实际上后向差分用得更广泛。

(2)差分方程

若方程的变量除了含有 $f(k)$ 本身外，还有 $f(k)$ 的各阶差分 $\Delta f(k),\Delta^2 f(k),\cdots,\Delta^n f(k)$，则此方程称为差分方程。

对于输入、输出为采样信号的线性采样系统，描述其动态过程的差分方程的一般形式为：

$$\begin{aligned}&a_n y(k+n)+a_{n-1}y(k+n-1)+\cdots+a_1 y(k+1)+a_0 y(k)=\\&b_m u(k+m)+b_{m-1}u(k+m-1)+\cdots+b_1 u(k+1)+b_0 u(k)\end{aligned} \tag{7.29}$$

式中 $u(k)$，$y(k)$ 分别为输入信号和输出信号，$a_n,\cdots,a_0$；$b_m,\cdots,b_0$ 均为常系数，且有 $n\geqslant m$。差分方程的阶次是由最高阶差分的阶次而定的，其数值上等于方程中自变量的最大值和最小值之差。式(7.29)中，最大自变量为 $(k+n)$，最小自变量为 k，因此方程的阶次为 $(k+n)-k=n$ 阶。

7.3.2 z 变换

(1)定义

z 变换实质上是拉氏变换的一种扩展，也称作采样拉氏变换。在采样系统中，连续函数信号 $f(t)$ 经过采样开关，变成采样信号 $f^*(t)$，由式(7.4)给出：

$$f^*(t)=\sum_{k=0}^{\infty}f(kT)\cdot\delta(t-kT)$$

对上式进行拉氏变换：

$$F^*(s)=L[f^*(t)]=\sum_{k=0}^{\infty}f(kT)\cdot e^{-kTs} \tag{7.30}$$

从此式可以看出，任何采样信号的拉氏变换中，都含有超越函数 e^{-kTs}，因此，若仍用拉氏变换处理采样系统的问题，就会给运算带来很多困难，为此，引入新变量 z，令：

$$z=e^{Ts} \tag{7.31}$$

则

$$s=\frac{1}{T}\ln z$$

将 $F^*(s)$ 记作 $F(z)$，则式(7.30)可以改写为：

$$F(z)=\sum_{k=0}^{\infty}f(kT)z^{-k} \tag{7.32}$$

这样就变成了以复变量 z 为自变量的函数。称此函数为 $f^*(t)$ 的 z 变换。记作：

$$F(z)=Z[f^*(t)]$$

因为 z 变换只对采样点上信号起作用，所以上式也可以写为：

$$F(z)=Z[f(t)]$$

应注意，$F(z)$ 是 $f(t)$ 的 z 变换符号，其定义就是式(7.32)，不要误以为它是 $f(t)$ 的拉氏变换式 $F(s)$ 中的 s 以 z 简单置换的结果。将式(7.32)展开：

$$F(z) = f(0)z^0 + f(T)z^{-1} + f(2T)z^{-2} + \cdots + f(kT)z^{-k} + \cdots \tag{7.33}$$

可见,采样函数的 z 变换是变量 z 的幂级数。其一般项 $f(kT)z^{-k}$ 具有明确的物理意义;$f(kT)$ 表示采样脉冲的幅值;z 的幂次表示该采样脉冲出现的时刻。因此它包含着量值与时间的概念。

正因为 z 变换只对采样点上信号起作用,因此,如果两个不同的时间函数 $f_1(t)$ 和 $f_2(t)$,它们的采样值完全重复(见图7.13),则其 z 变换是一样的。即:

$f_1(t) \neq f_2(t)$ 但由于 $f_1^*(t) = f_2^*(t)$,则 $F_1(z) = F_2(z)$,就是说采样函数 $f^*(t)$ 与其 z 变换函数是一一对应的。但采样函数所对应的连续函数不是惟一的。

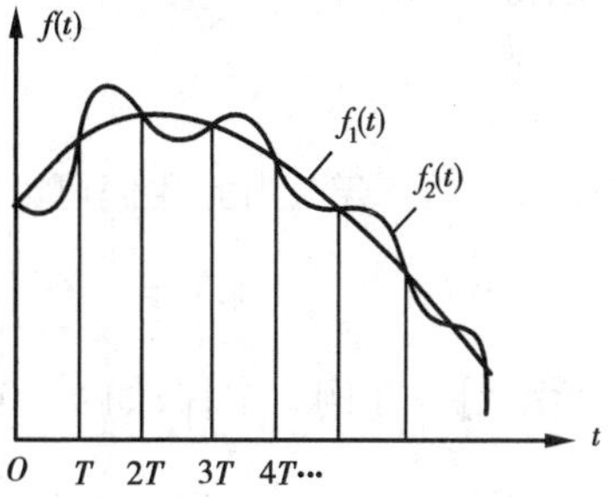

图7.13　正反 z 变换的非一一对应

(2)z 变换的性质

与拉氏变换的性质相类似,z 变换有线性,位移(时位移、复位移),初、终值定理等。见表7.1。

一些常见函数及其拉普拉斯变换、z 变换对照见附录1。

表7.1　z 变换线性,位移,初、终值定理表

和差	$Z[u_1(kT) \pm u_2(kT)] = U_1(z) \pm U_2(z)$
乘常数	$Z[au(kT)] = aZ[u(kT)] = aU(z)$
时位移	$Z[u(kT-nT)] = z^{-n}U(z)$ $Z[u(kT+nT)] = z^n\left[U(z) - \sum_{k=0}^{n-1}u(kT)z^{-k}\right]$
复变换	$Z[e^{\mp akT}u(kT)] = U(ze^{\pm aT})$
初值定理	$\lim_{k\to 0}u(kT) = \lim_{z\to\infty}U(z)$
终值定理	$\lim_{k\to\infty}u(kT) = \lim_{z\to 1}(1-z^{-1})U(z)$

(3)z 变换的求法

1)用定义求

已知时函数 $f(t)$,则:

$$Z[f(t)] = \sum_{k=0}^{\infty}f(kT)z^{-k}$$

展开后,根据无穷级数求和公式:

$$a + aq + aq^2 + \cdots = \frac{a}{1-q},\text{其中} |q| < 1$$

即可求出函数的 z 变换。

[**例2**]　考虑下列序列

$$u(kT) = e^{-akT}, \qquad k = 0,1,2,\cdots$$

其中 a 为常数。于是可得:

$$u^*(t) = \sum_{k=0}^{\infty}e^{-akT}\delta(t-kT)$$

则:

$$U^*(s) = \sum_{k=0}^{\infty} e^{-akT} e^{-kTs}$$

将上式两边同时乘以 $e^{-(s+a)T}$,得到的结果再与上式两边对应相减,若满足 $|e^{-(s+a)T}<1|$,则可以得到:

$$U^*(s) = \frac{1}{1 - e^{-(s+a)T}}$$

其中,δ 是 s 的实部,由此我们可以得到 $u^*(t)$ 的 z 变换

$$U(z) = \frac{1}{1 - e^{-aT}z^{-1}} = \frac{z}{z - e^{-aT}} \qquad (|e^{-aT}z^{-1}| < 1)$$

[例3] 在例2中,假如 $a=0$,可以得到:

$$u(kT) = 1,\ k = 0,1,2,\cdots$$

这个式子表示了其序列值均为单位值。则:

$$U^*(s) = \sum_{k=0}^{\infty} e^{-kTs}$$

$$U(z) = \sum_{k=0}^{\infty} z^{-k} = 1 + z^{-1} + z^{-2} + \cdots$$

这个表达式可写为:

$$U(z) = \frac{1}{1 - z^{-1}} \qquad |z^{-1}| < 1$$

或

$$U(z) = \frac{z}{z - 1} \qquad |z^{-1}| < 1$$

2)用查表法求

若已知函数的拉氏变换(象函数),用部分分式法将其展开,查附录1对应即可。

(4)z 反变换

正如同在拉氏变换方法中一样,z 变换方法的一个主要目的是要先获得时域函数 $f(t)$ 在 z 域中的代数解,其最终的时域解可通过反 z 变换求出。当然,$F(z)$ 的反 z 变换只能求出 $f^*(t)$,即只能是 $f(kt)$。如果是理想采样器作用于连续信号 $f(t)$,则在 $t=kT$ 瞬间的采样值 $f(kT)$ 可以获得。z 反变换可以记作:

$$Z^{-1}[F(z)] = f^*(t) \tag{7.34}$$

求 z 反变换的方法通常有以下3种:

①部分分式展开法

②级数展开法(综合除法)

③留数法

在求 z 反变换时,仍假定当 $k<0$ 时,$f(kT)=0$。下面介绍最常用的两种求 z 反变换的方法。

①部分分式展开法

此法是将 $F(z)$ 通过部分分式分解为低阶的分式之和,直接从 z 变换表中求出各项对应的 z 反变换,然后相加得到 $f(kT)$。

[例4] 已知 $F(z)=\dfrac{z}{(z-1)(z-2)}$,求 $f(kT)$。

解 由于 $F(z)$ 中通常含有一个 z 因子,所以首先将式 $F(z)/z$ 展成部分分式较容易些。

$$\frac{F(z)}{z}=\frac{1}{(z-1)(z-2)}=\frac{-1}{z-1}+\frac{1}{z-2}$$

再求 $F(z)$ 的分解因式：$$F(z)=\frac{-z}{z-1}+\frac{z}{z-2}$$

查 z 变换表，得到：$$Z^{-1}\left[\frac{-z}{z-1}\right]=-1, z^{-1}\left[\frac{z}{z-2}\right]=2^k$$

所以：$$f(kT)=-1+2^k$$

即：$f(0)=0, f(T)=1, f(2T)=3, f(3T)=7, f(4T)=15, f(5T)=31$

②级数展开法

级数展开法又称综合除法。即把式 $F(z)$ 展开成按 z^{-1} 升幂排列的幂级数。因为 $F(z)$ 的形式通常是两个 z 的多项式之比，即：

$$F(z)=\frac{b_m z^m+b_{m-1}z^{m-1}+\cdots+b_0}{a_n z^n+a_{n-1}z^{n-1}+\cdots+a_0}\qquad(n\geqslant m)$$

所以，很容易用综合除法展成幂级数。对上式用分母去除分子，所得之商按 z^{-1} 的升幂排列

$$F(z)=c_0+c_1z^{-1}+c_2z^{-2}+\cdots+c_kz^{-k}+\cdots=\sum_{k=0}^{\infty}c_kz^{-k}\tag{7.35}$$

这正是 z 变换的定义式。z^{-k} 项的系数 c_k 就是时间函数 $f(t)$ 在采样时刻 $t=kT$ 时的值。因此，只要求得上述形式的级数，就知道时间函数在采样时刻的函数值序列，即 $f(kT)$。

［例5］　试用幂级数展开法求 $F(z)=\dfrac{z}{(z-1)(z-2)}$ 的 z 反变换。

解　进行综合除法运算得到：

$$F(z)=0+z^{-1}+3z^{-2}+7z^{-3}+15z^{-4}+31z^{-5}+63z^{-6}+\cdots$$

由上式的系数可知：

$f(0)=0, f(T)=1, f(2T)=3, f(3T)=7, f(4T)=15, f(5T)=31, f(6T)=63, \cdots$

结果与例4所得结果相同。

(5)用 z 变换法解差分方程

应用 z 变换的线性定理和时移定理，可以求出各阶前向差分的 z 变换函数为：

$$Z[\Delta f(k)]=Z[f(k+1)-f(k)]=(z-1)F(z)-zf(0)\tag{7.36}$$

$$Z[\Delta^2 f(k)]=(z-1)^2F(z)-z(z-1)f(0)-z\Delta f(0)\tag{7.37}$$

$$Z[\Delta^n f(k)]=(z-1)^nF(z)-z\sum_{\tau=0}^{n-1}(z-1)^{n-\tau-1}f(0)\tag{7.38}$$

其中　$\Delta^0 f(0)=f(0)$

同理，各阶后向差分的 z 变换函数为：

$$Z[\nabla f(k)]=Z[f(k)-f(k-1)]=(1-z^{-1})F(z)\tag{7.39}$$

$$Z[\nabla^2 f(k)]=(1-z^{-1})^2F(z)\tag{7.40}$$

$$Z[\nabla^n f(k)]=(1-z^{-1})^nF(z)\tag{7.41}$$

式中 $t<0$ 时 $f(t)=0$。

与微分方程的解法类似，差分方程也有3种解法：常规解法、z 变换法和数值递推法。常规解法比较烦琐，数值递推法适于用计算机求解，下面举例介绍 z 变换解法。

［例6］　已知一阶差分方程为：

$$y[(k+1)T] - ay(kT) = bu(kT)$$

设输入为阶跃信号 $u(kT)=A$,初始条件 $y(0)=0$,试求响应 $y(kT)$。

解 将差分方程两端取 z 变换,得:

$$zY(z) - zy(0) - aY(z) = bA\frac{z}{z-1}$$

代入初始条件,求得输出的 z 变换为:

$$Y(z) = \frac{bAz}{(z-a)(z-1)}$$

为求得时域响应 $y(kT)$,需对 $Y(z)$ 进行反变换,先将 $Y(z)/z$ 展成部分分式:

$$\frac{Y(z)}{z} = \frac{bA}{(z-a)(z-1)} = \frac{bA}{(1-a)}\left(\frac{1}{z-1} - \frac{1}{z-a}\right)$$

于是

$$Y(z) = \frac{bA}{1-a}\left(\frac{z}{z-1} - \frac{z}{z-a}\right)$$

查变换表,求得上式的反变换为: $y(kT) = \frac{bA}{1-a}(1-a^k) \qquad k=0,1,2,\cdots$

[**例 7**] 试用 z 变换法解下列差分方程。

$$y(k+2) + 3y(k+1) + 2y(k) = 0$$

已知初始条件为 $y(0)=0, y(1)=1$,求 $y(k)$。

解 对方程两边取 z 变换,并应用时移定理,得:

$$z^2Y(z) - z^2y(0) - zy(1) + 3zY(z) - 3zy(0) + 2Y(z) = 0$$

代入初始条件,整理后得:

$$(z^2+3z+2)Y(z) = z$$

$$Y(z) = \frac{z}{z^2+3z+2} = \frac{z}{z+1} - \frac{z}{z+2}$$

查变换表,进行反变换得:

$$y(k) = (-1)^k - (-2)^k \qquad k=0,1,2,\cdots$$

7.3.3 脉冲传递函数

(1)脉冲传递函数的定义

在分析和研究离散控制系统的性能时,一般均是已知控制系统的结构图。我们已经知道在连续系统中传递函数是分析和设计基于系统结构图的有力工具。类似地,也定义脉冲传递函数如下:

对于如图 7.14 所示的离散系统结构图,定义脉冲传递函数:

$$G(z) = \sum_{k=0}^{\infty} g(kT)z^{-k} = \frac{Y(z)}{U(z)}$$

其中,$g(kT)$ 是单位冲激响应 $g(t)$ 的离散表示;$U(z)$,$Y(z)$ 分别是离散过程输入离散信号和输出离散信号的 z 变换。即:

$$U(z) = Z[u^*(t)]$$

$$Y(z) = Z[y^*(t)]$$

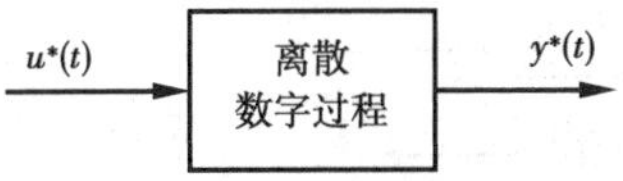

图 7.14　离散过程的结构图

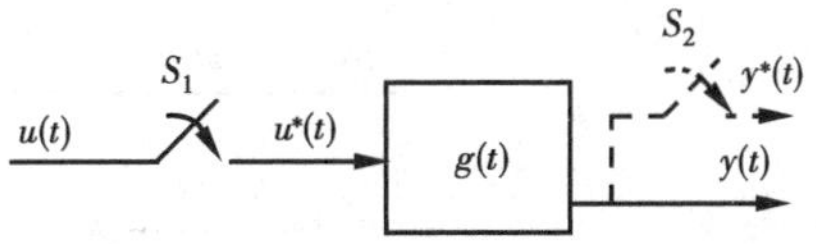

图 7.15　开环采样系统方框图

如果一个系统如图 7.15 表示，此时有 $Y(s)=G(s)U^*(s)$，$Y(s)=L[y(t)]$

严格说，$G(s)$ 和 $U^*(s)$ 表示不同类型的函数，不能直接用拉氏变换求出其对应的时间函数。作为一种转换，可以假定在输出端存在一个采样开关 S_2，其采样周期与 S_1 相同，且 S_2 与 S_1 同步动作，则在 S_2 后可表示为 $y^*(t)$，上式可转换为：

$$Y^*(s)=G(s)U^*(s)$$

则有：

$$Y(z)=G(z)U(z)$$

即当一个环节的输出不是离散信号时，严格说来，其脉冲传递函数不能求出。可采用虚拟开关的办法转换求。

(2)串联环节的脉冲传递函数

假定输出变量前有采样开关（或有一理想的虚拟采样开关），或者输入变量后有采样开关。则我们分析下面两种情况：

1）二串联环节间有采样开关

图 7.16(a)所示两个串联环节间有采样器隔开，所以有：

$$U_1(z)=G_1(z)U(z) \tag{7.42}$$

$$Y(z)=G_2(z)U_1(z) \tag{7.43}$$

式中 $G_1(z)$，$G_2(z)$ 分别为线性环节 $G_1(s)$，$G_2(s)$ 的脉冲传递函数，即 $G_1(z)=Z[G_1(s)]$，$G_2(z)=Z[G_2(s)]$，则由式(7.42)和(7.43)可得：

$$Y(z)=G_1(z)G_2(z)U(z)$$

所以，图 7.16(a)所示系统的脉冲传递函数为：

$$G(z)=\frac{Y(z)}{U(z)}=G_1(z)G_2(z)$$

可见，两个环节间有采样器隔开时，则环节串联等效脉冲传递函数为两个环节的脉冲传递函数的乘积。同理，n 个环节串联，且所有环节之间均有采样器隔开时，则等效脉冲传递函数为所有环节的脉冲传递函数的乘积。即：

$$G(z)=G_1(z)\cdot G_2(z)\cdots G_n(z) \tag{7.44}$$

2）串联环节间无采样器时

如图 7.16(b)所示，由于环节间没有采样器，因而 $G_2(s)$ 环节输入的信号不是脉冲序列，而是连续函数，所以不能像图 7.16(a)那样求 $G_2(z)=Y(z)/U_1(z)$，而应先把 $G_1(s)$，$G_2(s)$ 进行串联运算求出等效环节 $G_1(s)\cdot G_2(s)$，则 $G_1(s)G_2(s)$ 的 z 变换才是 $U(z)$，$Y(z)$ 之间的脉冲传递函数。即：

$$G(z)=\frac{Y(z)}{U(z)}=Z[G_1(s)G_2(s)]=G_1G_2(z) \tag{7.45}$$

式中　$G_1G_2(z)$——$G_1(s)\cdot G_2(s)$ 乘积经采样后的 z 变换。显然：

$$Z[G_1(s)G_2(s)]=G_1G_2(z)\neq G_1(z)G_2(z) \tag{7.46}$$

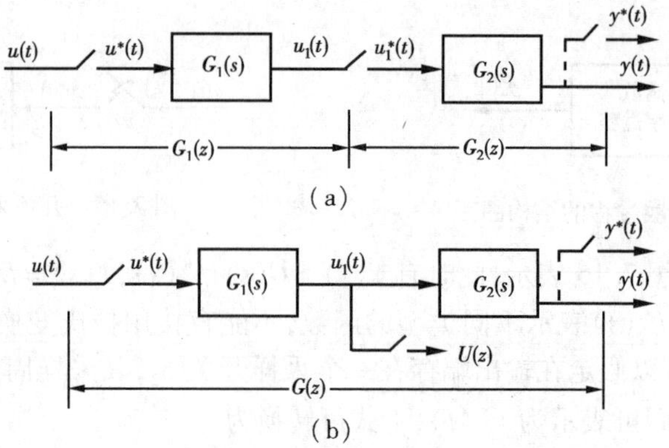

图 7.16　环节串联的开环系统

即各环节传递函数乘积的 z 变换，不等于各环节传递函数 z 变换的乘积。

由此可知，两个串联环节间无采样器隔开时，则等效脉冲传递函数等于两个环节传递函数乘积经采样后的 z 变换。同理，此结论也使用于多个环节串联而无采样器隔开的情况，即有：

$$G(z) = Z[G_1(s)G_2(s)\cdots G_n(s)] = G_1G_2\cdots G_n(z) \tag{7.47}$$

如果串联的多个环节中存在上述两种情况，则分段按上述原则处理。

如果把离散后的传递函数或变量记为 $G^*(s)$，则可以把上述 2 种情况简单归纳为下面两个重要公式：

若　$Y(s)=E^*(s)G(s)$，则　$Y^*(s)=[E^*(s)G(s)]^*=E^*(s)G^*(s)$

即：

$$Y(z) = E(z)\cdot G(z) \tag{7.48}$$

若　$Y(s)=E(s)G(s)$，则　$Y^*(s)=[E(s)G(s)]^*=EG^*(s)=GE^*(s)$

即：

$$Y(z) = EG(z) = GE(z) \tag{7.49}$$

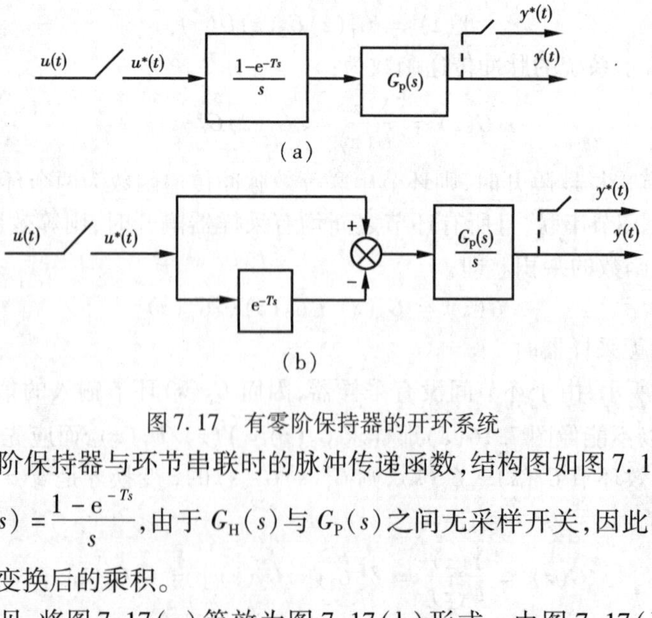

图 7.17　有零阶保持器的开环系统

［**例 8**］　求零阶保持器与环节串联时的脉冲传递函数，结构图如图 7.17(a)所示。

解　已知 $G_H(s)=\dfrac{1-e^{-Ts}}{s}$，由于 $G_H(s)$ 与 $G_P(s)$ 之间无采样开关，因此串联环节的 z 变换不等于单个环节 z 变换后的乘积。

为分析方便起见，将图 7.17(a)等效为图 7.17(b)形式。由图 7.17(b)可见，采样信号

$u^*(t)$分2条通道作用于开环系统，一条直接作用于 $G'_P(s)=\frac{1}{s}G_P(s)$；另一条通过纯滞后环节，滞后一个采样周期作用于 $G'_P(s)$，其响应分别为：

$$Y_1(z)=G'_P(z)U(z)=Z\left[\frac{G_P(s)}{s}\right]U(z)$$

$$Y_2(z)=z^{-1}G'_P(z)U(z)=z^{-1}Z\left[\frac{G_P(s)}{s}\right]U(z)$$

所以：
$$Y'_2(z)=Y_1(z)-Y_2(z)=(1-z^{-1})G'_P(z)U(z)$$

最后求得开环脉冲传递函数为：

$$G(z)=\frac{Y(z)}{U(z)}=\frac{z-1}{z}Z\left[\frac{G_P(s)}{s}\right] \tag{7.50}$$

［**例9**］　若图7.17所示系统中 $G_P(s)=\frac{1}{s(s+1)}$，试求开环系统的脉冲传递函数 $G(z)=Y(z)/U(z)$。

解　$\frac{G_P(s)}{s}=\frac{1}{s^2(s+1)}=\frac{1}{s^2}-\frac{1}{s}+\frac{1}{s+1}$

查变换表，进行 z 变换，得：

$$Z\left[\frac{G_P(s)}{s}\right]=Z\left[\frac{1}{s^2}-\frac{1}{s}-\frac{1}{s+1}\right]=\frac{Tz}{(z-1)^2}-\frac{z}{z-1}+\frac{z}{z-e^{-T}}$$

根据式7.50得：

$$G(z)=\frac{z-1}{z}\left[\frac{Tz}{(z-1)^2}-\frac{z}{z-1}+\frac{z}{z-e^{-T}}\right]=\frac{T}{z-1}-1+\frac{z-1}{z-e^{-T}}=$$
$$\frac{(T-1+e^{-T})z+1-(T+1)e^{-T}}{z^2-(1+e^{-T})z+e^{-T}} \tag{7.51}$$

(3)并联环节的脉冲传递函数

先介绍两个等效图形：

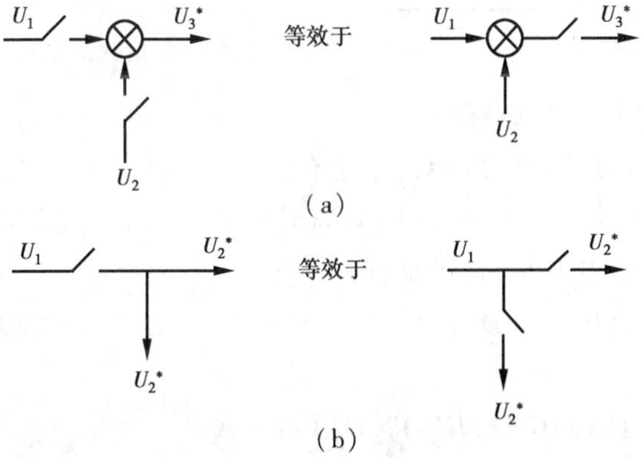

图7.18　并联环节的等效

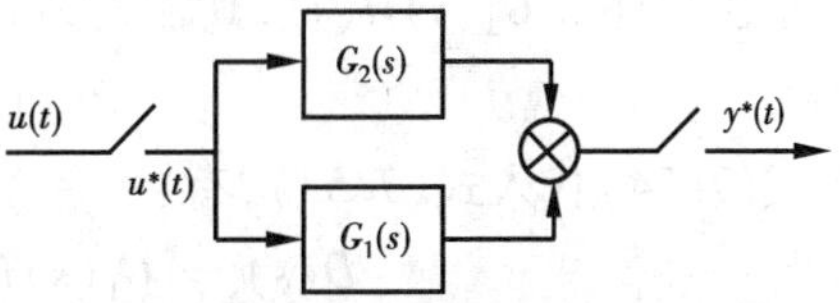

图7.19　并联环节方框图

注意并联环节后的变量是相加减关系，只有同类型的变量才能相加减。因此我们讨论图7.19所示的并联环节。

显然有：

$$Y(s) = U^*(s)[G_1(s) \pm G_2(s)]$$

$$Y^*(s) = U^*(s)[G_1(s) \pm G_2(s)]^*$$

$$Y(z) = U(z)G_1(z) \pm U(z)G_2(z)$$

即：

$$G(z) = \frac{Y(z)}{U(z)} = G_1(z) \pm G_2(z) \tag{7.52}$$

7.3.4 闭环系统的脉冲传递函数

根据不同结构，把离散系统分为下面 2 种情况：

①输入信号在进入反馈回路后，至回路输出节点前，至少有一个真实的采样开关，则可用简易法计算。

②不满足①中条件的一般不能用简易法计算。

(1) 闭环系统脉冲传递函数的一般计算方法

求闭环系统脉冲传递函数一般是采用按定义计算的方法，即在已知系统的结构图中注明各环节的输入、输出信号，用代数消元法求出系统输入、输出关系式。众所周知，对于比较复杂的离散控制系统用这种方法计算将是十分复杂和困难的。本文对脉冲传递函数准确的计算是指求取输出的 Z 变换关系式（对于脉冲传递函数不存在的系统）。

例如图 7.20 所示的系统，在这个系统中，连续的输入信号直接进入连续环节 $G_1(s)$，如前面所述，在这种情况下，只能求输出信号的 z 变换表达式 $Y(z)$，而求不出系统的脉冲传递函数 $\frac{Y(z)}{U(z)}$。下面来求图 7.20 所示系统的 $Y(z)$。

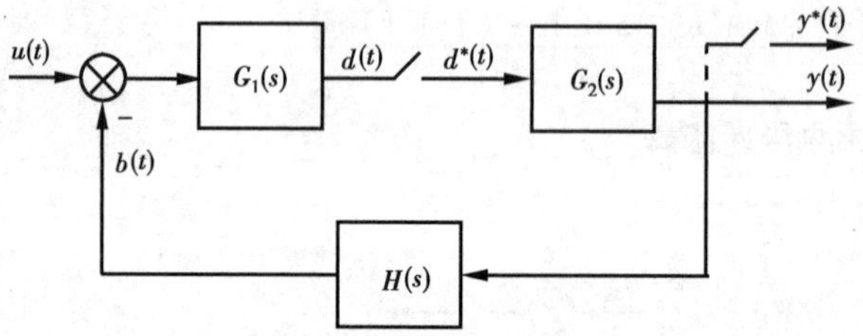

图 7.20 闭环采样系统结构图

对于连续环节 $G_1(s)$，其输入为 $u(t) - b(t)$，输出为 $d(t)$，于是有：

$$D(s) = G_1(s)[U(s) - B(s)] = G_1(s)U(s) - G_1(s)B(s) \tag{7.53}$$

对于连续环节 $G_2(s)H(s)$，其输入为 $d^*(t)$，输出为 $b(t)$，于是有：

$$B(s) = G_2(s)H(s) \cdot D^*(s) \tag{7.54}$$

将式(7.54)代入式(7.53)，有：

$$D(s) = G_1(s)U(s) - G_1(s)G_2(s)H(s) \cdot D^*(s)$$

对上式采样，有：

$$D^*(s) = [G_1(s)U(s)]^* - [G_1(s)G_2(s)H(s)]^* D^*(s)$$

取 z 变换：

$$D(z) = G_1U(z) - G_1G_2H(z) \cdot D(z) \tag{7.55}$$

所以：

$$D(z) = \frac{G_1U(z)}{1 + G_1G_2H(z)}$$

因为：

$$Y(s) = G_2(s) \cdot D^*(s)$$

采样后：

$$Y^*(s) = G_2^*(s) \cdot D^*(s)$$

z 变换：

$$Y(z) = G_2(z)D(z) \tag{7.56}$$

将式(7.55)代入式(7.56)得：

$$Y(z) = \frac{G_2(z) \cdot G_1U(z)}{1 + G_1G_2H(z)} \tag{7.57}$$

由式(7.57)知，解不出$\frac{Y(z)}{U(z)}$，但有了 $Y(z)$，仍可由 z 反变换求输出的采样信号 $y^*(t)$。

表 7.2 列出了部分离散系统结构图及其脉冲传递函数。

表 7.2　部分离散系统结构图及其脉冲传递函数

	结构图	$Y(z)$
1	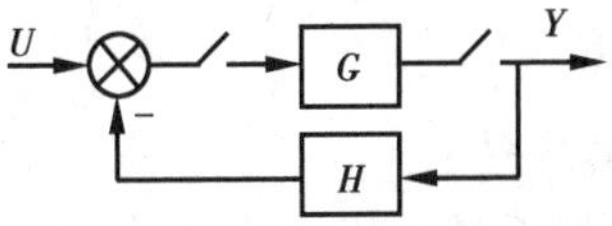	$Y(z) = \frac{G(z)U(z)}{1+G(z)H(z)}$
2	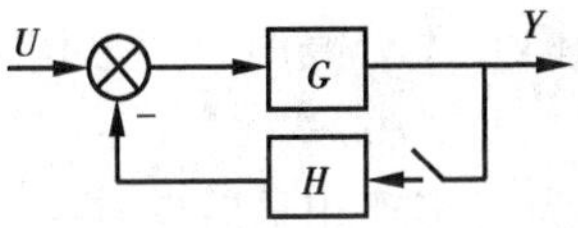	$Y(z) = \frac{GU(z)}{1+GH(z)}$
3	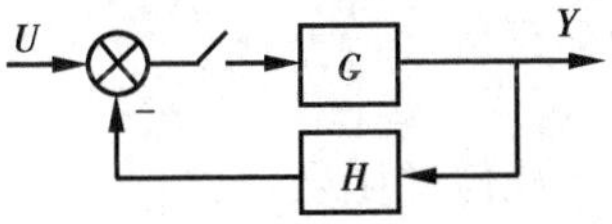	$Y(z) = \frac{G(z)U(z)}{1+GH(z)}$
4	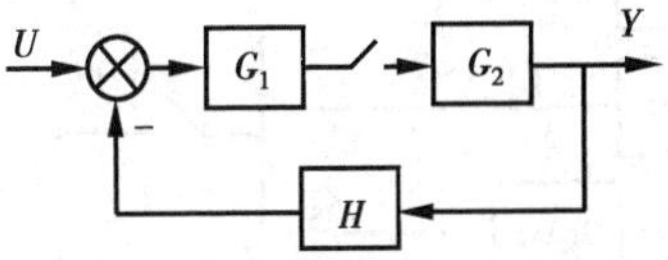	$Y(z) = \frac{G_2(z)G_1U(z)}{1+G_1G_2H(z)}$
5	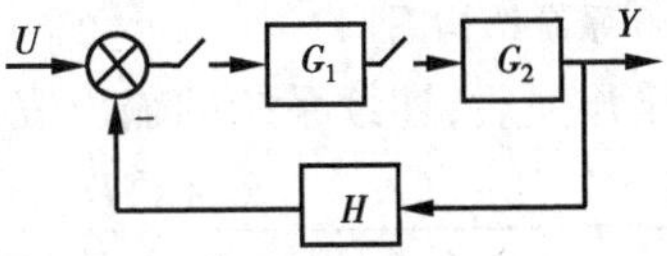	$Y(z) = \frac{G_1(z)G_2(z)U(z)}{1+G_1(z)G_2H(z)}$

续表

	结构图	Y(z)
6	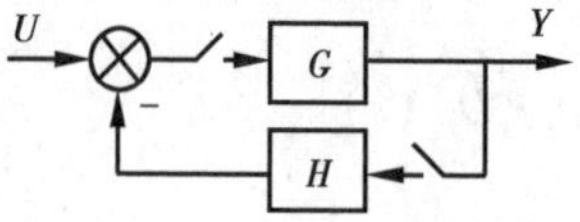	$Y(z)=\dfrac{G(z)U(z)}{1+G(z)H(z)}$
7	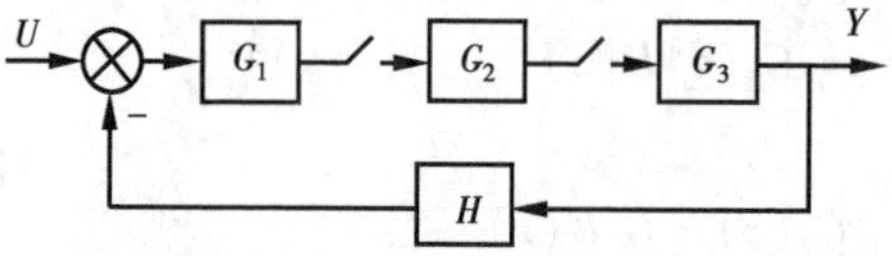	$Y(z)=\dfrac{G_2(z)G_3(z)G_1U(z)}{1+G_2(z)G_1G_3H(z)}$
8	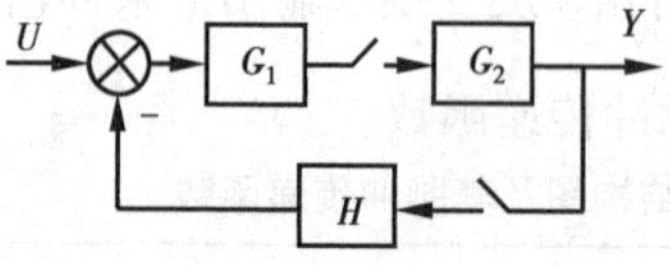	$Y(z)=\dfrac{G_2(z)G_1U(z)}{1+G_2(z)G_1H(z)}$

(2)闭环系统脉冲传递函数的简易计算方法

这里我们介绍一种脉冲传递函数的简易计算方法:

①离散系统中的采样开关去掉,求出对应连续系统的输出表达式;

②表达式中各环节乘积项需逐个决定其“ * ”号。方法是:乘积项中某项与其余相乘项两两比较,当且仅当该项与其中任一相乘项均被采样开关分隔时,该项才能打“ * ”号。否则需相乘后才打“ * ”号。

③取 Z 变换,把有“ * ”号的单项中的 s 变换为 z,多项相乘后仅有一个“ * ”号的其 Z 变换等于各项传递函数乘积的 Z 变换。

下面举例以示之。

1)符合简易计算法条件的示例

[**例 10**]　系统如图 7.21 所示,求该系统的脉冲传递函数。

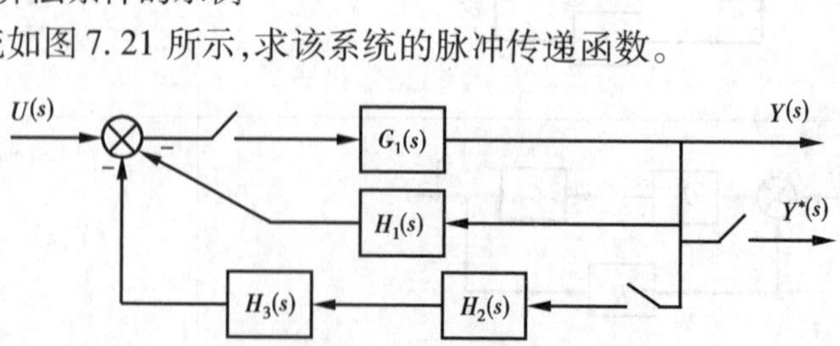

图 7.21　例 10 系统结构图

解　显然该系统可用简易法计算,去掉采样开关后,连续系统的输出表达式为:

$$Y(s)=\frac{G_1(s)U(s)}{1+G_1(s)[H_1(s)+H_2(s)H_3(s)]}=\frac{G_1(s)U(s)}{1+G_1(s)H_1(s)+G_1(s)H_2(s)H_3(s)}$$

对上式进行脉冲变换(加“ * ”)

$$Y^*(s) = \frac{G_1^*(s)U^*(s)}{1 + [G_1(s)H_1(s)]^* + G_1^*(s)[H_2(s)H_3(s)]^*}$$

变量置换得:

$$Y(z) = \frac{G_1(z)U(z)}{1 + G_1H_1(z) + G_1(z)H_2H_3(z)}$$

[**例** 11]　系统如图7.22所示,求该系统的脉冲传递函数。

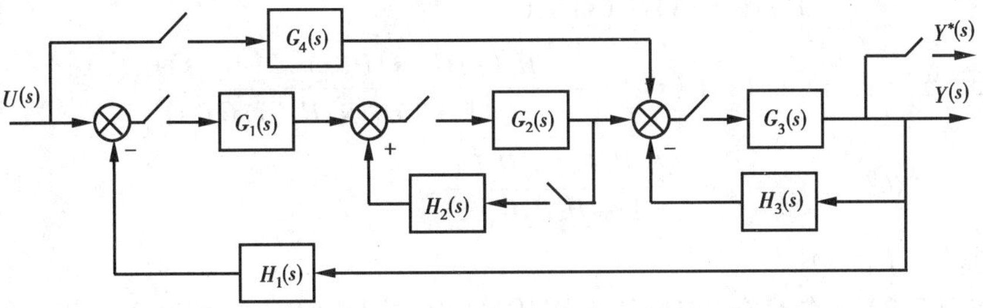

图7.22　例11系统结构图

解　由梅逊增益公式可求得与图7.22对应的连续系统的输出:

$$Y(s) = \frac{1}{\Delta}[G_1G_2G_3 + G_4G_3(1 - G_2H_2)]U(s)$$

其中 $\Delta = 1 - [G_2H_2 - G_3H_3 - G_1G_2G_3H_1] + G_2H_2(-G_3H_3)$

$$\therefore Y(s) = \frac{G_1(s)G_2(s)G_3(s) + G_4(s)G_3(s) - G_4(s)G_3(s)G_2(s)H_2(s)}{1 + G_1(s)G_2(s)G_3(s)H_1(s) + G_3(s)H_3(s) - G_2(s)H_2(s) - G_2(s)H_2(s)G_3(s)H_3(s)}U(s)$$

离散化:

$$Y^*(s) = \frac{[G_1^*(s)G_2^*(s)G_3^*(s) + G_3^*(s)G_4^*(s) - G_3^*(s)G_4^*(s)G_2^*(s)H_2^*(s)]U^*(s)}{1 + G_1^*(s)G_2^*(s)[G_3(s)H_1(s)]^* + [G_3(s)H_3(s)]^* - G_2^*(s)H_2^*(s) - G_2^*(s)H_2^*(s)[G_3(s)H_3(s)]^*}$$

变量置换得:

$$Y(z) = \frac{G_1(z)G_2(z)G_3(z) - G_3(z)G_4(z)G_2(z)H_2(z) + G_3(z)G_4(z)}{1 + G_1(z)G_2(z)G_3H_1(z) + G_3H_3(z) - G_2(z)H_2(z) - G_2(z)H_2(z)G_3H_3(z)}U(z)$$

2)不符合简易法条件示例

[**例** 12]　系统如图7.23所示,求此系统的脉冲传递函数。

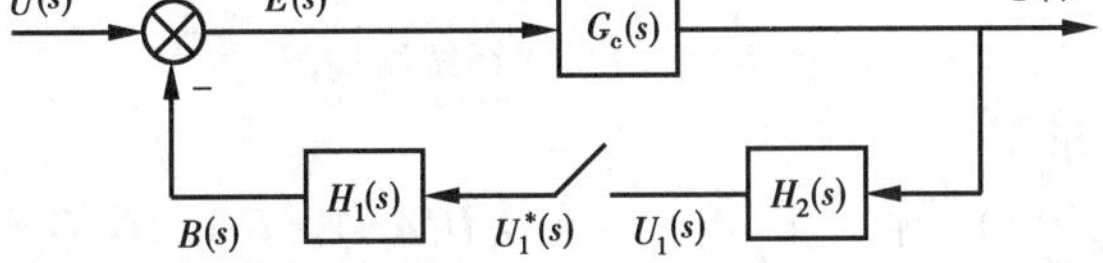

图7.23　例12系统结构图

解　用代数消元法求出系统输入输出关系式:

$$Y(s) = G_c(s)E(s)$$

$$E(s) = U(s) - B(s) = U(s) - H_1(s)U_1^*(s)$$

$$\therefore \quad Y(s)=G_c(s)U(s)-G_c(s)H_1(s)U_1^*(s)$$

$$Y^*(s)=[G_c(s)U(s)]^*-[G_c(s)H_1(s)]^*U_1^*(s)$$

$$U_1^*(s)=[H_2(s)Y(s)]^*=[H_2(s)G_c(s)E(s)]^*=$$

$$\{H_2(s)G_c(s)[U(s)-H_1(s)U_1^*(s)]\}^*=$$

$$[H_2(s)G_c(s)U(s)]^*-[H_1(s)H_2(s)G_c(s)]^*U_1^*(s)$$

$$\therefore \quad U_1^*(s)=\frac{[H_2(s)G_c(s)U(s)]^*}{1+[H_1(s)H_2(s)G_c(s)]^*}$$

$$\therefore \quad Y^*(s)=[G_c(s)U(s)]^*-\frac{[H_2(s)G_c(s)U(s)]^*[G_c(s)H_1(s)]^*}{1+[H_1(s)H_2(s)G_c(s)]^*}$$

即：

$$Y(z)=G_cU(z)-\frac{G_cH_1(z)G_cH_2U(z)}{1+H_1H_2G_c(z)}$$

其中关键是求出 $U_1^*(s)$。

如果在图7.23中在 $G_c(s)$ 前增加采样开关（根据图7.18(a)，此时等价于在综合点前分别增加两个采样开关），则：

$$Y(z)=G_c(z)U(z)-\frac{G_c(z)H_1(z)G_cH_2(z)U(z)}{1+H_1(z)G_cH_2(z)}=\frac{G_c(z)U(z)}{1+H_1(z)G_cH_2(z)}$$

该结果与用简易法获得的结果一致（此时满足简易法计算条件）。

如果在图7.23中，在 $G_c(s)$ 后增加采样开关（根据图7.18(b)，此时等价于在 $H_2(s)$ 前增加采样开关），则：

$$Y(z)=G_c(z)U(z)-\frac{G_cH_1(z)H_2(z)G_cU(z)}{1+H_2(z)G_cH_1(z)}=\frac{G_cU(z)}{1+H_2(z)G_cH_1(z)}$$

该结果仍与用简易法计算得到的结果一致（此时仍满足简易法计算条件）。

［**例13**］ 系统如图7.24所示，求该系统的脉冲传递函数。

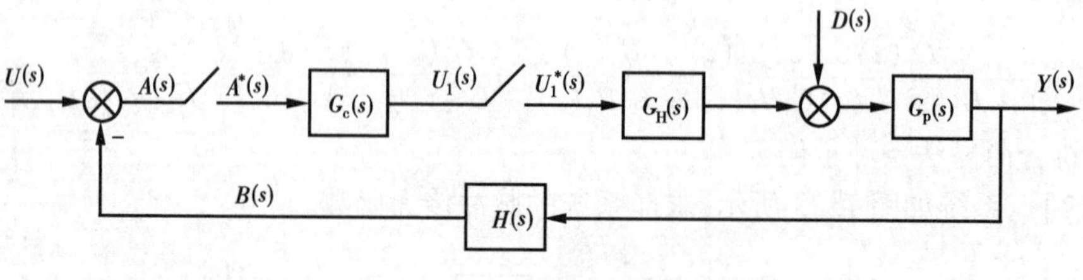

图7.24 例13系统结构图

解 用代数消元法求得：

$$Y(z)=\left[\frac{G_c(z)G_HG_PU(z)}{1+G_c(z)G_HG_PH(z)}\right]+\left[G_PD(z)-\frac{G_PHD(z)\cdot G_c(z)G_HG_P(z)}{1+G_c(z)G_HG_PH(z)}\right]=Y_U(z)+Y_D(z)$$

其中 $Y_U(z)$ 是输出对应于 U 输入时的响应，从图7.24可知，此时满足简易法条件，其结果亦与简易法计算所得结果一致；$Y_D(z)$ 是输出对应于 D 输入时的响应，从图7.24可知，此时不满足简易法条件，其结果便与简易法计算所得结果不同。

7.4　离散系统分析

本节中首先从 S 域与 Z 域的对应关系出发，介绍离散系统的稳定条件及判定方法；然后介绍离散系统的稳态误差，最后介绍离散系统的动态性能分析。

7.4.1　离散系统的稳定性分析

(1)离散系统的零点、极点概念

离散系统的零点、极点的含义与连续系统的相类似。离散系统的极点是指，特征方程的根或无零极点相消时脉冲传递函数的极点。离散系统的特征方程($\Delta(z)=0$)有 3 种表示形式：

①根据输入-输出差分方程式(7.35)齐次部分的系数表示为：

$$\Delta(z) = z^n + a_{n-1}z^{n-1} + \cdots + a_1 z + a_0 = 0$$

②根据状态方程的系数矩阵 A 表示为：

$$\Delta(z) = \det(zI - A) = 0$$

③当无零极点相消时根据系统的开环脉冲传递函数 $G_k(z)$ 表示为：

$$\Delta(z) = 1 + G_k(z) = 0$$

这 3 种表示形式是等价的。系统的零点是指无零极点相消时脉冲传递函数的零点。若脉冲传递函数出现零极点相消，则称相消后的零点、极点为系统的传递零点、极点。

(2)Z 平面与 S 平面的影射关系

在定义 z 变换时，因为令：

$$z = e^{Ts}$$

即：

$$re^{j\varphi} = e^{(\sigma+j\omega)T} = e^{\sigma T} \cdot e^{j\omega T}$$

所以：

$$r = e^{\sigma T},\ \varphi = \omega T = 2\pi \frac{\omega}{\omega_s} \left(T = \frac{2\pi}{\omega_s}, \omega_s \text{为采样角频率} \right)$$

1)S 平面的虚轴在 Z 平面上的映射

将 S 平面虚轴的表达式 $s=j\omega$ 代入 $z=e^{Ts}$，得 $z=e^{j\omega T}$。此式表示的是 Z 平面上模始终为 1(与 ω 无关)、幅角为 ωT 的复变数。由于其幅角是 ω 的函数，当 ω 从 $-\frac{1}{2}\omega_s(\omega_s=\frac{2\pi}{T})$ 经零变化到 $+\frac{1}{2}\omega_s$、即变化范围为 ω_s 时，幅角由 $-\pi$ 经零变化到 $+\pi$，相应的点在 Z 平面上逆时针画出一个以原点为圆心，半径为 1 的单位圆。如图 7.24(a)所示。当 ω 继续由 $+\frac{1}{2}\omega_s$ 变化到 $\frac{3}{2}\omega_s$，或由 $-\frac{3}{2}\omega_s$ 变化到 $-\frac{1}{2}\omega_s$ 即当 S 平面上的点沿虚轴移动一个 ω_s 的距离时，相应的点便在 Z 平面上逆时针重复画出一个单位圆，重叠在上述第一个单位圆上。由此可见，当 ω 由 $-\infty$ 变化到 $+\infty$ 时，相应的点就沿单位圆逆时针转无穷多圈。

由此得出结论：S 平面的虚轴映射到 Z 平面上，是以原点为圆心、半径为 1 的单位圆。S 平面的原点映射到 Z 平面上则是$(+1, j0)$点。

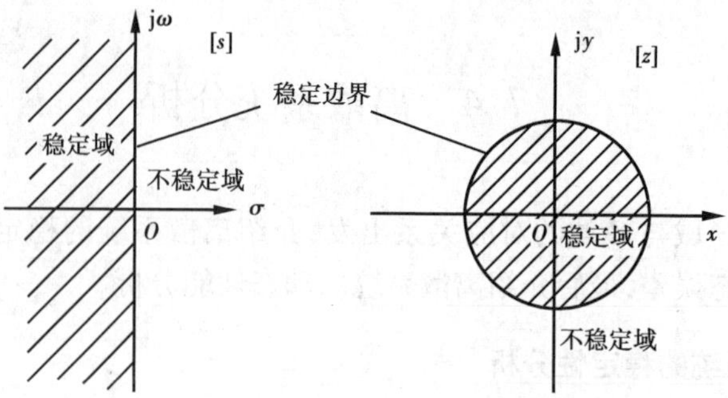

(a)

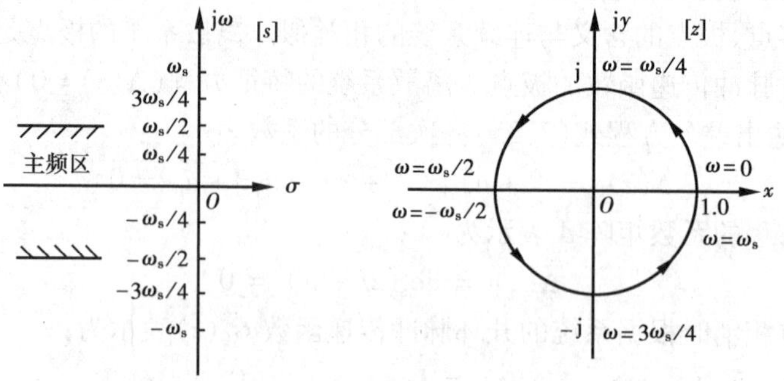

(b)

图 7.25　S 平面到 Z 平面的映射

(a)稳定域从 S 平面到 Z 平面的映射;(b)S 平面的虚轴在 Z 平面上的映射

2)S 平面左半部分在 Z 平面上的映射

对于 S 平面的左半部分,由于所有复变数 $s=\sigma+\mathrm{j}\omega$ 均具有 $\sigma<0$ 的性质,所以映射到 Z 平面上 $z=\mathrm{e}^{\sigma T}\mathrm{e}^{\mathrm{j}\omega T}$ 的模 $\mathrm{e}^{\sigma T}$ 均小于 1,不论 ω 取何值,相应的点 z 均处在上述单位圆内。因此得出结论:整个 S 平面的左半部分在 Z 平面的映像,是以原点为圆心的单位圆内部区域。

结合前面的讨论,可以看出,S 平面左半部分每一条宽度为 ω_s 的带状区域,映射到 Z 平面上,都是单位圆内区域。由于实际采样系统的截止频率很低,远低于采样频率 ω_s,所以一般把 ω 从 $-\dfrac{\omega_s}{2}$ 到 $+\dfrac{\omega_s}{2}$ 的带状区域称为主频区。如图 7.24(b)所示。其他的则称为次频区。

3)S 平面右半部分在 Z 平面上的映射

对于 S 平面的右半部分,由于所有复变数 $s=\sigma+\mathrm{j}\omega$ 均具有 $\xi>0$ 的性质,所以映射到 Z 平面上,$z=\mathrm{e}^{\sigma T}\mathrm{e}^{\mathrm{j}\omega T}$ 的模 $\mathrm{e}^{\sigma T}$ 均大于 1,不论 ω 取何值,相应的点 z 均处在上述单位圆外。因此,整个 S 平面右半部分在 Z 平面上的映像是以原点为圆心的单位圆外部区域。则根据上述讨论,可得出如下对应关系:

表 7.3　Z 平面与 S 平面的影射关系对应表

S 平面	Z 平面	稳定性讨论
$\sigma=0$,虚轴	$r=1$,单位圆	稳定边界
$\sigma<0$,左半部分	$r<1$,单位圆内	稳定
σ 为常数,虚轴的平行线	r 为常数,同心圆	$\sigma<0$,稳定,$\xi>0$,不稳定
$\sigma>0$,右半部分	$r>1$,单位圆外	不稳定
$\omega=0$,实轴	正实轴	$\sigma>0$,不稳定,$\sigma<0$,稳定
ω 为常数,实轴的平行线	端点为原点的射线	$\sigma>0$,不稳定,$\sigma<0$,稳定

(3)离散系统稳定的充要条件

根据在 S 平面系统稳定的条件是极点 $\sigma<0$ 可知,离散系统稳定的条件是 $r<1$,即所有的闭环极点均应分布在 Z 平面的单位圆内。只要有一个在单位圆外,系统就不稳定;有一个在单位圆上时,系统处于稳定边界。

判断系统稳定与否,对于一、二阶系统,可以直接解出特征根,再加以鉴别。对于高于二阶的系统,直接求解特征根的方法则不可取,目前已有一些间接判定的方法可采用。

[**例 14**]　图 7.26 所示系统中,设采样周期 $T=1\text{s}$,试分析当 $K=4$ 和 $K=5$ 时系统的稳定性。

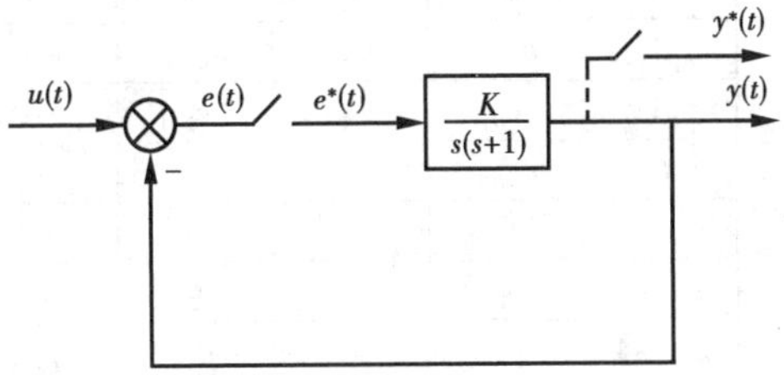

图 7.26　例 14 的采样系统

解　系统连续部分的传递函数为:

$$G(s)=\frac{K}{s(s+1)}$$

则:

$$G(z)=Z\left[\frac{K}{s(s+1)}\right]=\frac{Kz[1-e^{-T}]}{(z-1)(z-e^{-T})}$$

所以,系统的闭环脉冲传递函数为:

$$\varphi(z)=\frac{Y(z)}{U(z)}=\frac{G(z)}{1+G(z)}=\frac{Kz(1-e^{-T})}{(z-1)(z-e^{-T})+Kz(1-e^{-T})}$$

系统的闭环特征方程为:

$$(z-1)(z-e^{-T})+Kz(1-e^{-T})=0$$

①将 $K=4,T=1$ 代入方程,得:

$$z^2+1.16z+0.368=0$$

解得:$z_1=-0.580+\text{j}0.178$, $z_2=-0.580-\text{j}0.178$

z_1、z_2 均在单位圆内,所以系统是稳定的。

②将 $K=5,T=1$ 代入方程,得:

$$z^2+1.792z+0.368=0$$

解得:$z_1=-0.237$, $z_2=-1.555$

因为 z_2 在单位圆外,所以系统是不稳定的。

(4)判定离散系统稳定的代数方法

1)朱利(Jury)判据

此判据是根据 Z 平面内特征式 $D(z)$ 的系数来判别特征根是否全位于单位圆内,从而判别系统是否稳定。

设系统的闭环特征式为:

$$D(z)=a_0+a_1z+a_2z^2+\cdots+a_nz^n \tag{7.58}$$

a_i 为系数,n 为阶次,且有 $a_n>0$。首先将各系数排成朱利阵列,如表 7.4 所示:

表 7.4　朱利阵列

行　数	z^0	z^1	z^2	…	z^{n-k}	…	…	z^{n-1}	z^n
1	a_0	a_1	a_2	…	a_{n-k}	…	…	a_{n-1}	a_n
2	a_n	a_{n-1}	a_{n-2}	…	a_k	…	…	a_1	a_0
3	b_0	b_1	b_2	…	b_{n-k}	…	…	b_{n-1}	/
4	b_{n-1}	b_{n-2}	b_{n-3}	…	b_{k-1}	…	…	b_0	/
5	c_0	c_1	c_2	…	c_{n-k}	…	c_{n-2}	/	/
6	c_{n-2}	c_{n-3}	c_{n-4}	…	c_{k-2}	…	c_0	/	/
⋮	⋮	⋮	⋮		⋮		⋮		
$2n-5$	p_0	p_1	p_2	p_3	/				
$2n-4$	p_3	p_2	p_1	p_0	/				
$2n-3$	q_0	q_1	q_2	/					
$2n-2$	q_2	q_1	q_0	/					

表中 $k=0,1,\cdots,n$,第一行为对应的方程系数。第二行及后面的偶次行的元素,分别为其前一行元素反顺序排列而得到。阵列中各元素定义如下:

$$b_k = \begin{vmatrix} a_0 & a_{n-k} \\ a_n & a_k \end{vmatrix},\ c_k = \begin{vmatrix} b_0 & b_{n-1-k} \\ b_{n-1} & b_k \end{vmatrix},\ d_k = \begin{vmatrix} c_0 & c_{n-2-k} \\ c_{n-2} & c_k \end{vmatrix} \quad \cdots$$

$$\cdots\quad q_0 = \begin{vmatrix} p_0 & p_3 \\ p_3 & p_0 \end{vmatrix},\ q_1 = \begin{vmatrix} p_0 & p_2 \\ p_3 & p_1 \end{vmatrix},\ q_2 = \begin{vmatrix} p_0 & p_1 \\ p_3 & p_2 \end{vmatrix}$$

系统稳定的充要条件是:

$$D(1) > 0, D(-1)\begin{cases} > 0, n \text{ 为偶数} \\ < 0, n \text{ 为奇数} \end{cases}$$

且满足

$$\left.\begin{array}{l} |a_0| < a_n \\ |b_0| > |b_{n-1}| \\ |c_0| > |c_{n-2}| \\ \vdots \\ |q_0| > |q_2| \end{array}\right\} \text{共}(n-1)\text{个约束条件} \tag{7.59}$$

当上述条件均满足,系统是稳定的。

[例 15]　已知采样系统的闭环特征方程为:

$$D(z) = z^3 + 2z^2 + 1.31z + 0.28 = 0$$

试判别该系统的稳定性。

解　$D(1)=4.59>0, D(-1) = -2.31+2.28 = -0.03<0, (n=3)$ 朱利阵列:

行数	z^0	z^1	z^2	z^3
1.	0.28	1.31	2	1
2.	1	2	1.31	0.28
3.	−0.92	−1.63	−0.75	
4.	−0.75	−1.63	−0.92	

表中第 3 行元素为：

$$b_0=\begin{vmatrix}0.28 & 1\\ 1 & 0.28\end{vmatrix}=-0.92\quad b_1=\begin{vmatrix}0.28 & 2\\ 1 & 1.31\end{vmatrix}=-1.63\quad b_2=\begin{vmatrix}0.28 & 1.31\\ 1 & 2\end{vmatrix}=-0.75$$

第 4 行只要将第 3 行元素反顺序排列即可。

现由式(7.59)判别 $n-1$ 个约束条件：

$|a_0|=0.28, a_n=1$，所以 $|a_0|<a_n$，

$|b_0|=0.92, |b_2|=0.75$，所以 $|b_0|>|b_{n-1}|$，

所有条件均满足，因此系统是稳定的。

［**例 16**］　已知系统的闭环特征方程：

$$D(z)=45z^3-117z^2+119z-39=0$$

试判别该系统的稳定性。

解　$D(1)=8>0, D(-1)<0$，($n=3$)朱利阵列：

行数	z^0	z^1	z^2	z^3
1.	−39	119	−117	45
2.	45	−117	119	−39
3.	−504	624	−792	
4.	−792	624	−504	

表中第 3 行元素为：

$$b_0=\begin{vmatrix}-39 & 45\\ 45 & -39\end{vmatrix}=-504\qquad b_1=\begin{vmatrix}-39 & -117\\ 45 & 119\end{vmatrix}=624\qquad b_2=\begin{vmatrix}-39 & 119\\ 45 & -117\end{vmatrix}=-792$$

又因为：　$|a_0|=39<a_n=45$

而　$|b_0|=504, |b_2|=792$

$|b_0|<|b_2|$，所以此条件不满足，系统是不稳定的。

2）劳斯判据在 z 域中的应用

连续系统中的劳斯判据是判别根是否全在 S 左半平面，从而确定系统的稳定性。而在 Z 平面内，稳定性取决于根是否全在单位圆内。劳斯判据是不能直接应用的，如果将 Z 平面再复原到 S 平面，则系统的方程中又将出现超越函数。因此想法再寻找一种新的变换，使 Z 平面的单位圆内映射到一个新的平面的虚轴之左。此新的平面称为 W 平面，在此平面上，就可直接应用劳斯稳定判据了。

作双线形变换：

$$z=\frac{w+1}{w-1}\tag{7.60}$$

同时有：

$$w=\frac{z+1}{z-1}\tag{7.61}$$

其中 z, w 均为复变量，写做：

$$\begin{aligned}z&=x+\mathrm{j}y\\ w&=u+\mathrm{j}v\end{aligned}\tag{7.62}$$

将式(7.62)代入式(7.61)，并将分母有理化，整理后得：

$$w=u+\mathrm{j}v=\frac{x+\mathrm{j}y+1}{x+\mathrm{j}y-1}=\frac{[(x+1)+\mathrm{j}y][(x-1)-\mathrm{j}y]}{(x-1)^2+y^2}=$$
$$\frac{x^2+y^2-1-2\mathrm{j}y}{(x-1)^2+y^2}=\frac{x^2+y^2-1}{(x-1)^2+y^2}-\mathrm{j}\frac{2y}{(x-1)^2+y^2} \tag{7.63}$$

W 平面的实部为：

$$u=\frac{x^2+y^2-1}{(x-1)^2+y^2}$$

W 平面的虚轴对应于 $u=0$，则有：

$$x^2+y^2-1=0$$

即

$$x^2+y^2=1 \tag{7.64}$$

式(7.64)为 Z 平面中的单位圆方程，若极点在 Z 平面的单位圆内，则有 $x^2+y^2<1$，对应于 W 平面中的 $u<0$，即虚轴以左；若 $x^2+y^2>1$，则为 Z 平面的单位圆外，对应于 W 平面中的 $u>0$，就是虚轴以右。如图 7.27 所示。

上述对应关系还可以从 W 平面的向量几何图形中得到。如图 7.28 所示，若在 W 左半平面中有任意一点 w_1，则由向量相加关系可以得到

$$|w_1+1|<|w_1-1|$$

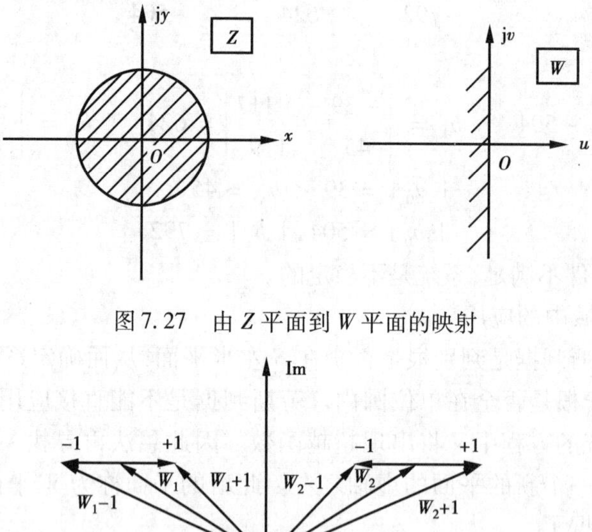

图 7.27　由 Z 平面到 W 平面的映射

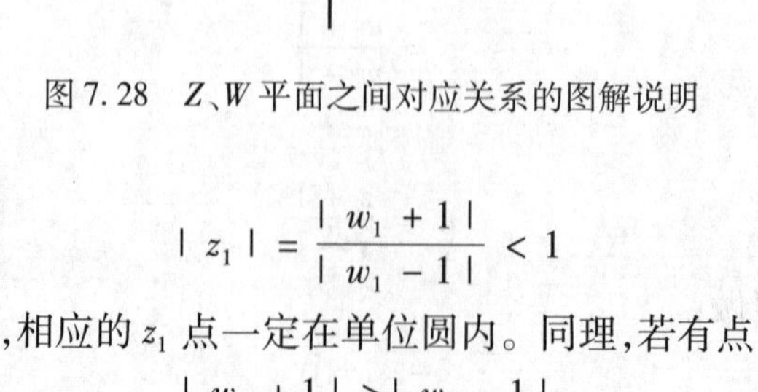

图 7.28　Z、W 平面之间对应关系的图解说明

则：

$$|z_1|=\frac{|w_1+1|}{|w_1-1|}<1$$

表明点 w_1 在左半平面时，相应的 z_1 点一定在单位圆内。同理，若有点 w_2 在 W 右半平面，则：

$$|w_2+1|>|w_2-1|$$

所以：

$$|z_2| = \frac{|w_2 + 1|}{|w_2 - 1|} > 1$$

即点 w_2 在右半平面时,相应的 z_2 点一定在单位圆外。

利用上述变换,可以将特征方程 $D(z)=0$,转换成 $D(w)=0$,然后就可直接应用连续系统中所介绍的劳斯稳定判据来判别离散系统的稳定性。

[**例** 17]　设系统的特征方程同例 16,为:

$$D(z) = 45z^3 - 117z^2 + 119z - 39 = 0$$

试用 W 平面的劳斯判据判别稳定性。

解　将:

$$z = \frac{w+1}{w-1}$$

代入特征方程得:

$$45\left(\frac{w+1}{w-1}\right)^3 - 117\left(\frac{w+1}{w-1}\right)^2 + 119\left(\frac{w+1}{w-1}\right) - 39 = 0$$

两边乘 $(w-1)^3$,化简后得:

$$D(w) = w^3 + 2w^2 + 2w + 40 = 0$$

由劳斯表

w^3	1	2	0
w^2	2	40	0
w^1	−18	0	
w^0	40		

因为第 1 列元素有 2 次符号改变,所以系统不稳定,结论同例 16。正如连续系统中介绍的那样,劳斯判据还可以判断出有多少个根在右半平面。例 17 有 2 次符号改变,即有 2 个根在 W 右半平面,也即有两个根在 Z 平面的单位圆外,这是劳斯判据的优点之一。

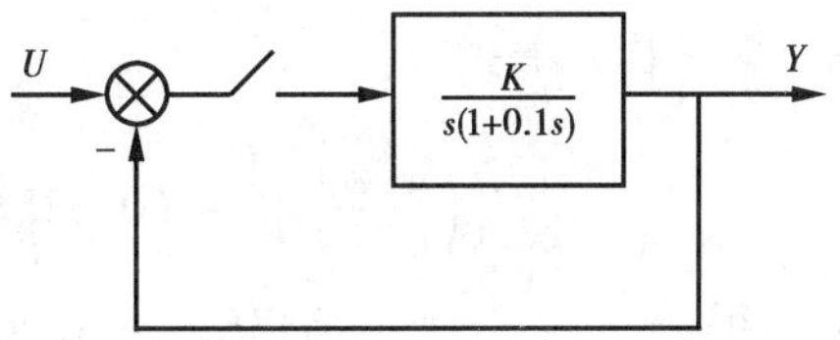

图 7.29　例 18 系统结构图

[**例** 18]　已知系统结构如图 7.29 所示,采样周期 $T=0.1\text{s}$。试判别系统稳定时,K 的取值范围。

解　因为:

$$G(s) = \frac{K}{s(1+0.1s)} = K\left[\frac{1}{s} - \frac{1}{s+10}\right]$$

查表得:

$$G(z) = K\left[\frac{z}{z-1} - \frac{z}{z-e^{-10T}}\right]$$

因为 $T=0.1\text{s}$, $e^{-1}=0.368$,所以

$$G(z) = \frac{0.632Kz}{z^2 - 1.368z + 0.368}$$

单位反馈系统的闭环传递函数:

$$\phi(z)=\frac{G(z)}{1+G(z)}$$

特征方程：

$$D(z)=1+G(z)=0$$

即：
$$z^2+(0.632K-1.368)z+0.368=0$$

朱利判据的稳定条件：

由 $D(1)>0$，得 $1+0.632K-1.368+0.368>0$

则 $0.362K>0$，所以 $K>0$

由 $D(-1)>0$，$(n=2)$ 得

$$1-(0.632K-1.368)+0.368>0$$

则 $0.632K<2.736$

所以 $K<4.32$

由 $|a_0|=0.368<a_n=1$，因此系统稳定时，K 的取值范围为：

$$0<K<4.32$$

由于例 18 中，采样信号未经过保持器直接加到系统中，故实际上应取：$0<K/\tau<4.32$，其中 τ 为脉冲宽度。

可以看出，当系统中没有采样器时，二阶连续系统 $K>0$ 总是稳定的。有了采样器后，系统稳定时 K 的范围就有了限制，加大 K 会导致系统不稳定。通常，减小采样周期 T，使系统工作尽可能接近于相应的连续系统，那么增益 K 的取值范围可以加大。

例 18 还可以用 W 平面的劳斯判据来判别稳定性。因为：

$$D(z)=z^2+(0.632K-1.368)z+0.368=0$$

将 $z=\frac{w+1}{w-1}$ 代入上式得：

$$\left(\frac{w+1}{w-1}\right)^2+(0.632K-1.368)\left(\frac{w+1}{w-1}\right)+0.368=0$$

化简后得：
$$0.632Kw^2+1.264w+(2.736-0.632K)=0$$

由劳斯表：

w^2	$0.632K$	$2.736-0.632K$
w^1	1.264	
w^0	$2.736-0.632K$	

为使第 1 列各元素均大于零，有：

$$K>0,\ 2.736-0.632K>0$$

所以：

$$0<K<4.32$$

实际上应取 $0<K/\tau<4.32$，结论同前。

上面直接应用了连续系统的劳斯判据来判别系统稳定性。实际上，一旦获得了 W 平面的特征式 $D(w)$ 后，那么凡是适用于连续系统的判据，均可用来判别采样系统的稳定性。

若有：
$$D(w)=1+G(w)=0$$

设：
$$w=\mathrm{j}\omega_{\mathrm{p}}$$

其中 ω_p 为虚拟频率，则可以用频率法中的奈奎斯特判据、伯德图来判别稳定性，并可求稳定裕度；还可以用来分析采样系统的动态性能及进行校正等等。总之，我们在连续系统中采用的分析方法均可用于 W 平面上的采样系统分析。

7.4.2　离散系统的稳态误差

离散系统的稳态误差一般来说分为采样时刻处的稳态误差与采样时刻之间纹波引起的误差两部分。仅就采样时刻处的稳态误差来说，其分析方法与连续系统类似，同样可以用终值定理来求取；同样与系统的型别、参数及外作用的形式有关。下面仅讨论单位反馈系统在典型输入信号作用下的采样时刻处的稳态误差。

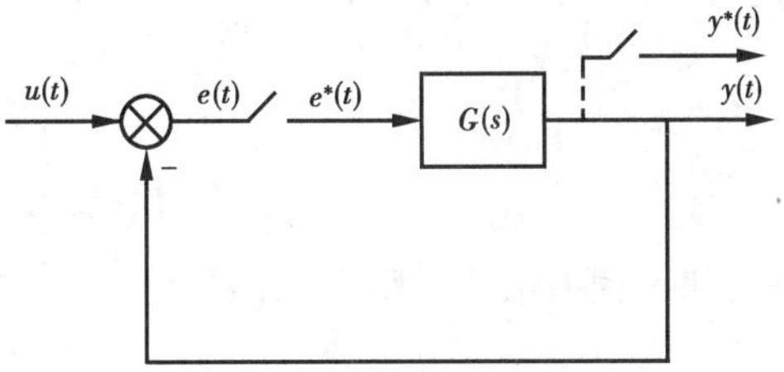

图 7.30　单位反馈采样系统

设采样系统的结构图如图 7.30 所示。$G(s)$ 是系统连续部分的传递函数，$e(t)$ 为连续误差信号，$e^*(t)$ 为采样误差信号。

系统的误差脉冲传递函数为：

$$\phi_{cr}(z) = \frac{E(z)}{U(z)} = \frac{1}{1+G(z)}$$

由此可得误差信号的 z 变换为：

$$E(z) = \phi_{cr}(z)U(z) = \frac{1}{1+G(z)}U(z)$$

假定系统是稳定的，即 $\phi_{cr}(z)$ 的全部极点均在 Z 平面的单位圆内，则可用终值定理求出采样时刻处的稳态误差为：

$$e_{ss} = e(\infty) = \lim_{z\to 1}(z-1)E(z) = \lim_{z\to 1}(z-1)\frac{1}{1+G(z)}U(z) \tag{7.65}$$

下面分别讨论 3 种典型输入信号作用下的系统的稳态误差。

(1) 单位阶跃输入信号作用下的稳态误差

由 $u(t)=1(t)$，可得：

$$U(z) = \frac{z}{z-1}$$

将此式代入式(7.65)，得稳态误差为：

$$e_{ss} = \lim_{z\to 1}(z-1)\frac{1}{1+G(Z)}\cdot\frac{z}{z-1} = \lim_{z\to 1}\frac{z}{1+G(z)} \tag{7.66}$$

与连续系统类似，定义：

$$K_P = \lim_{z\to 1}G(z) \tag{7.67}$$

为静态位置误差系数。则稳态误差为：

$$e_{ss} = \frac{1}{1+K_P} \tag{7.68}$$

从 K_P 定义式中可以看出，当 $G(z)$ 中有一个以上 $z=1$ 的极点时，$K_P=\infty$，则稳态误差为零。也就是说，系统在阶跃输入信号作用下，无差的条件是 $G(z)$ 中至少要有一个 $z=1$ 的极点。

(2)单位斜坡输入信号作用下的稳态误差

由 $u(t)=t$,可得:

$$U(z)=\frac{Tz}{(z-1)^2}$$

将此式代入式(7.60),得稳态误差为:

$$e_{ss}=\lim_{z\to1}(z-1)\frac{1}{1+G(z)}\cdot\frac{Tz}{(z-1)^2}=\lim_{z\to1}\frac{Tz}{(z-1)[1+G(z)]}=\lim_{z\to1}\frac{T}{(z-1)G(z)} \tag{7.69}$$

定义:

$$K_V=\lim_{z\to1}(z-1)G(z) \tag{7.70}$$

为静态速度误差系数。则稳态误差为:

$$e_{ss}=\frac{T}{K_V} \tag{7.71}$$

从 K_V 定义式中可以看出,当 $G(z)$ 中有2个以上 $z=1$ 的极点时,$K_V=\infty$,则稳态误差为零。也就是说,系统在斜坡输入信号作用下,无差的条件是 $G(z)$ 中至少要有2个 $z=1$ 的极点。

(3)单位抛物线输入信号作用下的稳态误差

由 $u(t)=\frac{1}{2}t^2$,可得:

$$U(z)=\frac{T^2z(z+1)}{2(z-1)^3}$$

将此式代入式(7.65),得稳态误差为:

$$e_{ss}=\lim_{z\to1}(z-1)\frac{1}{1+G(z)}\frac{T^2z(z+1)}{2(z-1)^3}=\lim_{z\to1}\frac{T^2}{(z-1)^2G(z)} \tag{7.72}$$

定义

$$K_a=\lim_{z\to1}(z-1)^2G(z) \tag{7.73}$$

为静态加速度误差系数。则稳态误差为:

$$e_{ss}=\frac{T^2}{K_a} \tag{7.74}$$

从 K_a 定义式中可以看出,当 $G(z)$ 中有3个以上 $z=1$ 的极点时,$K_a=\infty$,则稳态误差为零。也就是说,系统在抛物线函数输入信号作用下,无差的条件是 $G(z)$ 中至少要有3个 $z=1$ 的极点。

从上面分析中可以看出,采样系统采样时刻处的稳态误差与输入信号的形式及开环脉冲传递函数 $G(z)$ 中 $z=1$ 的极点数目有关。在连续系统的误差分析中,曾以开环传递函数 $G(s)$ 中 $s=0$ 的极点数目(即积分环节数目)ν 来命名系统的型别。由于在 z 平面上 $G(z)$ 中 $z=1$ 的极点数与S平面上 $G(s)$ 中 $s=0$ 的极点数是相等的。所以,$G(z)$ 中 $z=1$ 的极点数就是系统的型别号 ν,对于 $G(z)$ 中 $z=1$ 的极点数为 $0,1,2,\cdots,\nu$ 的采样系统,分别称为 $0,1,2,\cdots,\nu$ 型系统。

总结上面讨论结果,列成表7.5。从表7.5中可以看出,除了采样时刻处的稳态误差与采样周期 T 有关外,其他规律与连续系统相同。

表7.5　采样时刻处的稳态误差

系统型别	$u(t)=1(t)$时	$u(t)=t$时	$u(t)=\frac{1}{2}t^2$时
0	$1/(1+K_P)$	∞	∞
1	0	T/K_V	∞
2	0	0	T^2/K_a

［例19］　采样系统的方框图如图7.31所示。设采样周期$T=0.1$秒，试确定系统分别在单位阶跃、单位斜坡和单位抛物线函数输入信号作用下的稳态误差。

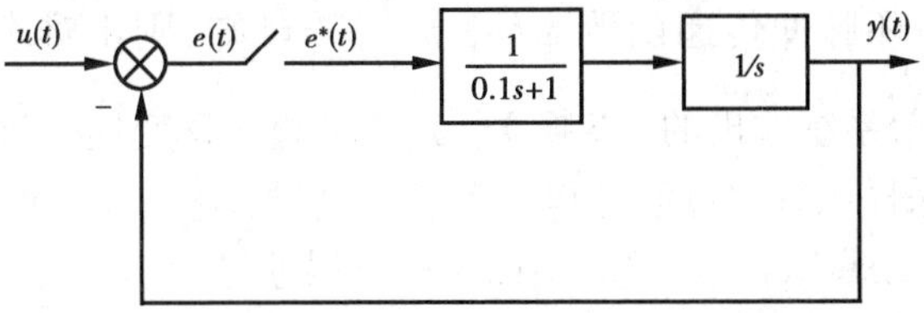

图7.31　例19的采样系统方框图

解　系统的开环传递函数为：

$$G(s)=\frac{1}{s(0.1s+1)}$$

系统的开环脉冲传递函数为：

$$G(z)=Z[G(s)]=\frac{z(1-e^{-1})}{(z-1)(z-e^{-1})}=\frac{0.632z}{(z-1)(z-0.368)}$$

为应用终值定理，必须判别系统是否稳定，否则求稳态误差没有意义。系统闭环特征方程为：

$$D(z)=1+G(z)=0$$

即：

$$(z-1)(z-0.368)+0.632z=0$$

$$z^2-0.736z+0.368=0$$

令：

$$z=\frac{w+1}{w-1}\text{代入上式，求得}$$

$$D(w)=0.632w^2+1.264w+2.104=0$$

由于系数均大于零，所以系统是稳定的。先求出静态误差系数：

静态位置误差系数为：

$$K_P=\lim_{z\to 1}G(z)=\lim_{z\to 1}\frac{0.632z}{(z-1)(z-0.368)}=\infty$$

静态速度误差系数为：

$$K_V=\lim_{z\to 1}(z-1)G(z)=\lim_{z\to 1}\frac{0.632z}{z-0.368}=1$$

静态加速度误差系数为：

$$K_a=\lim_{z\to 1}(z-1)^2G(z)=\lim_{z\to 1}(z-1)\frac{0.632z}{z-0.368}=0$$

所以，不同输入信号作用下的稳态误差为：

单位阶跃输入信号作用下 $e_{ss}=\dfrac{1}{1+K_P}=0$

单位斜坡输入信号作用下 $e_{ss}=\dfrac{T}{K_V}=\dfrac{0.1}{1}=0.1$

单位抛物线输入信号作用下 $e_{ss}=\dfrac{T^2}{K_a}=\infty$

实际上,若从结构图鉴别出系统属1型系统,则可根据表7.5结论,直接得出上述结果,而不必逐步计算。

7.4.3 离散系统的动态性能

如果采样系统的闭环脉冲传递函数 $\phi(z)=\dfrac{Y(z)}{U(z)}$ 已知,则不难求出在一定的输入信号 $u(t)$(或 $u^*(t)$)作用下,系统输出的 z 变换 $Y(z)$,再经过 z 反变换,求得系统输出的时间序列 $y(kT)$(或 $y^*(t)$),即采样系统的过渡过程。有了过渡过程 $y(kT)$,便可确定系统的稳态和动态性能指标,例如超调量、衰减比、调整时间以及稳态误差等。

下面分析采样系统在单位阶跃输入信号作用下的过渡过程。

设采样系统的结构图如图7.32所示。图7.32中 $G_P(s)$ 和 $G_h(s)$ 分别为被控对象与零阶保持器的传递函数。假定控制器的传递函数 $G_c(s)=K_P=1$,采样周期 $T=1\text{s}$。

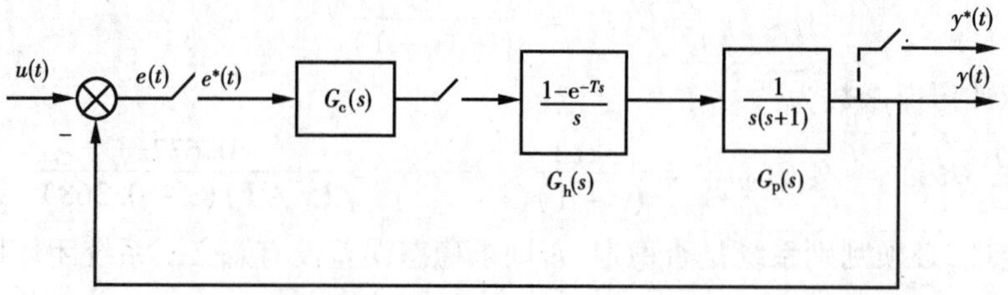

图7.32 采样系统方框图

因为保持器与被控对象之间没有采样器,所以系统的闭环脉冲传递函数为:

$$\phi(z)=\frac{Y(z)}{U(z)}=\frac{G_hG_P(z)}{1+G_hG_P(z)}$$

因为:
$$G_h(s)G_P(s)=(1-e^{-Ts})\frac{1}{s^2(s+1)}$$

进行 z 变换,并将 $T=1$ 代入,得:

$$G_hG_P(z)=Z\left[(1-e^{-Ts})\frac{1}{s^2(s+1)}\right]=\frac{e^{-1}z+1-2e^{-1}}{z^2-(1+e^{-1})z+e^{-1}}=\frac{0.368z+0.264}{z^2-1.368z+0.368}$$

因此求得:

$$\phi(z)=\frac{G_hG_P(z)}{1+G_hG_P(z)}=\frac{0.368z+0.264}{z^2-z+0.632}$$

系统输出的 z 变换为:

$$Y(z)=\phi(z)U(z)=\frac{0.368z+0.264}{z^2-z+0.632}U(z)$$

因为 $u(t)=1(t)$,所以 $U(z)=z/(z-1)$,代入上式,求得系统输出的 z 变换为:

$$Y(z)=\frac{0.368z+0.264}{z^2-z+0.632}\cdot\frac{z}{z-1}=\frac{0.368z^2+0.264z}{z^3-2z^2+1.632z-0.632}$$

用综合除法进行幂级数展开，得：

$$Y(z)=0.368z^{-1}+z^{-2}+1.4z^{-3}+1.4z^{-4}+1.147z^{-5}+0.895z^{-6}+0.803z^{-7}+$$
$$0.871z^{-8}+0.998z^{-9}+1.082z^{-10}+1.085z^{-11}+1.035z^{-12}+\cdots$$

取 $Y(z)$ 的 z 反变换，求得系统的单位阶跃响应序列值为：

$y(0)=0$，　$y(1)=0.368$，　$y(2)=1$，

$y(3)=1.4$，　$y(4)=1.4$，　$y(5)=1.147$，

$y(6)=0.895$　$y(7)=0.863$，　$y(8)=0.871$，

$y(9)=0.998$，　$y(10)=1.082$，　$y(11)=1.085$，

$y(12)=1.035$，　…

根据这些系统输出在采样时刻的值，可以大致描绘出系统单位响应的近似曲线（因为不能确定采样时刻之间的输出值）。如图 7.33 所示。从图 7.33 中可以看出，系统的过渡过程具有衰减振荡的形式。输出的峰值发生在阶跃输入后的第 3 拍、4 拍之间，最大值 $Y_{\max}\approx y(3)=y(4)=1.4$，第二个峰值发生在第 11 拍、12 拍之间，其值为 $Y_{\max2}\approx y(11)=1.085$。由此可得出响应的最大超调量为：

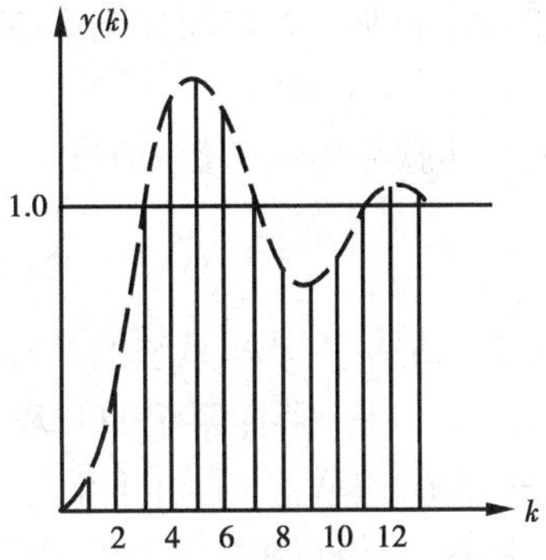

图 7.33　图 7.32 系统的单位阶跃响应近似曲线

$$\sigma\%=\frac{Y_{\max}-y(\infty)}{y(\infty)}\times 100\%=\frac{1.4-1.0}{1.0}\times 100\%=40\%$$

递减比为：

$$n=\frac{\sigma\%}{\sigma_2\%}=\frac{0.4}{0.085}=4.7$$

调整时间为：

$$t_s(5\%)\approx 12T$$

系统在阶跃输入下的稳态误差可按下法求出。

因为此系统为单位反馈系统，所以有：

$$\phi_{cr}(z)=\frac{E(z)}{U(z)}=\frac{U(z)-Y(z)}{U(z)}=1-\phi(z)=1-\frac{0.368z+0.264}{z^2-z+0.632}=$$
$$\frac{z^2-1.368z+0.368}{z^2-z+0.632}$$

由此求得误差信号的 z 变换为：

$$E(z)=\phi_{cr}(z)U(z)=\frac{z^2-1.368z+0.368}{z^2-z+0.632}\cdot\frac{z}{z-1}$$

应用 z 变换的终值定理，可以求得系统在阶跃输入信号作用下的稳态误差为：

$$e_{ss}=\lim_{z\to 1}[(z-1)E(z)]=\lim_{z\to 1}\left[(z-1)\frac{z^2-1.368z+0.368}{z^2-z+0.632}\cdot\frac{z}{z-1}\right]=0$$

由此可见,用 z 变换法分析采样系统的过渡过程,求取一些性能指标是很方便的。但是,如果所得性能指标不满足要求,欲寻求改进措施,或者要探讨系统参数对性能的影响,从响应曲线就难以获得应有的信息。

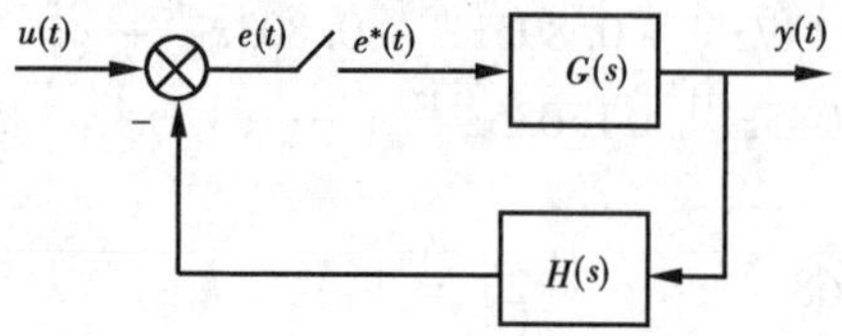

图 7.34　典型采样系统

正如同连续系统分析类似,要准确地分析和计算出系统的性能指标多数情况是非常困难的。如果能了解闭环极点位置与系统过渡过程之间的关系,对于分析和设计系统是十分重要的。根轨迹法是利用当系统中某参数变化时,系统闭环特征根的变化轨迹,研究该参数对系统性能的影响的方法。而当该参数为确定值时,可以知道闭环特征根的分布情况,据此评价系统的动态性能。无论对于连续系统还是采样系统,都是如此。

设采样系统的典型方框图如图 7.34 所示。则其闭环特征方程为:

$$1 + GH(z) = 0 \tag{7.75}$$

系统的开环脉冲传递函数 $GH(z)$ 一般是 z 的有理分式,即:

$$GH(z) = K_L \frac{(z - z_1)(z - z_2)\cdots(z - z_m)}{(z - p_1)(z - p_2)\cdots(z - p_n)}$$

式中　$p_1, p_2, \cdots, p_n$——采样系统的开环极点;

$z_1, z_2, \cdots, z_m$——采样系统的开环零点;

K_L——根轨迹增益,是和开环放大系数成比例的一个数。

根据开环零点、极点确定系统的闭环极点,应求解系统的特征方程式(7.75),从该式可得出在 Z 平面上绘制采样系统根轨迹的条件为:

幅值条件:　　$|GH(z)| = 1$

相角条件:　　$\angle GH(z) = (2k+1)\pi \quad (k = 0, 1, 2, \cdots)$　　(7.76)

从式(7.75)可以看出,采样系统中闭环特征方程与开环脉冲传递函数之间的联系,与连续系统中完全相同,所以,采样系统 Z 平面根轨迹的绘制,完全可以套用连续系统的 S 平面根轨迹的绘制规则与步骤。这里不再重复。但有一点需要注意,采样系统的稳定边界是单位圆。在求根轨迹与单位圆的交点时,不能直接利用劳斯判据。在具体讨论根轨迹分析法以前,需要了解以下两个问题:

(1) 闭环极点位置与系统过渡过程的关系

研究系统闭环极点(特征根)在 Z 平面上的位置与系统阶跃响应过渡过程之间的关系,可以定性地了解系统参数对动态性能的影响,这对系统分析和校正均具有指导意义。

设系统的方框图如图 7.34 所示,则系统的闭环脉冲传递函数为:

$$\phi(z) = \frac{Y(z)}{U(z)} = \frac{G(z)}{1 + GH(z)}$$

一般情况下,闭环脉冲传递函数 $\phi(z)$ 可以表示为两个多项式之比的形式,即:

$$\phi(z) = \frac{Y(z)}{U(z)} = \frac{b_m z^m + b_{m-1} z^{m-1} + \cdots + b_1 z + b_0}{a_n z^n + a_{n-1} z^{n-1} + \cdots + a_1 z + a_0} =$$

$$K\frac{(z-z_1)(z-z_2)\cdots(z-z_m)}{(z-p_1)(z-p_2)(z-p_n)} = K\frac{\prod_{i=1}^{m}(z-z_i)}{\prod_{j=1}^{n}(z-p_j)} = K\frac{P(z)}{D(z)} \tag{7.77}$$

式中　$z_i(i=1,2,\cdots,m)$——系统的闭环零点；

$p_j(j=1,2,\cdots,n)$——系统的闭环极点；

K——常系数，即系统稳态放大系数。

对于实际系统来说，有 $n\geqslant m$。式中 z_i 和 p_j 可以是实数或复数。为了简化讨论，假定 $\phi(z)$ 无相重极点。则系统在单位阶跃输入信号作用下，输出的 z 变换为：

$$Y(z) = \phi(z)U(z) = K\frac{P(z)}{D(z)}\cdot\frac{z}{z-1}$$

进行部分分式展开：

$$Y(z) = K\frac{P(1)}{D(1)}\cdot\frac{z}{z-1} + \sum_{j=1}^{n}\frac{C_j z}{z-p_j}$$

取 $Y(z)$ 的 z 反变换，即可求得系统输出在采样时刻的离散值为：

$$y(kT) = K\frac{P(1)}{D(1)} + \sum_{j=1}^{n}C_j p_j^k \qquad (k=0,1,2,\cdots)$$

式中第一项为 $y(kT)$ 的稳态分量；第二项为 $y(kT)$ 的暂态分量，其中各子分量的形式则决定于闭环极点的性质及其在 Z 平面上的位置，闭环极点位置与系统过渡过程之间的关系表示在图 7.35 及图 7.36 中。现分别讨论如下：

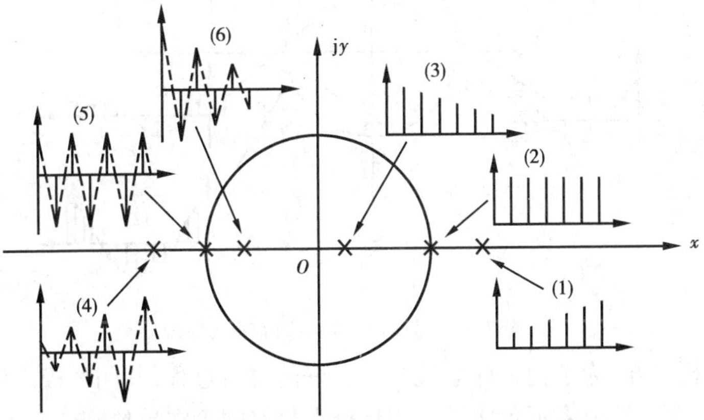

图 7.35　实数极点对应的暂态分量

1) 设 p_j 为正实数，则对应的暂态分量按指数规律变化。又当

①$p_j>1$，系统将是不稳定的。

②$p_j=1$，极点在单位圆与正实轴的交点上，则对应的响应分量为等幅序列。系统则处于稳定边界。

③$p_j<1$，极点在单位圆内的正实轴上，则对应的响应分量按指数规律衰减。且极点越靠近原点，其值越小且衰减越快。

2) 设 p_j 为负实数，则对应的暂态分量按正负交替方式振荡。因为当 k 为偶数时，$c_j p_j^k$ 为正值，而当 k 为奇数时，$c_j p_j^k$ 为负值。振荡角频率为采样频率的一半，即 $\omega = \frac{1}{2}\omega_s = \frac{\pi}{T}$。这种情况下，过渡过程特性最坏。又当：

①$p_j < -1$，极点在单位圆外的负实轴上，对应的响应分量为正负交替发散振荡形式。

②$p_j = -1$，极点在单位圆与负实轴的交点上，对应的响应分量为正负交替等幅振荡形式。

③$-1 < p_j < 0$，极点在单位圆内的负实轴上，对应的响应分量为正负交替收敛振荡形式。实数极点对应的暂态分量如图 7.35 所示。

3）当 p_j 为复数时，则必为共扼复数，p_j 和 p_{j+1} 成对出现，p_j、$p_{j+1} = |p_j| e^{\pm j\theta_j}$。则对应的暂态响应分量为余弦振荡形式，振荡角频率与共扼复数极点的幅角 θ_j 有关，$(\omega = \theta_j/T)$ θ_j 越大，振荡角频率越高。当：

①$|p_j| > 1$，极点在单位圆外的 z 平面上，则对应的响应分量为增幅振荡形式，系统将是不稳定的。

②$|p_j| = 1$，极点在单位圆上，则对应的响应分量为等幅振荡形式，系统处于稳定边界。

③$|p_j| < 1$，极点在单位圆内，则对应的响应分量为衰减振荡形式。复数极点及其对应的暂态分量如图 7.36 所示。

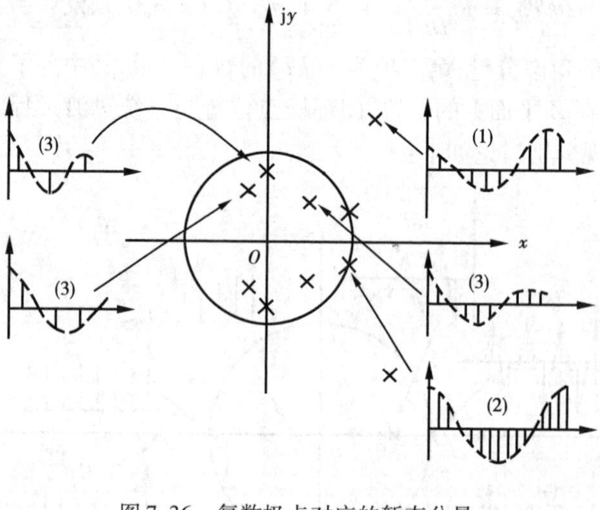

图 7.36　复数极点对应的暂态分量

通过以上分析可知，为了使采样系统具有良好的过渡过程，其闭环极点应尽量避免配置在单位圆的左半部，尤其不要靠近负实轴。闭环极点最好配置在单位圆的右半部，而且是靠近原点的地方。这样，系统的过渡过程进行的较快，因而系统的快速性较好。

(2)S 平面等阻尼比线在 Z 平面上的映射

阻尼比 ξ 是二阶系统最重要的特征参数。它对系统的动态性能有决定性的影响。对于高阶系统，由于其主导极点一般是共扼复数极点，与其相应的阻尼比则对高阶系统的动态性能起着主要作用。对于采样系统闭环极点在 Z 平面的分布，若仅从系统的绝对稳定性方面考虑，则只要位于单位圆内就可以了。但是，一般对控制系统都要求有一定的稳定裕量，因而要求闭环极点左离 S 平面虚轴有一定的距离，与之相对应，在 Z 平面上的闭环极点则应限制在以原点为圆心，半径小于 1 的圆内。不仅如此，一般还要求控制系统的过渡过程具有一定的衰减程度，即要求系统的阻尼比 ξ 不小于某值，于是又把系统在 S 平面的极点限制在两条等阻尼比线所形成的夹角之间。那么,与此相应,在 Z 平面上,系统极点应处于什么位置才能满足对于阻尼比 ξ 的要求呢? 为此必须弄清楚 S 平面的 ξ 线在 Z 平面上的映射。

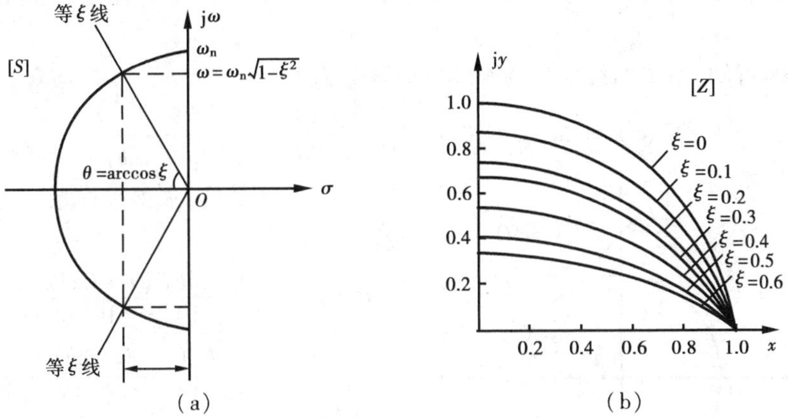

图 7.37　等阻尼比线在 Z 平面的映射

在 S 平面上,等 ξ 线是通过原点与实轴负方向夹角为 $\theta = \arccos\xi$ 的直线,如图 7.37(a)所示。显然,等阻尼比 ξ 越大,θ 角越小。

设等 ξ 线上任意点 $s = \sigma + j\omega$,则由图 7.37 可得出:

$$\sigma = \frac{-\omega\xi}{\sqrt{1-\xi^2}} \tag{7.78}$$

将此式代入 $z = e^{Ts}$,即可求得等 ξ 线在 Z 平面的表达式:

$$z = e^{Ts} = e^{T\left(\frac{-\omega\xi}{\sqrt{1-\xi^2}}+j\omega\right)} = e^{\frac{-T\omega\xi}{\sqrt{1-\xi^2}}} \cdot e^{j\omega T} \tag{7.79}$$

对于同一采样系统,采样周期 T 是定值,因此等 ξ 线的表达式可写成:

$$z = e^{-a\omega}e^{jb\omega} \tag{7.80}$$

式中　$a = \dfrac{\xi T}{\sqrt{1-\xi^2}}$ = 常数;

$b = T$ = 常数;

$e^{-a\omega}$——复变数 z 的模,当 ω 增加时,其值随之按指数规律衰减;

$b\omega$——复变数 z 的幅角,随 ω 线性变化。

式(7.80)表示的是 Z 平面上的一条对数螺旋线。不同阻尼比的等 ξ 线如图 7.37(b)所示。图 7.37(b)中只绘出等 ξ 线的第一象限部分。

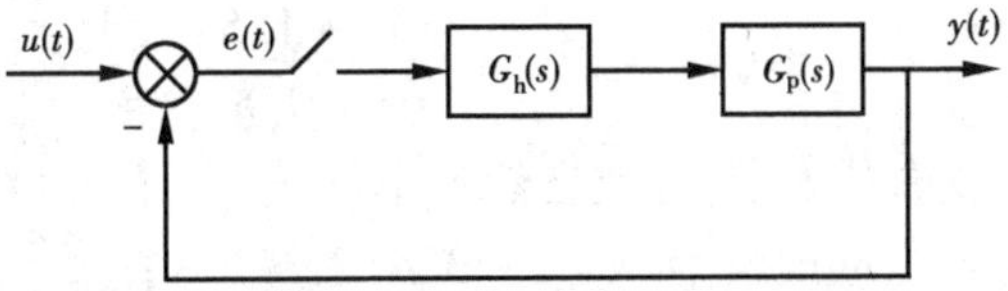

图 7.38　采样系统方框图

(3)根轨迹法分析采样系统示例

设采样系统方框图如图 7.38 所示。图 7.38 中保持器与被控对象的传递函数分别为:

$$G_h(s) = \frac{1 - e^{-Ts}}{s}, \quad G_p(s) = \frac{K}{s(0.05s + 1)(0.1s + 1)}$$

试用根轨迹法确定系统稳定的临界 K 值,并确定使系统具有 $\xi = 0.7$ 阻尼比的 K 值。采样周期 $T = 0.1$ 秒。

由图 7.38 可知,系统连续部分的开环传递函数为:

$$G_k(s) = G_h(s)G_p(s) = \frac{K(1 - e^{-0.1s})}{s^2(0.05s + 1)(0.1s + 1)}$$

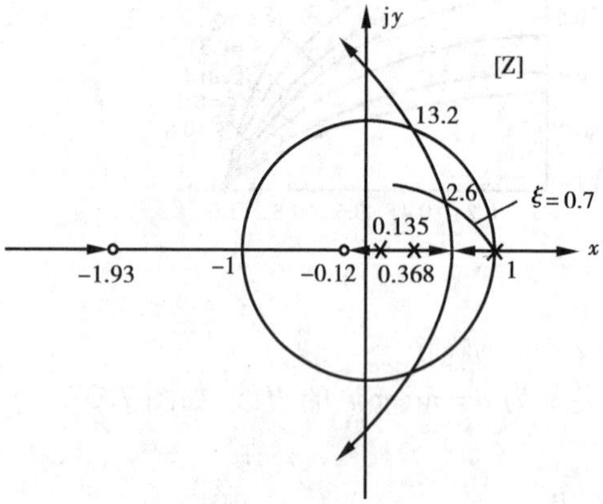

图 7.39　采样系统根轨迹图

取 $G_k(s)$ 的 z 变换,求得采样系统的开环脉冲传递函数为:

$$G_k(z) = \frac{0.0146K(z + 0.12)(z + 1.93)}{(z - 1)(z - 0.368)(z - 0.135)} = \frac{K_L(z + 0.12)(z + 1.93)}{(z - 1)(z - 0.368)(z - 0.135)}$$

式中 $K_L = 0.0146K$,为根轨迹增益。根据 $G_k(z)$ 的 2 个零点和 3 个极点,按根轨迹规则可画出采样系统的根轨迹如图 7.39 所示。由根轨迹与单位圆的交点及根轨迹的幅值条件,可求得系统稳定的临界放大系数 $K_{max} = 13.2$。在图 7.39 的 Z 平面上,画出 $\xi = 0.70$ 的等 ξ 线,求得根轨迹与等 ξ 线交点处的 K 值为 2.6。

7.5　应用 MATLAB 进行离散系统分析

在第 2 章模型建立中介绍的系统的并联连接函数 parallel、系统的串联连接函数 series、系统的反馈连接函数 feedback、系统的闭环连接函数 cloop 等既适用于连续系统,也适用于离散系统,这里不再介绍。而模型变换中的 c2d 函数可将连续时间系统变换为离散时间系统。模型简化中的 dmodred 函数可将离散系统的模型阶次降低。具体使用方法请参看有关参考书。下面介绍离散系统的模型特性分析。前面章节中介绍的很多函数,只要在函数前面加一字母“d”即可用于离散系统。

[例 20]　对离散系统:

$$G(z) = \frac{2z^2 - 3.4z + 1.5}{z^2 - 1.6z + 0.8}$$

求其特征值、幅值、等效衰减因子、等效自然频率,可输入:

```
num = [2    -3.4    1.5];
den = [1    -1.6    0.8];
ddamp(den,0,1);
```

执行后得:

Eigenvalue	Magnitude	Equiv. Damping	Equiv. Freq
0.80000 + 0.4000*i*	0.8944	0.2340	4.7688
0.80000 - 0.4000*i*	0.8944	0.2340	4.7688

(1) dstep

功能：求离散系统的单位阶跃响应。

格式：

$$[y,x] := \text{dstep}(\text{num},\text{den})$$
$$[y,x] := \text{dstep}(\text{num},\text{den},\text{n})$$

说明：

dstep 函数可计算出离散时间线性系统的单位阶跃响应，当不带输出变量引用时，dstep 可在当前图形窗口中绘出系统的阶跃响应曲线。

dstep(num,den)可绘制出以多项式传递函数 G(s) = num(z)/den(z)表示的系统阶跃响应曲线。

dstep(num,den,n)可利用用户指定的取样点数来绘制系统的单位阶跃响应曲线。

当带输出变量引用函数时，可得到系统阶跃响应的输出数据，而不直接绘制出曲线。

[例 21]　某二阶系统：

$$G(z) = \frac{2z^2 - 3.4z + 1.5}{z^2 - 1.6z + 0.8}$$

要求其阶跃响应，可输入：

```
num = [2    -3.4    1.5];
den = [1    -1.6    0.8];
dstep(num,den)
title('Discrete Step Response')
```

执行后得到如图 7.40 所示的阶跃响应曲线。

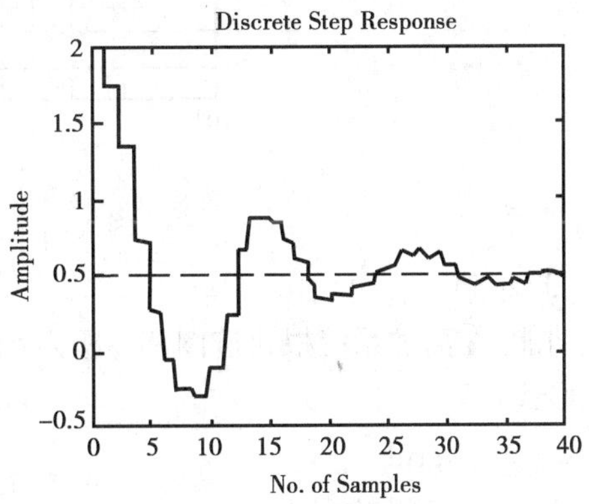

图 7.40　离散系统的阶跃响应曲线

(2) dbode

功能：求离散系统的 Bode 频率响应。

格式：

$$[\text{mag},\text{phase},\text{w}] = \text{dbode}(\text{num},\text{den},\text{Ts})$$
$$[\text{mag},\text{phase},\text{w}] = \text{dbode}(\text{num},\text{den},\text{Ts},\text{w})$$

说明：

dbode 函数用于计算离散时间系统的幅频和相频响应（即 Bode 图），当不带输出变量引用函数时，dbode 函数可在当前图形窗口中直接绘制出系统的 Bode 图。

dbode(num,den,Ts)可得到以离散时间多项式传递函数 g(z) = num(z)/den(z)表示的系统 Bode 图。

dbode(num,den,Ts,w)可利用指定的频率范围 w 来绘制系统的 Bode 图。

当带输出变量引用函数时，可得到系统 Bode 图的数据，而不直接绘制出 Bode 图，幅值和

相位可根据以下公式计算

$$\mathrm{mag}(\omega) = |g(e^{j\omega t})|$$

$$\mathrm{phase}(\omega) = \angle g(e^{j\omega t})$$

其中 t 为内部取样时间，相位以度为单位，幅值可以以分贝为单位表示：

$$\mathrm{magdb} = 20 * \mathrm{log10}(\mathrm{mag})$$

［例 22］ 有一个二阶系统：

$$G(z) = \frac{2z^2 - 3.4z + 1.5}{z^2 - 1.6z + 0.8}$$

要绘制出 Bode 图(设 $Ts = 0.1$)，则可输入：

```
num = [2    -3.4    1.5];
den = [1    -1.6    0.8];
dbode(num,den,0.1);
subplot(2,1,1);
title('mscrete Bode Plot')
```

执行后得到如图 7.41 所示的 Bode 图。

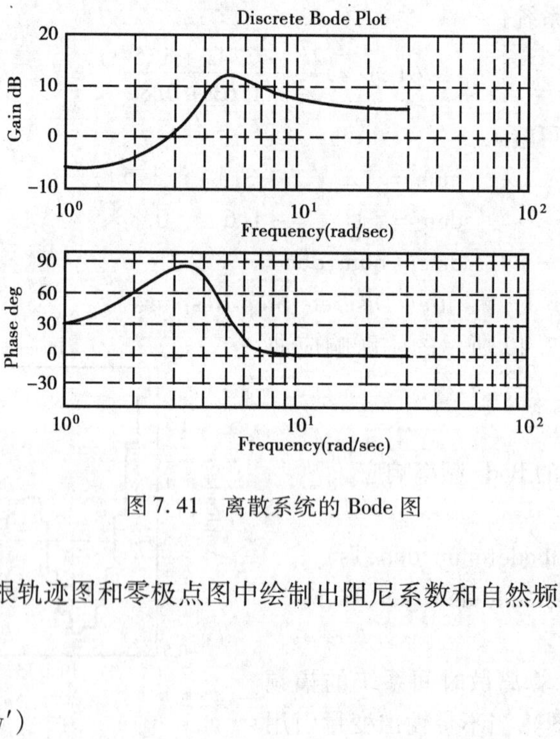

图 7.41 离散系统的 Bode 图

(3) zgrid

功能：在离散系统根轨迹图和零极点图中绘制出阻尼系数和自然频率栅格线。

格式：

```
zgrid
zgrid('new')
zgrid(z,Wn)
zgrid(z,Wn,'new')
```

说明：

zgrid 函数可在离散系统的根轨迹图或零点极点图上绘制出栅格线，栅格线由等阻尼系数和自然频率线构成，阻尼系数线以步长 0.1 从 $\xi = 0$ 到 $\xi = 1$ 绘出，自然频率线以步长 $\pi/10$ 从 0 到 π 绘出。

zgrid('newr')函数先清除图形屏幕,然后绘制出栅格线,并设置成hold on,使后续绘图命令能绘制在栅格上。典型用法如:

```
zgrid('new')
rlocus(new,den) 或 pzmap(num,den)
```

zgrid(z,Wn)可指定阻尼系数 z 和自然频率 Wn。非归一化频率的等频率线可采用 zgrid(z,Wn/Ts)绘制,其中 *Ts* 为采样时间。

zgrid(z,Wn,'new')可指定阻尼系数 z 和自然频率 Wn,并在绘制栅格线之前清除图形屏幕窗口。

zgrid([ ],[ ])可绘制出单位圆。

[例 23]　有系统:

$$G(z) = \frac{2z^2 - 3.4z + 1.5}{z^2 - 1.6z + 0.8}$$

可输入:

```
num = [2    -3.4    1.5];
den = [1    -1.6    0.8];
axis('square')
zgrid('new')
rlocus(num,den);
title('Root    Locus')
```

执行后得到如图 7.42 所示的根轨迹。

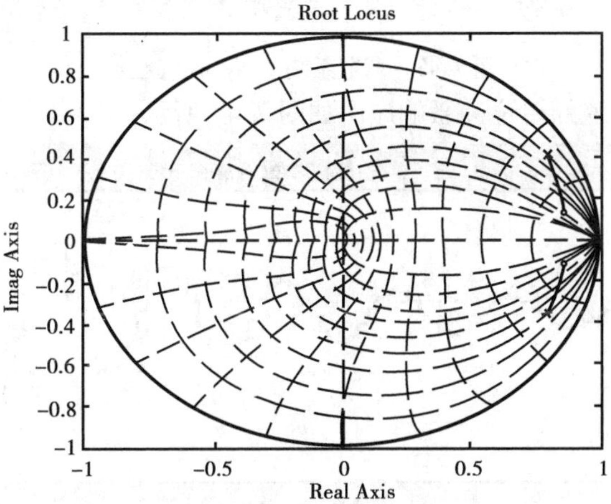

图 7.42　带栅格线的系统根轨迹

[例 24]　已知离散系统:$H(z) = \dfrac{0.692}{z^2 - 1.758z + 0.375}$,绘制出系统的 Nyquist 曲线,判别闭环系统的稳定性,并绘制出闭环系统的单位冲激响应。

解　Matlab 程序如下:

```
num = 0.692;
den = [1, -1.758,0.375];
```

```
[z,p,k] = tf2zp(num,den);
p
figure(1)
dnyquist(num,den,0.1)
title('离散 Nyquist 曲线图');
xlabel('实数轴');ylabel('虚数轴');
figure(2)
[num1,den1] = cloop(num,den);
dimpulse(num1,den1);
title('离散冲激响应');xlabel('时间');ylabel('振幅');
```

运行程序后,离散系统的 Nyquist 曲线如图 7.43 所示:

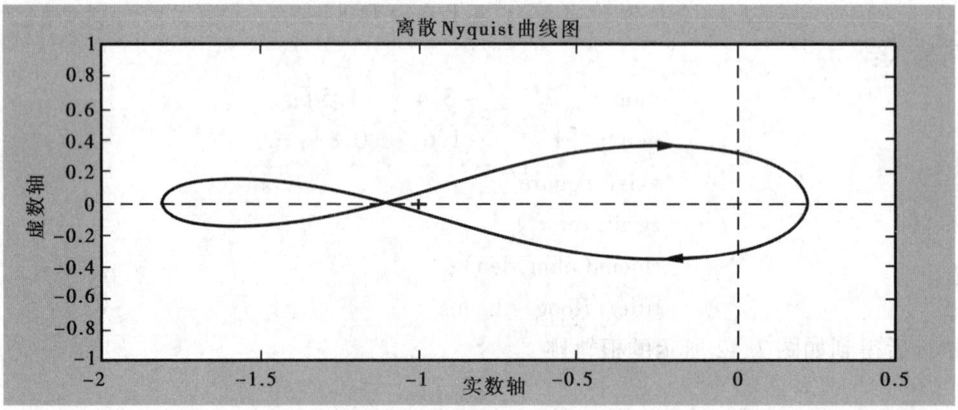

图 7.43　离散系统的 Nyquist 曲线

得到的离散闭环系统的单位冲激响应图如图 7.44 所示:

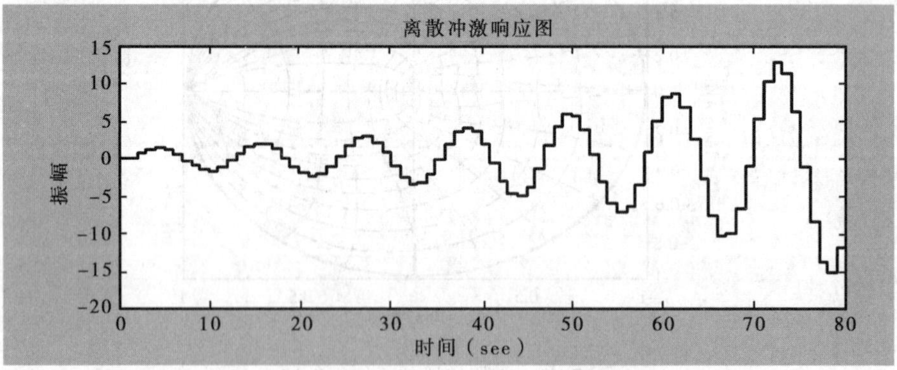

图 7.44　离散闭环系统的单位冲激响应

运行后得到系统的开环极点位置为:

```
p =
    1.5096
    0.2484
```

由 Matlab 仿真图可知该离散系统是发散的。

(4) stairs

功能:画二维阶梯图,这种图对与时间有关的数字样本系统的作图很有用处。

$X(n) = e^{\sin x^2}$, $0 \leqslant x \leqslant 10$

```
>> x=0:.25:10;
>> stairs(x ,exp(sin(x.^2)));
```

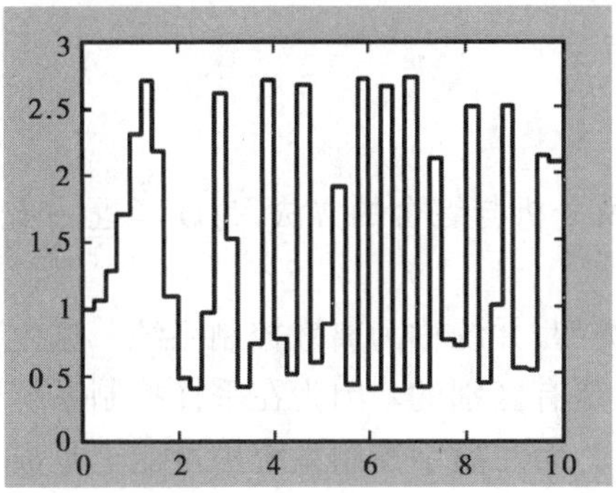

图 7.45　二维阶梯图

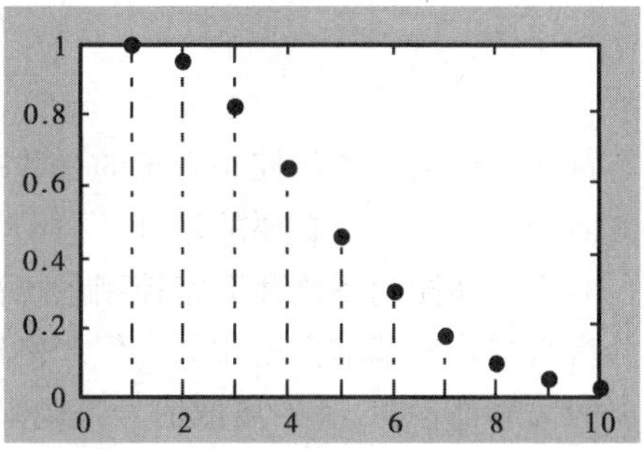

图 7.46　二维离散数据的柄形图

(5) Stem

功能:画二维离散数据的柄形图。该图用线条显示数据点与 X 轴的距离,一小圆圈(缺省标记)与线条相连,在 Y 轴上标记数据点的值。

$X(n) = e^{\sin(-x)^2}$, $0 \leqslant x \leqslant 10$

```
>> x=linspace(0,2,10);
>> stem(exp(-x.^2),'fill','-.');
```

(6)产生复数值信号

$x(n) = e^{(-0.1+j0.3)n}$, $-10 \leqslant x \leqslant 10$

在四个子图中画出其幅度、相位、实部和虚部的波形

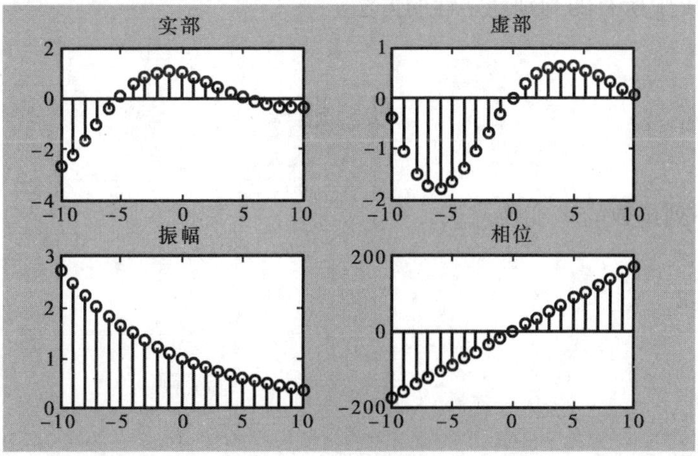

图 7.47　$x(n) = e^{(-0.1+j0.3)n}$幅度、相位、实部和虚部的波形

程序实现

```
>> n=[-10:1:10];alpha=-0.1+0.3j;
>> x=exp(alpha*n);
```

```
>> subplot(2,2,1);stem(n,real(x));title('实部');xlable('n');
>> subplot(2,2,2);stem(n,imag(x));title('虚部');xlable('n');
>> subplot(2,2,3);stem(n,abs(x));title('振幅');xlable('n');
>> subplot(2,2,4);stem(n,(180/pi)*angle(x));title('相位');xlable('n');
```

小 结

本章着重讨论了离散控制系统的一些基本原理及分析与综合的方法,为读者进一步学习有关方面内容奠定一个必要的基础。

一般将采样控制系统和数字控制系统视为同一类型,并统称为离散控制系统。这主要是指其分析与综合的基本方法相同。但严格地说,它们是有区别的。因为在采样控制系统中连续与离散信号都存在,其中离散信号是调幅脉冲信号。而在数字控制系统中可能全是离散信号,也可能存在离散与连续两种信号,但其中离散信号是以数码形式出现的。

和连续系统一样,离散系统所要研究的问题也是系统的控制性能,只是由于离散系统含有离散信号,因此采用的数学工具和研究方法跟连续系统有所不同。离散系统的数学模型是差分方程和脉冲传递函数。而在系统分析中,广泛应用基于 Z 变换原理的脉冲传递函数。本章详细阐述了系统数学模型的建立以及脉冲传递函数的计算问题,并提出了一种简单实用的求闭环系统脉冲传递函数的方法。

由于 Z 变换只能反映采样点上的信息,不能描述采样间隔中的状态,故使用 Z 变换法分析系统,当周期 T 很小时,才能使 $y(t)$ 与 $y^*(t)$ 基本接近,否则会带来较大的误差。所以香农采样定理只是一个低限,实际应用中,采样角频率 ω_s 比 ω_{max} 大得多。

由 s 域到 z 域的映射,可得到 z 域中的稳定条件及朱利判据;而由 z 域到 w 域的映射,则可直接应用连续系统中所有的判别稳定性的方法。

习 题

7.1 试求下列函数的 Z 变换:

①$f(t)=1-e^{-at}$

②$f(t)=\cos\omega t$

③$f(t)=a^{t/T}$

④$f(t)=te^{-at}$

⑤$f(t)=t^2$

7.2 求下列拉氏变换式的 Z 变换(式中 T 为采样周期):

①$F(s)=\dfrac{(s+3)}{(s+1)(s+2)}$

②$F(s)=\dfrac{1}{(s+2)^2}$

③$F(s)=\dfrac{1}{s^2}$

④$F(s)=\dfrac{K}{s(s+a)}$

⑤$F(s)=\dfrac{1}{s^2(s+a)}$

⑥$F(s)=\dfrac{\omega}{s^2-\omega^2}$

⑦$F(s)=\dfrac{e^{-nTs}}{(s+a)}$

7.3　求下列函数的 Z 反变换(式中 T 为采样周期):

①$F(z)=\dfrac{z(1-e^{-T})}{(z-1)(z-e^{-T})}$

②$F(z)=\dfrac{z}{(z-1)^2(z-2)}$

③$F(z)=\dfrac{z}{(z+1)^2(z-1)^2}$

④$F(z)=\dfrac{2z(z^2-1)}{(z^2+1)^2}$

⑤$F(z)=\dfrac{0.5+3z+0.6z^2+z^3+4z^4+5z^5}{z^5}$

7.4　用留数法求下列函数的 Z 反变换:

①$F(z)=\dfrac{10z}{(z-1)(z-2)}$

②$F(z)=\dfrac{z^2}{(ze-1)^3}$

7.5　求下列函数的初值与终值:

①$F(z)=\dfrac{z^2}{(z-0.8)(z-0.1)}$

②$F(z)=\dfrac{1+0.3z^{-1}+0.1z^{-2}}{1-4.2z^{-1}+5.6z^{-2}-2.4z^{-3}}$

③$F(z)=\dfrac{z^2}{(z-0.5)(z-1)}$

7.6　用 Z 变换方法求解下列差分方程,结果以 $f(k)$ 表示:

①$f(k+2)+2f(k+1)+f(k)=u(k)$

$f(0)=0, f(1)=0, u(k)=k \quad (k=0,1,2,\cdots)$

②$f(k+2)-4f(k)=\cos k\pi \quad (k=0,1,2,\cdots)$

$f(0)=1, f(1)=0$

③$f(k+2)+5f(k+1)+6f(k)=\cos\dfrac{k}{2}\pi \quad (k=0,1,2,\cdots)$

$f(0)=0, f(1)=1$

7.7　求下列函数的脉冲传递函数。

①$G(s)=\dfrac{K}{s+a}$

②$G(s)=\dfrac{K}{s(s+a)}$

③$G(s)=\dfrac{K}{(s+a)(s+b)}$

④$G(s)=\dfrac{\omega_0^2}{s^2+2\xi\omega_0 s+\omega_0^2}$

7.8　求习题7.8图系统的脉冲传递函数$\phi(z)=\dfrac{Y(z)}{U(z)}$。假定图中采样开关是同步的。

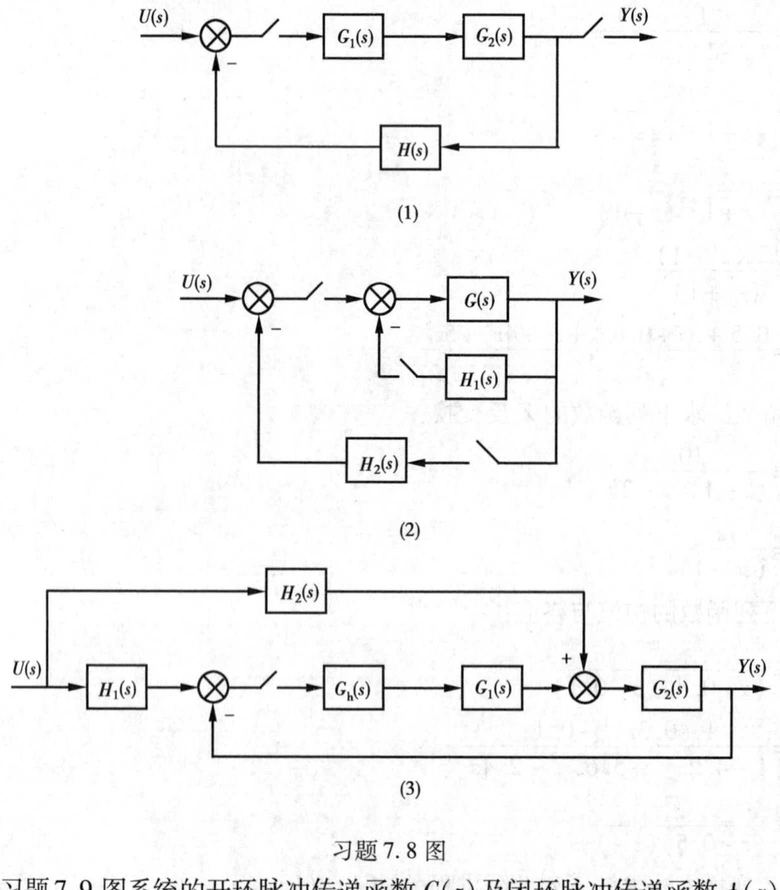

习题7.8图

7.9　求习题7.9图系统的开环脉冲传递函数$G(z)$及闭环脉冲传递函数$\phi(z)$，其中$T=1$s。

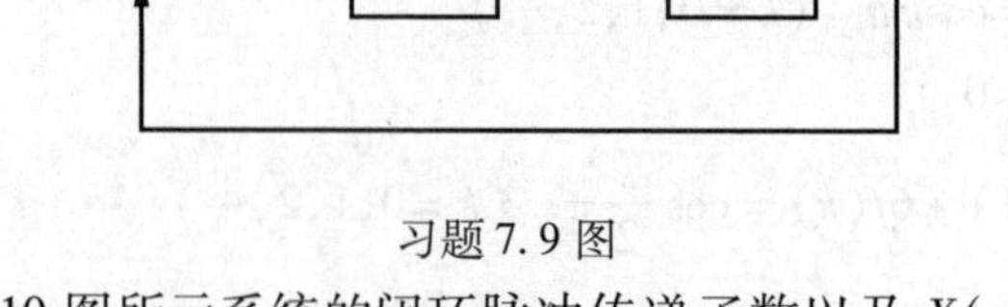

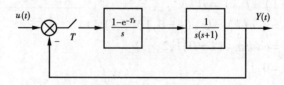

习题7.9图

7.10　试求习题7.10图所示系统的闭环脉冲传递函数以及$X(z)$与$U(z)$之间的脉冲传

递函数。

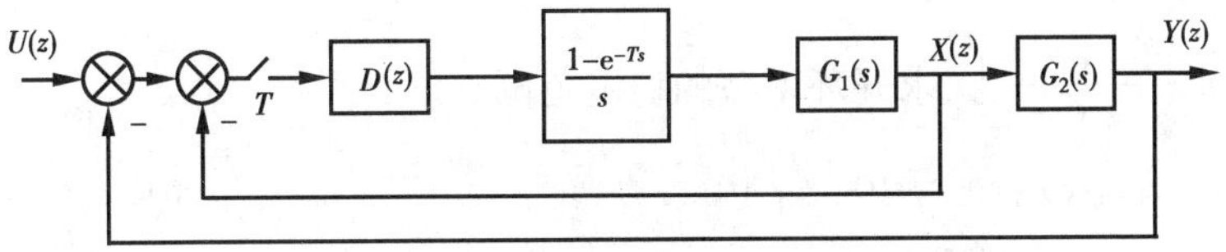

习题7.10图

7.11　求下列控制器传递函数的 w 变换表达式：

$$G_c(s) = \frac{10}{s+10}$$

7.12　已知系统结构如习题7.12图，$T=1\text{s}$。

①当 $K=8$ 时，分析系统的稳定性；

②求 K 的临界稳定值。

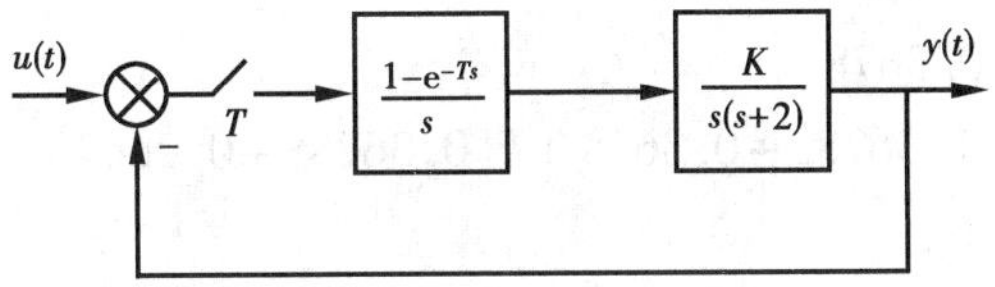

习题7.12图

7.13　已知系统结构如习题7.13图，试求 $T=1\text{s}$ 及 $T=0.5\text{s}$ 时，系统临界稳定时的 K 值，并讨论采样周期 T 对稳定性的影响。

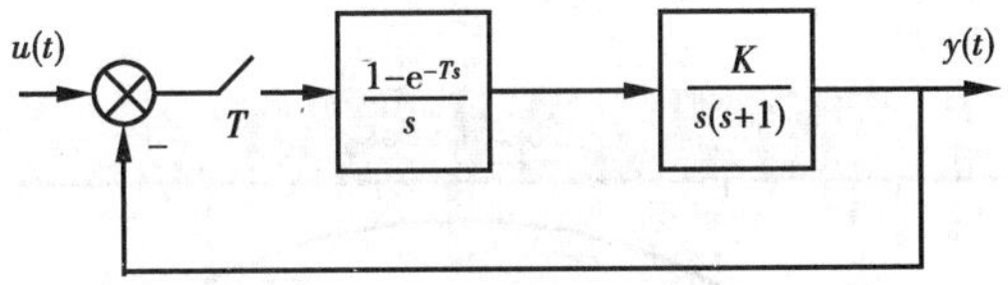

习题7.13图

7.14　已知系统结构如习题7.13图所示，其中 $K=1$，$T=0.1\text{s}$，输入为：

$$u(t) = 1(t) + t$$

试用静态误差系数法求稳态误差。

7.15　已知系统结构如习题7.15图，其中 $K=10$，$T=0.2\text{s}$，输入为：

$$u(t) = 1(t) + t + \frac{t^2}{2}$$

试用静态误差系数法求稳态误差。

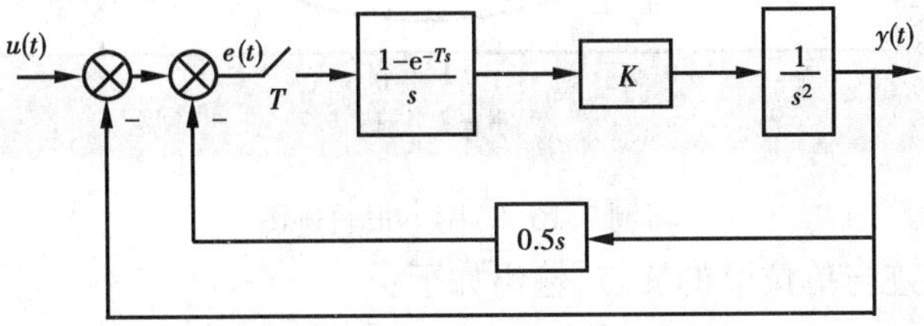

习题7.15图

7.16　已知一个离散系统如图所示，其中采样周期 $TS=1\text{s}$，对象模型 $Gp(s)=\dfrac{k}{s(s+1)}$，零阶保持器 $G_0(s)=\dfrac{1-e^{-T_s s}}{s}$，试求开环增益的稳定范围。

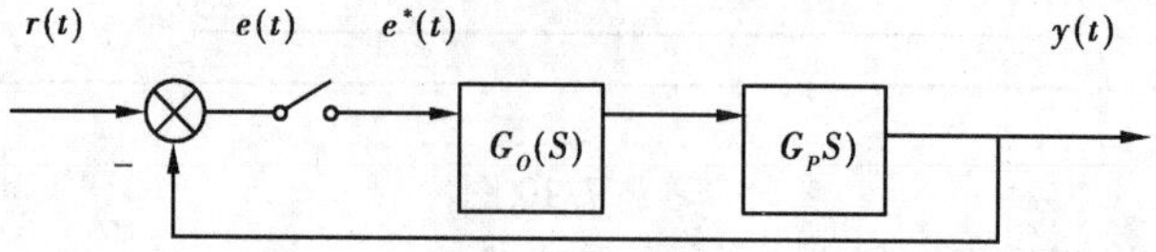

习题 7.16(a)图

开环系统的传递函数：

$$\frac{Y(s)}{E*(s)}=G_0(s)G_p(s)=G(s)=\frac{K(1-e^{-T_s s})}{s^2(s+1)}$$

对开环传递函数进行 Z 变换，并将 $T_s=1\text{s}$ 代入，得

$$G(z)=\frac{k(0.3678z+0.2644)}{z^2-1.3678z+0.3678}$$

$$q(z)=1+G(z)=z^2-1.3678z+0.3678+k(0.3678z+0.2644)$$

MATLAB 程序代码如下：

```
num = [0.3678,0.2644]
den = [1, -1.3678,0.3678]
sys = tf(num,den, -1)
rlocus(sys)
[k,poles] = rlocfind(sys)
```

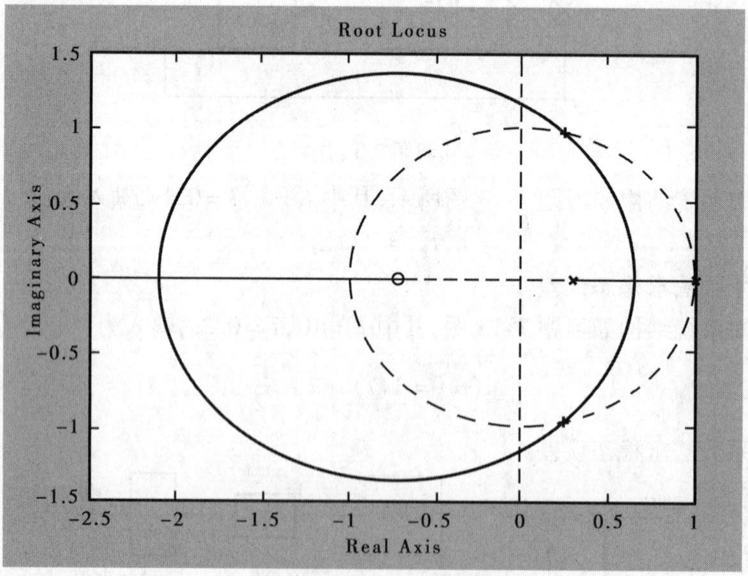

习题 7.16(b)图　根轨迹图

用鼠标单击根轨迹与单位圆的交点，输出如下：

Transfer function:

0.3678z +0.2644

\- -

z^2 - 1.368z + 0.3678

Sampling time: unspecified

Select a point in the graphics window

selected_point = 0.2411 + 0.9643i

k = 2.3847

poles =

　　0.2454 + 0.9686i

　　0.2454 - 0.9686i

% 计算极点的模

\> > abs(poles)

ans =

　0.9992

　0.9992

在离散系统根轨迹图上，虚线表示的是单位圆，从根轨迹的走向以及与单位圆的交点，大致判断系统的稳定性。

7.17　已知二阶离散系统开环的脉冲传递函数为：

$$G(z) = \frac{0.7z + 0.06}{z^2 - 0.5z + 0.43}$$

求离散系统当 $Ts = 0.1\text{s}$ 时的 Nyquist 曲线，并判定闭环系统稳定。

根据要求给出以下程序段：

```
num = [0.7 0.06];
den = [1 -0.5 0.43];
dnyquist(num,den,0.1)
```

程序运行结果为：

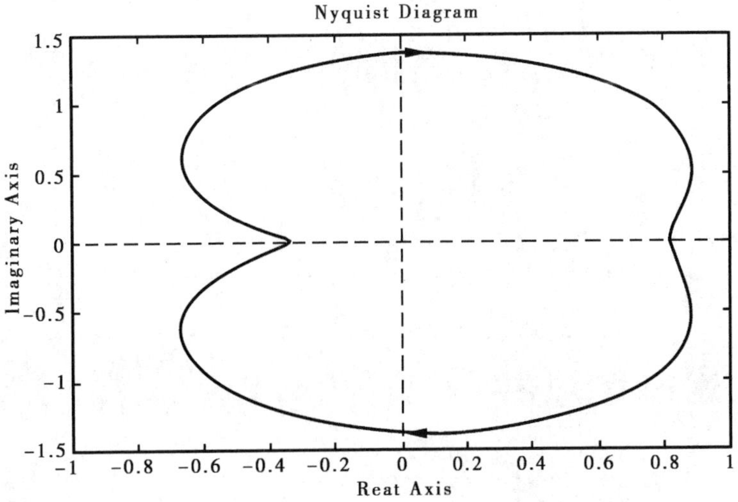

习题7.17图　Nyquist 曲线

由 Nyquist 曲线图可以得出什么？闭环特征方程为：$D(z) = z^2 + 0.2z + 0.49 = 0$

求特征方程的根：

```
p = [1 0.2 0.49];
roots(p)
```

指令运行后可得：

```
ans =
    -0.1000 + 0.6928i
    -0.1000 - 0.6928i
```

从计算结果可以得出什么稳定结论？

第 8 章

控制系统的状态空间分析与综合

经典控制理论主要以传递函数为基础,采用复域分析方法,由此建立起来的频率特性和根轨迹等图解解析设计法,对于单输入-单输出系统极为有效,至今仍在广泛成功地使用。但传递函数只能描述线性定常系统的外部特征,并不能反映其全部内部变量变化情况,且忽略了初始条件的影响,其控制系统的设计建立在试探的基础之上,通常得不到最优控制。复域分析法对于控制过程来说是间接的。

现代控制理论由于可利用数字计算机进行分析设计和实时控制,因此可处理时变、非线性、多输入-多输出系统的问题。现代控制理论主要以状态空间法为基础,采用时域分析方法,对于控制过程来说是直接的。它一方面能使设计者针对给定的性能指标设计出最优控制系统,另一方面还可以用更一般的输入函数代替特殊的所谓“典型输入函数”来实现最优控制系统设计。随着控制系统的高性能发展,最优控制、最佳滤波、系统辨识、自适应控制等理论都是这一领域研究的主要课题。

在用状态空间法分析系统时,系统的动态特性是由状态变量构成的一阶微分方程组来描述的。它能反映系统的全部独立变量的变化,从而能同时确定系统的全部运动状态,而且可以方便地处理初始条件。

8.1 控制系统的状态空间描述

8.1.1 状态空间的基本概念

(1) 状态和状态变量

表征系统运动的信息称为状态,足以完全表征系统运动状态的最小个数的一组变量称为状态变量。一个用 n 阶微分方程式描述的系统,就有 n 个独立变量,当这 n 个独立变量的时间响应都求得时,系统的运动状态也就被揭示无遗了。因此,可以说该系统的状态变量就是 n 阶系统的 n 个独立变量。

状态变量的选取具有非唯一性,既可用某一组又可用另一组数目最少的变量作为状态变量。状态变量不一定在物理上可量测,有时只具有数学意义,但实用时毕竟还是选择容易量测的量作为状态变量，以便满足实现状态反馈、改善性能的要求。

状态变量的一般记号为 $x_1(t),x_2(t)\cdots,x_n(t)$。

(2) 状态向量

把描述系统状态的 n 个状态变量 $x_1(t),x_2(t)\cdots,x_n(t)$ 看作向量 $\boldsymbol{x}(\boldsymbol{t})$ 的分量，则向量 $\boldsymbol{x}(\boldsymbol{t})$ 称为 n 维状态向量，记作：

$$\boldsymbol{x}(\boldsymbol{t}) = \begin{bmatrix} x_1(t) \\ x_2(t) \\ \vdots \\ x_n(t) \end{bmatrix} \quad 或\ \boldsymbol{x}(\boldsymbol{t}) = [x_1(t),x_2(t),\cdots,x_n(t)]^T$$

(3) 状态空间

以 n 个状态变量作为坐标轴所构成 n 维空间称为状态空间。系统在任一时刻的状态，在状态空间中用一点来表示。随着时间的推移，$\boldsymbol{x}(\boldsymbol{t})$ 将在状态空间中描绘出一条轨迹，称为状态轨线。

(4) 状态方程

由系统的状态变量构成的一阶微分方程组称为状态方程。由于状态变量的选择具有非惟一性，故状态方程也具有非惟一性。对于一个具体的系统，当按可量测的物理量来选择状态变量时，状态方程往往不具备某种典型形式，当按一定规则来选择状态变量时则具有典型形式，从而给研究系统特性带来方便。尽管状态方程形式不同但它们都描述了同一个系统，不同形式的状态方程之间实际上存在着某种线性变换关系。

用图 8.1 所示的 R-L-C 网络说明如何用状态变量描述这一系统。

图 8.1　R-L-C 电路

此系统有两个独立储能元件，即电容 C 和电感 L，故用二阶微分方程式描述该系统，所以应有 2 个状态变量。状态变量的选取，原则上是任意的，但考虑到电容的储能与其两端的电压 u_c 有关，电感的储能与流经它的电流 i 有关，故通常就以 u_c 和 i 作为此系统的 2 个状态变量。

根据电工学原理，容易写出 2 个含有状态变量的一阶微分方程式：

$$\begin{cases} C\dfrac{\mathrm{d}u_c}{\mathrm{d}t} = i \\ L\dfrac{\mathrm{d}i}{\mathrm{d}t} + Ri + u_c = u_r \end{cases}$$

亦即：

$$\begin{cases} \dot{u}_c = \dfrac{1}{C}i \\ \dot{i} = -\dfrac{1}{L}u_c - \dfrac{R}{L}i + \dfrac{1}{L}u_r \end{cases} \tag{8.1}$$

设状态变量 $x_1 = u_c, x_2 = i, u = u_r$，则该系统的状态方程为：

$$\dot{x}_1 = \frac{1}{C}x_2$$

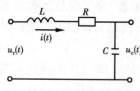

$$\dot{x}_2 = -\frac{1}{L}x_1 - \frac{R}{L}x_2 + \frac{1}{L}u$$

写成向量矩阵形式为：

$$\begin{bmatrix} \dot{x}_1 \\ \dot{x}_2 \end{bmatrix} = \begin{bmatrix} 0 & \frac{1}{C} \\ -\frac{1}{L} & -\frac{R}{L} \end{bmatrix} \begin{bmatrix} x_1 \\ x_2 \end{bmatrix} + \begin{bmatrix} 0 \\ \frac{1}{L} \end{bmatrix} u \tag{8.2a}$$

简记为 $\dot{\boldsymbol{x}} = \boldsymbol{A}\boldsymbol{x} + \boldsymbol{b}u$

式中：　$\boldsymbol{x} = \begin{bmatrix} x_1 \\ x_2 \end{bmatrix}, \boldsymbol{A} = \begin{bmatrix} 0 & \frac{1}{C} \\ -\frac{1}{L} & -\frac{R}{L} \end{bmatrix}, \boldsymbol{b} = \begin{bmatrix} 0 \\ \frac{1}{L} \end{bmatrix}$

若改选 u_c 和 $\dot{u}_c$ 作为两个状态变量，即令 $x_1 = u_c, x_2 = \dot{u}_c$，则该系统的状态方程为：

$$\dot{x}_1 = x_2$$

$$\dot{x}_2 = \frac{1}{LC}x_1 - \frac{R}{L}x_2 + \frac{1}{LC}u$$

即：

$$\begin{bmatrix} \dot{x}_1 \\ \dot{x}_2 \end{bmatrix} = \begin{bmatrix} 0 & 1 \\ -\frac{1}{LC} & -\frac{R}{L} \end{bmatrix} \begin{bmatrix} x_1 \\ x_2 \end{bmatrix} + \begin{bmatrix} 0 \\ \frac{1}{LC} \end{bmatrix} u \tag{8.2b}$$

比较式(8.2a)和式(8.2b)，显然，同一系统，状态变量选取的不同，状态方程也不同。

(5)输出方程

系统输出量与状态变量、输入量的关系称为输出方程。输出量由系统任务确定或给定。如在图 8.1 系统中，指定 $x_1 = u_c$ 作为输出，输出一般用 y 表示，则有：

$$y = u_c \tag{8.3}$$

或：　$y = x_1$

式(8.3)就是图 8.1 系统的输出方程，它的矩阵表示式为：

$$\boldsymbol{y} = \begin{bmatrix} 1 & 0 \end{bmatrix} \begin{bmatrix} x_1 \\ x_2 \end{bmatrix}$$

或：　$\boldsymbol{y} = \boldsymbol{c}\boldsymbol{x}$

(6)状态空间表达式

状态方程和输出方程的组合称为状态空间表达式，它既表征了输入对于系统内部状态的因果关系，又反映了内部状态对于外部输出的影响，所以状态空间表达式是对系统的一种完全的描述。由于系统状态变量的选择是非惟一的，因此状态空间表达式也是非惟一的。

设单输入-单输出线性定常连续系统，其状态变量为 $x_1(t), x_2(t), \cdots, x_n(t)$，则状态方程的一般形式为：

$$\begin{aligned} \dot{x}_1 &= a_{11}x_1 + a_{12}x_2 + \cdots + a_{1n}x_n + b_1u \\ \dot{x}_2 &= a_{21}x_1 + a_{22}x_2 + \cdots + a_{2n}x_n + b_2u \\ &\cdots\cdots \\ \dot{x}_n &= a_{n1}x_1 + a_{n2}x_2 + \cdots + a_{nn}x_n + b_nu \end{aligned} \tag{8.4}$$

输出方程则有如下形式：

$$y = c_1x_1 + c_2x_2 + \cdots + c_nx_n \tag{8.5}$$

用向量矩阵表示时的状态空间表达式则为：

$$\begin{bmatrix} \dot{x}_1 \\ \dot{x}_2 \\ \vdots \\ \dot{x}_n \end{bmatrix} = \begin{bmatrix} a_{11} & a_{12} & \cdots & a_{1n} \\ a_{21} & a_{22} & \cdots & a_{2n} \\ & \vdots & \vdots & \\ a_{n1} & a_{n2} & \cdots & a_{nn} \end{bmatrix} \begin{bmatrix} x_1 \\ x_2 \\ \vdots \\ x_n \end{bmatrix} + \begin{bmatrix} b_1 \\ b_2 \\ \vdots \\ b_n \end{bmatrix} \boldsymbol{u}$$

$$y = [c_1 \quad c_2 \quad \cdots \quad c_n] \begin{bmatrix} x_1 \\ x_2 \\ \vdots \\ x_n \end{bmatrix}$$

简写为：

$$\begin{aligned} \dot{\boldsymbol{x}} &= \boldsymbol{A}\boldsymbol{x} + \boldsymbol{b}u \\ y &= \boldsymbol{c}\boldsymbol{x} \end{aligned} \tag{8.6}$$

式中 $\boldsymbol{x}$——n 维状态变量；

$\boldsymbol{A}$——系统内部状态的联系，称为系统矩阵或系数矩阵，为 $n \times n$ 方阵；

$\boldsymbol{b}$——输入对状态的作用，称为输入矩阵或控制矩阵，为 $n \times 1$ 的列阵；

$\boldsymbol{c}$——$1 \times n$ 输出矩阵。

对于一个具有 r 个输入、m 个输出的复杂系统，此时的状态方程变为：

$$\begin{aligned} \dot{x}_1 &= a_{11}x_1 + a_{12}x_2 + \cdots + a_{1n}x_n + b_{11}u_1 + b_{12}u_2 + \cdots + b_{1r}u_r \\ \dot{x}_2 &= a_{21}x_1 + a_{22}x_2 + \cdots + a_{2n}x_n + b_{21}u_1 + b_{22}u_2 + \cdots + b_{2r}u_r \\ &\cdots\cdots \\ \dot{x}_n &= a_{n1}x_1 + a_{n2}x_2 + \cdots + a_{nn}x_n + b_{n1}u_1 + b_{n2}u_2 + \cdots + b_{nr}u_r \end{aligned}$$

至于输出方程，不仅是状态变量的组合，而且在特殊情况下，还可能有输入矢量的直接传递，因而有如下的一般形式：

$$\begin{aligned} y_1 &= c_{11}x_1 + c_{12}x_2 + \cdots + c_{1n}x_n + d_{11}u_1 + d_{12}u_2 + \cdots + d_{1r}u_r \\ y_2 &= c_{21}x_1 + c_{22}x_2 + \cdots + c_{2n}x_n + d_{21}u_1 + d_{22}u_2 + \cdots + d_{2r}u_r \\ &\cdots\cdots \\ y_m &= c_{m1}x_1 + c_{m2}x_2 + \cdots + c_{mn}x_n + d_{m1}u_1 + d_{m2}u_2 + \cdots + d_{mr}u_r \end{aligned}$$

因而多输入——多输出系统状态空间表达式的矢量形式为：

$$\begin{bmatrix} \dot{x}_1 \\ \dot{x}_2 \\ \vdots \\ \dot{x}_n \end{bmatrix} = \begin{bmatrix} a_{11} & a_{12} & \cdots & a_{1n} \\ a_{21} & a_{22} & \cdots & a_{2n} \\ & \cdots & \cdots & \\ a_{n1} & a_{n2} & \cdots & a_{nn} \end{bmatrix} \begin{bmatrix} x_1 \\ x_2 \\ \vdots \\ x_n \end{bmatrix} + \begin{bmatrix} b_{11} & b_{12} & \cdots & b_{1r} \\ b_{21} & b_{22} & \cdots & b_{2r} \\ & \cdots & \cdots & \\ b_{n1} & b_{n2} & \cdots & b_{nr} \end{bmatrix} \begin{bmatrix} u_1 \\ u_2 \\ \vdots \\ u_r \end{bmatrix}$$

$$\begin{bmatrix} y_1 \\ y_2 \\ \vdots \\ y_m \end{bmatrix} = \begin{bmatrix} c_{11} & c_{12} & \cdots & c_{1n} \\ c_{21} & c_{22} & \cdots & c_{2n} \\ & \cdots & \cdots & \\ c_{m1} & c_{m2} & \cdots & c_{mn} \end{bmatrix} \begin{bmatrix} x_1 \\ x_2 \\ \vdots \\ x_n \end{bmatrix} + \begin{bmatrix} d_{11} & d_{12} & \cdots & d_{1r} \\ d_{21} & d_{22} & \cdots & d_{2r} \\ & \cdots & \cdots & \\ d_{m1} & d_{m2} & \cdots & d_{mr} \end{bmatrix} \begin{bmatrix} u_1 \\ u_2 \\ \vdots \\ u_r \end{bmatrix} \tag{8.7}$$

简写为:
$$\dot{\boldsymbol{x}} = \boldsymbol{A}\boldsymbol{x} + \boldsymbol{B}\boldsymbol{u}$$
$$\boldsymbol{y} = \boldsymbol{C}\boldsymbol{x} + \boldsymbol{D}\boldsymbol{u}$$

式中,$\boldsymbol{x}$ 和 $\boldsymbol{A}$ 与单输入——单输出系统相同,分别为 n 维状态矢量和 $n\times n$ 系数矩阵;$\boldsymbol{u}$ 为 r 维输入(或控制)矢量;$\boldsymbol{y}$ 为 $\boldsymbol{m}$ 维输出矢量;$\boldsymbol{B}$ 为 $n\times r$ 控制矩阵;$\boldsymbol{C}$ 为 $m\times n$ 输出矩阵;$\boldsymbol{D}$ 为 $m\times r$ 直接传递输入矩阵,也称为关联矩阵。

8.1.2　线性定常连续系统状态空间表达式的建立

从元件或系统所遵循的物理定律来建立其微分方程,继而选择有关物理量作为状态变量,从而导出其状态空间表达式,这是建立实际元件或系统状态空间表达式的实用方法。系统可以用结构图或微分方程来表示,下面分别介绍从系统结构图和微分方程出发建立状态空间表达式的方法。

(1)由系统结构图出发建立状态空间表达式

这种方法首先将系统结构图中的各个环节变换成模拟结构图。为了简便,这里用结构图代替模拟计算机的详细模拟图。即将结构图中各个环节变换为仅由积分器、加法器、比例器和一些带箭头的线段组成的图形。其次,将每一个积分器的输出选作一个状态变量 x_i,则其输入为 $\dot{x}_i$;然后由模拟结构图直接写出系统的状态方程和输出方程。下面举例说明。

[**例 1**]　系统结构图如图 8.2(a)所示,输入为 $\boldsymbol{u}$,输出为 $\boldsymbol{y}$。试求其状态空间表达式。

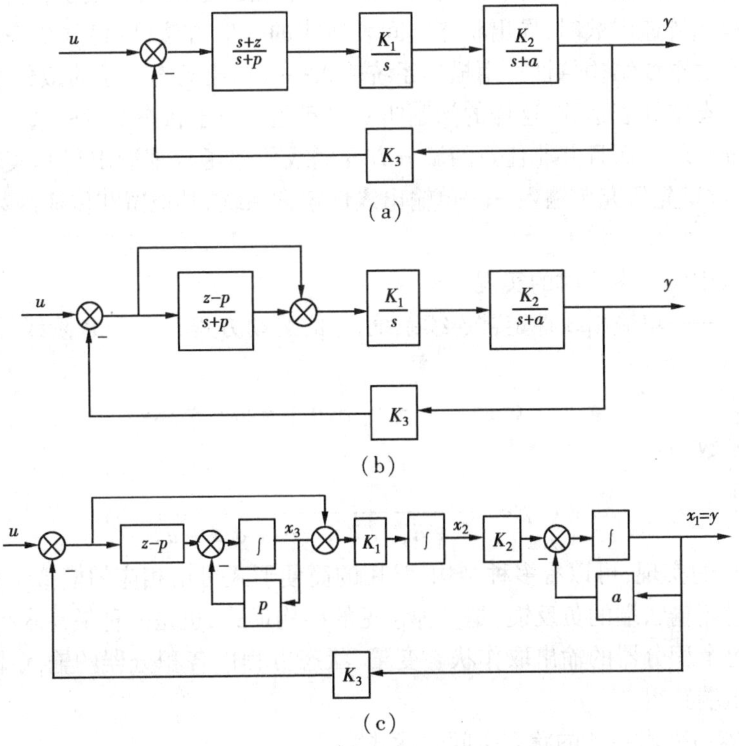

图 8.2　例 1 系统结构图及模拟结构图

解 图8.2(a)所示系统中,有一个含有零点的环节,先将其展开成部分分式,即$\frac{s+z}{s+p}=1+\frac{z-p}{s+p}$,从而得到图8.2(b)所示的等效结构图,其模拟结构图如图8.2(c)所示。从图8.2可得知:

$$\dot{x}_1 = -ax_1 + K_2x_2$$
$$\dot{x}_2 = -K_1K_3x_1 + K_1x_3 + K_1u$$
$$\dot{x}_3 = -(z-p)K_3x_1 - px_3 + (z-p)u$$
$$y = x_1$$

写成矢量矩阵形式,系统的状态空间表达式为:

$$\begin{bmatrix}\dot{x}_1\\ \dot{x}_2\\ \dot{x}_3\end{bmatrix}=\begin{bmatrix}-a & k_2 & 0\\ -K_1K_3 & 0 & K_1\\ -(z-p)K_3 & 0 & -p\end{bmatrix}\begin{bmatrix}x_1\\ x_2\\ x_3\end{bmatrix}+\begin{bmatrix}0\\ K_1\\ z-p\end{bmatrix}u$$

$$y=[1\quad 0\quad 0]\begin{bmatrix}x_1\\ x_2\\ x_3\end{bmatrix}$$

(2)由系统微分方程或传递函数出发建立状态空间表达式。

鉴于微分方程或传递函数是描述线性定常连续系统的通用数学模型,有必要研究已知 ***n*** 阶系统微分方程或传递函数时,导出状态空间表达式的一般方法,以建立统一的研究理论,揭示系统内部固有的重要结构特性。由描述系统输入——输出动态关系的微分方程式或传递函数建立系统的状态空间表达式,这样的问题叫实现问题。由于状态变量的选择是非惟一的,因此实现也是非惟一的。而且并非任意的微分方程式或传递函数都能求得其实现,实现存在的条件是 $m\leqslant n$。这里先研究单输入——单输出线性定常系统,其他留在传递函数矩阵的实现一段中加以研究。

1)传递函数中没有零点时的实现

这种单输入——单输出线性定常连续系统,它的运动方程是一个 ***n*** 阶线性定常系数微分方程:

$$y^{(n)} + a_{n-1}y^{(n-1)} + \cdots + a_1\dot{y} + a_0y = b_0u \tag{8.8}$$

其相应的传递函数为:

$$W(s) = \frac{b_0}{s^n + a_{n-1}s^{n-1} + \cdots + a_1s + a_0} \tag{8.9}$$

如前述,式(8.9)的实现,可以有多种结构,常用的简便形式可由相应的模拟结构图8.3导出。这种由中间变量到输入端的负反馈,是一种常见的结构形式,也是一种最易求得的结构形式。

将图中的每个积分器的输出取作状态变量,状态方程由各积分器的输入-输出关系确定,输出方程在输出端获得。

由图8.3,容易列出系统的状态空间表达式为:

$$\dot{x}_1 = x_2$$
$$\dot{x}_2 = x_3$$

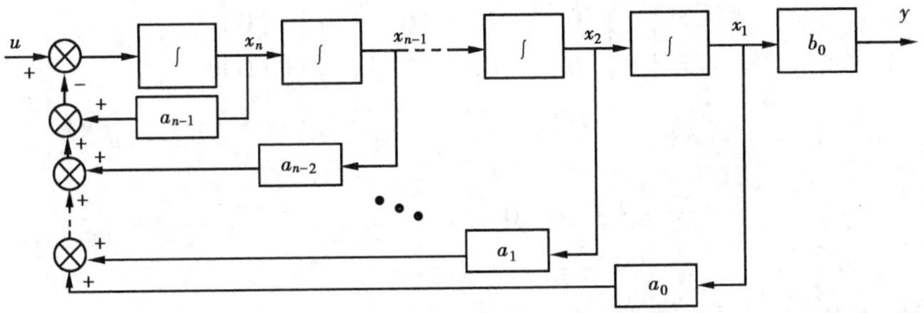

图 8.3　系统模拟结构图

$$\cdots$$

$$\dot{x}_{n-1} = x_n$$

$$\dot{x}_n = -a_0x_1 - a_1x_2 - \cdots - a_{n-2}x_{n-1} - a_{n-1}x_n + u$$

$$y = b_0x_1$$

写成矩阵形式,则为:

$$\begin{bmatrix} \dot{x}_1 \\ \dot{x}_2 \\ \vdots \\ \dot{x}_{n-1} \\ \dot{x}_n \end{bmatrix} = \begin{bmatrix} 0 & 1 & 0 & \cdots & 0 \\ 0 & 0 & 1 & \cdots & 0 \\ \vdots & & & & \vdots \\ 0 & 0 & 0 & \cdots & 1 \\ -a_0 & -a_1 & -a_2 & \cdots & -a_{n-1} \end{bmatrix} \begin{bmatrix} x_1 \\ x_2 \\ \vdots \\ x_{n-1} \\ x_n \end{bmatrix} + \begin{bmatrix} 0 \\ 0 \\ 0 \\ \vdots \\ 1 \end{bmatrix} u \tag{8.10}$$

$$y = [b_0 \quad 0 \quad 0 \quad \cdots \quad 0]\boldsymbol{x}$$

简写为:

$$\dot{\boldsymbol{x}} = \boldsymbol{A}\boldsymbol{x} + \boldsymbol{b}u$$

$$\boldsymbol{y} = \boldsymbol{c}\boldsymbol{x}$$

顺便指出,当 **A** 阵具有式(8.10)的形式时,称为友矩阵,友矩阵的特点是主对角线上方的元素均为 1,最后一行的元素可取任意值,而其余元素均为零。

[**例** 2]　已知系统的输入输出微分方程为:

$$\dddot{y} + 6\ddot{y} + 11\dot{y} + 6y = 3u$$

试列写其状态空间表达式。

解　选 $y/3, \dot{y}/3, \ddot{y}/3$ 为状态变量,即: $x_1 = \dfrac{y}{3}, x_2 = \dfrac{\dot{y}}{3}, x_3 = \dfrac{\ddot{y}}{3}$

可得:

$$\dot{x}_1 = \frac{\dot{y}}{3} = x_2$$

$$\dot{x}_2 = \frac{\ddot{y}}{3} = x_3$$

$$\dot{x}_3 = \frac{\dddot{y}}{3} = -6x_1 - 11x_2 - 6x_3 + u$$

$$y = 3x_1$$

写成矩阵形式:

$$\begin{bmatrix}\dot{x}_1\\ \dot{x}_2\\ \dot{x}_3\end{bmatrix}=\begin{bmatrix}0 & 1 & 0\\ 0 & 0 & 1\\ -6 & -11 & -6\end{bmatrix}\begin{bmatrix}x_1\\ x_2\\ x_3\end{bmatrix}+\begin{bmatrix}0\\ 0\\ 1\end{bmatrix}u$$

$$y=\begin{bmatrix}3 & 0 & 0\end{bmatrix}\begin{bmatrix}x_1\\ x_2\\ x_3\end{bmatrix}$$

2)传递函数中有零点时的实现

此时系统的微分方程为：

$$y^{(n)}+a_{n-1}y^{(n-1)}+\cdots+a_1\dot{y}+a_0y=b_mu^{(m)}+b_{m-1}u^{(m-1)}+\cdots+b_1\dot{u}+b_0u$$

相应的传递函数为：

$$W(s)=\frac{Y(s)}{U(s)}=\frac{b_ms^m+b_{m-1}s^{m-1}+\cdots+b_1s+b_0}{s^n+a_{n-1}s^{n-1}+\cdots+a_1s+a_0}\qquad m\leqslant n \tag{8.11}$$

在这种包含有输入函数导数情况下的实现问题，与前述实现的不同点主要在于选取合适的结构，使状态方程中不包含输入函数的导数项，否则将给求解和物理实现带来麻烦。

为了说明方便，又不失一般性，这里先从三阶微分方程出发，找出其实现规律，然后推广到 n 阶系统。

设待实现的系统传递函数为：

$$W(s)=\frac{Y(s)}{U(s)}=\frac{b_3s^3+b_2s^2+b_1s+b_0}{s^3+a_2s^2+a_1s+a_0}\qquad n=m=3 \tag{8.12}$$

因为 $n=m$，上式可变为：

$$W(s)=b_3+\frac{(b_2-a_2b_3)s^2+(b_1-a_1b_3)s+(b_0-a_0b_3)}{s^3+a_2s^2+a_1s+a_0}$$

令：$$Y_1(s)=\frac{1}{s^3+a_2s^2+a_1s+a_0}U(s)$$

则 $Y(s)=b_3U(s)+Y_1(s)((b_2-a_2b_3)s^2+(b_1-a_1b_3)s+(b_0-a_0b_3))$

对上式求拉氏反变换，可得：

$$y=b_3u+(b_2-a_2b_3)\ddot{y}_1+(b_1-a_1b_3)\dot{y}_1+(b_0-a_0b_3)y_1$$

据此可得系统模拟结构图，如图 8.4。

选每个积分器的输出为一个状态变量，可得系统的状态空间表达式：

$$\dot{x}_1=x_2$$

$$\dot{x}_2=x_3$$

$$\dot{x}_3=-a_0x_1-a_1x_2-a_3x_3+u$$

$$y=b_3u+(b_2-a_2b_3)x_3+(b_1-a_1b_3)x_2+(b_0-a_0b_3)x_1$$

或表示为矩阵形式：

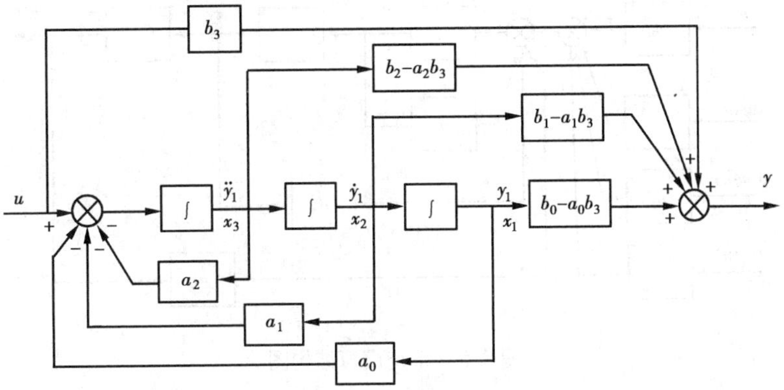

图 8.4　系统模拟结构图

$$\begin{bmatrix}\dot{x}_1\\ \dot{x}_2\\ \dot{x}_3\end{bmatrix}=\begin{bmatrix}0 & 1 & 0\\ 0 & 0 & 1\\ -a_0 & -a_1 & -a_2\end{bmatrix}\begin{bmatrix}x_1\\ x_2\\ x_3\end{bmatrix}+\begin{bmatrix}0\\ 0\\ 1\end{bmatrix}u$$

$$y=[(b_0-a_0b_3)(b_1-a_1b_3)(b_2-a_2b_3)]\begin{bmatrix}x_1\\ x_2\\ x_3\end{bmatrix}+b_3u \tag{8.13}$$

推广到 n 阶系统,式(8.11)的实现可以写为:

$$\begin{bmatrix}\dot{x}_2\\ \dot{x}_2\\ \vdots\\ \dot{x}_{n-1}\\ \dot{x}_n\end{bmatrix}=\begin{bmatrix}0 & 1 & 0 & \cdots & 0\\ 0 & 0 & 1 & \cdots & 0\\ \vdots & & & & \vdots\\ 0 & 0 & 0 & \cdots & 1\\ -a_0 & -a_1 & -a_2 & \cdots & -a_{n-1}\end{bmatrix}\begin{bmatrix}x_1\\ x_2\\ \vdots\\ x_{n-1}\\ x_n\end{bmatrix}+\begin{bmatrix}0\\ 0\\ \vdots\\ 0\\ 1\end{bmatrix}u \tag{8.14}$$

$$y=[(b_0-a_0b_n)(b_1-a_1b_n)\cdots(b_{n-1}-a_{n-1}b_n)]\begin{bmatrix}x_1\\ x_2\\ \vdots\\ x_{n-1}\\ x_n\end{bmatrix}+b_nu$$

与(8.10)式比较发现,状态方程是相同的,所不同的只是输出方程。而且式(8.10)属于式(8.14)的特例。注意到这个特点就很容易根据式(8.14),由传递函数的分子分母多项式的系数,写出系统的状态空间表达式。

由于实现是非惟一的,下面仍从三阶系统出发,以式(8.12)的传递函数为例。图 8.5 与图 8.4 相比,从输入输出的关系看,二者是等效的。

从图 8.5 可以看出,输入函数的各阶导数 $\frac{du}{dt},\frac{d^2u}{dt^2},\frac{d^3u}{dt^3}$ 作适当的等效移动,就可以用图 8.6(a)表示,只要 $\beta_0,\beta_1,\beta_2,\beta_3$ 系数选择适当,从系统的输入输出看,二者是完全等效的。将综合点等效地移到前面,得到等效模拟结构图如图 8.6(b)所示。

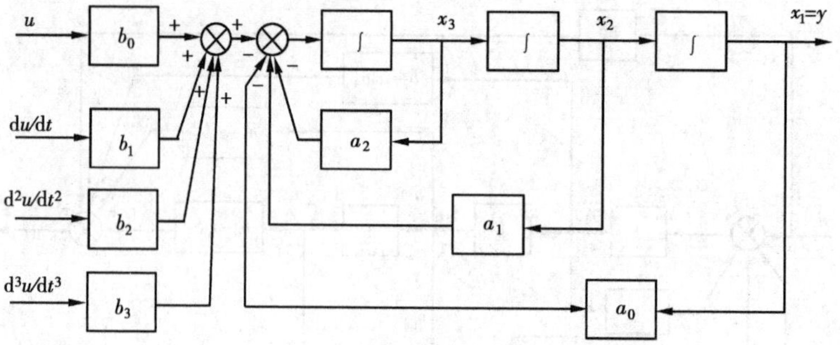

图 8.5　系统模拟结构图

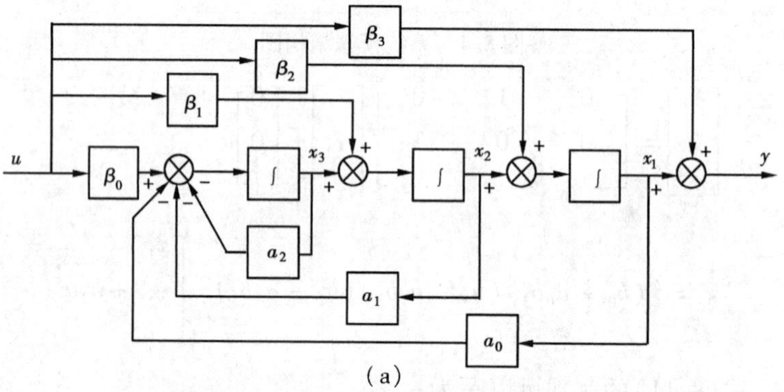

(a)

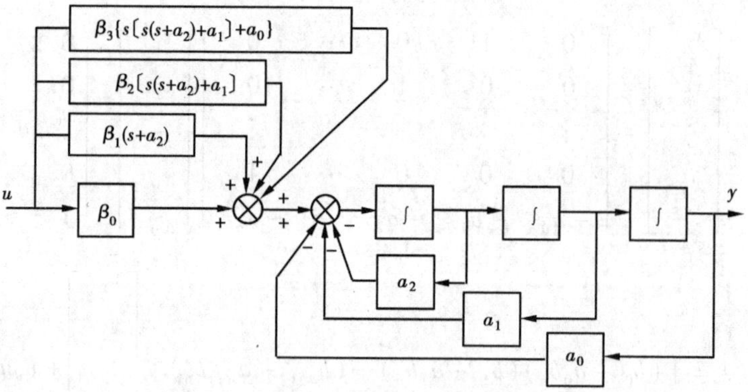

(b)

图 8.6　系统模拟结构图

从图 8.6(b)容易求得其对应的传递函数为：

$$W(s)=\frac{\beta_3(s^3+a_2s^2+a_1s+a_0)+\beta_2(s^2+a_2s+a_1)+\beta_1(s+a_2)+\beta_0}{s^3+a_2s^2+a_1s+a_0}=$$

$$\frac{\beta_3s^3+(a_2\beta_3+\beta_2)s^2+(a_1\beta_3+a_2\beta_2+\beta_1)s+(a_0\beta_3+a_1\beta_2+a_2\beta_1+\beta_0)}{s^3+a_2s^2+a_1s+a_0} \qquad (8.15)$$

为求得 β_i 令式(8.15)与式(8.12)相等，由此得出：

$$\beta_3=b_3$$

$$a_2\beta_3+\beta_2=b_2$$

$$a_1\beta_3 + a_2\beta_2 + \beta_1 = b_1$$
$$a_0\beta_3 + a_1\beta_2 + a_2\beta_1 + \beta_0 = b_0$$

故得：

$$\begin{aligned}\beta_3 &= b_3\\ \beta_2 &= b_2 - a_2\beta_3\\ \beta_1 &= b_1 - a_1\beta_3 - a_2\beta_2\\ \beta_0 &= b_0 - a_0\beta_3 - a_1\beta_2 - a_2\beta_1\end{aligned} \tag{8.16}$$

为便于记忆可将式(8.16)写成式(8.17)的形式

$$\begin{bmatrix}1 & 0 & 0 & 0\\ a_2 & 1 & 0 & 0\\ a_1 & a_2 & 1 & 0\\ a_0 & a_1 & a_2 & 1\end{bmatrix}\begin{bmatrix}\beta_3\\ \beta_2\\ \beta_1\\ \beta_0\end{bmatrix} = \begin{bmatrix}b_3\\ b_2\\ b_1\\ b_0\end{bmatrix} \tag{8.17}$$

将图 8.6(a)的每个积分器的输出选做状态变量，如图 8.6 所示，可得这种结构下的状态空间表达式：

$$\begin{aligned}\dot{x}_1 &= x_2 + \beta_2 u\\ \dot{x}_2 &= x_3 + \beta_1 u\\ \dot{x}_3 &= - a_0 x_1 - a_1 x_2 - a_3 x_3 + \beta_0 u\\ y &= x_1 + \beta_3 u\end{aligned}$$

即

$$\begin{bmatrix}\dot{x}_1\\ \dot{x}_2\\ \dot{x}_3\end{bmatrix} = \begin{bmatrix}0 & 1 & 0\\ 0 & 0 & 1\\ -a_0 & -a_1 & -a_2\end{bmatrix}\begin{bmatrix}x_1\\ x_2\\ x_3\end{bmatrix} + \begin{bmatrix}\beta_2\\ \beta_1\\ \beta_0\end{bmatrix}u$$
$$y = [1 \quad 0 \quad 0]\begin{bmatrix}x_1\\ x_2\\ x_3\end{bmatrix} + \beta_3 u \tag{8.18}$$

扩展到 n 阶系统，其状态空间表达式可以写为：

$$\begin{bmatrix}\dot{x}_1\\ \dot{x}_2\\ \vdots\\ \dot{x}_{n-1}\\ \dot{x}_n\end{bmatrix} = \begin{bmatrix}0 & 1 & 0 & \cdots & 0\\ 0 & 0 & 1 & \cdots & 0\\ \vdots & & & & \vdots\\ 0 & 0 & 0 & \cdots & 1\\ -a_0 & -a_1 & -a_2 & \cdots & -a_{n-1}\end{bmatrix}\begin{bmatrix}x_1\\ x_2\\ \vdots\\ x_{n-1}\\ x_n\end{bmatrix} + \begin{bmatrix}\beta_{n-1}\\ \beta_{n-2}\\ \vdots\\ \beta_1\\ \beta_0\end{bmatrix}u$$
$$y = [1 \quad 0 \quad 0 \quad \cdots \quad 0]\begin{bmatrix}x_1\\ x_2\\ \vdots\\ x_{n-1}\\ x_n\end{bmatrix} + \beta_n u \tag{8.19}$$

式中 $\beta_i(i=0,1,\cdots,n)$ 可由下式求出：

$$\begin{bmatrix} 1 & & & & \\ a_{n-1} & 1 & & & \\ a_{n-2} & a_{n-1} & 1 & & \\ \vdots & \vdots & & \ddots & \\ a_0 & a_1 & \cdots & a_{n-1} & 1 \end{bmatrix}\begin{bmatrix} \beta_n \\ \beta_{n-1} \\ \beta_{n-2} \\ \vdots \\ \beta_0 \end{bmatrix}=\begin{bmatrix} b_n \\ b_{n-1} \\ b_{n-2} \\ \vdots \\ b_0 \end{bmatrix} \tag{8.20}$$

［例 3］ 已知系统的输入输出微分方程为：

$$\dddot{y}+5\ddot{y}+7\dot{y}+3y=\ddot{u}+3\dot{u}+2u$$

试列写其状态空间表达式。

解 由微分方程系数知 $a_2=5,a_1=7,a_0=3,b_3=0,b_2=1,b_1=3,b_0=2$

①按式(8.14)所示的方法列写：

$$\begin{bmatrix} \dot{x}_1 \\ \dot{x}_2 \\ \dot{x}_3 \end{bmatrix}=\begin{bmatrix} 0 & 1 & 0 \\ 0 & 0 & 1 \\ -3 & -7 & -5 \end{bmatrix}\begin{bmatrix} x_1 \\ x_2 \\ x_3 \end{bmatrix}+\begin{bmatrix} 0 \\ 0 \\ 1 \end{bmatrix}u$$

$$y=\begin{bmatrix} 2 & 3 & 1 \end{bmatrix}\begin{bmatrix} x_1 \\ x_2 \\ x_3 \end{bmatrix}$$

②按式(8.19)所示的方法列写，首先根据式(8.20)的计算公式求 β_i。

$$\begin{bmatrix} 1 & 0 & 0 & 0 \\ 5 & 1 & 0 & 0 \\ 7 & 5 & 1 & 0 \\ 3 & 7 & 5 & 1 \end{bmatrix}\begin{bmatrix} \beta_3 \\ \beta_2 \\ \beta_1 \\ \beta_0 \end{bmatrix}=\begin{bmatrix} 0 \\ 1 \\ 3 \\ 2 \end{bmatrix} \qquad 即：\begin{bmatrix} \beta_3 \\ \beta_2 \\ \beta_1 \\ \beta_0 \end{bmatrix}=\begin{bmatrix} 0 \\ 1 \\ -2 \\ 5 \end{bmatrix}$$

按照式(8.19)所示的方法直接写出状态空间表达式：

$$\begin{bmatrix} \dot{x}_1 \\ \dot{x}_2 \\ \dot{x}_3 \end{bmatrix}=\begin{bmatrix} 0 & 1 & 0 \\ 0 & 0 & 1 \\ -3 & -7 & -5 \end{bmatrix}\begin{bmatrix} x_1 \\ x_2 \\ x_3 \end{bmatrix}+\begin{bmatrix} 1 \\ -2 \\ 5 \end{bmatrix}u$$

$$y=\begin{bmatrix} 1 & 0 & 0 \end{bmatrix}\begin{bmatrix} x_1 \\ x_2 \\ x_3 \end{bmatrix}$$

值得注意的是：这两种方法所选择的状态变量是不同的。这一点可以从它们的模拟结构图(图 8.4 和图 8.6(a))中很清楚地看出。

8.1.3 从状态空间表达式求传递函数阵

以上介绍了由传递函数建立状态空间表达式的问题，即系统的实现问题。下面介绍从状态空间表达式求传递函数阵的问题。

设系统状态空间表达式为：

$$\dot{\boldsymbol{x}}=\boldsymbol{A}\boldsymbol{x}+\boldsymbol{B}\boldsymbol{u}$$

$$y = Cx + Du \tag{8.21}$$

令初始条件为零,求拉氏变换式:

$$x(s) = (sI - A)^{-1}Bu(s)$$

$$y(s) = [C(sI - A)^{-1}B + D]u(s) = W(s)u(s)$$

则系统传递函数矩阵表达式为:

$$W(s) = C(sI - A)^{-1}B + D \tag{8.22}$$

式中$(sI-A)^{-1}=\dfrac{\mathrm{adj}(sI-A)}{\det(sI-A)}$,其中 $\mathrm{adj}(sI-A)$为$(sI-A)$的代数余子式,$\det(sI-A)$为$(sI-A)$的特征行列式,则$|sI-A|=0$ 称为系统状态空间表达式的特征方程,其解称为系统状态空间表达式的特征根。

$W(s)$是一个 $m\times r$ 矩阵函数,即

$$W(s) = \begin{bmatrix} W_{11}(s) & W_{12}(s) & \cdots & W_{1r}(s) \\ W_{21}(s) & W_{22}(s) & \cdots & W_{2r}(s) \\ & \cdots & & \\ W_{m1}(s) & W_{m2}(s) & \cdots & W_{mr}(s) \end{bmatrix}$$

其中各元素 $W_{ij}(s)$都是标量函数,它表征第 j 个输入对第 i 个输出的传递关系。当 $i\neq j$ 时,意味着不同标号的输入与输出有相互关联,称为耦合关系,这正是多变量系统的特点。

应当指出,同一系统,尽管其状态空间表达式是非惟一的,但它的传递函数矩阵是不变的。对于已知系统如式(8.21),其传递函数矩阵为式(8.22)。当作坐标变换,即令 $z=T^{-1}x$ 时,该系统的状态空间表达式变为:

$$\dot{z} = T^{-1}ATz + T^{-1}Bu$$

$$y = CTz + Du$$

那么对应上式的传递函数矩阵 $\widehat{W}(s)$ 应为:

$$\begin{aligned}\widehat{W}(s) &= CT(sI - T^{-1}AT)^{-1}T^{-1}B + D = C[T(sI - T^{-1}AT)^{-1}T^{-1}]B + D = \\ &C[T(sI)T^{-1} - TT^{-1}ATT^{-1}]^{-1}B + D = \\ &C(sI - A)^{-1}B + D = W(s)\end{aligned}$$

即同一系统,其传递函数矩阵是惟一的。

8.1.4　状态空间表达式的线性变换及规范化

对于一个给定的定常系统,可以选取许多种状态变量,相应的就有许多种状态空间表达式描述同一系统,也就是说系统可以有多种结构形式。所选取的状态矢量之间,实际上存在着一种矢量的线性变换。

(1)线性变换

设给定系统为

$$\begin{aligned}\dot{x} &= Ax + Bu;x(0) = x_0 \\ y &= Cx + Du\end{aligned} \tag{8.23}$$

我们总可以找到任意一个非奇异矩阵 T,将原状态矢量 x 作线性变换,得到另一状态矢量 z,设变换关系为:　　$x=Tz$　即　$z=T^{-1}x$

代入式(8.23),得到新的状态空间表达式:

$$\begin{aligned}\dot{z} &= T^{-1}ATz + T^{-1}Bu;z(0) = T^{-1}x(0) = T^{-1}x_0 \\ y &= CTz + Du\end{aligned} \tag{8.24}$$

很明显,由于 T 为任意非奇异矩阵,故状态空间表达式为非惟一的。通常称 T 为变换矩阵。对系统进行线性变换的目的在于使 $T^{-1}AT$ 阵规范化,以便于揭示系统特性及分析计算。其理论依据是非奇异变换并不会改变系统的原有的性质。这是因为对于式(8.23),系统特征值为 $|\lambda I-A|=0$ 的根,经过线性变换后为式(8.24),则特征值为 $|\lambda I-T^{-1}AT|$,而

$$\begin{aligned}|\lambda I - T^{-1}AT| &= |\lambda T^{-1}T - T^{-1}AT| = |T^{-1}\lambda T - T^{-1}AT| = \\ &|T^{-1}(\lambda I - A)T| = |T^{-1}||\lambda I - A||T| = \\ &|T^{-1}T||\lambda I - A| = |\lambda I - A|\end{aligned}$$

故有等价变换之称。待获得所需结果以后,再引入反变换关系 $z=T^{-1}x$,换算回到原来的状态空间中去,得出最终结果。

线性变换是线性代数学内容,下面仅概括指出本书中常用的几种变换关系。

1)化 A 为对角形

①若 A 阵为任意形式且有 n 个互异实数特征值 $\lambda_1,\lambda_2,\cdots,\lambda_n$,即 $|\lambda I-A|=0$ 的根,则可由 A 的特征根直接写出对角阵 Λ

$$\Lambda = T^{-1}AT = \begin{bmatrix}\lambda_1 & & & & 0\\ & \lambda_2 & & & \\ & & \ddots & & \\ & & & \ddots & \\ 0 & & & & \lambda_n\end{bmatrix} \tag{8.25}$$

而欲得到变换的控制矩阵 $T^{-1}B$ 和输出矩阵 CT,则必须求出变换矩阵 T。T 阵由 A 阵的特征矢量 $p_i(i=1,2,\cdots,n)$ 组成。

$$T = [p_1 \quad p_2 \quad \cdots \quad p_n] \tag{8.26}$$

特征向量满足

$$Ap_i = \lambda_i p_i, i = 1,2,\cdots,n \tag{8.27}$$

[例4] 试将下列状态方程变换为对角线标准型

$$\begin{bmatrix}\dot{x}_1\\ \dot{x}_2\\ \dot{x}_3\end{bmatrix} = \begin{bmatrix}0 & 1 & -1\\ -6 & -11 & 6\\ -6 & -11 & 5\end{bmatrix}\begin{bmatrix}x_1\\ x_2\\ x_3\end{bmatrix} + \begin{bmatrix}0\\ 0\\ 1\end{bmatrix}u$$

$$y = [1 \quad 0 \quad 0]x$$

解 A 的特征值可由 $|\lambda I-A|=0$ 求出:

$$|\lambda I - A| = \begin{vmatrix}\lambda & -1 & 1\\ 6 & \lambda+11 & -6\\ 6 & 11 & \lambda-5\end{vmatrix} = 0$$

即 $\lambda^3+6\lambda^2+11\lambda+6=(\lambda+1)(\lambda+2)(\lambda+3)=0$

解得 $\lambda_1=-1,\lambda_2=-2,\lambda_3=-3$

对应于 $\lambda_1=-1$ 的特征矢量 p_1,由式(8.27)

$$Ap_1 = \lambda_1 p_1$$

则有
$$\begin{bmatrix} 0 & 1 & -1 \\ -6 & -11 & 6 \\ -6 & -11 & 5 \end{bmatrix}\begin{bmatrix} p_{11} \\ p_{21} \\ p_{31} \end{bmatrix} = -\begin{bmatrix} p_{11} \\ p_{21} \\ p_{31} \end{bmatrix}$$

可以解出
$$p_1 = \begin{bmatrix} 1 \\ 0 \\ 1 \end{bmatrix}$$

同理可以算出对应于 $\lambda_2 = -2$、$\lambda_3 = -3$ 的特征矢量 p_2、p_3 为:

$$p_2 = \begin{bmatrix} 1 \\ 2 \\ 4 \end{bmatrix} \qquad p_3 = \begin{bmatrix} 1 \\ 6 \\ 9 \end{bmatrix}$$

则变换矩阵 T 由(8.26)写出为:

$$T = \begin{bmatrix} 1 & 1 & 1 \\ 0 & 2 & 6 \\ 1 & 4 & 9 \end{bmatrix}$$

再根据式(8.24)可将该系统变换为对角线标准型:

$$\begin{bmatrix} \dot{z}_2 \\ \dot{z}_2 \\ \dot{z}_3 \end{bmatrix} = \begin{bmatrix} -1 & 0 & 0 \\ 0 & -2 & 0 \\ 0 & 0 & -3 \end{bmatrix}\begin{bmatrix} z_1 \\ z_2 \\ z_3 \end{bmatrix} + \begin{bmatrix} -2 \\ 3 \\ -1 \end{bmatrix} u$$

$$y = \begin{bmatrix} 1 & 1 & 1 \end{bmatrix}\begin{bmatrix} z_1 \\ z_2 \\ z_3 \end{bmatrix}$$

②若 A 阵为友矩阵形式且有 n 个互异实数特征值 $\lambda_1, \lambda_2, \cdots, \lambda_n$,则 T 阵是一个范德蒙德(Vandermonde)矩阵,为:

$$T = \begin{bmatrix} 1 & 1 & \cdots & 1 \\ \lambda_1 & \lambda_2 & \cdots & \lambda_n \\ \lambda_1^2 & \lambda_2^2 & \cdots & \lambda_n^2 \\ \vdots & & & \vdots \\ \lambda_1^{n-1} & \lambda_2^{n-1} & \cdots & \lambda_n^{n-1} \end{bmatrix} \tag{8.28}$$

③若 A 阵有 q 个实特征值 λ_1,其余 $(n-q)$ 个为互异实数特征值,但在求解 $Ap_i = \lambda_i p_i$ $(i=1,2,\cdots,q)$ 时,仍有 q 个独立实特征向量 $p_1, \cdots, p_q$,则仍可使 A 化为对角阵 Λ。

$$\Lambda = T^{-1}AT = \begin{bmatrix} \lambda_1 & & & & & \\ & \ddots & & & 0 & \\ & & \lambda_1 & & & \\ & & & \lambda_{q+1} & & \\ & 0 & & & \ddots & \\ & & & & & \lambda_n \end{bmatrix} \tag{8.29}$$

$$T=[\boldsymbol{p}_1\cdots\boldsymbol{p}_q \vdots \boldsymbol{p}_{q+1}\cdots\boldsymbol{p}_n]$$

式中 $\boldsymbol{p}_{q+1},\cdots,\boldsymbol{p}_n$ 是互异特征值对应的实特征向量。

展开 $\boldsymbol{A}\boldsymbol{p}_i=\lambda_i\boldsymbol{p}_i(i=1,2,\cdots,q)$ 时，n 个代数方程中若有 q 个 $p_{ij}(j=1,2,\cdots,n)$ 元素可以任意选择，或只有 $(n-q)$ 个独立方程，则有 q 个独立实特征向量。

2）化 $\boldsymbol{A}$ 为约当形

①若 $\boldsymbol{A}$ 阵为任意形式且有 q 个实特征值 λ_1，其余 $(n-q)$ 个为互异实数特征值，但在求解 $\boldsymbol{A}\boldsymbol{p}_i=\lambda_i\boldsymbol{p}_i(i=1,2,\cdots,q)$ 时，只有一个独立实特征向量 $\boldsymbol{p}_1$，则只能使 $\boldsymbol{A}$ 化为约当阵 $\boldsymbol{J}$

$$\boldsymbol{J}=\begin{bmatrix}\lambda_1 & 1 & & & & & \\ & \lambda_1 & \ddots & & & & \\ & & \ddots & 1 & & 0 & \\ & & & \lambda_1 & & & \\ & & & & \lambda_{q+1} & & \\ & & 0 & & & \ddots & \\ & & & & & & \lambda_n\end{bmatrix} \tag{8.30}$$

$\boldsymbol{J}$ 中虚线示出存在一个约当块。

$$\boldsymbol{T}=[\boldsymbol{p}_1\quad \boldsymbol{p}_2\quad \cdots\quad \boldsymbol{p}_q\quad \cdots\quad \boldsymbol{p}_{q+1}\quad \cdots\quad \boldsymbol{p}_n] \tag{8.31}$$

式中 $\boldsymbol{p}_2,\cdots,\boldsymbol{p}_q$ 是广义特征矢量，满足：

$$[\boldsymbol{p}_1\quad \boldsymbol{p}_2\quad \cdots\quad \boldsymbol{p}_q]\begin{bmatrix}\lambda_1 & 1 & & \\ & \lambda_1 & \ddots & \\ & & \ddots & 1 \\ & & & \lambda_1\end{bmatrix}=\boldsymbol{A}[\boldsymbol{p}_1\quad \boldsymbol{p}_2\quad \cdots\quad \boldsymbol{p}_q] \tag{8.32}$$

$\boldsymbol{p}_{q+1},\cdots,\boldsymbol{p}_n$ 是互异特征值对应的实特征向量。

从上述分析中可以发现，对角形实际上是约当形的一种特殊形式。

当系统用状态空间表达式来描述时，用上述方法可以比较方便地得到约当形，但若系统直接由传递函数来描述，则用下面的方法更简便。

(2)系统的并联型实现

已知系统的传递函数

$$W(s)=\frac{Y(s)}{U(s)}=\frac{b_m s^m+b_{m-1}s^{m-1}+\cdots+b_1 s+b_0}{s^n+a_{n-1}s^{n-1}+\cdots+a_1 s+a_0} \tag{8.33}$$

现将式(8.33)展开成部分分式。由于系统的特征根有2种情况，下面分别讨论。

1）具有互异根情况

此时式(8.33)可以写成：

$$W(s)=\frac{b_m s^m+b_{m-1}s^{m-1}+\cdots+b_1 s+b_0}{(s-\lambda_1)(s-\lambda_2)\cdots(s-\lambda_n)} \tag{8.34}$$

式中 $\lambda_1,\lambda_2,\cdots,\lambda_n$——系统的特征根。

将其展开成部分分式：

$$W(s)=\frac{Y(s)}{U(s)}=\frac{c_1}{s-\lambda_1}+\frac{c_2}{s-\lambda_2}+\cdots+\frac{c_n}{s-\lambda_n}=\sum_{i=1}^{n}\frac{c_i}{s-\lambda_i} \tag{8.35}$$

根据式(8.35)，容易看出，其模拟结构图如图 8.7 所示，这种结构采取的是积分器并联的结构形式。

取每个积分器的输出作为一个状态变量，系统的状态空间表达式分别为：

$$\dot{\boldsymbol{x}} = \begin{bmatrix} \lambda_1 & 0 & \cdots & 0 \\ 0 & \lambda_2 & \cdots & 0 \\ \vdots & \vdots & & \vdots \\ 0 & 0 & \cdots & \lambda_n \end{bmatrix} \boldsymbol{x} + \begin{bmatrix} 1 \\ 1 \\ \vdots \\ 1 \end{bmatrix} u \tag{8.36}$$

$$y = [c_1 \quad c_2 \quad \cdots \quad c_n] \boldsymbol{x}$$

或

$$\dot{\boldsymbol{x}} = \begin{bmatrix} \lambda_1 & 0 & \cdots & 0 \\ 0 & \lambda_2 & \cdots & 0 \\ \vdots & \vdots & & \vdots \\ 0 & 0 & \cdots & \lambda_n \end{bmatrix} \boldsymbol{x} + \begin{bmatrix} c_1 \\ c_2 \\ \vdots \\ c_n \end{bmatrix} \boldsymbol{u} \tag{8.37}$$

$$\boldsymbol{y} = [1 \quad 1 \quad \cdots \quad 1] \boldsymbol{x}$$

式(8.36)和式(8.37)是互为对偶的。同理图 8.7(a)和图 8.7(b)也有其对偶关系。不论式(8.36)或式(8.37)，它们都属于约当标准型(或对角线标准型)，因此，约当标准型的实现是并联型的。

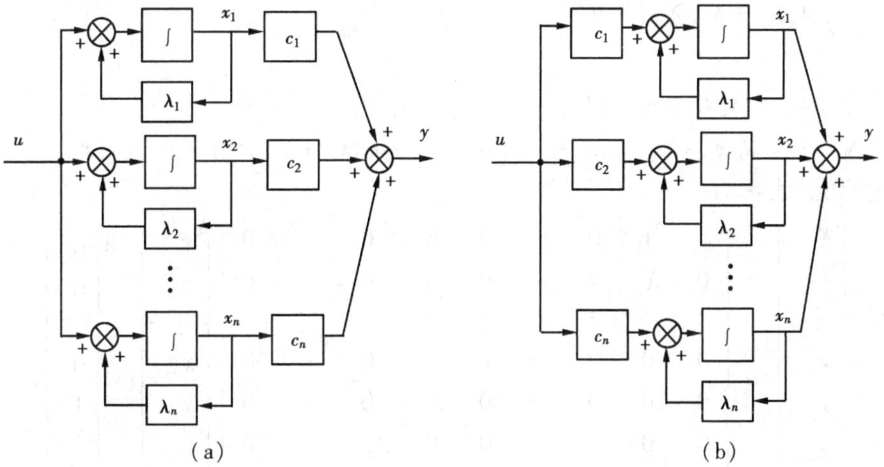

图 8.7　并联型模拟结构图

2)具有重根的情况

设有一个 q 重的主根 λ_1，其余 $\lambda_{q+1}, \lambda_{q+2}, \cdots, \lambda_n$ 是互异根。此时式(8.33)可以展开成部分分式：

$$W(s) = \frac{c_{1q}}{(s-\lambda_1)^q} + \frac{c_{1(q-1)}}{(s-\lambda_1)^{q-1}} + \cdots + \frac{c_{12}}{(s-\lambda_1)^2} + \frac{c_{11}}{(s-\lambda_1)} + \sum_{i=q+1}^{n} \frac{c_i}{(s-\lambda_i)} \tag{8.38}$$

从式(8.38)可知系统的一种实现，具有图 8.8 所示的结构，除重根是取积分器串联的形式外，其余均为积分器并联。

从图 8.8 的结构，不难列出其相应的状态空间表达式：

$$\dot{\boldsymbol{x}}_1 = \lambda_1 \boldsymbol{x}_1 + \boldsymbol{x}_2$$

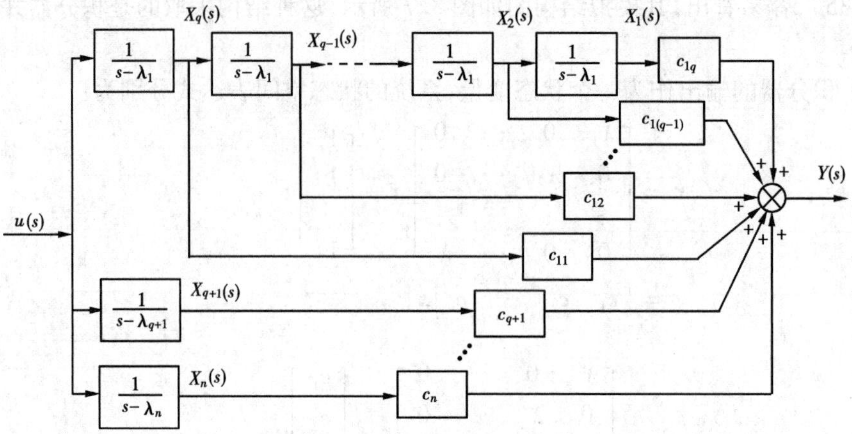

图 8.8 并联型模拟结构图

$$\dot{x}_2 = \lambda_1 x_2 + x_3$$

……

$$\dot{x}_{q-1} = \lambda_1 x_{q-1} + x_q$$

$$\dot{x}_q = \lambda_1 x_q + u$$

$$\dot{x}_{q+1} = \lambda_{q+1} x_{q+1} + u$$

……

$$\dot{x}_n = \lambda_n x_n + u$$

$$y = c_{1q} x_1 + c_{1(q-1)} x_2 + \cdots + c_{12} x_{q-1} + c_{11} x_q + c_{q+1} x_{q+1} + \cdots + c_n x_n$$

用矢量矩阵形式表示为：

$$\begin{bmatrix} \dot{x}_1 \\ \dot{x}_2 \\ \vdots \\ \dot{x}_{q-1} \\ \dot{x}_q \\ \dot{x}_{q+1} \\ \vdots \\ \dot{x}_n \end{bmatrix} = \begin{bmatrix} \lambda_1 & 1 & 0 & \cdots & 0 & 0 & 0 & \cdots & 0 \\ 0 & \lambda_1 & 1 & \cdots & 0 & 0 & 0 & \cdots & 0 \\ \vdots & \vdots & \vdots & & \vdots & \vdots & & & \vdots \\ 0 & 0 & 0 & \cdots & \lambda_1 & 1 & 0 & \cdots & 0 \\ 0 & 0 & 0 & \cdots & 0 & \lambda_1 & 0 & \cdots & 0 \\ 0 & 0 & 0 & \cdots & 0 & 0 & \lambda_{q+1} & \cdots & 0 \\ \vdots & \vdots & \vdots & & \vdots & \vdots & \vdots & & \vdots \\ 0 & 0 & 0 & \cdots & 0 & 0 & 0 & \cdots & \lambda_n \end{bmatrix} \begin{bmatrix} x_1 \\ x_2 \\ \vdots \\ x_{q-1} \\ x_q \\ x_{q+1} \\ \vdots \\ x_n \end{bmatrix} + \begin{bmatrix} 0 \\ 0 \\ \vdots \\ 0 \\ 1 \\ 1 \\ \vdots \\ 1 \end{bmatrix} u$$

$$y = \begin{bmatrix} c_{1q} & c_{1(q-1)} & \cdots & c_{12} & c_{11} & c_{q+1} & \cdots & c_n \end{bmatrix} \begin{bmatrix} x_1 \\ x_2 \\ \vdots \\ x_{q-1} \\ x_q \\ x_{q+1} \\ \vdots \\ x_n \end{bmatrix} \tag{8.39}$$

8.1.5　离散时间系统的状态空间表达式

连续时间系统的状态空间方法,完全适用于离散时间系统。

设系统差分方程为:

$$\begin{aligned} &y(k+n)+a_{n-1}y(k+n-1)+\cdots+a_1y(k+1)+a_0y(k)= \\ &b_nu(k+n)+b_{n-1}u(k+n-1)+\cdots+b_1u(k+1)+b_0u(k) \end{aligned} \tag{8.40}$$

式中　k—— kT 时刻;

T——采样周期;

$y(k),u(k)$——kT 时刻的输出、输入;

a_i,b_i——表征系统特征的常系数。相应的系统脉冲传递函数为:

$$W(z)=\frac{b_nz^n+b_{n-1}z^{n-1}+\cdots+b_1z+b_0}{z^n+a_{n-1}z^{n-1}+\cdots+a_1z+a_0} \tag{8.41}$$

式(8.41)与式(8.11)在形式上相同,故可以仿照式(8.19)写出离散时间系统的状态空间表达式:

$$\begin{aligned} \boldsymbol{x}(k+1)&=\begin{bmatrix} 0 & 1 & 0 & \cdots & 0 \\ 0 & 0 & 1 & \cdots & 0 \\ \vdots & \vdots & \vdots & \cdots & \vdots \\ 0 & 0 & 0 & \cdots & 1 \\ -a_0 & -a_1 & -a_2 & \cdots & -a_{n-1} \end{bmatrix}\boldsymbol{x}(k)+\begin{bmatrix} \beta_{n-1} \\ \beta_{n-2} \\ \vdots \\ \beta_1 \\ \beta_0 \end{bmatrix}u \\ \boldsymbol{y}(k)&=[1\quad 0\quad 0\quad \cdots\quad 0]\,\boldsymbol{x}(k)+\beta_nu \end{aligned} \tag{8.42}$$

式中 $\boldsymbol{\beta}_i(i=0,1,\cdots,n)$ 可由下式求出:

$$\begin{bmatrix} 1 & & & & \\ a_{n-1} & 1 & & & \\ a_{n-2} & a_{n-1} & 1 & & \\ \vdots & \vdots & & \ddots & \\ a_0 & a_1 & \cdots & a_{n-1} & 1 \end{bmatrix}\begin{bmatrix} \boldsymbol{\beta}_n \\ \boldsymbol{\beta}_{n-1} \\ \boldsymbol{\beta}_{n-2} \\ \vdots \\ \boldsymbol{\beta}_0 \end{bmatrix}=\begin{bmatrix} b_n \\ b_{n-1} \\ b_{n-2} \\ \vdots \\ b_0 \end{bmatrix}$$

8.2　线性定常系统状态方程的解

系统的状态空间描述的建立为分析系统的行为和特性提供了可能性。对系统进行分析的目的,是要揭示系统状态的运动规律和基本特性。下面我们通过求解状态方程来研究系统状态的运动规律。

8.2.1　线性定常齐次状态方程的解(自由解)

所谓系统的自由解,是指系统输入为零时,由初始状态引起的自由运动。此时。状态方程为齐次状态方程:

$$\dot{\boldsymbol{x}}=\boldsymbol{A}\boldsymbol{x} \tag{8.43}$$

设其解是 t 的向量幂级数：

$$\boldsymbol{x}(t)=\boldsymbol{b}_0+\boldsymbol{b}_1 t+\boldsymbol{b}_2 t^2+\cdots+\boldsymbol{b}_k t^k+\cdots$$

式中 $\boldsymbol{x},\boldsymbol{b}_0,\cdots,\boldsymbol{b}_k$ 都是 n 维向量，则

$$\begin{aligned}\dot{\boldsymbol{x}}(t)&=\boldsymbol{b}_1+2\boldsymbol{b}_2 t\cdots+k\boldsymbol{b}_k t^{k-1}+\cdots=\\&\boldsymbol{A}(\boldsymbol{b}_0+\boldsymbol{b}_1 t+\boldsymbol{b}_2 t^2+\cdots+\boldsymbol{b}_k t^k+\cdots)\end{aligned}$$

由对应项系数相等关系有：

$$\begin{aligned}\boldsymbol{b}_1&=\boldsymbol{A}\boldsymbol{b}_0\\\boldsymbol{b}_2&=\frac{1}{2}\boldsymbol{A}^2\boldsymbol{b}_0\\&\cdots\\\boldsymbol{b}_k&=\frac{1}{k!}\boldsymbol{A}^k\boldsymbol{b}_0\\&\cdots\end{aligned}$$

且 $\boldsymbol{x}(0)=\boldsymbol{b}_0$，故：

$$\boldsymbol{x}(t)=(\boldsymbol{I}+\boldsymbol{A}t+\frac{1}{2}\boldsymbol{A}^2t^2+\cdots+\frac{1}{k!}\boldsymbol{A}^kt^k+\cdots)x(0)$$

定义

$$\begin{aligned}\mathrm{e}^{\boldsymbol{A}t}&=\boldsymbol{I}+\boldsymbol{A}t+\frac{1}{2}\boldsymbol{A}^2t^2+\cdots+\frac{1}{k!}\boldsymbol{A}^kt^k+\cdots=\\&\sum_{k=0}^{\infty}\frac{1}{k!}\boldsymbol{A}^kt^k\end{aligned}\tag{8.44}$$

则

$$\boldsymbol{x}(t)=\mathrm{e}^{\boldsymbol{A}t}\boldsymbol{x}(0)\tag{8.45}$$

众所周知，纯量微分方程 $\dot{x}=ax$ 的解为 $x(t)=\mathrm{e}^{at}x(0)$，e^{at} 称为指数函数，而向量微分方程的解在形式上与其是相似的，故把 $\mathrm{e}^{\boldsymbol{A}t}$ 称为矩阵指数函数。

8.2.2 状态转移矩阵

从式(8.45)可以看出，$\boldsymbol{x}(t)$ 是由 $\boldsymbol{x}(0)$ 转移而来，对于线性定常系统，$\mathrm{e}^{\boldsymbol{A}t}$ 又有状态转移矩阵之称，并记作 $\boldsymbol{\Phi}(t)$，即 $\mathrm{e}^{\boldsymbol{A}t}=\boldsymbol{\Phi}(t)$，所以式(8.45)又可以写成：

$$\boldsymbol{x}(t)=\boldsymbol{\Phi}(t)\boldsymbol{x}(0)\tag{8.46}$$

(1) 状态转移矩阵的性质

性质 1

$$\boldsymbol{\Phi}(t)\boldsymbol{\Phi}(\boldsymbol{\tau})=\boldsymbol{\Phi}(t+\tau)$$

或

$$\mathrm{e}^{\boldsymbol{A}t}\mathrm{e}^{\boldsymbol{A}\tau}=\mathrm{e}^{\boldsymbol{A}(t+\tau)}\tag{8.47}$$

这是组合性质，它意味着从 $-\tau$ 转移到 0，再从 0 转移到 t 的组合，即：

$$\boldsymbol{\Phi}(t-0)\boldsymbol{\Phi}(0-(-\tau))=\boldsymbol{\Phi}(t-(-\tau))=\boldsymbol{\Phi}(t+\tau)$$

性质 2

$$\begin{aligned}&\boldsymbol{\Phi}(t-t)=\boldsymbol{I}\\&\mathrm{e}^{\boldsymbol{A}(t-t)}=\boldsymbol{I}\end{aligned}\tag{8.48}$$

上述 2 个性质可由式(8.44)的定义得到证明。本性质意味着状态矢量从时刻 t 又转移到

时刻 t，显然，状态矢量是不变的。

性质 3

$$[\boldsymbol{\Phi}(t)]^{-1} = \boldsymbol{\Phi}(-t)$$

或

$$[e^{\boldsymbol{A}t}]^{-1} = e^{-\boldsymbol{A}t} \tag{8.49}$$

这个性质是，状态转移矩阵的逆意味着时间的逆转；利用这个性质，可以在已知 $\boldsymbol{x}(t)$ 的情况下，求出小于时刻 t 的 $\boldsymbol{x}(t_0)$（$t_0 < t$）。

性质 4

对于状态转移矩阵，有：

$$\dot{\boldsymbol{\Phi}}(t) = \boldsymbol{A}\,\boldsymbol{\Phi}(t) = \boldsymbol{\Phi}(t)\boldsymbol{A}$$

或

$$\frac{\mathrm{d}}{\mathrm{d}t}e^{\boldsymbol{A}t} = \boldsymbol{A}e^{\boldsymbol{A}t} = e^{\boldsymbol{A}t}\boldsymbol{A} \tag{8.50}$$

这个性质说明，$\boldsymbol{\Phi}(t)$ 或 $e^{\boldsymbol{A}t}$ 矩阵和 $\boldsymbol{A}$ 矩阵是可以交换的。

性质 5

对于 $n \times n$ 方阵 $\boldsymbol{A}$ 和 $\boldsymbol{B}$，当且仅当 $\boldsymbol{AB} = \boldsymbol{BA}$ 时，有 $e^{\boldsymbol{A}t}e^{\boldsymbol{B}t} = e^{(\boldsymbol{A}+\boldsymbol{B})t}$；而当 $\boldsymbol{AB} \neq \boldsymbol{BA}$ 时，则 $e^{\boldsymbol{A}t}e^{\boldsymbol{B}t} \neq e^{(\boldsymbol{A}+\boldsymbol{B})t}$。

这个性质说明，除非 $\boldsymbol{A}$ 与 $\boldsymbol{B}$ 矩阵是可交换的，它们各自的矩阵指数函数之积与其和的矩阵指数函数不等价。这与标量指数函数的性质是不相同的。

(2) $\boldsymbol{\Phi}(t)$ 或 $e^{\boldsymbol{A}t}$ 的计算

1）根据 $e^{\boldsymbol{A}t}$ 或 $\boldsymbol{\Phi}(t)$ 的定义直接计算

$$e^{\boldsymbol{A}t} = \boldsymbol{I} + \boldsymbol{A}t + \frac{1}{2}\boldsymbol{A}^2t^2 + \cdots + \frac{1}{k!}\boldsymbol{A}^kt^k + \cdots$$

[例 5]　已知 $\boldsymbol{A} = \begin{bmatrix} 0 & 1 \\ -2 & -3 \end{bmatrix}$，求 $e^{\boldsymbol{A}t}$

解　$e^{\boldsymbol{A}t} = \begin{bmatrix} 1 & 0 \\ 0 & 1 \end{bmatrix} + \begin{bmatrix} 0 & 1 \\ -2 & -3 \end{bmatrix}t + \begin{bmatrix} 0 & 1 \\ -2 & -3 \end{bmatrix}^2\frac{t^2}{2!} + \begin{bmatrix} 0 & 1 \\ -2 & -3 \end{bmatrix}^3\frac{t^3}{3!} + \cdots =$

$$\begin{bmatrix} 1 - t^2 + t^3 + \cdots & t - \frac{3}{2}t^2 - \frac{7}{6}t^3 + \cdots \\ -2t + 3t^2 - \frac{7}{3}t^3 + \cdots & 1 - 3t + \frac{7}{2}t^2 - \frac{5}{2}t^3 + \cdots \end{bmatrix}$$

此法具有步骤简便和编程容易的优点，适合于计算机计算。但是采用此法计算难以获得解析形式的结果。

2）利用拉氏反变换法求 $e^{\boldsymbol{A}t}$

$$e^{\boldsymbol{A}t} = \boldsymbol{\Phi}(t) = \boldsymbol{L}^{-1}[s\boldsymbol{I} - \boldsymbol{A})^{-1}] \tag{8.51}$$

证明：　齐次微分方程 $\dot{\boldsymbol{x}} = \boldsymbol{A}\boldsymbol{x}$；$\boldsymbol{x}(0) = \boldsymbol{x}_0$

两边取拉氏变换：

$$s\boldsymbol{X}(s) - \boldsymbol{x}(0) = \boldsymbol{A}\boldsymbol{X}(s)$$

即：　$(s\boldsymbol{I} - \boldsymbol{A})\boldsymbol{X}(s) = \boldsymbol{x}(0) = \boldsymbol{x}_0$

所以：　$\boldsymbol{X}(s) = (s\boldsymbol{I} - \boldsymbol{A})^{-1}\boldsymbol{x}_0$

对上式两边取拉氏反变换，从而得到齐次微分方程的解：

$$\boldsymbol{x}(t)=\boldsymbol{L}^{-1}[(s\boldsymbol{I}-\boldsymbol{A})^{-1}]\boldsymbol{x}_0$$

将上式和式(8.45)比较,故有:

$$e^{\boldsymbol{A}t}=\boldsymbol{\Phi}(t)=\boldsymbol{L}^{-1}[(s\boldsymbol{I}-\boldsymbol{A})^{-1}]$$

[例6] 已知 $\boldsymbol{A}=\begin{bmatrix}0 & 1\\ -2 & -3\end{bmatrix}$,求 $e^{\boldsymbol{A}t}$

解 $s\boldsymbol{I}-\boldsymbol{A}=\begin{bmatrix}s & -1\\ 2 & s+3\end{bmatrix}$

$$(s\boldsymbol{I}-\boldsymbol{A})^{-1}=\frac{1}{|s\boldsymbol{I}-\boldsymbol{A}|}adj(s\boldsymbol{I}-\boldsymbol{A})=\frac{1}{(s+1)(s+2)}\begin{bmatrix}s+3 & 1\\ -2 & s\end{bmatrix}=$$

$$\begin{bmatrix}\frac{s+3}{(s+1)(s+2)} & \frac{1}{(s+1)(s+2)}\\ \frac{-2}{(s+1)(s+2)} & \frac{s}{(s+1)(s+2)}\end{bmatrix}=\begin{bmatrix}\frac{2}{s+1}-\frac{1}{s+2} & \frac{1}{s+1}-\frac{1}{s+2}\\ \frac{-2}{s+1}+\frac{2}{s+2} & \frac{-1}{s+1}+\frac{2}{s+2}\end{bmatrix}$$

所以 $e^{\boldsymbol{A}t}=\boldsymbol{L}^{-1}[s\boldsymbol{I}-\boldsymbol{A})^{-1}]=\begin{bmatrix}2e^{-t}-e^{-2t} & e^{-t}-e^{-2t}\\ -2e^{-t}+e^{-2t} & -e^{-t}+2e^{-2t}\end{bmatrix}$

8.2.3 线性定常系统非齐次方程的解

现在讨论线性定常系统在控制作用 $\boldsymbol{u}(t)$ 作用下的强制运动。此时状态方程为非齐次矩阵微分方程:

$$\dot{\boldsymbol{x}}=\boldsymbol{A}\boldsymbol{x}+\boldsymbol{B}\boldsymbol{u} \tag{8.52}$$

当初始时刻为 $t_0=0$,初始状态为 $\boldsymbol{x}(0)$ 时,其解为:

$$\boldsymbol{x}(t)=\boldsymbol{\Phi}(t)\boldsymbol{x}(0)+\int_0^t\boldsymbol{\Phi}(t-\tau)\boldsymbol{B}\boldsymbol{u}(\tau)d\tau \tag{8.53}$$

式中 $\boldsymbol{\Phi}(t)=e^{\boldsymbol{A}t}$。

证明: 采用类似标量微分方程求解的方法,将式(8.52)写成:

$$\dot{\boldsymbol{x}}-\boldsymbol{A}\boldsymbol{x}=\boldsymbol{B}\boldsymbol{u}$$

等式两边同时左乘 $e^{-\boldsymbol{A}t}$,得:

$$e^{-\boldsymbol{A}t}(\dot{\boldsymbol{x}}-\boldsymbol{A}\boldsymbol{x})=e^{-\boldsymbol{A}t}\boldsymbol{B}\boldsymbol{u}(t)$$

即:
$$\frac{d}{dt}[e^{-\boldsymbol{A}t}\boldsymbol{x}(t)]=e^{-\boldsymbol{A}t}\boldsymbol{B}\boldsymbol{u}(t) \tag{8.54}$$

对式(8.54)在 $0\sim t$ 间积分,有:

$$e^{-\boldsymbol{A}t}\boldsymbol{x}(t)\Big|_0^t=\int_0^t e^{-\boldsymbol{A}\tau}\boldsymbol{B}\boldsymbol{u}(\tau)d\tau$$

整理后可得式(8.53)。

$$\boldsymbol{x}(t)=\boldsymbol{\Phi}(t)\boldsymbol{x}(0)+\int_0^t\boldsymbol{\Phi}(t-\tau)\boldsymbol{B}\boldsymbol{u}(\tau)d\tau$$

很明显,式(8.52)的解 $\boldsymbol{x}(t)$ 是由两部分组成:等式右边第一项表示由初始状态引起的自由运动,第二项表示由控制激励作用引起的强制运动。

[例7] 试求下述系统在单位阶跃函数作用下的解

$$\dot{\boldsymbol{x}}=\begin{bmatrix}0 & 1\\ -2 & -3\end{bmatrix}\boldsymbol{x}+\begin{bmatrix}0\\ 1\end{bmatrix}\boldsymbol{u}$$

解　①先求 $\boldsymbol{\Phi}(t)$

从上例已求出：

$$\boldsymbol{\Phi}(t)=\begin{bmatrix}2e^{-t}-e^{-2t} & e^{-t}-e^{-2t}\\ -2e^{-t}+e^{-2t} & -e^{-t}+2e^{-2t}\end{bmatrix}$$

②将 $\boldsymbol{b}=\begin{bmatrix}0\\1\end{bmatrix}$，$\boldsymbol{u}(t)=1(t)$ 代入式(8.53)

$$\boldsymbol{x}(t)=\begin{bmatrix}2e^{-t}-e^{-2t} & e^{-t}-e^{-2t}\\ -2e^{-t}+e^{-2t} & -e^{-t}+2e^{-2t}\end{bmatrix}\begin{bmatrix}x_1(0)\\x_2(0)\end{bmatrix}+\int_0^t\begin{bmatrix}e^{-(t-\tau)}-e^{-2(t-\tau)}\\ -e^{-(t-\tau)}+2e^{-2(t-\tau)}\end{bmatrix}d\tau=$$

$$\begin{bmatrix}2e^{-t}-e^{-2t} & e^{-t}-e^{-2t}\\ -2e^{-t}+e^{-2t} & -e^{-t}+2e^{-2t}\end{bmatrix}\begin{bmatrix}x_1(0)\\x_2(0)\end{bmatrix}+\begin{bmatrix}\frac{1}{2}-e^{-t}+e^{-2t}\\ e^{-t}-e^{-2t}\end{bmatrix}$$

8.2.4　离散时间系统状态方程的解

离散时间状态方程有 2 种解法：递推法和 z 变换法。这里只介绍常用的递推法，对 z 变换法感兴趣的读者可参阅有关书籍。

线性定常离散时间系统的状态方程为：

$$\begin{aligned}&\boldsymbol{x}(k+1)=\boldsymbol{G}\boldsymbol{x}(k)+\boldsymbol{H}\boldsymbol{u}(k)\\ &\boldsymbol{x}(k)\big|_{k=0}=\boldsymbol{x}(0)\end{aligned}\tag{8.55}$$

用迭代法解矩阵差分方程(8.55)：

$k=0$，$\boldsymbol{x}(1)=\boldsymbol{G}\boldsymbol{x}(0)+\boldsymbol{H}\boldsymbol{u}(0)$

$k=1$，$\boldsymbol{x}(2)=\boldsymbol{G}\boldsymbol{x}(1)+\boldsymbol{H}\boldsymbol{u}(1)=\boldsymbol{G}^2\boldsymbol{x}(0)+\boldsymbol{G}\boldsymbol{H}\boldsymbol{u}(0)+\boldsymbol{H}\boldsymbol{u}(1)$

$k=2$，$\boldsymbol{x}(3)=\boldsymbol{G}\boldsymbol{x}(2)+\boldsymbol{H}\boldsymbol{u}(2)=\boldsymbol{G}^3\boldsymbol{x}(0)+\boldsymbol{G}^2\boldsymbol{H}\boldsymbol{u}(0)+\boldsymbol{G}\boldsymbol{H}\boldsymbol{u}(1)+\boldsymbol{H}\boldsymbol{u}(2)$

……

$k=k-1$，$\boldsymbol{x}(k)=\boldsymbol{G}\boldsymbol{x}(k-1)+\boldsymbol{H}\boldsymbol{u}(k-1)=\boldsymbol{G}^k\boldsymbol{x}(0)+\boldsymbol{G}^{k-1}\boldsymbol{H}\boldsymbol{u}(0)+\cdots+\boldsymbol{G}\boldsymbol{H}\boldsymbol{u}(k-2)+\boldsymbol{H}\boldsymbol{u}(k)$

即：

$$\boldsymbol{x}(k)=\boldsymbol{G}^k\boldsymbol{x}(0)+\sum_{j=0}^{k-1}\boldsymbol{G}^{k-j-1}\boldsymbol{H}\boldsymbol{u}(j)\tag{8.56}$$

式(8.56)即为线性定常离散时间系统的状态方程(8.55)的解。

8.2.5　连续时间状态空间表达式的离散化

数字计算机所处理的数据是数字量，它不仅在数值上是整量化的，而且在时间上是离散化的。如果采用数字计算机对连续时间状态方程求解，那么必须先将其化为离散时间状态方程。当然，在对连续受控对象进行在线控制时，同样也有一个将连续数学模型的受控对象离散化的问题。

离散按一个等采样周期 T 的采样过程处理，即将 t 变为 kT，其中 T 为采样周期，而 $k=0,1,2,\cdots$ 为一正整数。输入量 $\boldsymbol{u}(t)$ 则认为只在采样时刻发生变化，在相邻两采样时刻之间，$\boldsymbol{u}(t)$ 是通过零阶保持器保持不变的，且等于前一个采样时刻之值，换句话说，在 kT 和 $(k+1)T$ 之间，$\boldsymbol{u}(t)=\boldsymbol{u}(kT)=$ 常数。

在以上假定情况下，对于连续时间的状态空间表达式：

$$\dot{\boldsymbol{x}}=\boldsymbol{A}\boldsymbol{x}+\boldsymbol{B}\boldsymbol{u}$$

$$\boldsymbol{y} = \boldsymbol{C}\boldsymbol{x} + \boldsymbol{D}\boldsymbol{u}$$

将其离散化后，则得离散时间状态空间表达式为：

$$\boldsymbol{x}(k+1) = \boldsymbol{G}(T)\boldsymbol{x}(k) + \boldsymbol{H}(T)\boldsymbol{u}(k) \tag{8.57}$$

$$\boldsymbol{y}(k) = \boldsymbol{C}\boldsymbol{x}(k) + \boldsymbol{D}\boldsymbol{u}(k)$$

式中：

$$\boldsymbol{G}(T) = \mathrm{e}^{\boldsymbol{A}T}$$

$$\boldsymbol{H}(T) = \int_0^t \mathrm{e}^{\boldsymbol{A}t}\mathrm{d}t\boldsymbol{B} \tag{8.58}$$

在采样周期 T 较小时，一般当其为系统最小时间常数的 1/10 左右时，离散化的状态方程可近似表示为：

$$\boldsymbol{x}[(k+1)T] = (T\boldsymbol{A} + \boldsymbol{I})\boldsymbol{x}(kT) + T\boldsymbol{B}\boldsymbol{u}(kT) \tag{8.59}$$

即：

$$\boldsymbol{G}(T) \approx T\boldsymbol{A} + \boldsymbol{I}$$

$$\boldsymbol{H}(T) \approx T\boldsymbol{B}$$

8.3 线性定常系统的能控性和能观性

在控制工程中，有两个问题经常引起设计者的关心。那就是加入适当的控制作用后，能否在有限时间内将系统从任一初始状态控制（转移）到希望的状态上，以通过对系统输出在一段时间内的观测，能否判断（识别）系统的初始状态。这便是控制系统的能控性与能观性问题。控制系统的能控性及能观性是现代理论中很重要的 2 个概念。在多变量最优控制系统中，能控性及能观性是最优控制问题解的存在性问题中最重要的问题，如果所研究的系统是不可控的，则最优控制问题的解是不存在的。

8.3.1 能控性问题

能控性所考察的只是系统在控制作用 $\boldsymbol{u}(t)$ 的控制下，状态矢量 $\boldsymbol{x}(t)$ 的转移情况，而与输出 $\boldsymbol{y}(t)$ 无关，所以只需从状态方程的研究出发即可。

(1) 线性连续定常系统的能控性定义

线性连续定常系统：

$$\dot{\boldsymbol{x}} = \boldsymbol{A}\boldsymbol{x} + \boldsymbol{B}\boldsymbol{u} \tag{8.60}$$

如果存在一个分段连续的输入 $\boldsymbol{u}(t)$，能在有限时间区间 $[t_0, t_f]$ 内，使系统由某一初始状态 $\boldsymbol{x}(t_0)$，转移到指定的任意终端状态 $\boldsymbol{x}(t_f)$，则称此状态是能控的。若系统的所有状态都是能控的，则称系统是状态完全能控的，简称系统是能控的。

(2) 能控性的判别

线性连续定常单输入系统：

$$\dot{\boldsymbol{x}} = \boldsymbol{A}\boldsymbol{x} + \boldsymbol{b}u \tag{8.61}$$

其能控的充分必要条件是由 $\boldsymbol{A}, \boldsymbol{b}$ 构成的能控性矩阵：

$$\boldsymbol{M} = [\boldsymbol{b} \quad \boldsymbol{A}\boldsymbol{b} \quad \boldsymbol{A}^2\boldsymbol{b} \quad \cdots \quad \boldsymbol{A}^{n-1}\boldsymbol{b}] \tag{8.62}$$

满秩，即 $\mathrm{rank}\boldsymbol{M} = n$。否则当 $\mathrm{rank}\boldsymbol{M} < n$ 时，系统为不能控的。

下面推导系统状态完全能控的条件，在不失一般性的条件下，假设终端状态 $\boldsymbol{x}(t_f)$ 为状态空间的原点，并设初始时间为零，即 $t_0=0$。

方程(8.60)的解为：

$$x(t) = e^{At}x(0) + \int_0^t e^{A(t-\tau)}bu(\tau)d\tau$$

由能控性定义，可得：

$$x(t_f) = 0 = e^{At_f}x(0) + \int_0^{t_f} e^{A(t_f-\tau)}bu(\tau)d\tau$$

即：

$$x(0) = -\int_0^{t_f} e^{-A\tau}bu(\tau)d\tau \tag{8.63}$$

注意到 $e^{-A\tau}$ 可写成：

$$e^{-A\tau} = \sum_{k=0}^{n-1}\alpha_k(\tau)A^k \tag{8.64}$$

将方程(8.64)代入方程(8.63)中，可得：

$$x(0) = -\sum_{k=0}^{n-1}A^k b\int_0^{t_f}\alpha_k(\tau)u(\tau)d\tau \tag{8.65}$$

设：

$$\int_0^{t_f}\alpha_k(\tau)u(\tau)d\tau = \beta_k$$

那么方程(8.65)变为：

$$x(0) = -\sum_{k=0}^{n-1}A^k b\beta_k = -\begin{bmatrix} b & Ab & \cdots & A^{n-1}b\end{bmatrix}\begin{bmatrix}\beta_0\\ \beta_1\\ \vdots\\ \beta_{n-1}\end{bmatrix} \tag{8.66}$$

要使系统能控，则对任意给定的初始状态 $x(t_0)$，应能从式(8.66)解出 $\beta_0,\beta_1,\cdots,\beta_{n-1}$ 来，因此，必须保证：

$$M = \begin{bmatrix} b & Ab & A^2b & \cdots & A^{n-1}b\end{bmatrix}$$

的逆存在，亦即其秩必须等于 n。

同理，可以证明，对于多输入系统：

$$\dot{x} = Ax + Bu \tag{8.67}$$

其能控的充分必要条件是由 A,B 构成的能控性矩阵：

$$M = \begin{bmatrix} B & AB & A^2B & \cdots & A^{n-1}B\end{bmatrix} \tag{8.68}$$

满秩，即 $\text{rank}M=n$。否则当 $\text{rank}M<n$ 时，系统为不能控的。

需要注意的是，对于单输入系统，M 阵为 $n\times n$ 的方阵，$\text{rank}M=n$ 与 M 的行列式的值不为零是等价的，故可以通过计算 M 的行列式的值是否为零来判断 M 是否满秩。而对于多输入系统，此时 M 为 $n\times nr$ 的矩阵，其秩的确定一般的说要复杂一些。由于矩阵 M 和 M^T 积 MM^T 是 $n\times n$ 方阵，而它的秩等价于 M 的秩，因此可以通过计算方阵 MM^T 的秩来确定 M 的秩。

[例 8]　已知某系统如下，试判断其是否能控。

$$\dot{x} = \begin{bmatrix}-4 & 5\\ 1 & 0\end{bmatrix}x + \begin{bmatrix}-5\\ 1\end{bmatrix}u$$

解 $M=[b \quad Ab]=\begin{bmatrix}-5 & 25\\ 1 & -5\end{bmatrix}$

显然其秩为1,不满秩,故系统为不能控的。

[例9] 试判断下列系统的能控性。

$$\dot{x}=\begin{bmatrix}1 & 2 & 1\\ 0 & 1 & 0\\ 1 & 0 & 3\end{bmatrix}x+\begin{bmatrix}1 & 0\\ 0 & 1\\ 0 & 0\end{bmatrix}u$$

解 $M=[B \quad AB \quad A^2B]=\begin{bmatrix}1 & 0 & 1 & 2 & 2 & 4\\ 0 & 1 & 0 & 1 & 0 & 1\\ 0 & 0 & 1 & 0 & 4 & 2\end{bmatrix}$

$$MM^T=\begin{bmatrix}26 & 6 & 17\\ 6 & 3 & 2\\ 17 & 2 & 21\end{bmatrix}$$

易知 MM^T 是满秩的,故 M 满秩,系统是能控的。实际上在例9中,M 的满秩从 M 矩阵前3列即可直接看出,它包含在:

$$[B \quad AB]=\begin{bmatrix}1 & 0 & 1 & 2\\ 0 & 1 & 0 & 1\\ 0 & 0 & 1 & 0\end{bmatrix}$$

的矩阵中,所以在多输入系统中,有时并不一定要计算出全部 M 阵。这也说明,在多输入系统中,系统的能控性条件是较容易满足的。

(3)输出能控性概念

如果需要控制的是输出量,则需研究输出能控性。输出能控性定义为:

对于系统:

$$\dot{x}=Ax+Bu$$
$$y=Cx+Du$$

在有限时间区间 $t\in[t_0,t_f]$,存在一个无约束的分段连续的控制输入 $u(t)$,能使任意初始输出 $y(t_0)$ 转移到任意终端输出 $y(t_f)$,则称系统是输出完全能控的,简称输出能控。

系统输出能控的充分必要条件是:

$$S=[CB \quad CAB \quad CA^2B \quad \cdots \quad CA^{n-1}B \quad D] \tag{8.69}$$

的秩为输出变量的数目 m。即:

$$\mathrm{rank}S=m$$

状态能控与输出能控是2个概念,其间没有什么必然联系。

8.3.2 能观性问题

控制系统大多采用反馈控制形式。在现代控制理论中,其反馈信息是由系统的状态变量组合而成。但并非所有的系统的状态变量在物理上都能测取到,于是便提出能否通过对输出的测量获得全部状态变量的信息,这便是系统的能观测问题。

(1)能观性定义

能观性表示的是输出 $y(t)$ 反映状态矢量 $x(t)$ 的能力,与控制作用没有直接关系,所以分

析能观性问题时,只需从齐次状态方程和输出方程出发,即:

$$\begin{aligned}\dot{\boldsymbol{x}} &= \boldsymbol{A}\boldsymbol{x}; \boldsymbol{x}(t_0) = \boldsymbol{x}_0 \\ \boldsymbol{y} &= \boldsymbol{C}\boldsymbol{x}\end{aligned} \tag{8.70}$$

如果对任意给定的输入 $\boldsymbol{u}(t)$,在有限的观测时间 $t_f > t_0$,使得根据 $[t_0, t_f]$ 期间的输出 $\boldsymbol{y}(t)$ 能惟一地确定系统在初始时刻的状态 $\boldsymbol{x}(t_0)$,则称状态 $\boldsymbol{x}(t_0)$ 是能观的。若系统的每一个状态都是能观的,则称系统是状态完全能观测的。

(2) 能观性的判别

线性连续定常系统:

$$\begin{aligned}\dot{\boldsymbol{x}} &= \boldsymbol{A}\boldsymbol{x} \\ \boldsymbol{y} &= \boldsymbol{C}\boldsymbol{x}\end{aligned} \tag{8.71}$$

其能观的充分必要条件是由 $\boldsymbol{A}, \boldsymbol{C}$ 构成的能观性矩阵:

$$\boldsymbol{N} = \begin{bmatrix} \boldsymbol{C} \\ \boldsymbol{CA} \\ \vdots \\ \boldsymbol{CA}^{n-1} \end{bmatrix} \tag{8.72}$$

满秩,即 $\mathrm{rank}\boldsymbol{N} = n$。否则当 $\mathrm{rank}\boldsymbol{N} < n$ 时,系统为不能观的。

证明: 由式(8.71)可以求得:

$$\boldsymbol{y}(t) = \boldsymbol{C}\mathrm{e}^{\boldsymbol{A}t}\boldsymbol{x}(0)$$

由于:

$$\mathrm{e}^{\boldsymbol{A}t} = \sum_{k=0}^{n-1} \alpha_k(t)\boldsymbol{A}^k$$

我们可得:

$$\boldsymbol{y}(t) = \sum_{k=0}^{n-1} \alpha_k(t)\boldsymbol{CA}^k\boldsymbol{x}(0) = \begin{bmatrix}\alpha_0(t)\boldsymbol{I} & \alpha_1(t)\boldsymbol{I} & \cdots & \alpha_{n-1}(t)\boldsymbol{I}\end{bmatrix} \begin{bmatrix} \boldsymbol{C} \\ \boldsymbol{CA} \\ \vdots \\ \boldsymbol{CA}^{n-1} \end{bmatrix} \tag{8.73}$$

因此,根据在时间区间 $t_0 \leqslant t \leqslant t_f$ 测量到的 $\boldsymbol{y}(t)$,要能从式(8.73)惟一地确定 $\boldsymbol{x}(t_0)$,即完全能观的充要条件是矩阵:

$$\boldsymbol{N} = \begin{bmatrix} \boldsymbol{C} \\ \boldsymbol{CA} \\ \vdots \\ \boldsymbol{CA}^{n-1} \end{bmatrix}$$

满秩。

同样,对于单输出系统,$\boldsymbol{N}$ 阵为 $n \times n$ 的方阵,$\mathrm{rank}\boldsymbol{N} = n$ 与 $\boldsymbol{N}$ 的行列式的值不为零是等价的,故可以通过计算 $\boldsymbol{N}$ 的行列式的值是否为零来判断 $\boldsymbol{N}$ 是否满秩。而对于多输出系统,此时 $\boldsymbol{N}$ 为 $nm \times n$ 的矩阵,由于矩阵 $\boldsymbol{N}^T$ 和 $\boldsymbol{N}$ 积 $\boldsymbol{N}^T\boldsymbol{N}$ 是 $n \times n$ 方阵,而它的秩等价于 $\boldsymbol{N}$ 的秩,因此可以通过计算方阵 $\boldsymbol{N}^T\boldsymbol{N}$ 的秩来确定 $\boldsymbol{N}$ 的秩。

8.3.3 能控标准型和能观标准型

由于状态变量选择的非唯一性,系统的状态空间表达也不是唯一的。在实际应用中,常常根据所研究问题的需要,将状态空间表达式化成相应的几种标准形式:如约当标准型,对于状态转移矩阵的计算,能控性和能观性分析是十分方便的。能控标准型对于状态反馈来说比较方便,而能观标准型则对于状态观测器的设计及系统辨识比较方便。无论选用哪种标准型,其实质都是对系统状态空间表达式进行非奇异线性变换,而且关键在于寻找相应的变换矩阵 T。这样做的理论依据是非奇异变换不改变系统的自然模态及能控性,能观性,而且只有系统完全能控(能观)才能化成能控(能观)标准型,对于一个传递函数为:

$$W(s)=\frac{b_{n-1}s^{n-1}+b_{n-2}s^{n-2}+\cdots+b_1s+b_0}{s^n+a_{n-1}s^{n-1}+\cdots+a_1s+a_0} \tag{8.74}$$

的系统,可以证明,当其无相消的零极点时,系统一定能控能观,则可直接由传递函数写出其能控、能观标准型。

(1)能控标准型

当系统的传递函数如式(8.74),则可直接写出其能控标准型:

$$\begin{bmatrix}\dot{x}_1\\ \dot{x}_2\\ \vdots\\ \dot{x}_{n-1}\\ \dot{x}_n\end{bmatrix}=\begin{bmatrix}0&1&0&\cdots&0\\0&0&1&\cdots&0\\ \vdots&\vdots&\vdots&\cdots&\vdots\\0&0&0&\cdots&1\\-a_0&-a_1&-a_2&\cdots&-a_{n-1}\end{bmatrix}\begin{bmatrix}x_1\\x_2\\ \vdots\\x_{n-1}\\x_n\end{bmatrix}+\begin{bmatrix}0\\0\\0\\ \vdots\\1\end{bmatrix}u \tag{8.75}$$

$$\boldsymbol{y}=[b_0\quad b_1\quad b_2\quad\cdots\quad b_{n-1}]\boldsymbol{x}$$

如果给定的能控系统是用状态空间表达式描述的,且并不具有能控标准型的形式,则可用下面的方法将其化为能控标准型。

设系统的状态空间表达式为:

$$\begin{aligned}\dot{\boldsymbol{x}}&=\boldsymbol{A}\boldsymbol{x}+\boldsymbol{b}u\\ \boldsymbol{y}&=\boldsymbol{c}\boldsymbol{x}\end{aligned} \tag{8.76}$$

若系统是完全能控的,则存在线性非奇异变换:

$$\boldsymbol{x}=\boldsymbol{T}_c\bar{\boldsymbol{x}} \tag{8.77}$$

$$\boldsymbol{T}_c=[\boldsymbol{A}^{n-1}\boldsymbol{b}\quad \boldsymbol{A}^{n-2}\boldsymbol{b}\quad\cdots\quad\boldsymbol{b}]\begin{bmatrix}1&&&&0\\a_{n-1}&1&&&\\ \vdots&&\ddots&&\\a_2&a_3&&\ddots&\\a_1&a_2&\cdots&a_{n-1}&1\end{bmatrix} \tag{8.78}$$

其中 a_i 为系统特征多项式中对应项系数。

使其状态空间表达式(8.76)化为:

$$\begin{aligned}\dot{\bar{\boldsymbol{x}}}&=\bar{\boldsymbol{A}}\bar{\boldsymbol{x}}+\bar{\boldsymbol{b}}u\\ \boldsymbol{y}&=\bar{\boldsymbol{c}}\bar{\boldsymbol{x}}\end{aligned} \tag{8.79}$$

其中
$$\bar{A}=T_c^{-1}AT_c=\begin{bmatrix}0&1&0&\cdots&0\\0&0&1&\cdots&0\\\vdots&\vdots&\vdots&\cdots&\vdots\\0&0&0&\cdots&1\\-a_0&-a_1&-a_2&\cdots&-a_{n-1}\end{bmatrix}\tag{8.80}$$

$$\bar{b}=T_c^{-1}b=\begin{bmatrix}0\\0\\0\\\vdots\\1\end{bmatrix}\tag{8.81}$$

$$\bar{C}=CT_c=[b_0\quad b_1\quad b_2\quad\cdots\quad b_{n-1}]\tag{8.82}$$

[例 10]　试将下列系统变换为能控标准型。

$$\dot{x}=\begin{bmatrix}1&2&0\\3&-1&1\\0&2&0\end{bmatrix}x+\begin{bmatrix}2\\1\\1\end{bmatrix}u$$

$$y=[0\quad 0\quad 1]x$$

解　①先判别系统的能控性。

$$M=[b\quad Ab\quad A^2b]=\begin{bmatrix}2&4&16\\1&6&8\\1&2&12\end{bmatrix}$$

$\mathrm{rank}M=3$，所以系统是能控的。

②计算系统的特征多项式。

$$|\lambda I-A|=\lambda^3-9\lambda+2$$

即 $a_2=0,a_1=-9,a_0=2$

则由式(8.78)可得：

$$T_c=[A^2b\quad Ab\quad b]\begin{bmatrix}1&0&0\\a_2&1&0\\a_1&a_2&1\end{bmatrix}=\begin{bmatrix}16&4&2\\8&6&1\\12&2&1\end{bmatrix}\begin{bmatrix}1&0&0\\0&1&0\\-9&0&1\end{bmatrix}=\begin{bmatrix}-2&4&2\\-1&6&1\\3&2&1\end{bmatrix}$$

根据式(8.80)、(8.81)及(8.82)可求得该系统的能控标准型为：

$$\dot{\bar{x}}=\begin{bmatrix}0&1&0\\0&0&1\\-2&9&0\end{bmatrix}\bar{x}+\begin{bmatrix}0\\0\\1\end{bmatrix}u$$

$$y=[3\quad 2\quad 1]\bar{x}$$

采用式(8.79)很容易写出系统的传递函数：

$$W(s)=\frac{b_2s^2+b_1s+b_0}{s^3+a_2s^2+a_1s+a_0}=\frac{s^2+2s+3}{s^3-9s+2}$$

(2)能观标准型

当系统的传递函数如式(8.74)，则可直接写出其能观标准型：

$$\begin{bmatrix} \dot{x}_1 \\ \dot{x}_2 \\ \vdots \\ \dot{x}_{n-1} \\ \dot{x}_n \end{bmatrix} = \begin{bmatrix} 0 & 0 & 0 & \cdots & -a_0 \\ 1 & 0 & 0 & \cdots & -a_1 \\ 0 & 1 & 0 & \cdots & -a_2 \\ \vdots & \vdots & \vdots & \cdots & \vdots \\ 0 & 0 & 0 & \cdots & -a_{n-1} \end{bmatrix} \begin{bmatrix} x_1 \\ x_2 \\ \vdots \\ x_{n-1} \\ x_n \end{bmatrix} + \begin{bmatrix} b_0 \\ b_1 \\ b_2 \\ \vdots \\ b_{n-1} \end{bmatrix} u \tag{8.83}$$

$$y = [0 \quad 0 \quad 0 \quad \cdots \quad 1]\boldsymbol{x}$$

当给定的能观系统是用状态空间表达式描述的，且并不是能观标准型，同样可用下面的方法将其变换为能观标准型。

设系统的状态空间表达式为：

$$\begin{aligned} \dot{\boldsymbol{x}} &= \boldsymbol{Ax} + \boldsymbol{bu} \\ \boldsymbol{y} &= \boldsymbol{cx} \end{aligned} \tag{8.84}$$

若系统是完全能观的，则存在线性非奇异变换：

$$\boldsymbol{x} = \boldsymbol{T}_0 \tilde{\boldsymbol{x}} \tag{8.85}$$

$$\boldsymbol{T}_0^{-1} = \begin{bmatrix} 1 & a_{n-1} & \cdots & a_2 & a_1 \\ & 1 & & a_3 & a_2 \\ & & \ddots & & \vdots \\ & & & \ddots & a_{n-1} \\ & 0 & & & 1 \end{bmatrix} \begin{bmatrix} \boldsymbol{CA}^{n-1} \\ \boldsymbol{CA}^{n-2} \\ \vdots \\ \boldsymbol{CA} \\ \boldsymbol{C} \end{bmatrix} \tag{8.86}$$

其中 a_i 为系统特征多项式中对应项系数。

使其状态空间表达式(8.84)化为：

$$\begin{aligned} \dot{\tilde{\boldsymbol{x}}} &= \tilde{\boldsymbol{A}} \tilde{\boldsymbol{x}} + \tilde{\boldsymbol{b}} \boldsymbol{u} \\ \boldsymbol{y} &= \tilde{\boldsymbol{c}} \tilde{\boldsymbol{x}} \end{aligned}$$

其中 $$\tilde{\boldsymbol{A}} = \boldsymbol{T}_0^{-1} \boldsymbol{A} \boldsymbol{T}_0 = \begin{bmatrix} 0 & 0 & 0 & \cdots & -a_0 \\ 1 & 0 & 0 & \cdots & -a_1 \\ 0 & 1 & 0 & \cdots & -a_2 \\ \vdots & \vdots & \vdots & \cdots & \vdots \\ 0 & 0 & 0 & \cdots & -a_{n-1} \end{bmatrix} \tag{8.87}$$

$$\tilde{\boldsymbol{b}} = \boldsymbol{T}_0^{-1} \boldsymbol{b} = \begin{bmatrix} b_0 \\ b_1 \\ b_2 \\ \vdots \\ b_{n-1} \end{bmatrix} \tag{8.88}$$

$$\tilde{\boldsymbol{C}} = \boldsymbol{C} \boldsymbol{T}_0 = [0 \quad 0 \quad 0 \quad \cdots \quad 1] \tag{8.89}$$

8.4　对偶性原理

从前面的介绍中可以看出,能控性和能观性,无论在概念上还是在判据的形式上都存在着内在关系。这种关系是由卡尔曼提出的对偶原理确定的。

(1)线性定常系统的对偶关系

设有两个系统,一个系统 $\sum_1$ 为:

$$\dot{\boldsymbol{x}}_1 = \boldsymbol{A}_1\boldsymbol{x}_1 + \boldsymbol{B}_1\boldsymbol{u}_1$$
$$\boldsymbol{y}_1 = \boldsymbol{c}_1\boldsymbol{x}_1$$

另一个系统 $\sum_2$ 为:

$$\dot{\boldsymbol{x}}_2 = \boldsymbol{A}_2\boldsymbol{x}_2 + \boldsymbol{B}_2\boldsymbol{u}_2$$
$$\boldsymbol{y}_2 = \boldsymbol{c}_2\boldsymbol{x}_2$$

若满足下列条件,则称 $\sum_1$ 与 $\sum_2$ 是互为对偶的。

$$\boldsymbol{A}_2 = \boldsymbol{A}_1^T, \boldsymbol{B}_2 = \boldsymbol{C}_1^T, \boldsymbol{C}_2 = \boldsymbol{B}_1^T \tag{8.90}$$

式中　$\boldsymbol{x}_1, \boldsymbol{x}_2$——$n$ 维状态矢量;

$\boldsymbol{u}_1, \boldsymbol{u}_2$——$r$ 维与 m 维控制矢量;

$\boldsymbol{y}_1, \boldsymbol{y}_2$——$m$ 维与 r 维输出矢量;

$\boldsymbol{A}_1, \boldsymbol{A}_2$——$n \times n$ 系统矩阵;

$\boldsymbol{B}_1, \boldsymbol{B}_2$——$n \times r$ 与 $n \times m$ 控制矩阵;

$\boldsymbol{C}_1, \boldsymbol{C}_2$——$n \times m$ 与 $n \times r$ 输出矩阵。

显然, $\sum_1$ 是一个 r 维输入 m 维输出的 n 阶系统,其对偶系统 $\sum_2$ 是一个 m 维输入 r 维输出的 n 阶系统。图8.9是对偶系统 $\sum_1$ 和 $\sum_2$ 的结构图,从图8.9中可以看出,互为对偶的两系统,输入端与输出端互换,信号传递方向相反,信号引出点和综合点互换,对应矩阵转置。

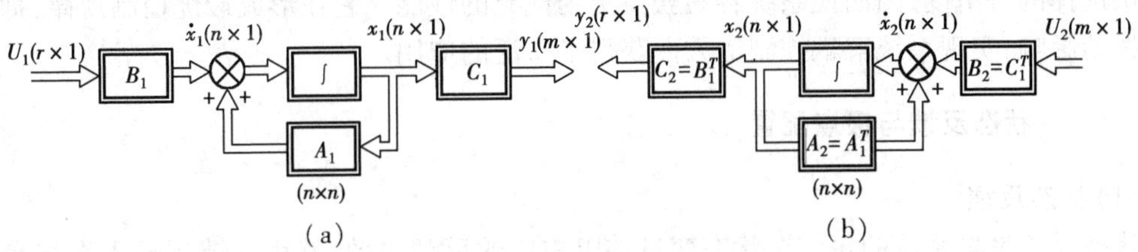

图8.9　对偶系统的模拟结构图

对于系统 $\sum_1$,其传递函数矩阵 $\boldsymbol{W}_1(s)$ 为 $m \times r$ 矩阵:

$$\boldsymbol{W}_1(s) = \boldsymbol{C}_1(s\boldsymbol{I} - \boldsymbol{A}_1)^{-1}\boldsymbol{B}_1$$

而系统 $\sum_2$,其传递函数矩阵 $\boldsymbol{W}_2(s)$ 为 $r \times m$ 矩阵:

$$\boldsymbol{W}_2(s) = \boldsymbol{C}_2(s\boldsymbol{I} - \boldsymbol{A}_2)^{-1}\boldsymbol{B}_2 = \boldsymbol{B}_1^T(s\boldsymbol{I} - \boldsymbol{A}_1^T)^{-1}\boldsymbol{C}_1^T =$$
$$\boldsymbol{B}_1^T[(s\boldsymbol{I} - \boldsymbol{A}_1)^{-1}]^T\boldsymbol{C}_1^T = [\boldsymbol{C}_1(s\boldsymbol{I} - \boldsymbol{A}_1)^{-1}\boldsymbol{B}_1]^T = \boldsymbol{W}_1^T(s) \tag{8.91}$$

由此可知，对偶系统的传递函数矩阵是互为转置的。

此外，还应指出，互为对偶的系统，其特征方程式是相同的，即：

$$|sI - A_2| = |sI - A_1^T| = |sI - A_1|$$

(2)对偶原理

系统$\sum_1 = (A_1, B_1, C_1)$与$\sum_2 = (A_2, B_2, C_2)$是互为对偶的2个系统，则$\sum_1$的能控性等价于$\sum_2$的能观性，$\sum_1$的能观性等价于$\sum_2$的能控性。或者说，若$\sum_1$是状态完全能控的（完全能观的），则$\sum_2$是状态完全能观的（完全能控的）。

证明： 对$\sum_2$而言，能控性判别矩阵$(n \times nm)$

$$M_2 = [B_2 \quad A_2 B_2 \quad \cdots \quad A_2^{n-1} B_2]$$

的秩为n，则系统$\sum_2$状态是完全能控的。

将式(8.90)的关系代入上式，有：

$$M_2 = [C_1^T \quad A_1^T C_1^T \quad \cdots \quad (A_1^T)^{n-1} C_1^T] = N_1^T$$

说明$\sum_1$的能观性判别矩阵N_1的秩也为n，从而说明$\sum_1$为状态完全能观的。

同理有：

$$N_2^T = [C_2^T \quad A_2^T C_2^T \quad \cdots \quad (A_2^T)^{n-1} C_2^T] = [B_1 \quad A_1 B_1 \quad \cdots \quad A_1^{n-1} B_1] = M_1$$

即若系统$\sum_2$的能观性判别矩阵$N_2(nm \times n)$满秩，为状态完全能观时，则系统$\sum_1$的能控性判别矩阵M_1亦满秩而为状态完全能控的。

8.5 线性定常系统的极点配置

在现代控制理论中，控制系统的基本结构仍然是由受控对象和反馈控制器两部分构成的闭环系统。除了采用输出反馈，更多地采用状态反馈，由于状态反馈能提供更丰富的状态信息和可供选择的自由度，因而使系统容易获得更为优异的性能。它在形成最优控制规律，抑制或消除扰动影响，实现系统解耦控制诸方面获得了广泛的应用。

8.5.1 状态反馈与极点配置

(1)状态反馈

状态反馈是将系统的每一个状态变量乘以相应的反馈系数，然后反馈到输入端与参考输入相加形成控制规律，作为受控系统的控制输入。图8.10是一个多输入-多输出系统状态反馈的基本结构。

图中受控系统的状态空间表达式为：

$$\begin{aligned} \dot{x} &= Ax + Bu \\ y &= Cx \end{aligned} \tag{8.92}$$

式中 x——n维状态矢量；

u——r控制矢量；

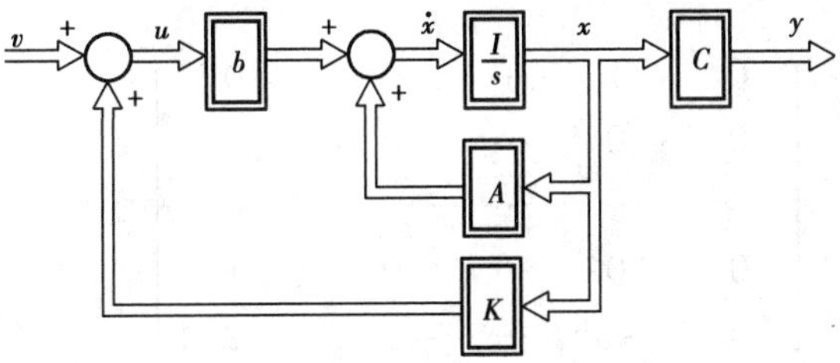

图8.10　状态反馈系统的结构图

$\boldsymbol{A},\boldsymbol{B},\boldsymbol{C}$——$n\times n,n\times r,m\times n$ 维矩阵。

状态线性反馈控制律 $\boldsymbol{u}$ 为:

$$\boldsymbol{u}=\boldsymbol{Kx}+\boldsymbol{v} \tag{8.93}$$

式中　$\boldsymbol{v}$——$r\times 1$ 维参考输入;

$\boldsymbol{K}$——$r\times n$ 维状态反馈增益阵。对单输入系统,$\boldsymbol{K}$ 为 $1\times n$ 维行矢量。

将式(8.93)代入式(8.92)整理可得状态反馈闭环系统的状态空间表达式:

$$\begin{aligned}\dot{\boldsymbol{x}}&=(\boldsymbol{A}+\boldsymbol{BK})\boldsymbol{x}+\boldsymbol{Bv}\\ \boldsymbol{y}&=\boldsymbol{Cx}\end{aligned} \tag{8.94}$$

比较式(8.94)和式(8.92)可知,状态反馈增益阵 $\boldsymbol{K}$ 的引入,并不增加系统的维数,但可通过 $\boldsymbol{K}$ 的选择自由地改变闭环系统的特征值,从而使系统获得所要求的性能。

(2)极点配置问题

控制系统的性能主要取决于系统极点在根平面上的分布。因此作为综合系统性能指标的一种形式,往往是给出一组期望极点,或者根据时域指标转换成一组等价的期望极点。极点配置问题,就是通过选择线性反馈增益矩阵,将闭环系统的极点恰好配置在根平面上所期望的位置,以获得所期望的动态性能。

可以证明状态反馈不改变系统能控性,因此可以利用状态反馈,很好地解决极点配置问题。对于单输入-单输出系统,采用状态反馈对受控系统任意配置极点的充要条件是受控系统状态完全能控。

若 $\sum_0=(\boldsymbol{A},\boldsymbol{b},\boldsymbol{c})$ 完全能控,通过状态反馈必成立

$$\det[\lambda\boldsymbol{I}-(\boldsymbol{A}+b\boldsymbol{K})]=f^*(\lambda) \tag{8.95}$$

式中　$f^*(\lambda)$——期望特征多项式。

$$f^*(\lambda)=\prod_{i=1}^{n}(\lambda-\lambda_i^*)=\lambda^n+a_{n-1}^*\lambda^{n-1}+\cdots+a_1^*\lambda+a_0^* \tag{8.96}$$

式中　$\lambda_i^*(i=1,2,\cdots,n)$——期望的闭环极点(实数极点或共轭复数极点)。

1) 若 $\sum_0$ 完全能控,必存在非奇异变换:

$$\boldsymbol{x}=\boldsymbol{T}_c\bar{\boldsymbol{x}}$$

式中　$\boldsymbol{T}_c$——能控标准型变换矩阵。

能将 $\sum_0$ 化成能控标准型

$$\begin{aligned}\dot{\bar{\boldsymbol{x}}}&=\bar{\boldsymbol{A}}\bar{\boldsymbol{x}}+\bar{\boldsymbol{b}}u\\ \boldsymbol{y}&=\bar{\boldsymbol{C}}\bar{\boldsymbol{x}}\end{aligned} \tag{8.97}$$

其中：

$$\bar{\boldsymbol{A}} = \boldsymbol{T}_c^{-1}\boldsymbol{A}\boldsymbol{T}_c = \begin{bmatrix} 0 & 1 & \cdots & 0 & 0 \\ 0 & 0 & \cdots & 0 & 0 \\ & & \cdots & & \\ 0 & 0 & \cdots & 0 & 1 \\ -a_0 & -a_1 & \cdots & -a_{n-2} & -a_{n-1} \end{bmatrix}$$

$$\bar{\boldsymbol{b}} = \boldsymbol{T}_c^{-1}\boldsymbol{b} = \begin{bmatrix} 0 \\ 0 \\ \vdots \\ 0 \\ 1 \end{bmatrix}$$

$$\bar{\boldsymbol{C}} = \boldsymbol{C}\boldsymbol{T}_c = [\,b_0 \quad b_1 \quad b_2 \quad \cdots \quad b_{n-1}\,]$$

受控系统的传递函数为：

$$\boldsymbol{W}_0(s) = \boldsymbol{C}(s\boldsymbol{I}-\boldsymbol{A})^{-1}\boldsymbol{b} = \bar{\boldsymbol{C}}(s\boldsymbol{I}-\bar{\boldsymbol{A}})^{-1}\bar{\boldsymbol{b}} = \frac{b_{n-1}s^{n-1}+b_{n-2}s^{n-2}+\cdots+b_1 s+b_0}{s^n+a_{n-1}s^{n-1}+\cdots+a_1 s+a_0} \tag{8.98}$$

2）加入状态反馈增益阵

$$\bar{\boldsymbol{K}} = [\,\bar{k}_0 \quad \bar{k}_1 \quad \cdots \quad \bar{k}_{n-1}\,] \tag{8.99}$$

可求得对 $\bar{\boldsymbol{x}}$ 的闭环状态空间表达式：

$$\begin{aligned} \dot{\bar{\boldsymbol{x}}} &= (\bar{\boldsymbol{A}}+\bar{\boldsymbol{b}}\bar{\boldsymbol{K}})\bar{\boldsymbol{x}}+\bar{\boldsymbol{b}}\boldsymbol{v} \\ \boldsymbol{y} &= \bar{\boldsymbol{C}}\bar{\boldsymbol{x}} \end{aligned} \tag{8.100}$$

式中 $$\bar{\boldsymbol{A}}+\bar{\boldsymbol{b}}\bar{\boldsymbol{K}} = \begin{bmatrix} 0 & 1 & 0 & \cdots & 0 \\ 0 & 0 & 1 & \cdots & 0 \\ & & \cdots & \cdots & \\ 0 & 0 & 0 & \cdots & 1 \\ -(a_0-\bar{k}_0) & -(a_1-\bar{k}_1) & \cdots & \cdots & -(a_{n-1}-\bar{k}_{n-1}) \end{bmatrix}$$

闭环特征多项式为：

$$f(\lambda) = |\lambda\boldsymbol{I}-(\bar{\boldsymbol{A}}+\bar{\boldsymbol{b}}\bar{\boldsymbol{K}})| = \lambda^n+(a_{n-1}-\bar{k}_{n-1})\lambda^{n-1}+\cdots+(a_1-\bar{k}_1)\lambda+(a_0-\bar{k}_0) \tag{8.101}$$

闭环传递函数为：

$$\boldsymbol{W}_k(s) = \bar{\boldsymbol{C}}[s\boldsymbol{I}-(\bar{\boldsymbol{A}}+\bar{\boldsymbol{b}}\bar{\boldsymbol{K}})]^{-1}\bar{\boldsymbol{b}} = \frac{b_{n-1}s^{n-1}+b_{n-2}s^{n-2}+\cdots+b_1 s+b_0}{s^n+(a_{n-1}-\bar{k}_{n-1})s^{n-1}+\cdots+(a_1-\bar{k}_1)s+(a_0-\bar{k}_0)} \tag{8.102}$$

3）使闭环极点与给定的期望极点相符，必须满足：

$$f(\lambda) = f^*(\lambda)$$

由等式两边同次幂系数对应相等，可解出反馈阵各系数：

$$\bar{k}_i = a_i - a_i^* \quad (i=0,1,\cdots,n-1) \tag{8.103}$$

于是得： $$\bar{\boldsymbol{K}} = [\,a_0-a_0^* \quad a_1-a_1^* \quad \cdots \quad a_{n-1}-a_{n-1}^*\,] \tag{8.104}$$

4）最后，把对应于 $\bar{x}$ 的 $\bar{K}$，通过如下变换，得到对应于状态 x 的 K。

$$K=\bar{K}T_c^{-1} \tag{8.105}$$

这是由于 $u=v+\bar{K}\bar{x}=v+KT_c^{-1}x$ 的缘故。

应当指出，当系统阶次较低（$n \leqslant 3$）时，检验其能控性后，根据原系统的状态方程直接计算反馈增益阵 K 的代数方程还是比较简单的，无须将它化为能控标准型。但随着系统阶次的增高，直接计算 K 的方程将愈加复杂。此时不如先将其化成能控标准型 $\sum_c=(\bar{A},\bar{b},\bar{c})$ 用式（8.103）直接求出在 $\bar{x}$ 下的 $\bar{K}$，然后再按式（8.105）把 $\bar{K}$ 变换为原状态 x 下的 K。

[例11]　已知系统状态方程为

$$\dot{x}=\begin{bmatrix}0 & 1 & 0\\0 & -1 & 1\\0 & 0 & -2\end{bmatrix}x+\begin{bmatrix}0\\0\\1\end{bmatrix}u$$

试设计状态反馈控制器，使闭环极点为 -2，$-1\pm j1$。

解　①判别系统能控性：

$$M=[b\quad Ab\quad A^2b]=\begin{bmatrix}0 & 0 & 1\\0 & 1 & -3\\1 & -2 & 4\end{bmatrix}$$

显然，$\mathrm{rank}M=n$，系统能控，可以采用状态反馈进行极点的任意配置。

②系统的特征多项式为：

$$\det(\lambda I-A)=\det\begin{bmatrix}\lambda & -1 & 0\\0 & \lambda+1 & -1\\0 & 0 & \lambda+2\end{bmatrix}=\lambda^3+3\lambda^2+2\lambda$$

即：　$a_0=0,a_1=2,a_2=3$

③根据给定的极点值，得期望特征多项式：

$$f^*(\lambda)=(\lambda+2)(\lambda+1-j)(\lambda+1+j)=\lambda^3+4\lambda^2+6\lambda+4$$

即：　$a_0^*=4,a_1^*=6,a_2^*=4$

④根据式（8.103）可求得：

$$\bar{k}_0=-4,\bar{k}_1=-4,\bar{k}_2=-1$$

即：　$\bar{K}=[-4\quad -4\quad -1]$

⑤计算变换矩阵：

$$T_c=[A^2b\quad Ab\quad b]\begin{bmatrix}1 & 0 & 0\\a_2 & 1 & 0\\a_1 & a_2 & 1\end{bmatrix}=\begin{bmatrix}1 & 0 & 0\\-3 & 1 & 0\\4 & -2 & 1\end{bmatrix}\begin{bmatrix}1 & 0 & 0\\3 & 1 & 0\\2 & 3 & 1\end{bmatrix}=\begin{bmatrix}1 & 0 & 0\\0 & 1 & 0\\0 & 1 & 1\end{bmatrix}$$

并求出其逆矩阵：　$T_c^{-1}=\begin{bmatrix}1 & 0 & 0\\0 & 1 & 0\\0 & -1 & 1\end{bmatrix}$

从而，所要确定的反馈增益阵 K 为：

$$K=\bar{K}T_c^{-1}=[-4\quad -4\quad -1]\begin{bmatrix}1 & 0 & 0\\0 & 1 & 0\\0 & -1 & 1\end{bmatrix}=[-4\quad -3\quad -1]$$

加入反馈阵 $\boldsymbol{K}$ 后,系统的结构图如图 8.11 所示

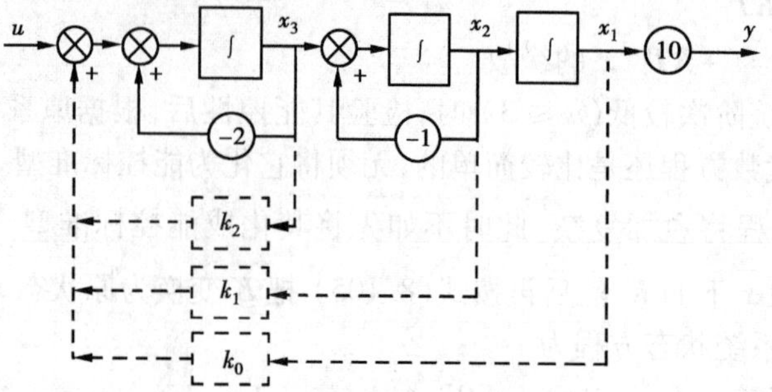

图 8.11　例 11 闭环系统结构图

由于该系统阶次较低,故可以直接计算 $\boldsymbol{K}$ 阵。

加入反馈阵 $\boldsymbol{K}=[k_0\quad k_1\quad k_2]$ 后,闭环系统的系数矩阵为:

$$\boldsymbol{A}+\boldsymbol{bK}=\begin{bmatrix}0&1&0\\0&-1&1\\0&0&-2\end{bmatrix}+\begin{bmatrix}0\\0\\1\end{bmatrix}[k_0\quad k_1\quad k_2]=\begin{bmatrix}0&1&0\\0&-1&1\\k_0&k_1&-2+k_2\end{bmatrix}$$

闭环系统的特征多项式为:

$$f(\lambda)=|\lambda\boldsymbol{I}-(\boldsymbol{A}+b\boldsymbol{K})|=\lambda^3+(3-k_2)\lambda^2+(2-k_1-k_2)\lambda+(-k_0)$$

与 $f^*(\lambda)$ 对应相系数进行比较,可解得:

$$\boldsymbol{K}=[-4\quad -3\quad -1]$$

显见,结果与前面计算的相同。

8.5.2　输出反馈与极点配置

输出反馈有 2 种形式:一是将输出量反馈至状态微分处;一是将输出量反馈至参考输入。下面均以单输入-单输出受控对象为例来讨论。

①输出量反馈至状态微分处的系统结构图如图 8.12 所示:

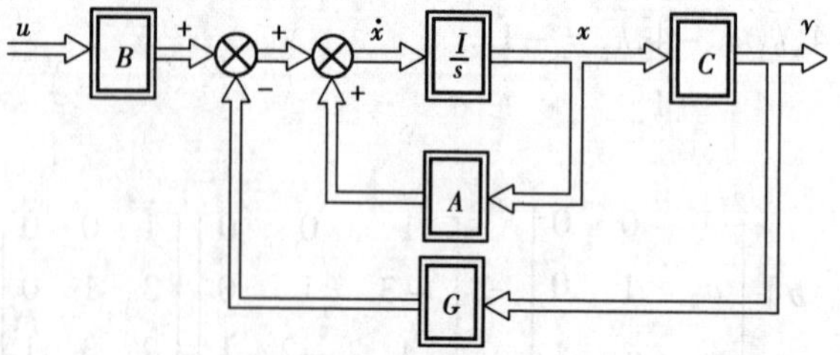

图 8.12　输出量反馈至状态微分

设受控对象动态方程为:

$$\begin{aligned}\dot{\boldsymbol{x}}&=\boldsymbol{Ax}+\boldsymbol{Bu}\\\boldsymbol{y}&=\boldsymbol{Cx}\end{aligned}\tag{8.106}$$

输出反馈系统动态方程为:

$$\begin{aligned}\dot{\boldsymbol{x}}&=(\boldsymbol{A}-\boldsymbol{GC})\boldsymbol{x}+\boldsymbol{Bu}\\\boldsymbol{y}&=\boldsymbol{Cx}\end{aligned}\tag{8.107}$$

式中 $\boldsymbol{G}$ 为 $n\times1$ 输出反馈阵。

可以证明,用输出至状态微分的反馈任意配置闭环极点的充要条件是:受控系统能控。

为了根据期望闭环极点位置来设计输出反馈矩阵 $\boldsymbol{G}$ 的参数,只需将期望的系统特征多项式与该输出反馈系统特征多项式 $|\lambda\boldsymbol{I}-(\boldsymbol{A}-\boldsymbol{GC})|$ 相比较即可。需要指出的是,当系统阶次较低($n\leqslant3$)时,检验其能观性后,根据 $f^*(\lambda)=f(\lambda)=|\lambda\boldsymbol{I}-(\boldsymbol{A}-\boldsymbol{GC})|$ 可直接计算反馈增益阵 $\boldsymbol{G}$。但随着系统阶次的增高,直接计算 $\boldsymbol{G}$ 的方程将愈加复杂。此时不如先将其化成能观标准型 $\sum_0=(\overline{\boldsymbol{A}},\overline{\boldsymbol{b}},\overline{\boldsymbol{c}})$,其中:

$$\overline{\boldsymbol{A}}=\boldsymbol{T}_0^{-1}\boldsymbol{A}\boldsymbol{T}_0=\begin{bmatrix}0&0&0&\cdots&-a_0\\1&0&0&\cdots&-a_1\\0&1&0&\cdots&-a_2\\\vdots&\vdots&\vdots&\cdots&\vdots\\0&0&0&\cdots&-a_{n-1}\end{bmatrix}$$

$$\overline{\boldsymbol{b}}=\boldsymbol{T}_0^{-1}\boldsymbol{b}=\begin{bmatrix}b_0\\b_1\\b_2\\\vdots\\b_{n-1}\end{bmatrix}$$

$$\overline{\boldsymbol{C}}=\boldsymbol{C}\boldsymbol{T}_0=[0\quad0\quad0\quad\cdots\quad1]$$

此时加入反馈增益阵 $\overline{\boldsymbol{G}}=[\overline{g}_0\quad\overline{g}_1\quad\cdots\quad\overline{g}_{n-1}]^T$ 得闭环系统矩阵:

$$\overline{\boldsymbol{A}}-\overline{\boldsymbol{G}}\,\overline{\boldsymbol{C}}=\begin{bmatrix}0&0&0&\cdots&-(a_0-\overline{g}_0)\\1&0&0&\cdots&-(a_1-\overline{g}_1)\\0&1&0&\cdots&-(a_2-\overline{g}_2)\\\vdots&\vdots&\vdots&\cdots&\vdots\\0&0&0&\cdots&-(a_{n-1}-\overline{g}_{n-1})\end{bmatrix}$$

则 $$f(\lambda)=|\lambda\boldsymbol{I}-(\overline{\boldsymbol{A}}-\overline{\boldsymbol{G}}\,\overline{\boldsymbol{C}})|=\lambda^n+(a_{n-1}-\overline{g}_{n-1})\lambda^{n-1}+\cdots+(a_1-\overline{g}_1)\lambda+(a_0-\overline{g}_0)$$

与 $f^*(\lambda)$ 比较后可得:

$$\overline{g}_i=a_i-a_i^*\quad(i=0,1,\cdots,n-1)$$

即 $$\overline{\boldsymbol{G}}=[a_0-a_0^*\quad a_1-a_1^*\quad\cdots\quad a_{n-1}-a_{n-1}^*]^T$$

再由 $\boldsymbol{G}=\boldsymbol{T}_0\overline{\boldsymbol{G}}$ 把 $\overline{\boldsymbol{G}}$ 变换为原状态 $\boldsymbol{x}$ 下的 $\boldsymbol{G}$。

②输出量反馈至参考输入的系统的结构图如图 8.13 所示:

其中: $$\boldsymbol{u}=\boldsymbol{v}-\boldsymbol{GCx}\tag{8.108}$$

该输出反馈系统动态方程为:

$$\begin{aligned}\dot{\boldsymbol{x}}&=(\boldsymbol{A}-\boldsymbol{BGC})\boldsymbol{x}+\boldsymbol{Bv}\\\boldsymbol{y}&=\boldsymbol{Cx}\end{aligned}\tag{8.109}$$

式中输出反馈矩阵 $\boldsymbol{G}$ 为 $r\times1$ 维。若令 $\boldsymbol{GC}=\boldsymbol{K}$,该输出反馈便等价为状态反馈。适当选择 $\boldsymbol{G}$,

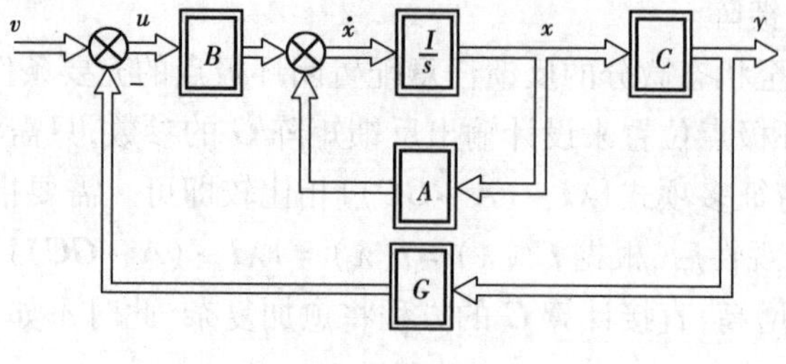

图 8.13　输出量反馈至参考输入

可使特征值任意配置。由结构图变换原理可知,比例的状态反馈变换为输出反馈时,输出反馈中必含有输出量的各阶导数,于是 $\boldsymbol{G}$ 阵不是常数矩阵,这会给物理实现带来困难,因而其应用受到限制。可推论,当 $\boldsymbol{G}$ 是常数矩阵时,便不能任意配置极点。输出至参考输入的反馈不会改变受控系统的能控性和能观性。

8.6　状态观测器

当受控对象能控,利用状态反馈进行极点配置时,需用传感器来测量状态变量以便形成反馈。但传感器通常用来测量输出,许多中间状态变量不易测得或不可测得,于是提出状态重构问题。具体地说,状态重构问题的实质,就是重新构造一个系统,利用原系统中可直接测量的变量如输入量和输出量作为它的输入信号,并使其输出信号 $\hat{\boldsymbol{x}}(t)$ 在一定的提法下等价于原系统的状态 $\boldsymbol{x}(t)$。通常,称 $\hat{\boldsymbol{x}}(t)$ 为 $\boldsymbol{x}(t)$ 的重构状态或估计状态,而称这个用以实现状态重构的系统为状态观测器。一般,$\hat{\boldsymbol{x}}(t)$ 和 $\boldsymbol{x}(t)$ 间的等价性常采用渐近等价提法,即使得两者仅成立:

$$\lim_{t\to\infty}\hat{\boldsymbol{x}}(t) = \lim_{t\to\infty}\boldsymbol{x}(t)$$

表明状态重构问题含义的直观说明如图 8.14 所示。观测器也是一个线性定常系统。

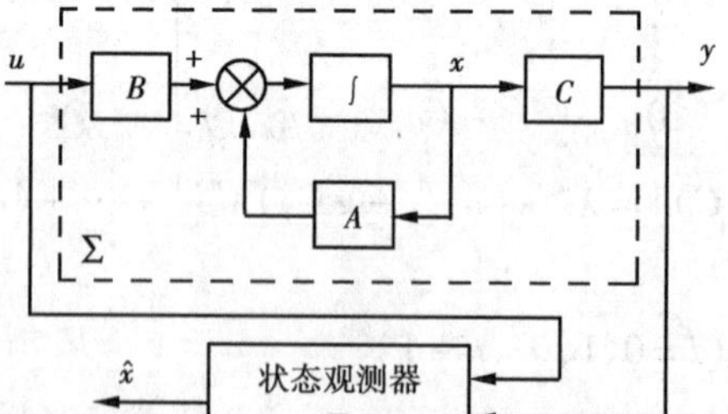

图 8.14　状态重构问题的直观说明

当重构状态向量的维数等控系于受统状态向量的维数时,称为全维状态观测器,小于状态向量的维数时,称为降维状态观测器。显然,降维状态观测器在结构上要较全维状态观测器简单。

8.6.1　全维状态观测器

考虑 n 阶线性定常系统:

$$\dot{x} = Ax + Bu \quad x(0) = x_0, t \geqslant 0$$
$$y = Cx \tag{8.110}$$

式中，A,B,C 分别为 $n\times n, n\times r, m\times n$ 维常数矩阵，状态 x 不能直接加以量测，输出 y 和输入 u 是可以利用的。所谓全维状态观测器，就是以 y 和 u 为输入，且其输出 $\hat{x}(t)$ 满足如下关系式：

$$\lim_{t\to\infty}\hat{x}(t) = \lim_{t\to\infty}x(t) \tag{8.111}$$

的一个 n 维线性定常系统。全维状态观测器可按不同方法进行设计，下面介绍其中常用的一种方法。

首先，根据已知的系数矩阵 A,B,C，按和原系统相同的结构形式，复制出一个基本系统。然后，取原系统输出 y 和复制系统输出 $\hat{y}$ 之差值信号作为修正变量，并将其经增益矩阵 G 馈送到复制系统中积分器的输入端，而构成一个闭环系统，如图 8.15(a)所示。

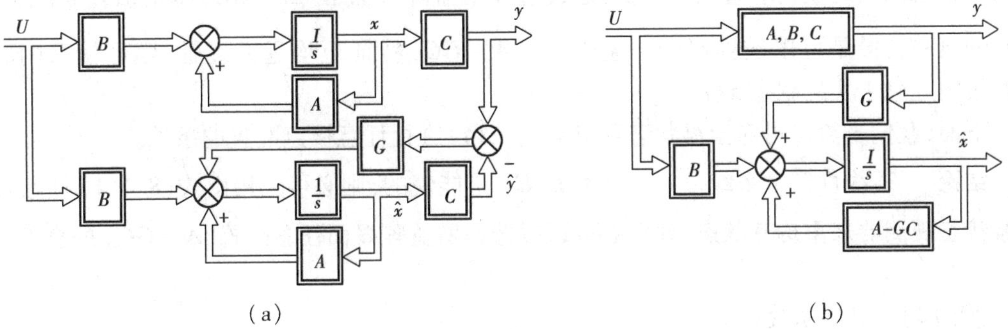

图 8.15　全维状态观测器

显然，这个重构系统是以原系统的可量测变量 u 和 y 为输入的一个 n 维线性定常系统，其中有待确定的系数矩阵只有 G。下面就要来论证，被估计系统 $\sum_0 = (A,B,C)$ 在满足一定的条件下，通过适当的选取增益矩阵 G，可使这个重构系统成为给定系统的一个全维状态观测器。

从图 8.15(a)可以导出，按上述方式所构成的全维状态观测器的动态方程为：

$$\dot{\hat{x}} = A\hat{x} + Bu + G(y - C\hat{x}),\ \hat{x}(0) = \hat{x}_0 \tag{8.112}$$

其中修正项 $G(y - C\hat{x})$ 起到了反馈作用。而且，比较式(8.112)和式(8.110)还可看出，此状态观测器在维数上显然等同于被估计系统，两者惟一的差别仅在于式(8.112)中引入了修正项 $G(y - C\hat{x})$。为了说明引入此修正项的作用，不妨来讨论当式(8.112)中去掉此修正项后可能产生的问题。可以看出，如此得到的观测器就是对被估计系统的直接复制，即为：

$$\dot{\hat{x}} = A\hat{x} + Bu, \hat{x}(0) = \hat{x}_0 \tag{8.113}$$

因此，一般地说同样可以达到重构状态的目的。并且，如果进而能做到使初始状态 $\hat{x}_0 = x_0$，则理论上可实现对所有 $t \geqslant 0$ 均成立 $\hat{x}(t) = x(t)$，即实现完全的状态重构。但是，这种开环型的观测器实际上是难以应用的，它的 2 个主要的缺点是：第一，每次用这种观测器前都必须设置初始状态 $\hat{x}_0$ 使之等同于 x_0，这显然是不方便的；第二，更为严重的是，如果系数矩阵 A 包含不稳定的特征值，那么即使 $\hat{x}_0$ 和 x_0 间的很小偏差，也会导致随着 t 的增加而使 $\hat{x}(t)$ 和 $x(t)$ 偏差愈来愈大。修正项 $G(y - C\hat{x})$ 就是为了克服这些问题而引入的。

进一步考虑到 $\boldsymbol{y}=\boldsymbol{Cx}$,并将其代入式(8.112),则此种全维状态观测器的动态方程可表为:

$$\dot{\hat{\boldsymbol{x}}}=(\boldsymbol{A}-\boldsymbol{GC})\hat{\boldsymbol{x}}+\boldsymbol{Bu}+\boldsymbol{Gy},\ \hat{\boldsymbol{x}}(0)=\hat{\boldsymbol{x}}_0 \tag{8.114}$$

相应的观测器的结构图如图 8.15(b)所示。

定义 $\tilde{\boldsymbol{x}}=\boldsymbol{x}-\hat{\boldsymbol{x}}$ 为实际状态和估计状态间的状态误差矢量,那么利用式(8.110)和式(8.114)就可导出状态误差矢量 $\tilde{\boldsymbol{x}}$ 所应满足的动态方程为:

$$\dot{\tilde{\boldsymbol{x}}}=(\boldsymbol{A}-\boldsymbol{GC})\tilde{\boldsymbol{x}},\tilde{\boldsymbol{x}}(0)=\tilde{\boldsymbol{x}}_0=\boldsymbol{x}_0-\hat{\boldsymbol{x}}_0 \tag{8.115}$$

这表明,不管初始误差 $\tilde{\boldsymbol{x}}_0$ 为多大,只要使矩阵$(\boldsymbol{A}-\boldsymbol{GC})$特征值均具有负实部,那么一定可作到下式成立

$$\lim_{t\to\infty}\hat{\boldsymbol{x}}(t)=\lim_{t\to\infty}\boldsymbol{x}(t)$$

即实现状态的渐近重构。进而,如果可通过选择增益阵 $\boldsymbol{G}$ 而使$(\boldsymbol{A}-\boldsymbol{GC})$特征值任意配置,则 $\tilde{\boldsymbol{x}}(t)$的衰减快慢是可以被控制的。显然,若$(\boldsymbol{A}-\boldsymbol{GC})$特征值均远离虚轴,则可使重构状态 $\hat{\boldsymbol{x}}(t)$很快地趋于实际状态 $\boldsymbol{x}(t)$。

下面,我们来给出可对全维状态观测器(8.114)进行任意极点配置的条件。

结论　若线性定常系统 $\sum_0=(\boldsymbol{A},\boldsymbol{B},\boldsymbol{C})$ 是能观的,则必可采用由式(8.114)所表述的全维状态观测器来重构其状态,并且必可通过选择增益阵 $\boldsymbol{G}$ 而任意配置$(\boldsymbol{A}-\boldsymbol{GC})$的全部特征值。

[**例** 12]　已知系统:

$$\dot{\boldsymbol{x}}=\begin{bmatrix}1&0\\0&0\end{bmatrix}\boldsymbol{x}+\begin{bmatrix}1\\1\end{bmatrix}\boldsymbol{u}$$

$$\boldsymbol{y}=\begin{bmatrix}2&-1\end{bmatrix}\boldsymbol{x}$$

设计状态观测器使其极点为 $-10,-10$。

解　①检验能观性:

显然 $\boldsymbol{N}=\begin{bmatrix}\boldsymbol{C}\\\boldsymbol{CA}\end{bmatrix}=\begin{bmatrix}2&-1\\2&0\end{bmatrix}$满秩,系统能观,可构造观测器。

②将系统化为能观标准型

系统特征多项式为:

$$\det[\lambda\boldsymbol{I}-\boldsymbol{A}]=\det\begin{bmatrix}\lambda-1&0\\0&\lambda\end{bmatrix}=\lambda^2-\lambda$$

即 $a_1=-1,a_0=0$,则:

$$\boldsymbol{T}_0^{-1}=\begin{bmatrix}1&a_1\\0&1\end{bmatrix}\begin{bmatrix}\boldsymbol{CA}\\\boldsymbol{C}\end{bmatrix}=\begin{bmatrix}1&-1\\0&1\end{bmatrix}\begin{bmatrix}2&0\\2&-1\end{bmatrix}=\begin{bmatrix}0&1\\2&-1\end{bmatrix}$$

$$\boldsymbol{T}_0=\begin{bmatrix}\frac{1}{2}&\frac{1}{2}\\1&0\end{bmatrix}$$

③引入反馈增益阵 $\overline{\boldsymbol{G}}=\begin{bmatrix}\bar{g}_0\\\bar{g}_1\end{bmatrix}$得观测器特征多项式:

$$f(\lambda)=|\lambda \boldsymbol{I}-(\overline{\boldsymbol{A}}-\overline{\boldsymbol{G}}\,\overline{\boldsymbol{C}})|=\lambda^2-(1-\overline{g}_1)\lambda+\overline{g}_0$$

④根据期望极点得期望特征多项式：

$$f^*(\lambda)=(\lambda+10)(\lambda+10)=\lambda^2+20\lambda+100$$

⑤比较 $f(\lambda)$ 与 $f^*(\lambda)$ 各项系数得：

$$\overline{g}_0=100,\ \overline{g}_1=21$$

即：
$$\overline{\boldsymbol{G}}=\begin{bmatrix}100\\21\end{bmatrix}$$

⑥反变换到 $\boldsymbol{x}$ 状态下：

$$\boldsymbol{G}=\boldsymbol{T}_0\overline{\boldsymbol{G}}=\begin{bmatrix}\frac{1}{2} & \frac{1}{2}\\ 1 & 0\end{bmatrix}\begin{bmatrix}100\\21\end{bmatrix}=\begin{bmatrix}60.5\\100\end{bmatrix}$$

⑦观测器方程为：

$$\dot{\hat{\boldsymbol{x}}}=(\boldsymbol{A}-\boldsymbol{GC})\hat{\boldsymbol{x}}+\boldsymbol{Bu}+\boldsymbol{Gy}=\begin{bmatrix}-120 & 60.5\\-200 & 100\end{bmatrix}\hat{\boldsymbol{x}}+\begin{bmatrix}1\\1\end{bmatrix}\boldsymbol{u}+\begin{bmatrix}60.5\\100\end{bmatrix}\boldsymbol{y}$$

模拟结构图如图 8.16 所示：

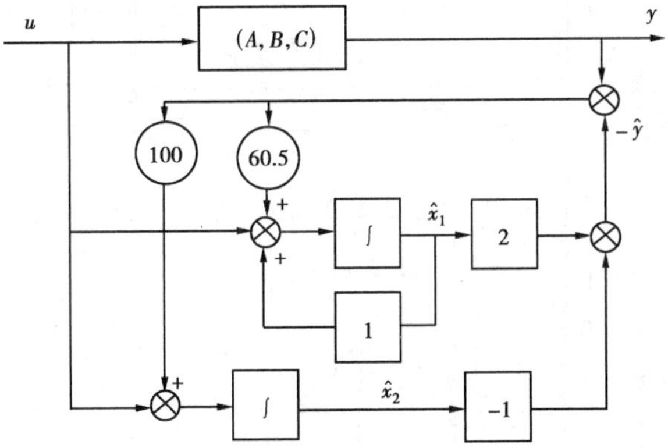

图 8.16　例 12 系统的状态观测器

应当指出，当系统阶次较低($n\leqslant 3$)时，检验其能观性后，可以不必将它化为能观标准型，直接计算反馈增益阵 $\boldsymbol{G}$ 的代数方程还是比较简单的。但随着系统阶次的增高，直接计算 $\boldsymbol{G}$ 的方程将愈加复杂。此时不如先将其化成能观标准型 $\sum_0=(\overline{\boldsymbol{A}},\overline{\boldsymbol{B}},\overline{\boldsymbol{C}})$，求出在 $\overline{\boldsymbol{x}}$ 下的 $\overline{\boldsymbol{G}}$，然后再把 $\overline{\boldsymbol{G}}$ 变换为原状态 $\boldsymbol{x}$ 下的 $\boldsymbol{G}=\boldsymbol{T}\overline{\boldsymbol{G}}$。例如对于本例，有：

$$\boldsymbol{A}-\boldsymbol{GC}=\begin{bmatrix}1 & 0\\0 & 0\end{bmatrix}-\begin{bmatrix}g_0\\g_1\end{bmatrix}\begin{bmatrix}2 & -1\end{bmatrix}=\begin{bmatrix}1-2g_0 & g_0\\-2g_2 & g_1\end{bmatrix}$$

$$f(\lambda)=|\lambda\boldsymbol{I}-(\boldsymbol{A}-\boldsymbol{GC})|=\lambda^2+(2g_0-g_1-1)\lambda+g_1$$

与期望特征多项式比较，得：

$$2g_0-g_1-1=20$$
$$g_1=100$$

故 $\boldsymbol{G}=\begin{bmatrix}g_0\\g_1\end{bmatrix}=\begin{bmatrix}60.5\\100\end{bmatrix}$，与上面结果一致。

8.6.2 利用状态观测器实现状态反馈的系统

状态观测器解决了受控系统的状态重构问题,可以使状态反馈系统得以实现。但是用状态观测器提供的状态估值 $\hat{\boldsymbol{x}}(t)$ 代替真实状态 $\boldsymbol{x}(t)$ 来实现状态反馈,其状态反馈阵 $\boldsymbol{K}$ 是否需要重新设计,以保持系统的期望特征值？当观测器被引入系统后,状态反馈系统部分是否会改变已经设计好的观测器的极点配置,其观测器输出反馈阵 $\boldsymbol{G}$ 是否需要重新设计？为此需对引入观测器的状态反馈系统作进一步的分析。

图 8.17 是一个带有全维观测器的状态反馈系统:

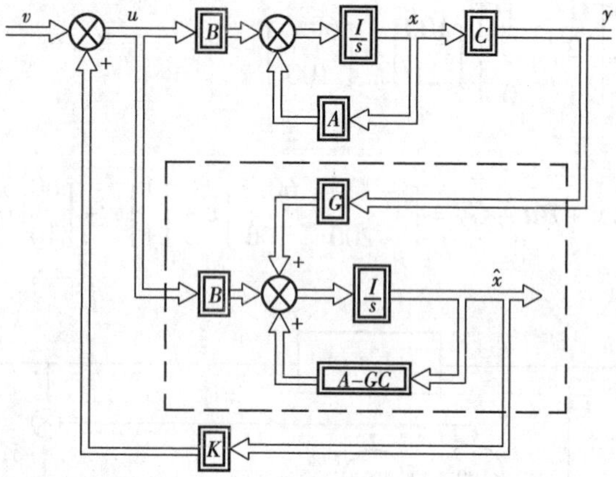

图 8.17　带状态观测器的状态反馈系统

设能控能观的受控系统 $\sum_0 = (\boldsymbol{A},\boldsymbol{B},\boldsymbol{C})$ 为:

$$\begin{aligned}\dot{\boldsymbol{x}} &= \boldsymbol{A}\boldsymbol{x} + \boldsymbol{B}\boldsymbol{u}\\ \boldsymbol{y} &= \boldsymbol{C}\boldsymbol{x}\end{aligned} \tag{8.116}$$

状态观测器 $\sum_G$ 为:

$$\begin{aligned}\dot{\hat{\boldsymbol{x}}} &= (\boldsymbol{A} - \boldsymbol{G}\boldsymbol{C})\hat{\boldsymbol{x}} + \boldsymbol{B}\boldsymbol{u} + \boldsymbol{G}\boldsymbol{y}\\ \hat{\boldsymbol{y}} &= \boldsymbol{C}\hat{\boldsymbol{x}}\end{aligned} \tag{8.117}$$

反馈控制律为:

$$\boldsymbol{u} = \boldsymbol{K}\hat{\boldsymbol{x}} + \boldsymbol{v} \tag{8.118}$$

将式(8.118)代入式(8.116)和式(8.117)整理得整个闭环系统的状态空间表达式为:

$$\begin{aligned}\dot{\boldsymbol{x}} &= \boldsymbol{A}\boldsymbol{x} + \boldsymbol{B}\boldsymbol{K}\hat{\boldsymbol{x}} + \boldsymbol{B}\boldsymbol{v}\\ \dot{\hat{\boldsymbol{x}}} &= \boldsymbol{G}\boldsymbol{C}\boldsymbol{x} + (\boldsymbol{A} - \boldsymbol{G}\boldsymbol{C} + \boldsymbol{B}\boldsymbol{K})\hat{\boldsymbol{x}} + \boldsymbol{B}\boldsymbol{v}\\ \boldsymbol{y} &= \boldsymbol{C}\boldsymbol{x}\end{aligned} \tag{8.119}$$

写成矩阵形式为:

$$\begin{aligned}\begin{bmatrix}\dot{\boldsymbol{x}}\\ \dot{\hat{\boldsymbol{x}}}\end{bmatrix} &= \begin{bmatrix}\boldsymbol{A} & \boldsymbol{B}\boldsymbol{K}\\ \boldsymbol{G}\boldsymbol{C} & \boldsymbol{A} - \boldsymbol{G}\boldsymbol{C} + \boldsymbol{B}\boldsymbol{K}\end{bmatrix}\begin{bmatrix}\boldsymbol{x}\\ \hat{\boldsymbol{x}}\end{bmatrix} + \begin{bmatrix}\boldsymbol{B}\\ \boldsymbol{B}\end{bmatrix}\boldsymbol{v}\\ \boldsymbol{y} &= \begin{bmatrix}\boldsymbol{C} & 0\end{bmatrix}\begin{bmatrix}\boldsymbol{x}\\ \hat{\boldsymbol{x}}\end{bmatrix}\end{aligned} \tag{8.120}$$

这是一个 $2n$ 维的闭环控制系统。

设状态估计误差为 $\tilde{x}=x-\hat{x}$，引入等效变换：

$$\begin{bmatrix} x \\ \tilde{x} \end{bmatrix}=\begin{bmatrix} I & 0 \\ I & -I \end{bmatrix}\begin{bmatrix} x \\ \hat{x} \end{bmatrix}=\begin{bmatrix} x \\ x-\hat{x} \end{bmatrix} \tag{8.121}$$

令变换矩阵为：

$$T=\begin{bmatrix} I & 0 \\ I & -I \end{bmatrix},T^{-1}=\begin{bmatrix} I & 0 \\ I & -I \end{bmatrix}^{-1}=\begin{bmatrix} I & 0 \\ I & -I \end{bmatrix}=T \tag{8.122}$$

经线性变换后式(8.120)变为：

$$\begin{gathered}\begin{bmatrix} \dot{x} \\ \dot{x}-\dot{\hat{x}} \end{bmatrix}=\begin{bmatrix} A+BK & BK \\ 0 & A-GC \end{bmatrix}\begin{bmatrix} x \\ \hat{x} \end{bmatrix}+\begin{bmatrix} B \\ 0 \end{bmatrix}v \\ y=[C \quad 0]\begin{bmatrix} x \\ x-\hat{x} \end{bmatrix}\end{gathered} \tag{8.123}$$

由式(8.123)可知：

$$\dot{x}-\dot{\hat{x}}=(A-GC)(x-\hat{x})$$

该式与 u、v 无关，即 $(x-\hat{x})$ 是不能控的，不管施加了什么样的控制信号，状态误差总衰减到零，这正是所希望的，是状态观测器具有的重要性质。

由于线性变换不改变系统的传递函数矩阵，故由式(8.123)易导出其系统的传递函数矩阵为：

$$W(s)=[C \quad 0]\begin{bmatrix} sI-(A+BK) & -BK \\ 0 & sI-(A-GC) \end{bmatrix}^{-1}\begin{bmatrix} B \\ 0 \end{bmatrix} \tag{8.124}$$

利用矩阵分块求逆公式：

$$\begin{bmatrix} R & S \\ 0 & T \end{bmatrix}^{-1}=\begin{bmatrix} R^{-1} & -R^{-1}ST^{-1} \\ 0 & T^{-1} \end{bmatrix} \tag{8.125}$$

则：

$$W(s)=C[sI-(A+BK)]^{-1}B \tag{8.126}$$

式(8.126)说明，带观测器状态反馈闭环系统的传递函数矩阵等于直接状态反馈系统的传递函数。或者说，它与是否采用观测器反馈无关，可用状态估值 $\hat{x}$ 代替实际状态 x 作为反馈。

由于线性变换不改变系统的特征值，由式(8.123)可以导出其特征值

$$\begin{vmatrix} sI-(A+BK) & -BK \\ 0 & sI-(A-GC) \end{vmatrix}=|sI-(A+BK)|\cdot|sI-(A-GC)| \tag{8.127}$$

该式表明带观测器状态反馈闭环系统的特征值是由直接状态反馈系统的极点和观测器的极点两部分组成的，且两部分特征值相互独立，彼此不受影响，因而状态反馈矩阵 K 和输出反馈矩阵 G，可以根据各自的要求来独立进行设计。故有下列定理。

分离定理： 若受控系统 $\sum=(A,B,C)$ 能控能观，用状态观测器估值形成状态反馈时，其系统的极点配置和观测器设计可分别独立进行。

[例 13] 设受控系统的传递函数为： $W(s)=\dfrac{1}{s(s+6)}$，用状态反馈将闭环极点配置为 $-4\pm j6$。并设计实现状态反馈的状态观测器。(设其极点为 $-10,-10$)。

解 ①由传递函数可知,系统能控能观,因此存在状态反馈及状态观测器。根据分离定理可分别进行设计。

②求状态反馈矩阵 $\boldsymbol{K}$

直接由传递函数可以写出系统的状态空间表达式为:

$$\dot{\boldsymbol{x}}=\begin{bmatrix}0 & 0\\ 1 & -6\end{bmatrix}\boldsymbol{x}+\begin{bmatrix}1\\ 0\end{bmatrix}\boldsymbol{u}$$

$$\boldsymbol{y}=[0 \quad 1]\boldsymbol{x}$$

令 $\boldsymbol{K}=[k_0 \quad k_1]$,得闭环系统矩阵:

$$\boldsymbol{A}+\boldsymbol{bK}=\begin{bmatrix}0 & 0\\ 1 & -6\end{bmatrix}+\begin{bmatrix}1\\ 0\end{bmatrix}[k_0 \quad k_1]=\begin{bmatrix}k_0 & k_1\\ 1 & -6\end{bmatrix}$$

则闭环系统特征多项式为:

$$f(\lambda)=|\lambda\boldsymbol{I}-(\boldsymbol{A}+\boldsymbol{bK})|=\det\begin{bmatrix}\lambda-k_0 & -k_1\\ -1 & \lambda+6\end{bmatrix}=\lambda^2+(6-k_0)\lambda+(-6k_0-k_1)$$

与期望特征多项式:

$$f^*(\lambda)=(\lambda+4-\mathrm{j}6)(\lambda+4+\mathrm{j}6)=\lambda^2+8\lambda+52$$

比较得: $\boldsymbol{K}=[-2 \quad -40]$

③求全维观测器。

令 $\boldsymbol{G}=\begin{bmatrix}g_0\\ g_1\end{bmatrix}$,得:

$$\boldsymbol{A}-\boldsymbol{GC}=\begin{bmatrix}0 & 0\\ 1 & -6\end{bmatrix}-\begin{bmatrix}g_0\\ g_1\end{bmatrix}[0 \quad 1]=\begin{bmatrix}0 & -g_0\\ 1 & -(6+g_1)\end{bmatrix}$$

及 $f(\lambda)=|\lambda\boldsymbol{I}-(\boldsymbol{A}-\boldsymbol{GC})|=\det\begin{bmatrix}\lambda & g_0\\ -1 & \lambda+(6+g_1)\end{bmatrix}=\lambda^2+(6+g_1)\lambda+g_0$

与 $f^*(\lambda)=(\lambda+10)^2=\lambda^2+20\lambda+100$

比较得: $\boldsymbol{G}=\begin{bmatrix}100\\ 14\end{bmatrix}$

全维观测器方程为:

$$\dot{\hat{\boldsymbol{x}}}=(\boldsymbol{A}-\boldsymbol{GC})\hat{\boldsymbol{x}}+\boldsymbol{G}\boldsymbol{y}+\boldsymbol{bu}=$$

$$\begin{bmatrix}0 & -100\\ 1 & -20\end{bmatrix}\hat{\boldsymbol{x}}+\begin{bmatrix}100\\ 14\end{bmatrix}\boldsymbol{y}+\begin{bmatrix}1\\ 0\end{bmatrix}\boldsymbol{u}$$

闭环系统结构图如图 8.18 所示:

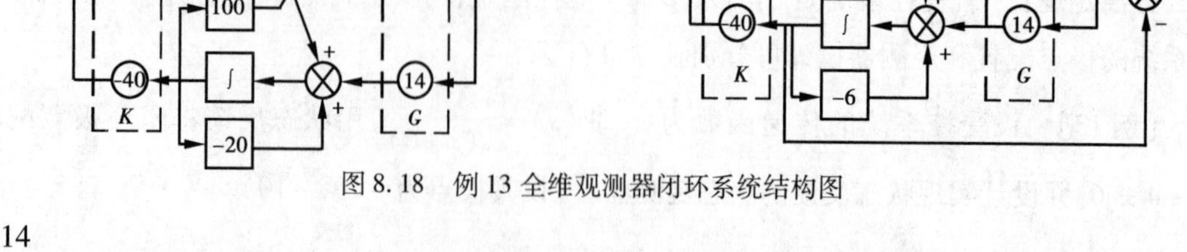

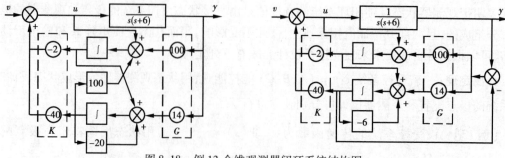

图 8.18 例 13 全维观测器闭环系统结构图

8.7　李雅普诺夫稳定性分析

稳定性是系统的重要特性，是系统正常工作的必要条件，它描述初始条件下系统方程的解是否具有收敛性，而与输入作用无关。经典控制理论中已经建立代数判据、奈奎斯特判据、对数判据、根轨迹判据来判断线性定常系统的稳定性，但不适用于非线性系统、时变系统。分析非线性系统稳定性及自振的描述函数法，则要求系统的线性部分具有良好的滤除谐波的性能；而相平面法只适合于一阶、二阶非线性系统。1892 年俄国学者李雅普诺夫提出的稳定性理论乃是确定系统稳定性的更一般的理论，已经采用状态向量来描述，它不仅适用于单变量、线性、定常系统，还适用于多变量、非线性、时变系统，在分析某些特定非线性系统的稳定性时，李雅普诺夫理论有效地解决过用其他方法未能解决的问题。李雅普诺夫理论在建立一系列关于稳定性概念的基础上，提出了依赖于线性系统微分方程的解来判断稳定性的第一方法，也称间接法；还提出了一种利用经验和技巧来构造李雅普诺夫函数籍以判断稳定性的第二方法，又称直接法。特别是后者，在现代的控制系统分析与综合中，如最优控制、自适应控制、非线性、时变系统的分析设计等方面，不断得到应用与发展。

8.7.1　李雅普诺夫关于稳定性的定义

设系统方程为：

$$\dot{\boldsymbol{x}}=\boldsymbol{f}(\boldsymbol{x},t) \tag{8.128}$$

式中 $\boldsymbol{x}$ 为 n 维状态向量，且显含时间变量 t。$\boldsymbol{f}(\boldsymbol{x},t)$ 为线性或非线性、定常或时变的 n 维函数，其展开式为：

$$\dot{x}_i=f_i(x_1,x_2,\cdots,x_n,t)\quad i=1,2,\cdots,n \tag{8.129}$$

假定方程的解为 $\boldsymbol{x}(t;\boldsymbol{x}_0,t_0)$，式中 x_0 和 t_0 分别为初始状态向量和初始时刻，那么初始条件 $\boldsymbol{x}_0$ 必满足 $\boldsymbol{x}(t_0;x_0,t_0)=\boldsymbol{x}_0$

(1) 平衡状态及其稳定性

李雅普诺夫关于稳定性的研究均针对平衡状态而言。对于所有的 t，满足：

$$\dot{\boldsymbol{x}}_e=\boldsymbol{f}(\boldsymbol{x}_e,t)=0 \tag{8.130}$$

的状态 $\boldsymbol{x}_e$，称为平衡状态。平衡状态的各分量相对时间不再发生变化。若已知状态方程，令 $\dot{\boldsymbol{x}}=0$所求得的解 $\boldsymbol{x}$，便是平衡状态。

线性定常系统 $\dot{\boldsymbol{x}}=\boldsymbol{A}\boldsymbol{x}$，其平衡状态满足 $\boldsymbol{A}\boldsymbol{x}_e=0$，只要 $\boldsymbol{A}$ 非奇异，系统只有惟一的零解，即存在一个位于状态空间原点的平衡状态。至于非线性系统，$\boldsymbol{f}(\boldsymbol{x}_e,t)=0$ 解可能有多个，由系统状态方程决定。

研究平衡状态的稳定性，乃是反映系统在平衡状态邻域的局部的（小范围的）动态行为。鉴于线性系统只有一个平衡状态，平衡状态的稳定性能够表征整个系统的稳定性。对于具有多个平衡状态的非线性系统来说，由于多个平衡状态的稳定性一般并不相同，故需逐个加以考虑，还需结合具体初始条件下的系统运动轨迹来考虑。

(2) 李雅普诺夫关于稳定性的定义

李雅普诺夫根据系统自由响应是否有界把系统的稳定性定义为 4 种情况。

①李雅普诺夫意义下的稳定性

设系统初始状态位于以平衡状态 $\boldsymbol{x}_e$ 为球心、半径为 r 的闭球域 $S(r)$ 内，即：

$$\| x_o - x_e \| \leqslant r \quad t = t_0 \tag{8.131}$$

若能使系统方程的解 $\boldsymbol{x}(t;x_0,t_0)$ 在 $t\to\infty$ 的过程中，都位于以 $\boldsymbol{x}_e$ 为球心、任意规定的半径为 ε 的闭球域 $\boldsymbol{S}(\varepsilon)$ 内，即：

$$\| \boldsymbol{x}(t;x_o,t_0) - \boldsymbol{x}_e \| \leqslant \varepsilon \quad t \geqslant t_0 \tag{8.132}$$

则称该 x_e 是稳定的，通常称为李雅普诺夫意义下的稳定性。该定义的平面几何表示见图 8.19(a)。式中 $\| \bullet \|$ 称为向量的范数，其几何意义是空间距离的尺度。如 $\| \boldsymbol{x}_0 - \boldsymbol{x}_e \|$ 表示状态空间中 $\boldsymbol{x}_0$ 点至 $\boldsymbol{x}_e$ 点之间的距离的尺度，其数学表达式为：

$$\| \boldsymbol{x}_o - \boldsymbol{x}_e \| = \sqrt{(x_{10} - x_{1e})^2 + \cdots + (x_{n0} - x_{ne})^2} \tag{8.133}$$

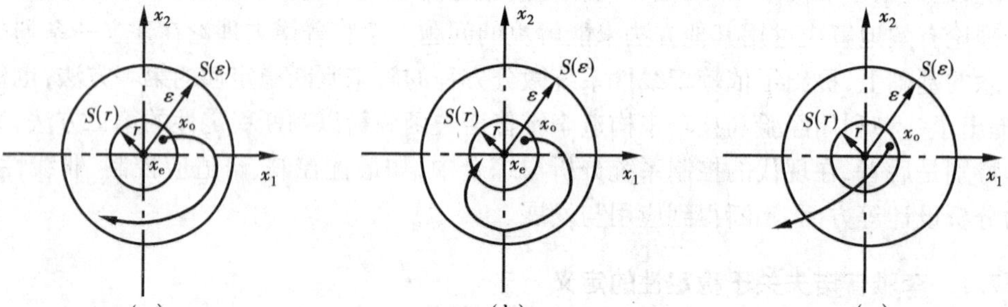

图 8.19　有关稳定性的平面几何表示

通常时变系统的 r 与 t_0 有关，定常系统的 r 与 t_0 无关。只要 r 与 t_0 无关，这种平衡状态称为一致稳定的。

要注意到，按李雅普诺夫意义下的稳定性定义，当系统作不衰减的振荡运动时，将在平面描绘出一条封闭曲线，但只要不超过 $\boldsymbol{S}(\varepsilon)$，则认为稳定，这同经典控制理论中线性定常系统稳定性的定义是有差异的。

②渐近稳定性

不仅具有李雅普诺夫意义下的稳定性，而且有：

$$\lim_{t\to\infty} \| \boldsymbol{x}(t;x_o,t_0) - \boldsymbol{x}_e \| \to 0 \tag{8.134}$$

称此平衡状态是渐近稳定的。这时，从 $\boldsymbol{S}(r)$ 出发的轨迹不仅不会超出 $\boldsymbol{S}(\varepsilon)$，而且当 $t\to\infty$ 时收敛于 $\boldsymbol{x}_e$ 或其附近，其平面几何表示见图 8.19(b)，显见经典控制理论中稳定性的定义与渐近稳定性对应。当 r 与 t_0 无关时，且称一致渐近稳定。

③大范围(全局)渐近稳定性。

当初始条件扩展至整个状态空间，且具有渐近稳定性时，称此平衡状态是大范围渐近稳定的。此时 $r\to\infty$，$\boldsymbol{S}(r)\to\infty$，$x\to\infty$，由状态空间中任意一点出发的轨迹都收敛至 $\boldsymbol{x}_e$ 或其附近。对于严格线性的系统，如果它是渐近稳定的，必具有大范围渐近稳定性，这是因为线性系统稳定性与初始条件的大小无关。一般非线性系统的稳定性与初始条件大小密切相关，其 r 总是有限的，故通常只能在小范围内渐近稳定。当 r 与 t_0 无关时，则称为大范围一致渐近稳定。

④不稳定性

不论 r 规定得多么小，只要在 $\boldsymbol{S}(r)$ 内有一条从 $\boldsymbol{x}_e$ 出发的轨迹超出 $\boldsymbol{S}(\varepsilon)$ 以外，则称此平衡状态是不稳定的。其平面几何表示见图 8.19(c)。线性系统的平衡状态不稳定，表征系统不稳定；非线性系统的平衡状态不稳定，只说明存在局部发散的轨迹，至于是否趋于无穷远，要看 $\boldsymbol{S}(\varepsilon)$ 域外是否存在其他平衡状态，若存在，如有极限环，则系统仍是李雅普诺夫意义下的稳定。

8.7.2　李雅普诺夫第 2 法

下面介绍李雅普诺夫理论中判断系统稳定性的方法。

①李雅普诺夫第 1 法

李雅普诺夫第一法又称间接法，它的基本思路是通过系统状态方程的解来判断系统的稳定性。对于线性定常系统，只需解出特征方程的根即可作出稳定性判断。对于非线性不很严重的系统，则可通过线性化处理，取其一次项近似得到线性化方程，然后再根据其特征根来判断系统的稳定性。

②李雅普诺夫第 2 法

李雅普诺夫第 2 法又称直接法，它的基本思路不是通过求解系统的状态方程，而是借助于一个李雅普诺夫函数来直接对系统平衡状态的稳定性做出判断。它是从能量观点进行稳定性分析的。如果一个系统被激励后，其储存的能量随着时间的推移逐渐衰减，到达平衡状态时，能量将达最小值，那么，这个平衡状态是渐近稳定的。反之，如果系统不断地从外界吸收能量，储能越来越大，那么这个平衡状态就是不稳定的。如果系统的储能既不增加，也不消耗，那么这个平衡状态就是李雅普诺夫意义下的稳定。

但是，由于系统的复杂性和多样性，往往不能直观地找到一个能量函数来描述系统的能量关系，于是李雅普诺夫定义一个正定的标量函数 $V(\boldsymbol{x})$，作为虚构的广义能量函数，然后根据 $\dot{V}(\boldsymbol{x}) = \mathrm{d}V(\boldsymbol{x})/\mathrm{d}t$ 的符号特征来判别系统的稳定性。对于一个给定系统，如果能找到一个正定的标量函数 $V(\boldsymbol{x})$，而 $\dot{V}(\boldsymbol{x})$ 是负定的，则这个系统是渐近稳定的。这个 $V(\boldsymbol{x})$ 叫做李雅普诺夫函数。实际上，任何一个标量函数只要满足李雅普诺夫稳定性判据所假设的条件，均可作为李雅普诺夫函数。由此可见，应用李雅普诺夫第 2 法的关键问题便可归结为寻找李雅普诺夫函数 $V(\boldsymbol{x})$ 的问题。遗憾的是对一般非线性系统仍未形成构造李雅普诺夫函数的通用方法。对于线性系统，通常可用 2 次型函数 $\boldsymbol{x}^T\boldsymbol{P}\boldsymbol{x}$ 作为李雅普诺夫函数。

1)标量函数的符号性质

设 $V(\boldsymbol{x})$ 为由 n 维矢量 $\boldsymbol{x}$ 所定义的标量函数，$\boldsymbol{x} \in \boldsymbol{\Omega}$，且在 $\boldsymbol{x} = 0$ 处，恒有 $V(\boldsymbol{x}) = 0$。对所有在域 $\boldsymbol{\Omega}$ 中的任何非零矢量 $\boldsymbol{x}$，如果成立：

①$V(\boldsymbol{x}) > 0$，则称 $V(\boldsymbol{x})$ 为正定的。例如，$V(\boldsymbol{x}) = x_1^2 + 2x_2^2$

②$V(\boldsymbol{x}) \geqslant 0$，则称 $V(\boldsymbol{x})$ 为半正定的。例如，$V(\boldsymbol{x}) = (x_1 + x_2)^2$

③$V(\boldsymbol{x}) < 0$，则称 $V(\boldsymbol{x})$ 为负定的。例如，$V(\boldsymbol{x}) = -(x_1^2 + 2x_2^2)$

④$V(\boldsymbol{x}) \leqslant 0$，则称 $V(\boldsymbol{x})$ 为半负定的。例如，$V(\boldsymbol{x}) = -(x_1 + x_2)^2$

⑤$V(\boldsymbol{x}) > 0$ 或 $V(\boldsymbol{x}) < 0$，则称 $V(\boldsymbol{x})$ 为不定的。例如，$V(\boldsymbol{x}) = x_1 + x_2$

2)2 次型标量函数

2 次型函数在李雅普诺夫第 2 法分析系统的稳定性中起着很重要的作用。

设 $x_1, x_2, \cdots, x_n$ 为 n 个变量，定义 2 次型标量函数为：

$$V(\boldsymbol{x}) = \boldsymbol{x}^T\boldsymbol{P}\boldsymbol{x} = [x_1 \quad x_2 \quad \cdots \quad x_n]\begin{bmatrix} p_{11} & p_{12} & \cdots & p_{1n} \\ p_{21} & p_{22} & \cdots & p_{2n} \\ \vdots & \vdots & & \vdots \\ p_{n1} & p_{n2} & \cdots & p_{nn} \end{bmatrix}\begin{bmatrix} x_1 \\ x_2 \\ \vdots \\ x_n \end{bmatrix} \tag{8.135}$$

其中 $p_{ij} = p_{ji}$，则称 $\boldsymbol{P}$ 为实对称阵。其定号性由赛尔维斯特准则判定。当 $\boldsymbol{P}$ 的各顺序主子行列式均大于零时，即：

$$P_{11} > 0, \begin{vmatrix} p_{11} & p_{12} \\ p_{21} & p_{22} \end{vmatrix} > 0, \cdots, (-1)^n \begin{vmatrix} p_{11} & \cdots & p_{1n} \\ \vdots & & \vdots \\ p_{n1} & \cdots & p_{nn} \end{vmatrix} > 0 \tag{8.136}$$

则 $V(\boldsymbol{x})$ 正定，且称 $\boldsymbol{P}$ 为正定矩阵。当 $\boldsymbol{P}$ 的各顺序主子行列式负、正相间时，即：

$$P_{11} < 0, \begin{vmatrix} p_{11} & p_{12} \\ p_{21} & p_{22} \end{vmatrix} > 0, \cdots, (-1)^n \begin{vmatrix} p_{11} & \cdots & p_{1n} \\ \vdots & & \vdots \\ p_{n1} & \cdots & p_{nn} \end{vmatrix} > 0 \tag{8.137}$$

则 $V(\boldsymbol{x})$ 负定，且称 $\boldsymbol{P}$ 为负定矩阵。若主子行列式含有等于零的情况，则 $V(\boldsymbol{x})$ 半正定或半负定。不属于以上所有情况的，$V(\boldsymbol{x})$ 不定。

3）几个稳定判据

用李雅普诺夫第 2 法分析系统的稳定性，可以概括为以下几个稳定判据。

设系统的状态方程为：

$$\dot{\boldsymbol{x}} = \boldsymbol{f}[\boldsymbol{x}] \tag{8.138}$$

平衡状态 $\boldsymbol{x}_e = 0$，满足 $\boldsymbol{f}[\boldsymbol{x}_e] = 0$。

如果存在一个标量函数 $V(\boldsymbol{x})$，它满足：

①$V(\boldsymbol{x})$ 对所有 $\boldsymbol{x}$ 都具有连续的一阶偏导数。

②$V(\boldsymbol{x})$ 是正定的，即当 $\boldsymbol{x} = 0, V(\boldsymbol{x}) = 0; x \neq 0, V(\boldsymbol{x}) > 0$。

③$V(\boldsymbol{x})$ 沿状态轨迹方向计算的时间导数 $\dot{V}(\boldsymbol{x}) = \mathrm{d}V(\boldsymbol{x})/\mathrm{d}t$ 分别满足下列条件：

(a)若 $\dot{V}(\boldsymbol{x})$ 为半负定，那么平衡状态 $\boldsymbol{x}_e$ 为李雅普诺夫意义下的稳定。此为稳定判据。

(b)若 $\dot{V}(\boldsymbol{x})$ 为负定，或者虽然 $\dot{V}(\boldsymbol{x})$ 为半负定，但对任意初始状态 $\boldsymbol{x}(t_0) \neq 0$ 来说，除去 $\boldsymbol{x} = 0$ 外，对 $\boldsymbol{x} \neq 0$，$\dot{V}(\boldsymbol{x})$ 不恒为零。那么原点平衡状态是渐近稳定的。如果进一步还有当 $\|\boldsymbol{x}\| \to \infty$ 时，$V(\boldsymbol{x}) \to \infty$，则系统是大范围渐近稳定的。此称渐近稳定判据。

(c)若 $\dot{V}(\boldsymbol{x})$ 为正定，那么平衡状态 $\boldsymbol{x}_e$ 是不稳定的。此为不稳定判据。

应当指出，上述判据只给出了判断系统稳定性的充分条件，而非充要条件。就是说，对于给定系统，如果找到满足判据条件的李雅普诺夫函数便能对系统的稳定性做出肯定的结论。但是却不能因为没有找到这样的李雅普诺夫函数，就做出否定的结论。

[例 14] 已知非线性系统状态方程

$$\dot{x}_1 = x_2 - x_1(x_1^2 + x_2^2)$$

$$\dot{x}_2 = -x_1 - x_2(x_1^2 + x_2^2)$$

试分析其平衡状态的稳定性。

解 坐标原点 $x_e = 0$ 是其惟一的平衡状态。

设正定的标量函数为：

$$V(\boldsymbol{x})=x_1^2+x_2^2$$

沿任意轨迹求 $V(\boldsymbol{x})$ 对时间的导数，得：

$$\dot{V}(\boldsymbol{x})=\frac{\partial V}{\partial x_1}\frac{\mathrm{d}x_1}{\mathrm{d}t}+\frac{\partial V}{\partial x_2}\frac{\mathrm{d}x_2}{\mathrm{d}t}=2\dot{x}_1x_1+2\dot{x}_2x_2$$

将状态方程代入上式，得该系统沿运动轨迹的 $\dot{V}(\boldsymbol{x})$ 为：

$$\dot{V}(\boldsymbol{x})=-2(x_1^2+x_2^2)^2$$

是负定的。因此所选的 $V(x)=x_1^2+x_2^2$ 是满足判据条件的一个李雅普诺夫函数。而且当 $\|\boldsymbol{x}\|\to\infty$ 时，有 $V(x)\to\infty$，则系统在坐标原点处是大范围渐近稳定的。

［例 15］　试分析下述系统平衡状态的稳定性。

$$\dot{x}_1=x_2$$

$$\dot{x}_2=-x_1^3-x_2$$

解　坐标原点 $x_e=0$ 是其惟一的平衡状态。

考虑如下正定的标量函数：

$$V(\boldsymbol{x})=x_1^4+2x_2^2$$

则：

$$\dot{V}(\boldsymbol{x})=4\dot{x}_1x_1^3+4\dot{x}_2x_2=4x_1^3x_2+4x_2(-x_1^3-x_2)=-4x_2^2$$

显然，$\dot{V}(\boldsymbol{x})$ 是半负定的，根据判据，可知该系统在李雅普诺夫意义下是稳定的。那么能否是渐近稳定的呢？为此还需要考察对任意初始状态 $\boldsymbol{x}(t_0)\neq0$ 来说，除去 $\boldsymbol{x}=0$ 外，对 $\boldsymbol{x}\neq0$，$\dot{\boldsymbol{V}}(\boldsymbol{x})$ 是否不恒为零。

如果假设 $\dot{V}(\boldsymbol{x})\equiv0$，必然要求 x_2 在 $t>t_0$ 时恒等于零；而 x_2 恒等于零又要求 $\dot{x}_2$ 恒等于零。但从状态方程可知，此时 x_1 也恒等于零。这就表明，在 $\boldsymbol{x}\neq0$ 时，$\dot{V}(\boldsymbol{x})$ 是不可能恒为零的。又由于当 $\|\boldsymbol{x}\|\to\infty$ 时，有 $V(\boldsymbol{x})\to\infty$，则系统在坐标原点处是大范围渐近稳定的。

［例 16］　设系统状态方程为：

$$\dot{x}_1=x_2$$

$$\dot{x}_2=-(1-|x_1|)x_2-x_1$$

试确定平衡状态的稳定性。

解　坐标原点 $x_e=0$ 是其惟一的平衡状态。

选择正定的标量函数：

$$V(\boldsymbol{x})=x_1^2+x_2^2$$

则有

$$\dot{V}(\boldsymbol{x})=-2x_2^2(1-|x_1|)$$

当 $|x_1|=1$ 时，$\dot{V}(\boldsymbol{x})=0$；当 $|x_1|>1$ 时，$\dot{V}(\boldsymbol{x})>0$，可见该系统在单位圆外是不稳定的。但在单位圆当 $x_1^2+x_2^2=1$ 内，由于 $|x_1|<1$，此时 $\dot{V}(\boldsymbol{x})<0$。因此在这个范围内系统平衡状态是渐近稳定的。这个单位圆称做不稳定极限环。

8.7.3　李雅普诺夫方法在线性定常系统中的应用

设线性定常连续系统为：

$$\dot{\boldsymbol{x}} = \boldsymbol{A}\boldsymbol{x} \tag{8.139}$$

则平衡状态 $\boldsymbol{x}_e = 0$ 为大范围渐近稳定的充要条件是：对任意给定的正定实对称矩阵 $\boldsymbol{Q}$，必存在正定的实对称矩阵 $\boldsymbol{P}$，满足李雅普诺夫方程：

$$\boldsymbol{A}^T\boldsymbol{P} + \boldsymbol{P}\boldsymbol{A} = -\boldsymbol{Q} \tag{8.140}$$

并且：

$$V(\boldsymbol{x}) = \boldsymbol{x}^T\boldsymbol{P}\boldsymbol{x} \tag{8.141}$$

是系统的李雅普诺夫函数。

证明 若选 $V(\boldsymbol{x}) = \boldsymbol{x}^T\boldsymbol{P}\boldsymbol{x}$ 为李雅普诺夫函数，设 $\boldsymbol{P}$ 为 $n \times n$ 维正定实对称阵，则 $V(\boldsymbol{x})$ 是正定的。将 $V(\boldsymbol{x})$ 取时间导数为：

$$\dot{V}(\boldsymbol{x}) = \boldsymbol{x}^T\boldsymbol{P}\dot{\boldsymbol{x}} + \dot{\boldsymbol{x}}^T\boldsymbol{P}\boldsymbol{x} \tag{8.142}$$

将式(8.139)代入式(8.142)得：

$$\dot{V}(\boldsymbol{x}) = \boldsymbol{x}^T\boldsymbol{P}\boldsymbol{A}\boldsymbol{x} + (\boldsymbol{A}\boldsymbol{x})^T\boldsymbol{P}\boldsymbol{x} = \boldsymbol{x}^T(\boldsymbol{P}\boldsymbol{A} + \boldsymbol{A}^T\boldsymbol{P})\boldsymbol{x}$$

欲使系统在原点渐近稳定，则要求 $\dot{V}(\boldsymbol{x})$ 必须为负定，即：

$$\dot{V}(\boldsymbol{x}) = -\boldsymbol{x}^T\boldsymbol{Q}\boldsymbol{x} \tag{8.143}$$

式中：

$$\boldsymbol{Q} = -[\boldsymbol{A}^T\boldsymbol{P} + \boldsymbol{P}\boldsymbol{A}]$$

为正定的。

在应用该判据时应注意以下几点：

①实际应用时，通常是先选取一个正定的实对称矩阵 $\boldsymbol{Q}$，代入李雅普诺夫方程式(8.140)解出矩阵 $\boldsymbol{P}$，然后按赛尔维斯特准则判定 $\boldsymbol{P}$ 的正定性，进而作出系统渐近稳定的结论。

②为了方便计算，常取 $\boldsymbol{Q} = \boldsymbol{I}$，这时 $\boldsymbol{P}$ 应满足：

$$\boldsymbol{A}^T\boldsymbol{P} + \boldsymbol{P}\boldsymbol{A} = -\boldsymbol{I} \tag{8.144}$$

式中 $\boldsymbol{I}$——单位矩阵。

③若 $\dot{V}(\boldsymbol{x})$ 沿任一轨迹不恒等于零，那么 $\boldsymbol{Q}$ 可取为半正定的。

[**例** 17] 设系统的状态方程为：

$$\dot{\boldsymbol{x}} = \begin{bmatrix} 0 & 1 \\ -2 & -3 \end{bmatrix}\boldsymbol{x}$$

试分析平衡点的稳定性。

解 设 $\boldsymbol{P} = \begin{bmatrix} p_{11} & p_{12} \\ p_{12} & p_{22} \end{bmatrix}, \boldsymbol{Q} = \boldsymbol{I}$

代入式(8.140)，得：

$$\begin{bmatrix} 0 & -2 \\ 1 & -3 \end{bmatrix}\begin{bmatrix} p_{11} & p_{12} \\ p_{21} & p_{22} \end{bmatrix} + \begin{bmatrix} p_{11} & p_{12} \\ p_{21} & p_{22} \end{bmatrix}\begin{bmatrix} 0 & 1 \\ -2 & -3 \end{bmatrix} = \begin{bmatrix} -1 & 0 \\ 0 & -1 \end{bmatrix}$$

将上式展开，并令各对应元素相等，可解得：

$$\boldsymbol{P} = \begin{bmatrix} 5/4 & 1/4 \\ 1/4 & 1/4 \end{bmatrix}$$

根据赛尔维斯特准则知

$$\Delta_1 = \frac{5}{4} > 0, \Delta_2 = \begin{bmatrix} 5/4 & 1/4 \\ 1/4 & 1/4 \end{bmatrix} = \frac{1}{4} > 0$$

故矩阵 $\boldsymbol{P}$ 是正定的，因而系统的平衡点是大范围渐近稳定的。或者由于：

$$V(\boldsymbol{x})=\boldsymbol{x}^T\boldsymbol{P}\boldsymbol{x}=\frac{1}{4}(5x_1^2+2x_1x_2+x_2^2)$$

是正定的，而：

$$\dot{V}(\boldsymbol{x})=-\boldsymbol{x}^T\boldsymbol{Q}\boldsymbol{x}=-(x_1^2+x_2^2)$$

是负定的，也可得出上述结论。

［例 18］　设系统的状态方程为：

$$\dot{\boldsymbol{x}}=\begin{bmatrix}0 & 1 & 0\\0 & -2 & 1\\-K & 0 & -1\end{bmatrix}\boldsymbol{x}$$

试确定系统增益 K 的稳定范围。

解　因 $\det A\neq0$，故原点是惟一的平衡状态。假设选半正定的实对称矩阵 $\boldsymbol{Q}$ 为：

$$\boldsymbol{Q}=\begin{bmatrix}0 & 0 & 0\\0 & 0 & 0\\0 & 0 & 1\end{bmatrix}$$

为了说明这样选取 $\boldsymbol{Q}$ 半正定是正确的，尚需证明 $\dot{V}(\boldsymbol{x})$ 沿任意轨迹应不恒等于零。由于

$$\dot{V}(\boldsymbol{x})=-\boldsymbol{x}^T\boldsymbol{Q}\boldsymbol{x}=-x_3^2$$

显然，$\dot{V}(\boldsymbol{x})\equiv0$ 的条件是 $x_3\equiv0$，但由状态方程可推知，此时 $x_1\equiv0$，$x_2\equiv0$，这表明只有在原点，即在 $\boldsymbol{x}_e=0$ 处才使 $\dot{V}(\boldsymbol{x})\equiv0$，而沿任一轨迹 $\dot{V}(\boldsymbol{x})$ 均不会恒等于零。因此，允许选取 $\boldsymbol{Q}$ 为半正定的。

根据式(8.140)，有：

$$\begin{bmatrix}0 & 0 & -K\\1 & -2 & 0\\0 & 1 & -1\end{bmatrix}\begin{bmatrix}p_{11} & p_{12} & p_{13}\\p_{12} & p_{22} & p_{23}\\p_{13} & p_{23} & p_{33}\end{bmatrix}+\begin{bmatrix}p_{11} & p_{12} & p_{13}\\p_{12} & p_{22} & p_{23}\\p_{13} & p_{23} & p_{33}\end{bmatrix}\begin{bmatrix}0 & 1 & 0\\0 & -2 & 1\\-K & 0 & -1\end{bmatrix}=\begin{bmatrix}0 & 0 & 0\\0 & 0 & 0\\0 & 0 & -1\end{bmatrix}$$

可以解出矩阵：

$$\boldsymbol{P}=\begin{bmatrix}\dfrac{K^2+12K}{12-2K} & \dfrac{6K}{12-2K} & 0\\ \dfrac{6K}{12-2K} & \dfrac{3K}{12-2K} & \dfrac{K}{12-2K}\\ 0 & \dfrac{K}{12-2K} & \dfrac{6}{12-2K}\end{bmatrix}$$

为使 $\boldsymbol{P}$ 为正定矩阵，其充要条件是：

$$12-2K>0 \text{ 和 } K>0$$

即：$$0<K<6$$

这表明当 $0<K<6$ 时，系统原点是大范围渐近稳定的。

8.8 应用 MATLAB 进行状态方程分析求解

前面章节中介绍的模型建立中的各函数均可应用于状态方程。模型变换中的 ss2tf 函数可将状态空间形式变换为传递函数形式，tf2ss 函数可将传递函数形式变换为状态空间形式。模型简化中的 minreal 函数可得到状态空间系统的最小实现。Canon 函数和 ss2ss 函数可进行状态空间正则形式转换和相似变换。

(1)用 MATLAB 求取线性系统的时域解

MATLAB 中的 step，impulse 和 initial 函数分别用来求连续系统的单位阶跃响应，单位冲激响应和零输入响应，因此，编写 MATLAB 程序是很简单的。

例如 线性定常系统

$$\dot{\boldsymbol{x}} = \begin{bmatrix} -1.6 & -0.9 & 0 & 0 \\ 0.9 & 0 & 0 & 0 \\ 0.4 & 0.5 & -5.0 & -2.45 \\ 0 & 0 & 2.45 & 0 \end{bmatrix}\boldsymbol{x} + \begin{bmatrix} 1 \\ 0 \\ 1 \\ 0 \end{bmatrix}\boldsymbol{u}$$

$$\boldsymbol{y} = \begin{bmatrix} 1 & 1 & 1 & 1 \end{bmatrix}\boldsymbol{x}$$

求单位阶跃响应，单位冲激响应和零输入响应（设初始状态 $\boldsymbol{x}_0 = [1 \quad 1 \quad 1 \quad -1]^T$）。

求解该题的 MATLAB 程序如下：

```
a=[-1.6,-0.9,0,0;0.9,0,0,0;0.4,0.5,-5.0,-2.45;0,0,2.45,0];
b=[1;0;1;0];
c=[1;1;1;1];
d=[0];
figure(1)
subplot(2,2,1)
step(a,b,c,d)
title('Step Response')
subplot(2,2,2)
impulse(a,b,c,d)
title('Impulse Response')
subplot(2,2,3)
x0=[1;1;1;-1];
initial(a,b,c,d,x0)
axis([0 6 -0.5 2.5])
title('Initial Response')
subplot(2,2,4)
pzmap(a,b,c,d)
title('Pole-Zero Map')
```

(2)用 MATLAB 判断线性系统的能控性和能观性

用 MATLAB 来判断线性系统的能控性和能观性是非常方便的。ctrb 命令用于求取系统的能控矩阵 $\boldsymbol{M}$，obsv 命令用于求取系统的能观矩阵 $\boldsymbol{N}$，命令格式为：

$$\boldsymbol{M} = \mathrm{ctrb}(\boldsymbol{A}, \boldsymbol{B})$$

$$\boldsymbol{N} = \mathrm{obsv}(\boldsymbol{A}, \boldsymbol{C})$$

式中　$\boldsymbol{M} = [\boldsymbol{B} \quad \boldsymbol{AB} \quad \boldsymbol{A}^2\boldsymbol{B} \quad \cdots \quad \boldsymbol{A}^{n-1}B]$，$\boldsymbol{N} = [\boldsymbol{C} \quad \boldsymbol{CA} \quad \boldsymbol{CA}^2 \quad \cdots \quad \boldsymbol{CA}^{n-1}]^T$。

采用命令 rank($\boldsymbol{M}$)和 rank($\boldsymbol{N}$)可以得到能控矩阵 $\boldsymbol{M}$ 和能观矩阵 $\boldsymbol{N}$ 的秩，若 $\boldsymbol{M}$ 或 $\boldsymbol{N}$ 的秩是 n，则系统是状态完全能控的或能观的。

例如　线性定常系统：

$$\dot{\boldsymbol{x}} = \begin{bmatrix} -3 & 1 \\ 1 & -3 \end{bmatrix}\boldsymbol{x} + \begin{bmatrix} 1 & 1 \\ 1 & 1 \end{bmatrix}\boldsymbol{u}$$

$$\boldsymbol{y} = \begin{bmatrix} 1 & 1 \\ 1 & -1 \end{bmatrix}\boldsymbol{x}$$

判别系统的能控性和能观性。

判断该系统能控性和能观性的 MATLAB 程序如下所示。

```
a = [ -3,1 ;1, -3];
b = [1,1;1,1];
c = [1,1;1, -1]; d = [0];
cam = ctrb(a,b);
rcam = rank(cam)
oam = obsv(a,c);
roam = rank(oam)
```

(3)用 *MATLAB* 解极点配置问题

用 MATLAB 易于解极点配置问题。现在我们来解在例 11 中讨论的同样问题。系统方程为：

$$\dot{\boldsymbol{x}} = \begin{bmatrix} 0 & 1 & 0 \\ 0 & -1 & 1 \\ 0 & 0 & -2 \end{bmatrix}\boldsymbol{x} + \begin{bmatrix} 0 \\ 0 \\ 1 \end{bmatrix}\boldsymbol{u}$$

试设计状态反馈控制器，使闭环极点为 -2，$-1 \pm \mathrm{j}1$。

如果在设计状态反馈控制矩阵 $\boldsymbol{K}$ 时采用变换矩阵 $\boldsymbol{T}$，则必须求特征方程 $|s\boldsymbol{I} - \boldsymbol{A}| = 0$ 的系数 a_2，a_1 和 a_0。这可通过给计算机输入语句 P = poly(A)来实现。

为了得到变换矩阵 $\boldsymbol{T} = \boldsymbol{MW}$，首先将矩阵 $\boldsymbol{M}$ 和 $\boldsymbol{W}$ 输入计算机，其中

$$\boldsymbol{M} = [\boldsymbol{B} \quad \boldsymbol{AB} \quad \boldsymbol{A}^2\boldsymbol{B}]$$

$$\boldsymbol{W} = \begin{bmatrix} a_1 & a_2 & 1 \\ a_2 & 1 & 0 \\ 1 & 0 & 0 \end{bmatrix}$$

然后可以很容易地采用 MATLAB 完成 $\boldsymbol{M}$ 和 $\boldsymbol{W}$ 相乘。

其次，求所期望的特征方程。可定义矩阵 $\boldsymbol{J}$，使得：

$$J=\begin{bmatrix}-1+\mathrm{j}1 & 0 & 0\\ 0 & -1-\mathrm{j}1 & 0\\ 0 & 0 & -2\end{bmatrix}$$

采用如下命令 Q = poly(J) 来完成。

所需状态反馈控制矩阵 $\boldsymbol{K}$ 可由：

$$\boldsymbol{K}=[a_0-a_0^* \quad a_1-a_1^* \quad a_2-a_2^*]\boldsymbol{T}^{-1}$$

或者 $$\boldsymbol{K}=[a_0-aa_0 \quad a_1-aa_1 \quad a_2-aa_2]*(inv(\boldsymbol{T}))$$

确定。

采用变换矩阵 $\boldsymbol{T}$ 解该例题的 MATLAB 程序如下所示。

```
% pole placement_using transformation matrix
%
disp('pole placement_using transformation matrix')
a = [0,1,0;0, -1,1 ;0,0, -2];
b = [0,0,1];
cam = ctrb(a,b);
dis('The rank of controllability matrix')
rc = rank(cam)
P = poly(A)
a2 = P(2);a1 = P(3);a0 = P(4);
W = [a1,a2,1;a2,1,0;1,0,0];
T = can * W;
J = [ -1 +1 * i,0,0;0, -1 -1 * i,0;0,0, -2];
Q = poly(J)
aa2 = Q(2);aa1 = Q(3);aa0 = Q(4);
K = [a0 - aa0,a1 - aa1,a2 - aa2] * (inv(T))
```

另外，MATLAB 还可进行状态观测器设计和李雅普诺夫稳定性分析，具体方法可参考有关参考书。

(4)用 MATLAB 进行李雅普诺夫稳定性分析

[例 19]　已知线性定常系统如图 8.20 所示：

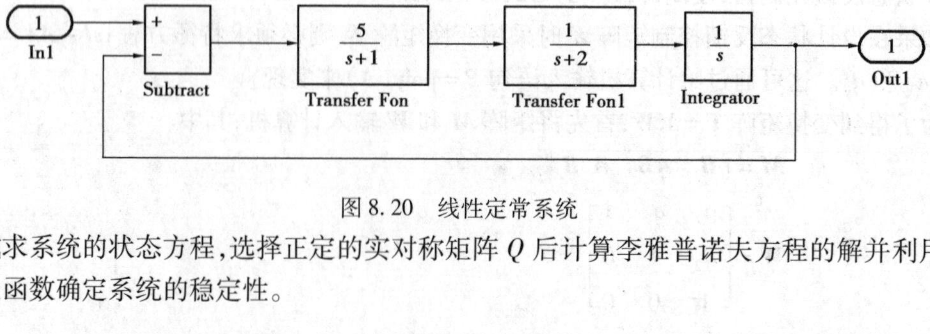

图 8.20　线性定常系统

试求系统的状态方程，选择正定的实对称矩阵 Q 后计算李雅普诺夫方程的解并利用李雅普诺夫函数确定系统的稳定性。

分析：选择正定的实对称矩阵 $Q=\begin{bmatrix}1&0&0\\0&1&0\\0&0&1\end{bmatrix}$，为了确定系统的稳定性，需验证 p 阵的正定性，这可以对各阶主子行列式进行校验。

编制如下程序：

```
n1 = 5;d1 = [1 1];s1 = tf(n1,d1);
n2 = 1;d2 = [1 2];s2 = tf(n2,d2);
n3 = 1;d3 = [1 0];s3 = tf(n3,d3);
s123 = s1 * s2 * s3;sys = feedback(s123,1);
[A B C D] = tf2ss(sys.num{1},sys.den{1});
q = [1 0 0;0 10;0 0 1];
if det(A) ~ =0
  p = lyap(A,q)
  det1 = det(p(1,1))
  det2 = det(p(1:2,1:2))
  detp = det(p)
end
```

程序运行结果为：

```
p =

      23.000 0      -0.500 0     -13.500 0
      -0.500 0      13.500 0      -0.500 0
     -13.500 0      -0.500 0       8.200 0


  det1  = 23.000 0
  det2  = 310.250 0
  detp  = 71.175 0
```

因为 $Q=\begin{bmatrix}1&0&0\\0&1&0\\0&0&1\end{bmatrix}$

故有：$\dot{V}(x) = -x^{T}Qx = -(x1^2 + x2^2 + x3^2)$ 是负定的。

从运行结果可以看出：对各阶主子行列式(det1,det2,detp)进行校验说明 p 阵确实是正定阵，因此本系统在坐标原点的平衡状态是稳定的，而且是大范围渐近稳定的。

小　结

现代控制理论是以状态空间方法为基础的，这是一种分析系统性能的时域方法，主要用状态空间表达式作为数学模型。与经典控制理论中的传递函数相比，它是一种对系统的完全描述。本章主要介绍了以下一些基本内容：

①建立系统状态空间表达式的方法有好几种，本章主要介绍由系统传递函数来建立状态空间表达式的方法。对于同一系统，由于状态变量选择的非惟一性，使得由此而建立的状态空间表达式也是非惟一的。但由状态空间表达式导出的传递函数却是惟一的，而且这些状态矢量之间实际上存在着一种线性变换关系。线性变换矩阵若按某种规律来选取，可使变换后的状态空间表达式化为某种特殊形式，如约当标准型、能控标准型和能观标准型。由于线性变换不改变系统的能控性、能观性和稳定性，因此给系统研究带来方便。

②为了研究系统的动态特性，需要了解系统运动情况，故在本章中介绍了如何求解线性定常系统状态方程的解。

③在现代控制理论中，能控性和能观性是两个重要概念，如何判别系统能控性和能观性是本章介绍的内容之一。而两者之间的关系是有对偶原理确定的。

④控制系统最重要的特性莫过于稳定性了，在本章中主要介绍了李雅普诺夫关于稳定性的几个定义及李雅普诺夫第2法。李雅普诺夫第2法是一种直接方法，它不需要求解系统方程的解，而是直接由李雅普诺夫函数及其导数的符号性质来判断。

⑤在现代控制理论中，控制系统仍然采用反馈控制方法。由于状态反馈能提供更丰富的状态信息和可供选择的自由度，因而使系统容易获得更为优异的性能。可以采用状态反馈进行极点的任意配置。但当系统状态不能直接检测或无法检测时，可以设计一个状态观测器，用观测器的输出代替实际状态进行状态反馈，从而使状态反馈成为一种可实现的控制规律。

习　题

8.1　试求习题8-1图所示系统的模拟结构图，并建立其状态空间表达式。

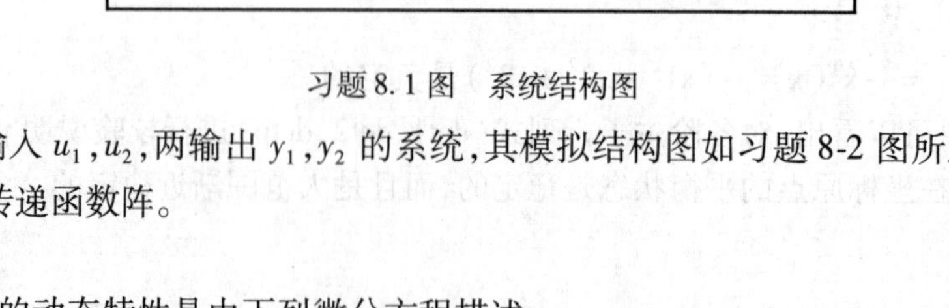

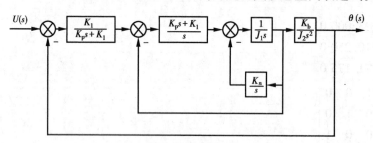

习题8.1图　系统结构图

8.2　两输入 u_1, u_2，两输出 y_1, y_2 的系统，其模拟结构图如习题8-2图所示，试求其状态空间表达式和传递函数阵。

8.3　系统的动态特性是由下列微分方程描述

① $\dddot{y} + 5\ddot{y} + 7\dot{y} + 3y = \dot{u} + 2u$

② $\dddot{y} + 3\ddot{y} + 2\dot{y} + y = \ddot{u} + 2\dot{u} + u$

列写其相应的状态空间表达式，并画出相应的模拟结构图。

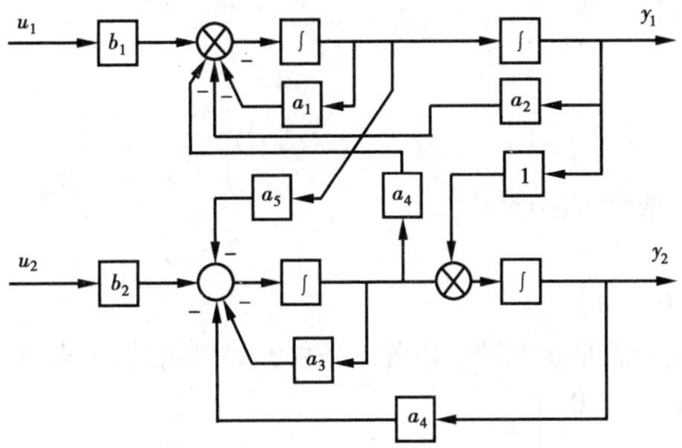

习题 8.2 图　双输入-双输出系统模拟结构图

8.4　已知系统的传递函数为：

①$W(s) = \dfrac{10(s-1)}{s(s+1)(s+3)}$

②$W(s) = \dfrac{6(s+1)}{s(s+2)(s+3)^2}$

试求出系统的约当标准型，并画出相应的模拟结构图。

8.5　设系统的微分方程为：

$$\ddot{x} + 3\dot{x} + 2x = u$$

式中 x 为状态变量，u 为输入量

①设取状态变量 $x_1 = x, x_2 = \dot{x}$，试列写其状态空间表达式；

②设有状态变换 $x_1 = \bar{x}_1 + \bar{x}_2, x_2 = -\bar{x}_1 - 2\bar{x}_2$，试确定变换矩阵 T 及变换后的状态空间表达式。

8.6　试将下列状态空间表达式化为约当标准型，并求其传递函数。

①$\dot{\boldsymbol{x}} = \begin{bmatrix} -2 & 1 \\ 1 & -2 \end{bmatrix}\boldsymbol{x} + \begin{bmatrix} 0 \\ 1 \end{bmatrix}\boldsymbol{u}$

$\boldsymbol{y} = [1 \quad 0]\boldsymbol{x}$

②$\dot{\boldsymbol{x}} = \begin{bmatrix} 4 & 1 & -2 \\ 1 & 0 & 2 \\ 1 & -1 & 3 \end{bmatrix}\boldsymbol{x} + \begin{bmatrix} 3 & 1 \\ 2 & 7 \\ 5 & 3 \end{bmatrix}\boldsymbol{u}$

$\boldsymbol{y} = \begin{bmatrix} 1 & 2 & 0 \\ 0 & 1 & 1 \end{bmatrix}\boldsymbol{x}$

8.7　已知系统的传递函数为：

$$W(s) = \frac{s^2 + 6s + 8}{s^2 + 4s + 3}$$

试求能控标准型、能观标准型和约当标准型。

8.8　已知离散系统的差分方程：

$$y(k+2) + 2y(k+1) + 2y(k) = 2u(k+1) + 3u(k)$$

试将其用离散状态空间表达式表示，并使控制矩阵 $\boldsymbol{h}$ 分别为

①$\boldsymbol{h}=\begin{bmatrix}1\\1\end{bmatrix}$

②$\boldsymbol{h}=\begin{bmatrix}0\\1\end{bmatrix}$

8.9　已知$\boldsymbol{A}$,试用两种方法求 $e^{\boldsymbol{A}t}$。

$$\boldsymbol{A}=\begin{bmatrix}-1 & 0\\0 & 1\end{bmatrix}$$

8.10　下列矩阵是否满足状态转移矩阵的条件？如果满足,试求对应的状态转移矩阵。

①$\boldsymbol{\Phi}(t)=\begin{bmatrix}1 & 0 & 0\\0 & \sin t & \cos t\\0 & -\cos t & \sin t\end{bmatrix}$

②$\boldsymbol{\Phi}(t)=\begin{bmatrix}1 & \frac{1}{2}(1-e^{-2t})\\0 & e^{-2t}\end{bmatrix}$

③$\boldsymbol{\Phi}(t)=\begin{bmatrix}2e^{-t}-e^{-2t} & -2e^{-t}+2e^{-2t}\\e^{-t}-e^{-2t} & -e^{-t}+2e^{-2t}\end{bmatrix}$

8.11　求下列状态空间表达式的解。

$$\dot{\boldsymbol{x}}=\begin{bmatrix}0 & 1\\0 & 0\end{bmatrix}\boldsymbol{x}+\begin{bmatrix}0\\1\end{bmatrix}\boldsymbol{u}$$

$$\boldsymbol{y}=\begin{bmatrix}1 & 0\end{bmatrix}\boldsymbol{x}$$

初始状态为$\boldsymbol{x}(0)=\begin{bmatrix}1\\1\end{bmatrix}$,输入$u(t)$是单位阶跃函数。

8.12　已知连续系统动态方程为:

$$\dot{x}=\begin{bmatrix}0 & 1\\0 & 2\end{bmatrix}x+\begin{bmatrix}0\\1\end{bmatrix}u$$

$$y=\begin{bmatrix}1 & 0\end{bmatrix}x$$

试求离散化状态空间表达式,设采样周期为$T=1s$。

8.13　线性定常系统的状态空间表达式为:

①
$$\dot{x}=\begin{bmatrix}1 & 2 & -1\\0 & 1 & 0\\0 & -4 & 3\end{bmatrix}x+\begin{bmatrix}0\\0\\1\end{bmatrix}u$$

$$y=\begin{bmatrix}1 & -1 & 1\end{bmatrix}x$$

②
$$\dot{x}=\begin{bmatrix}-3 & 1\\1 & -3\end{bmatrix}x+\begin{bmatrix}1 & 1\\1 & 1\end{bmatrix}u$$

$$y=\begin{bmatrix}1 & 1\\1 & -1\end{bmatrix}x$$

试判别系统的能控性和能观性。

8.14　已知系统的微分方程为:

$$\dddot{y}+6\ddot{y}+11\dot{y}+6y=6u$$

试写出其对偶系统的状态空间表达式及其传递函数。

8.15　有系统

$$\dot{x}=\begin{bmatrix}-2 & 1\\ 0 & -1\end{bmatrix}x+\begin{bmatrix}0\\ 1\end{bmatrix}u$$

$$y=[1\quad 0]x$$

①画出系统的模拟结构图；

②若系统动态性能不满足要求，可否任意配置极点？

③若指定闭环极点为 -3，-3，试求状态反馈阵 K 及输出反馈阵 G。

8.16　设受控系统的状态方程为：

$$\dot{x}=\begin{bmatrix}0 & 1 & 0\\ 0 & -1 & 1\\ 0 & -1 & 10\end{bmatrix}x+\begin{bmatrix}0\\ 0\\ 10\end{bmatrix}u$$

可否用状态反馈进行极点的任意配置？若可以，试求状态反馈阵 $\boldsymbol{K}$，使其闭环极点位于 -10，$-1\pm \mathrm{j}\sqrt{3}$，并画出相应模拟结构图。

8.17　设受控系统为：

$$\dot{x}=\begin{bmatrix}0 & 1\\ 0 & 0\end{bmatrix}x+\begin{bmatrix}0\\ 1\end{bmatrix}u$$

$$y=[1\quad 0]x$$

设计全维状态观测器，使闭环极点位于 $-r$，$-2r(r>0)$，并画出系统模拟结构图。

8.18　判断下列二次型函数的符号性质：

①$Q(x)=-x_1^2-3x_2^2-11x_3^2+2x_1x_2-x_2x_3-2x_1x_3$

②$Q(x)=x_1^2+4x_2^2+x_3^2-2x_1x_2-6x_2x_3-2x_1x_3$

8.19　试用李雅普诺夫第二法判断下列线性定常系统平衡状态的稳定性。

①$\dot{x}_1=-x_1+x_2,\dot{x}_2=2x_1-3x_2$

②$\dot{x}_1=x_2,\dot{x}_2=2x_1-x_2$

8.20　已知系统的状态方程为：

$$\dot{x}=\begin{bmatrix}2 & 1/2 & -3\\ 0 & -1 & 0\\ 0 & 1/2 & -1\end{bmatrix}x+\begin{bmatrix}1 & 0\\ 0 & 2\\ 1 & 0\end{bmatrix}u$$

当 $\boldsymbol{Q}=\boldsymbol{I}$ 时，$\boldsymbol{P}=$？若选 $\boldsymbol{Q}$ 为半正定矩阵，$\boldsymbol{Q}=$？对应 $\boldsymbol{P}=$？判断稳定性。

8.21　判断下述实际控制系统的状态可控性。

$$x(t)=\begin{pmatrix}1 & 1 & 0\\ 0 & 1 & 0\\ 0 & 1 & 1\end{pmatrix}x(t)+\begin{bmatrix}0\\ 1\\ 0\end{bmatrix}u(t)$$

判断可控性，子函数代码如下：

```
function str = pdctrb(A,B)
S = ctrb(A,B);
```

```
r = rank(S);
l = length(A);
if r = =1
    str = '系统是状态完全可控的!';
else
    str = '系统是状态不完全可控的!';
end
```

主程序代码如下：

```
A1 = [1 1 0;0 1 0;0 1 1];
B1 = [0 1 0]';
str = pdctrb(A1,B1)
A2 = [1 3 2;0 2 0;0 1 2];
B2 = [2 1;1 1; -1  -1];
str = pdctrb(A2,B2)
G = [ -2 1 0;0  -2 0;0 0  -3];
H = [1 0 3;2 0 0]';
str = [1 0 3;2 0 0]';
str = pdctrb(G,H)
```

8.22 判断可观性。

$$A=\begin{bmatrix}0 & 1 & 0\\ 0 & 0 & 1\\ -6 & -11 & -6\end{bmatrix},B=\begin{bmatrix}0\\0\\1\end{bmatrix},C'=\begin{bmatrix}4 & 5 & 1\end{bmatrix}$$

子函数代码如下：

```
fundtion str = pdobsv(A,C)
s = obsv(A,C);
r = rank(s);
l = size(A,1);
if r = =1
    str = '此系统是状态完全可观的!';
else
    str = '此系统不是状态完全可观的!';
end
```

主程序代码如下：

```
a = [0 1 0;0 0 1; -6  -11  -6];
c = [4 5 1];
pdobsv(a,c)
```

8.23 设系统的状态方程如下：

$$x=\begin{bmatrix}-2 & -2\\ 2 & -8\end{bmatrix}$$

选李雅普诺夫函数 $V(x) = x_1^2 + x_2^2$

```
syms x1 x2 v;
A = [ -2  -2;2  -8];
v = x1^2 + x2^2;
v1 = A(1,1) * x1 + A(1,2) * x2;
v2 = A(2,1) * x1 + A(2,2) * x2;
vder = simplify(jacobian([v],[x1]) * v1 + jacobian([v],[x2]) * v2)
```

根据李雅普诺夫第二方法判定该系统的稳定性。

8.24　用 Matlab 仿真分析线性系统的能控性与能观性。

已知线性系统的动态方程为：$x = \begin{bmatrix} -2 & 3 \\ 3 & -2 \end{bmatrix} x + \begin{bmatrix} 1 & 1 \\ 1 & 1 \end{bmatrix} u, y = \begin{bmatrix} 2 & 1 \\ 1 & -2 \end{bmatrix} x$，试确定系统的可控性和可观性。

Matlab 程序如下：

```
A = [ -2 3;3  -2];
B = [1 1;1 1 ];
C = [2 1;1  -2];
D = 0;
n = 2;
CAM = ctrb(A,B);
rcam = rank(CAM);
if rcam = = n
    disp('系统可控')
elseif rcam < n
    disp('系统不可控')
end
ob = obsv(A,C);
roam = rank(ob);
if roam = = n
    disp('系统可观测')
elseif roam < n
    disp('系统不可观测')
end
```

第 9 章 非线性控制系统

前面各章阐述了线性定常系统的分析与综合。严格来说,理想的线性系统是不存在的,总会有一些非线性因素。前面各章的系统是进行线性化处理后近似当作线性系统来研究的,从而可以用线性控制理论对系统进行分析和研究。但是,并不是所有的非线性系统都可以进行线性化处理,对于某些不能进行线性化处理的系统,称为本质非线性控制系统。非线性控制系统与线性控制系统最重要的区别在于非线性控制系统不满足叠加原理,且系统的响应与初始状态有关。因此,前面各章用于分析线性控制系统的有效方法,不能直接用于非线性控制系统。到目前为止,对非线性控制系统的分析研究,没有一种像线性控制系统那样普遍适用的方法。已有的方法,在应用上都有一定的局限性。所以对某类非线性控制系统,必须考虑相应的分析和设计方法。

本章先介绍自动控制系统中常见的典型非线性特性,在此基础上介绍分析非线性控制系统的常用 2 种方法——描述函数法和相平面法。

9.1 非线性控制系统概述

实际控制系统中,非线性特性有很多类型,下面只介绍几种常见典型非线性特性。

9.1.1 典型的非线性特性

(1)饱和特性

图 9.1 是饱和非线性的静特性。图 9.1 中 $e(t)$ 为非线性环节的输入信号,$x(t)$ 为非线性环节的输出信号。其数学表达式为:

$$x(t)=\begin{cases} Ke(t) & |e(t)|\leqslant a \\ Ka\cdot \mathrm{signe}(t) & |e(t)|>a \end{cases} \tag{9.1}$$

式中 K——线性区的斜率;

a——线性区的宽度;

$\mathrm{signe}(t)$——开关函数。

对于饱和非线性特性,当输入信号 $e(t)$ 超出线性范围后,输出信号 x 不再随输入 $e(t)$ 的增大而变化，且被限制于某恒定值 b（称为饱和值），而 $b=Ka$。

饱和非线性可以由磁饱和、放大器输出饱和、功率限制等引起。一般情况下，系统因存在饱和特性的元件，当输入信号超过线性区时，系统的开环增益会有大幅度地减小，从而导致系统过渡过程时间的增加和稳态误差的加大。但在某些自动控制系统中饱和特性能够起到抑制系统振荡的作用。因为在暂态过程中，当偏差信号增大进入饱和区时，系统的开环放大系数下降，从而抑制了系统振荡。在自动调速系统中，常人为地引入饱和特性，以限制电动机的最大电流。

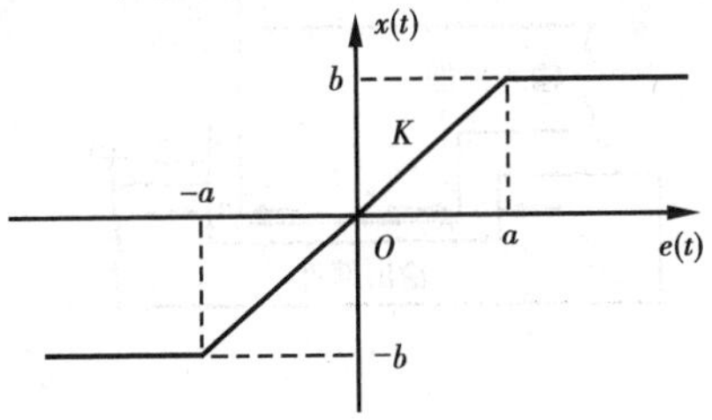

图9.1　饱和特性

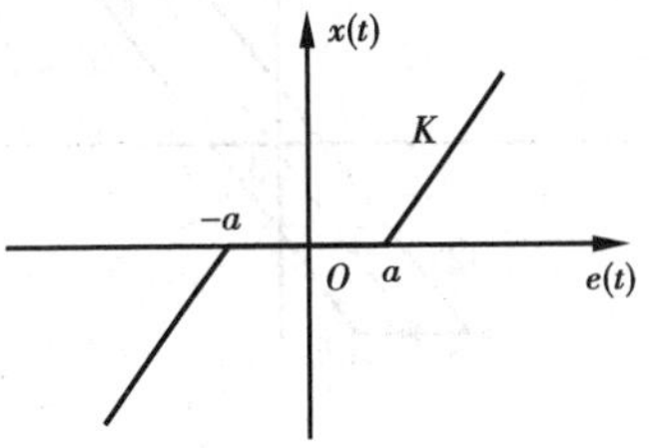

图9.2　死区特性

(2)死区特性

图9.2是死区非线性特性。其数学表达式为：

$$x(t)=\begin{cases}0 & |e(t)|\leqslant a\\ K[e(t)-a\cdot \mathrm{sign}e(t)] & |e(t)|>a\end{cases} \tag{9.2}$$

式中，a 为死区宽度，K 为死区的斜率。

该特性表现在 $|e(t)|\leqslant a$ 范围内，当输入 $e(t)$ 变化时，输出 x 无反应。这一范围称为死区（或称为不灵敏区）。当输入 $e(t)$ 超出死区范围，即 $|e(t)|>a$ 时，输出 x 与输入 $e(t)$ 成比例变化。

死区特性常见于测量、放大或传动藕合部件的间隙中。该特性的存在对系统产生的影响有：①降低了系统的稳态准确度，使稳态误差不可能小于死区值。②对系统暂态性能影响的利弊与系统的结构和参数有关，如某些系统，由于死区特性的存在，可以抑制系统的振荡；而对另一些系统，死区又能导致系统产生自振荡。③死区能滤去从输入引入的小幅值干扰信号，提高系统抗干扰能力。一些场合，为提高系统的抗干扰能力，有时要故意引入或增大死区。④由于死区存在有时会引起系统在输出端的滞后。

(3)回环特性

回环特性又称为环(间隙)特性。该特性如图9.3(a)所示。其数学表达式为：

$$x(t)=\begin{cases}K[e(t)-a] & \dot{e}(t)>0\\ K[e(t)+a] & \dot{e}(t)<0\\ b\cdot \mathrm{sign}e(t) & \dot{e}(t)=0\end{cases} \tag{9.3}$$

式中　a——间隙宽度；

K——输出特性的斜率；

b——常数。

当输入 $e(t)$ 增大并超过 a 之后，输出 $x(t)$ 与输入 $e(t)$ 成比例，随着输入量的增大输出量沿特性①上升。当输入增大到某值后开始减小时,输出量则保持不变,直至输入量减小了 $2a$ 之后,输出量方沿特性②下降。

机械传动中的齿轮间隙是典型的回环特性。图 9.3(b)表示具有这种特性的传动装置。

回环特性的存在,会使系统稳态误差增大,相位滞后增大,系统暂态特性变坏,甚至使系统不稳定或产生自振荡,因此应消除或减弱它的影响。

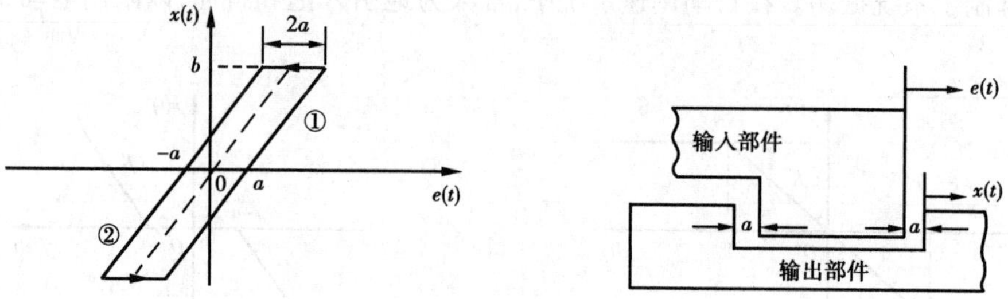

(a) (b)

图 9.3 回环特性

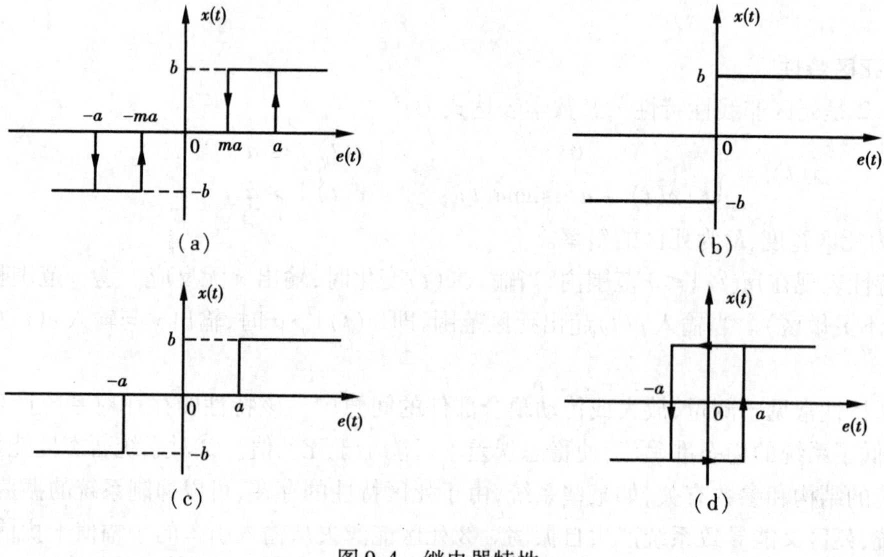

(c) (d)

图 9.4 继电器特性

(4)继电器特性

图 9.4 给出了几种型式的继电器特性。其中图 9.4(a)是兼有死区和回环的继电器特性,图 9.4(b)是理想继电器特性,当吸合电压值 a 和释放电压值 ma 很小时,可视为这种特性。当吸合电压值与释放电压值相同时,则为图 9.4(c)所示的死区继电器特性。图 9.4(d)是回环继电器特性,该特性的特点是,反向释放电压与正向吸合电压相同,以及正向释放电压与反向吸合电压相同。一般继电器总有一定的吸合电压值,所以特性必然出现死区和回环,所以,实际的非线性继电特性如图 9.4(a)。其数学表达式为:

$$x(t)=\begin{cases}0 & -ma<e(t)<a,\dot{e}(t)>0\\ 0 & -a<e(t)<ma,\dot{e}(t)<0\\ b\cdot \mathrm{sign}e(t) & |e(t)|\geqslant a\\ b & e(t)\geqslant ma,\dot{e}(t)<0\\ -b & e(t)\leqslant -ma,\dot{e}(t)>0\end{cases}\tag{9.4}$$

式中　a——吸合电压值；

ma——释放电压值；

b——继电器的饱和输出。

继电器非线性特性一般会使系统产生自振荡，甚至导致系统不稳定，并且也使其稳态误差增大。但继电特性能够使被控制的执行电机始终工作在额定或最大电压下，可以充分发挥其调节能力，实现快速控制。

(5)变放大系数特性

变放大系数特性如图9.5所示。其数学表达式为：

$$x(t)=\begin{cases}K_1e(t) & |e(t)|\leqslant a\\ K_2e(t) & |e(t)|>a\end{cases}\tag{9.5}$$

式中 K_1、K_2 为输出特性的斜率，a 为切换点。

该特性表示，当输入信号幅值不同时，元件的放大系数也不同。从而使系统在大误差时具有较大的放大系数，系统的响应迅速；而在小误差时，系统具有较小的放大系数，从而系统的响应缓而稳。具有该非线性的系统，其动态品质较好。

9.1.2　非线性系统的特性

非线性元件系统与线性控制系统相比，有如下特点：

①叠加原理不适用于非线性控制系统。即几个输入信号作用于非线性控制系统所引起的输出，不再等于每一个输入信号所引起的输出之总和。

②在线性控制系统中，当输入是正弦信号时，则输出为同频率的正弦信号。在非线性控制系统中，如果输入是正弦信号，输出就不一定是正弦信号，而是一个畸变的波形，它可以分解为正弦波和无穷多谐波的叠加。

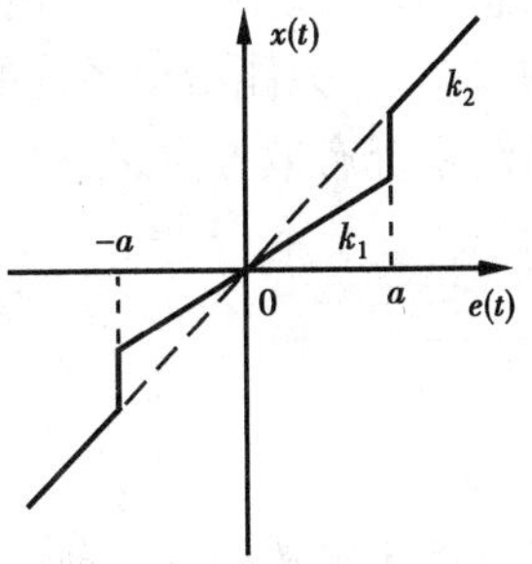

图9.5　变放大系数特性

③线性控制系统的稳定性，只与系统的结构和参数有关，而与系统输入无关。非线性控制系统的稳定性，不仅取决于系统的结构和参数，而且与输入信号的幅值和初始条件有关。对于同一结构和参数的非线性控制系统，在不同的初态下，运动的最终状态可以完全不同。如当初态 $(\dot{x}_0,x_0)$ 处于较小区域时，$\xi(\dot{x},x)>0$，系统是稳定的；而 $(\dot{x}_0,x_0)$ 处于较大区域时，$\xi(\dot{x},x)\leqslant 0$，系统则变得不稳定，甚至还可能变为更复杂的情况。总之，等效阻尼比 ξ 随 $(\dot{x},x)$ 的变化情况决定着非线性系统的全部动态过程。

④非线性控制系统常常产生自振荡。线性系统只有2种基本的暂态响应模式：收敛和发散。当系统处于稳定的临界状态时，才会产生等幅振荡。然而，线性系统的等幅振荡是暂时性的，只要系统中的参数稍有微小的变化，系统就有临界稳定状态趋于发散或收敛。但在非线性

控制系统中，即使没有外加的输入信号，系统自身产生一个有一定频率和幅值的稳定振荡，称为自振荡（自持振荡）。自振荡是非线性控制系统的特有运动模式，它的振幅和频率由系统本身的特性所决定。

9.1.3 非线性控制系统的分析研究方法

由于非线性控制系统与线性控制系统有很大的差异，因此，不能直接用前面介绍的线性理论去分析它，否则会导致错误的结论。对非线性控制系统的分析，还没有一种像线性控制系统那么普遍的分析、设计方法。目前分析非线性控制系统的常用方法有如下3种：

1）描述函数法　一种基于频率域的分析方法。在一定的条件下，用非线性元件输出的基波信号代替在正弦作用下的非正弦输出，使非线性元件近似于一个线性元件，从而可以应用奈奎斯特稳定判据对系统的稳定性进行判别。这种方法主要用于研究非线性系统的稳定性和自振荡问题。如系统产生自振荡，如何求出其振荡的频率和幅值，以及寻求消除自振荡的方法等。

2）相平面法　一种基于时域的分析方法。根据绘制出的 $\dot{x}-x$ 相轨迹图，去研究非线性系统的稳定性和动态性能。这种方法只适用于一、二阶系统。

3）李雅普诺夫第2法　这是一种对线性系统和非线性系统都适用的方法。根据非线性系统动态方程的特征，用相关的方法求出李雅普诺夫函数 $V(x)$，然后根据 $V(x)$ 和 $\dot{V}(x)$ 的性质去判别非线性系统的稳定性。

这些方法都有一定的局限性。如相平面法，是一种图解法，能给出稳态和暂态性能的全部信息，但只适用于一、二阶非线性控制系统。描述函数法是一种近似的线性方法，虽不受阶次的限制，但只能给出系统的稳定性和自振荡的信息。尽管如此，它们仍不失为目前分析非线性控制系统有效方法，故得到广泛应用，本书介绍描述函数法和相平面法。

9.2 描述函数法

描述函数法是一种近似的线性化方法，它应用了线性理论中频率法的某些结论和方法，是频率法在非线性控制系统中的扩展。

9.2.1 描述函数法的基本思想

设非线性控制系统经过变换和归化可表示为图9.6所示的典型结构。其中 N 是非线性元件，$G(s)$ 为系统的线性环节。

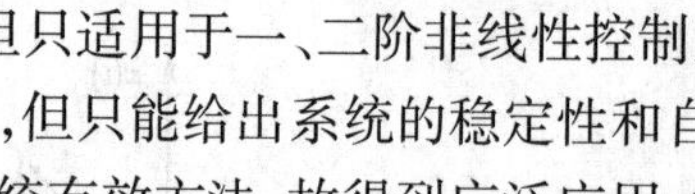

图9.6　非线性控制系统典型结构图

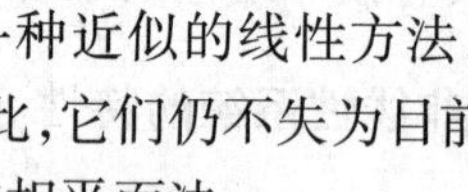

图9.7　非线性元件

线性元件在正弦信号输入时，其输出也是同频率的正弦函数，可以用幅相频率特性来描述。但是对于非线性元件,当输入为正弦信号时,即 $e(t)=A\sin\omega t$,其输出 $x(t)$ 一般为同频率的非正弦周期函数,即输出不仅含有与输入同频率的基波分量,而且还含有高次谐波分量。故非线性元件不能直接用幅相频率特性来描述。

描述函数法的基本思想是将非线性元件输出中的基波分量代替实际的非正弦周期信号,而略去信号中的高次谐波。这样处理后,就与线性元件在正弦信号信用下的输出具有形式上的相似,可以仿照幅相频率特性的定义,建立非线性元件的近似幅相特性,即描述函数。为此要求非线性控制系统满足以下条件:

①非线性元件 N 无惯性。

②非线性元件 N 的特性是斜对称的,即 $f(e)=-f(-e)$。因此在正弦信号作用下,输出量的平均值等于零,没有恒定直流分量。前节所例举的典型非线性元件均满足以上2个条件。

③系统中的线性部份 $G(s)$ 具有良好的低通滤波特性。这个条件对一般控制系统来说是可以满足的,而且线性部分阶次越高,低通滤波特性越好。这一点使得非线性元件输出量中的高次谐波通过线性部分后,其幅值被衰减的很小,近似认为只有基波沿着闭环通道传递。显然这种近似的准确性完全取决于非线性元件输出信号中高次谐波相对于基波成分的比例,高次谐波成分比例小,准确性高,反之,误差较大。

9.2.2　描述函数法的表示式

根据以上的基本思想和应用条件,可推导出非线性元件的数学模型——描述函数。图9.7所示的非线性元件,假设它的输出量 $x(t)$ 只与输入量 $e(t)$ 有关,即

$$x=f(e)$$

当输入量为正弦函数 $e(t)=A\sin\omega t$ 时,其输出 $x(t)$ 一般是非正弦周期函数。将输出 $x(t)$ 用傅氏级数展开,可以写成:

$$x(t)=A_0+\sum_{k=0}^{\infty}(A_k\cos k\omega t+B_k\sin k\omega t) \tag{9.6}$$

考虑到非线性控制系统满足上述应用条件,则级数中的恒定分量 $A_0=0$,高次谐波可忽略。故式(9.6)可简化为:

$$x(t)=A_1\cos\omega t+B_1\sin\omega t=C_1\sin(\omega t+\varphi_1) \tag{9.7}$$

式中

$$A_1=\frac{1}{\pi}\int_0^{2\pi}x_2(t)\cos\omega t\mathrm{d}(\omega t)$$

$$B_1=\frac{1}{\pi}\int_0^{2\pi}x_2(t)\sin\omega t\mathrm{d}(\omega t)$$

$$C_1=\sqrt{A_1^2+B_1^2}\qquad\text{基波分量的幅值}$$

$$\varphi_1=\arctan\frac{A_1}{B_1}\qquad\text{基波分量的相角}$$

仿照线性理论中频率特性的概念,非线性元件的等效幅相特性可用输出的基波分量和输入正弦量的复数比来描述,即下式:

$$N(A)=\frac{C_1\angle\varphi_1}{A\angle 0}=\frac{C_1}{A}\angle\varphi=\frac{\sqrt{A_1^2+B_1^2}}{A}\angle\arctan\frac{A_1}{B_1}=\frac{B_1}{A}+\mathrm{j}\frac{A_1}{A} \tag{9.8}$$

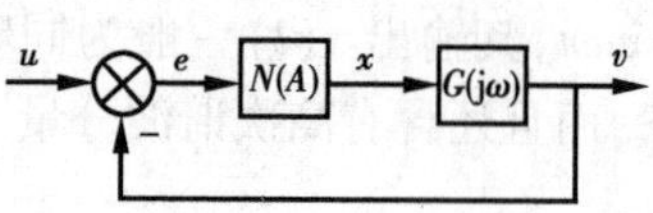

图9.8　非线性控制系统等效结构图

式中函数 $N(A)$ 称为该非线性元件的描述函数。此描述函数 $N(A)$ 是正弦输入信号幅值 A 的函数。对非线性元件做了上述近似线性化处理后,图9.6所示的非线性系统,可用图9.8来表示。这时线性系统中的频率法就可用来研究非线性系统的基本特性。$-\frac{1}{N(A)}$ 称为描述函数的负倒数特性。

描述函数法最重要的任务,则是非线性元件描述函数 $N(A)$ 的计算。下面以典型非线性元件的描述函数为例,介绍非线性元件函数的求解方法。

9.2.3　典型非线性元件的描述函数

(1)饱和特性的描述函数

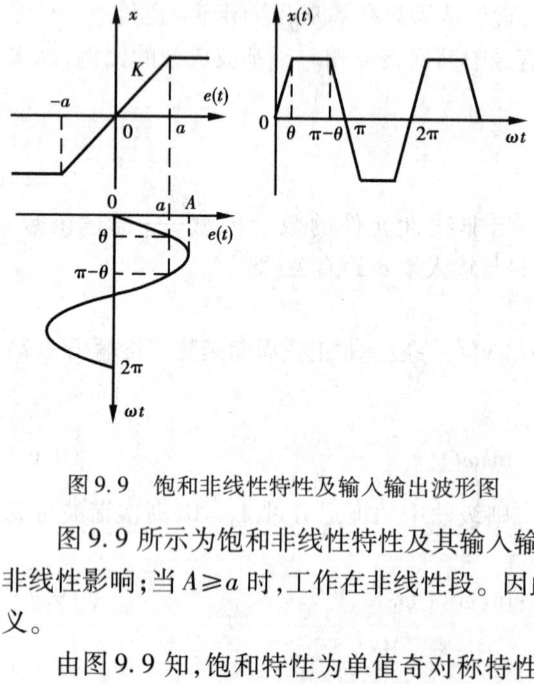

图9.9　饱和非线性特性及输入输出波形图

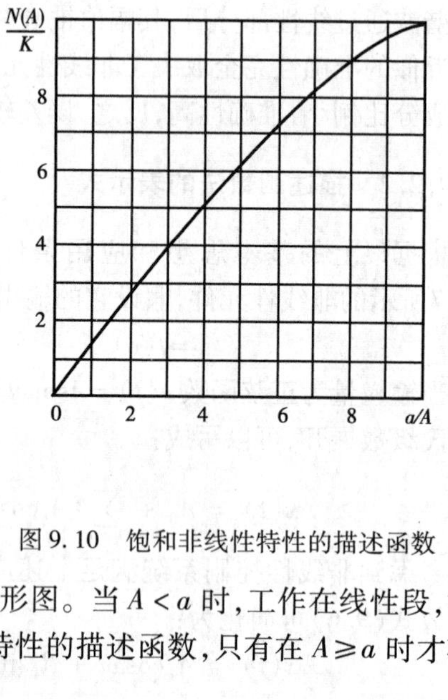

图9.10　饱和非线性特性的描述函数

图9.9所示为饱和非线性特性及其输入输出的波形图。当 $A<a$ 时,工作在线性段,没有非线性影响;当 $A\geqslant a$ 时,工作在非线性段。因此饱和特性的描述函数,只有在 $A\geqslant a$ 时才有意义。

由图9.9知,饱和特性为单值奇对称特性,其输出为一个周期性的奇函数,故有 $A_0=0$,$A_1=0$,$\varphi_1=0$。$x(t)$ 是对称波形,可只写出 $0\sim\pi/2$ 区段的表达式

$$x(t)=\begin{cases}KA\sin\omega t & 0\leqslant\omega t\leqslant\theta\\ Ka & \theta\leqslant\omega t\leqslant\dfrac{\pi}{2}\end{cases}\tag{9.9}$$

式中 $\theta=\arcsin\dfrac{a}{A}$。

由于输出波形的对称性,式(9.7)中 $A_1=0$,只需确定 B_1。根据式(9.7)可求得:

$$B_1=\frac{1}{\pi}\int_0^{2\pi}x(t)\sin\omega t\mathrm{d}(\omega t)=\frac{4}{\pi}\left[\int_0^{\theta}KA\sin^2\omega t\mathrm{d}(\omega t)+\int_{\theta}^{\frac{\pi}{2}}Ka\sin\omega t\mathrm{d}(\omega t)\right]=$$

$$\frac{2KA}{\pi}\left[\arcsin\frac{a}{A}+\frac{a}{A}\sqrt{1-\left(\frac{a}{A}\right)^2}\right]\qquad(A\geqslant a)$$

将以上关系代入式(9.8),从而求得饱和非线性特性的描述函数:

$$N(A)=\frac{B_1}{A}=\frac{2K}{\pi}\left[\arcsin\frac{a}{A}+\frac{a}{A}\sqrt{1-\left(\frac{a}{A}\right)^2}\right]\qquad(A\geqslant a)\tag{9.10}$$

由上式可见,饱和非线性特性的描述函数只与输入信号的幅值 A 有关,与频率 ω 无关。它等效为一个变系数的比例环节,而且在 $A>a$ 时,等效传递系数总是小于线性段的斜率 K。若以 a/A 为自变量,$N(A)/K$ 为因变量,可画出二者的关系曲线如图9.10所示。当 $a/A>1$(即 $a>A$)时,总是等于1,因为在线性区内,$N(A)=K$。图9.10适合于不同 K 值的饱和特性。

(2)死区非线性特性的描述函数

图9.11所示为具有死区特性及输入输出波形图。当输入 $e(t)=A\sin\omega t$ 时,其输出 $x(t)$ 为:

$$x(t)=\begin{cases}0 & 0\leqslant\omega t\leqslant\theta\\ K(A\sin\omega t-\theta) & \theta\leqslant\omega t\leqslant\pi-\theta\\ 0 & \pi-\theta\leqslant\omega t\leqslant\pi\end{cases}$$

式中 $\theta=\arcsin\dfrac{a}{A}$,$K$ 为线性区的斜率。由于死区特性为单值奇对称,所以 $A_0=0,A_1=0,\varphi_1=0$。代入式(9.7)可求得 B_1 为:

$$B_1=\frac{1}{\pi}\int_0^{2\pi}x(t)\sin\omega t\,\mathrm{d}(\omega t)=\frac{4}{\pi}\left[\int_\theta^{\frac{\pi}{2}}K(A\sin\omega t-\theta)\sin\omega t\,\mathrm{d}(\omega t)\right]=$$

$$\frac{2KA}{\pi}\left[\frac{\pi}{2}-\arcsin\frac{a}{A}-\frac{a}{A}\sqrt{1-\left(\frac{a}{A}\right)^2}\right]\qquad(A\geqslant a)$$

于是死区特性的描述函数为:

$$N(A)=\frac{B_1}{A}=\frac{2K}{\pi}\left[\frac{\pi}{2}-\arcsin\frac{a}{A}-\frac{a}{A}\sqrt{1-\left(\frac{a}{A}\right)^2}\right]\qquad(A\geqslant a)\tag{9.11}$$

这个函数也只有实部。$N(A)/K$ 与 a/A 的关系曲线图9.12所示:

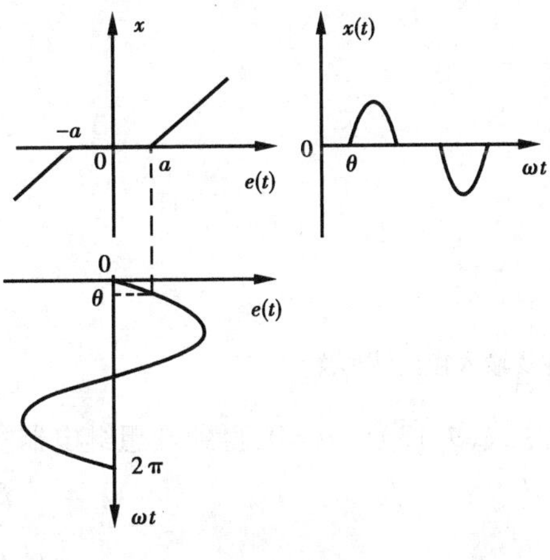

图9.11　死区特性及输入输出波形图

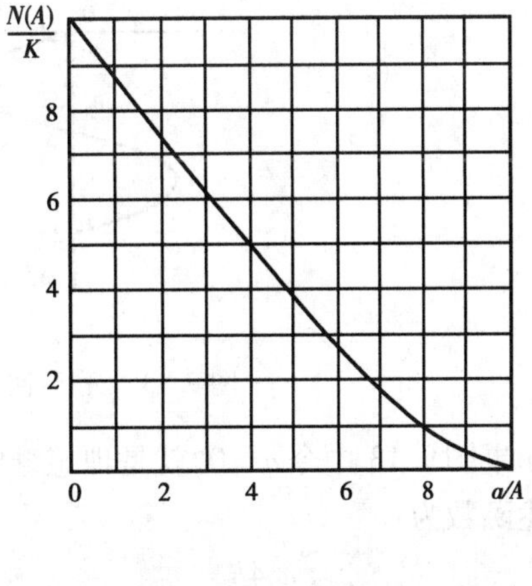

图9.12　死区非线性特性的描述函数

(3)继电器特性的描述函数

1)死区-回环继电器特性的描述函数

图9.13是死区-回环继电器特性及其输入输出的波形图。其输出 $x(t)$ 为：

$$x(t)=\begin{cases} b & \theta_1 \leqslant \omega t \leqslant \theta_2 \\ 0 & 0 \leqslant \omega t < \theta_1, \theta_2 < \omega t < \pi+\theta_1, \pi+\theta_2 < \omega t \leqslant 2\pi \\ -b & \pi+\theta_1 \leqslant \omega t \leqslant \pi+\theta_2 \end{cases}$$

代入(9.7)的计算公式，得

$$\begin{aligned} A_1 &= \frac{1}{\pi}\left[\int_{\theta_1}^{\theta_2} b\cdot\cos\omega t\mathrm{d}(\omega t) - \int_{\pi+\theta_1}^{\pi+\theta_2} b\cdot\cos\omega t\mathrm{d}(\omega t)\right] = \\ &\frac{2ba}{\pi A}(m-1) \qquad (A \geqslant a) \\ B_1 &= \frac{1}{\pi}\left[\int_{\theta_1}^{\theta_2} b\cdot\sin\omega t\mathrm{d}(\omega t) - \int_{\pi+\theta_1}^{\pi+\theta_2} b\cdot\sin\omega t\mathrm{d}(\omega t)\right] = \\ &\frac{2b}{\pi}\left(\sqrt{1-\left(\frac{ma}{A}\right)^2} + \sqrt{1-\left(\frac{a}{A}\right)^2}\right) \qquad (A \geqslant a) \end{aligned} \tag{9.12}$$

从而求得死区-回环继电器特性的描述函数为：

$$\begin{aligned} N(A) &= \frac{B_1 + \mathrm{j}A_1}{A} = \\ &\frac{2b}{\pi A}\left[\sqrt{1-\left(\frac{ma}{A}\right)^2} + \sqrt{1-\left(\frac{a}{A}\right)^2}\right] + \mathrm{j}\frac{2ba}{\pi A^2}(m-1) \qquad (A \geqslant a) \end{aligned} \tag{9.13}$$

2）理想继电器特性的描述函数

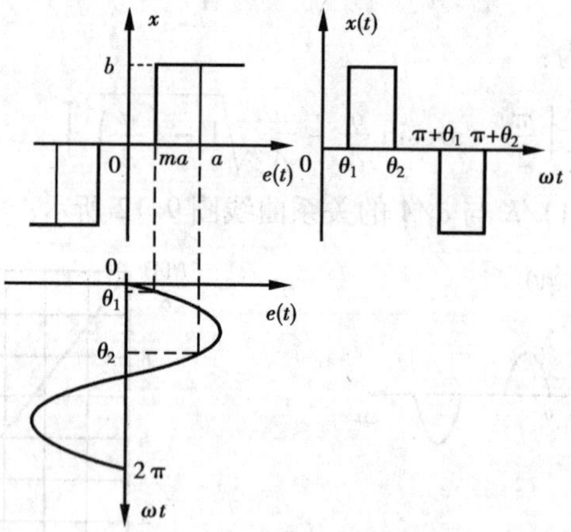

图9.13　死区-回环继电器特性及输入输出波形图

如果图9.13中令 $a=0$，就是理想继电器特性。令式(9.13)中 $a=0$，得到理想继电器特性的描述函数为：

$$N(A) = \frac{4b}{\pi A} \qquad (A \geqslant a) \tag{9.14}$$

3）死区继电器特性的描述函数

如果图9.13中令 $m=1$，就是死区继电器特性。令式(9.13)中 $m=1$，得到死区继电器特性的描述函数为：

$$N(A) = \frac{4a}{\pi A}\sqrt{1-\left(\frac{a}{A}\right)^2} \qquad (A \geqslant a) \tag{9.15}$$

4)回环继电器特性的描述函数

如果图9.13中令 $m=-1$,就是回环继电器特性。令式(9.13)中 $m=-1$,得到回环继电器特性的描述函数为:

$$N(A) = \frac{4b}{\pi A}\sqrt{1-\left(\frac{a}{A}\right)^2} - \mathrm{j}\frac{4ba}{\pi A^2} \qquad (A \geqslant a) \tag{9.16}$$

根据式(9.13)、(9.14)、(9.15)、(9.16)可求得以 a/A 为自变量,$N(A)/K$ 为因变量,在死区-回环继电器特性、理想继电器特性、死区继电器特性和回环继电器特性时二者的关系曲线如图9.14、图9.15、图9.16和图9.17所示。

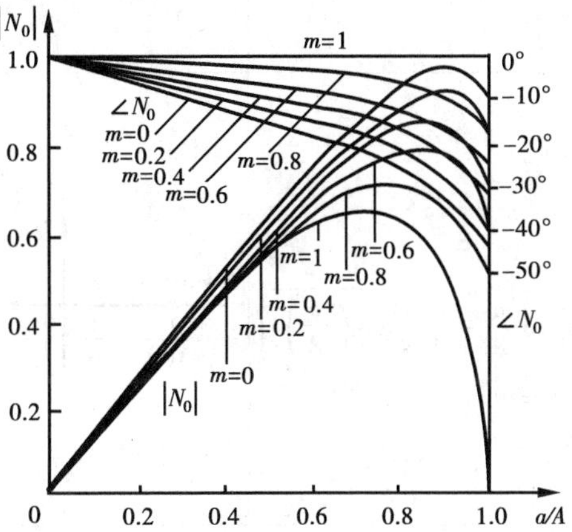

图9.14　死区-回环继电器特性的描述函数

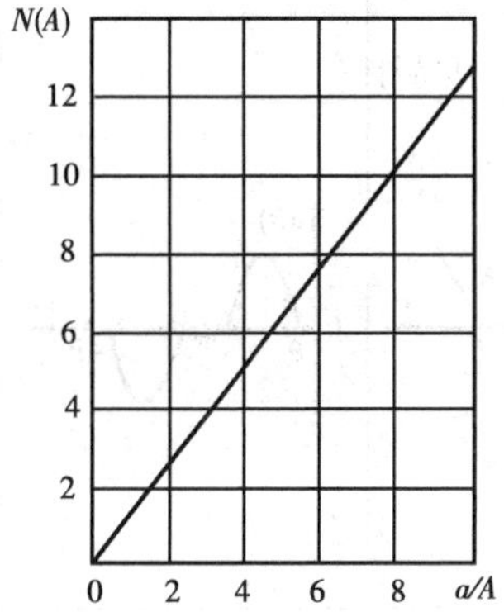

图9.15　理想继电器特性的描述函数

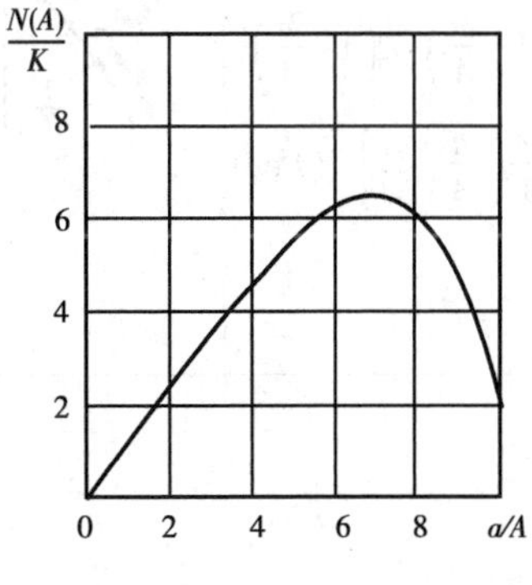

图9.16　死区继电器特性的描述函数

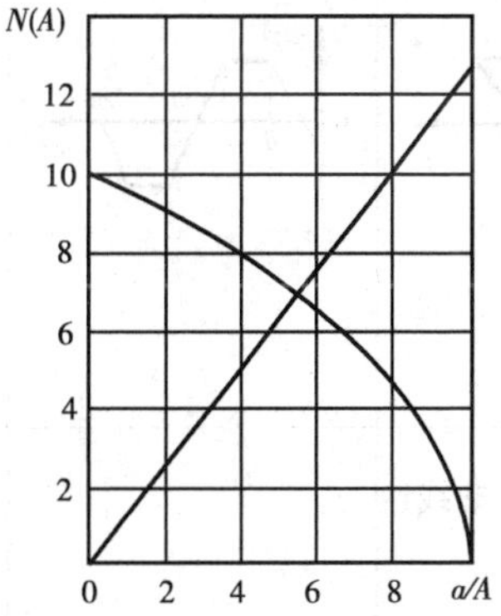

图9.17　回环继电器特性的描述函数

表 9.1　常见典型的非线性特性及描述函数

非线性特性	正弦输入时输出波形	描述函数 $N(A)$	负倒数特性 $-1/N(A)$
①饱和非线性特性 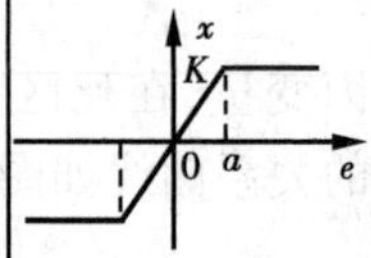	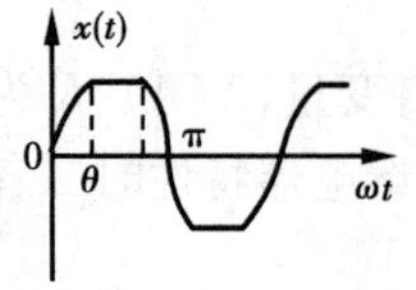	$N(A)=\frac{2K}{\pi}\left[\arcsin\frac{a}{A}+\frac{a}{A}\sqrt{1-\left(\frac{a}{A}\right)^2}\right]$ $(A\geqslant a)$	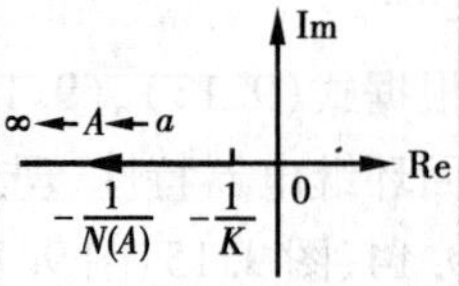
②死区非线性特性 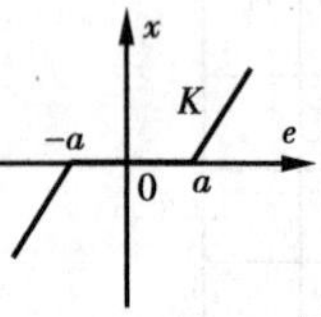	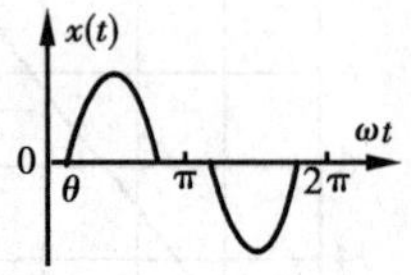	$N(A)=\frac{2K}{\pi}\left[\frac{\pi}{2}-\arcsin\frac{a}{A}-\frac{a}{A}\sqrt{1-\left(\frac{a}{A}\right)^2}\right]$ $(A\geqslant a)$	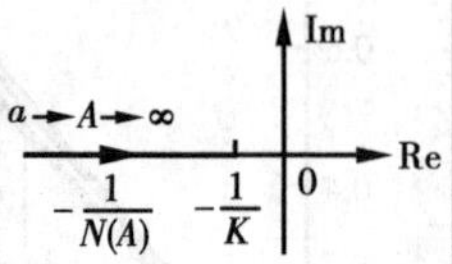
③回环非线性特性 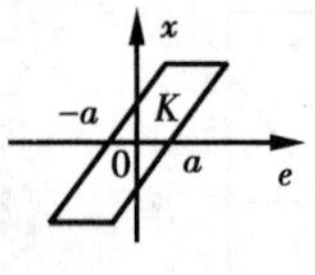	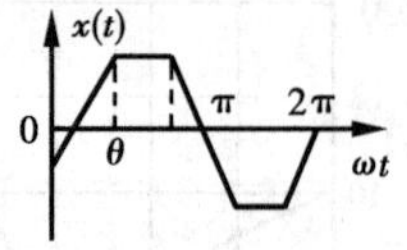	$N(A)=K\left\{\frac{1}{\pi}\left[\frac{\pi}{2}+\arcsin\left(1-\frac{2a}{A}\right)+2\left(1-\frac{2a}{A}\right)\sqrt{\frac{a}{A}\left(1-\frac{a}{A}\right)}\right]+\mathrm{j}\frac{4}{\pi}\cdot\frac{a}{A}\left(\frac{a}{A}-1\right)\right\}$ $(A\geqslant a)$	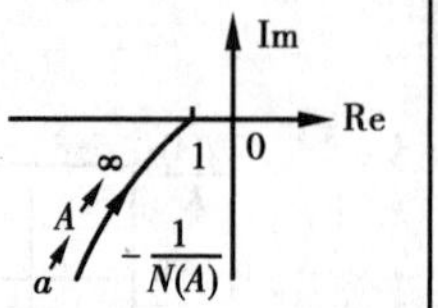
④理想继电非线性特性 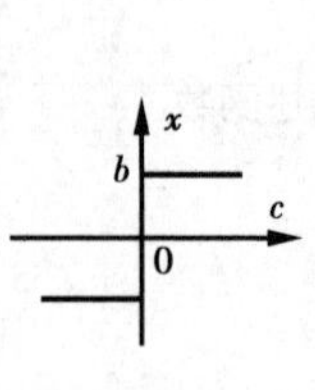	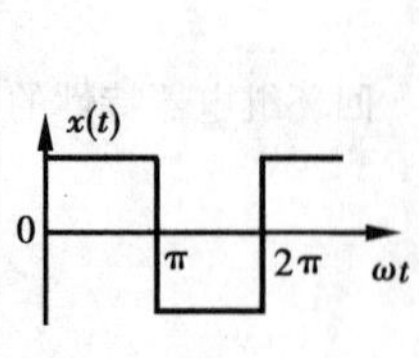	$N(A)=\frac{4b}{\pi A}$　　$(A\geqslant a)$	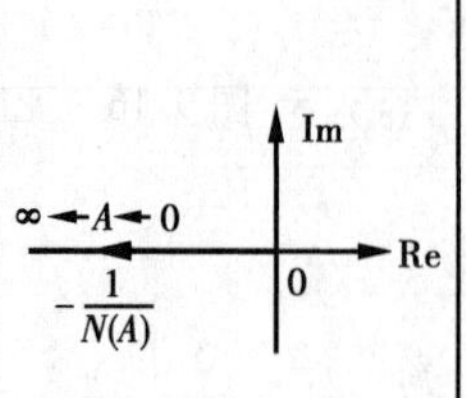

续表

非线性特性	正弦输入时输出波形	描述函数 $N(A)$	负倒数特性 $-1/N(A)$
⑤死区-回环继电器非线性特性 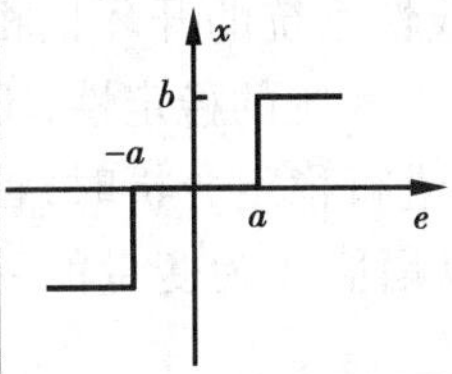	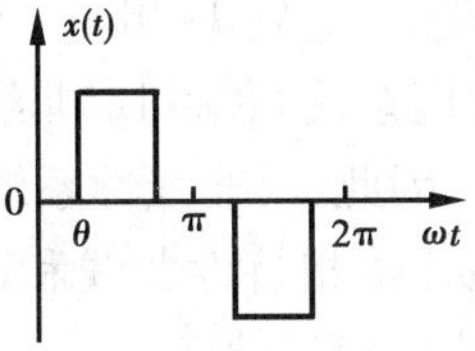	$N(A)=\frac{4a}{\pi A}\sqrt{1-\left(\frac{a}{A}\right)^2}\quad(A\geqslant a)$	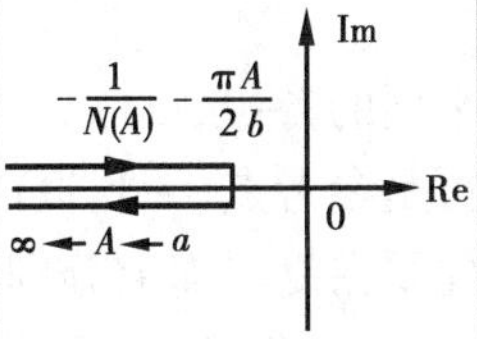
⑥死区继电器非线性特性 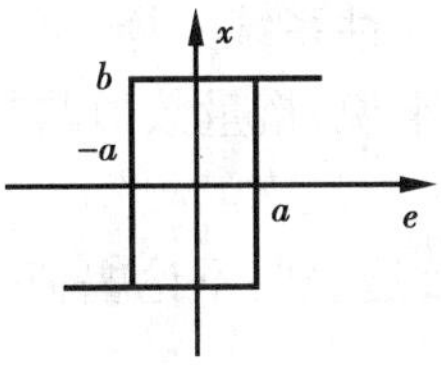	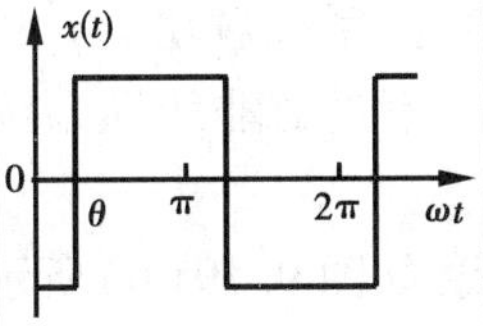	$N(A)=\frac{4b}{\pi A}\sqrt{1-\left(\frac{a}{A}\right)^2}-\mathrm{j}\frac{4ba}{\pi A^2}$ $(A\geqslant a)$	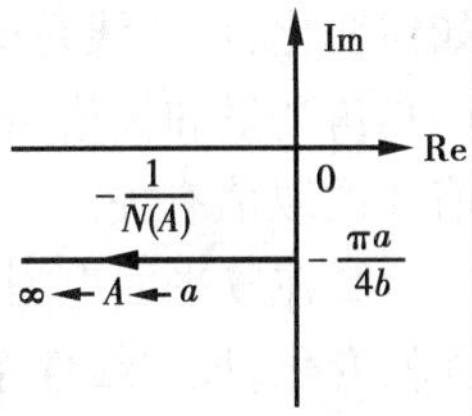
⑦回环继电器非线性特性 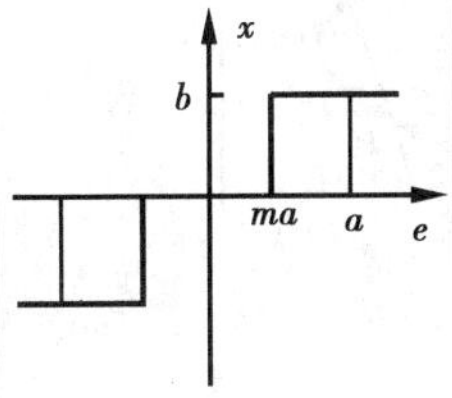	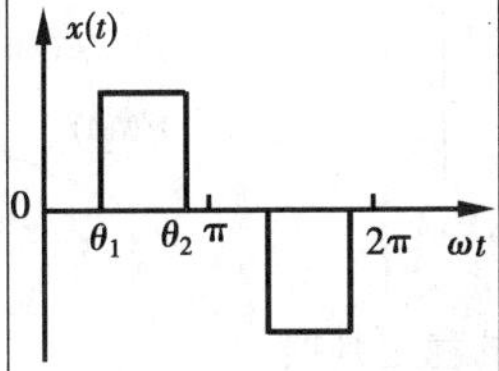	$N(A)=\frac{2b}{\pi A}\left[\sqrt{1-\left(\frac{ma}{A}\right)^2}+\sqrt{1-\left(\frac{a}{A}\right)^2}\right]$ $+\mathrm{j}\frac{2ba}{\pi A^2}(m-1)\quad(A\geqslant a)$	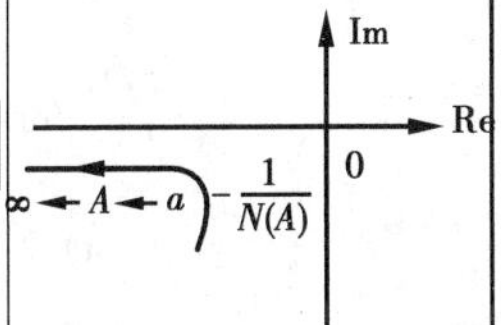

表9.1中列出了一些典型的非线性特性的描述函数，以供查阅。

9.3　用描述函数法分析非线性控制系统

当非线性元件用描述函数表示后，则描述函数 $N(A)$ 在系统中可以作为一个实变量或复变量的放大系统来处理，这样就可以应用线性系统中频率法的某些结论来研究非线性系统。但由于描述函数仅表示非线性元件在正弦信号作用下，其输出的基波分量与输入正弦信号的关系，因而它不能全面表征系统的性能，只能近似用于分析一些与系统稳定性有关的问题。本节介绍如何应用描述函数分析法分析系统的稳定性、自振荡产生的条件及振幅和频率的确定。

设系统可以典型化为图9.18所示的一个非线性环节与一个线性环节相串联的形式。非线性部分描述函数用 $N(A)$ 表示，线性部分用频率特性 $G(\mathrm{j}\omega)$ 表示。在系统满足前述条件时，在闭合回路中只有基波信号流动。由非线性环节的描述函数和线性部分的频率特性，可以确

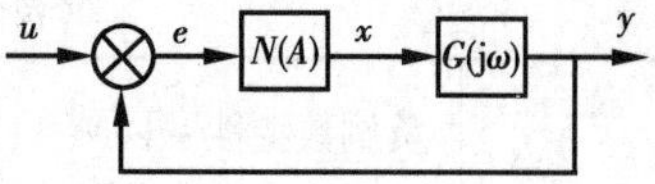

图 9.18　典型化非线性系统

定信号传递一周后的幅、相变化情况。仿线性系统的奈氏判据，非线性系统产生等幅振荡的开环幅相特性：

$$N(A)G(\mathrm{j}\omega)=-1$$

或写成：

$$G(\mathrm{j}\omega)=-\frac{1}{N(A)} \tag{9.17}$$

与线性系统相比较，$-1/N(A)$ 相当于线性系统的开环幅相平面的$(-1,\mathrm{j}0)$点。也就是说，这时若仿效线性系统用奈氏判据判定非线性系统的稳定性，不再是参考点$(-1,\mathrm{j}0)$，而是一条 $-1/N(A)$ 的轨迹线。因此，对非线性系统进行稳定分析时，首先要在复平面上分别绘制出以频率 ω 为变量的 $G(\mathrm{j}\omega)$ 幅相特性曲线和以幅值 A 为变量的 $-1/N(A)$ 曲线，然后根据它们的相对位置来判定该系统的稳定性。

现在我们不去严格地推证，仅就图 9.19 所示的 3 种情况来判定它们的稳定性：

①在复平面上当 $G(\mathrm{j}\omega)$ 曲线不包围 $-1/N(A)$ 曲线时，如图 9.19(a)所示，表明不论幅值 A 如何变化，该非线系统是稳定的。而且两曲线相距愈远，系统愈稳定。和线性系统一样，可以用相角裕量和幅值裕量来衡量非线性系统的稳定性。不过对非线性系统来说，裕量数值与幅值 A 的取值有关。

②在复平面上当 $G(\mathrm{j}\omega)$ 曲线包围 $-1/N(A)$ 曲线，如图 9.19(b)所示，这表明不论幅值 A 如何变化，该非线性系统是不稳定的。

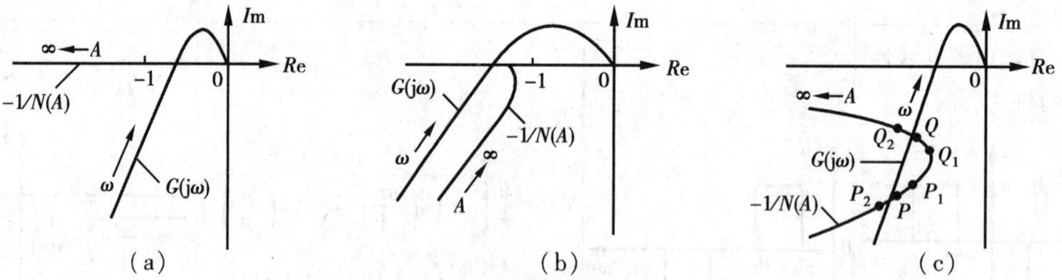

图 9.19　非线性系统的稳定判据

③在复平面上当 $G(\mathrm{j}\omega)$ 曲线与 $-1/N(A)$ 相交时，如图 9.19(c)所示，则系统处于临界状态，系统可能发生持续的自振荡。这与线性控制系统中频率特性曲线过$(-1,\mathrm{j}0)$点的情况相当。严格来说，这种自振荡一般不是正弦的，但可以用一个正弦振荡来近似。正弦振荡的幅值和频率是由交点处的 $-1/N(A)$ 轨迹上的 A 值和 $G(\mathrm{j}\omega)$ 曲线的 ω 值来表示。但并非在所有的交点上都能产生自振荡，需视情况而定。下面以图 9.19(c)为例，分析产生在 P、Q 两点处是否产生自振荡。

设系统开始工作在 P 点，在一微小扰动的作用下，非线性元件输入的幅值 A 增大，工作点由 P 移到 P_1，这时 $G(\mathrm{j}\omega)$ 曲线包围临界线上的临界点 P_1，系统是不稳定的，幅值 A 将进一步增大，离工作点 P 愈来愈远，向 Q 点移动。反之，在 P 点处受扰动作用，使非线性元件输入的幅值 A 变小，工作点由 P 移到 P_2，这时因 $G(\mathrm{j}\omega)$ 曲线不包围 P_2 点，系统稳定，幅值 A 将进一步减小，直至衰减到零为止。因此 P 点的振荡是不稳定的，称 P 点具有发散特性。

同样的方法分析 Q 点：如果在扰动作用下，非线性元件输入的幅值 A 增大，工作点由 Q 移到 Q_1，这时因 $G(\mathrm{j}\omega)$ 曲线不包围临界线上的临界点 Q_1，系统是稳定的，幅值 A 将减小，工作点将回复到 Q 点。反之，如果扰动使非线性元件输入幅值 A 减少，工作点由 Q 移到了 Q_2，这时因

$G(j\omega)$曲线包围了 Q_2，系统处于不稳定状态，幅值 A 增大，使工作点由 Q_2 点又回复到 Q 点。由上面分析可知，工作在 Q 点的振荡，因受到扰动后，能恢复到原来的振荡状态，故此点振荡是稳定的自振荡，称 Q 点具有收敛特性。

综上分析，为简便判断交点是收敛特性还是发散特性，我们以 $G(j\omega)$ 曲线为界把复平面划分为稳定区和不稳定区。若 $-1/N(A)$ 曲丝沿箭头方向由不稳定区经交点进入稳定区，该交点具有收敛特性，系统存在自振荡。若 $-1/N(A)$ 曲线沿箭头方向由稳定区经交点进入不稳定区，该交点具发散特性。

［例1］ 具有饱和非线性元件的非线性控制系统如图9.20所示，①当线性部分 $K=5$ 时，确定系统自振荡的幅值和频率。②确定系统稳定时，K 的临界值。

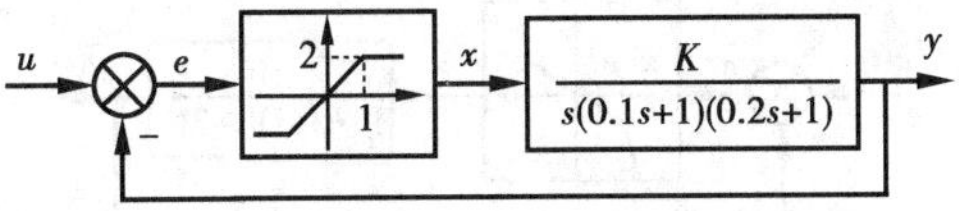

图9.20　例1的系统结构图

解　①在复平面上分别绘制 $-1/N(A)$ 曲线和 $G(j\omega)$ 曲线。

饱和非线性特性的描述函数为：

$$N(A)=\frac{2K}{\pi}\left[\arcsin\frac{a}{A}+\frac{a}{A}\sqrt{1-\left(\frac{a}{A}\right)^2}\right]\qquad(A\geqslant a)$$

由于非线性特性可知 $K=2$，$a=1$，将 a 和 K 代入上式，则得负倒数描述函数

$$-\frac{1}{N(A)}=\frac{-\pi}{4\left[\arcsin\frac{1}{A}+\frac{1}{A}\sqrt{1-\frac{1}{A^2}}\right]}$$

因饱和特性为单值特性，$N(A)$ 和 $-1/N(A)$ 为实函数。当 $A=1\sim\infty$ 时，$-1/N(A)=-1/2\sim\infty$。$-1/N(A)$ 曲线示于图9.21。由：

$$\mathrm{Im}G(j\omega)=\frac{-15(1-0.02\omega^2)}{\omega(1+0.05\omega^2+0.0004\omega^4)}=0$$

解得 $\omega=\sqrt{50}$，代入 $\mathrm{Re}G(j\omega)$ 求得：

$$\mathrm{Re}G(j\omega)\Big|_{\omega=\sqrt{50}}=\frac{-4.5}{1+0.05\omega^2+0.0004\omega^4}\Big|_{\omega=\sqrt{50}}=-1$$

则 $(-1,j0)$ 点为 $G(j\omega)$ 曲线与负实轴的交点，亦是 $-1/N(A)$ 和 $G(j\omega)$ 的交点，如图9.21所示。因 $-1/N(A)$ 穿出 $G(j\omega)$，故交点为自振点。自振频率 $\omega=\sqrt{50}$，自振振幅由下列方程解出：

$$-\frac{1}{N(A)}=\mathrm{Re}G(j\omega)\big|_{\omega=\sqrt{50}}=-1$$

$$\frac{-\pi}{4\left[\arcsin\frac{1}{A}+\frac{1}{A}\sqrt{1-\frac{1}{A^2}}\right]}=-1$$

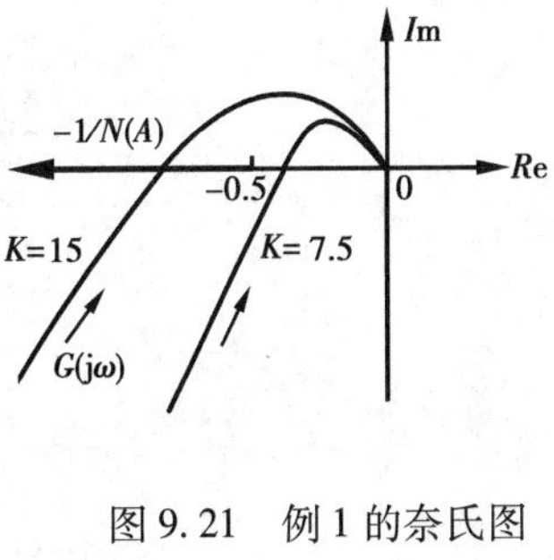

图9.21　例1的奈氏图

$$\arcsin\frac{1}{A}+\frac{1}{A}\sqrt{1-\frac{1}{A^2}}=-\frac{\pi}{4}$$

用试算法或作图法解得 $A=2.47$。

② $-1/N(A)$ 与 $G(j\omega)$ 的不相交，即 $\mathrm{Re}G(j\omega)>-1/2$ 时，系统退出自振。$\mathrm{Re}G(j\omega)=-1/2$ 时的 K 值为临界放大倍数。

$$\mathrm{Re}\frac{K}{j\omega(1+j0.1\omega)(1+j0.2\omega)}\bigg|_{\omega=\sqrt{50}}=-\frac{1}{2}$$

解得 $K_{临}=7.5$。

[例2]　非线性系统的结构图如图9.22所示，用描述函数法判断该系统的稳定性。

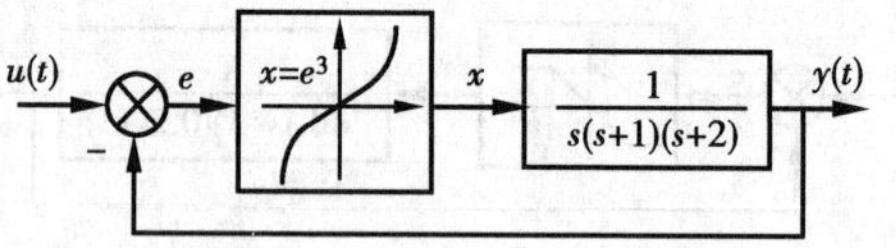

图9.22　例2的系统结构图

解　①求非线性部分的描述函数。

设 $e(t)=A\sin\omega t$，则 $x(t)=A^3(\sin\omega t)^3$；因此 $x(t)$ 是奇函数，故有 $A_0=0, A_1=0, \varphi_1=0$，其中：

$$B_1(A)=\frac{1}{\pi}\int_0^{2\pi}x(t)\sin\omega t\mathrm{d}(\omega t)=\frac{1}{\pi}\int_0^{2\pi}A^3(\sin\omega t)^4\mathrm{d}(\omega t)=\frac{3}{4}A^3$$

非线性部分的描述函数为：

$$N(A)=\frac{B_1}{A}=\frac{3}{4}A^2$$

②判断系统的稳定性。

描述函数的相对负倒数特性为：

$$-\frac{1}{N(A)}=-\frac{4}{3A^2}$$

当 $A=0\sim\infty$ 时，$-1/N(A)=-\infty\sim0$。$-1/N(A)$ 曲线示于图9.23，为整个负实轴。由

$$\mathrm{Im}G(j\omega)=\frac{1}{j\omega(j\omega+1)(j\omega+2)}=0$$

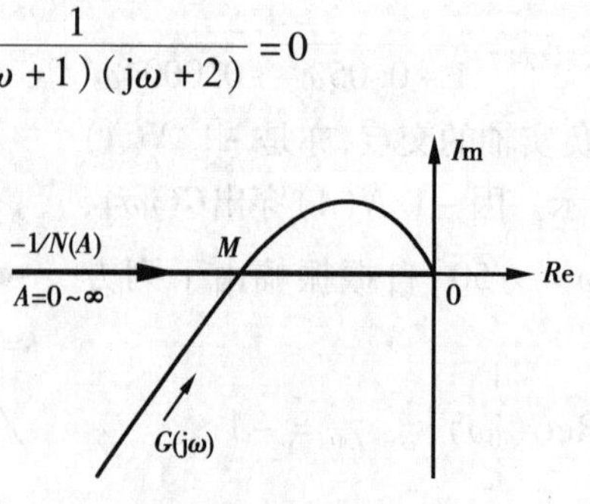

图9.23　例2的 $-1/N\left(\frac{a}{A}\right)$ 和 $G(j\omega)$ 曲线

解得 $\omega=\sqrt{2}$，代入 $\mathrm{Re}G(j\omega)$ 求得：

$$\mathrm{Re}G(\mathrm{j}\omega)\Big|_{\omega=\sqrt{2}}=\frac{1}{\mathrm{j}\omega(\mathrm{j}\omega+1)(\mathrm{j}\omega+2)}\Bigg|_{\omega=\sqrt{2}}=-\frac{3}{18}=-0.167$$

则$(-0.167,\mathrm{j}0)$点为$G(\mathrm{j}\omega)$曲线与负实轴的交点，亦是$-1/N(A)$和$G(\mathrm{j}\omega)$的交点，如图 9.23 所示。其振幅由下列方程解出：

$$-\frac{1}{N(A)}=\mathrm{Re}G(\mathrm{j}\omega)\big|_{\omega=\sqrt{2}}=-0.167$$

解得$A=2\sqrt{2}$。因$-1/N(A)$穿入$G(\mathrm{j}\omega)$，故交点为发散点。当$A>2\sqrt{2}$时，系统稳定；当$A<2\sqrt{2}$时，系统不稳定。

[**例 3**]　非线性系统的结构图如图 9.24 所示，其中死区继电特性的参数$b=1.7,a=0.7$，试确定系统是否存在自振荡，若有自振荡，求出自振的幅值和频率。

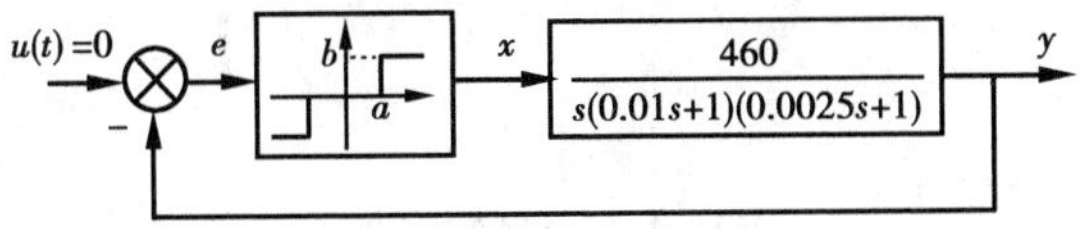

图 9.24　例 3 的系统结构图

解　①继电特性的描述函数为：

$$N(A)=\frac{4b}{\pi A}\sqrt{1-\left(\frac{a}{A}\right)^2}=\frac{b}{a}\cdot\frac{4a}{\pi A}\sqrt{1-\left(\frac{a}{A}\right)^2}=K_0\cdot N_0\left(\frac{a}{A}\right)\qquad\left(\frac{a}{A}\leqslant 1\right)$$

其中，$K_0=\dfrac{b}{a}$为比例系数，$N_0\left(\dfrac{a}{A}\right)$为该继电特性的相对描述函数；该死区继电特性的相对负倒数描述函数为：

$$-\frac{1}{N_0\left(\dfrac{a}{A}\right)}=\frac{-1}{\dfrac{4a}{\pi A}\sqrt{1-\left(\dfrac{a}{A}\right)^2}}$$

因此，当$A=a\sim\infty$时，$-1/N_0\left(\dfrac{a}{A}\right)=-\infty\to+\infty$。$-1/N_0\left(\dfrac{a}{A}\right)$存在一个最大值，其最大点和最大值为

$$\left(\frac{a}{A}\right)_{\max}=0.707,\qquad \max\left[-1/N_0\left(\frac{a}{A}\right)\right]=-\frac{1}{0.64}=-1.57$$

该死区继电特性的相对负倒数描述函数曲线示于图 9.25，曲线重合于实轴，为了清晰起见，画成了双线。

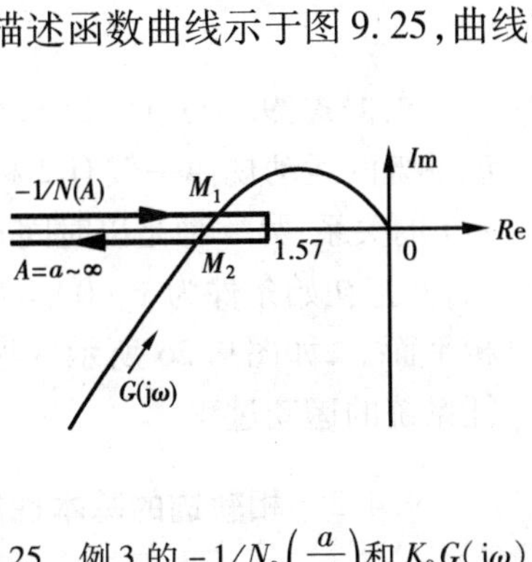

图 9.25　例 3 的$-1/N_0\left(\dfrac{a}{A}\right)$和$K_0G(\mathrm{j}\omega)$曲线

②系统线性部分的频率特性为：

$$K_0G(\mathrm{j}\omega)=\frac{460}{\mathrm{j}\omega(0.01\mathrm{j}\omega+1)(0.0025\mathrm{j}\omega+1)}$$

令 $\mathrm{Im}K_0G(\mathrm{j}\omega)=0$,解得 $K_0G(\mathrm{j}\omega)$ 与负实轴的交点对应频率 $\omega=200$。从 $-1/N_0\left(\frac{a}{A}\right)$ 曲线上求出与 $K_0G(\mathrm{j}\omega)$ 曲线交点 M_1,M_2 处自振振幅,即令:

$$\mathrm{Re}K_0G(\mathrm{j}\omega)\big|_{\omega=200}=-1/N_0\left(\frac{a}{A}\right)$$

解得,交点 M_1 处的 $\left(\frac{a}{A}\right)=0.925$,交点 M_2 处的 $\left(\frac{a}{A}\right)=0.382$;故交点 M_1 处的振幅为 $A_1=0.76$,交点 M_2 处的振幅为 $A_2=1.83$。M_1 点对应的周期运动是不稳定的,M_1 点是发散点;M_2 点对应的周期运动是稳定的,M_2 点是自振荡点,所以系统自振的幅值为 $A_2=1.83$,频率为 $\omega=200$。

9.4 相轨迹

9.4.1 相轨迹的基本概念

设二阶系统微分方程式的一般形式为:

$$\ddot{x}+f(x,\dot{x})=0 \tag{9.18}$$

式中 $f(x,\dot{x})$ 是 x 和 $\dot{x}$ 的线性和非线性函数。该系统的时间解,可以用 $x(t)$ 与 t 的关系图表示。也可以以 t 为参变量,把 $x,\dot{x}$ 的关系画在以 x 和 $\dot{x}$ 为坐标的平面上,这种关系曲线称为相轨迹,由 $x,\dot{x}$ 组成的平面叫做相平面。相平面上的每一点都代表系统在相应时刻的一个状态。下面以一个线性系统为例,来阐明相轨迹的概念。

[例4] 设二阶系统用下列方程表示:

$$\ddot{x}+\dot{x}+x=0 \tag{9.19}$$

令 $x_1=x,x_2=\dot{x}$ 为系统的两个状态变量,于是式(9.19)可化为两个联立的一阶微分方程,即有:

$$\dot{x}_2=-x_1-x_2 \tag{9.20}$$

$$\dot{x}_1=x_2 \tag{9.21}$$

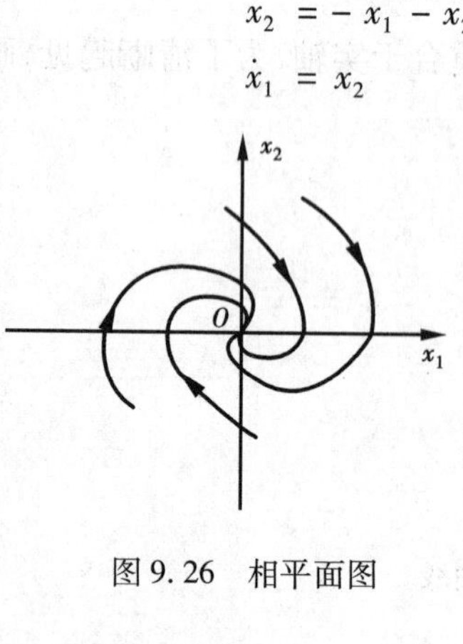

图 9.26 相平面图

根据式(9.20)、(9.21),可解得状态变量 x_1 和 x_2。描述该系统的运动规律一般有 2 种方法:一种是直接解出 x_1 和 x_2 对 t 的关系;另一种是以时间 t 为参变量,求出 $x_2=f(x_1)$ 的关系,并把初始条件为 $x_1(0)=0$ 和 $x_2(0)=10$ 的相轨迹画在相平面上,如图 9.26 所示。显然,图9.26所示的相轨迹能表征系统的运动过程。

9.4.2 相轨迹的基本性质

在相平面的分析中,相轨迹可以通过解析法作出,也可以通过图解法或实验法作出。相轨迹一般具有如下几个重要性质：

1）相轨迹运动方向的确定　在相平面的上半平面上，由于$x_2>0$，表示随着时间t的推移，系统状态沿相轨迹的运动方向是x_1的增大方向，即向右运动。反之，在相平面下半平面上，由于$x_2<0$，表示随着时间t的推移，相轨迹的运动方向是x_1的减小方向，即向左运动。

2）相轨迹上的每一点都有其确定的斜率　式(9.18)的系统可以写做：

$$\ddot{x} = \mathrm{d}\dot{x}/\mathrm{d}t = -f(x,\dot{x}) \tag{9.22}$$

上式等号两边同除以$\dot{x}=\mathrm{d}x/\mathrm{d}t$，则有：

$$\frac{\mathrm{d}\dot{x}}{\mathrm{d}x} = -\frac{f(x,\dot{x})}{\dot{x}} \tag{9.23}$$

若令$x_1=x,x_2=\dot{x}$，则式(9.23)改写为：

$$\frac{\mathrm{d}x_2}{\mathrm{d}x_1} = -\frac{f(x_1,x_2)}{x_2} \tag{9.24}$$

式(9.23)或(9.24)称为相轨迹的斜率方程，它表示相轨迹上每一点的斜率$\frac{\mathrm{d}x_2}{\mathrm{d}x_1}$都满足这个方程。

3）相轨迹的奇点和普通点　由微分方程式解的惟一性定理可知，对每一个给定的初始条件，只有一条相轨迹。因此，从不同初始条件出发的相轨迹是不会相交的。只有同时满足$x_2=0,f(x_1,x_2)=0$的特殊点，由于该点相轨迹的斜率为0/0，是一个不定值，因而通过该点的相轨迹就有无数多条，且它们的斜率也彼此不相等。具有$x_2=0$、$\dot{x}_2=f(x_1,x_2)=0$的点称为奇点。由于奇点的速度和加速度为零，同时，它一般表示系统的平衡状态。

在相平面上，除奇点以外其他点，叫做普通点。在普通点上，系统的速度和加速度不同时为零，普通点不是系统的平衡点；系统在普通点上斜率是惟一的。

4）相轨迹正交于x_1轴　因为在x_1轴上的所有点，其x_2总等于零，因而除去其中$f(x_1,x_2)=0$的奇点外，在其他点上的斜率为$\frac{\mathrm{d}x_2}{\mathrm{d}x_1}=\infty$，这表示相轨迹与相平面的横轴$x_1$是正交的。

9.4.3　由相轨迹求系统的瞬态响应

相轨迹图虽然能较直观清晰地显示了系统的运动过程，但它没有显示出运动和时间的直接关系。如果需通过相轨迹图求取系统的瞬态响应，那就要知道相轨迹上各点对应的时间。下面介绍一种由相轨迹图求取时间t的近似方法。

设系统的相轨迹图如图9.27所示。以A点为初始相点，相应的初始时间为t_0。对于小增量的$\Delta x_{AB}=x_A-x_B$的范围内，只要满足：

$$\Delta\dot{x}_{AB} = \dot{x}_A - \dot{x}_B \ll \dot{x}_{AB} = (\dot{x}_A + \dot{x}_B)/2$$

则可用$\dot{x}_{AB}$近似代替系统x_A运动到x_B的速度。则可计算出系统从相轨迹上A点运动到B点所需的时间

$$\Delta t_{AB} = \Delta x_{AB}/\dot{x}_{AB} \tag{9.25}$$

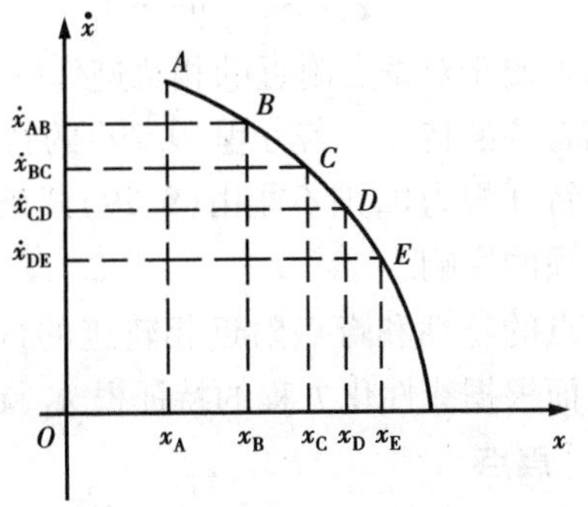

图9.27　根据$\Delta t=\Delta x/x_1$求时间信息

同理，求出由点B运动到点C，点C运动到点D所需的时间。

为使上述的求解具有较高的精度,位移增量 Δx 必须选得足够小,以使 $\dot{x}$ 和 t 的增量变化也相当小。然而,Δx 不一定为常量,它应根据相轨迹各部分具体的形状而设置。如对于相轨迹平坦的部分,则可取 Δx 大一些以减少工作量。

9.5 奇点与极限环

奇点是相平面上的一个特殊点。由于在该点处,相变量的各阶导数均为零,因而奇点实际上就是系统的平衡点。为了研究系统在奇点附近的行为,或者说了解系统在奇点附近相轨迹的特征,则需要先把系统的微分方程在奇点处进行线性化处理。

9.5.1 方程式的线性化和坐标系的变换

一般情况下,由 2 个独立状态变量描述的系统,可用 2 个一阶微分方程式表示,即:

$$\begin{aligned}\frac{\mathrm{d}x}{\mathrm{d}t} &= \dot{x}\\ \frac{\mathrm{d}\dot{x}}{\mathrm{d}t} &= -f(x,\dot{x})\end{aligned} \tag{9.26}$$

假设坐标原点为奇点,则有:

$$f(0,0) = 0$$

为了确定奇点和奇点附近相轨迹的性质,将 $f(x,\dot{x})$ 在原点附近展开为泰勒级数,即:

$$f(x,\dot{x}) = a\dot{x} + bx + g(x,\dot{x}) \tag{9.27}$$

其中 $g(x,\dot{x})$ 是 x 和 $\dot{x}$ 的二阶或更高阶项。由于在原点附近 x_1 和 x_2 的变化都很小,故可略去其二次项及以后的各项,于是式(9.26)近似地表示为:

$$\begin{aligned}\frac{\mathrm{d}x}{\mathrm{d}t} &= \dot{x}\\ \frac{\mathrm{d}\dot{x}}{\mathrm{d}t} &= -a\dot{x} - bx\end{aligned} \tag{9.28}$$

对于二阶线性常微分方程:

$$\ddot{x} + a\dot{x} + bx = 0 \tag{9.29}$$

为了便于对奇点附近的相轨迹作一般定性的分析,需根据系统特征值的性质去判别奇点附近相轨迹的特征。若方程(9.29)的特征根均为实数,则原点是渐近稳定的平衡点。若至少有一个特征根为0,则不能由(9.29)式确定原点的稳定性,而应进一步考虑泰勒展开式(9.27)中高阶项的影响。

奇点的特性和奇点附近相轨迹的行为主要取决于系统的特征根 λ_1、λ_2 在 S 平面上的位置。下面根据线性化方程的特征根 λ_1、λ_2 在 S 平面上的分布情况,对奇点进行分类研究。

(1)焦点

如果系统的特征根是一对共轭复根 $\lambda_{1,2} = \sigma \pm \mathrm{j}\omega$,其相轨迹是一簇绕坐标原点的螺旋线。如果 σ 为负值,即特征值为一对具有负实部的共轭根,则相应的相轨迹图如图 9.28(a)所示。由图 9.28(a)可见,不管初始条件如何,这种相轨迹总是卷向坐标原点。由于坐标原点是奇点，在奇点附近的相轨迹都向它卷入，故称这种奇点为稳定焦点。反之，如果 σ 为正值，则相应的相轨迹如图9.28(b)所示。由于这种相轨迹总是卷离坐标原点，故相应的奇点称为不稳定焦点。

(2) 节点

如果系统的2特征根为不相等的负实数根，$\lambda_1=\sigma_1,\lambda_2=\sigma_2$。相轨迹如图9.28(c)所示。由图9.28(c)可见，不管初始条件如何，系统的相轨迹最终都趋向于坐标原点，因此，这种奇点被称为稳定节点；此时相轨迹以非振荡的方式趋近于平衡点。反之，如果两特征根为不相等的正实数，则其在(x_1,x_2)平面上的相轨迹如图9.28(d)所示。由图9.28(d)可见，从任何初始状态出发的相轨迹都将远离平衡状态，因而这种奇点称为不稳定节点；此时相轨迹以非振荡的方式从平衡点散出。

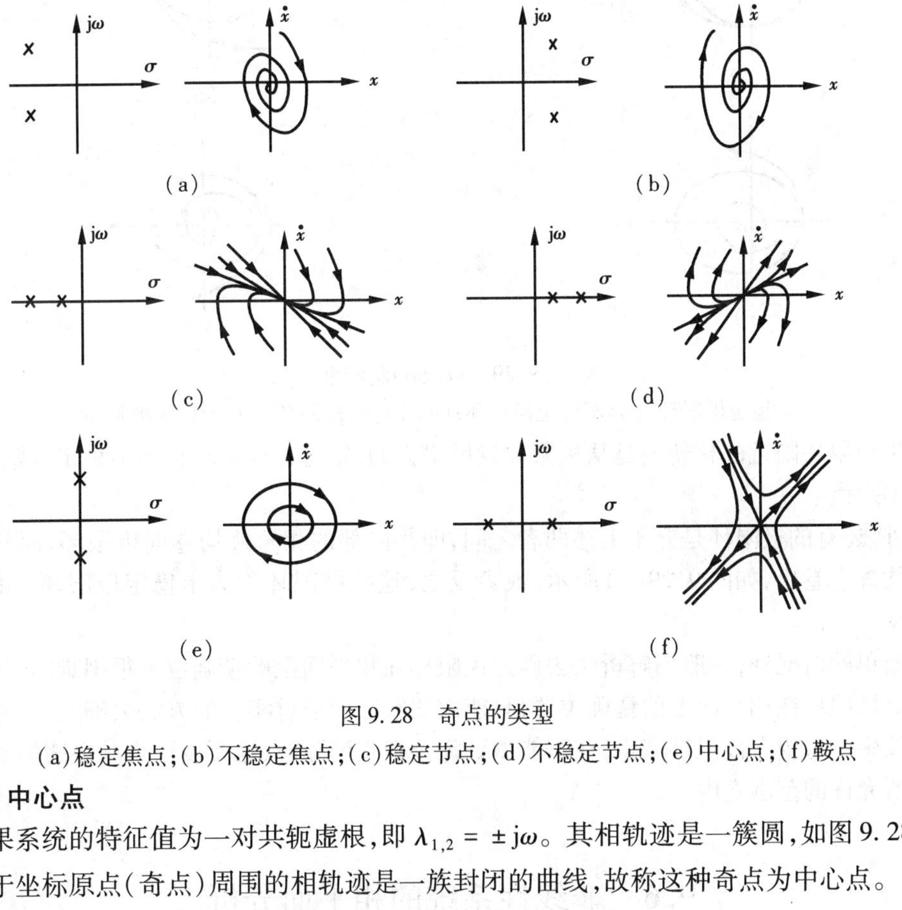

图9.28　奇点的类型

(a)稳定焦点；(b)不稳定焦点；(c)稳定节点；(d)不稳定节点；(e)中心点；(f)鞍点

(3) 中心点

如果系统的特征值为一对共轭虚根，即 $\lambda_{1,2}=\pm j\omega$。其相轨迹是一簇圆，如图9.28(e)所示。由于坐标原点(奇点)周围的相轨迹是一族封闭的曲线，故称这种奇点为中心点。

(4) 鞍点

如果系统的特征根一个为正实数，一个为负实数。相轨迹如图9.28(f)所示。由图9.28(f)可见，在特定的初始条件下，分隔线将相平面分隔为4个不同的运动区域，除了分隔线外，其余所有的相轨迹都将随着时间 t 的增长而远离奇点，故这种奇点称为鞍点。

9.5.2　极限环

前面已叙述非线性系统的运动除了发散和收敛2种模式外，还有另一种的运动模式，即在无外作用时，系统会产生具有一定振幅和频率的自持振荡。这种自振荡在相平面上表现为一个孤立的封闭轨迹线——极限环，与它相邻所有的相轨迹；或是卷向极限环，或是从极限环卷出。

如果在极限环的附近，起始于极限环外部和内部的相轨迹都无限的趋向于这个极限环，则这种极限环称为稳定极限环，如图 9.29(a)所示。此时，若有微小的扰动使系统状态稍稍离开极限环，经过一定的时间后，系统状态能回到这个极限环。在极限环上，系统的运动状态为稳定周期的自激振荡。极限环内部的相轨迹发散至极限环，而极限环外的相轨迹均趋向于极限环。极限环内部为不稳定区，极限环外部为稳定区。

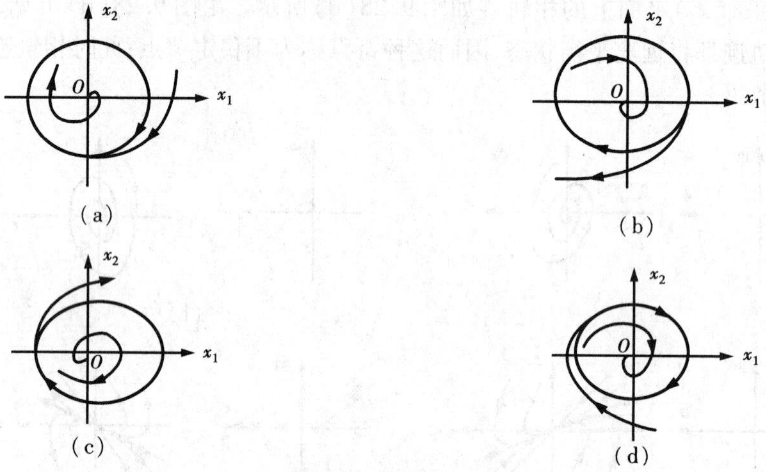

图 9.29　极限环的类型

(a)稳定极限环；(b)不稳定极限环；(c)半稳定极限环；(d)半稳定极限环

如果极限环附近的相轨迹是从极限环发散出去的，则这种极限环称为不稳定极限环，如图 9.29(b)所示。

此外，还有的极限环是介于上述两者之间，即其内部的相轨迹均卷向极限环，而其外部的相轨迹均离它卷出，如图 9.29(c)所示；或者反之，这些极限环称为半稳定极限环，如图 9.29(d)所示。

除简单的情况外，一般用解析法去确定极限环在相平面上的精确位置很困难的，甚至是不可能的。极限环在相平面上的精确位置，只能由图解法或通过实验的方法去确定。一般情况，控制系统中不希望有极限环产生，在不能做到完全把它消除时，也要设法将其振荡的幅值限制在工程所允许的范围之内。

9.6　非线性系统的相平面分析

用相平面法分析非线性系统时，首先要绘制相平面图。相平面的绘制有解析法、图解法和系统仿真法。系统仿真法一般在计算机上进行，后续课程将学习；图解法过于繁杂，难以使用；本节主要介绍概略相图的绘制方法。在绘制相平面图时，通常会遇到 2 种情况：一种情况是系统的非线性方程可解析处理的，即在奇点附近将非线性方程线性化，可根据线性化方程式根的性质去确定奇点的类型，然后用图解法或解析法画出奇点附近的相轨迹。另一种情况非线性方程是不可解析处理的,对于这类非线性系统,一般将非线性元件的特性作分段线性化处理,即把整个相平面分成若干个区域,使每一个区域成为一个单独的线性工作状态,有其相应的微分方程和奇点。如果奇点位于该区域内,则称该奇点为实奇点。反之,若奇点位于该区域外,则表示这个区域内的相轨迹实际上不可能到达该平衡点,因而这种奇点被称为虚奇点。只要把各个区域内的相轨迹作出,然后在各区域的边界线(又称相轨迹的切换线)上把相应的相轨迹依次连接起来,就可得到系统完整的相轨迹图。

下面举例说明,用相平面法对上述2种情况非线性系统进行具体的分析。

[例5]　求由下列方程所描述系统的相轨迹图,分析该系统奇点的稳定性。

$$\ddot{x}+0.5\dot{x}+2x+x^2=0 \tag{9.30}$$

解　①奇点的位置和性质　由奇点的定义,令:

$$\begin{cases}\dot{x}=0\\ \ddot{x}=f(\dot{x},x)=-(0.5\dot{x}+2x+x^2)=0\end{cases}$$

由上式求得,系统的奇点为 $x_1=(0,0)$ 和 $x_2=(-2,0)$。这2个奇点的性质,可用下述的方法去确定。

对函数 $f(\dot{x},x)$ 在奇点 x_1 的邻域进行泰勒级数展开,取其线性部分,得到系统在其邻域附近的线性化方程为:

$$\ddot{x}+0.5\dot{x}+2(1+x_i)(x-x_i)=0$$

奇点 x_1 的邻域附近的线性化方程为:

$$\ddot{x}+0.5\dot{x}+2x=0$$

得到系统的两个根 $\lambda_{1,2}=-0.25\pm j1.39$。由此可见,相应的奇点是稳定焦点。

在奇点 x_2 邻域附近的线性化方程为:

$$\ddot{x}+0.5\dot{x}-2(x+2)=0$$

对上式令 $y=x+2$,则上式可改写为:

$$\ddot{y}+0.5\dot{y}-2y=0$$

其两个根为 $y_1=1.19$, $y_2=-1.69$。由此可见,对应的奇点$(-2,0)$为鞍点。

做该系统的相轨迹,如图9.30所示。进入鞍点$(-2,0)$的两条相轨迹是分隔线,它们将相平面分成2个不同的区域。如果状态的初始点位于图中的阴影区域内,则其轨迹将收敛于坐标原点,相应的系统是稳定的。如果初始点落在阴影区域外部,则其相轨迹会趋于无穷远,表示相应的系统为不稳定。由此可见,非线性系统的稳定性确与其初始条件有关。

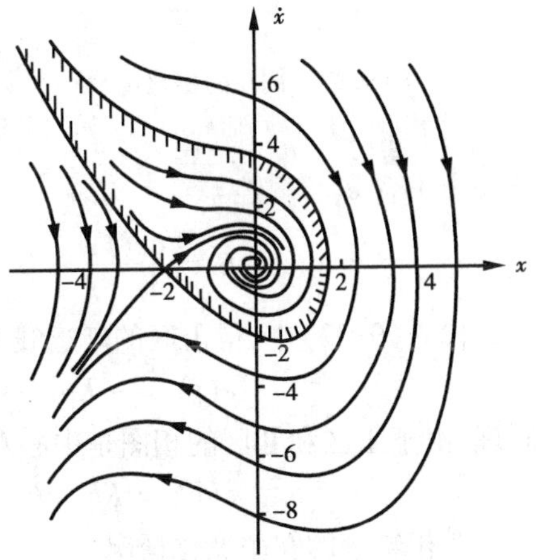

图9.30　例5的相轨迹

[例6]　图9.31为一个具有理想继电非线性特性系统。假设开始时系统处于静止状态。

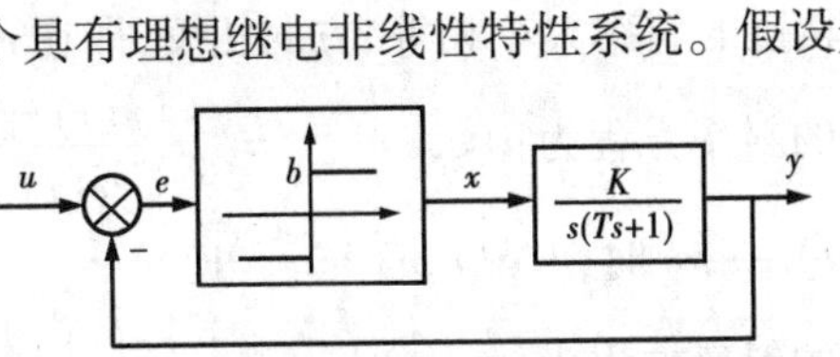

图9.31　理想继电非线性特性系统的结构图

试求系统在阶跃输入 $u(t)=U_o$ 时的相轨迹。设 U_o 为常数,初态 $y(0)=0,\dot{y}(0)=0$。

解 1)系统的运动方程式　由图 9.31 得:

$$T\ddot{y}(t)+\dot{y}(t)=Ku(t)$$

其中:
$$x(t)=\begin{cases} b & e(t)>0 \\ -b & e(t)<0 \end{cases}$$

因为 $e(t)=u(t)-y(t)$,故上式可改写为:

$$T\ddot{e}+\dot{e}+Kb=T\ddot{u}+\dot{u} \qquad e(t)>0$$
$$T\ddot{e}+\dot{e}-Kb=T\ddot{u}+\dot{u} \qquad e(t)<0$$

当 $u(t)=1(t)$ 时,$\dot{u}(t)=\ddot{u}(t)=0$,可得:

$$\begin{aligned} T\ddot{e}+\dot{e}+Kb=0 \qquad e(t)>0 \\ T\ddot{e}+\dot{e}-Kb=0 \qquad e(t)<0 \end{aligned} \tag{9.31}$$

可看出,根据理想继电特性的特点,把相平面由边界线(切换线)$e(t)=0$ 分割成Ⅰ、Ⅱ两个线性区域,如图 9.32 所示。

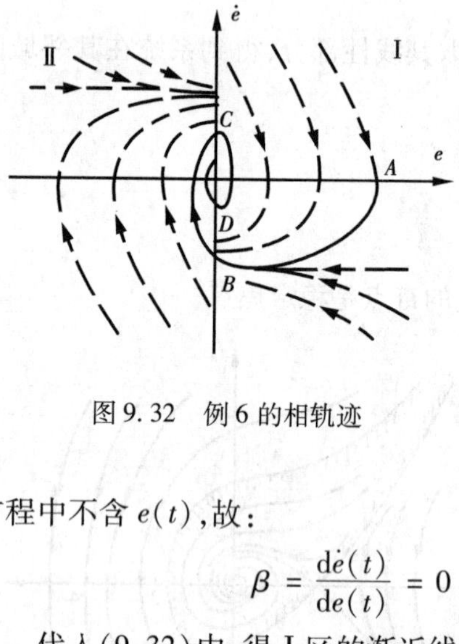

图 9.32　例 6 的相轨迹

2)奇点和渐近线

①奇点

在系统的运动方程式(9.31)中,若令 $\dot{e}(t)=0$,$\ddot{e}(t)=0$,则可看出方程不成立,所以在Ⅰ、Ⅱ两个线性区域,系统无奇点。

②渐近线

Ⅰ区的渐近线方程为:

$$\begin{aligned} \beta=\frac{-\dot{e}(t)-Kb}{\dot{e}(t)} \\ \dot{e}(t)=\frac{-Kb}{1+\beta} \end{aligned} \tag{9.32}$$

方程中不含 $e(t)$,故:

$$\beta=\frac{\mathrm{d}\dot{e}(t)}{\mathrm{d}e(t)}=0$$

代入(9.32)中,得Ⅰ区的渐近线方程为:

$$\dot{e}(t)=-Kb$$

同理,由于Ⅰ区和Ⅱ区的相图是中心对称的,Ⅱ区的渐近线方程为:

$$\dot{e}(t)=Kb$$

③相轨迹的斜率变化情况

a)$\dot{e}=0$ 的邻域附近　在 $\dot{e}=0$ 的邻域,相轨迹的斜率方程为 $a(\dot{e},e)\big|_{\dot{e}=0}=\dfrac{-f(\dot{e},e)}{\dot{e}}$。因此,在 $\dot{e}=0$ 的上下邻域相轨迹的斜率大小相等、方向相反,即在 $\dot{e}=0$ 的邻域相图上下对称。

b)$\dot{e}>0$ 的邻域相轨迹的斜率方程为 $a(\dot{e},e)\big|_{\dot{e}>0}=\dfrac{-[\dot{e}(t)+Kb]}{\dot{e}(t)}$。因此,在 $\dot{e}>0$ 的邻域,$\dot{e}$ 越大,$|a(\dot{e},e)|$ 越小;$\dot{e}(t)\to\infty$ 时,$|a(\dot{e},e)|=-1$。

c)$\dot{e}<0$ 的邻域相轨迹的斜率方程为 $a(\dot{e},e)\big|_{\dot{e}<0}=\dfrac{|[\dot{e}(t)]|-Kb}{|\dot{e}(t)|}$。因此,比较在 $\dot{e}<0$ 和

$\dot{e}>0$ 的邻域相轨迹的斜率方程,可以发现,关于横轴对称点$(\dot{e},e)$与$(-\dot{e},e)$上相轨迹的斜率满足$|a(\dot{e},e)|>|a(-\dot{e},e)|$,即$\dot{e}>0$的上半平面要陡些。

④画相图　画出分界线、奇点和渐近线,再根据相点的运动方向、相轨迹斜率的变化情况、相点在分界线上运动的连续性和线性系统相轨迹的对称性等特点,画出该系统的相图如图9.32。

当初态为$y(0)=0,\dot{y}(0)=0$时,$e(0)=u(0)-y(0)=U_o,\dot{e}(0)=\dot{u}(0)-\dot{y}(0)=0$。此时相轨迹从横轴上$A$点出发,在内振荡多次,最后收敛于坐标原点。坐标原点不是非线性系统的奇点,它是一个蠢蠢欲动的动平衡点。

[例7]　图9.33为一具有死区-回环继电特性,当$u(t)=1(t)$时,试分析系统无局部速度负反馈和有局部速度负反馈时的相轨迹;比较局部速度负反馈对系统的影响。

解　①无局部速度负反馈时　由图9.33可得系统的运动方程为:

$$T\ddot{y}+\dot{y}=Kx$$

其中

$$x(t)=\begin{cases}0 & -ma<e(t)<a,\dot{e}(t)>0\\ & -a<e(t)<ma,\dot{e}(t)<0\\ b & e(t)\geqslant a,\dot{e}(t)>0\\ & e(t)>ma,\dot{e}(t)<0\\ -b & e(t)\leqslant -a,\dot{e}(t)<0\\ & e(t)<-ma,\dot{e}(t)>0\end{cases}\tag{9.33}$$

设$x(t)=0$的区域为Ⅰ域;$x(t)=b$的区域为Ⅱ域;$x(t)=-b$的区域为Ⅲ域。因为$e(t)=u(t)-y(t)$,当$u(t)=1(t)$时,$\dot{u}(t)=\ddot{u}(t)=0$,故上式可改写为:

$$T\ddot{e}+\dot{e}=0\qquad \text{Ⅰ域;}$$
$$T\ddot{e}+\dot{e}+Kb=0\qquad \text{Ⅱ域;}$$
$$T\ddot{e}+\dot{e}-Kb=0\qquad \text{Ⅲ域;}$$

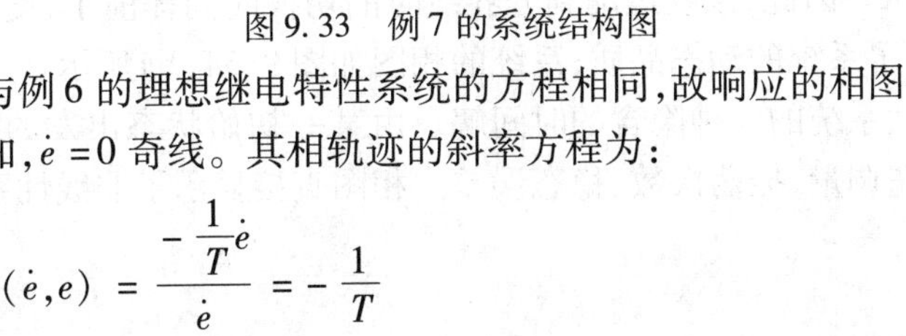

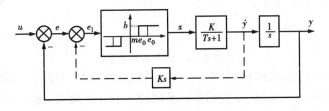

图9.33　例7的系统结构图

Ⅱ域和Ⅲ域的方程与例6的理想继电特性系统的方程相同,故响应的相图也相同。

由Ⅰ域的方程知,$\dot{e}=0$奇线。其相轨迹的斜率方程为:

$$a(\dot{e},e)=\frac{-\frac{1}{T}\dot{e}}{\dot{e}}=-\frac{1}{T}$$

可见,相轨迹斜率与$e\equiv0$和$\dot{e}\equiv0$无关,恒为常数。Ⅰ域的相轨迹是一簇斜率为$-\frac{1}{T}$的直线。系统的相图如图9.34(a)所示。在Ⅱ域和Ⅲ域,由于回环的存在,使得相轨迹的终点速度增加,系统在Ⅱ域和Ⅲ域的终止能量增加,衰减度减小。致使$|\dot{e}|$小时发散,$|\dot{e}|$大时,由于渐近

线存在,可维持衰减。若Ⅰ域相轨迹的绝对值 $-\frac{1}{T}$ 足够大,能量衰减大。足以抵消 $|\dot{e}|$ 小时Ⅱ域和Ⅲ域发散能量,系统最终可稳定在奇线上。否则,系统将出现稳定的极限环。

②有局部速度负反馈时　由系统的结构图可知,当引入局部速度负反馈时,系统的运动方程式不会发生改变,仅Ⅰ域、Ⅱ域和Ⅲ域的分界线方程发生变化。

此时,由图9.34看出:

$$e_1 = e - K\dot{y} = e + K\dot{e}$$

Ⅰ域和Ⅱ域在 $\dot{e}>0$ 区间的分界线方程为:

$$e_1 = e + K\dot{e} = a \qquad \text{即} \qquad \dot{e} = -\frac{1}{K}(e-a)$$

同理,其他的3条分界线方程分别为:

$$\dot{e} = -\frac{1}{K}(e+a)$$

$$\dot{e} = -\frac{1}{K}(e+ma)$$

$$\dot{e} = -\frac{1}{K}(e-ma)$$

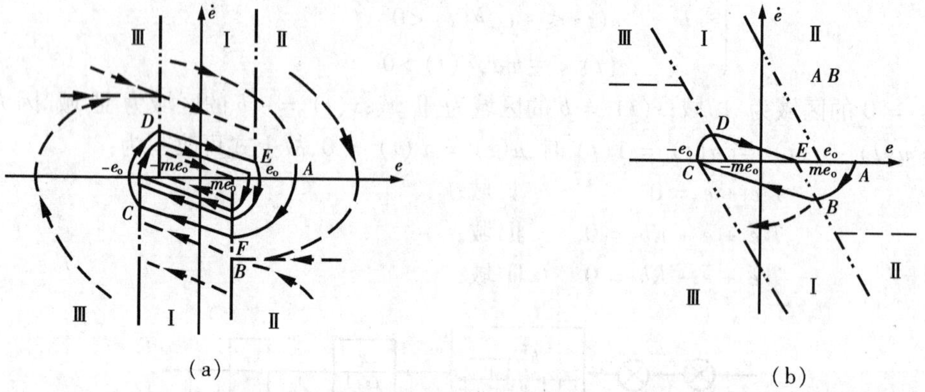

图9.34　例7的相轨迹

(a)系统无局部速度负反馈的相轨迹;(b)有局部速度负反馈时的相轨迹

因此,有局部速度负反馈时,系统的原相平面的4条分界线同时逆时针方向扭转了一个角度,其斜率等于 $-1/K$。因此,系统运动到分界线时的切换时间提前了,使得Ⅱ域、Ⅲ域的衰解速度增加,从而改善了系统的动态品质;系统的相图如图9.34(b)所示。

相平面是非线性系统的一种隐含的时间解。由某一初始状态出发的相轨迹,可直接获得响应初态的系统的超调量、振荡次数、稳态误差。相图直接显示了非线性系统在初态下的全方位品质。

9.7　应用 MATLAB 进行非线性系统分析

(1)描述函数法分析

[**例** 8]　试用描述函数法分析图 9.35 非线性系统的稳定性。

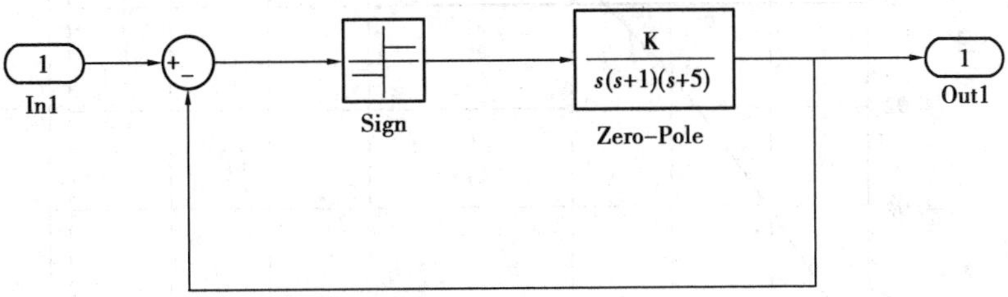

图 9.35　仿真结构图

程序如下:

```
k = input('k = ')
num = [0 0 0 k ];
den = [1 6 5 0 ];
w  =  0.1:0.1:100;
[ re, im ,w ] = nyquist (num , den,w );
v = [  - 4 4  , - 5 5 ]; axis (v);
plot ( re, im );
title ('Curves of  -  1/N(X)  and G(jw)');
xlabel('Re');
ylabel('Im');
grid on  ;
hold on;
x =0.1:0.1:50;
z =  - (pi/4) *  x;
plot(real(z)  , imag(z))
```

仿真结果为:

仿真结果分析:由图 9.36 和图 9.37 可以看出,当时,曲线和曲线相交,因此,此非线性系统是不稳定的,当时,曲线和曲线没有相交点,因此非线性系统是稳定的。

(2)相平面法分析

[**例** 9]　试用相平面法分析非线性方程 $x'' + x' + |x| = 0$ 的相平面图。

原方程的 SIMULINK 仿真结构图如图 9.38 所示:

初始值设置情况如下:

1)取初始值 $x(0) = -1, x(0) = 1$;

2)取初始值 $x(0) = 1, x(0) = 1$;

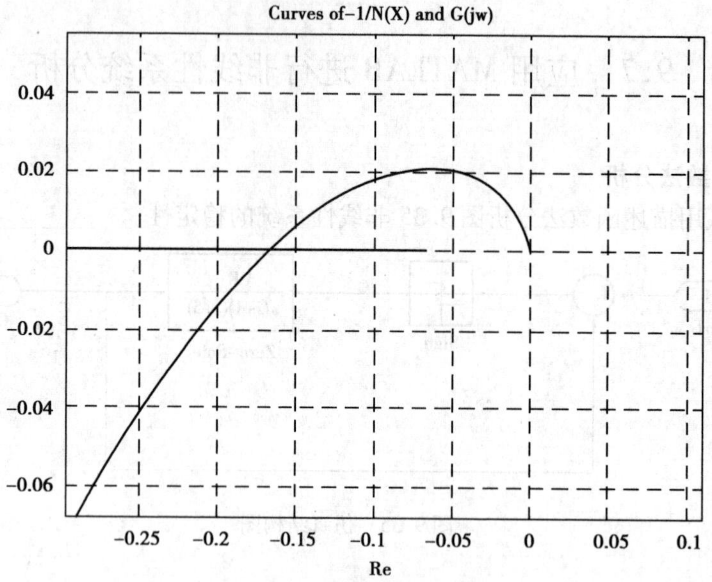

图 9.36　k = 5 时 −1/N(x) 和 G(jw) 曲线

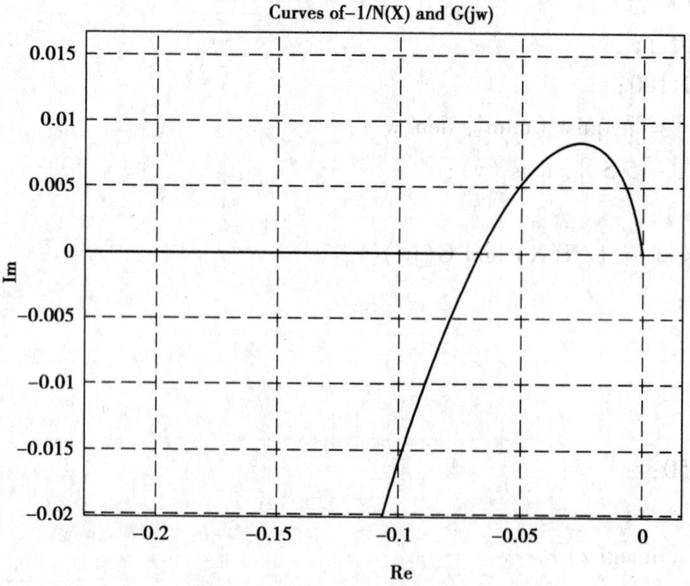

图 9.37　k = 2 时 −1/N(x) 和 G(jw) 曲线

3）取初始值 $x(0)=1$，$\dot{x}(0)=0$

仿真结果为：

结果分析：由图 9.39 可以看出初始条件对非线性系统的运动产生了一定的影响。

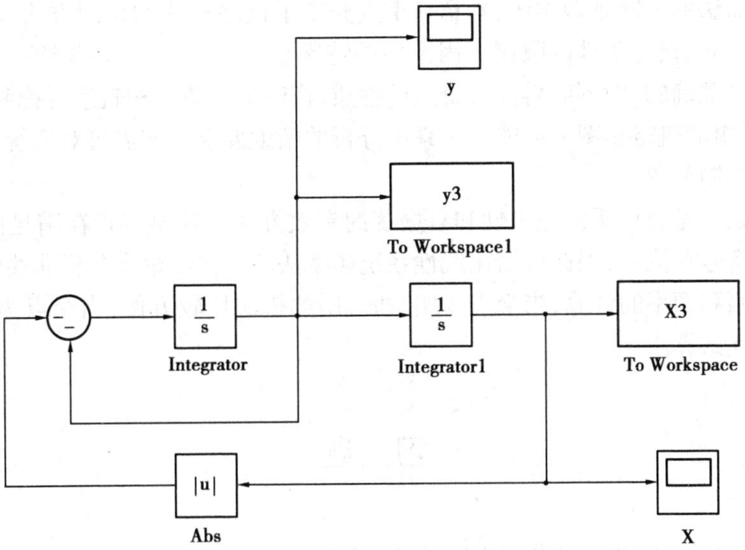

图9.38　仿真结构图

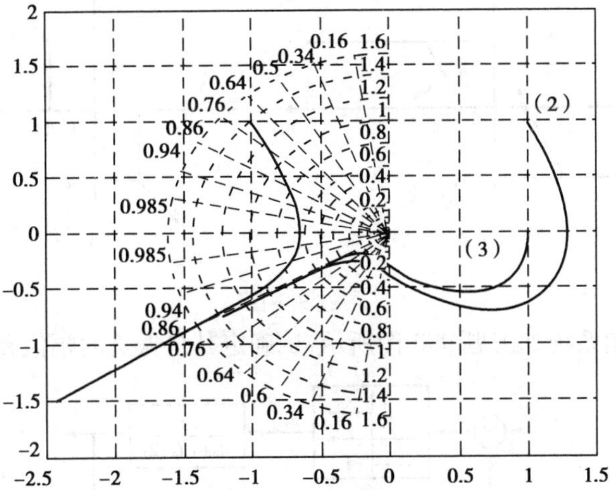

图9.39　相轨迹

小　结

①非线性元件的输入输出关系随输入信号的大小而变化，因此，非线性系统的动态响应也随系统内部信号幅值的大小而不同，这就使得在研究方法上与线性系统有着本质的差异，即不能应用叠加原理。由于非线性系统很复杂，到目前为止，对非线性系统的分析没有一种普遍适用的方法。本章扼要介绍两种分析非线性系统的常用方法——描述函数法和相平面法。

②相平面法是一种求取系统时间响应的图解法，相平面图能给出系统在任意初态下的动态响应过程，因此可全方位地观察出系统的各项品质。它是一种较为精确的非线性系统分析方法，但它只适用于一、二阶系统。

使用相平面法的关键是做相图，本章只重点介绍了概略相图的绘制方法。概略相图的绘制比较简便，且不受设备条件的限制。因图中的特殊点——奇点，和特殊线——渐近线、分界线的几何位置是准确的，做图时再注意奇点的性质、横轴上下邻域相轨迹对称和相轨迹斜率的变化规律等，做出的概略相图一般能满足系统分析的精度要求。如需再对系统进行精确分析，可用计算机来绘制相图。

③描述函数法是分析系统稳定性和自振荡的有效方法。其要点是在满足假设条件下，系统中只有基波信号在流动，因此可借用线性系统频率法的一些结论来分析非线性系统。

关于自振幅和频率的计算，当交点为实数时，用解析法比较方便；当交点为复数时一般应采用列表描点或试算法。

习　题

9.1　求习题9.1图所示的非线性特性的描述函数。

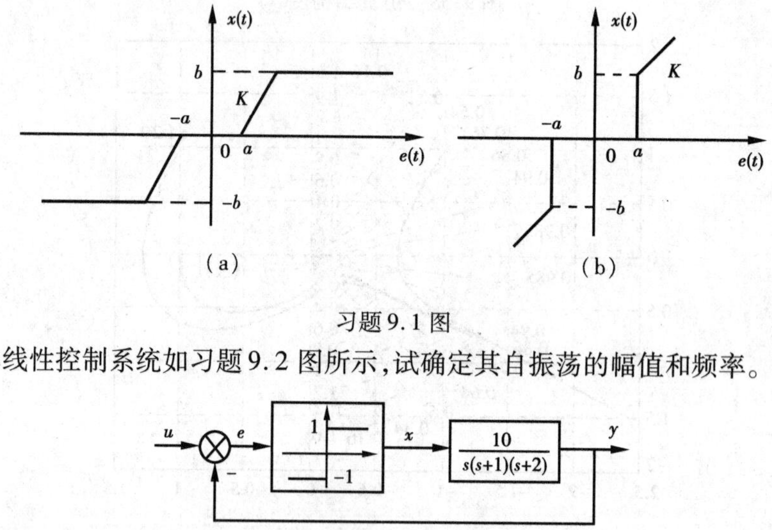

习题9.1图

9.2　非线性控制系统如习题9.2图所示，试确定其自振荡的幅值和频率。

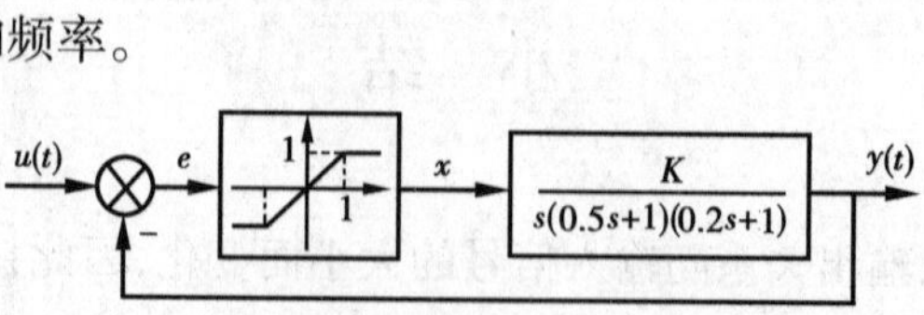

习题9.2图

9.3　非线性控制系统如习题9.3图所示，试求K为何值时系统处于临界稳定；$K=10$时，系统产生自振荡的幅值和频率。

习题9.3图

9.4　已知非线性系统的结构图如习题9.4图。试用描述函数法确定系统不产生自振荡，继电特性的参数 a 和 b 的值。

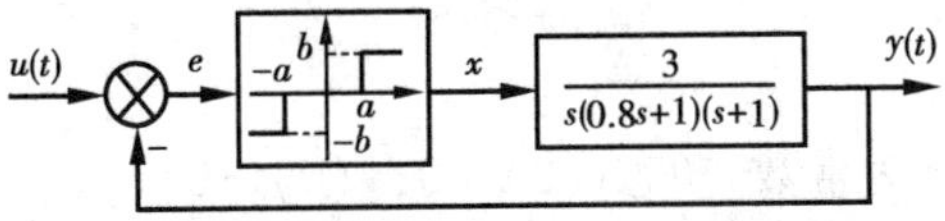

习题 9. 4 图

9. 5　非线性控制系统如习题 9. 5 图所示,试确定其自振荡的幅值和频率。

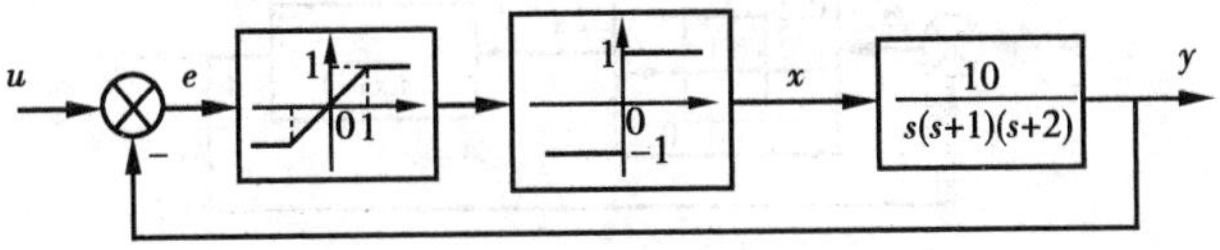

习题 9. 5 图

9. 6　试绘制习题 9. 6 图所示系统的相轨迹图。

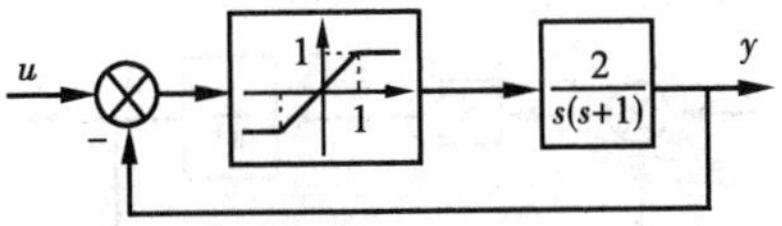

习题 9. 6 图

9. 7　判别下列方程奇点的性质和位置,并画出相应相轨迹的大致图形

①$\ddot{e} + \dot{e} + e = 0$

②$\ddot{y} + 1.5\dot{y} + 0.5y = 0$

③$\ddot{y} + 1.5\dot{y} + 0.5y + 0.5 = 0$

9. 8　试绘制习题 9. 8 图所示系统的相轨迹图。已知 $u(t) = 0, e(0) = 2, \dot{e}(0) = 3$。

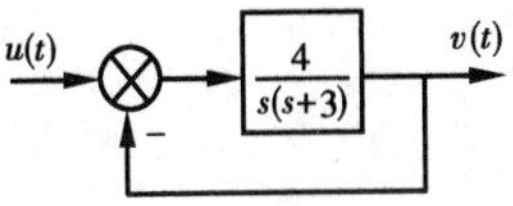

习题 9. 8 图

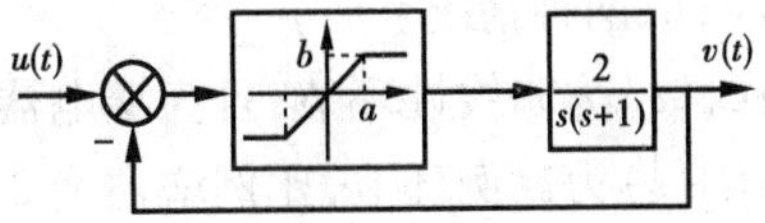

习题 9. 9 图

9. 9　设系统的结构图如习题 9. 9 图所示,其中 $a = 0.2, b = 0.2, K = 4, T = 1s$。试分析当输入信号为下列函数时系统的相轨迹。设系统处于静止状态。

①$u(t) = 2 \cdot 1(t)$;

②$u(t) = -2 \cdot 1(t) + 0.4t$;

③$u(t) = -2 \cdot 1(t) + 0.8t$;

④$u(t) = -2 \cdot 1(t) + 1.2t$;

9. 10　设系统结构如习题 9. 10 图所示。试绘制

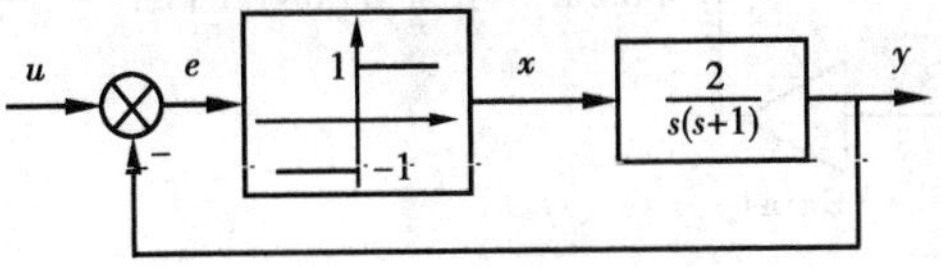

习题 9. 10 图

①$u(t) = U \cdot 1(t)$；

②$u(t) = U \cdot 1(t) + vt$；

时的 $e-\dot{e}$ 相平面图，设 U、v 为常数，初态 $y(0)=0, \dot{y}(0)=0$。

9.11　设系统结构如习题 9.11 图所示。试绘制 $u(t)=1(t)$ 时的 $e-\dot{e}$ 相平面图，初态 $y(0)=0, \dot{y}(0)=0$。

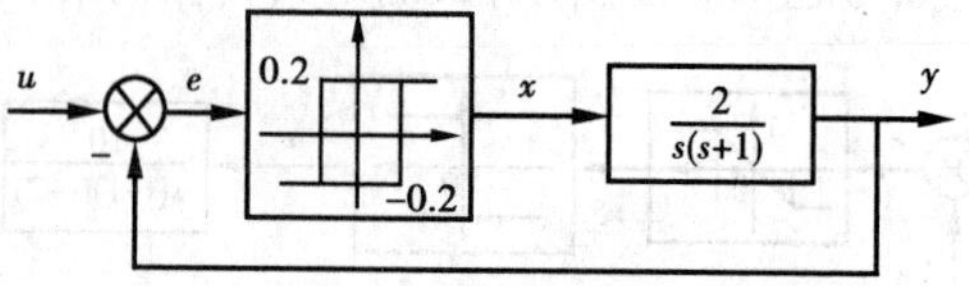

习题 9.11 图

9.12　设系统结构如习题 9.12 图所示。试在 $e-\dot{e}$ 相平面图上绘制 $u(t)=U\cdot 1(t)$ 和 $u(t)=U\cdot 1(t)+vt$ 时的相轨迹。

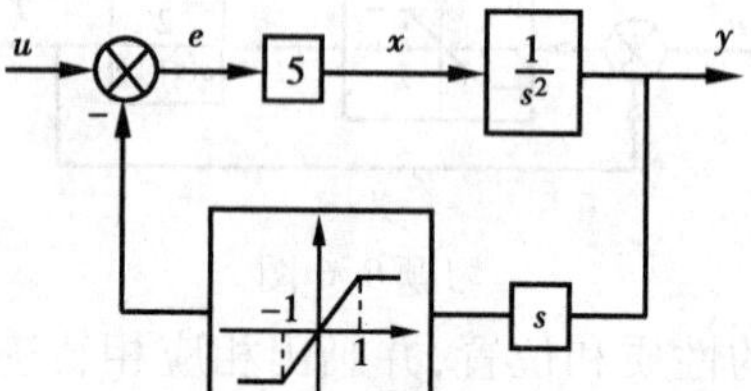

习题 9.12 图

9.13　已知一控制系统，输入为零初始条件，先行环节为：$G_2(s)=\dfrac{1}{s(4s+1)}$，系统的初始状态为 0，取两种情况：

1) $G_1(s)$ 为非线性环节，且为继电器非线性。

2) $G_1(s)$ 为比例环节，比例增益为 2。

求系统在单位阶跃作用下的相轨迹以及系统的输出。

1) $G_1(s)$ 为非线性环节时：

当手动开关切换到非线性环节时，取状态变量为 $e(t)$ 和 $\dot{e}(t)$，利用 Matlab 中的 Simulink 仿真模块建立仿真图，如习题 9.13 图所示：

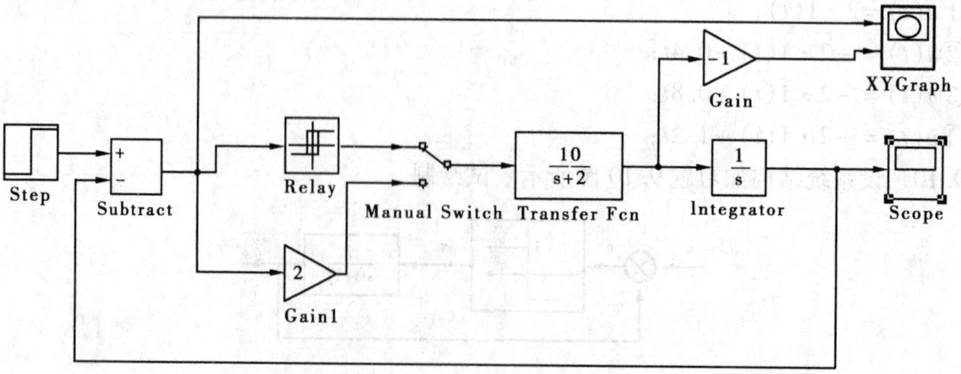

习题 9.13 图　含非线性环节控制系统仿真图

仿真结果为：

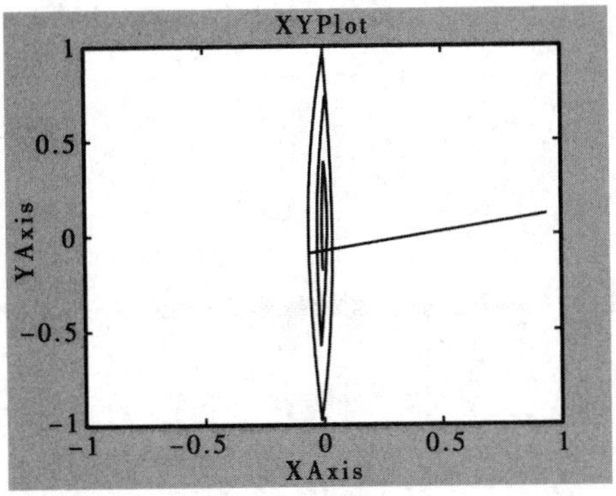

习题 9. 13 图(a)　仿真绘制的相轨迹图

$G_1(s)$为非线性环节时，此时示波器的输出图像为：

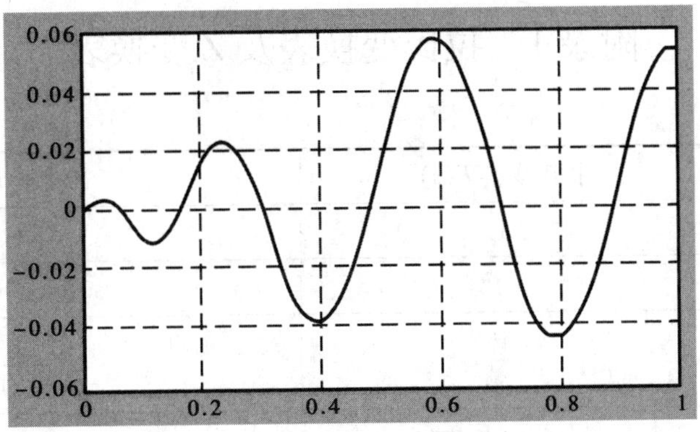

习题 9. 13 图(b)　含非线性环节控制系统的单位阶跃响应图

2) $G_1(s)$为比例线性环节时，当手动开关切换到线性环节时，此时示波器的输出图像为：

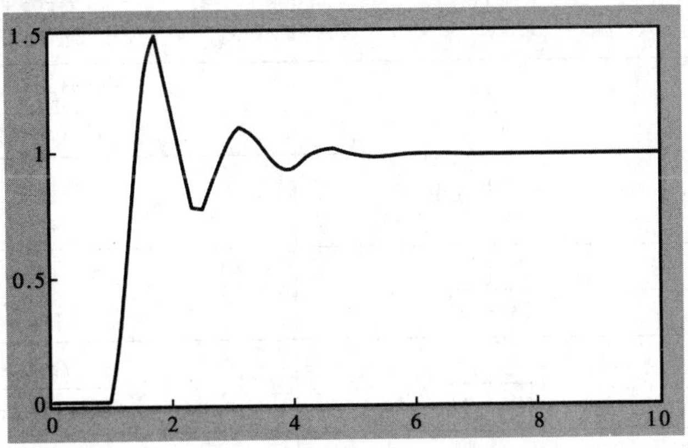

习题 9. 13 图(c)　不含非线性环节控制系统的单位阶跃响应图

由以上的仿真可得出在没有继电器非线性的加入和在继电器非线性的影响下，系统的稳定性如何？

附　录

附录 1　拉氏变换表及 Z 变换表

序号	原函数 $f(t)$	拉氏变换 $F(s)$	Z 变换 $F(z)$
1	$\delta(t)$	1	1
2	$\delta(t-kT)$	e^{-kTs}	z^{-k}
3	$1(t)$	$\frac{1}{s}$	$\frac{z}{z-1}$
4	t	$\frac{1}{s^2}$	$\frac{Tz}{(z-1)^2}$
5	$\frac{1}{2!}t^2$	$\frac{1}{s^3}$	$\frac{T^2 z(z+1)}{2!\ (z-1)^3}$
6	$\frac{1}{k!}t^k$	$\frac{1}{s^{k+1}}$	$\frac{T^k z R_k(z)}{k!\ (z-1)^{k+1}}$ ①
7	e^{at}	$\frac{1}{s-a}$	$\frac{z}{z-e^{aT}}$
8	te^{at}	$\frac{1}{(s-a)^2}$	$\frac{Tze^{aT}}{(z-e^{aT})^2}$
9	$1-e^{at}$	$\frac{-a}{s(s-a)}$	$\frac{z(1-e^{aT})}{(z-1)(z-e^{aT})}$
10	$e^{at}-e^{\beta t}$	$\frac{a-\beta}{(s-a)(s-\beta)}$	$\frac{z(e^{aT}-e^{\beta T})}{(z-e^{aT})(z-e^{\beta T})}$
11	$\sin\omega t$	$\frac{\omega}{s^2+\omega^2}$	$\frac{z\sin\omega T}{z^2-2z\cos\omega T+1}$
12	$\cos\omega t$	$\frac{s^2}{s^2+\omega^2}$	$\frac{z(z-\cos\omega T)}{z^2-2z\cos\omega T+1}$

续表

序号	原函数$f(t)$	拉氏变换$F(s)$	Z变换$F(z)$
13	$e^{at}\sin\omega t$	$\dfrac{\omega}{(s-a)^2+\omega^2}$	$\dfrac{ze^{at}\sin\omega T}{z^2-2ze^{aT}\cos\omega T+e^{2aT}}$
14	$e^{at}\cos\omega t$	$\dfrac{s-a}{(s-a)^2+\omega^2}$	$\dfrac{z^2-ze^{aT}\cos\omega T}{z^2-2ze^{aT}\cos\omega T+e^{2aT}}$
15	$a^k\cos k\pi$		$\dfrac{z}{z+a}$
16	a^k		$\dfrac{z}{z-a}$

①式中的$R_k(z)$按下式计算：

$$R_k(z)=k!\begin{vmatrix}1 & 1-z & 0 & \cdots & 0\\ \frac{1}{2!} & 1 & 1-z & \cdots & 0\\ \frac{1}{3!} & \frac{1}{2!} & 1 & \cdots & 0\\ \vdots & \vdots & \vdots & \vdots & \vdots\\ \frac{1}{k!} & \frac{1}{(k-1)!} & \frac{1}{(k-2)!} & \cdots & 1\end{vmatrix}$$

附录2　基于MATLAB的控制系统工具箱函数

MATLAB包含了进行控制系统分析与设计所必须的工具箱函数，有关这些函数的使用可通过Help命令得到。为方便用户查询，本附录2将简要地分组列出各种工具箱函数（如附表2.1～附表2.10所示）。

附表2.1　模型建立

函数名	功　能
augstate	将状态增广到状态空间系统的输出中
append	两个状态空间系统的组合
parallel	系统的并联连接
series	系统的串联连接
feedback	两个系统的反馈连接
cloop	状态空间系统的闭环形式
ord2	产生二阶系统

续表

函数名	功　能
rmodel, drmodel	稳定的随机 n 阶模型
ssdelete	从状态空间系统中删除输入、输出或状态
ssselect	从大状态空间系统中选择一个子系统
connect, blkbuild	将方框图转换为状态空间模型
estim, destim	生成连续/离散状态估计器或观察器
reg, dreg	生成控制器/估计器
pade	时延的 pade 近似

附表 2.2　模型变换

函数名	功　能
c2d, c2dt	将连续时间系统转换成离散时间系统
c2dm	将连续状态空间模型变换成离散状态空间模型
d2c	将离散时间系统变换成连续时间系统
d2cm	按指定方式将离散时间系统变换成连续时间系统
ss2tf	变系统状态空间形式为传递函数形式
ss2zp	变系统状态空间形式为零极点增益形式
tf2ss	变系统传递函数形式为状态空间形式
tf2zp	变系统传递函数形式为零极点增益形式
zp2ss	变系统零极点形式为状态空间形式
zp2tf	变系统零极点形式为传递函数形式

附表 2.3　模型简化

函数名	功　能
balreal, dbalreal	平衡状态空间的实现
minreal	最小实现性与零极点对消
modred, dmodred	模型降阶

附表 2.4 模型实现

函数名	功 能
canon	状态空间的正则形式转换
ctrbf,obsvf	可控性和可观性阶梯形式
ss2ss	相似变换

附表 2.5 模型特性

函数名	功 能
ctrb,obsv	可控性和可观性矩阵
gram,dgram	求可控和可观性 gram 矩阵
dcgain,ddcgain	计算系统的稳态(D.C.)增益
damp,ddamp	求衰减因子和自然频率
covar,dcovar	白噪声的协方差矩阵
esort,dsort	特征值排序
tzero	传递零点
printsys	显示或打印线性系统

附表 2.6 方程求解

函数名	功 能
are	代数 Riccati 方程求解
lyap,lyap2,dlyap	Lyapunov 方程求解

附表 2.7 时域响应

函数名	功 能
step	求连续系统的单位阶跃响应
dstep	求离散系统的单位阶跃响应
impulse	求连续系统的单位冲激响应
dimpulse	求离散系统的单位冲激响应

续表

函数名	功　能
initial	求连续系统的零输入响应
dinitial	求离散系统的零输入响应
lsim	仿真任意输入的连续系统
dlsim	仿真任意输入的离散系统
ltitr	求线性时不变系统的时间响应

附表 2.8　频域响应

函数名	功　能
bode	求连续系统的 Bode 频率响应
dbode	求离散系统的 Bode 频率响应
nyquist	求连续系统的 Nyquist 频率曲线
dnyquist	求离散系统的 Nyquist 频率曲线
nichols	求连续系统的 Nichols 曲线网络
dnichols	求离散系统的 Nichols 频率响应曲线
ngrid	绘制 Nichols 曲线网络
sigma	求连续状态空间系统的奇异值 Bode 图
dsigma	求离散状态空间系统的奇异值 Bode 图
freqs	模拟滤波器的频率响应
freqz	数字滤波器的频率响应
margin	求增益和相位裕度
ltifr	求线性时不变响应

附表 2.9　根轨迹

函数名	功　能
pzmap	绘制系统的零极点图
rlocus	求系统根轨迹
rlocfind	计算给定根的根轨迹增益
sgrid	在连续系统根轨迹和零极点图中绘制阻尼系数和自然频率栅格
zgrid	在离散系统根轨迹和零极点图中绘制阻尼系数和自然频率栅格

附表 2.10 估计器/调节器设计

函数名	功 能
lqe, lqe2, lqew	连续系统线性二次型估计器设计
dlqe, dlqew	离散系统线性二次型估计器设计
Lqed	根据连续代价函数进行离散估计器设计
lqr, lqr2, lqry	连续系统的线性二次型调节器设计
dlqr, dlqry	离散系统的线性二次型调节器设计
lqrd	根据连续代价函数进行离散调节器设计
place, acker	极点配置增益选择

参考文献

[1] Benjamin c. Kuo. Automatic Control Systems. Prentice: Fourth Edition Hall, Inc. , Englewood cliffs, NJ07632.

[2] 绪方胜彦. 现代控制工程[M]. 卢伯英等译. 北京:科学出版社,1976.

[3] 孙虎章. 自动控制原理[M]. 北京:中央广播电视大学出版社,1986.

[4] 章高建. 过程控制原理[M]. 北京:化学工业出版社,1994.

[5] 李陪豪,等. 自动控制原理例题与习题[M]. 北京:电子工业出版社,1989.

[6] 傅成华. 离散控制系统脉冲传递函数的简易计算[J]. 四川轻化工学院学报,2000.

[7] 王显正,等. 控制理论基础[M]. 国防工业出版社,1980.

[8] 吴麒. 自动控制原理[M]. 北京:清华大学出版社,1990.

[9] 夏德钤. 自动控制理论[M]. 北京:机械工业出版社,1990.

[10] 杨位钦,等. 自动控制理论[M]. 北京:北京理工大学出版社,1990.

[11] 周其节,等. 自动控制原理[M]. 广州:华南理工大学出版社,1990.

[12] 曾钟立. 自动控制系统详解(习题)[M]. 晓园出版社,1992.

[13] 涂植英,何均正. 自动控制原理[M]. 重庆:重庆大学出版社,1994.

[14] 孙扬声. 自动控制理论[M]. 3 版. 北京:水利电力出版社,1993.

[15] 翁思义. 自动控制理论[M]. 北京:中国电力出版社,1999.

[16] 楼顺天,等. 基于 MATLAB 的系统分析与设计——控制系统[M]. 西安:西安电子科技大学出版社,1999.

[17] 魏克新,等. MATLAB 语言与自动控制系统设计[M]. 北京:机械工业出版社,1997.

[18] 邹伯敏. 自动控制原理[M]. 北京:机械工业出版社,1999 年.

[19] 张希周. 自动控制原理[M]. 重庆:重庆大学出版社,1996 年.

[20] 杨庚辰. 自动控制原理[M]. 西安:西安电子科技大学出版社,1994 年.

[21] Katsuhiko Ogata. 现代控制工程[M]. 3 版. 北京:电子工业出版社,2000.

[22] 胡寿松. 自动控制原理[M]. 3 版. 北京:国防工业出版社,1994.

[23] 杨自厚. 自动控制原理[M]. 北京:冶金工业出版社,1987.

[24] 郑大钟. 线性系统理论[M]. 北京:清华大学出版社,1990.

[25] 刘豹. 现代控制理论[M]2 版. 北京:机械工业出版社,1992.